全国中等职业技术学校机械类通用教材

工具钳工工艺与技能训练

（第 二 版）

人力资源社会保障部教材办公室组织编写

中国劳动社会保障出版社

简介

本书主要内容包括：入门知识，钳工加工技术，孔及螺纹加工，量具、刀具的结构与制作，夹具的结构与制作，模具的结构与制作，装配基础知识，夹具的装配与使用，模具的装配与使用等。

本书由杜文宁主编，周旭华、杜章鸣、蒋晓文、刘娅妮、朱玉婷、刘贞国参编；赵孔祥主审。

图书在版编目(CIP)数据

工具钳工工艺与技能训练/人力资源社会保障部教材办公室组织编写．-- 2 版．-- 北京：中国劳动社会保障出版社，2017

全国中等职业技术学校机械类通用教材

ISBN 978-7-5167-3284-7

Ⅰ．①工…　Ⅱ．①人…　Ⅲ．①钳工-工艺-中等专业学校-教材　Ⅳ．①TG9

中国版本图书馆 CIP 数据核字（2017）第 320914 号

中国劳动社会保障出版社出版发行

（北京市惠新东街 1 号　邮政编码：100029）

*

北京谊兴印刷有限公司印刷装订　新华书店经销

787 毫米×1092 毫米　16 开本　22.5 印张　534 千字

2018 年 1 月第 2 版　　2024 年 1 月第 4 次印刷

定价：41.00 元

营销中心电话：400-606-6496

出版社网址：http://www.class.com.cn

http://jg.class.com.cn

前言

为了更好地适应全国中等职业技术学校机械类专业的教学要求，全面提升教学质量，人力资源社会保障部教材办公室组织有关学校的骨干教师和行业、企业专家，在充分调研企业生产和学校教学情况、广泛听取教师对现有教材使用情况的反馈意见的基础上，吸收和借鉴各地职业技术院校教学改革的成功经验，对现有全国中等职业技术学校机械类通用教材中所包含的车工、钳工、模具钳工、工具钳工、铣工、焊工、冷作工、磨工、铸工等工艺（理论）与技能训练（实践）一体化教材进行了修订。

本次教材修订工作的重点主要体现在以下几个方面：

第一，科学构建理实一体化教学单元。

根据学校实际教学开展情况，吸收和借鉴一体化课程教学改革成果，在考虑教学可操作性前提下，进一步梳理了工艺理论与技能训练的配合关系，将二者有机地融为一体，科学构建“做中学”“学中做”的一体化教学单元，以适应学校理实一体化教学的需要。

第二，及时更新教材内容。

根据企业岗位的需要和教学实际情况的变化，确定学生应具备的能力与知识结构，对部分教材内容及其深度、难度做了适当调整；根据相关专业领域的最新发展，在教材中充实新知识、新技术、新设备、新材料等方面的内容，体现教材的先进性；采用最新的国家技术标准，使教材更加科学和规范。

第三，紧密衔接职业技能鉴定要求。

教材编写以相关国家职业标准为依据，涵盖国家职业标准（中级）的知识和技能要求，并在与教材配套的习题册中增加了针对相关职业技能鉴定考试的练习题。

第四，精心设计教材形式。

在教材内容的呈现形式上，尽可能使用图片、实物照片和表格等形式将知识点生动地展示出来，力求让学生更直观地理解和掌握所学内容。尤其是在教材插图的制作中采用了立体造型技术，增强了教材的表现力。

第五，提供全方位教学服务。

本套教材配有习题册和方便教师上课使用的电子课件，电子课件等教学资源可通过职业教育教学资源和数字学习中心（http：//zyjy. class. com. cn）下载。

本次教材的修订工作得到了辽宁、江苏、山东、河南、湖北、湖南等省人力资源和社会保障厅及有关学校的大力支持，在此我们表示诚挚的谢意。

人力资源社会保障部教材办公室

2017 年 9 月

目录

第一篇　工具钳工基础

第二篇　工具的结构与制作

第三篇　工具的装配与使用

第一篇　工具钳工基础

第一单元

入门知识

课题一 工具钳工常识

一、工具钳工的工作性质

钳工是机械制造业中的主要职业之一，主要负责工件的划线与加工、产品的装配与调试、机械修理、设备的安装与维护等工作。工具钳工是钳工的一个分支，是运用钳工工具及设备对刀具、夹具、量具、模具、辅具等工艺装备进行制造、装配、安装、调试、维修和检验的职业。

工具钳工的工作是以手工操作为主，它的工作内容很广，包括划线、錾削、锯削、锉削、刮削、研磨、抛光、钻孔、扩孔、锪孔、铰孔、攻螺纹、套螺纹、铆接、粘接、焊接、矫正、弯形，以及进行零件装配、调试、检测、维修和刀具、夹具、量具、模具、辅具的制造等，如图 1—1 所示。

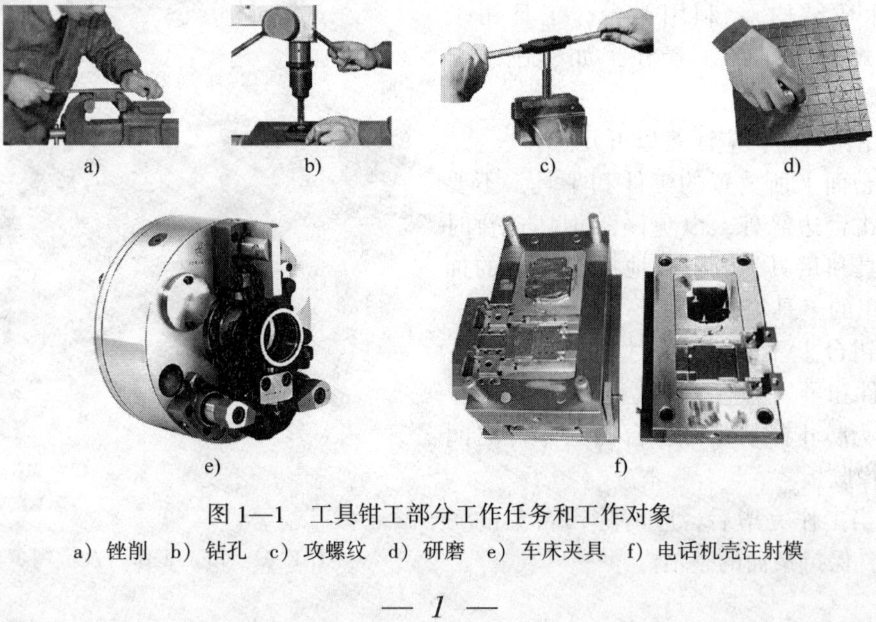

图 1—1　工具钳工部分工作任务和工作对象

a）锉削　b）钻孔　c）攻螺纹　d）研磨　e）车床夹具　f）电话机壳注射模

工具钳工的工作特点是手工操作多、灵活性强、工作范围广、技术要求高，且操作者本身的技能水平直接影响加工质量和生产效益。

二、工具钳工的工作场地

工具钳工的工作场地是指工具钳工固定的工作地点，该地点配备有专门的生产设备和工艺装备，比如钳工工作台、台虎钳、砂轮机、台钻、立钻等。

为了使操作者有一个良好的工作环境，提高劳动生产率和工件质量，保证安全生产，必须对工作场地进行合理的组织与安排。为此，必须做到以下几点：

（1）主要设备布局要合理。钳工工作台应安放在光线适宜、工作方便的地方，各工作台之间的距离应适当。面对面使用的工作台中间要装安全网，以防錾削时铁屑飞溅伤人，同时也便于挂放工作图纸及工艺文件。

（2）砂轮机、钻床等应安装在场地的边缘，尤其是砂轮机的位置，一定要安放在安全、可靠的地方，做到砂轮一旦碎裂飞出时不致伤人。

（3）毛坯、半成品和工件要分别摆放整齐，并尽量放在搁架上，以免磕碰。搁架的安放位置应考虑便于工作。

（4）工具、量具、夹具的摆放与保管要整齐合理，取用方便，不允许任意堆放，以防损坏。精密量具、工具要轻拿轻放。常用的工具、量具应放在工作位置附近，用后要及时维护与收藏。

（5）工作场地应保持清洁。工作完毕后，所用过的设备和工具都应该按要求进行清理或润滑，工具或量具应及时保养并放回到原来位置。工作场地要清扫干净，铁屑等污物要送到指定地点处理。

三、工具钳工的常用设备

1. 钳工工作台

钳工工作台简称钳台，也称钳桌，是钳工专用的工作台。钳台的高度一般以 800～900 mm 为宜，其长度和宽度由工作需要而定，台面上安装有台虎钳，如图 1—2 所示。为保证钳台工作时稳定，一般采用钢木结构（也可用木质结构）。利用钳台，工具钳工可完成常规的钳工加工操作，如錾削、锯削、锉削等。

在使用钳台时，应注意以下几点：

（1）台面上所放置的工件和工具，不要使其伸到钳台边缘外，以免碰落损坏；暂时不用的工具和量具，应整齐地放在钳台的抽屉或柜子里的工具箱中。

（2）钳台上不宜堆放重物或毛坯工件，对精密零件和量具应整齐摆放。

（3）为防止碰伤零件，台面与零件之间最好放置橡胶板。

（4）当工作完毕后，应清除钳台上的切屑等杂物，保持桌面的整洁。

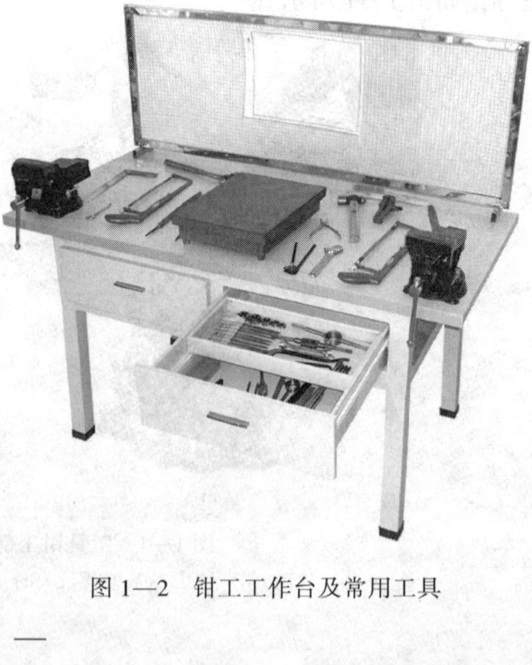

图 1—2　钳工工作台及常用工具

2. 台虎钳

台虎钳是用来夹持工件的。台虎钳的规格用钳口的宽度来表示，常用的有 100 mm、125 mm 和 150 mm 等。台虎钳有固定式和回转式两种，其中回转式台虎钳的钳身可以在底座上回转，因此使用较普遍。

台虎钳的结构如图 1—3 所示。当顺时针转动夹紧手柄 5 时，可使螺杆 6 在螺母中旋转，并带动活动钳身 4 向内移动，将工件夹紧；当逆时针旋转夹紧手柄 5 时，可使活动钳身向外移动，将工件松开。若要使台虎钳钳身转动一定角度，可逆时针方向转动锁紧手柄 8，扳动钳身使之转到所需角度，然后顺时针转动锁紧手柄 8 将台虎钳整体锁紧即可。

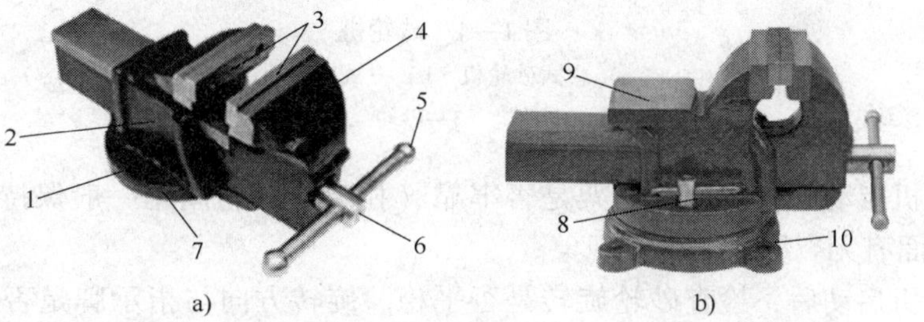

图 1—3　台虎钳

a）固定式台虎钳　b）回转式台虎钳

1—紧固螺栓安装孔　2—固定钳身　3—钳口　4—活动钳身　5—夹紧手柄
6—螺杆　7—固定底座　8—锁紧手柄　9—砧座　10—转盘底座

在使用台虎钳时应注意以下几点：

（1）台虎钳必须牢固地固定在钳台上，并使固定钳身的钳口工作面处于钳台边缘之外，以便在夹持长工件时不受钳台边缘的阻碍。

（2）夹持工件时要松紧适当，只能用手扳紧手柄，不得借助其他工具来扳动手柄夹紧，以防螺母或其他连接件因受力过大而损坏。

（3）在台虎钳上进行强力作业时，应尽量使力朝向固定钳身，否则将额外增加螺杆和螺母的载荷，以致造成螺纹的损坏。

（4）敲击作业应在砧座上进行，严禁在活动钳身的导轨面上进行敲击。

（5）对螺杆、螺母等活动表面应经常清洗、润滑，以防止生锈。

3. 砂轮机

砂轮机主要用来刃磨錾子、钻头、刀具及其他工具，也可用来磨去工件或材料上的毛刺、锐边等，其外形结构有台式和立式两种，如图 1—4 所示。

砂轮机主要由砂轮、电动机、防护罩、托架和机座等部分组成。其中砂轮由磨料与粘接剂等粘接而成，质地硬而脆，工作时转速较高，若使用不当会发生碎裂和人身事故，因此使用砂轮机时应遵守安全操作规程。

砂轮机的使用要点主要有：

（1）安装砂轮时一定要使砂轮平衡，并装上安全罩。砂轮装好后必须先试转 3 ~ 4 min，检查其转动是否平稳，方向是否正确，有无振动和其他不良现象。

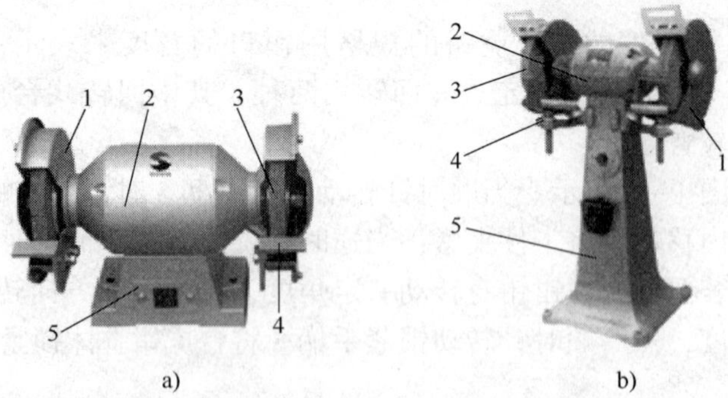

图 1—4　砂轮机

a）台式砂轮机　b）立式砂轮机

1—防护罩　2—电动机　3—砂轮　4—托架　5—机座

（2）砂轮机启动前，应检查托架是否牢靠（托架与砂轮间距一般保持在 3 mm 之内），并检查砂轮表面有无裂缝或不平整现象。

（3）砂轮机启动后，检查砂轮旋转是否平稳、旋转方向与指示牌是否相符，或有无其他故障存在。

（4）磨削必须在砂轮转速正常后进行。操作时人不要正对砂轮站立，而应站在砂轮的侧面或斜侧位置；磨削时，不能撞击砂轮，以免砂轮碎裂。

（5）对于长度小于 50 mm 的小件磨削，可用钳子或其他工具夹持，不要用手握。

（6）磨各种工具钢刀具和清理工件毛刺，应使用氧化铝砂轮；磨硬质合金刀具，应使用碳化硅砂轮。

（7）砂轮机使用完毕后，应随即切断电源。

4. 钻床

钻床是工具钳工常用的孔加工机床，在钻床上可进行钻孔、扩孔、铰孔、攻螺纹、锪孔和锪平面等多项操作，如图 1—5 所示。常用的钻床有台式钻床、立式钻床和摇臂钻床等。

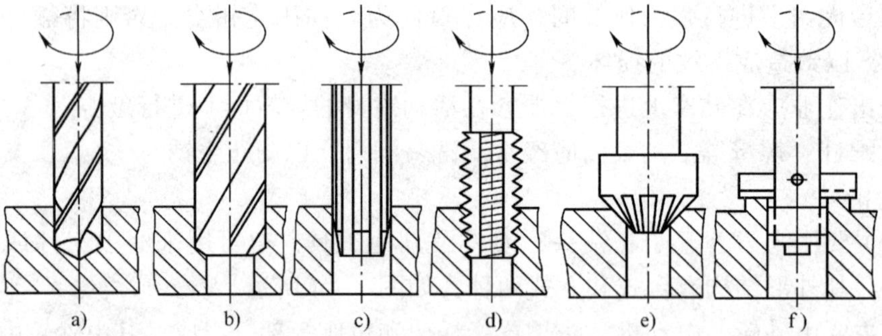

图 1—5　钻床的应用

a）钻孔　b）扩孔　c）铰孔　d）攻螺纹　e）锪孔　f）锪平面

（1）台式钻床

台式钻床简称台钻，是一种小型钻床，它具有结构简单、操作方便、生产效率高、灵活性强、易于维修等特点，应用较为广泛。其规格用最大钻孔直径来表示，常用的最大钻孔直径有 12 mm、6 mm 等几种。图 1—6 所示为 Z4112 型台式钻床的外形结构。

台钻的主轴一共有 5 级不同的转速（480 ~ 4 100 r/min），转速之间的转换主要依靠一组带轮，通过改变 V 带在带轮中的位置来实现转速的调节，如图 1—7 所示。主轴下端安装有莫氏 2 号短型圆锥，用来安装钻夹头。

台钻的主轴进给只有手动进给，并且一般都有控制钻孔深度的装置，如刻度盘、刻度尺、定位装置等；钻孔后，主轴能在平面蜗卷弹簧的作用下直接复位。由于台钻的主轴转速比较高（400 r/min 以上），因此不适合铰孔和攻螺纹等操作。

（2）立式钻床

立式钻床简称立钻，是一种中型钻床，其结构较为复杂，可实现自动进给，具有变速方便、使用范围广、性能全等特点，并配备了冷却系统，是钻床中应用较广的一种机床，其结构形式按立柱截面的形状可分为圆柱立柱式和方柱立柱式两种。立式钻床有多种型号，最大钻孔直径有 25 mm、35 mm、40 mm、50 mm 等几种。立式钻床适用于在单件、小批量生产中对各种中型工件进行钻孔、扩孔、铰孔、锪孔以及攻螺纹等加工。图 1—8 所示为 Z525B 型立式钻床的外形结构。

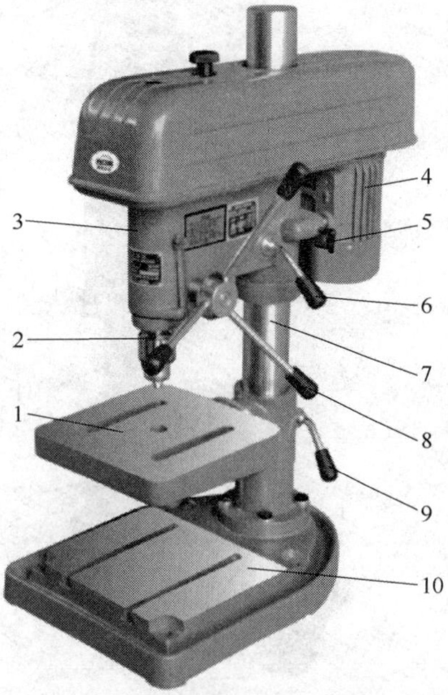

图 1—6　Z4112 型台式钻床

1—工作台　2—主轴　3—机头
4—电动机　5—皮带调整锁紧手柄
6—机头锁紧手柄　7—立柱　8—三星进给手柄
9—工作台锁紧手柄　10—底座

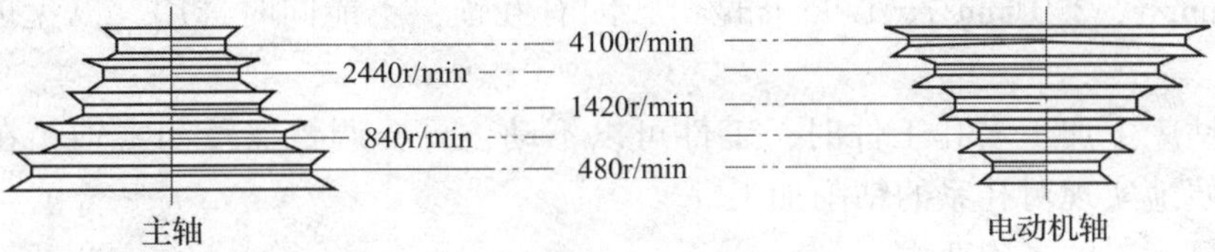

图 1—7　台式钻床主轴变速机构

立式钻床的切削工作由主轴的旋转运动和主轴的轴向移动两项运动来完成，其中主轴最高转速为 1 400 r/min，最低转速为 31. 5 r/min，且变速准确、灵敏；同时主轴还可获得 9 种不同的机动进给量，最大进给量为 1. 8 mm/r，最小进给量为 0. 056 mm/r。此外，机床可随时轻便地接通或切断电源。

（3）摇臂钻床

摇臂钻床是工具钳工使用的一种较为大型的钻加工设备，内部结构复杂。该类钻床大部分将机械、液压和电气控制融为一体，其自动化程度较高，适用于在中、大型零件上进行钻孔、扩孔、铰孔、锪平面及攻螺纹等工作，在有工艺装备的条件下，还可以进行镗孔，是具有广泛用途的万能型机床。图 1—9 所示为 Z3050×16（Ⅰ）型摇臂钻床的外形结构。

摇臂钻床的传动系统可实现主轴回转、主轴进给、摇臂升降及主轴箱在摇臂上的移动。其中主轴的进给有机动进给、手动进给、微动进给、定程切削等多种形式，可根据需要进行

图 1—8　Z525B 型立式钻床

1—底座　2—工作台　3—主轴　4—自动进给手柄
5—进给箱　6—主轴箱　7—主电动机　8—主轴变速手轮
9—进给量调节手柄　10—三星手动进给手柄
11—立柱　12—工作台升降手柄

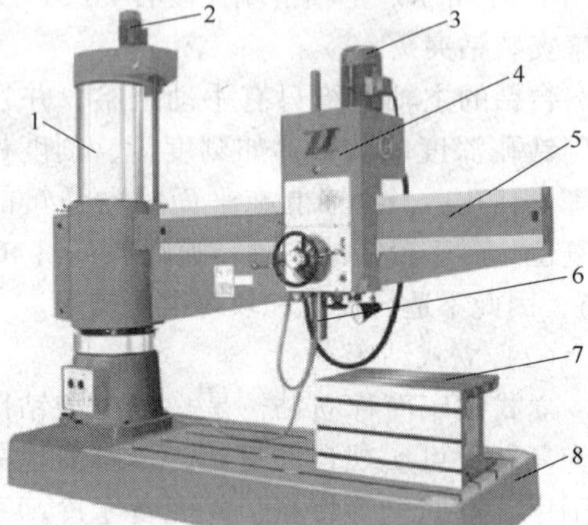

图 1—9　Z3050×16(Ⅰ)型摇臂钻床

1—立柱　2—升降电动机　3—主电动机
4—主轴箱　5—摇臂　6—主轴
7—工作台　8—底座

选择。值得注意的是，它有三级高转速（2 000 r/min、1 250 r/min、800 r/min）及三级大进给量（3.2 mm/r、2.0 mm/r、1.25 mm/r），因有互锁，不能同时选用，以免进给速度过大发生危险。

在摇臂钻床上加工多孔工件时，工件可以不动，只要调整摇臂和主轴箱在摇臂上的位置，即可方便地实现对孔系的钻削加工。

四、工具钳工的工作要求

（1）工作前按要求穿戴好防护用品，比如工作服、工作鞋帽等。

（2）不得擅自使用不熟悉的设备和工具。

（3）使用手提式风动工具时，要求接头牢靠。如采用风动砂轮时，应有完整的罩壳和按规定选用的砂轮。

（4）使用手提式电动工具时，插头必须完好无损，外壳接地，绝缘可靠，使用绝缘手套，脚下应垫干燥木板或橡胶垫；调换砂轮、钻头时必须切断电源；若发生故障，应立即停止使用。

（5）禁止使用无柄的刮刀、锉刀和滑口或烂牙的扳手等有缺陷的工具；凿削、磨削或装弹簧时不准面对旁人。

（6）对于大型、畸形工件的支撑或装夹要注意重心位置，以防因坠落而伤人。

（7）不能用手或嘴吹来清除切屑。

（8）禁止在行车吊起的工件下面进行任何操作。

(9) 毛坯、半成品应按规定摆放整齐，并随时清除油污、异物等。

(10) 搬运工件要防止碰伤拉毛，并注意安全。

五、6S 管理

"6S"由日本企业的"5S"扩展而来，是指在生产现场中对人员、机器、材料、方法等生产要素进行有效的管理，这是日本企业独特的一种管理办法。当前，我国部分企业已借鉴此管理理念和方法，其效果显著。"6S"是整理（Seiri）、整顿（Seiton）、清扫（Seiso）、清洁（Seiketsu）、素养（Shitsuke）、安全（Security）这 6 个词的缩写。

1. 6S 管理的基本内容与要求

(1) 整理

区分要与不要的东西，现场不需要的东西坚决清除，做到生产现场无不用之物。通过整理，可以有效地提高场地的利用率，行道通畅，消除混乱。

整理是对停滞物的管理，重点是区分要与不要，在每个人的工位上，以及每台设备（包括工具箱）的周围，彻底搜寻不需要的东西，坚决、果断地清理出现场。

(2) 整顿

把必要的东西定位放置，使用时随时能找到，减少寻找时间。现场整齐，一目了然，没有不安全因素，没有"跑、冒、滴、漏"现象。

整顿是对整理后需要的东西的整顿。其要点是：需要的东西定置摆放，能做到过目知数，用完的物品归还原位，工装器具要按类别、规格摆放整齐；其核心是每个人都参加整顿，在整顿过程中制定各种管理规范，人人遵守，贵在坚持，同时也为提高工作效率打下基础。

(3) 清扫

将生产和工作现场的灰尘、油污、垃圾清除干净，提高设备以及工装夹具的清洁度和润滑度，保证工作现场地面整洁、干净。其要点是：每个人要把自己用的东西清扫干净，清扫的目的就是要使生产时弄脏的现场恢复干净。

(4) 清洁

整理、整顿、清扫这三项的坚持与深入就是清洁，同时也包括对人体有害的油、尘、噪声、有毒气体的根除。其要点是：坚持和保持，不搞突击。

(5) 素养

培养现场作业人员执行作业、遵守现场规章制度的习惯和作风，提高人员的素质，这是"6S"活动的核心。

(6) 安全

重视安全教育，每时每刻都有"安全第一"的观念，每个人都必须按安全操作规程作业，防患于未然。其目的是：建立起安全生产的环境，所有的工作都应建立在安全的前提下。

2. 6S 管理的目的

6S 管理是通过规范现场、现物，为企业员工提供一个安全的作业场所，创造一个干净、整洁、舒适的工作场所和空间环境，营造企业特有的文化氛围，培养员工遵章守纪，养成良好的工作习惯。其最终目的是提高员工素养、企业整体形象和管理水平，从而达到规范化管理的目的。

技能训练

一、熟悉钳工工作环境

1. 训练要求

（1）熟悉钳工工作场地，了解场地内的主要设施和装备。

（2）能合理摆放钳工工作所用的工具、量具以及其他用具。

（3）掌握钳工安全生产基本要求及工作规范。

2. 训练设施

（1）场地设施和装备（如工作台、台虎钳、砂轮机等）。

（2）钳工常用工具、量具及其他用具。

（3）其他辅助设施和物品。

3. 训练内容

（1）穿戴好工作服，做好工作前的准备。

（2）学习钳工安全文明生产基本要求和工作规则。

（3）在教师的引领下，逐一识别场地内的设施和装备，列出它们的名称、数目和功用，并对照场地工作要求检查场地的四周及设备的安放情况。

（4）识别钳工常用的工具、量具及其他用具，列出它们的名称和功用；按照安全文明生产要求在钳台上摆放工具、量具及其他用具。

（5）检查钳工工位的高度。检查的方法是人在台虎钳前站立，握拳、弯曲手臂，使拳头轻抵下颚，手肘下端应刚好与台虎钳钳口上面接触，如图1—10所示。若达不到要求，则需要调整钳台的高度或在地上垫脚踏板以提高人的高度。

图1—10　检查钳工工位

（6）使用台虎钳进行装夹工件的训练。

4. 训练要点

（1）在检查钳工工位时，可根据学生的高矮进行分组、分工位训练。

（2）在使用台虎钳装夹工件时，可选用不同形状、大小、厚薄的工件来训练，比如装夹薄板件、管子和一些形状复杂的异形件等。

5. 成绩评定（表1—1）

表1—1　熟悉钳工工作环境实习记录与成绩评分表

<table>
<tr><td>训练课题</td><td colspan="7">熟悉钳工工作环境</td></tr>
<tr><td>姓名</td><td></td><td>工件号</td><td></td><td>班级</td><td></td><td>总得分</td><td></td></tr>
<tr><td>项次</td><td colspan="2">项目与技术要求</td><td>配分</td><td colspan="2">评分标准</td><td>实测结果</td><td>得分</td></tr>
<tr><td>1</td><td colspan="2">穿戴服装与准备工作</td><td>15</td><td colspan="2">每差一项扣5分</td><td></td><td></td></tr>
<tr><td>2</td><td colspan="2">熟知岗位工作要求</td><td>15</td><td colspan="2">每差一项扣2分</td><td></td><td></td></tr>
<tr><td>3</td><td colspan="2">记录、核对钳工常用设备</td><td>15</td><td colspan="2">每差一项扣3分</td><td></td><td></td></tr>
</table>

续表

训练课题	熟悉钳工工作环境					
姓名		工件号	班级		总得分	
项次	项目与技术要求		配分	评分标准	实测结果	得分
4	记录、核对钳工常用工具		15	每差一项扣3分		
5	摆放工、量具及其他用具		15	每差一项扣2分		
6	使用台虎钳装夹工件		15	按实际情况记分		
7	安全文明生产		10	违者不得分		
现场记录						

二、熟知钳工工作内容

1. 训练要求

（1）熟知钳工工作的基本内容及其应用规范。

（2）熟知钳工常用工具的功能及应用范围。

2. 训练设施

（1）钳工生产作业场所及相应的装备设施。

（2）专业教学场所及相应的仿真教学设施。

（3）其他辅助设施和物品。

3. 训练内容

（1）通过参观钳工生产作业场所来熟悉钳工的工作内容。

（2）通过观看有关的专业教学视频来熟悉钳工的工作内容。

4. 训练要点

（1）在有条件的情况下，最好以企业的实际生产车间来作为钳工生产作业的教学场所，使学生迅速地熟悉钳工的工作内容。

（2）在熟悉钳工工作内容时，要求学生对工作项目进行归类，相互之间进行识别训练。

5. 成绩评定（表1—2）

表1—2　熟知钳工工作内容实习记录与成绩评分表

训练课题	熟知钳工工作内容				
姓名		班级	排序号	总评结果	
项次	项目与技术要求	评定标准		实评结果	备注
1	划线	按3个等级A、B、C评定			A—优秀 B—良好 C—合格
2	錾削	按3个等级A、B、C评定			
3	锯削	按3个等级A、B、C评定			
4	锉削	按3个等级A、B、C评定			
5	刮削	按3个等级A、B、C评定			
6	研磨	按3个等级A、B、C评定			
7	抛光	按3个等级A、B、C评定			

续表

<table>
<tr><td>训练课题</td><td colspan="7">熟知钳工工作内容</td></tr>
<tr><td>姓名</td><td></td><td>班级</td><td></td><td>排序号</td><td></td><td>总评结果</td><td></td></tr>
<tr><td>项次</td><td colspan="2">项目与技术要求</td><td colspan="3">评定标准</td><td>实评结果</td><td>备注</td></tr>
<tr><td>8</td><td colspan="2">孔加工</td><td colspan="3">按 3 个等级 A、B、C 评定</td><td></td><td rowspan="7">A—优秀
B—良好
C—合格</td></tr>
<tr><td>9</td><td colspan="2">螺纹加工</td><td colspan="3">按 3 个等级 A、B、C 评定</td><td></td></tr>
<tr><td>10</td><td colspan="2">装配</td><td colspan="3">按 3 个等级 A、B、C 评定</td><td></td></tr>
<tr><td>11</td><td colspan="2">检验</td><td colspan="3">按 3 个等级 A、B、C 评定</td><td></td></tr>
<tr><td>12</td><td colspan="2">安装</td><td colspan="3">按 3 个等级 A、B、C 评定</td><td></td></tr>
<tr><td>13</td><td colspan="2">维修</td><td colspan="3">按 3 个等级 A、B、C 评定</td><td></td></tr>
<tr><td>14</td><td colspan="2">其他工作</td><td colspan="3">按 3 个等级 A、B、C 评定</td><td></td></tr>
<tr><td>现场记录</td><td colspan="7"></td></tr>
</table>

课题二 工具钳工常用测量器具及应用

为了保证零件和产品的质量，在生产中必须用相关测量器具对零件或产品的尺寸及形状进行有效的测量和检验。根据国家标准 GB/T 17164—2008《几何量测量器具术语　产品术语》以及测量器具的用途和特点，测量器具分为长度测量器具、角度测量器具、形位误差测量器具、表面结构质量测量器具、齿轮测量器具、螺纹测量器具以及其他测量器具七大类。

一、长度测量器具

长度测量器具分为量具类、卡尺类、千分尺类和指示表类等。工具钳工常用的有量规、塞尺、游标卡尺、千分尺、指示表、量块等。

1. 量规

（1）塞规

如图 1—11 所示，塞规是指用于孔径检验的光滑极限量规（具有以孔径或轴径的上极限尺寸和下极限尺寸为标准测量面，能以包容原则反映被检孔或轴边界条件的实物量具），其测量面为外圆柱面。其中，圆柱直径具有被检孔径下极限尺寸的为孔用通规，具有被检孔径上极限尺寸的为孔用止规。

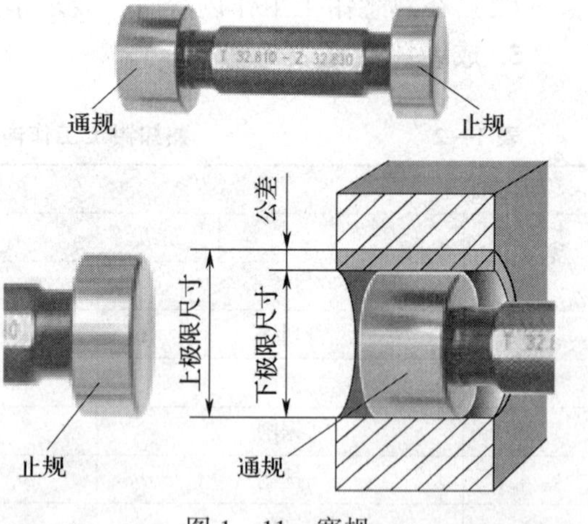

图 1—11　塞规

塞规是一种专用测量器具，它不能读出被测零件的实际尺寸值，但是能判断被测零件的尺寸是否合格。当用塞规检验工件时，如果通规能通过，止规不能通过，这就说明这个零件尺寸是合格的，否则为不合格。

（2）卡规

卡规是用来检验零件外形尺寸的量具，其工作原理和使用方法与塞规一样，如图 1—12 所示。

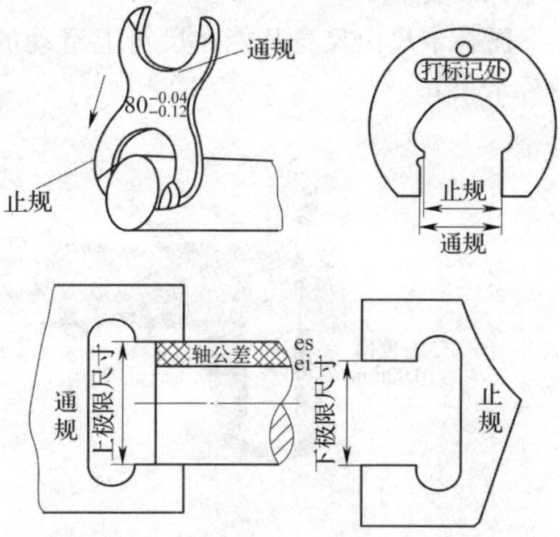

图 1—12　卡规

2. 塞尺

如图 1—13 所示，塞尺是指具有准确厚度尺寸的单片或成组的薄片，用于检验间隙的实物量具，其厚度尺寸系列见表 1—3。其中，成组塞尺由多片厚度不同的单片塞尺组成。

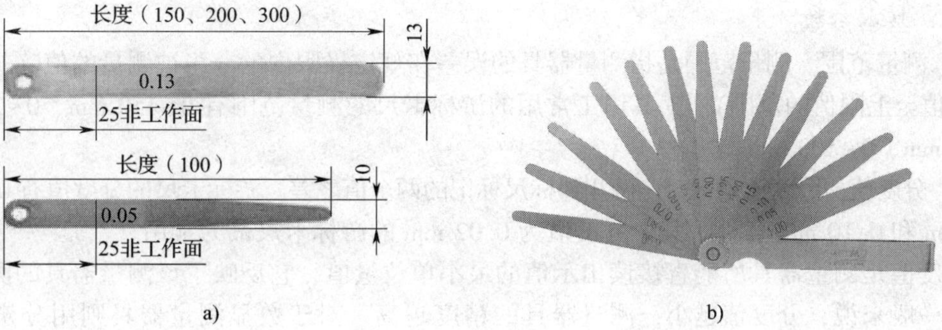

图 1—13　塞尺

a）单片塞尺　b）成组塞尺

表 1—3　　塞尺厚度尺寸系列（摘自 GB/T 22523—2008）

厚度尺寸系列/mm	间距/mm	数量
0. 02，0. 03，0. 04，…，0. 10	0. 01	9
0. 15，0. 20，0. 25，…，1. 00	0. 05	18

塞尺使用前必须先清除塞尺和工件上的污垢与灰尘。使用时可用一片或数片重叠插入间隙，以稍感拖滞为宜。测量时动作要轻，不允许硬插，也不允许测量温度较高的零件。使用完毕，应将塞尺擦拭干净，并涂上一薄层工业凡士林，然后将塞尺折回夹框内，以防锈蚀、弯曲、变形而损坏。

3. 游标卡尺

游标卡尺是指利用游标原理对两同名测量面相对移动分隔的距离进行读数的测量器具。它具有结构简单、使用方便、精度中等及测量尺寸范围大等特点，可用来测量零件的外径、内径、长度、宽度、厚度、深度和孔距等，是一种应用较为广泛的常用量具。

（1）结构

游标卡尺由尺身及能在尺身上滑动的游标等组成，其具体结构如图 1—14 所示（普通游标卡尺）。

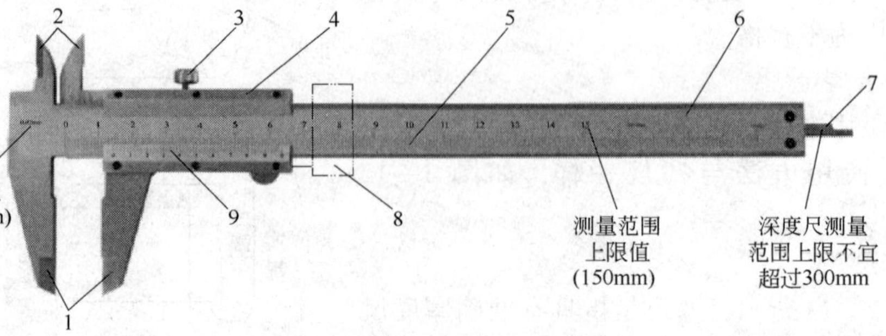

图 1—14　测量范围为 150 mm 的普通游标卡尺

1—外测量爪　2—内测量爪　3—制动螺钉　4—尺框　5—主标尺

6—尺身　7—深度尺　8—微动装置　9—游标尺

（2）基本参数

1）测量范围。测量范围是指测量器具的误差在规定极限内的一组被测量的值（被测量值的下限值至上限值的范围）。工具钳工常用的游标卡尺的测量范围有 0～150 mm、0～200 mm、0～300 mm、0～500 mm 等几种。

2）分度值。分度值是指对应两相邻标尺标记的两个值之差。游标卡尺的分度值有 0. 02 mm、0. 05 mm 和 0. 10 mm 三种，其中分度值为 0. 02 mm 的游标卡尺最为常用。

分度值是测量器具所能直接读出示值的最小单位量值，它反映了该测量器具的测量精度高低。一般来说，分度值越小，测量器具的精度越高。对于数显测量器具则用分辨力（能被有效辨别的显示装置的示值间的最小差异）来表示。

3）最大允许误差。最大允许误差又称允许误差极限，是指对于测量器具，由技术规范、规程等允许的误差极限值，它是测量器具本身各种误差的综合反映。游标卡尺外测量的最大允许误差见表 1—4。

表 1—4　　游标卡尺外测量的最大允许误差（摘自 GB/T 21389—2008）　　mm

测量范围	最大允许误差		
	分度值		
	0. 02	0. 05	0. 10
0～70	±0. 02	±0. 05	±0. 10
0～150	±0. 03		
0～200			
0～300	±0. 04	±0. 06	
0～500	±0. 05	±0. 07	
0～1 000	±0. 07	±0. 10	±0. 15

（3）标记原理（以分度值为 0.02 mm 的游标卡尺为例）

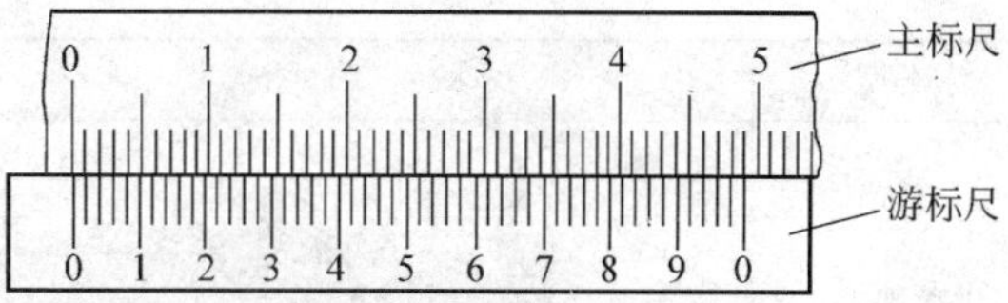

图 1—15　分度值为 0.02 mm 游标卡尺的标记原理

如图 1—15 所示，尺身上主标尺间距（每小格长度）为 1 mm，当两爪合并时，游标尺上的 50 格刚好与主标尺上的 49 mm 对正，则游标尺间距（每小格长度）为 49/50 = 0.98 mm，主标尺间距与游标尺间距相差 1-0.98 = 0.02 mm，即 0.02 mm 就是该游标卡尺的分度值（最小读数值）。

（4）读数方法（以分度值为 0.02 mm 的游标卡尺为例）

游标卡尺是以游标尺零线为基准进行读数的，其读数步骤为：

1）读整数。在主标尺上读出位于游标尺零线左边最接近的整数值，如图 1—16 为 24 mm。

2）读小数。用游标尺上与主标尺对齐的刻线格数，乘以游标卡尺的分度值，读出小数部分，如图 1—16 为 27 格×0.02 mm = 0.54 mm。

3）求和。将两项读数值相加，即为被测尺寸，即图 1—16 为 24 mm + 0.54 mm = 24.54 mm。

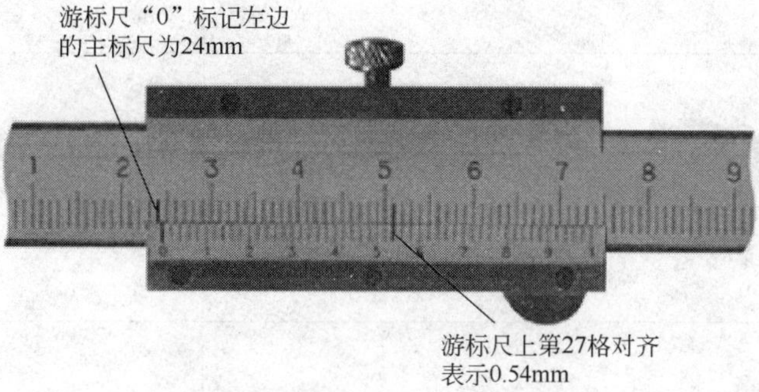

图 1—16　分度值为 0.02 mm 游标卡尺的示值读取方法

（5）其他常用游标卡尺

游标卡尺按其结构和用途的不同，除普通游标卡尺外，还有带台阶测量面游标卡尺、微视差游标卡尺、带圆弧内测量爪游标卡尺等。各类游标卡尺的结构及特点见表 1—5。

表 1—5　　其他游标卡尺结构及特点

类型	图　示	特　点
带台阶测量面游标卡尺	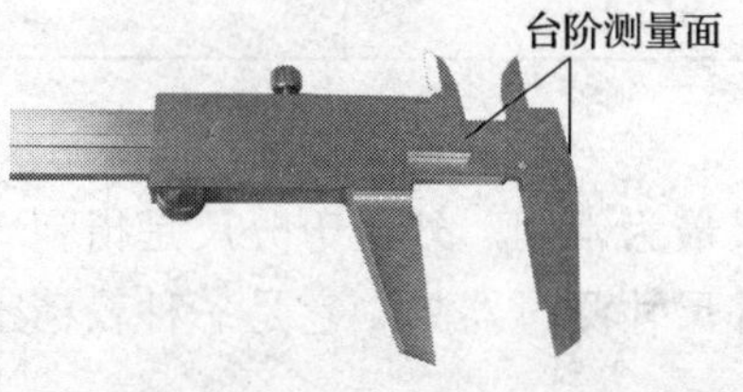	在普通游标卡尺的基础上，增加了台阶测量面，可测量零件的台阶尺寸

续表

类型	图　示	特　点
微视差游标卡尺	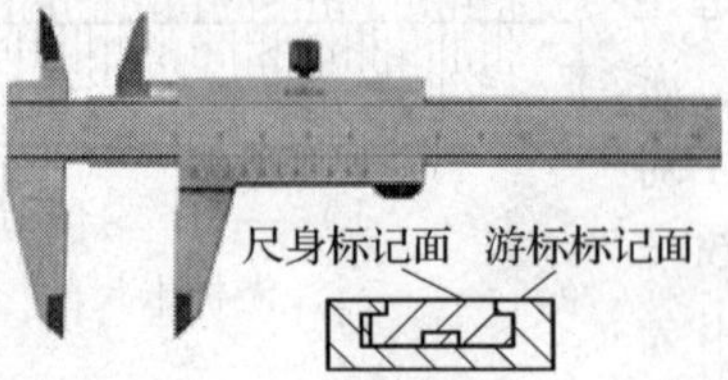	此类游标卡尺是将主标尺标记表面与游标尺标记表面制作在同一平面内，以便减少视差
带圆弧内测量爪游标卡尺	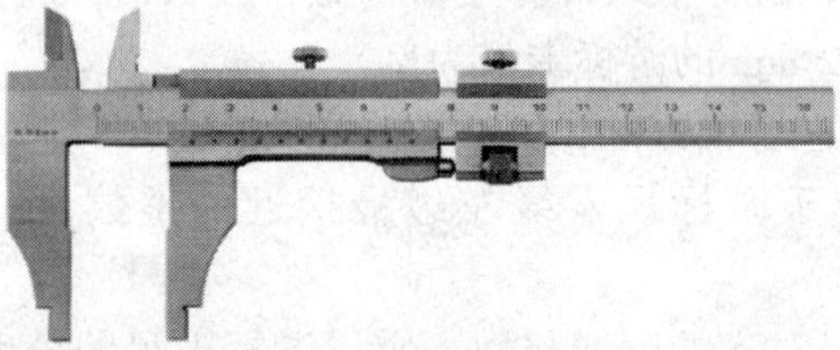	在下测量爪上附加圆弧内测量爪，以便于测量孔径（读取示值应减去内测量爪的尺寸）
数显卡尺	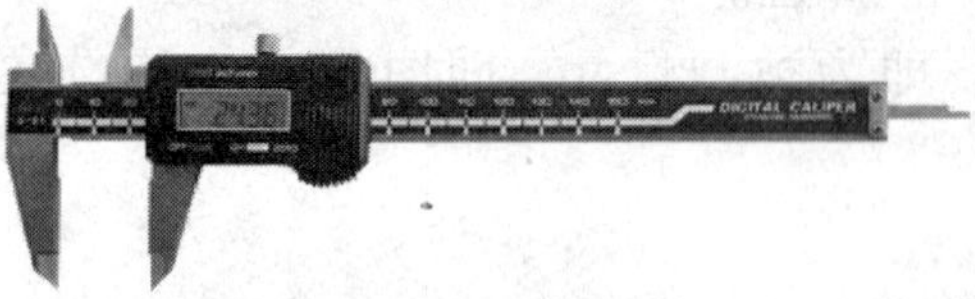	此类卡尺用分辨力（一般为 0.01 mm）来代替分度值，测量时直接由显示器显示示值，读数直观，使用方便
带表卡尺	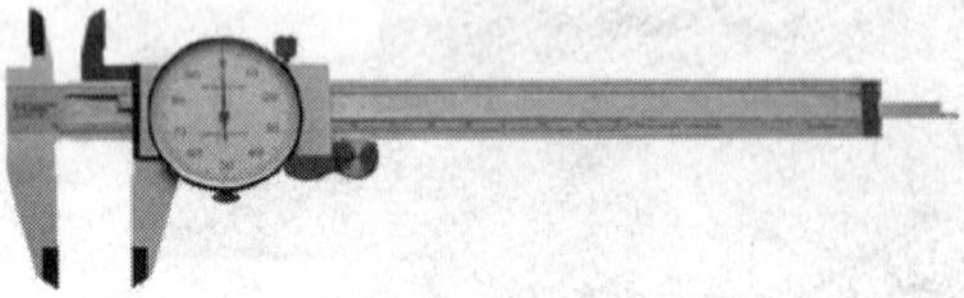	它是由指示表标记代替游标读数。与普通卡尺相比，具有标记放大作用，读数准确、方便。其分度值一般为 0.01 mm
游标深度卡尺		主要用来测量孔的深度、台阶的高度和沟槽深度等
游标高度卡尺	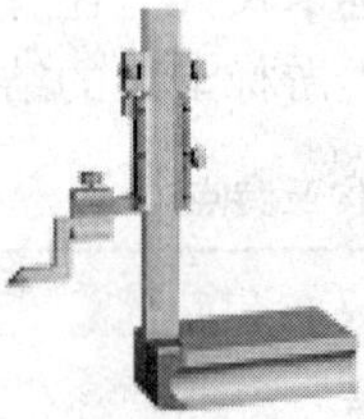	主要用来测量零件的高度和划线

4. 千分尺

千分尺的种类很多，其中外径千分尺最为常用。外径千分尺是指利用螺旋副原理，对尺架上两测量面间分隔的距离进行读数的外尺寸测量器具。它是一种较精密量具，用来测量加工精度要求较高的零件。

(1) 外径千分尺的结构

外径千分尺主要由尺架、测砧、测微螺杆、固定套管、微分筒和测力装置等组成，其具体结构如图 1—17 所示。

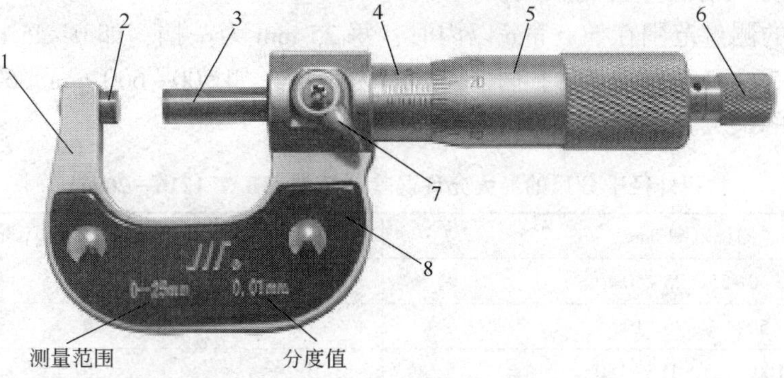

图 1—17　外径千分尺的结构

1—尺架　2—测砧　3—测微螺杆　4—固定套管

5—微分筒　6—测力装置（棘轮）　7—锁紧装置　8—隔热板

(2) 外径千分尺的分度值

外径千分尺的分度值有 0. 01 mm 和 0. 001 mm、0. 002 mm、0. 005 mm 等几种（分度值为 0. 001 mm、0. 002 mm、0. 005 mm 的称为微米千分尺），其中分度值为 0. 01 mm 的外径千分尺最为常用。

(3) 外径千分尺的标记原理

如图 1—18 所示，在固定套管的基准线两侧分别有两排标记，标有数字的一排间距为 1 mm，另一排为每毫米标记的中分线，即上、下两相邻标记的间距为 0. 5 mm；在微分筒圆锥面的圆周上有 50 个等分标记。由于外径千分尺测微螺杆的螺距为 0. 5 mm，因此，当微分筒（与测微螺杆相连接）旋转 1 周时，测微螺杆就轴向移动 0. 5 mm。若微分筒旋转 1/50 周（转过 1 格）时，则测微螺杆移动的轴向距离为 0. 5 mm÷50＝0. 01 mm。由此可知，外径千分尺的分度值为 0. 01 mm。

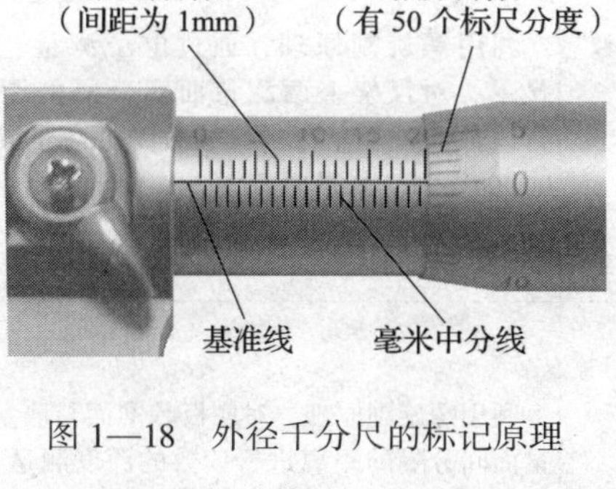

图 1—18　外径千分尺的标记原理

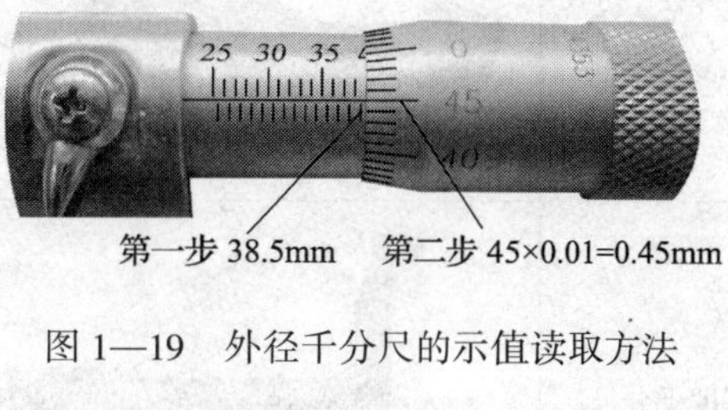

图 1—19　外径千分尺的示值读取方法

(4) 外径千分尺的示值读取方法

外径千分尺的示值读取可分三步，以图 1—19 所示的示值读取为例进行说明。

1) 读出固定套管上标尺所显示的最大数值（38. 5 mm）。

2）在微分筒上找到与基准线对齐的标记，再乘以分度值（45×0. 01＝0. 45 mm）。当微分筒上的标尺标记与基准线不对齐时，应估读到小数点第三位数。

3）把两个读数相加即得到该千分尺所显示的示值（38. 5+0. 45＝38. 95 mm）。

（5）外径千分尺的测量范围及最大允许误差

外径千分尺的测量范围在 500 mm 以内时，每 25 mm 为一挡，如 0～25 mm、25～50 mm 等；测量范围在 500～1 000 mm 时，每 100 mm 为一挡，如 500～600 mm、600～700 mm 等。常用外径千分尺的最大允许误差见表 1—6。

表 1—6　　常用外径千分尺的最大允许误差（摘自 GB/T 1216—2004）

测量范围/mm	最大允许误差/μm
0～25，25～50	4
50～75，75～100	5
100～125，125～150	6
150～175，175～200	7

（6）其他常用千分尺

除外径千分尺外，常用的还有杠杆千分尺、数显外径千分尺、深度千分尺、两点内径千分尺、三爪内径千分尺、内测千分尺等，见表 1—7。其原理与测量方法基本上类似于外径千分尺，只是测量范围和分度值不同而已。

表 1—7　　其他常用千分尺

名称	图　示	特　点
杠杆千分尺	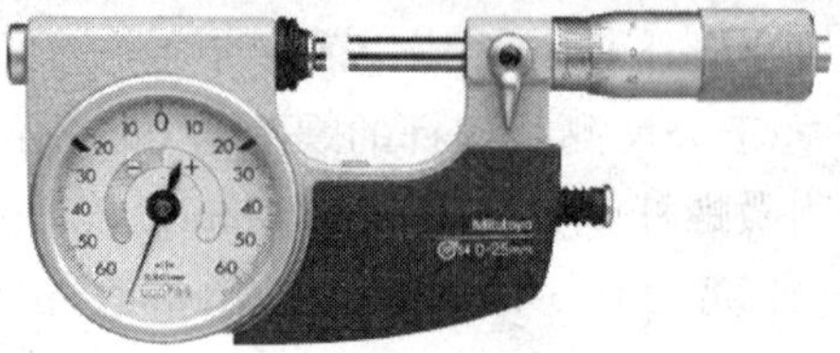	利用杠杆传动机构及螺旋副原理，对尺架上两测量面间分隔的距离通过指示表和微分筒标尺进行读数，并可由指示表读取两测量面间微小位移量的微米级外径千分尺。指示表的分度值为 0. 001 mm 或 0. 002 mm
数显外径千分尺		利用螺旋副原理，通过电子测量、数字显示，对尺架上两测量面间分隔的距离进行读数的外径千分尺。其分辨力高于或等于 0. 001 mm，测量时直观、方便
深度千分尺	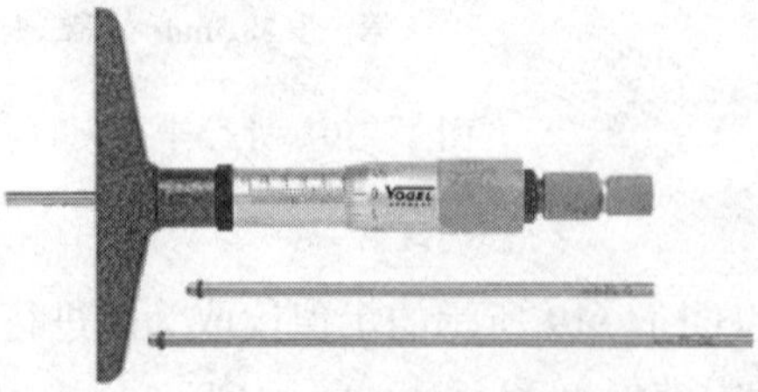	利用螺旋副原理，对底板基准面与测量杆测量面间分隔的距离进行读数的深度测量器具。主要用来测量孔的深度、台阶的高度和沟槽深度

续表

名称	图　示	特　点
两点内径千分尺	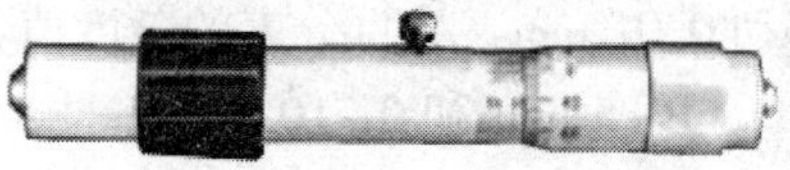	利用螺旋副原理，对主体两端球形测量面间分隔的距离进行读数的内尺寸测量器具。主要用来测量孔径尺寸
三爪内径千分尺	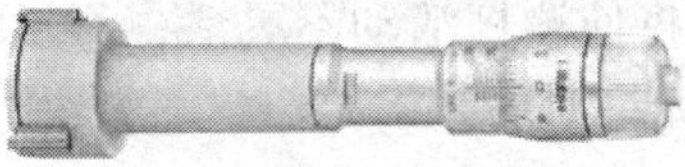	利用螺旋副原理，通过旋转塔形阿基米德螺旋体或移动锥体使三个测量爪作径向位移，使其与被测量内孔接触，对内孔尺寸进行读数的内径千分尺
内测千分尺	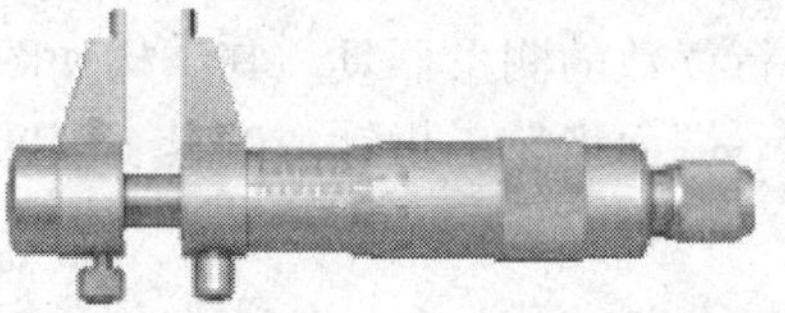	具有两个圆弧测量面，适用于测量内尺寸的千分尺

5. 指示表

指示表是指利用机械传动系统，将测杆的直线位移转变为指针在度盘上的角位移，并由度盘进行读数的测量器具。其中，分度值为 0.01 mm 的称为百分表；分度值为 0.001 mm 和 0.002 mm 的称为千分表。指示表常用来测量工件的尺寸、形状和位置误差。

（1）普通百分表

1）结构。普通百分表的结构如图 1—20 所示，主要由测头、测杆、大小齿轮、指针、度盘、表圈等组成。

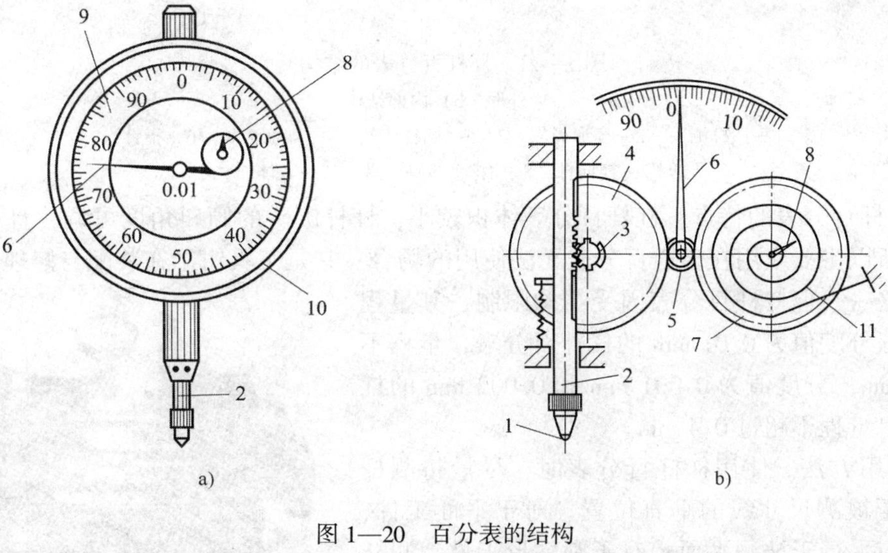

a)　　b)

图 1—20　百分表的结构

a）外形　b）传动原理

1—测头　2—测杆　3—小齿轮（$z=16$）　4、7—大齿轮（$z=100$）　5—小齿轮（$z=10$）　6—指针　8—转数指针　9—度盘　10—表圈　11—拉簧

2）标记原理。百分表测杆的周节是 0.625 mm。当齿杆上升 16 齿时（即上升 0.625×16=10 mm），16 齿的小齿轮正好转 1 周，与之同轴的大齿轮（$z=100$）也转 1 周，就带动齿数为 10 的小齿轮和长指针转 10 周。当齿杆移动 1 mm 时，长指针转一周。由于度盘上共等分 100 格，所以长指针每转一格，表示齿杆移动 0.01 mm，故百分表的分度值为 0.01 mm。

普通百分表的测量范围一般有 0~3 mm、0~5 mm 和 0~10 mm 三种。

3）使用方法。使用时，必须把百分表固定在表架或可靠的夹持架上；测量时，不要使测杆的行程超过它的测量范围；测量平面时，百分表的测杆要与被测平面垂直；测量圆柱形工件时，测杆要与工件的中心线垂直，否则将使测杆活动不灵活，测量结果不准确；为方便读数，在测量前一般将指针与度盘的“0”标记对齐。

（2）杠杆百分表

1）杠杆百分表的结构。杠杆百分表是指利用机械传动系统，将杠杆测头的摆动位移转变为指针在度盘上的角位移，并由度盘进行读数的测量器具。其结构如图 1—21 所示，主要由表体、杠杆测头、扇形齿轮、圆柱齿轮、端面齿轮、指针、度盘、表圈等组成。

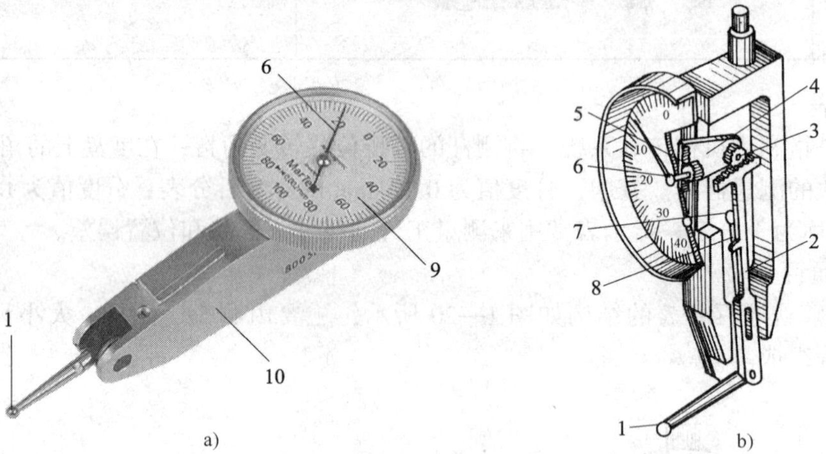

图 1—21　杠杆百分表的结构

a）外形　b）内部结构

1—杠杆测头　2—扇形齿轮　3、5—圆柱齿轮　4—端面齿轮　6—指针

7—换向杆　8—钢丝　9—度盘　10—表体

2）杠杆百分表的特点。杠杆百分表体积较小，杠杆测头的倾斜角度可调，且可变换测量方向，所以主要应用在普通百分表无法使用的场合。它是工具钳工在装配与修理中常用的测量器具之一。但杠杆百分表因受结构限制，其量程较小，一般分度值为 0.01 mm 的杠杆百分表，量程不超过 1.6 mm；分度值为 0.001 mm 和 0.002 mm 的杠杆千分表，量程不超过 0.4 mm。

3）使用方法。使用杠杆百分表时，尽量将测杆轴线调整至被测尺寸线的垂直位置。对于平面工件，测杆轴线应平行于被测平面；对于圆柱形工件，测杆的轴线要与过被测母线的相切面平行，否则会产生较大误差，如图 1—22 所示。

图 1—22　杠杆百分表的使用

（3）内径百分表

如图 1—23 所示，内径百分表主要用于测量孔径和孔的形状误差，对于测量深孔极为方便。使用时，测头通过表内摆块使测量杆上移，推动百分表指针转动而指出读数。测量完毕，在弹簧的作用下，测头会自动回位。

由于内径百分表是通过更换固定测头来改变内径百分表的测量范围，其示值误差较大，一般为±0. 015 mm，因此，在每次测量前都必须用千分尺进行校对。

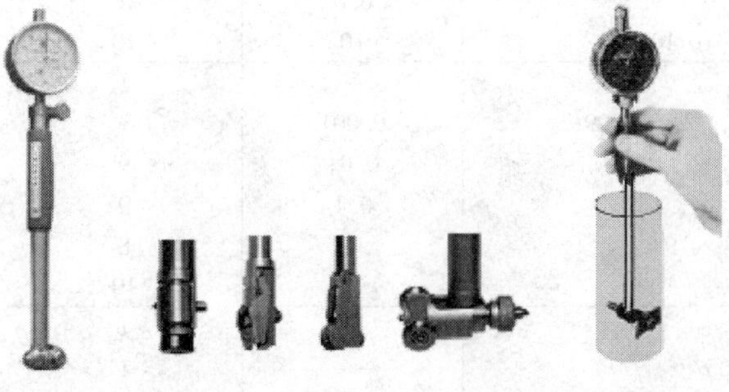

a)　　　　b)　　　　c)

图 1—23　内径百分表的使用

a）实物图　b）测头形式　c）测量内孔

图 1—24　成套量块

6. 量块

量块是指具有一对相互平行测量面，且两平面间具有准确尺寸，其截面为矩形的实物量具，如图 1—24 所示。量块主要用于量具和量仪的检验校正、精密划线和精密机床的调整以及较高精度零件的测量。

（1）量块的结构

如图 1—25 所示，量块有两个工作面和四个非工作面，工作面是一对相互平行且平面误差及表面粗糙度 *Ra* 值极小的平面（即测量面），并具有较好的研合性，其准确度等级分为 K 级、0 级、1 级、2 级和 3 级共五个级别（K 级最高，3 级最低）。按量块的材质分为钢制量块、硬质合金量块和陶瓷量块等。

（2）量块的应用

为了便于使用和管理，量块一般成套组装在特制的木盒中。常用成套量块的标称长度和块数见表 1—8。

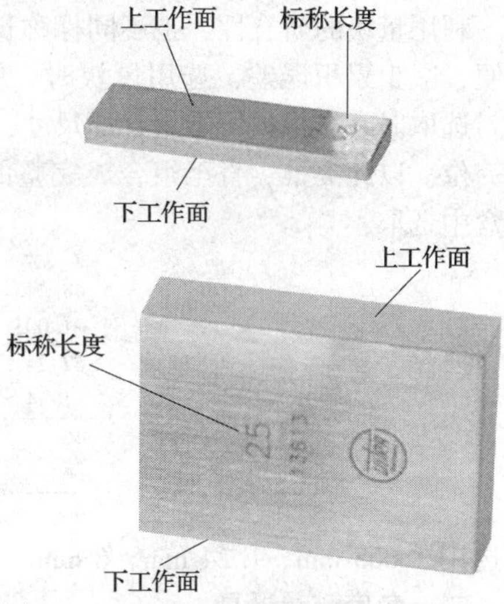

图 1—25　量块结构

表 1—8　　常用成套量块的标称长度和块数（摘自 GB/T 6093—2001）

套别	总块数	级别	尺寸系列/mm	间隔/mm	块数
1	91	0，1	0. 5	—	1
			1	—	1
			1. 001，1. 002，…，1. 009	0. 001	9
			1. 01，1. 02，…，1. 49	0. 01	49
			1. 5，1. 6，…，1. 9	0. 1	5
			2. 0，2. 5，…，9. 5	0. 5	16
			10，20，…，100	10	10

续表

套别	总块数	级别	尺寸系列/mm	间隔/mm	块数
2	83	0，1，2	0.5	—	1
			1	—	1
			1.005	—	1
			1.01，1.02，…，1.49	0.01	49
			1.5，1.6，…，1.9	0.1	5
			2.0，2.5，…，9.5	0.5	16
			10，20，…，100	10	10
3	46	0，1，2	1	—	1
			1.001，1.002，…，1.009	0.001	9
			1.01，1.02，…，1.09	0.01	9
			1.1，1.2，…，1.9	0.1	9
			2，3，…，9	1	8
			10，20，…，100	10	10
4	38	0，1，2	1	—	1
			1.005	—	1
			1.01，1.02，…，1.09	0.01	9
			1.1，1.2，…，1.9	0.1	9
			2，3，…，9	1	8
			10，20，…，100	10	10

利用量块的研合性，把不同标称长度的量块进行组合，可得到所需要的尺寸。为了工作方便，减少累积误差，选用量块时，应尽可能选用最少的组合块数，一般情况下不超过5块。选取时，应根据所需组合的尺寸，从最后一位数字开始，每选一块，至少减少组合尺寸的一位，以此类推，直至组合成完整的尺寸。例如，所要尺寸为48.245 mm，从83块一套的盒中选取：

48.245	组合尺寸
-1.005	第一块量块标称长度
47.24	
-1.24	第二块量块标称长度
46	
-6	第三块量块标称长度
40	第四块量块标称长度

即选用1.005 mm、1.24 mm、6 mm、40 mm量块共4块。

二、角度测量器具

角度测量器具按制造原理和测量方式可分为固定式角度测量器具（如角度块、直角尺、圆锥量规等）、可调式角度测量器具（如游标万能角度尺、正弦规）以及光学类角度测量器具等。其中，直角尺和游标万能角度尺是工具钳工最常用的角度测量器具。

1. 直角尺

直角尺是指测量面与基面相互垂直，用以检验直角、垂直度和平行度误差的测量器具。它具有结构简单、使用方便、制造精度高、稳定性好等特点。常用直角尺有刀口形直角尺、平面形直角尺和宽座直角尺，如图1—26所示。

（1）直角尺的精度等级

直角尺的精度等级分为00级、0级、1级和2级共四个级别，其中00级直角尺主要用

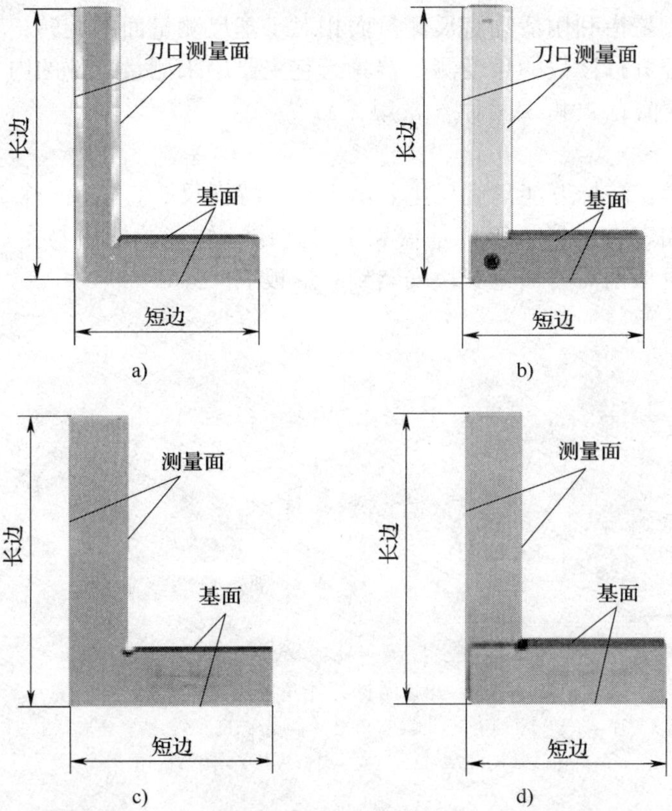

图 1—26 直角尺的结构

a）平面刀口形直角尺 b）宽座刀口形直角尺 c）平面形直角尺 d）宽座直角尺

于检验量具，0 级一般用于检验较精密工件，1 级和 2 级用于检验一般精度的工件。

（2）直角尺的使用注意事项

1）使用前，必须将直角尺和工件被测面擦干净。

2）如图 1—27 所示，先将直角尺的基面紧贴工件的测量基准面，然后逐步慢慢向下移动（直角尺基面不可与工件基准面分离），使直角尺的测量面与工件的被测表面接触，用眼睛平视观察透光情况，凭经验根据光隙强弱进行估测，或用塞尺在最大间隙处试塞。

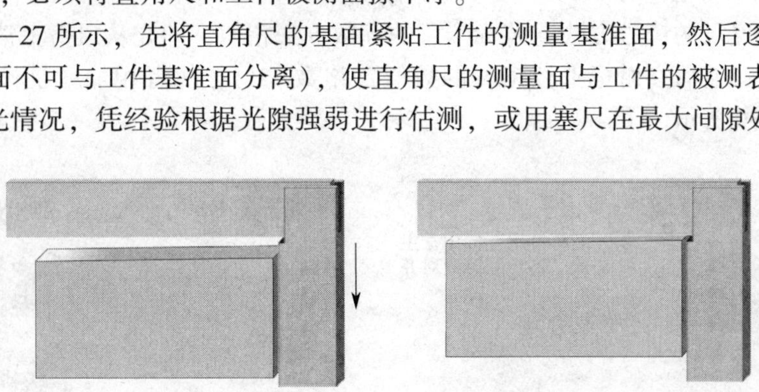

图 1—27 直角尺的使用方法

3）直角尺要轻拿、轻放，不允许与其他工、量具堆放。使用完毕，应将直角尺擦净放置在专用盒内。若长时间不用，应涂上专用防锈油保存以防生锈。

2. 游标万能角度尺

游标万能角度尺是指利用活动直尺测量面相对于基尺测量面的旋转，对两测量面间分隔的角度利用游标原理进行读数的角度测量器具。它主要用来测量工件的内、外角度，测量范围为 0°～320°，分度值有 2′和 5′两种（常用 2′）。

（1）结构

如图 1—28 所示，游标万能角度尺主要由主尺、游标尺、直角尺、直尺、基尺和扇形板等组成，其游标尺固定在扇形板上，基尺和主尺连成一体，游标尺与主尺可作相对回转运动，直角尺和直尺可根据需要通过卡块安装到扇形板上。

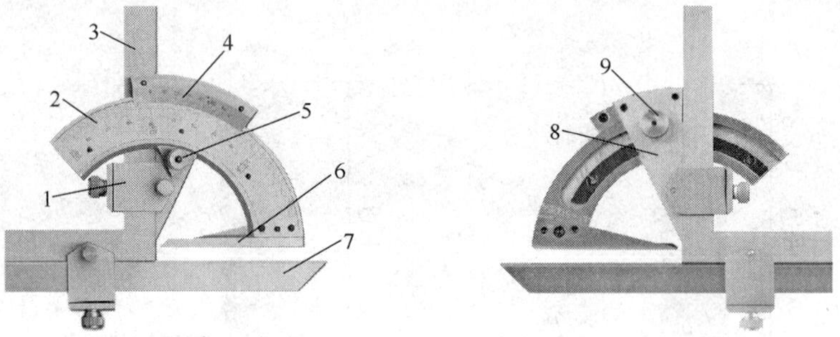

图 1—28　游标万能角度尺结构

1—卡块　2—主尺　3—直角尺　4—游标尺　5—锁紧装置
6—基尺　7—直尺　8—扇形板　9—调节旋钮

（2）标记原理

如图 1—29 所示，主标尺每格标记的弧长对应的角度为 1°，游标尺标记是将主标尺上 29°所占的弧长等分为 30 格，每格所对的角度为 29°/30，因此游标尺 1 格与主标尺 1 格相差：$1°-\frac{29}{30}°=\frac{1}{30}°=2'$，即游标万能角度尺的分度值为 2′。

（3）示值读取方法

游标万能角度尺的读数方法与游标卡尺的读数方法相似，即先从尺身上读出游标零刻线左边的刻度整数，然后在游标上读出分的数值（格数×2′），两者相加就是被测工件的角度数值，如图 1—30 所示。

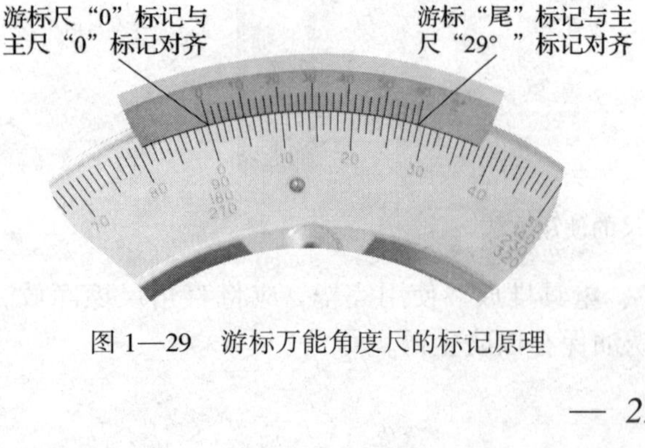

图 1—29　游标万能角度尺的标记原理

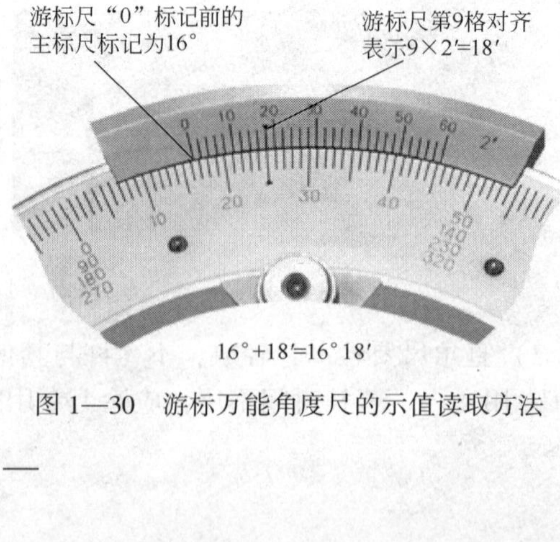

图 1—30　游标万能角度尺的示值读取方法

（4）使用方法

使用游标万能角度尺时，可通过主尺与直角尺和直尺的组合形式不同，将测量范围（0°~320°）划分为 4 个测量段，其组合形式和测量方法如图 1—31 所示。

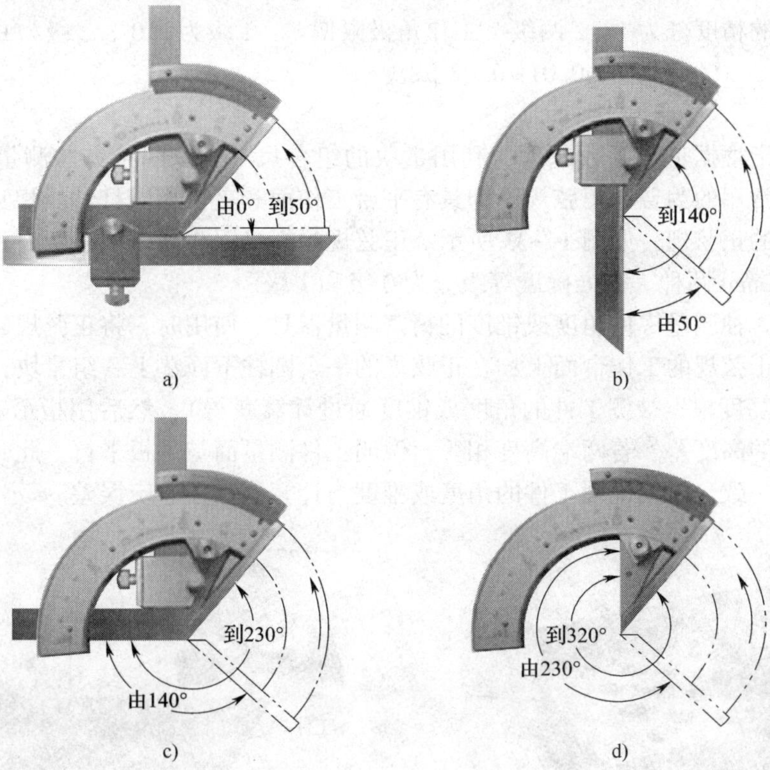

图 1—31　游标万能角度尺的组合形式

a）测量范围 0°~50°　b）测量范围 50°~140°

c）测量范围 140°~230°　d）范围测量 230°~320°

3. 角度量块

如图 1—32a 所示，角度量块的结构多为板块结构，具有尺寸、角度稳定，工作角的精

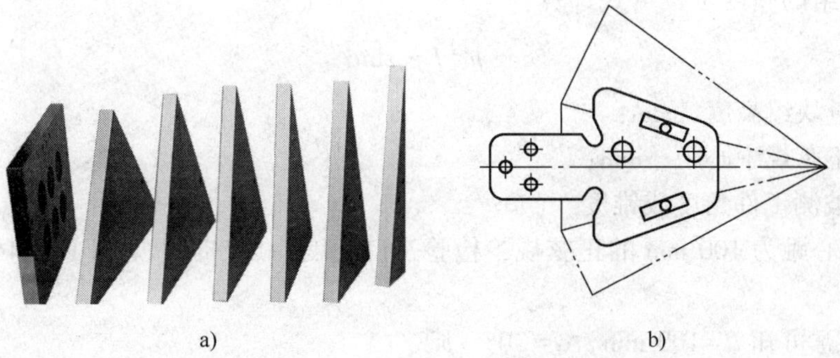

图 1—32　角度量块

a）角度量块实物　b）角度量块夹持器

度高，研合性好等特点。角度量块常用的有 94 块一套和 36 块一套两种。在 94 块一套中，三角形的角度量块 85 个，工作角为 10°～79°；四边形的角度量块 9 个，工作角为 80°～100°。三角形的只有一个角是工作角，四边形的四个角都是工作角。有时为了方便使用，可将 2～3 块角度量块贴合成一个整体，并用夹持器固定，如图 1—32b 所示。

角度量块的精度分为 1、2 两级。工作角极限偏差：1 级为±10″，2 级为±30″；工作面的表面粗糙度值 1、2 级都为 *Ra*0. 01～0. 02 μm。

4. 正弦规

正弦规是指根据正弦函数原理，利用量块的组合尺寸，以间接方法测量角度的测量器具。工具钳工常用的为普通正弦规，即具有平台工作面和直径相同且轴线相互平行的两个支承圆柱所组成的正弦规，如图 1—33 所示。正弦规的规格用两圆柱中心距 *L* 表示，常用的有 100 mm 和 200 mm 两种，其准确度等级分为 0 级和 1 级。

正弦规是一种测量零件角度或锥度的精密测量器具。使用时，将正弦规放置在精密平板上，工件放在正弦规的工作台面上，在正弦规的一个圆柱下面垫上一组量块，如图 1—34 所示（量块组的高度根据被测工件的角度或锥度通过计算获得），然后用指示表（或测微仪）测量工件两端的高度差。若两端高度相等，说明工件测量面与平板平行，此时工件的角度或锥度与计算值一致，否则说明工件的角度或锥度与计算值存在一定误差。

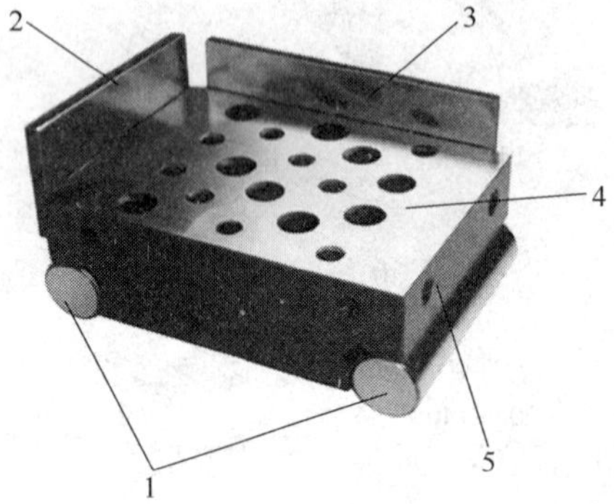

图 1—33　正弦规

1—圆柱　2—前挡板　3—侧挡板　4—工作面　5—主体

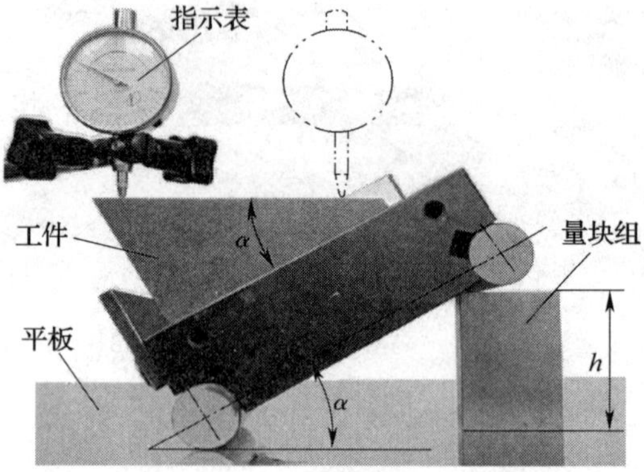

图 1—34　正弦规使用方法

所需量块组的高度可按下式计算：

$$h = L \cdot \sin\alpha$$

式中　h——量块组高度，mm；

L——正弦规中心距，mm；

α——被测工件角度或锥度，(°)。

例　用中心距为 100 mm 的正弦规，检验工件角度为 30°时（见图 1—34），求应垫量块组的高度尺寸。

解：由题意可知 $L = 100$ mm，$\alpha = 30°$，则

$$h = L \cdot \sin\alpha = 100 \times 1/2 = 50 \text{ mm}$$

即正弦规圆柱下应垫量块组尺寸为 50 mm。

三、形位误差测量器具

形位误差测量器具主要是指用来测量零件几何误差的测量器具，它包括刀口尺、平尺、水平仪、直线度测量仪、圆度测量仪等。其中，刀口尺和水平仪是工具钳工最常用的测量器具。

1. 刀口尺

如图 1—35 所示，刀口尺是指测量面（只有一个测量面）呈刃口状，用于测量工件平面形状误差的实物量具，主要用来测量工件的直线度或平面度误差。它具有结构简单、操作方便、测量效率高等优点，是机械加工常用的测量器具。其规格用测量面长度表示，常用的有 125 mm、200 mm、300 mm 等。刀口尺的精度等级分为 0 级和 1 级两个级别。

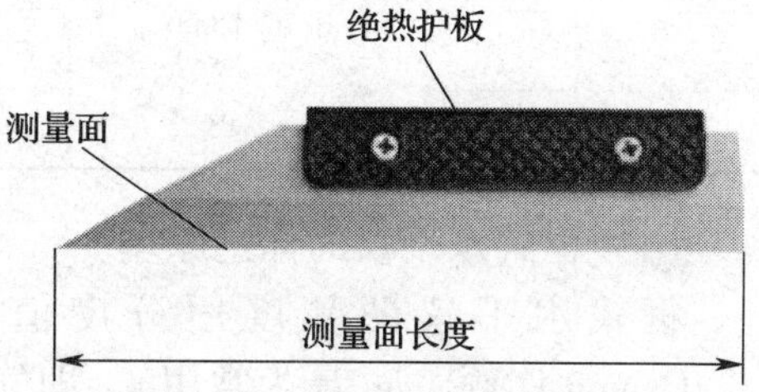

图 1—35 刀口尺

用刀口尺测量平面度时，手握刀口尺的绝热护板，使测量面轻轻地（凭刀口尺的自重）与工件被测表面接触，观察刀口尺测量面与被测线之间的光隙情况。当光隙较大时，可借助于塞尺试塞其间隙值；当光隙较小时，可根据透光强弱估读其间隙值；若透光均匀一致，说明该处较平直（间隙大于 2.5 μm，透光颜色为白光；间隙为 1~2 μm 时，透光颜色为红色；间隙为 1 μm 时，透光颜色为蓝色；间隙小于 1 μm，透光颜色为紫色；间隙小于 0.5 μm，则不透光）。

为了确保测量结果的准确性，刀口尺应垂直放在工件表面上，并在纵向、横向、对角方向多处逐一进行测量，取所有测量处的最大直线度误差为该测量面的平面度误差，如图 1—36 所示。

图 1—36 用刀口尺测量平面度的方法

2. 水平仪

水平仪是利用水准器气泡偏移来测量被测平面相对水平面微小倾角的角度测量仪器，俗称气泡式水平仪。水平仪主要用来测量导轨在垂直平面内的直线度、工作台的平面度及零件间的垂直度和平行度等。水平仪主要有条式水平仪、框式水平仪和合像水平仪等，如图 1—37 所示。其中框式水平仪最为常用，其规格及基本参数见表 1—9。

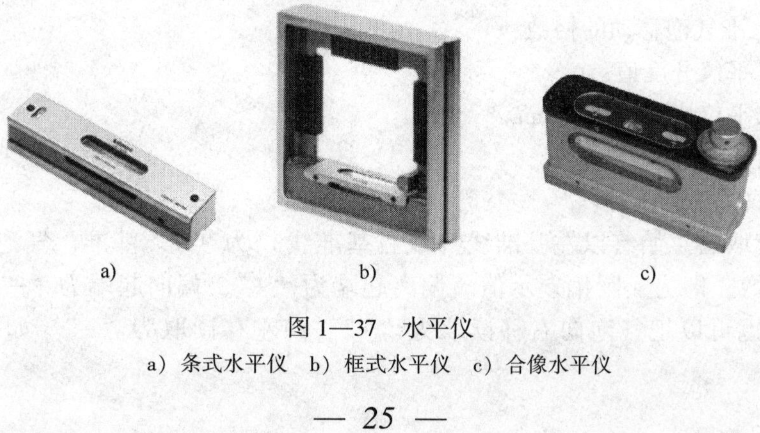
a) b) c)

图 1—37 水平仪
a）条式水平仪 b）框式水平仪 c）合像水平仪

表 1—9　　框式水平仪的规格及基本参数（摘自 GB/T 16455—2008）

规格/mm	分度值/(mm/mm)	工作面长度 L/mm	工作面宽度 ω/mm	V 形工作面夹角 α/(°)
100	0.02/1 000； 0.05/1 000； 0.10/1 000	100	≥30	120~140
150		150	≥35	
200		200		
250		250	≥40	
300		300		

（1）框式水平仪的标记原理

框式水平仪的精度用分度值表示（0.02 mm/1 000 mm 最为常用），即气泡移动一个分度所代表的量值（气泡移动一个分度，工作面所需要倾斜的角度）。其原理如图 1—38 所示，假设平板处于自然水平状态，在平板上放一根 1 000 mm 长的平行平尺，此时水平仪的标记为“0”，即水平状态。如将平尺一端抬起 0.02 mm，相当于使平尺与平板平面形成 4″的角度。如果此时水平仪的气泡向右移动一格，则该水平仪分度值规定为每格 0.02 mm/1 000 mm。

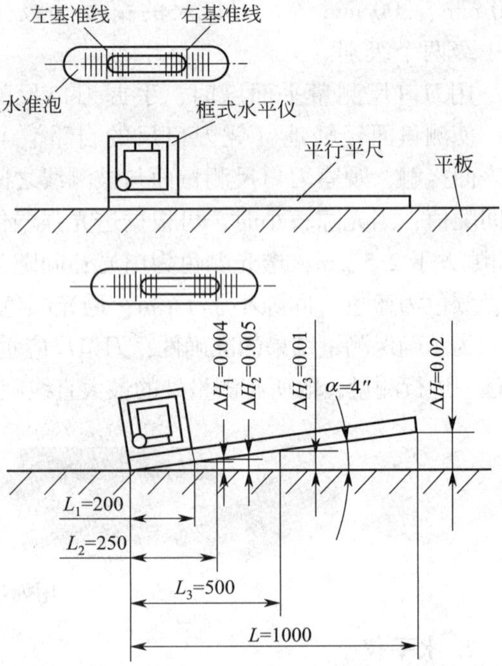

图 1—38　水平仪的读数原理

水平仪是一种测角量仪，它的测量单位用斜率作标记，如 0.02 mm/1 000 mm，其含义是测量面与水平面倾斜角为 4″，斜率是 0.02/1 000，而此时平尺两端的高度差，则因测量长度不同而不同，如图 1—38 所示。由此可以得出确定被测平面两端高度差的计算式为：

$$\Delta = nil$$

式中　Δ——被测平面两端高度差，mm；

n——水准气泡移动的格数；

i——水平仪分度值；

l——水平仪垫铁长度，mm。

（2）水平仪示值读取方法

常用的读取方法有两种：

1）绝对读取法。始终以左基准线（或右基准线）为“0”基准，气泡向任意一端偏离该基准的格数，即为实际偏差示值。偏离起端为“+”，偏向起端为“-”。一般习惯由左向右测量，也可以把气泡向右移读取为“+”，向左移读取为“-”。如图 1—39a 所示为+2 格。

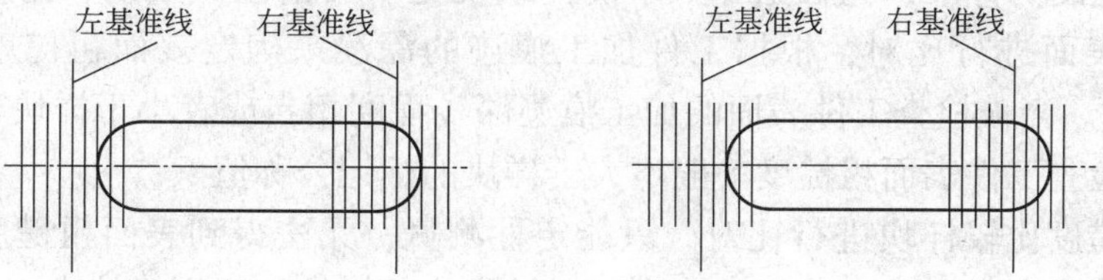

a)　　　　b)

图 1—39　水平仪示值读取方法

a）绝对读取法　b）平均值读取法

2）平均值读取法。分别以左基准线和右基准线为“0”基准，把读取的两数值相加除以 2，即为此处的实际偏差示值。如图 1—39b 所示，气泡右端偏离右基准线 3 格，气泡左端也向右偏离左基准线 2 格，实际读取为+2. 5 格，即右端比左端高 2. 5 格。平均值读取法不受环境温度影响，读取精度较高。

（3）使用要点

1）水平仪在测量前，应检查其零位是否正确。测量表面是否清洁无尘，以防影响测量精度。

2）在测量过程中，应保持横向水准器的气泡居中，水平仪的工作面应紧贴被测件的表面。

3）水平仪是精密量具，环境温度变化对其测量精度有较大的影响，所以使用时应尽量避免工件和水平仪受热。

4）使用水平仪进行测量时，要等气泡稳定后再读数，以保证读数的准确性。

四、表面结构质量测量器具

表面结构质量测量器具是指用来检测零件表面粗糙度参数值的测量器具，主要有表面粗糙度比较样块、便携式表面粗糙度测量仪和轮廓测量仪等。

1. 表面粗糙度比较样块

表面粗糙度比较样块是指采用特定合金材料和加工方法，具有不同的表面粗糙度参数值，通过触觉和视觉与其所表征的材质和加工方法相同的被测件表面作比较，以确定被测件表面粗糙度的实物量具，如图 1—40 所示。

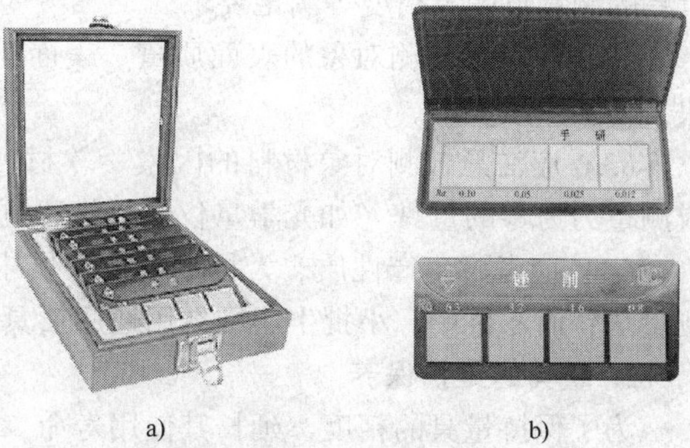

a)　　　　b)

图 1—40　表面粗糙度比较样块

a）组合式　b）单组式

表面粗糙度比较样块按加工方法的不同，分为铸造、机械加工（包括磨、车、镗、铣、插和刨）、抛（喷）丸喷砂加工、电火花加工和抛光加工（含研磨和锉削）表面粗糙度比较样块等几大类。各类按加工工艺和表面特征的不同，又分为多种，如磨外圆、磨平面、磨内孔表面粗糙度比较样块等。

表面粗糙度比较样块是检查加工后工件表面的一种比对量具，它的使用方法是以样块工作面的表面粗糙度为标准，凭触觉（如手摸）或视觉（可借助放大镜、比较显微镜等）与待检查的工件表面进行比对，根据工件加工痕迹的深浅来确定表面粗糙度是否符合图样（或工艺）要求。当被检查工件表面的加工痕迹深浅程度相当或者小于样块工作面加工痕迹深度时，则被检查工件表面粗糙度一般不大于样块的标记公称值。

用表面粗糙度比较样块进行比对，只能定性测量，无法得到表面粗糙度的定量值。因此，要求检验者具有丰富的实践经验。表面粗糙度比较样块一般用于检查表面质量要求不严格的工件。

2. 便携式表面粗糙度测量仪

随着加工制造技术的不断提高，人们对所加工的工件表面质量要求越来越高，当工件需要获得精确表面粗糙度误差值时，常采用便携式（手持式）表面粗糙度测量仪进行测量，如图 1—41 所示。它具有体积小、测量精确、迅速方便等特点，广泛适用于生产现场、实验室、计量室等场合。

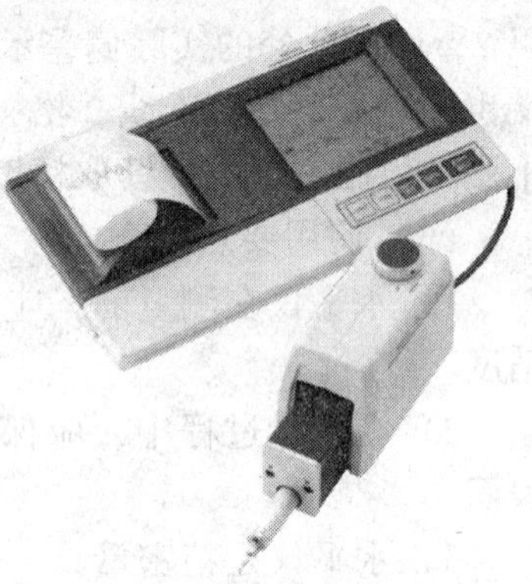
图 1—41　手持式表面粗糙度测量仪

手持式表面粗糙度测量仪的工作原理是：测量工件表面粗糙度时，将传感器放在工件被测表面上，由仪器内部的驱动机构带动传感器沿被测表面做等速滑行，传感器通过内置的锐利触针感受被测表面的粗糙度，此时工件被测表面的粗糙度引起触针产生位移，该位移使传感器电感线圈的电感量发生变化，从而在传感器输出端产生与被测表面粗糙度成比例的模拟信号，该信号经过放大之后进入数据采集系统，再对采集的数据进行数字滤波和参数计算，将测量结果以数字和图形方式在液晶显示器上读出，也可在打印机上输出（图 1—41 所示的手持式表面粗糙度测量仪为自带打印装置），还可以与 PC 机进行通信并提供强大的高级分析功能。

五、常用量具的使用、维护和保养

1. 量具的选用规范

（1）首先应了解测量对象（尺寸大小、精度要求等），再选择相应规格的量具，以保证量具的测量范围及精度等满足要求。

（2）应考虑被测对象的表面质量。表面粗糙的被测对象不宜用精密量具，以防磨损过快，增加产品成本。

（3）应注意被测对象材料的因素。软材、薄壁件及精度要求高的零件，应选测量力小或测量力为零的量具（如光学量仪、影像法测量等），以防零件变形，产生人为误差。

（4）应考虑生产性质。大批量生产、要求测量指标多的，应尽量采用专用量具及综合测量法；而零件中、小批生产则选用通用量具。

2. 量具的维护保养

为了保持量具的精度，延长其使用寿命，必须注意量具的维护和保养。为此，应做到以下几点：

（1）不得用手握、抓测量面和刻线部分，以防生锈而影响测量精度；更不得用油石、砂纸等硬物刮擦测量面和刻线部分。

（2）测量前应将量具的测量面和工件的被测表面擦净，以免脏物存在而影响测量精度和加快量具的磨损。

（3）量具在使用过程中应轻拿轻放，不能与刀具、工具等堆放在一起，以免碰伤、损坏而影响测量精度；也不要随便放在机床上，以免因机床振动而使量具掉落损坏。

（4）量具不能作其他工具使用，例如，用千分尺当小手锤使用，用游标卡尺划线等都是错误的。

（5）使用卡钳测量时，先将卡钳掰开和工件尺寸相近，然后轻敲卡钳内、外侧来调整卡脚的开度。调整时，不可在工件表面上敲击，也不可敲击卡钳的钳口，以免损伤卡钳。

（6）严禁将量具放在温差较大的地方，因为温度对测量结果的影响很大。精密测量一定要在 20 ℃左右进行；一般测量可在室温下进行，但必须使工件和量具的温度一致。

（7）量具不能放在热源（如电炉、暖气设备等）附近，以免受热变形而失去精度。也不要把量具放在磁场附近，以免使量具磁化。

（8）不能用精密量具测量粗糙的铸、锻毛坯或带有研磨剂的表面。更不能测量转动的工件。

（9）发现量具有不正常现象（如表面不平、有毛刺、有锈斑、尺身弯曲变形、活动零部件不灵活等）时，使用者不要随意拆修，应由专职人员检修。

（10）量具应保持清洁。量具使用后应及时擦干净，并涂上防锈油放入专用盒中，存放在干燥处。精密量具最好由专职人员妥善保管。

（11）精密量具应定期送计量室（计量站）检定，以免其示值误差超差而影响测量结果。

技能训练

一、使用、识读游标卡尺

1. 训练课题

使用、识读游标卡尺。

2. 训练图样

按照图 1—42 所示选用相应的工件进行测量训练，同时读出相应的尺寸数值。

3. 训练要求

（1）学会正确使用游标卡尺。

（2）学会在游标卡尺上识读测量数值。

4. 训练准备

（1）量具：通用游标卡尺，分度值为 0. 02 mm、0. 05 mm，数量若干。

（2）工件：参照图 1—42 所示选用相应的工件，数量若干。

5. 训练步骤

（1）测试前用软布将量爪擦拭干净，使其并拢，查看游标和尺身的零刻度线是否对齐。若未对齐，应根据原始误差修正测量读数。

（2）测量工件时，应先拧松紧固螺钉，然后用右手握住尺身，大拇指移动游标；用左手拿住待测物体，使待测物体位于外测量爪之间，并与量爪紧紧相贴，然后锁紧紧固螺钉。

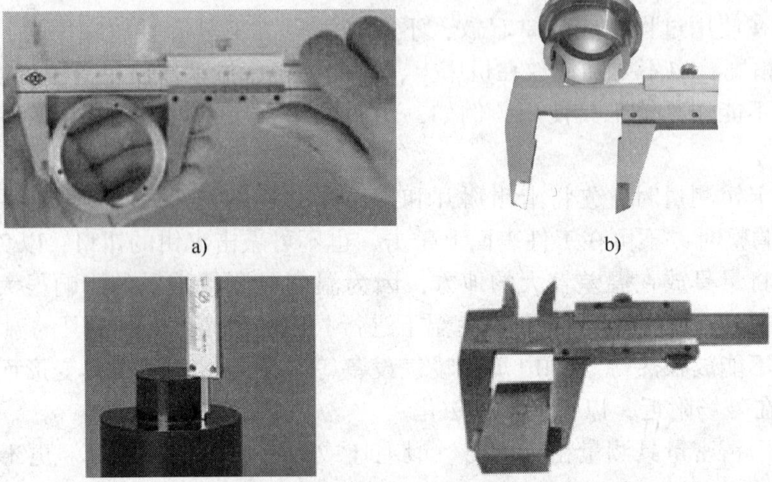

a)　b)　c)　d)

图 1—42　游标卡尺测量训练

a）用游标卡尺测量外圆尺寸　b）用游标卡尺测量内孔尺寸

c）用游标卡尺测量高度或深度　d）用游标卡尺测量长度或宽度

（3）读数。以游标零刻度线为准在尺身上读取毫米整数，再读出游标上与尺身刻度线对齐的第 n 条刻度线，读出尺寸 L（L=毫米整数部分+n×分度值）即可。

6. 注意事项

（1）应按工件的尺寸及精度要求选用合适的游标卡尺；使用时应轻拿轻放，不得碰撞或跌落地下。

（2）不能用游标卡尺测量铸、锻件的毛坯尺寸以及粗糙的物体，以免损坏量爪；也不能用游标卡尺去测量精度要求过高的工件。不用时应置于干燥地方防止锈蚀。

（3）使用前要检查游标卡尺量爪和测量刃口是否平直无损，两量爪贴合时应无漏光现象；尺身和游标的零线应对齐，若未对齐则需进行调整。

（4）测量外尺寸时，量爪应张开到略大于被测尺寸，然后以固定量爪贴住工件，用适当压力把活动量爪推向工件，卡尺测量面的连线应垂直于被测量表面，不能偏斜，如图 1—43 所示。

（5）测量内尺寸时，量爪开度应略小于被测尺寸。测量时两量爪应在孔的直径上，不得倾斜，如图 1—44 所示。

（6）测量孔深或高度时，应使深度尺的测量面紧贴孔底，游标卡尺的端面与被测件的表面接触且深度尺要垂直，不可前后左右倾斜，如图 1—45 所示。

（7）移动游标时不能用力过猛，两量爪与被测物体的接触不宜过紧，不能使被夹紧的物体在量爪内挪动。

（8）读数时，游标卡尺置于水平位置，视线垂直于刻线表面，避免视线歪斜造成读数误差。此外在实际测量时，对同一长度应多测几次，取其平均值来消除偶然误差。

（9）测量力要适当，卡尺测量面与工件被测面平行并轻轻接触；被测件要尽量放在游标卡尺测量面的中间部位或靠后一些。

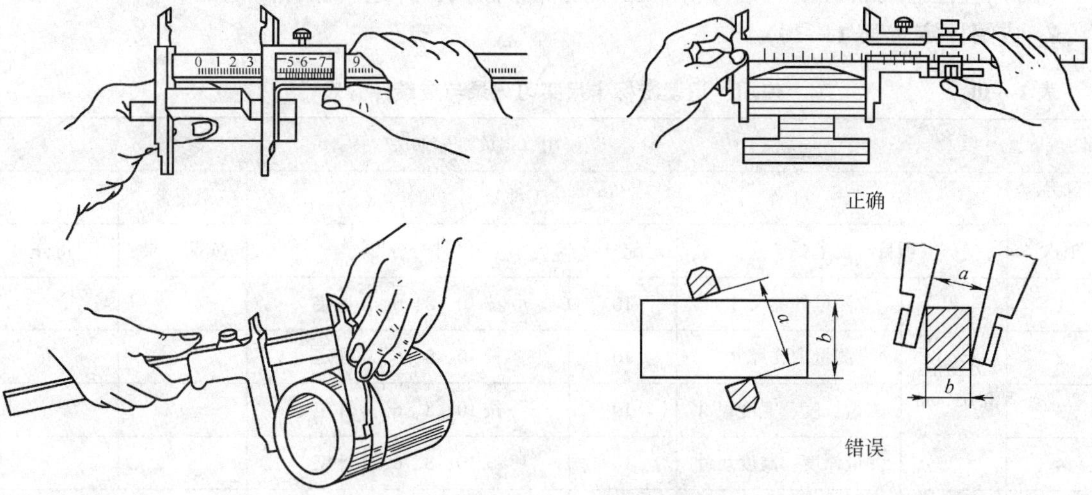

图 1—43　测量外尺寸的方法

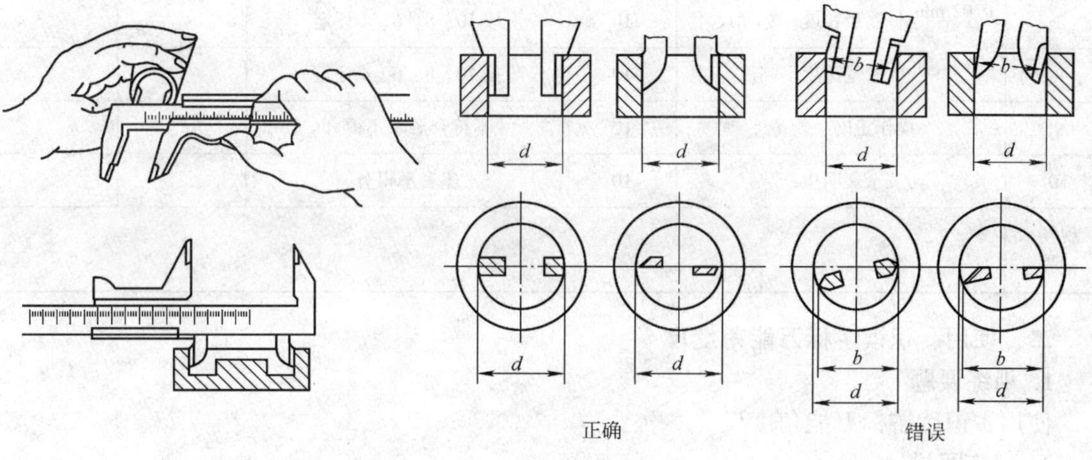

图 1—44　测量内尺寸的方法

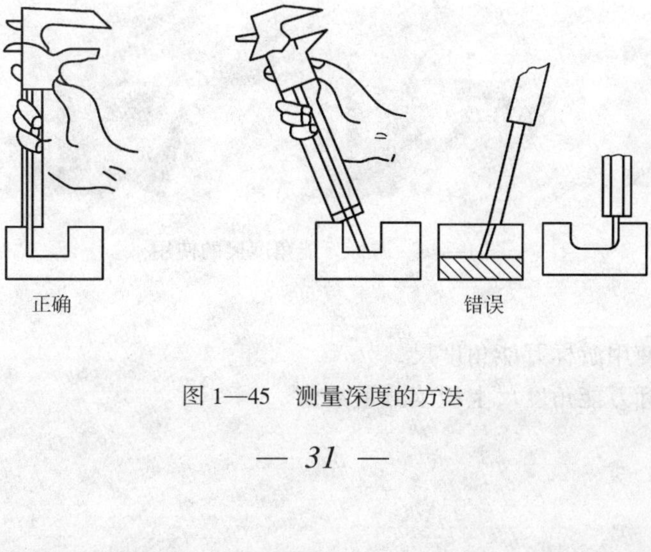

图 1—45　测量深度的方法

（10）应注意对游标卡尺的保养，常采用棉布擦拭，并适时涂抹防锈油。

7. 成绩评定（表 1—10）

表 1—10　　使用、识读游标卡尺实习记录与成绩评分表

训练课题	使用、识读游标卡尺					
姓名		班级		工件号	总得分	
项次	项目与技术要求		配分	评分标准	实测结果	得分
1	分度值 0.05 mm	测量外圆尺寸	10	按 10、8、6、4 评定		
2		测量内孔尺寸	10	按 10、8、6、4 评定		
3		测量长度、宽度尺寸	10	按 10、8、6、4 评定		
4		测量深度、高度尺寸	10	按 10、8、6、4 评定		
5	分度值 0.02 mm	测量外圆尺寸	10	按 10、8、6、4 评定		
6		测量内孔尺寸	10	按 10、8、6、4 评定		
7		测量长度、宽度尺寸	10	按 10、8、6、4 评定		
8		测量深度、高度尺寸	10	按 10、8、6、4 评定		
9	操作正确、规范		10	不符合要求不得分		
10	安全文明生产		10	违者不得分		
现场记录						

二、使用、识读游标万能角度尺

1. 训练课题

使用、识读游标万能角度尺。

2. 训练图样

按照图 1—46 所示选用相应的工件或物品进行测量训练，同时读出相应的数值。

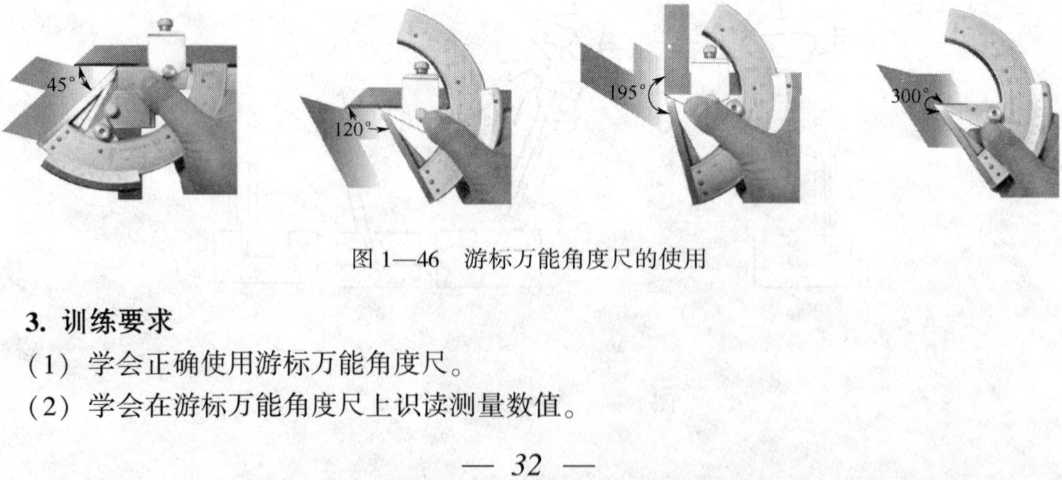

图 1—46　游标万能角度尺的使用

3. 训练要求

（1）学会正确使用游标万能角度尺。

（2）学会在游标万能角度尺上识读测量数值。

4. 训练准备

（1）量具：游标万能角度尺，分度值为2′，数量若干。

（2）工件：参照图中所示选用相应的工件，数量若干。

5. 训练步骤

（1）测量前先检查尺身和游标的零线是否对齐。当角尺与直尺均装上，且角尺的底边及基尺与直尺无间隙接触时，主尺与游标的“0”线对准。同时检查基尺和直尺是否漏光。

（2）测量时，通过改变基尺、角尺、直尺的相互位置，便可测量工件上0°~320°范围内的任意外角。

（3）读数。以游标零刻度线为准在尺身上读取角度的“度”值，再读出游标上与尺身刻度线对齐的第 n 条刻度线，并按角度尺的刻线精度求出“分”值，从而读出角度 θ（θ=度值+n×分度值）即可。

6. 注意事项

（1）应根据测量工件的不同角度正确地选用直尺、角尺，并予以适当地组合，以便测出任意内、外角。

（2）测量时，工件应与角度尺的两个测量面在全长上接触良好，避免误差。

7. 成绩评定（表1—11）

表1—11　　使用、识读游标万能角度尺实习记录与成绩评分表

训练课题	使用、识读游标万能角度尺				
姓名	班级		工件号		总得分
项次	项目与技术要求	配分	评分标准	实测结果	得分
1	准备工作充分	8	每缺一项扣2分		
2	测量＜90°内角	12	每错一处扣3分		
3	测量=90°内角	12	每错一处扣3分		
4	测量>90°内角	12	每错一处扣3分		
5	测量＜90°外角	12	每错一处扣3分		
6	测量=90°外角	12	每错一处扣3分		
7	测量>90°外角	12	每错一处扣3分		
8	操作正确、规范	12	一处不正确扣3分		
9	安全文明生产	8	违者不得分		
现场记录					

三、使用、识读千分尺

1. 训练课题

使用、识读千分尺。

2. 训练图样

按照图 1—47 所示选用相应的工件进行测量训练，同时读出相应的尺寸数值。

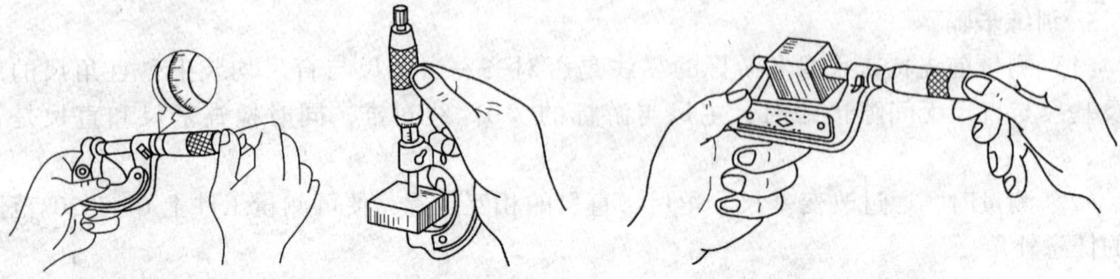

a)　　b)　　c)

图 1—47　千分尺测量训练

a）调整零位　b）单手操作测量　c）双手操作测量

3. 训练要求

（1）学会正确使用千分尺。

（2）学会在千分尺上识读测量数值。

4. 训练准备

（1）量具：千分尺，分度值为 0.01 mm，数量若干。

（2）工件：参照图中所示选用相应的工件，数量若干。

5. 训练步骤

（1）测试前用软布或干净的棉纱将测量面擦拭干净，旋转测微螺杆使之与固定测砧并拢，查看主尺（固定套管）和微分筒的零刻度线是否对齐。若未对齐，应根据原始误差修正测量读数（即校准零位）。

（2）测量工件时，使待测物体位于测微螺杆和固定测砧之间，旋转微分筒，待测微螺杆靠近被测工件表面时改用测力装置。当测杆和被测工件相接触后的压力达到某一数值时，棘轮将滑动并伴有“咔咔”的响声，此时停止转动旋钮，并锁紧紧固螺钉（即锁紧手柄）。

（3）读数。在主尺（固定套管）上读取毫米整数（注意 0.5 mm 的短线是否露出），在微分筒上读取与主尺横线对齐的格数 n。L=主尺毫米整数+n×分度值。

6. 注意事项

（1）使用前，应根据所测工件选择好千分尺，并校对好零位。

（2）测量时，千分尺要放正，并注意温度的影响。

（3）不能用千分尺测量毛坯或转动的工件。为防止尺寸变动，可转动锁紧装置，锁紧测微螺杆。

（4）千分尺固定套筒和微分筒之间不允许加任何油脂；不允许拿着千分尺微分筒旋转摇晃，以免造成千分尺丝杠弯曲变形。

（5）千分尺用后应擦拭干净，然后放入千分尺盒内。

7. 成绩评定（表 1—12）

表 1—12　　　　使用、识读千分尺实习记录与成绩评分表

训练课题	使用、识读千分尺				
姓名	班级		工件号	总得分	
项次	项目与技术要求	配分	评分标准	实测结果	得分
1	准备工作充分	10	每缺一项扣 2 分		
2	调整零位	10	不合要求不得分		
3	单手测量、识读工件长度	10	每错一处扣 3 分		
4	单手测量、识读工件宽度	10	每错一处扣 3 分		
5	单手测量、识读外圆直径	10	每错一处扣 3 分		
6	双手测量、识读工件长度	10	每错一处扣 3 分		
7	双手测量、识读工件宽度	10	每错一处扣 3 分		
8	双手测量、识读外圆直径	10	每错一处扣 3 分		
9	操作正确、规范	10	一处不正确扣 2 分		
10	安全文明生产	10	违者不得分		
现场记录					

四、安装、使用百分表

1. 训练课题

安装、使用百分表。

2. 训练图样

（1）按照图 1—48 所示进行百分表安装训练。

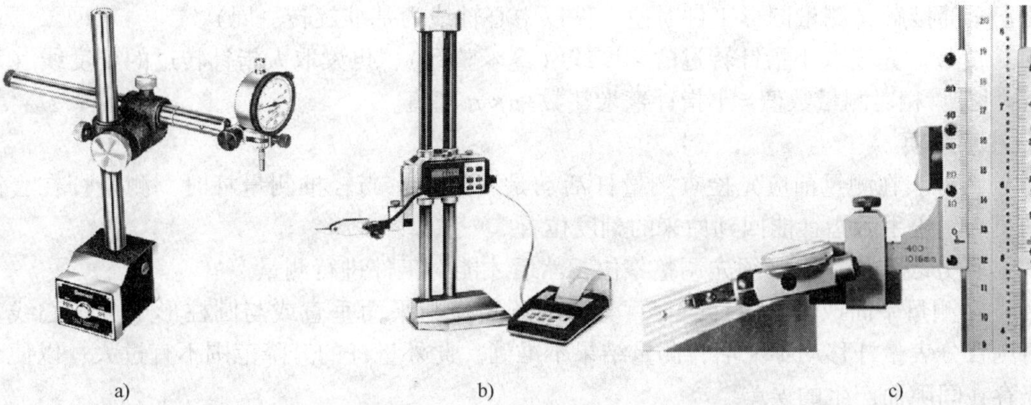

a)　　　　b)　　　　c)

图 1—48　安装百分表

a）在磁性表座上安装百分表　b）在专用表座上安装百分表　c）在游标高度卡尺上安装百分表

（2）按照图 1—49 所示选用相应的工件或物品进行测量训练，同时读出相应的尺寸数值。

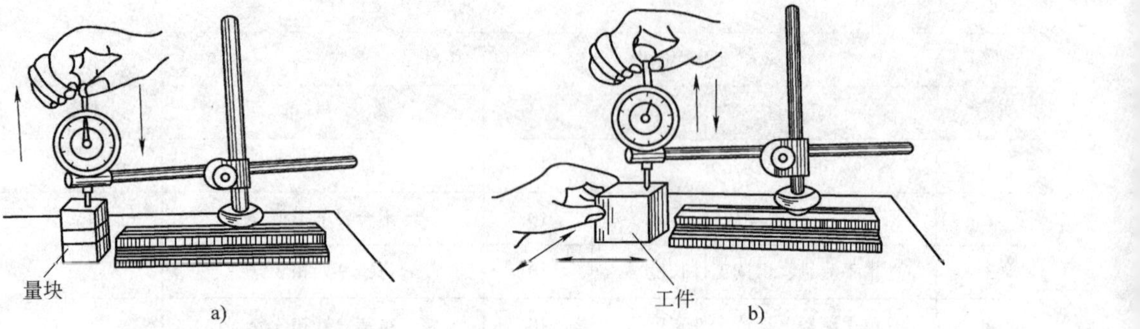

图 1—49　用百分表测量工件的平面度

a）用量块定尺寸（对零）　b）定住尺寸测量工件

3. 训练要求

（1）学会正确安装、使用百分表。

（2）学会识读百分表的测量数值。

4. 训练准备

（1）量具：百分表，分度值为 0. 01 mm，量程为 0~5 mm，数量若干。

（2）工件：参照图示选择相应的工件，数量若干。

5. 训练步骤

（1）按图 1—48 所示将百分表安装在相应的表架或专门夹具上。

（2）按图 1—49 所示用量块调定百分表的基本测量尺寸（即对零，其过程是按所测对象公称尺寸选定量块组，将百分表的测量杆垂直于量块组的基准平面并与之紧密接触，旋转外表盘使大指针与外表盘零刻度线对齐）。

（3）将调定好的百分表移向工件，使测量杆垂直于工件的被测平面并与之紧密接触（测量圆形工件时使测量杆与工件中心线垂直），在平板上均匀移动被测工件直至测量头与被测要素全部接触（测量圆形工件时使工件以中心轴线为基准旋转一周）。

（4）读数。先读取小指针转过的刻度线（毫米整数），再读取大指针转过的刻度线（第 n 格），则有：相对测量数值 = 小指针毫米整数 + n × 分度值。

6. 注意事项

（1）百分表在测量前应先检查测量杆活动是否灵活：当轻推测量杆时，测量杆在套筒内移动灵活，松手后指针能回到原来的刻度位置。

（2）百分表在使用时必须先调整零位，然后才能对工件进行测量。

（3）在测量平面或圆形工件时，百分表的测头应与平面垂直或与圆柱形工件中心线垂直，否则百分表量杆移动不灵活，测量结果不准确。此外量杆的升降范围不宜过大，以便减少由于存在间隙而产生的误差。

7. 成绩评定（表1—13）

表1—13　　　　　　　　　　安装、使用百分表实习记录与成绩评分表

训练课题	安装、使用百分表					
姓名		班级		工件号		总得分	
项次	项目与技术要求	配分	评分标准	实测结果	得分
1	准备工作充分	10	每缺一处扣3分		
2	安装百分表	15	每错一处扣5分		
3	调定百分表（对零操作）	15	每错一处扣5分		
4	测量矩形工件并识读数据	20	每错一处扣4分		
5	测量圆形工件并识读数据	20	每错一处扣4分		
6	操作正确、规范	10	每差一处扣3分		
7	安全文明生产	10	违者不得分		
现场记录					

第二单元

钳工加工技术

课题一 划 线

一、划线概述

1. 划线的概念

划线是指在毛坯或工件上，用划线工具划出待加工部位的轮廓线或作为基准的点和线，如图 2—1 所示，这些点和线标明了工件某部分的尺寸、位置和形状特征。

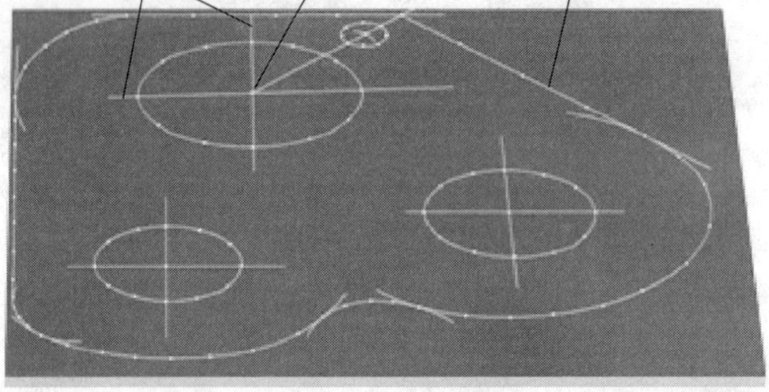

图 2—1　平面划线

划线分平面划线和立体划线两种。只需要在工件一个表面上划线后即能明确表示加工界线的，称为平面划线（图 2—1）；需要在工件几个互成不同角度（通常是互相垂直）的表面上划线才能明确表示加工界线的，称为立体划线（图 2—2）。

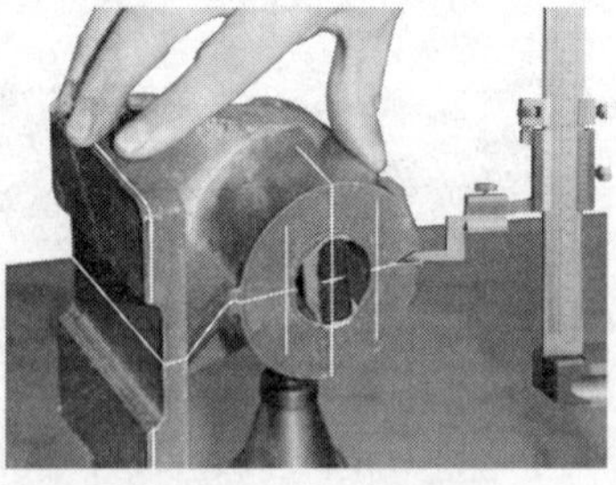

图 2—2　立体划线

2. 划线的作用

（1）确定工件的加工余量，使机械加工有明确的尺寸界线。

（2）便于复杂工件在机床上安装，可以按划线找正定位。

（3）能够及时发现和处理不合格的毛坯，避免加工后造成损失。

（4）采用借料划线可以使误差不大的毛坯得到补救，使加工后的零件仍能符合要求。

划线是机械加工的重要工序之一，广泛用于单件和小批量生产。划线除要求划出线条清晰均匀外，最重要的是保证尺寸准确。划线精度一般为 0.25 ~ 0.5 mm。因此，工件的最后加工精度必须通过测量来保证。

3. 划线前的准备工作

（1）清理工件，对铸、锻毛坯件，应将型砂、毛刺、氧化皮除掉，并用钢丝刷刷净，对已生锈的半成品将浮锈刷掉。

（2）对于有孔的工件，应在工件孔中安装中心塞块，以便于确定孔的中心位置。

（3）为了使划出的线条清晰，一般应在工件的划线部位涂上一层薄而均匀的涂料。常用的划线涂料见表 2—1。

表 2—1　　常用的划线涂料

名称	配制方法	应　用
石灰水	石灰水加适量牛皮胶	用于铸件、锻件等表面较为粗糙的毛坯（白底黑线）
划线蓝油	2% ~ 4%龙胆紫加 3% ~ 5%虫胶漆和 91% ~ 95%酒精混合而成	用于已加工表面或黄铜等有色金属（蓝底白线）

二、划线基准的选择

划线时，工件上用来确定其他点、线、面位置所依据的点、线、面称为划线基准。在零件图上，用来确定其他点、线、面位置的基准，称为设计基准。

划线时为了减少不必要的尺寸换算，使划线方便、准确，应从划线基准开始。选择划线基准的基本原则是尽可能使划线基准和设计基准重合。其类型见表 2—2。

表 2—2　　划线基准的类型

序号	基准类型	图示及说明
1	以两个互相垂直的平面（或直线）为基准	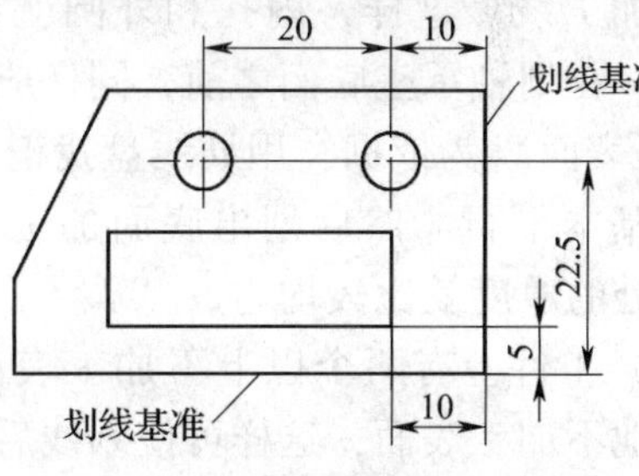
2	以两条互相垂直的中心线为基准	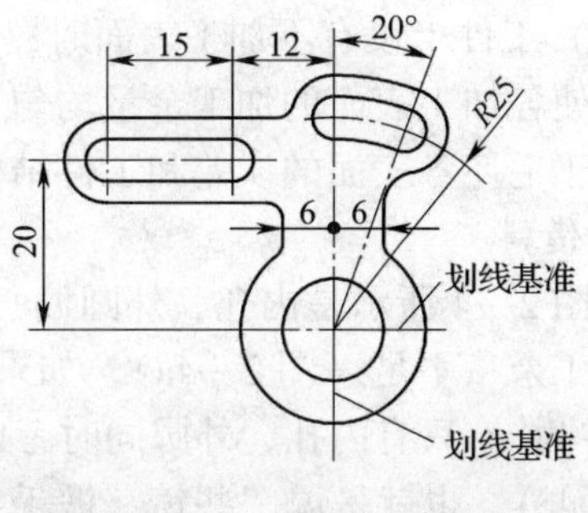

续表

序号	基准类型	图示及说明
3	以一个平面和一条中心线为基准	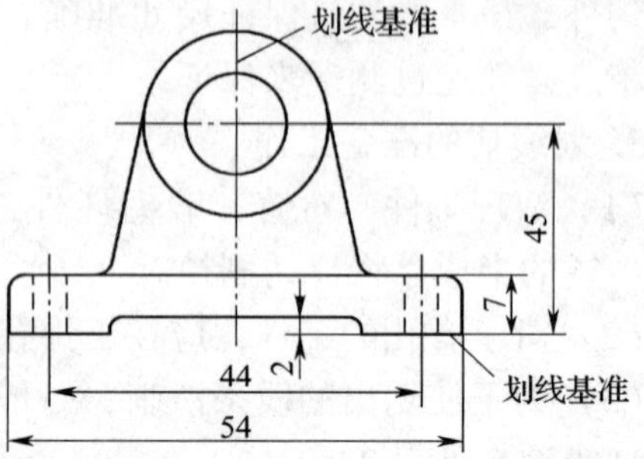

划线时在零件的每一个方向都要选择一个基准，因此，平面划线时一般要选择 2 个划线基准，立体划线时一般要选择 3 个划线基准。

三、划线时的找正和借料

1. 找正

对于毛坯工件，划线前一般应先做好找正工作。找正就是利用划线工具（如划线盘、角尺、单脚规等）使工件上有关毛坯表面处于合适位置，加工余量得到合理分配。找正时应注意：

（1）毛坯上有不加工表面时，应按不加工表面找正后再划线，这样可使加工表面和不加工表面之间保持尺寸均匀。

如图 2—3 所示的轴承架毛坯，内孔和外圆不同心，底面和表面 *A* 不平行，划线前应找正。在划内孔加工线之前，应先以外圆为找正依据，用单脚规找正其中心，然后按找出的中心划出内孔的加工线。这样，内孔和外圆就可达到同心要求。在划轴承座底面之前，同样应以表面 *A*（不加工表面）为依据，用划线盘找正 *A* 面与划线平板基本平行，然后划出底面加工线。这样底座各处的厚度就比较均匀。

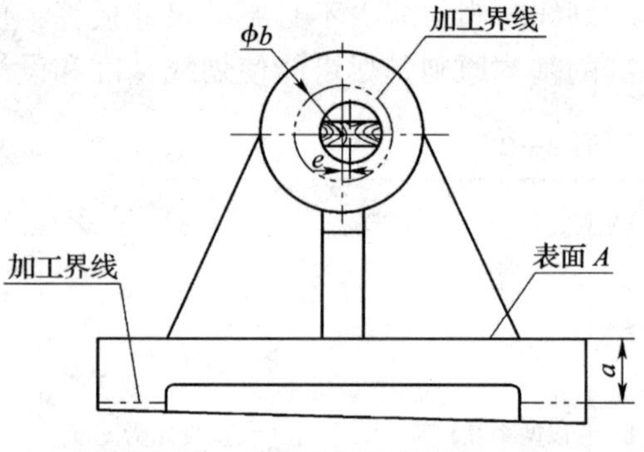

图 2—3　轴承架毛坯的找正

（2）工件上有两个以上不加工表面时，应选重要的或较大的不加工表面为找正依据，兼顾其他不加工表面，这样可使划线后的加工表面与不加工表面之间尺寸比较均匀，而误差集中到次要或不明显的部位。

（3）工件上没有不加工表面时，可通过对各自需要加工的表面自身位置找正后再划线。这样可使各加工表面的加工余量均匀，避免加工余量相差悬殊。

由于毛坯各表面的误差和工件结构形状不同，划线时的找正要按工件的实际情况进行。

2. 借料

如图 2—4 所示是内孔、外圆偏心量较大的锻件毛坯。当不顾及孔而先划外圆再划内孔时，加工余量不足（图 2—4a）。如果不考虑外圆先划内孔，则划外圆时加工余量仍然不足（图 2—4b）。只有内孔、外圆同时考虑，相互借用才能保证内孔、外圆均有足够的加工余量（图 2—4c）。也就是说一些铸、锻毛坯件，在尺寸、形状和位置上都存在一定的误差和缺陷，当误差和缺陷不大时，通过试划和调整可以使各加工表面都有足够的加工余量，并得到恰当的分配，而误差和缺陷完全可由加工后排除，这种划线补救方法叫作借料。

例如某轴承座的尺寸要求如图 2—5a 所示。铸造后的毛坯，其内孔出现了偏心（图 2—5b），即 ϕ40 mm 孔的中心向下偏移了 6 mm。按一般划线，因孔偏移量较大，轴承座底面已没有加工余量，所以需进行借料。

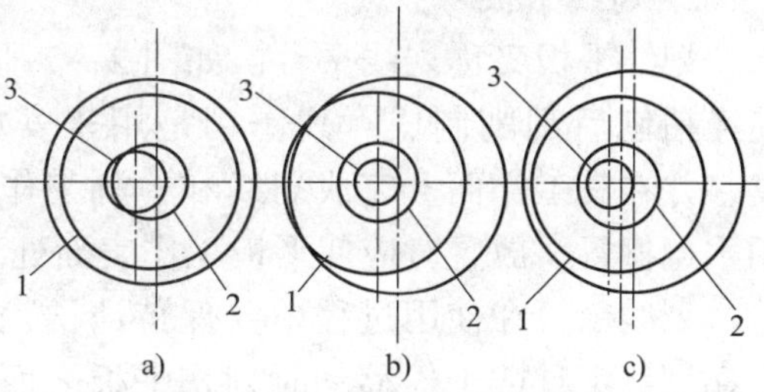

图 2—4　圆环的借料划线

a）以外圆找正　b）以内孔找正　c）借料划线

1—外圆　2—内孔　3—毛坯孔

借料时可将 ϕ40 mm 孔的中心线向上移动 4 mm，如图 2—5b 所示。这样，孔的最小加工余量为：$\frac{60-40}{2}-4=6$ mm，底面的加工余量为 4 mm，加工余量合理借用且余量充足，从而使该铸件得到补救。

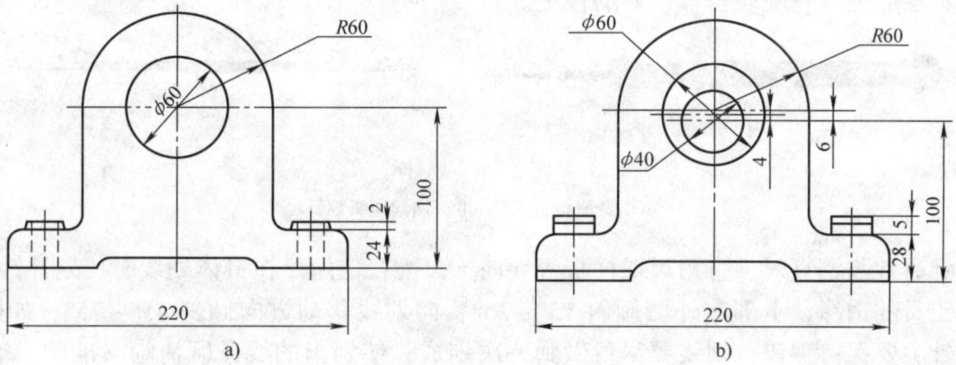

图 2—5　轴承座划线

a）轴承座　b）借料划线

显然，划线时的找正和借料这两项工作是密切结合进行的，必须相互兼顾，使各方都能满足要求，这样才能做好划线工作。

四、常用划线工具及其使用方法

1. 钢直尺

钢直尺除了用来测量工件、量取尺寸外，还可作为划直线的导向工具，如图 2—6 所示。

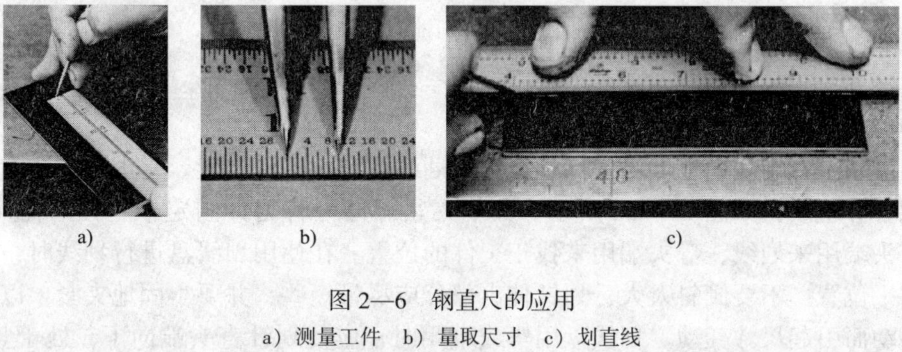

图 2—6　钢直尺的应用

a）测量工件　b）量取尺寸　c）划直线

2. 划线平板

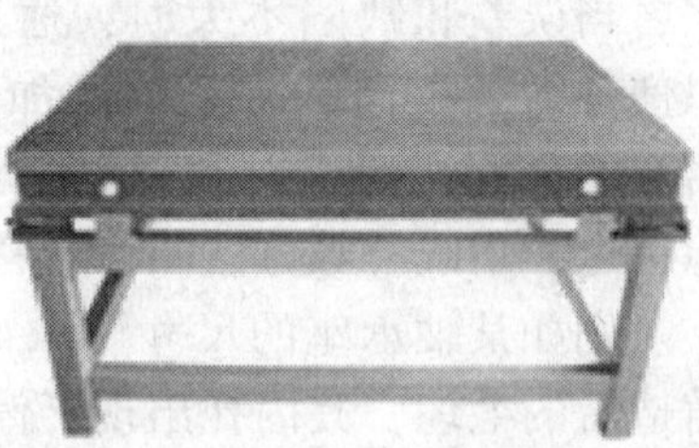

图 2—7 划线平板

划线平板又称划线平台，如图 2—7 所示，它由铸铁毛坯经精刨后刮削制成。其作用是用来安放工件和划线工具，并在其工作面上完成划线和检测工作。划线平板一般用木架搁置，放置时应使平板工作表面处于水平状态。

划线平板在使用过程中要保持清洁，防止铁屑、灰尘等在划线工具或工件移动时划伤平板表面。划线时工件和工具在平板上要轻放，防止台面受撞击，更不允许在平板上进行任何敲击工作。划线平板各处应均匀使用，避免局部出现严重磨损而降低精度。平板使用后应擦拭干净，涂油防锈。

3. 划针

划针如图 2—8 所示，用来在工件上划线条，是用弹簧钢丝或高速钢制成的，其长度为 200 ~ 300 mm，直径为 3 ~ 6 mm，尖端磨成 10° ~ 20°的尖角，并经热处理淬火使之硬化。有的划针在尖端部位焊有硬质合金，耐磨性更好。

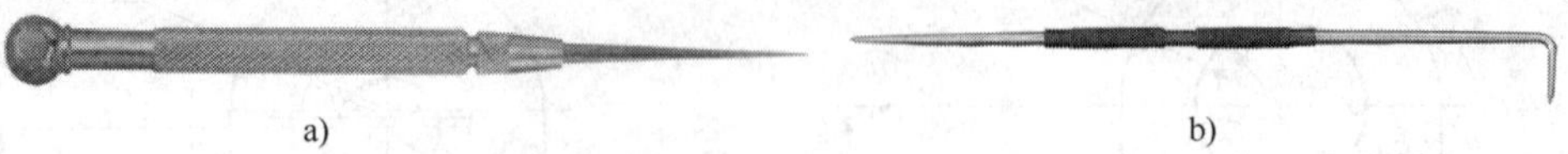

图 2—8 划针

a）高速钢直划针 b）钢丝弯头划针

划针通常与钢直尺、直角尺或样板等导向工具配合使用。在具体划线时，划针针尖要紧靠导向工具的边缘，上部向外侧倾斜 15° ~ 20°，向划线移动方向倾斜 45° ~ 75°，如图 2—9 所示。针尖要保持尖锐，划线要尽量做到一次划成，使划出的线条既清晰又准确。不用时，划针不能插在衣袋中，最好套上塑料管不使针尖外露。

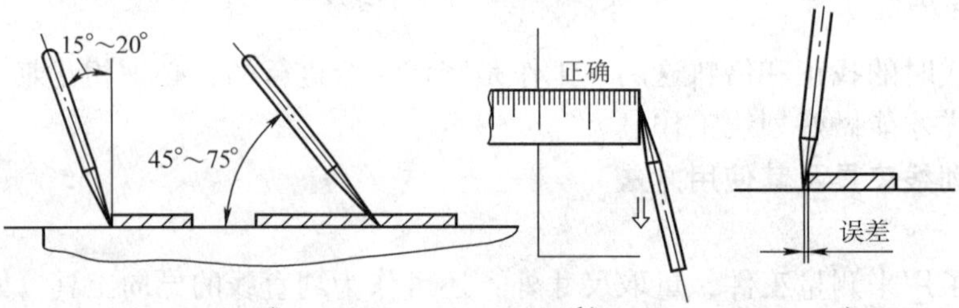

图 2—9 划针的用法

a）、b）正确 c）错误

4. 划线盘及高度尺

划线盘用于在划线平板上对工件直接进行划线或找正工件位置。它由底座、立柱、划针和夹紧螺母等组成，如图 2—10a 所示。其中夹紧螺母可将划针固定在立柱的任何位置上。划针的直头端用来划线，弯头端用来找正工件的位置。在使用划线盘进行划线时，划针应尽量处于水平位置，不要倾斜太大，划针伸出部分应尽量短些，并要牢固地夹紧，以避免划线时产生振动而引起尺寸变动。划线盘用毕或不用时，应使划针直头端向下，处于竖直状态，以防伤人和减少所占的空间位置。

高度尺一般由钢直尺和底座组成，可直接用来给划线盘量取高度尺寸，以实现划线操作，如图 2—10b 所示。此外游标高度卡尺（图 2—10c）由于附有划针脚，能直接表示出高度尺寸，其分度值一般为 0. 02 mm，可作为精密划线工具使用。

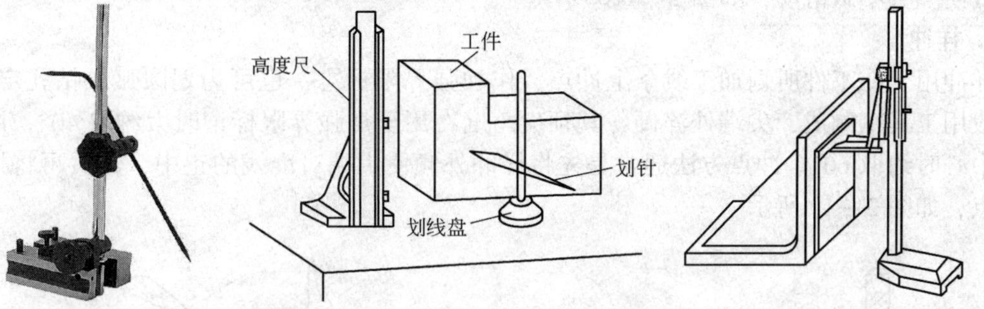

a)　　b)　　c)

图 2—10　划线盘及高度尺的应用

a）划线盘　b）高度尺与划线盘的使用　c）游标高度卡尺

5. 划规

划规用来划圆和圆弧、等分线段、等分角度以及量取尺寸等。工具钳工所使用的划规有普通划规（图 2—11a）和大尺寸划规（图 2—11b）。划规一般用工具钢制成，脚尖经淬火，

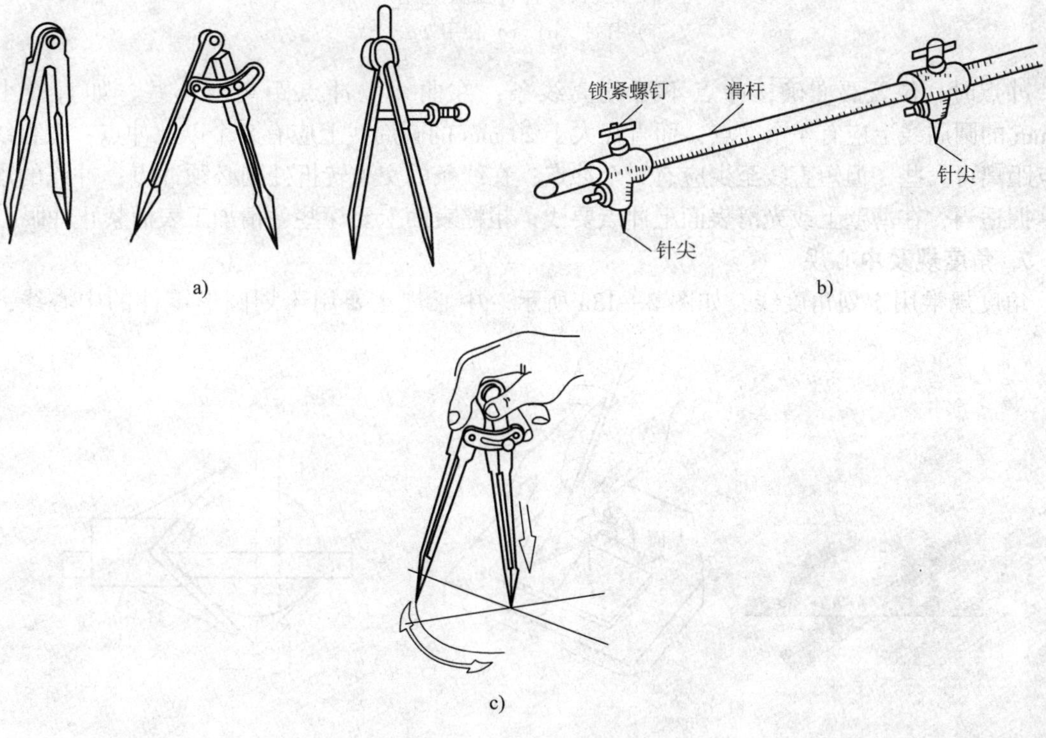

a)　　b)

c)

图 2—11　划规及其应用

a）普通划规　b）大尺寸划规（滑杆划规）　c）使用方法

有的划规还在脚尖上加焊硬质合金，使之更加锋利和耐磨。

划规在使用时，其两脚的长短要磨得稍有不同，而且两脚合拢时脚尖能靠紧，这样才可划出尺寸较小的圆弧；划规的脚尖应保持尖锐，以保证划出的线条清晰；用划规划圆时，作为旋转中心的一脚应加以较大的压力，另一脚则以适当的压力在工件表面上划出圆或圆弧，这样可使中心不致滑动，如图 2—11c 所示。

6. 样冲

样冲用于在工件所划加工线条上冲点，作加强界限标志，也可为划圆弧或钻孔定中心。它一般用工具钢制成，尖端处淬硬，其顶尖角度在用于加强界限标记时大约取 40°，用于钻孔定中心时约取 60°。冲点方法通常是先将样冲外倾使尖端对准线的正中，然后再将样冲立直冲点，如图 2—12 所示。

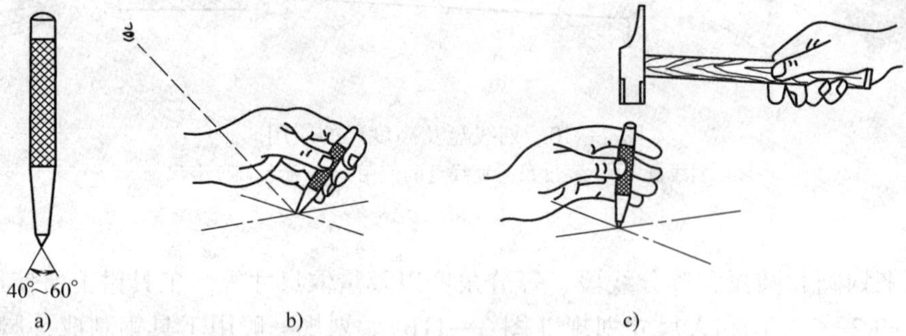

图 2—12　样冲及其应用

a）样冲　b）、c）使用方法

冲点时，位置要准确，冲点不可偏离线条；在曲线上冲点距离要小些，如直径小于 20 mm 的圆周线上应有 4 个冲点，而直径大于 20 mm 的圆周线上应有 8 个以上冲点；在直线上冲点距离可大些，但短直线至少应有 3 个冲点；在线条的交叉转折处则必须冲点；冲点的深浅要掌握适当，在薄壁上或光滑表面上冲点要浅，粗糙表面上要深些，精加工表面禁止冲眼。

7. 角度规及中心规

角度规常用于划角度线，如图 2—13a 所示。中心规主要用于划圆形零件的中心线，如

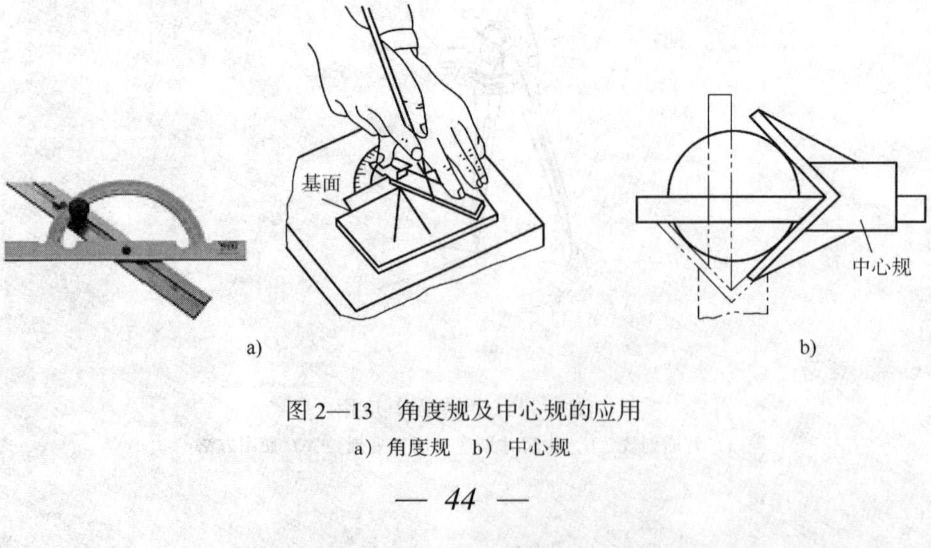

图 2—13　角度规及中心规的应用

a）角度规　b）中心规

图 2—13b 所示。

8. 方箱

方箱通常用灰铸铁制成空心体，其相对平面互相平行、相邻平面互相垂直。划线时可将工件用夹持装置装夹于方箱上，通过翻转方箱，便可在一次安装状态下，将工件上互相垂直的线全部划出，如图 2—14 所示。方箱上的 V 形槽平行于相应的平面，是装夹圆柱形工件用的。

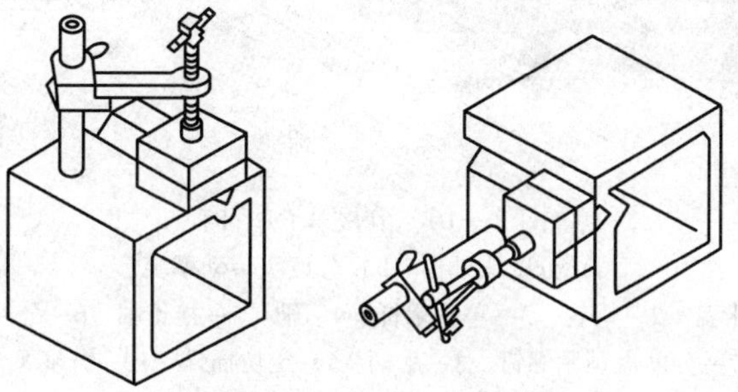

图 2—14　用方箱划垂直线

9. 支承和夹持工具

划线时，常用的支承和夹持工具有直角铁、V 形架（V 形铁）、千斤顶、C 形夹、斜楔垫铁等，如图 2—15 所示。

图 2—15　常用划线支承和夹持工具

10. 分度头

分度头是铣床上等分圆周用的附件。钳工在划线时也常用分度头对工件进行分度和划线。

分度头的外形如图 2—16a 所示。利用分度头可在工件上划出水平线、垂直线、倾斜线和圆的等分线或不等分线。

分度头的主要规格是以顶尖（主轴）中心线到底面的高度（mm）表示。一般常用的有 FW100、FW125、FW160 等几种。

分度头的传动系统如图 2—16b 所示。分度前应先将分度盘 6 固定（使之不能转动），再调整定位插销 9，使它对准所选分度盘的孔圈。分度时先拔出定位插销，转动手柄 8，带动分度主轴转至所需要分度的位置，然后将定位插销重新插入分度盘中。

分度头分度的原理是：当手柄 8 转一周，单头蜗杆 3 也转一周，和蜗杆啮合的 40 个齿

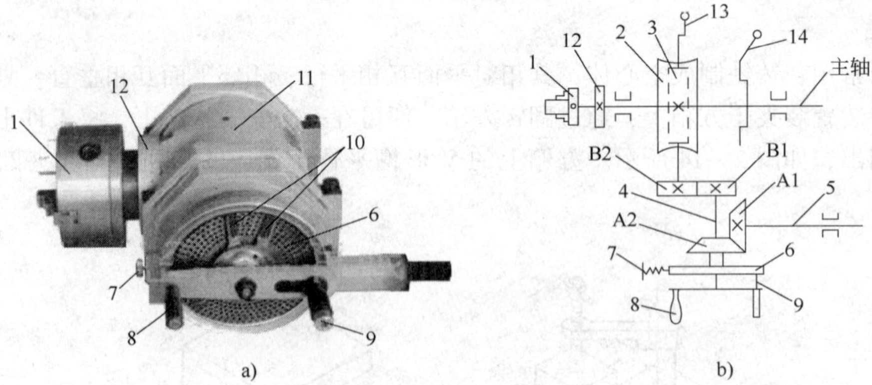

图 2—16　分度头的结构

a）分度头外形　b）分度头传动系统

1—卡盘　2—蜗轮　3—单头蜗杆　4—轴　5—挂轮轴　6—分度盘

7—分度盘锁紧螺钉　8—手柄　9—定位插销　10—分度叉

11—回转体　12—刻度盘　13—蜗杆脱落手柄　14—主轴锁紧手柄

的蜗轮 2 转过一个齿，即转 1/40 周，被卡盘夹持的工件也转 1/40 周。如果工件作 z 等分，即每次分度主轴应转 $1/z$ 周，手柄 8 每次分度应转过的圈数为：

$$n=\frac{40}{z}$$

式中　n——工件转过每一等份时，分度头手柄转过的圈数；

　　　z——工件的等分数。

例　在工件某一圆周上划出均匀分布的 8 个孔，试求每划完一个孔的位置后，手柄应转多少圈。

解：

$$n=\frac{40}{z}=\frac{40}{8}=5$$

即每划完一个孔的位置后，手柄应转 5 圈后再划另一个孔的位置。

有时，由工件等分数计算出来的手柄转数不是整数。例如：要把一圆周等分 12 等份，手柄转过的圈数 $n=\frac{40}{12}=3\ \frac{1}{3}$。这时就要利用分度盘，根据分度盘各孔圈的孔数（见表 2—3），将$\frac{1}{3}$的分子、分母同时扩大相同的倍数，使扩大后的分母数等于某一孔圈的孔数，而扩大后的分子数就是手柄转过的孔距数。根据表 2—3，若将$\frac{1}{3}$分母、分子同时扩大倍数，则分度手柄的转数有 $n=\frac{40}{12}=3\ \frac{1}{3}=3\ \frac{8}{24}=3\ \frac{10}{30}=3\ \frac{14}{42}=3\ \frac{17}{51}=3\ \frac{18}{54}=3\ \frac{19}{57}=3\ \frac{22}{66}$等多种选择。一般情况下，应尽可能选用孔数较多的孔圈，因为孔圈的孔数越多，分度误差越小。所以此例应尽量选用 66 孔的孔圈进行分度，即分度手柄应在 66 孔的孔圈上转 3 圈后再转过 22 个孔距。

表 2—3　　分度盘的孔数

分度头形式	分度盘的孔数
带一块分度盘	正面：24，25，28，30，34，37，38，39，41，42，43 反面：46，47，49，51，53，54，57，58，59，62，66
带两块分度盘	第一块　正面：24，25，28，30，34，37 　　　　反面：38，39，41，42，43 第二块　正面：46，47，49，51，53，54 　　　　反面：57，58，59，62，66

用分度盘分度时，为使分度准确而迅速，避免每分度一次要数一次孔数，可利用安装在分度头上的分度叉进行计数。分度时，应先按分度的孔数调整好分度叉，再转动手柄。如图 2—17 所示为分度叉的结构及每次分度转 8 个孔的情况。为了消除分度头中的蜗杆与蜗轮或齿轮之间的间隙对分度产生的影响，分度手柄必须朝一个方向摇动，如发现已摇过了预定的孔位，则须反向摇过半圈后，再重新摇到预走的孔位，并把定位销插入孔内。

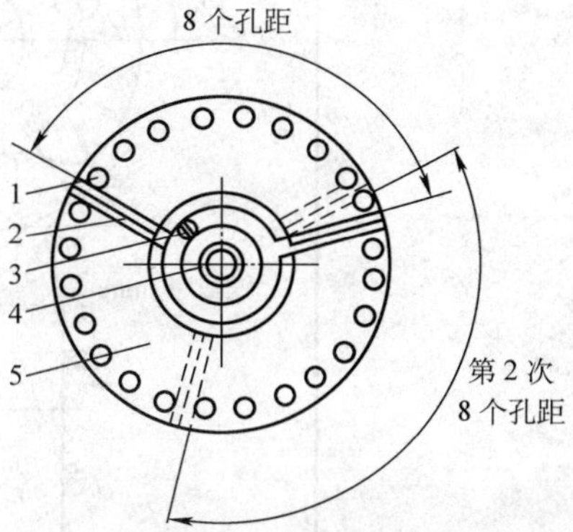

图 2—17　分度叉

1—插销孔　2—分度叉　3—紧固螺钉　4—心轴　5—分度盘

五、划线时的注意事项

1. 选择划线基准，尽量以精度高且加工余量少的型面作为划线基准，以保证主要型面的顺利加工和便于安排其他型面的加工位置。

2. 有孔或凸台的工件，应以主要的孔或凸台中心线为划线基准；对称形状的工件应以对称中心线为划线基准；在未加工的毛坯上划线，应以主要不加工面作基准。

3. 划线工具和装备要合理放置，应尽量避免损伤工具的划线部位；使用完后，应及时进行清理，擦拭干净，并涂上机油防锈，予以妥善保管。

4. 工件在划线平台上应轻拿轻放，并尽可能减少摩擦，以免损伤工件及划线平台，造成平台精度的降低。

5. 工件应稳固地放置在支承上，并在支承处打好样冲点；对于较大工件，应加附加支承，以使工件安放稳定可靠。

6. 在对较大工件划线，必须使用吊车吊运时，绳索应安全可靠，吊装的方法应正确，并在工件下面准备好垫铁以保证安全。

7. 工件放在平台上用千斤顶支承时，应垫上木块，以保证安全。调整千斤顶高低时，不可用手直接调节，以防止工件掉下来砸伤手。

技能训练

一、平面划线

1. 训练课题

防护盖板平面划线。

2. 训练图样

训练图样如图 2—18 所示。

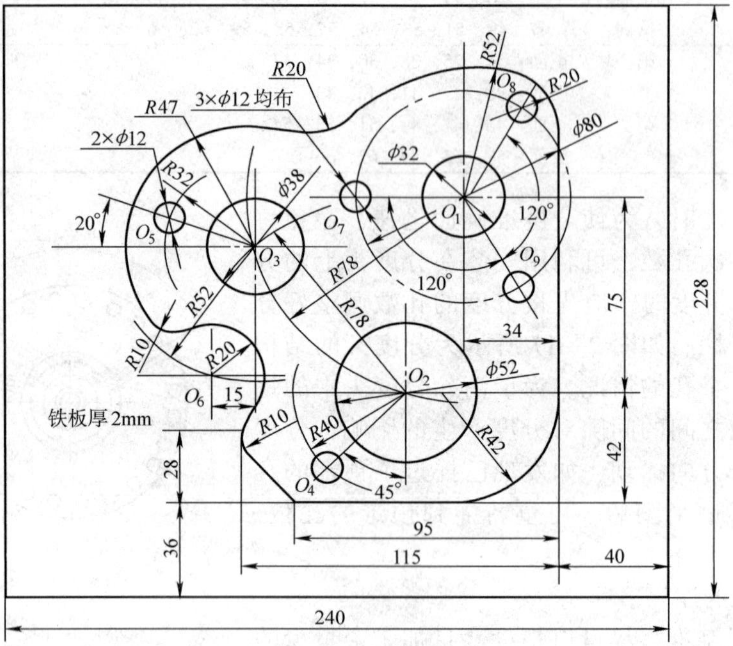

技术要求

1. 线条清晰、冲眼正确、圆弧连接平滑。

2. 各尺寸线条位置允差±0.5 mm。

图 2—18　防护盖板

3. 训练要求

掌握平面划线的基本操作方法，正确使用划线工具。

4. 训练备料

材料：08 钢薄钢板，数量为 1 块，规格为 240 mm×228 mm×2 mm。

工具：钢直尺、直角尺、划线平板、划针、划规、样冲、锤子等。

5. 训练步骤

（1）分析图样，了解需要划线的尺寸、部位、作用、要求及有关的加工工艺。

（2）清理，涂色。

（3）确定划线基准。

（4）初步检查毛坯的误差情况。

（5）正确安放工件和选用划线工具。

（6）进行划线。

（7）详细检查划线的准确性以及是否有漏划的线条。

（8）在加工界线上打样冲眼。

6. 操作注意事项

（1）为了熟悉作图方法，可先在纸板上进行一次练习。

（2）划线时要合理选用划线工具，划针、划规的尖角要保持锋利，使划出的线条细而清晰；划线后，经复检校对再冲眼。

7. 成绩评定（表 2—4）

表 2—4　　防护盖板平面划线实习记录与成绩评分表

训练课题	防护盖板平面划线				
姓名	班级		工件号	总得分	
项次	项目与技术要求	配分	评分标准	实测结果	得分
1	线条正确清晰	10	不符合要求不得分		
2	线条均匀	8	不符合要求不得分		
3	尺寸线条位置允差±0.5 mm	20	超差不得分		
4	角度允差 1°	10	超差不得分		
5	冲眼落点的分布	8	不符合要求不得分		
6	冲眼大小及均匀性	8	不符合要求不得分		
7	与直线的过渡平滑	8	不符合要求不得分		
8	与圆弧的过渡平滑	8	不符合要求不得分		
9	基准选择正确	10	不符合要求不得分		
10	安全文明生产	10	违者不得分		
现场记录					

二、立体划线

1. 训练课题

V 形架立体划线。

2. 训练图样

V 形架图样如图 2—19 所示。

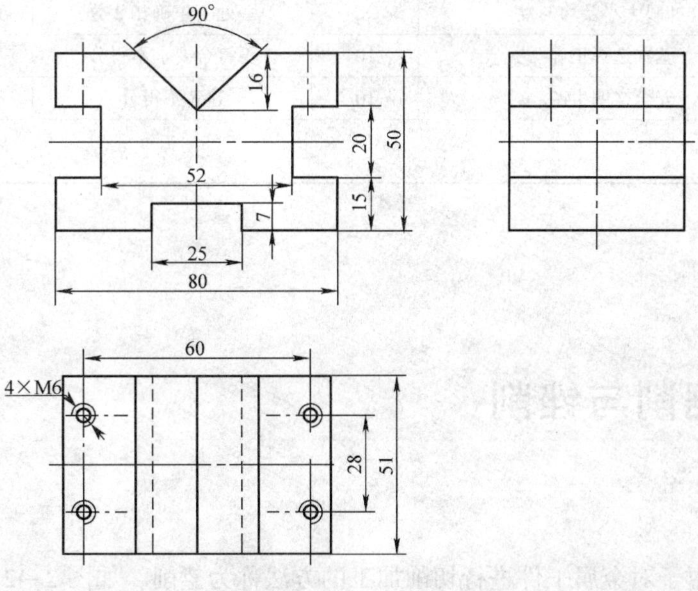

图 2—19　V 形架

3. 训练要求

掌握立体划线的操作方法，正确使用划线工具。

4. 训练备料

材料：45 钢，规格为 80 mm×51 mm×50 mm。

工具：钢直尺、V 形架、划线平板、划针、划规、样冲、锤子、游标高度卡尺等。

5. 训练步骤

按照“平面划线”技能训练的步骤完成该 V 形架立体划线，如图 2—20 所示。

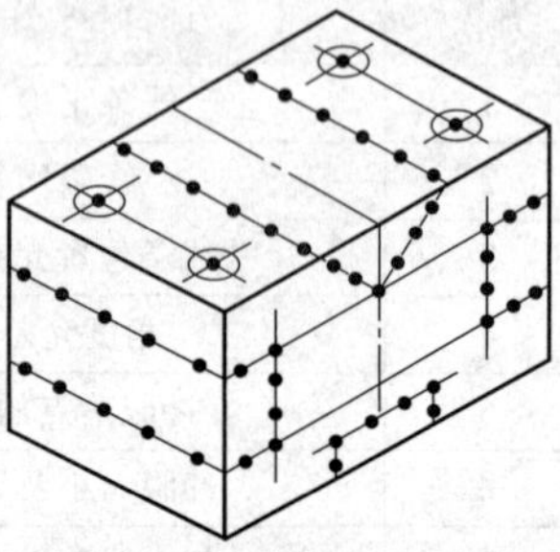

图 2—20　划线后的工件

6. 操作注意事项

(1) 工件在划线平台上要平稳放置。

(2) 划线工具使用正确；划出的线条细而清晰，避免划重线。

(3) 样冲眼要准确，分布要均匀。

7. 成绩评定（表 2—5）

表 2—5　V 形架立体划线实习记录与成绩评分表

训练课题	V 形架立体划线					
姓名		班级		工件号		总得分
项次	项目与技术要求	配分	评分标准	实测结果	得分	
1	线条正确、清晰	9	一处不正确扣 3 分			
2	三个位置垂直度找正误差小于 0.4 mm	18	超差一处扣 6 分			
3	三个位置尺寸基准位置误差小于 0.6 mm	18	超差一处扣 6 分			
4	划线尺寸误差小于 0.3 mm	18	每超差一处扣 3 分			
5	样冲眼落点分布正确	9	一处不正确扣 3 分			
6	样冲眼大小及均匀性	8	一处不正确扣 2 分			
7	基准选择正确	10	不符合要求不得分			
8	安全文明生产	10	违者不得分			
现场记录						

课题二　錾削、锯削与锉削

一、錾削

用锤子打击錾子对金属工件进行切削加工的方法称为錾削，如图 2—21 所示。錾削是一种粗加工，主要用于不便于机床加工或机床加工不经济的场合，如去除毛坯上的毛刺、分割材料、錾削沟槽及油槽等。通过錾削，可以提高锤击的准确性，为装拆机械设备或其他敲击性工作打下扎实的基础。因此，錾削是工具钳工一项较为重要的基本操作。

图 2—21　錾削

1. 錾削工具

錾削时所使用的工具主要是錾子和锤子。

（1）錾子

錾子一般用优质碳素工具钢（T7A）锻成，由头部、錾身及切削部分组成。头部顶端略带球形，以便锤击时作用力容易通过錾子的中心线；錾身多呈八棱形，以防錾削时錾子转动；切削部分刃磨成楔形，经热处理使其硬度达到 56～62HRC，如图 2—22 所示。

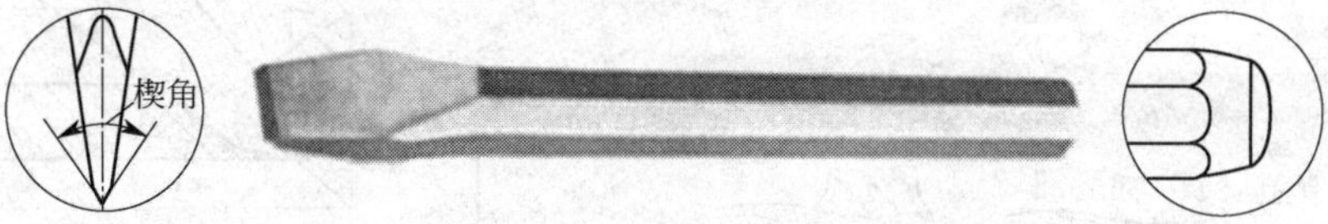

图 2—22　錾子的结构

常用的錾子有扁錾、尖錾和油槽錾，其结构和用途见表 2—6。

表 2—6　　**錾子的种类与用途**

錾子类型	图　示	应用实例
扁錾（阔錾）		切削部分扁平，刃口略带弧形，主要用来錾削毛刺、平面和分割板材 
尖錾（狭錾）		切削刃两侧面略带倒锥，以防錾削沟槽时錾子被槽卡住，主要用于錾削沟槽和分割曲线形板材 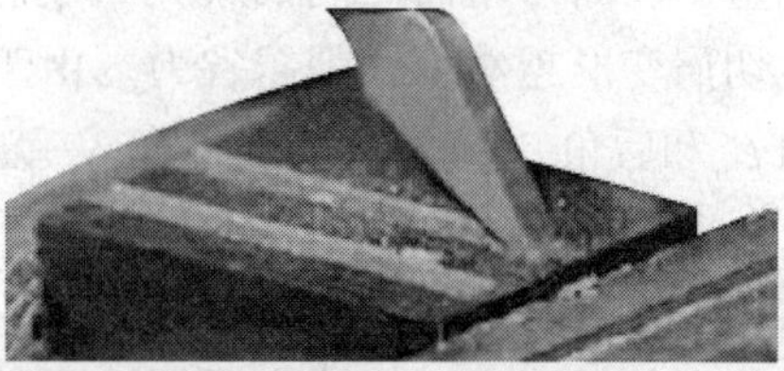
油槽錾		切削刃较短并呈圆弧形，且与油槽截面一致。切削部分制成弯曲状，便于在曲面上錾削油槽 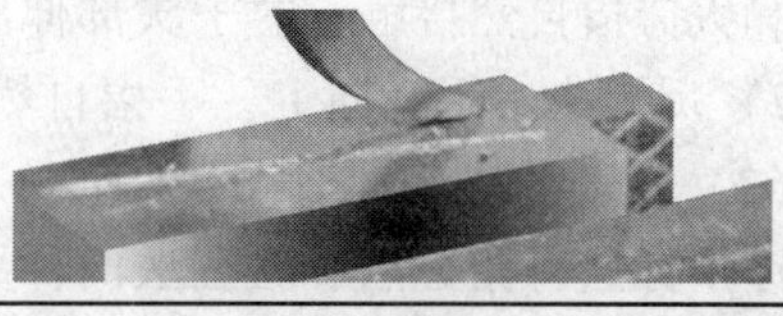

（2）锤子

钳工常用的锤子（圆头锤）又称榔头，它由锤体、锤柄和倒楔组成，如图 2—23 所示。锤体通常用碳素工具钢锻成，并经淬硬处理。锤柄用硬而不脆的木材制成，截面为椭圆形，以便锤体定向，准确敲击。锤柄装入锤孔后，打入倒楔，以防锤体脱落。锤子的规格用锤体的质量来表示，常用的有 0. 22 kg、0. 34 kg、0. 45 kg、0. 68 kg 和 0. 91 kg 等几种。

2. 錾削时的几何角度

如图 2—24 所示为錾削平面时所形成的几何角度。錾子切削部分由前面、后面以及它们的交线形成的切削刃组成。

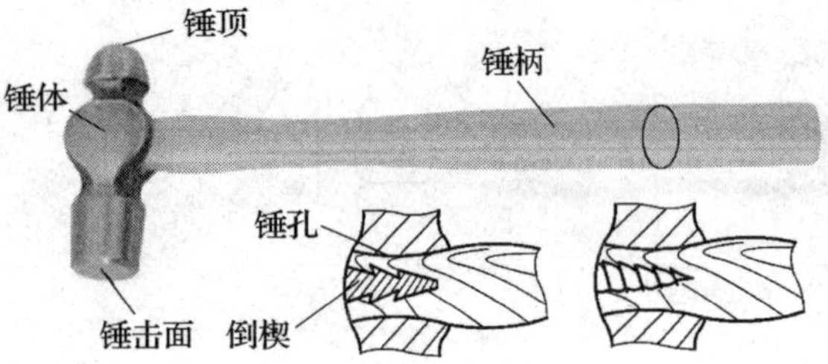

图 2—23　锤子

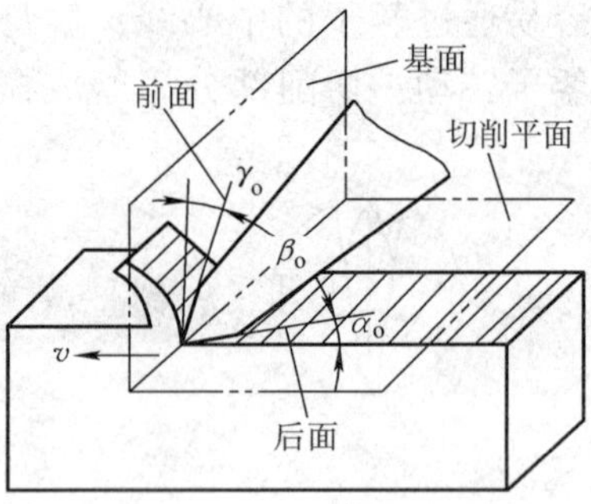

图 2—24　錾削时的几何角度

（1）楔角（β_o）

錾子前面与后面之间的夹角称为楔角。楔角由刃磨形成，其大小对切削性能有着直接影响。楔角越大，切削部分的强度越高，但錾削阻力也越大。因此，选择楔角大小时应在保证足够强度的前提下，尽量取小的数值。通常錾削钢或铸铁等硬度较高材料时，楔角取 60°~70°；錾削铜或铝等软材料时，楔角取 30°~50°；錾削中等硬度的材料时，楔角取 50°~60°。

（2）后角（α_o）

錾子后面与切削平面之间的夹角称为后角。后角大小取决于錾子被握持的方向，其作用是减小后面与切削表面之间的摩擦。后角太大会使錾子切入过深，錾削困难；后角太小，易使錾子从切削表面滑出。錾削时后角一般取 5°~8°为宜。

（3）前角（γ_o）

錾子前面与基面之间的夹角称为前角。前角的作用是减小錾削时的切屑变形，前角越大，切屑变形越小，切削越省力。由于各几何角度之间存在 $\beta_o+\alpha_o+\gamma_o=90°$ 的关系，所以当楔角 β_o 和后角 α_o 确定之后，前角 γ_o 就自然形成了。

3. 錾削操作方法

（1）錾子的握法

錾子的握法有正握法和反握法两种。

1）正握法。手心向下，腕部伸直，用左手的中指、无名指握住錾子，小指自然合拢，食指和大拇指自然接触，錾子头部伸出约 20 mm，如图 2—25a 所示。

2）反握法。手心向上，手指自然捏住錾子，手掌悬空，如图 2—25b 所示。

（2）锤子的握法

锤子握法有紧握法和松握法两种。

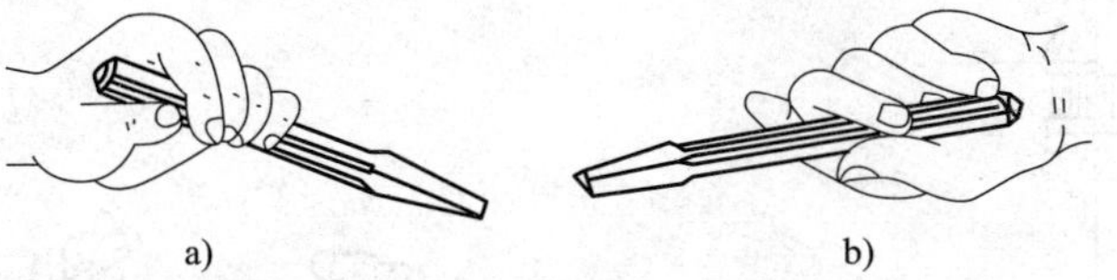

图 2—25　錾子的握法

a）正握法　　b）反握法

1）紧握法。用右手五指紧握锤柄，大拇指合在食指上，虎口对准锤头方向，木柄尾端露出约 15~30 mm。在挥锤和锤击过程中，五指始终紧握，如图 2—26a 所示。

2）松握法。只用大拇指和食指始终握紧锤柄。在挥锤时，小指、无名指、中指则依次放松。在锤击时，又以相反的次序收拢握紧，如图 2—26b 所示。

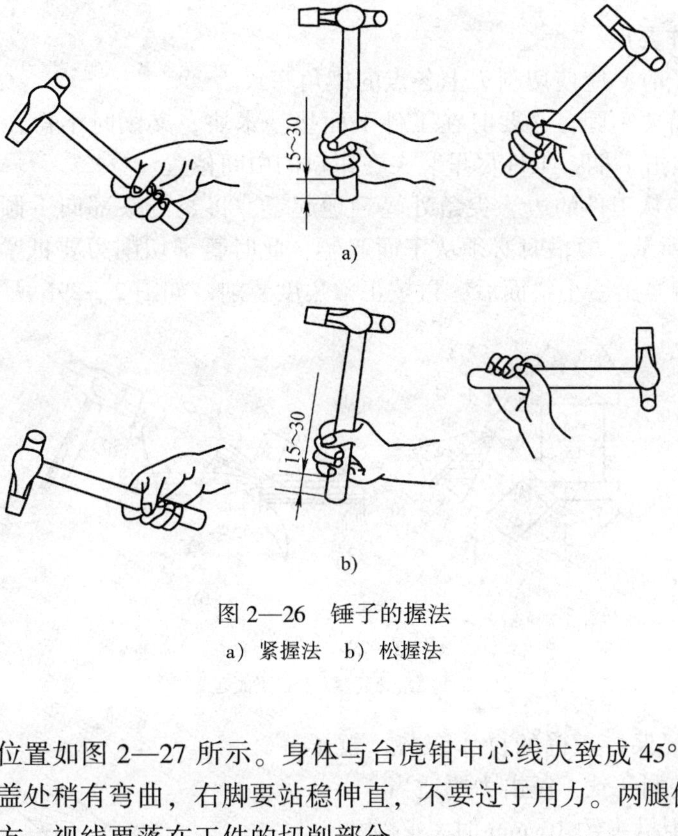

图 2—26　锤子的握法

a）紧握法　b）松握法

（3）站立位置

錾削时的站立位置如图 2—27 所示。身体与台虎钳中心线大致成 45°角，且略向前倾，左脚跨前半步，膝盖处稍有弯曲，右脚要站稳伸直，不要过于用力。两腿保持自然站立，人体重心稍微偏向后方，视线要落在工件的切削部分。

（4）挥锤方法

挥锤有腕挥、肘挥和臂挥三种方法，如图 2—28 所示。

1）腕挥。如图 2—28a 所示，只用手腕的运动挥锤，锤击力较小，采用紧握法握锤，一般用于錾削余量较小及錾削开始或结尾的场合。

2）肘挥。如图 2—28b 所示，用手腕与肘部一起挥动，锤击力较大，应用最广。

3）臂挥。如图 2—28c 所示，用手腕、肘和大臂一起挥锤，锤击力最大，常采用松握法握锤，用于需要大力錾削的工作。

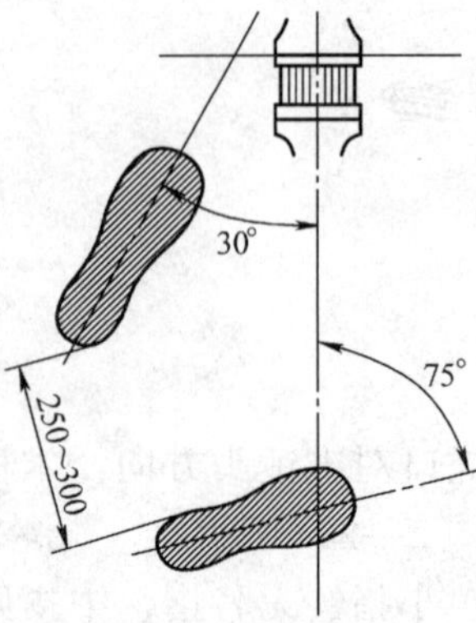

图 2—27　錾削时的站立位置

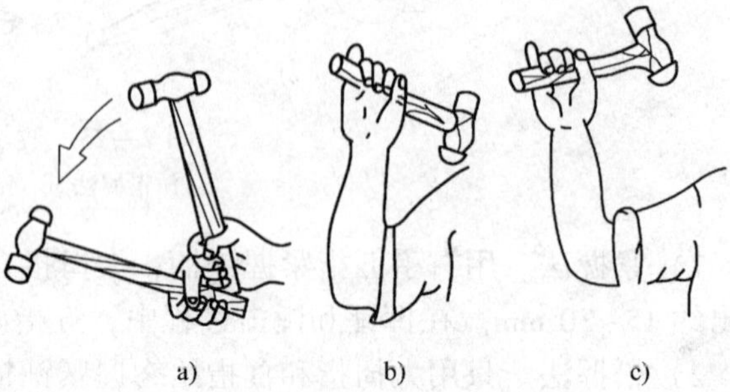

图 2—28　挥锤方法

a）腕挥　b）肘挥　c）臂挥

4. 錾削的操作要点

（1）刃磨錾子时，应使切削刃上各点的楔角一致。

（2）工件夹持要牢固，必要时在工件下面垫一木块。夹紧时不得在台虎钳的手柄上施加套管或用锤子敲击手柄，工件尽量装夹在钳口的中间位置。

（3）起錾时应从工件的边缘尖角处轻轻地起錾，将錾子头部向下倾斜，先錾出一小斜面，如图 2—29a 所示。錾槽时必须从正面起錾，此时錾子切削刃要抵紧起錾位置，錾子头部仍向下倾斜，待錾出一小斜面后，再按正常角度錾削，如图 2—29b 所示。

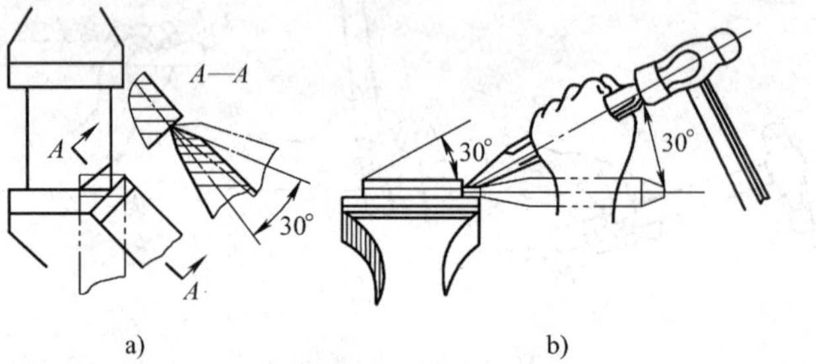

图 2—29　起錾方法

a）尖角处起錾　b）正面起錾

（4）錾削时要保持正确的操作姿势，錾子倾斜角度应尽量控制一致，锤击力要适当。

（5）当錾削距尽头约 10 mm 时，必须调头錾去余下的部分，以防材料崩裂，如图 2—30 所示。

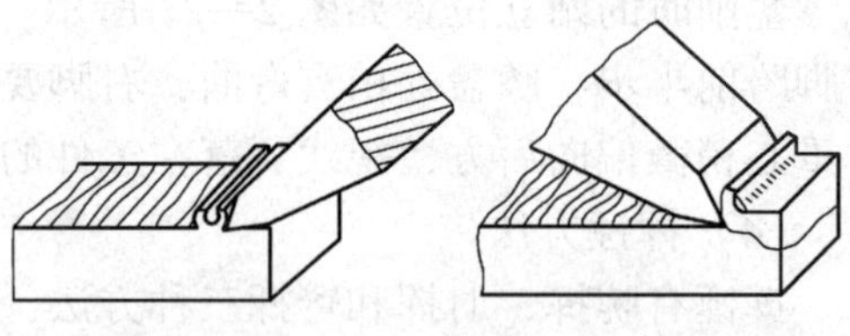

图 2—30　收錾方法

a）正确　b）错误

5. 錾削安全注意事项

（1）錾削时应设立防护网，以防切屑飞出伤人。

（2）錾子头部、锤子柄部和锤击面不应沾油，以防滑出。

（3）发现锤柄有松动或损坏时，要立即装牢或更换，以免锤体脱落，飞出伤人。

（4）錾子头部有明显毛刺时要磨掉，避免碎裂伤人。

（5）放置錾子、锤子不可露出钳台，以免掉落伤脚。

二、锯削

用手锯对材料或工件进行切断或切槽的加工方法称为锯削，如图 2—31 所示。锯削是一种粗加工方式，平面度一般可控制在 0.5 mm 之内。它具有操作方便、简单、灵活、不受设备和场地限制等特点，应用广泛，是钳工较为重要的基本操作之一。

图 2—31　锯削

1. 手锯

手锯由锯弓和锯条两部分组成。

（1）锯弓

锯弓用于安装和张紧锯条，有固定式和可调式两种，如图 2—32 所示。其中可调式锯弓可安装不同长度规格的锯条。

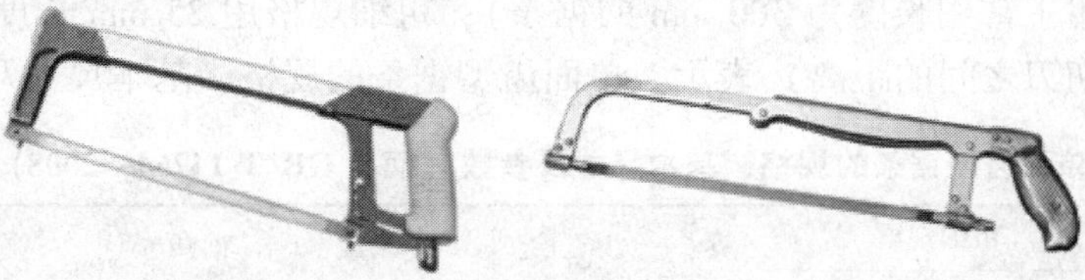

图 2—32　锯弓

a）固定式　b）可调式

（2）锯条

锯条（全称为手用钢锯条）的种类较多，按其特性分为全硬型（代号 H）和挠性型（代号 F）两种类型；按使用的材质分为碳素结构钢（代号 D）、碳素工具钢（代号 T）、合金工具钢（代号 M）、高速钢（代号 G）和双金属复合钢（代号 Bi）五种类型；按其型式分为单面齿型（代号 A）和双面齿型（代号 B）两种。钳工常用单面全硬型锯条，其结构及各部位名称如图 2—33 所示。

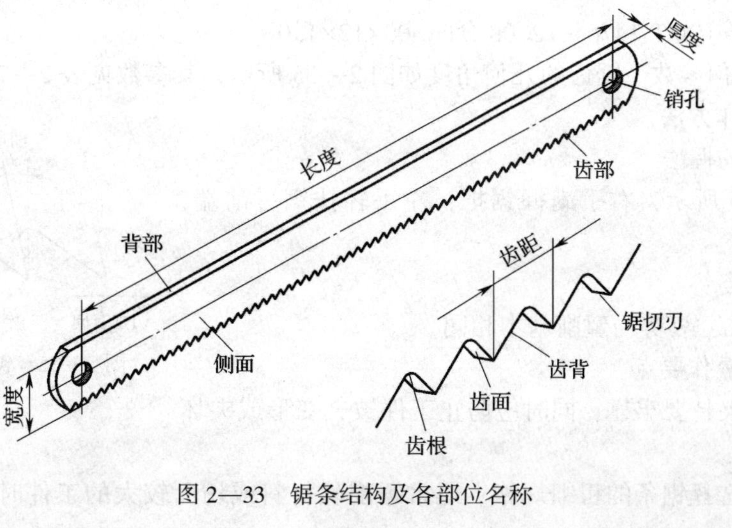

图 2—33　锯条结构及各部位名称

1）锯条的分齿形式。锯条的分齿是指锯条在制造时，使锯齿按一定的规律左右错开，排成一定的形状，以提供锯切间隙。锯条的分齿形式有交叉形和波浪形两种，如图 2—34 所示。锯条分齿的目的是减小锯缝对锯条的摩擦，使锯条在锯削时不被锯缝夹住或折断，以确保锯削顺利进行。

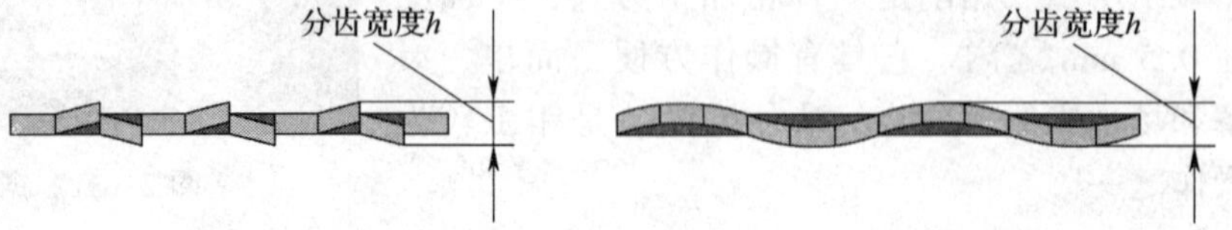

a)　　　　b)

图 2—34　锯条的分齿形式

a）交叉形　b）波浪形

2）锯条的规格及标记。锯条的规格包括长度规格和粗细规格两部分。长度规格用两销孔中心距表示（钳工常用长度为 300 mm 的锯条）；粗细规格用 25 mm 长度内的锯齿数或用齿距（两相邻锯切刃之间的距离）表示。单面齿型锯条的规格、基本尺寸及参数见表 2—7。

表 2—7　　单面齿型锯条的规格、基本尺寸及参数（摘自 GB/T 14764—2008）

长度规格 l/mm	粗细规格		分齿宽度 h/mm	齿形角 θ/（°）	前角 γ/（°）	宽度 b/mm	厚度 a/mm
	每 25 mm 内的齿数	齿距 p/mm					
300 或 250	32	0. 8	0. 90	46~53	—2~2	12. 0 或 10. 7	0. 65
	24	1. 0					
	20	1. 2	0. 95				
	18	1. 4	1. 00	50~53			
	16	1. 5					
	14	1. 8					

全硬型、碳素工具钢、单面齿型、长度 $l=300$ mm、宽度 $b=12$ mm、齿距 $p=1.0$ mm 的钢锯条应标记为：

手用钢锯条 GB/T 14764—2008 HTA300×12×1. 0

3）锯齿几何参数。锯齿的几何角度如图 2—35 所示，其参数见表 2—7。

2. 锯削操作方法

（1）手锯的握法

如图 2—36 所示，右手满握锯把，左手轻扶锯弓前端，保持锯弓平稳。

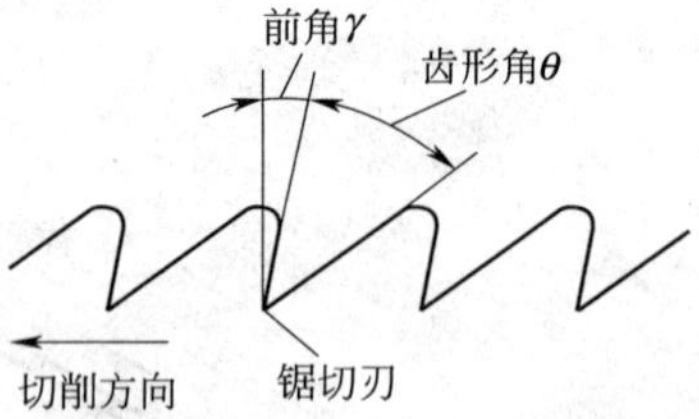

图 2—35　锯齿的几何角度

（2）锯削姿势

锯削时的站立姿势与錾削基本相同。

3. 锯削的操作要点

（1）工件夹持要牢靠，同时应防止工件被夹变形或夹坏已加工表面。

（2）合理选择锯条的粗细规格。通常锯削软材料或切面较大的工件时，应选用齿距较大的锯条；锯削硬材料或切面较小的工件时，则应选用齿距较小的锯条；锯削管子或薄板材料时，必须选用齿距小的锯条，以防锯齿卡住或崩裂。

（3）锯条的安装应正确（齿面朝前），如图 2—37 所示。松紧要适当，过松锯缝易歪斜，过紧锯条易崩断。

图 2—36　手锯的握法

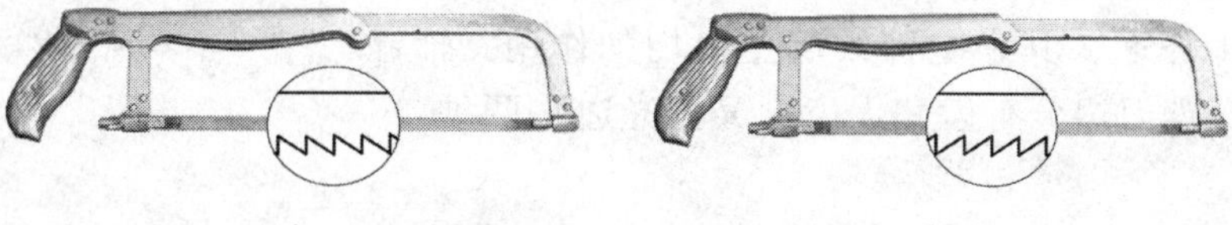

a)　　b)

图 2—37　锯条安装

a）正确　b）错误

（4）选择正确的起锯方法。起锯有远起锯（从工件远离操作者身体的一端起锯）和近起锯两种方法，如图 2—38 所示。为避免锯齿卡住或崩裂，一般情况下采用远起锯较好。无论用哪一种起锯方法，起锯角度都不要超过 15°。

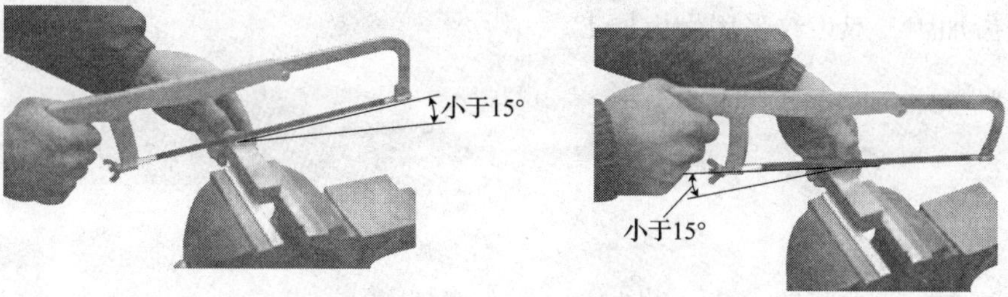

a)　　b)

图 2—38　起锯方法

a）近起锯　b）远起锯

（5）锯削时，应尽量使锯条全长度参加锯削，这样可避免锯齿局部磨损，从而延长锯条的使用寿命。

（6）锯缝歪斜时，应逐步矫正，不能强行纠正。

（7）锯削姿势要正确，压力和速度应适当。一般锯削速度为 30~40 次/min 为宜。

4. 锯削安全注意事项

（1）锯削时要防止锯条折断从锯弓上弹出伤人。

（2）工件被锯下的部分要防止跌落砸在脚上。

三、锉削

用锉刀对工件表面进行切削加工，使工件达到所要求的尺寸、形状和表面粗糙度值的操作方法称为锉削，如图 2—39 所示。锉削一般是在錾、锯之后对工件进行的精度较高的加工，其精度可达 0. 01 mm，表面粗糙度值可达 *Ra*0. 8 μm。锉削的应用范围较广，可以去除工件上的毛刺，锉削工件的内、外表面、各种沟槽和形状复杂的表面，还可以配键、制作样板以及对零件的局部进行修整等。

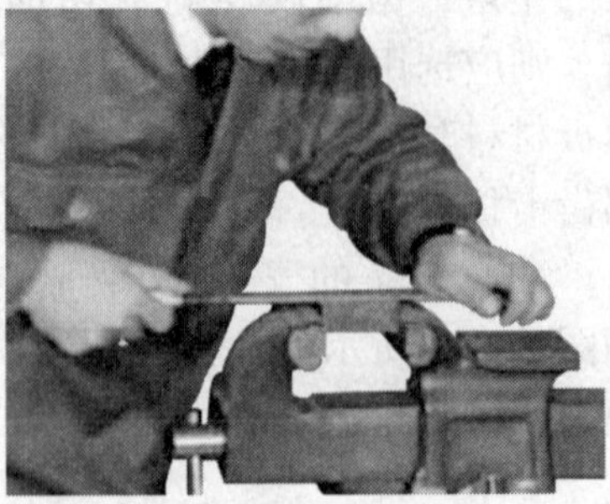

图 2—39　锉削

1. 锉刀

（1）锉刀的构造

锉刀由优质碳素工具钢 T12、T13 或 T12A、T13A 制成，经热处理后切削部分硬度达 62～72HRC。它由锉身和锉柄两部分组成，各部分的名称如图 2—40 所示。锉刀面是锉刀的主要工作面，其中主锉纹起主要切削作用，辅锉纹起分屑作用；锉刀边分有齿和无齿（又称光边）两种。

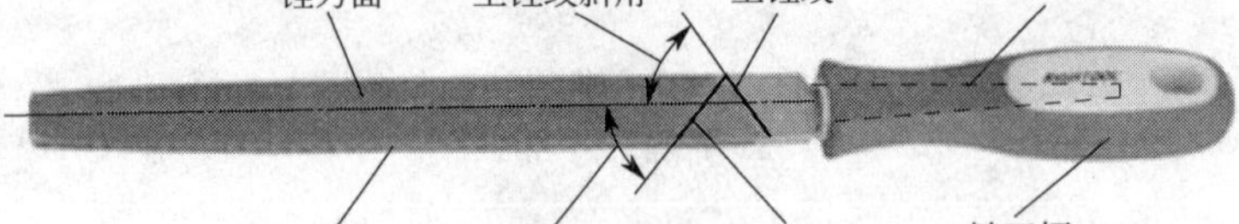

图 2—40　普通平锉的结构

锉刀有大量锉齿，按锉齿的排列方式分单齿纹和双齿纹两种，如图 2—41 所示。一般单齿纹采用铣齿加工，双齿纹采用剁齿加工。

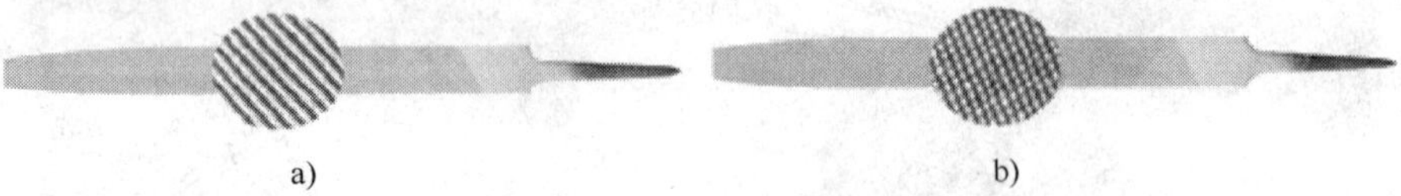

图 2—41　锉刀的齿纹

a）单齿纹　b）双齿纹

（2）锉刀的种类

锉刀的种类很多，按用途不同，锉刀可分为普通锉、整形锉（什锦锉）和异形锉三类，其特点及应用见表 2—8。

表 2—8　　**锉刀的分类、特点及应用**

锉刀类型	图　示	特点及应用
普通锉		该类锉刀按其断面形状分为平锉、方锉、三角锉、半圆锉和圆锉五种，是钳工最常用的锉削工具

续表

锉刀类型	图　示	特点及应用
整形锉		它由多支不同断面形状的锉刀组成，常用的有 5、8、10 支为一组。按断面形状有平锉、方锉、三角锉、圆锉、半圆锉、菱形锉、刀口锉、椭圆锉、单边三角锉等多种。主要用于修整工件上的细小部分
异形锉	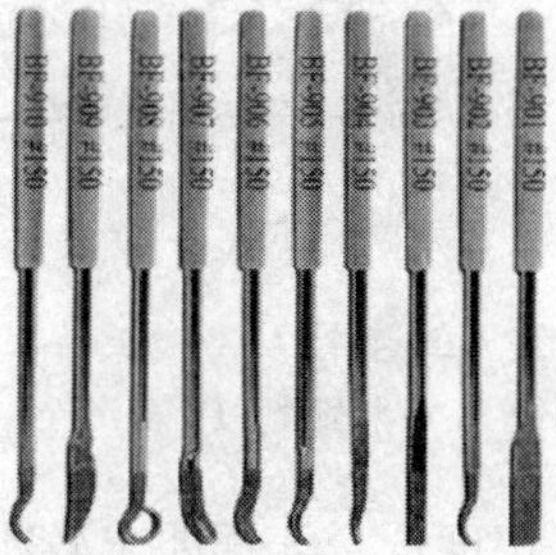	其锉身形状各异，主要用来锉削工件上的特殊表面

（3）普通锉刀的规格

普通锉刀的规格分尺寸规格和锉纹的粗细规格。

对于尺寸规格来说，圆锉以其断面直径为尺寸规格，方锉以其边长为尺寸规格，其他锉刀以锉身长度为尺寸规格，常用的有 100 mm、150 mm、200 mm、250 mm、300 mm 和 350 mm 等几种。

普通锉刀锉纹的粗细规格以锉刀每 10 mm 轴向长度内主锉纹的条数来表示，共分为 1~5 号，具体参数见表 2—9。

表 2—9　　　　普通锉刀的锉纹参数（摘自 GB/T 5806—2003）

<table>
<tr><th rowspan="3">长度规格/mm</th><th colspan="5">每 10 mm 主锉纹条数</th><th rowspan="3">辅锉纹条数</th><th rowspan="3">边锉纹条数</th><th colspan="2">主锉纹斜角 λ</th><th colspan="2">辅锉纹斜角 ω</th><th rowspan="3">边锉纹斜角 θ</th></tr>
<tr><th colspan="5">锉纹号</th><th rowspan="2">1~3 号锉纹</th><th rowspan="2">4~5 号锉纹</th><th rowspan="2">1~3 号锉纹</th><th rowspan="2">4~5 号锉纹</th></tr>
<tr><th>1</th><th>2</th><th>3</th><th>4</th><th>5</th></tr>
<tr><td>100</td><td>14</td><td>20</td><td>28</td><td>40</td><td>56</td><td rowspan="9">为主锉纹条数的 75%~95%</td><td rowspan="9">为主锉纹条数的 100%~120%</td><td rowspan="9">65°</td><td rowspan="9">72°</td><td rowspan="9">45°</td><td rowspan="9">52°</td><td rowspan="9">90°</td></tr>
<tr><td>125</td><td>12</td><td>18</td><td>25</td><td>36</td><td>50</td></tr>
<tr><td>150</td><td>11</td><td>16</td><td>22</td><td>32</td><td>45</td></tr>
<tr><td>200</td><td>10</td><td>14</td><td>20</td><td>28</td><td>40</td></tr>
<tr><td>250</td><td>9</td><td>12</td><td>18</td><td>25</td><td>36</td></tr>
<tr><td>300</td><td>8</td><td>11</td><td>16</td><td>22</td><td>32</td></tr>
<tr><td>350</td><td>7</td><td>10</td><td>14</td><td>20</td><td>—</td></tr>
<tr><td>400</td><td>6</td><td>9</td><td>12</td><td>—</td><td>—</td></tr>
<tr><td>450</td><td>5.5</td><td>8</td><td>11</td><td>—</td><td>—</td></tr>
</table>

2. 锉刀的选择

锉刀的选择是否合理，直接影响锉削的质量、效率以及锉刀的使用寿命。通常应根据工件表面形状、尺寸大小、材料的性质、加工余量的大小以及加工精度和表面粗糙度要求的高低来选用锉刀。锉刀断面形状及尺寸应与工件被加工表面形状和尺寸相适应，如图 2—42 所示。

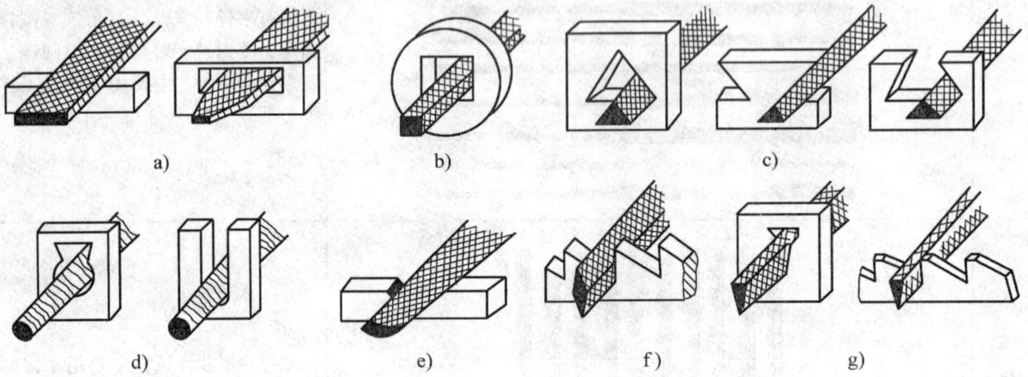

图 2—42　锉刀的选用

a）平锉　b）方锉　c）三角锉　d）圆锉　e）半圆锉　f）菱形锉　g）刀口锉

当锉削铜、铝等软金属以及加工余量大、精度低、表面要求较粗糙的工件时，一般选用齿纹较粗的锉刀；细齿纹锉刀常用于锉削钢、铸铁以及加工余量小、精度和表面粗糙度要求较高的工件。锉刀齿纹粗细规格的选择可参见表 2—10。

表 2—10　锉刀齿纹粗细规格的选择

锉刀粗细	适用场合		
	锉削余量/mm	尺寸精度/mm	表面粗糙度 *Ra*/μm
1 号（粗齿锉刀）	0.5~1	0.2~0.5	100~25
2 号（中齿锉刀）	0.2~0.5	0.05~0.2	25~6.3
3 号（细齿锉刀）	0.1~0.3	0.02~0.05	12.5~3.2
4 号（双细齿锉刀）	0.1~0.2	0.01~0.02	6.3~1.6
5 号（油光锉）	0.1 以下	0.01	1.6~0.8

3. 锉刀柄的装拆

锉刀柄的装拆方法如图 2—43 所示。

4. 锉削姿势

（1）锉刀的握法

由于锉刀的形状规格不同，其握持方法也不同。对于 250 mm 以上的锉刀，用右手紧握锉刀柄，柄端抵住在拇指根部的手掌上，大拇指放在锉刀柄上部，其余手指由下而上地满握锉刀柄，如图 2—44a 所示；左手的基本握法是将拇指的根部肌肉压在锉刀头上，拇指自然伸直，其余四指弯向手心，用中指、无名指捏住锉刀前端，如图 2—44b 所示。锉削时左右手配合的动作要协调，右手推动锉刀并决定锉削方向，左手协同右手使锉刀保持平衡，如

图 2—44c 所示。中、小型锉刀的握法如图 2—45 所示。

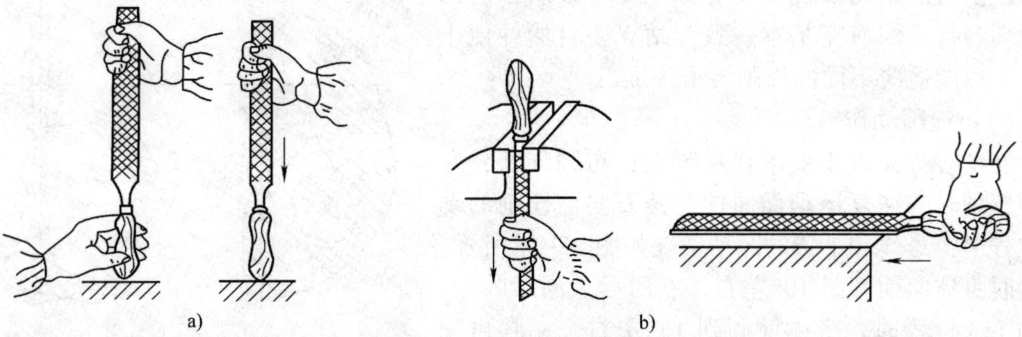

图 2—43　锉刀柄的装拆

a）装锉刀柄　b）拆锉刀柄

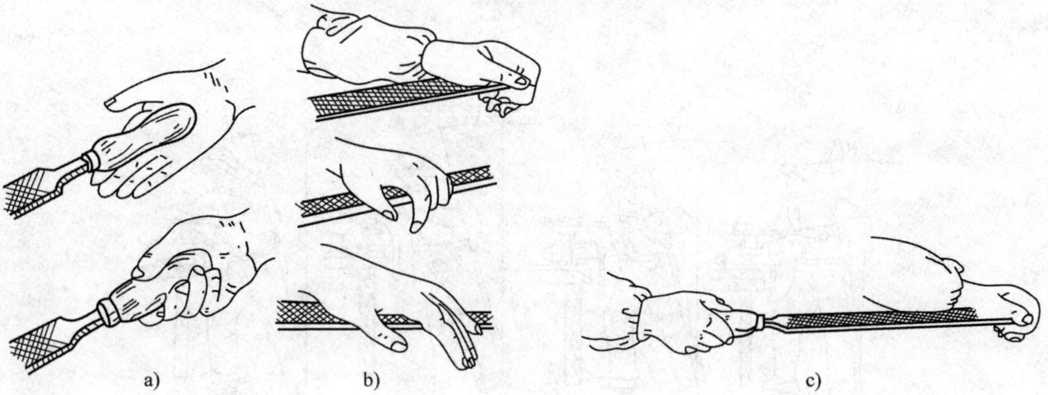

图 2—44　较大锉刀的握法

a）右手的握法　b）左手的握法　c）锉刀的基本握法

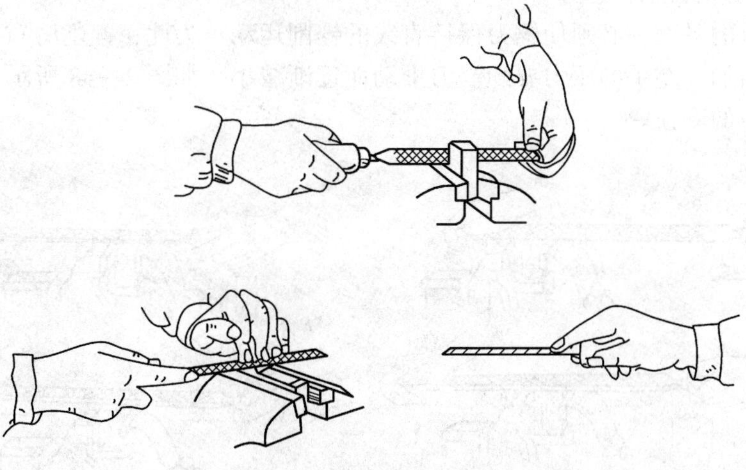

图 2—45　中、小型锉刀的握法

(2) 站立位置

锉削时的站立步位和姿势如图 2—46 所示。两脚距离与自己的肩宽基本一致，站立要自然并便于发力，以能适应不同的锉削要求为准。

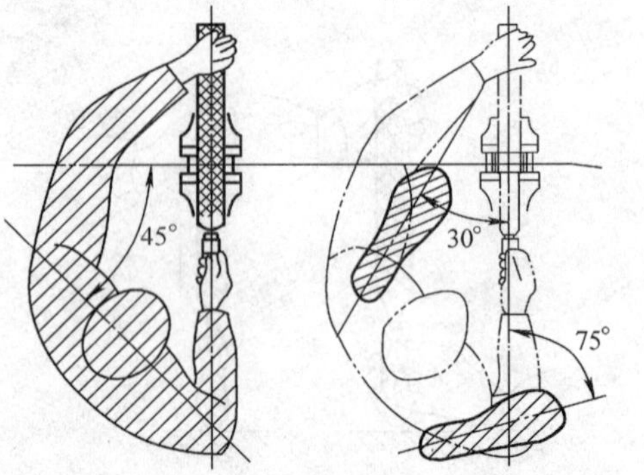

图 2—46　锉削时的站立步位和姿势

(3) 锉削动作

锉削时身体重心要落在左脚上；右膝伸直，左膝随锉削时的往复运动而屈伸。锉刀向前锉削的动作过程中，身体和手臂的运动情况如图 2—47 所示。开始时身体向前倾斜 10°左右，右肘尽量向后收缩；最初 1/3 行程时，身体前倾到 15°左右，左膝再稍有弯曲；锉中间 1/3 行程时，右肘向前推进锉刀，身体逐渐向前倾至 18°左右；锉最后 1/3 行程时，右肘继续向前推进锉刀，身体自然地退回到 15°左右；锉削行程结束后，将锉刀略提起退回原位，同时，手和身体都恢复到原来姿势。

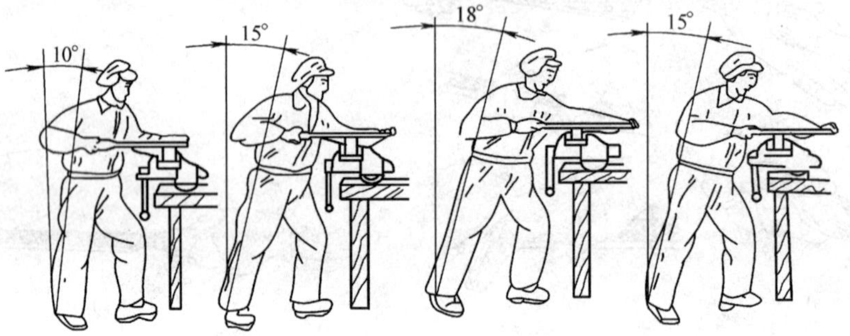

图 2—47　锉削动作

(4) 锉削力和锉削速度

要锉出平直的平面，必须使锉刀保持直线的锉削运动。为此，锉削时右手的压力要随锉刀推动而逐渐增加，左手的压力要随锉刀推动而逐渐减小，如图 2—48 所示，回程时不加压力，以减少锉齿的磨损。

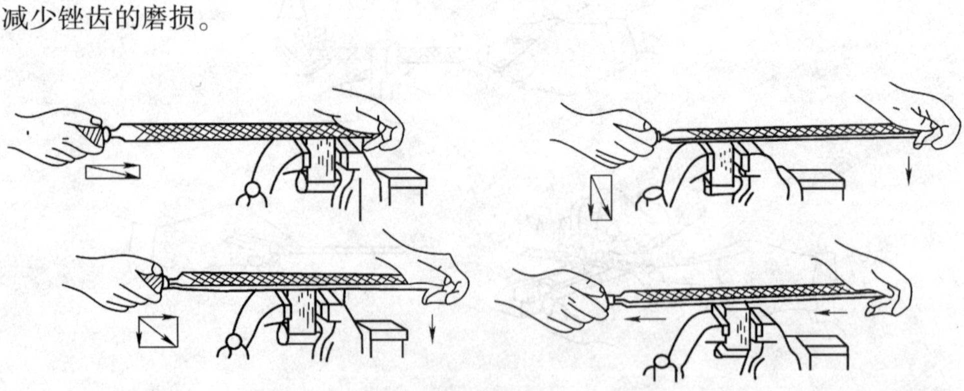

图 2—48　锉平面时的两手用力

锉削速度应根据加工工件的大小、软硬程度，以及锉刀规格等具体情况而定，一般为 40 次/min 左右，推出时稍慢，回程时稍快，动作要自然协调。

5. 锉削基本方法

锉削时应根据被加工面的形状和要求合理制定锉削方法及工艺。常用的基本锉削方法见表 2—11。

表 2—11　　常用的基本锉削方法

锉削方法		图　示	特点及应用
平面锉削	顺向锉		顺向锉是最普通的锉削方法，锉刀运动方向与工件夹持方向始终一致，这种方法可得到正直的锉痕，比较整齐美观。适用于面积不大的平面锉削和最后锉光
	交叉锉	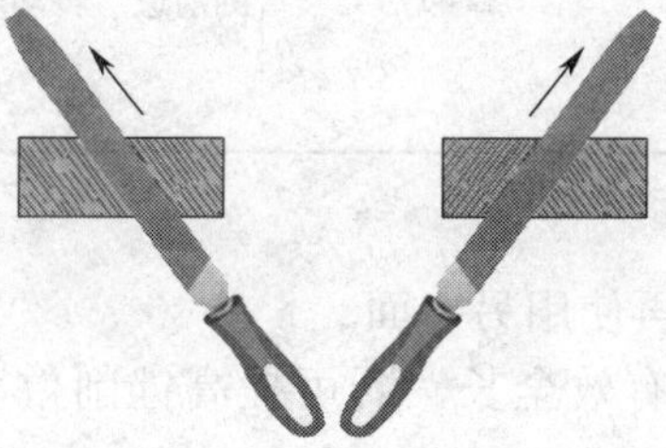	锉刀与工件夹持方向约呈 35°，且锉痕交叉。交叉锉时锉刀与工件的接触面积增大，锉刀容易掌握平稳。交叉锉一般用于粗加工
	推锉	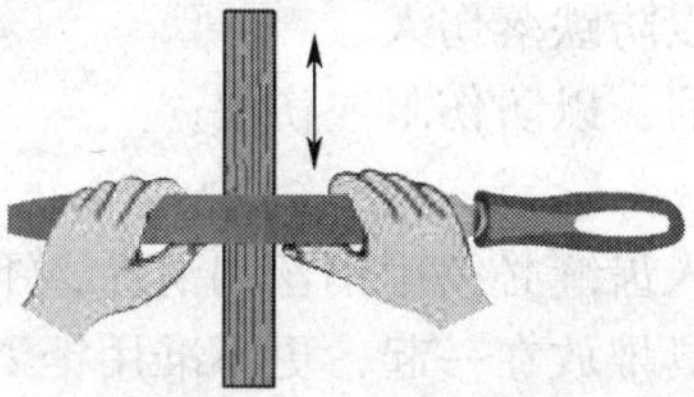	推锉一般用来锉削狭长平面，使用顺向锉法锉刀受阻时使用。推锉时因锉齿的方向与锉刀的运动方向不同，故锉削效率低，只适用于加工余量较小的锉削或修整尺寸
	铲锉	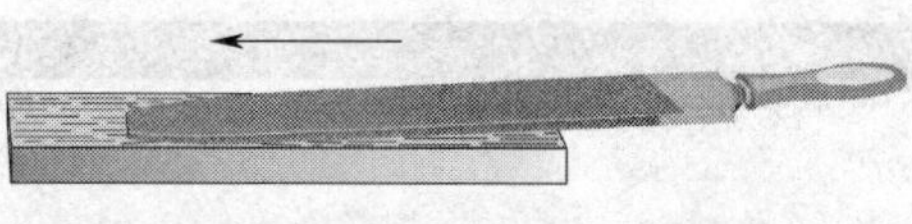	铲锉是利用锉刀前端的弧度对工件表面的局部进行锉削，主要适用于锉削面的修整

续表

锉削方法		图示	特点及应用
曲面锉削	锉削外圆弧面	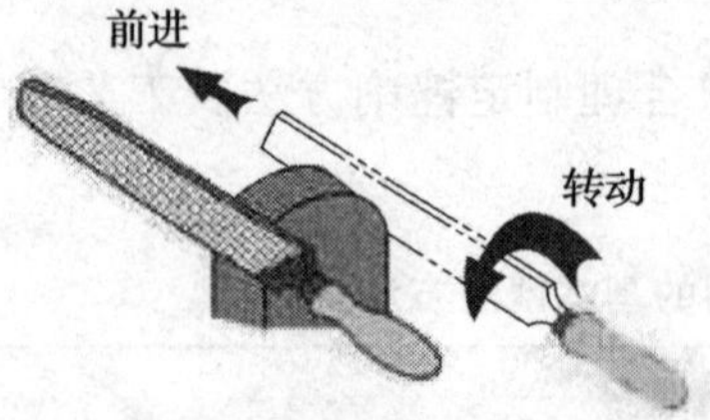 横向锉法 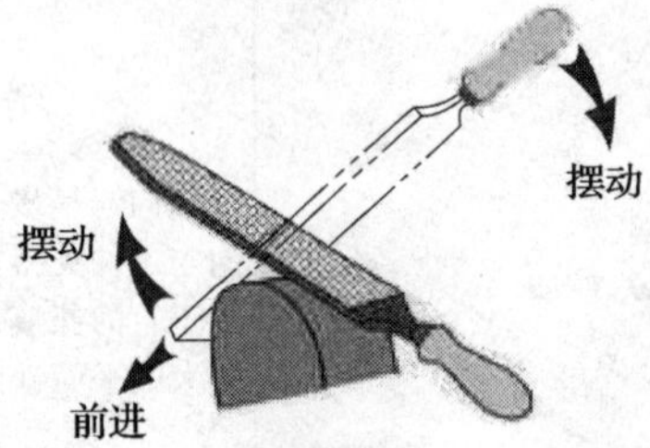 顺圆弧锉法	常见的外圆弧面锉削方法有横向锉法和顺圆弧锉法。锉削时要同时完成两种运动，即横向锉法是锉刀的前进和转动，顺圆弧锉法是锉刀的前进和上下摆动。横向锉法切削效率高，适于粗加工；顺圆弧锉法锉出的圆弧面不会出现棱角现象，一般用于圆弧面的精加工阶段
	锉削圆球面		锉削圆球时要同时完成三种运动，即锉刀的前进、转动和摆动

6. 锉削安全注意事项

（1）新锉刀要先使用一面，用钝后再使用另一面。

（2）在粗锉时，应充分使用锉刀的有效全长，既可提高锉削效率，又可避免锉齿局部磨损。

（3）对于锻件和铸件的毛坯，应先用砂轮将硬皮打磨掉，或用旧锉刀将硬皮锉去，然后再进行正常的锉削。

（4）锉刀放置时不要露出钳台边，以防跌落伤人。

（5）不能用嘴吹铁屑或用手清理铁屑，以防伤眼或伤手。

（6）不使用无柄或手柄开裂的锉刀。

（7）锉刀不得沾油和沾水。锉屑嵌入齿缝必须用钢丝刷清除，不允许用手直接清除。

（8）锉刀不准互相重叠或与其他工具堆放在一起，更不准用锉刀敲击或撬动其他物件。

（9）使用整形锉时，用力不可过猛，以免锉刀折断。

（10）锉削时不要用手去摸锉削表面，以防锉刀打滑而造成损伤。

技能训练

一、錾子的热处理与刃磨

1. 训练课题

錾子的热处理与刃磨。

刃磨后的錾子如图 2—49 所示。

图 2—49　錾子

2. 训练要求

掌握錾子热处理与刃磨的方法。

3. 训练备料

材料：用 T7、T8 钢制成的錾子；台式或立式砂轮机；加热装置；冷却液（水）及容器等。

4. 训练步骤

（1）熟知錾子的切削角度及要求。

（2）粗磨錾子。

（3）对錾子进行热处理

先将錾子用加热装置（通常采用气焊工具）将其刃口部位（约 20 mm 长）加热到 750~780 ℃（呈樱红色）后迅速取出，并垂直地把錾子放入冷水中冷却（浸入深度约 5~6 mm），然后沿着水面缓慢地移动，即完成淬火，如图 2—50 所示。錾子的回火是利用本身的余热进行的，当錾子露出水面的部分变成黑色时，从水中取出，迅速地擦去氧化皮，观察錾子刃部的颜色变化，待颜色由黄白色转为蓝色时，再将錾子全部浸入水中冷却，以完成回火处理。錾子通过淬火和余热回火处理，可以提高其使用性能。

（4）精磨錾子

刃磨錾子的方法如图 2—51 所示，双手握住錾子，在旋转着的砂轮轮缘上进行刃磨。刃磨时，必须使切削刃高于砂轮水平中心线，在砂轮全宽上作左右移动，并要控制錾子的倾斜角度、位置，以便磨出所需的刀刃形状和楔角。

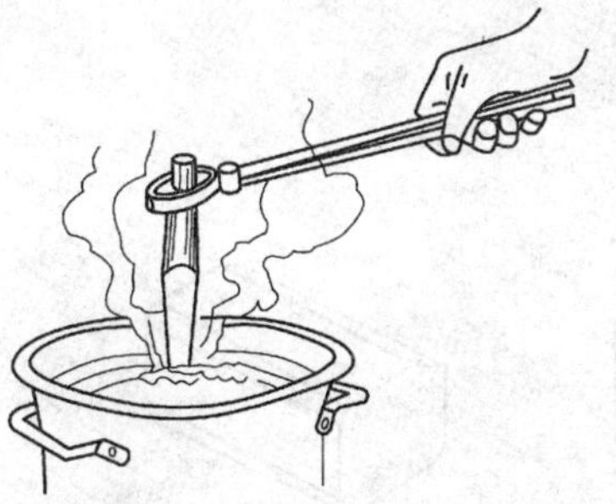

图 2—50　錾子的热处理

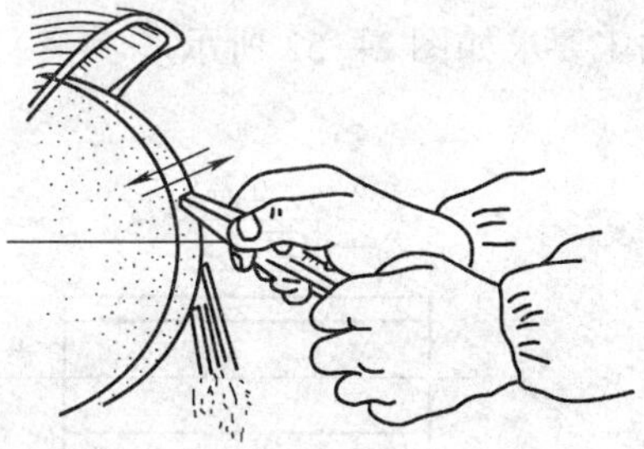

图 2—51　錾子的刃磨

5. 操作注意事项

（1）刃磨时施加在錾子上的压力不宜过大，左右移动要平稳、均匀，并要经常蘸水冷却，以防退火。

（2）为了避免铁屑飞溅伤害眼睛，刃磨时必须戴好防护眼镜。

（3）不可用棉纱裹住錾子进行刃磨。

（4）刃磨錾子时应站立在砂轮机的侧面，若发现砂轮表面跳动严重时，应及时停机检修。

（5）錾子的热处理应注意控制好加热温度以及回火时的颜色。

6. 成绩评定（表 2—12）

表 2—12　　錾子的热处理与刃磨实习记录与成绩评分表

训练课题	錾子的热处理与刃磨				
姓名	班级		工件号		总得分
项次	项目与技术要求	配分	评分标准	实测结果	得分
1	准备工作	15	每差一项扣 3 分		
2	錾子楔角	9	每差一项扣 3 分		
3	刃磨前的检查工作	12	每差一项扣 3 分		
4	刃磨操作姿势与动作	10	不符合要求扣 10 分		
5	刃磨操作规范性	10	不符合要求扣 10 分		
6	錾子的加热操作	8	不符合要求扣 8 分		
7	錾子的冷却操作（淬火）	8	不符合要求扣 8 分		
8	錾子的回火处理操作	8	不符合要求扣 8 分		
9	刃磨质量	10	不符合要求不得分		
10	安全文明生产	10	违者不得分		
现场记录					

二、錾削

1. 训练课题

錾削长方体。

2. 训练图样

加工要求如图 2—52 所示。

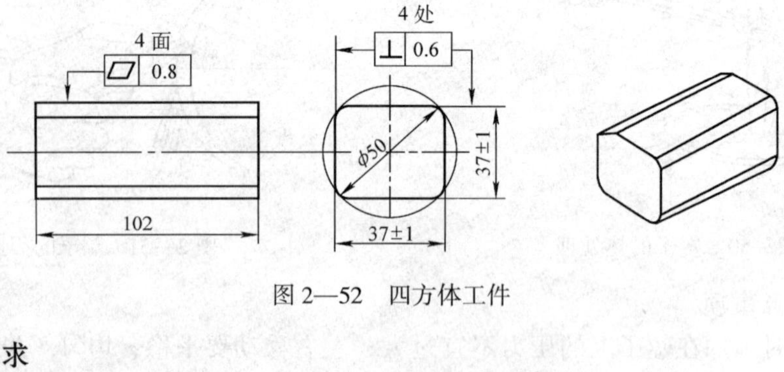

图 2—52　四方体工件

3. 训练要求

掌握錾削姿势，提高錾削技能，并达到一定的錾削精度。

4. 训练备料

材料：Q235，规格 ϕ50 mm×102 mm。

工具：錾子、钢直尺或卡钳、检验錾子用的角度样板等。

5. 训练步骤

（1）先用未淬火的錾子进行锤击训练，其臂挥要领如下：

挥锤：肘收臂提，举锤过肩，手腕后弓，三指微松，锤面朝天，少停瞬间。

锤击：目视錾刃，臂肘齐下，收紧三指，手腕加劲，锤錾一线，锤走弧线，左脚着力，右脚伸直。

要求：稳——速度节奏 40 次/min；准——命中率高；狠——锤击有力。

（2）在熟练掌握錾削姿势的基础上，按图样要求完成各平面錾削。

6. 操作注意事项

（1）工件应夹紧在钳口中央，伸出钳口高度约 10~15 mm。

（2）在工件下面加木垫块，台虎钳加软钳口，以保护工件。

（3）注意控制錾削量。

7. 成绩评定（表 2—13）

表 2—13 錾削操作实习记录与成绩评分表

训练课题	錾削四方体工件					
姓名		班级		工件号		总得分	
项次	项目与技术要求	配分	评分标准	实测结果	得分
1	平面度误差 0.8 mm（4 面）	6×4	每超差 0.2 mm 扣 2 分		
2	垂直度误差 0.6 mm（4 处）	6×4	每超差 0.2 mm 扣 2 分		
3	尺寸误差要求±1 mm（2 处）	10×2	每超差 0.5 mm 扣 5 分		
4	錾削痕迹整齐	3×4	一面不整齐扣 3 分		
5	安全文明生产	10	违反规定酌情扣分		
6	工时定额 4 h	10	每超 30 min 扣 3 分		
现场记录					

三、锯削

1. 训练课题

锯削四方铁、六角钢、长圆体件。

2. 训练图样

加工要求如图 2—53 所示。

3. 训练要求

（1）能根据不同材料正确地选用锯条。

（2）对各种形体材料能进行正确的锯削并达到精度要求。

4. 训练备料

四方铁：材料 Q235 钢，规格：公称边长 34 mm，长度为 80 m。

六角钢：材料 35 钢，规格 ：对边尺寸为 32 mm，长度为 58 mm。

长圆体件：材料 45 钢，规格长圆形截面，长 115 mm，宽 22 mm。

工具：锯弓、锯片、钢直尺及卡钳、直角尺等。

5. 训练步骤

（1）先利用废料进行锯削姿势练习。

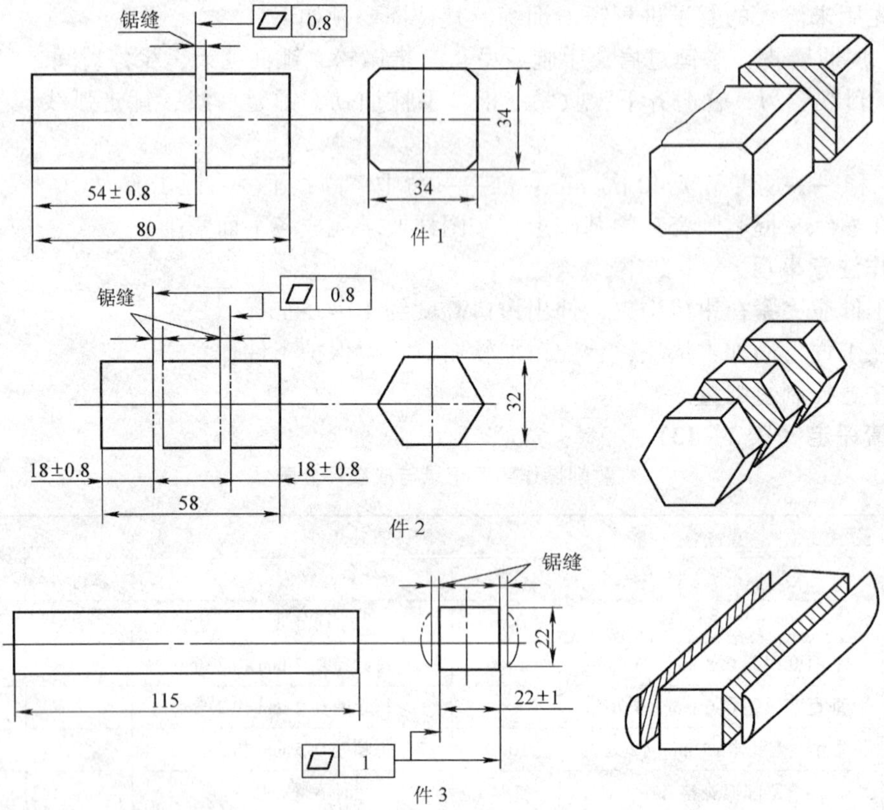

图 2—53 锯削工件

（2）按图样尺寸在 3 件工件上划出锯削线。

（3）分别锯削工件 1、工件 2、工件 3，达到各自的尺寸及平面度要求，并保证锯痕整齐，锯面平整。

6. 操作注意事项

（1）锯削时两手运锯速度要适当。锯条安装松紧要适度，以免锯条折断崩出伤人。

（2）锯断工件时，防止工件落下而砸伤脚。

（3）锯削时切削行程不宜过短，往复长度不宜过小。

7. 成绩评定（表 2—14）

表 2—14　　锯削操作实习记录与成绩评分表

训练课题	錾削四方体、六方体、长方体工件					
姓名		班级		工件号		总得分
项次	项目与技术要求		配分	评分标准	实测结果	得分
1	四方铁	尺寸要求（54±0.8）mm	8	每超差 0.5 mm 扣 2 分		
2		平面度 0.8 mm	6	每超差 0.2 mm 扣 2 分		
3	六角钢	尺寸要求（18±0.8）mm（2 件）	6×2	每超差 0.5 mm 扣 2 分		
4		平面度 0.8 mm（2 件）	4×2	每超差 0.2 mm 扣 2 分		

续表

训练课题	錾削四方体、六方体、长方体工件					
姓名		班级		工件号		总得分
项次	项目与技术要求		配分	评分标准	实测结果	得分
5	长圆体	尺寸要求（22±1）mm	14	每超差 0.2 mm 扣 5 分		
6		平面度 1 mm（2 件）	5×2	每超差 0.2 mm 扣 2 分		
7	锯削姿势正确		15	根据实际情况扣分		
8	锯削断面纹路整齐（5 面）		1×5	一面不齐扣 5 分		
9	外形无损伤		1×6	每一损伤扣 1 分		
10	锯条使用状况			每折断一根扣 2 分		
11	安全文明生产		10	违反规定酌情扣分		
12	工时定额 6 h		6	每超 30 min 扣 3 分		
现场记录						

四、锉削

1. 训练课题

锉削六方体。

2. 训练图样

加工要求如图 2—54 所示。

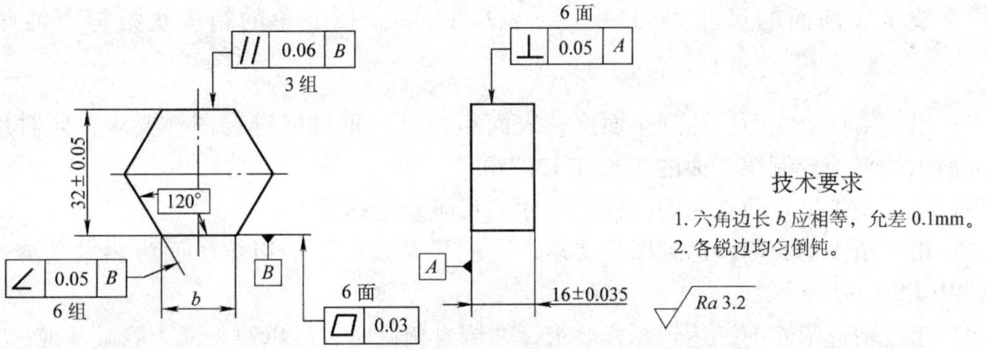

图 2—54　锉削六方体

3. 训练要求

（1）学会编制锉削工艺规程，掌握锉削操作要点及工艺顺序。

（2）能按图样要求对工件划线，并实施锉削，使之达到尺寸及几何公差要求。

4. 训练备料

圆钢：材料 45 钢，规格 $\phi38$ mm×$16_{0}^{+0.5}$ mm，数量 1 件。

工具：划针、划规、锯弓、锯条、平锉、游标高度卡尺、游标卡尺、直角尺、刀口直尺、万能角度尺、千分尺、毛刷等。

5. 训练步骤

六方体各表面的加工步骤可按图 2—55 所示编号顺序进行。

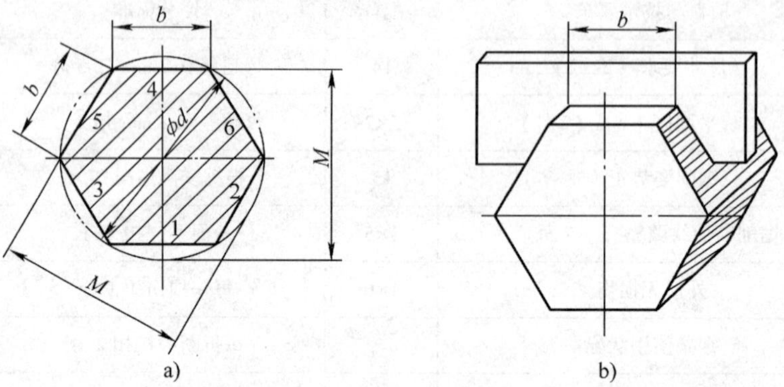

图 2—55　六方体各表面的加工步骤和边长控制方法

具体步骤如下：

（1）用游标卡尺测量出坯料的实际直径 d。

（2）粗、精锉基准面 A 及其对面并达到图样要求。

（3）粗、精锉第 1 面（基准 B），达到平面度 0.03 mm、垂直度 0.05 mm、表面粗糙度 $Ra \leqslant 3.2\ \mu m$，同时要保证圆柱素线至锉削面的尺寸为$\left(32+\dfrac{d-32}{2}\right)\pm 0.1$ mm。

（4）粗、精锉第 2 面，达到平面度、表面粗糙度、垂直度符合图样要求，同时要保证圆柱素线至锉削面的尺寸为$\left(32+\dfrac{d-32}{2}\right)\pm 0.1$ mm。120°角的精度用游标万能角度尺控制。

（5）粗、精锉第 3 面，达到平面度、表面粗糙度、垂直度符合图样要求，同时用如图 2—55b 所示的样板控制第 1 面的边长和 120°角。

（6）粗、精锉第 4 面，达到图样的尺寸、几何公差等要求。

（7）粗、精锉第 5 面，达到图样要求。在测量角度时，应以第 1 面为测量基准，以免产生累积误差。

（8）粗、精锉第 6 面，达到图样要求。在测量角度时，应以第 1 面为测量基准。

（9）按图样要求作全部精度复检，并作必要的修整锉修，最后将各锐边均匀倒棱。

6. 操作注意事项

（1）由于该六方体是中心对称图形，为了保证六边边长相等，通常可用事先准备好的样板测量。

（2）六方体的加工方法有多种，也可按 1→4→2→5→3→6 步骤进行。

（3）熟练地运用千分尺对工件进行精确测量。

（4）在用游标万能角度尺测量角度时，要注意测量基准的选择，以免产生累积误差。测量时要把工件的锐边去毛刺倒钝，保证测量的准确性。

7. 成绩评定（表 2—15）

表 2—15 　　　　　　　　**锉削操作实习记录与成绩评分表**

训练课题	锉削六方体					
姓名		班级		工序号	总得分	
项次	项目与技术要求	实　测　记　录			单次配分	得分
1	平面度 0.03 mm（6 面）				3×6	
2	尺寸要求（32±0.05）mm（3 处）				5×3	
3	尺寸要求（16±0.035）mm				4	
4	平行度 0.06 mm（3 组）				2×3	
5	垂直度 0.05 mm（6 面）				2×6	
6	120°角面的倾斜度 0.05 mm（6 组）				2×6	
7	各边长均等允差 0.1 mm				6	
8	表面粗糙度 Ra≤3.2 μm（8 面）				1×8	
9	锉纹整齐、倒棱均匀				6	
10	锉削姿势完全正确				5	
11	文明生产与安全生产				违者每次扣 3 分	
12	工时定额 4 h				每超 1 h 扣 5 分	
现场记录						

五、锉配

1. 训练课题

锉配凹凸件。

2. 训练图样

加工要求如图 2—56 所示。

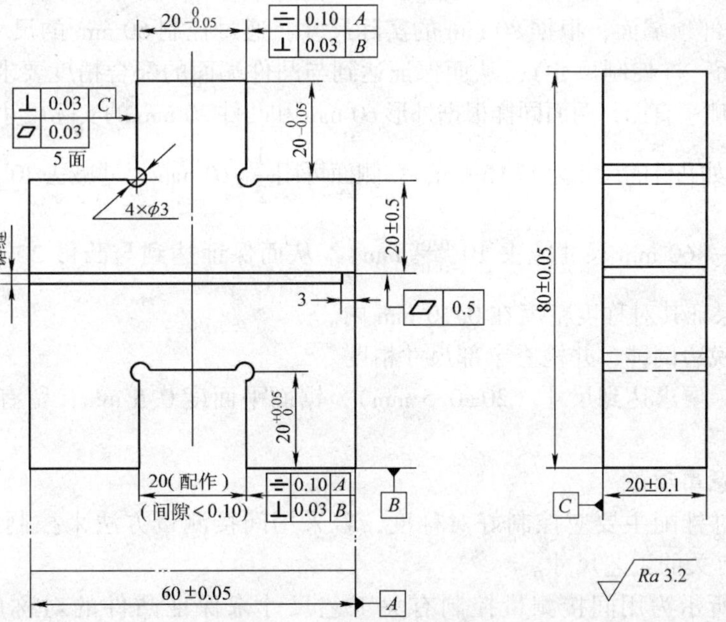

图 2—56　锉配凹凸件

3. 训练要求

（1）学会编制加工工艺规程。

（2）学会对钳工操作技术的综合运用。

（3）掌握常规测量方法。

4. 训练备料

材料：Q235 钢，规格为 82 mm×62 mm×(20±0. 1)mm。

工具：划针、锯弓、锯条、平锉、整形锉、锉刀刷、游标高度卡尺、毛刷、游标卡尺、刀口直尺、直角尺、千分尺等。

5. 训练步骤

（1）按图样要求锉削好外廓基准面，达到尺寸（60±0. 05)mm、(80±0. 05)mm 及垂直度和平行度要求。

（2）按图样要求划出凹凸件加工线，并钻工艺孔 4×ϕ3 mm。

（3）加工凸件

1）先选择一肩按划线锯去一角，粗、细锉两垂直面。根据 80 mm 处的实际尺寸，通过控制 60 mm 的尺寸误差值（本处应控制在 80 mm 实际尺寸减去 $20_{-0.05}^{\ 0}$ mm 的范围内），从而保证达到 $20_{-0.05}^{\ 0}$ mm 的尺寸要求；同样根据 60 mm 处的实际尺寸，通过控制 40 mm 的尺寸误差值（本处应控制在$\frac{1}{2}$×60 mm 的实际尺寸加上 $10_{-0.050}^{+0.025}$ mm 的范围内），从而保证在取得尺寸$20_{-0.05}^{\ 0}$ mm同时，又能保证其对称度在 0. 10 mm 内。

2）按划线锯去另一肩角，用上述方法控制深度尺寸 $20_{-0.05}^{\ 0}$ mm，对于凸形面的 $20_{-0.05}^{\ 0}$ mm 的尺寸要求，可通过直接测量控制加工。

（4）加工凹件

1）用钻头钻出排孔，并锯除凹部多余部分，然后粗锉至接近尺寸。

2）细锉凹部顶端面，根据 80 mm 的实际尺寸，通过控制 60 mm 的尺寸误差值（本处与凸部的两垂直面一样控制尺寸），从而保证达到与凸件端面的配合精度要求。

3）细锉两侧垂直面，两面同样根据外形 60 mm 和凸件 20 mm 的实际尺寸，通过控制 20 mm 的尺寸误差值（如凸件的尺寸为 19. 95 mm，一侧面可用$\frac{1}{2}$×60 mm 尺寸减去 $10_{-0.01}^{+0.05}$ mm，而另一侧面必须控制在$\frac{1}{2}$×60 mm 尺寸减去 $10_{-0.05}^{+0.01}$ mm），从而保证达到与凸件 20 mm 的配合精度要求，同时也能保证其对称度精度在 0. 10 mm 内。

（5）全部锐边倒钝，并检查全部尺寸精度。

（6）锯削，要求达到尺寸（20±0. 5 mm），锯面平面度 0. 5 mm，留有 3mm 不锯，最后修去锯口毛刺。

6. 操作注意事项

（1）凹凸件锉配主要应控制好对称度，若采用间接测量方法来控制工件的尺寸精度，就必须控制好有关的工艺尺寸。

图 2—57 所示为用间接测量控制有关工艺尺寸来保证凸件的对称度。图 2—57a 为最大与最小工艺控制尺寸；图 2—57b 为在最大工艺控制尺寸下，取得对称度误差最大

左偏值为 0. 05 mm；图 2—57c 为在最小工艺控制尺寸下，取得对称度误差最大右偏值为 0. 05 mm。

对称度间接工艺控制尺寸计算公式：

$$M_{\min}^{\max} = (L+T_{\max}^{\min})/2 \pm \Delta$$

式中 M——对称度间接工艺控制尺寸，mm；

L——工件两基准间尺寸，mm；

T——凸台或被测面间尺寸，mm；

Δ——对称度误差最大允许值，mm。

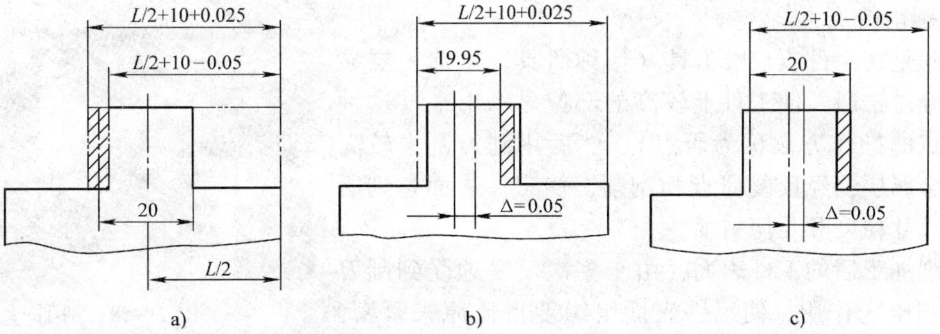

图 2—57　间接控制的工艺尺寸

（2）进行工件检测测量时，按相关工艺要求进行。

7. 成绩评定（表 2—16）

表 2—16　　锉配凹凸件实习记录与成绩评分表

训练课题	锉配凹凸件					
姓名		班级		工序号		总得分	
项次	项目与技术要求	实测记录			配分	得分
1	尺寸要求 $20_{-0.05}^{\ 0}$ mm（3 处）				10×3	
2	锯削尺寸要求（20±0. 5）mm				10	
3	锯削面平面度 0. 5 mm				5	
4	配合间隙<0. 10 mm（5 处）				5×5	
5	配合后凹凸对称度 0. 10 mm				10	
6	配合表面粗糙度 $Ra \leqslant 3.2$ μm（10 面）				1×10	
7	文明生产与安全生产					违者每次扣 5 分
8	工时定额 12 h					每超 30 min 扣 5 分
现场记录						

课题三 刮削、研磨与抛光

一、刮削

用刮刀刮除工件表面薄层的加工方法称为刮削，如图 2—58 所示。

1. 刮削特点

刮削是在工件或校准工具（俗称研具）上涂一层显示剂，经过推研，使工件上较高的部位显示出来（这种显示高点的操作方法称为研点），然后用刮刀刮去较高部分的金属层；经反复研点和刮削，使工件表面达到所要求的尺寸精度和几何精度。

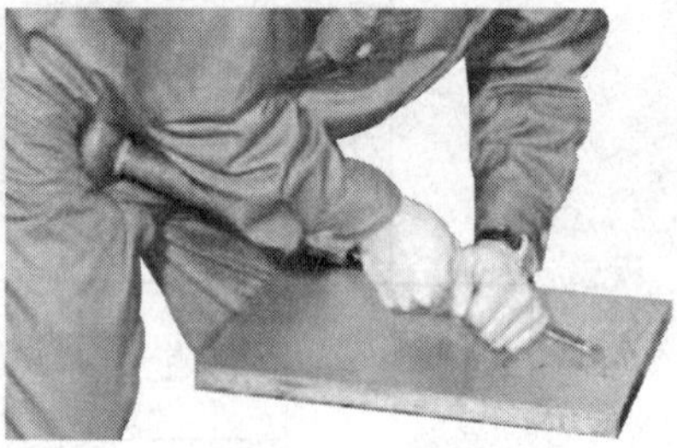

图 2—58　刮削

刮削加工后的工件表面，由于多次反复地受到刮刀的推挤和压光作用，使工件表面组织变得比原来紧密，并能获得很高的尺寸精度、形状精度、接触精度和很小的表面粗糙度值。刮削可使运动部件的接触面改善存油条件，以减小摩擦，如机床导轨面、轴瓦等。

刮削是一种古老的精加工方法，是当前机器不能代替的一项操作，其劳动强度大，生产效率低。但是，由于所用的工具简单，且不受工件形状和位置以及设备条件的限制，同时具有切削量小、切削力小、产生热量小、装夹变形小等特点，所以刮削在机械制造以及工具、量具制造或修理中占有非常重要的地位。

2. 刮削余量

刮削每次只能刮去很薄的金属，若余量太大，则劳动强度大，生产效率低；若余量太小，则上道工序刀痕不能去除。因此，刮削余量一般为 0.05～0.4 mm，具体数值见表 2—17。

表 2—17　　**刮削余量**　　mm

平面宽度	平面的刮削余量					孔的直径	孔的刮削余量		
	平面长度						孔长		
	100～500	>500～1 000	>1 000～2 000	>2 000～4 000	>4 000～6 000		100 以下	100～200	>200～300
100 以下	0.10	0.15	0.20	0.25	0.30	80 以下	0.05	0.08	0.12
100～500	0.15	0.20	0.25	0.30	0.40	80～180	0.10	0.15	0.25
						180～360	0.15	0.20	0.35

3. 刮削工具

常用的刮削工具包括刮刀、研具和显示剂，其特点及应用见表 2—18。

表 2—18　　常用刮削工具的特点及应用

工具类型		图示	特点及应用
刮刀	平面刮刀	 手刮刀  挺刮刀	按刮削姿势分为手刮刀和挺刮刀。主要用来刮削平面，如平板、平面导轨、工作台等，也可用来刮削外曲面。按所刮表面精度要求不同，可分为粗刮刀、细刮刀和精刮刀三种
	曲面刮刀	 三角刮刀  蛇头刮刀	按刀头形状分为三角刮刀和蛇头刮刀。主要用来刮削内曲面，如滑动轴承的轴瓦等
研具	平面研具	 标准平板 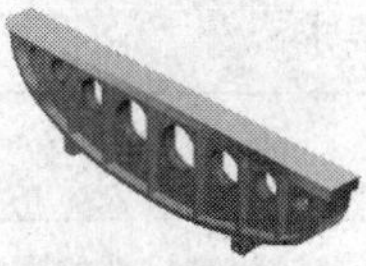 桥形平尺	研具是用来研接触点和检验刮削面精确性的工具，通过与刮削表面磨合，以接触点多少和疏密程度来显示刮削平面的平面度，提供刮削依据。标准平板用来检查较宽的平面；桥形平尺用来检验狭长的平面，如检验机床导轨面的直线度误差等
	角度研具		用来检验两个刮削面成角度的组合平面，如 V 形导轨面、燕尾导轨面等。其形状有 55°、60°等多种
	曲面研具	一般以相配合的零件为研具，如主轴的轴颈等	用来检验曲面的接触精度和几何精度
显示剂	红丹粉		用来显示刮削表面误差位置和大小。将其均匀涂抹于研具或刮削表面，对研后凸起部分就被显示出来 红丹粉分铅丹和铁丹两种，前者呈橘红色，后者呈红褐色。使用时，用机油或牛油调和而成，广泛用于铸铁等黑色金属工件 普鲁士蓝油是用普鲁士蓝粉和蓖麻油及适量机油调和而成，呈深蓝色。多用于精密工件和有色金属及其合金的工件
	普鲁士蓝油		

4. 刮削接触精度的检查

刮削接触精度常用 25 mm×25 mm 正方形方框内的研点（接触点）数来检验，如图 2—59 所示。研点的数目越多，接触精度越高。在平面刮削中，各种平面接触精度研点数的要求见表 2—19。

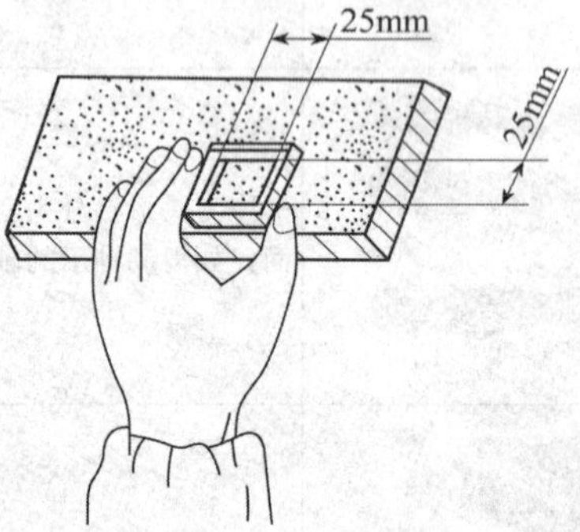

图 2—59　接触精度的检验方法

表 2—19　各种平面接触精度研点数的要求

平面种类	每 25 mm×25 mm 内的研点数	应用
一般平面	2~5	较粗糙机件的固定结合面
	大于 5~8	一般结合面
	大于 8~12	机器台面、一般基准面、机床导向面、密封结合面
	大于 12~16	机床导轨及导向面、工具基准面、量具接触面
精密平面	大于 16~20	精密机床导轨、直尺
	大于 20~25	1 级平板、精密量具
超精密平面	大于 25	0 级平板、高精度机床导轨、精密量具

5. 刮削方法及工艺

根据被刮削面的形状，刮削分为平面刮削和曲面刮削两种。

（1）平面刮削

平面刮削的方法有手刮法和挺刮法两种，其中手刮法动作灵活、适应性强，适合于各种工作位置，并且对刮刀的长度要求不太严格，姿势可合理掌握，但手易疲劳，因此不宜在加工余量较大的场合采用，如图 2—60a 所示。

挺刮法操作是将刮刀柄端放在小腹右下侧，利用下腹肌肉施力，每刀切削量较大，因此适合大余量的刮削，工作效率较高，但需要弯曲身体操作，故腰部容易疲劳，如图 2—60b 所示。

为了保证零件的刮削质量，进一步提高生产效率，刮削时一般按粗刮、细刮、精刮和刮花的步骤进行，其方法和工艺要求见表 2—20。

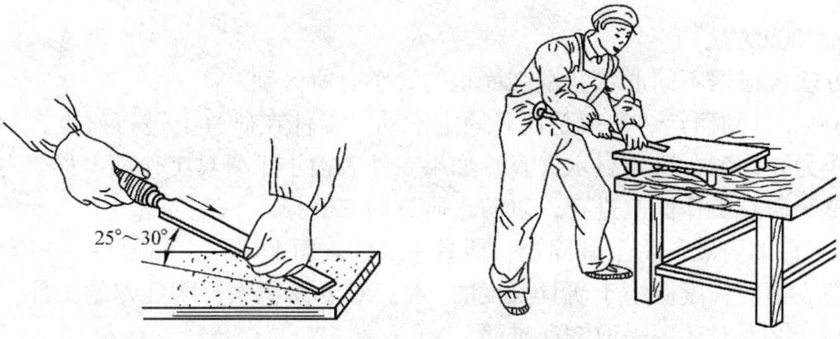

a)　　b)

图 2—60　平面刮削姿势

a）手刮法　b）挺刮法

表 2—20　　　平面刮削的方法及工艺要求

步骤	方法及工艺要求	刮刀几何角度要求
粗刮	用粗刮刀在刮削面上均匀地铲去一层较厚的金属。目的是去除余量、锈斑及机械刀痕，可采用连续推铲法，使刮削的刀迹连成长片。研点时，显示剂可调得适当稀些，当粗刮到每 25 mm×25 mm 方框内有 3 ~ 4 个研点，粗刮即告结束	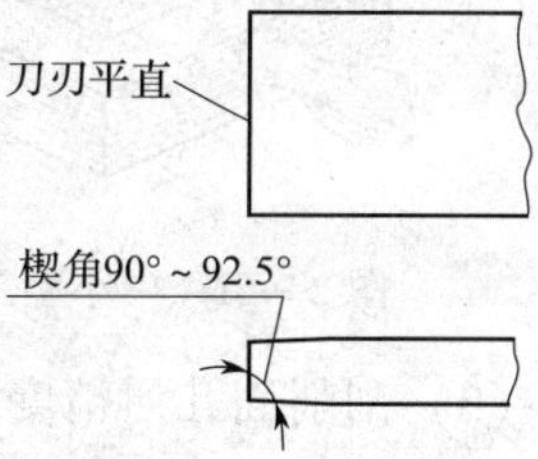
细刮	用细刮刀在经粗刮的表面上刮去稀疏的大块研点，进一步改善不平现象。细刮时可采用短刮法，且随着研点的增多，刀迹逐步缩短。在每刮一遍时，需按一定方向刮削，刮第二遍时要与第一遍交叉方向刮削，以消除原方向的刀迹。研点时，显示剂可调得适当干些，要求涂得薄而均匀。当达到每 25mm×25mm 方框内有 10 ~ 14 个研点时，细刮即告结束	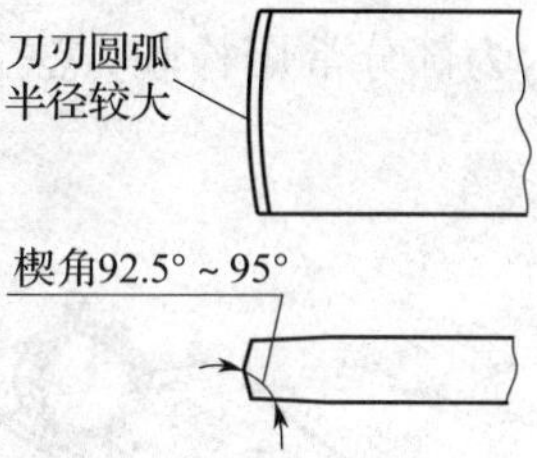
精刮	用精刮刀在细刮的基础上，通过点刮法进一步增加研点，改善表面质量，使刮削面符合各项精度要求。精刮时刀迹要更小，不能重复，落刀要轻，起刀要快，并始终交叉地进行刮削。其显示剂应涂得更薄，只轻微改变刮削面的颜色即可	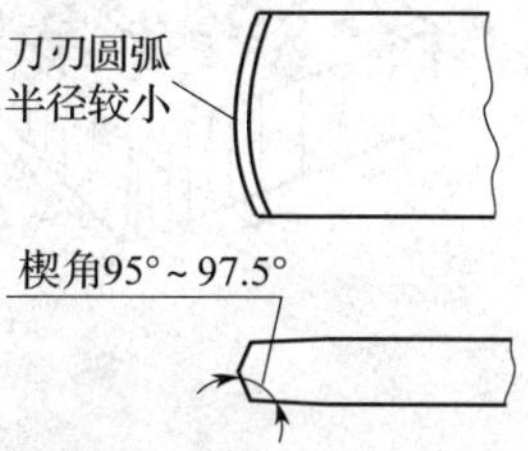
刮花	刮花的目的一是为了增加刮削面的美观，二是为了改善滑动件之间的润滑条件，并且还可以根据花纹的消失多少来判断平面的磨损程度。但是，在接触精度要求高、研点要求多的工件中，不应该刮成大块花纹，否则不能达到所要求的刮削精度。一般常见的刮削花纹有以下几种：  斜纹花  鱼鳞花  半月花  燕子花	

（2）平面研点方法

研点的方法应根据不同形状和刮削面积的大小有所区别。

1）中小型工件的研点。一般是研具固定不动，工件在研具上进行研点，如图 2—61 所示。推研时压力要均匀，避免显示失真。如果工件表面小于研具工作面，推研时最好不超出研具，并在整个研具工作面上进行，以防止研具局部磨损。

2）大型工件的研点。将工件固定，研具在工件表面上研点，如图 2—62 所示。推研时，研具超出工件表面的长度应小于研具长度的 1/5。对于面积大、刚性差的工件，研具的质量要尽可能减轻，必要时还要采取卸荷推研。

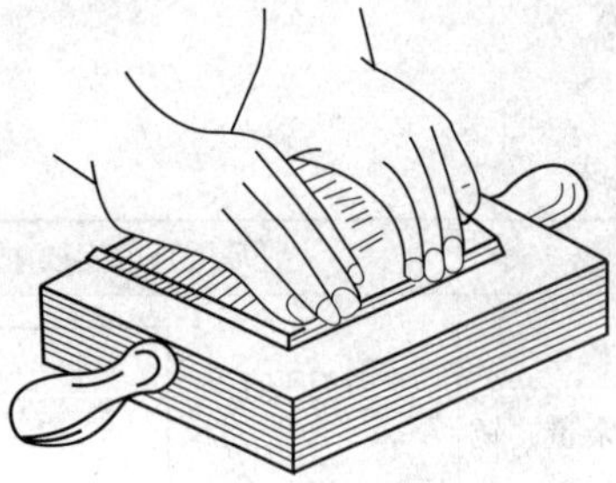

图 2—61　中小型工件的研点

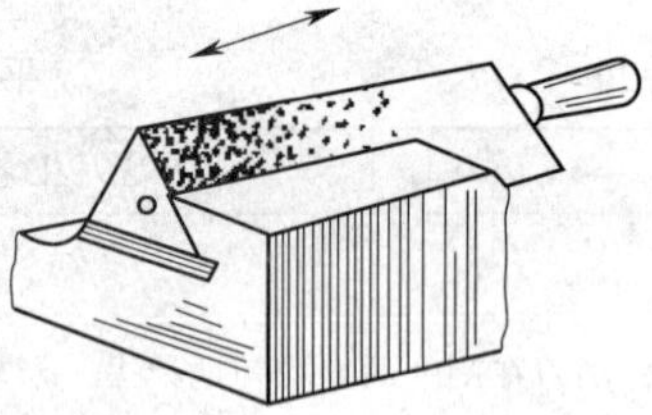

图 2—62　大型工件的研点

（3）刮削面几何精度检验方法

刮削面的几何精度检验方法有很多，一般应根据实际情况合理、有效地选择。图 2—63 所示为部分常用检验方法，可供参考。

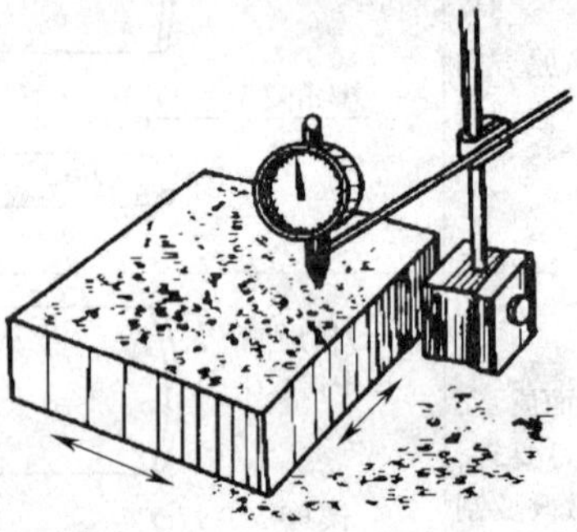

a)

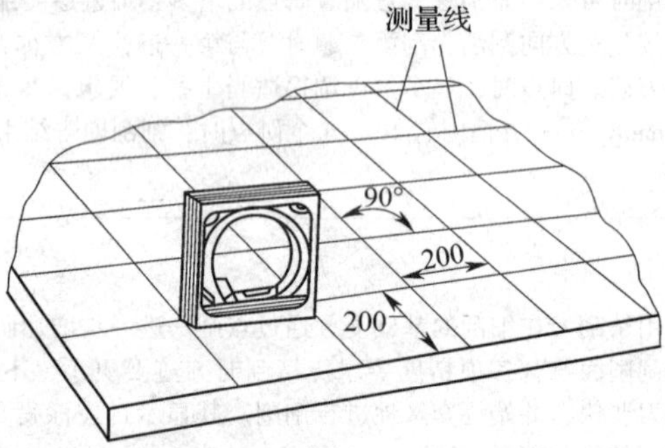

b)

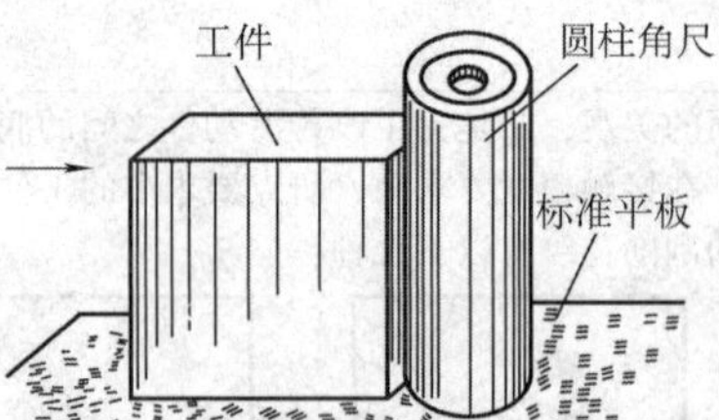

c)

图 2—63　刮削面几何精度的检验方法

a）用指示表检测平行度　b）用水平仪检测大型工件平面度　c）用圆柱角尺检测垂直度

（4）曲面刮削

曲面刮削方法如图 2—64 所示。对轴瓦研点时，应根据轴在轴承内的工作情况合理分布，以获得良好的工作效果。例如：在轴承长度方向上，中间研点可以少些；在轴承圆周方向上，受力大的部位，应该刮成较密的贴合点，以减少磨损，使轴承在负荷情况下保持其几何精度。

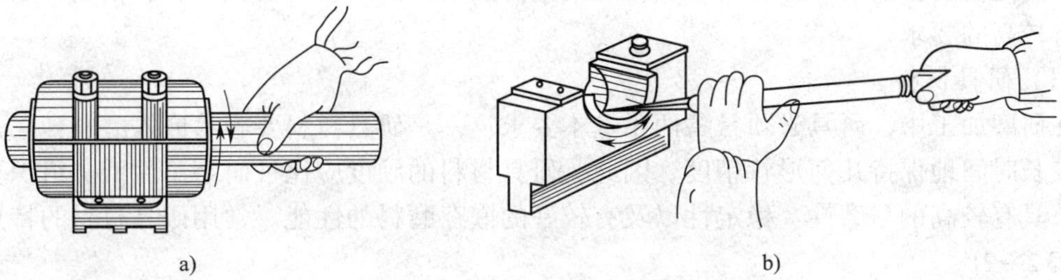

图 2—64　曲面刮削方法

a）研点　b）刮削

6. 刮削的安全生产要求

（1）刮削前，工件的锐边、锐角必须去掉，防止伤手。

（2）刃磨刮刀时，应站在砂轮机的侧面或斜侧面。力的作用方向应通过砂轮轴线。刃磨时施加压力不能太大。

（3）刮削大型工件时，搬动要注意安全，安放要平稳。

（4）工件与校准工具对研时，超出部分不能过长，用力不宜过猛，以防工件（或校准工具）掉下砸伤人。

（5）刮削工件边缘时，不能用力过大过猛，避免因刮刀刮出工件时连刀带人一起冲出而发生事故。

（6）刮刀用后，应用纱布包裹好并妥善安放，三角刮刀用毕不要放在经常与手接触的地方。

二、研磨

用研磨工具（研具）和研磨剂从工件表面上研去一层极薄金属层的精加工方法称为研磨，如图 2—65 所示。

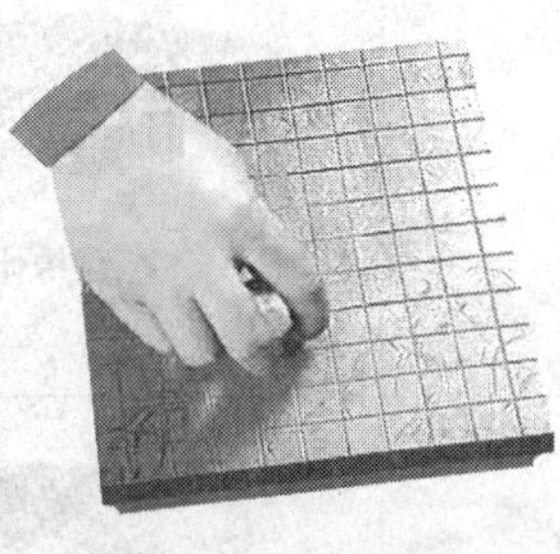

图 2—65　研磨

1. 研磨特点

（1）在研磨过程中，研磨剂中的磨粒被压嵌在研具表面上，形成无数切削刃。由于研具和工件的相对运动，因而对工件产生微量的切削作用，均匀地从工件表面切去一层极薄的金属。借助于研具的精确型面，可使研磨后的工件获得精确的尺寸、形状和极小的表面粗糙度值，其尺寸精度可达 IT5 ~ IT3，表面粗糙度值可达 $Ra0.01 \sim 0.008$ μm。

（2）操作方法简单，不需复杂设备，但加工效率较低。

（3）经研磨后的零件能提高表面的耐磨性、抗腐蚀性及疲劳强度，从而延长零件的使用寿命。

2. 研磨余量

研磨是微量切削，因此研磨余量不能太大，否则会使研磨时间增加，并缩短研具的使用寿命，一般在 0.005~0.03 mm 比较合适。研磨余量的大小应根据工件尺寸大小和精度要求有所不同，有时研磨余量就留在工件的公差之内。

3. 研具

研具是保证被研磨工件几何形状精度的重要因素，因此，对研具材料、精度和表面粗糙度都有较高的要求。

（1）研具材料

在研磨加工中，研具必须具备两条基本要求：一是研具材料要容易嵌入磨料；二是研具要能较长时间地保持几何形状精度。因此，研具材料的硬度应比被研磨工件低，组织要细致均匀，具有较高的耐磨性、稳定性以及有较好的嵌存磨料的性能。常用研具材料的特点及应用见表 2—21。

表 2—21　常用研具材料的特点及应用

研具材料	特点及应用
灰铸铁	具有硬度适中、嵌入性好、价格低、研磨效果好等特点，是一种应用广泛的研磨材料
球墨铸铁	球墨铸铁比灰铸铁的嵌入性更好，且更加均匀、牢固，常用于精密工件的研磨
软钢	软钢韧性较好，不易折断，常用来制作研磨小型工件的研具
铜	铜的性质较软，嵌入性好，常用来制作研磨软钢类工件的研具

（2）研具的类型

不同形状的工件需要不同形状的研具，常用研具的类型、特点及应用见表 2—22。

表 2—22　常用研具的类型、特点及应用

类型	图示	特点及应用
研磨平板	 有槽研磨平板  光滑研磨平板	主要用来研磨平面，如研磨量块、精密量具的测量面等。其中，有槽的用于粗研，光滑的用于精研
研磨环	 固定式圆柱孔研磨环 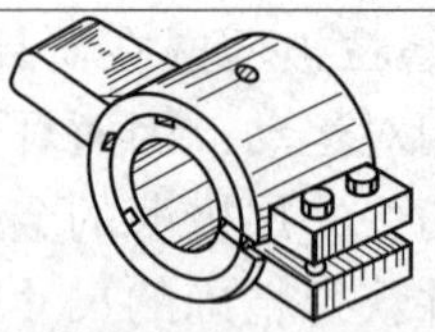 可调式圆柱孔研磨环 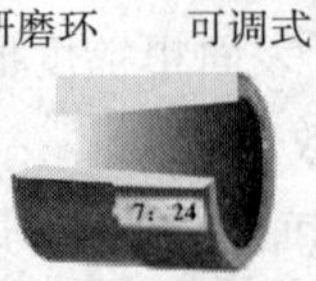 圆锥孔研磨环	主要用来研磨轴类工件的外圆柱表面和圆锥表面。研磨环有固定式和可调式两种。固定式研磨环制造简单，但磨损后无法补偿，多用于单件工件的研磨。可调式研磨环的尺寸可在一定的范围内调整，其使用寿命较长

续表

类型	图示	特点及应用
研磨棒	 固定式圆柱研磨棒 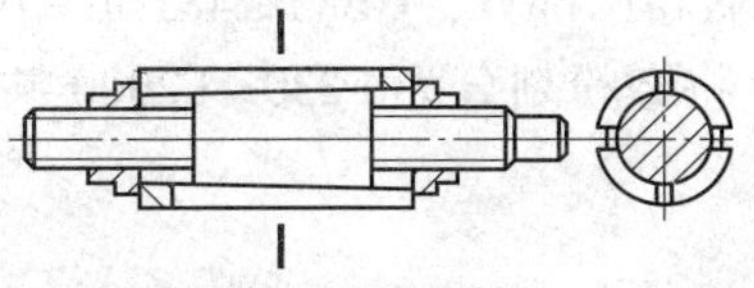 可调式圆柱研磨棒 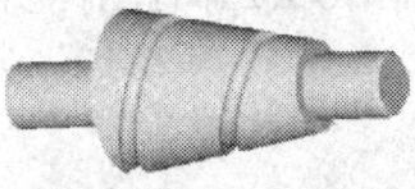 左向螺旋槽圆锥研磨棒 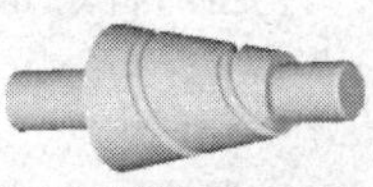 右向螺旋槽圆锥研磨棒	主要用来研磨套类工件的内孔。研磨棒也有固定式和可调式两种，其中固定式研磨棒又分光滑和带槽两种

4. 研磨剂

研磨剂是指用于研磨的，由磨料、分散剂和辅助材料制成的混合剂。

（1）磨料

磨料在研磨中起切削作用，研磨效率、研磨精度与选用磨料的种类和粒度有密切的关系。磨料按来源分为天然磨料和人造磨料，按硬度分为普通磨料和超硬磨料。常用磨料的成分及特性及见表 2—23。

表 2—23　常用磨料的成分及特性（摘自 GB/T 16458—2009）

分类	名称		成分及特性
普通磨料	天然刚玉		一种天然磨料，主要成分 Al_2O_3 含量为 90%~95%，密度 3.9~4.1 g/cm^3，旧莫氏硬度 9
	金刚砂		一种天然磨料，是天然刚玉和赤铁矿或磁铁矿、石英等的混合体，密度 3.7~4.3g/cm^3，旧莫氏硬度 8
	石榴石		一种天然磨料，化学式为 A_3B_2［SiO_4］，密度 3.5~4.2 g/cm^3，旧莫氏硬度 6.5~7.5
	电熔刚玉	棕刚玉	一种人造刚玉磨料，用矾土经电弧炉熔炼制成，Al_2O_3 含量 95%左右，并含少量的氧化钛等其他成分，呈棕褐色，密度不小于 3.90 g/cm^3
		白刚玉	一种人造刚玉磨料，用铝氧粉经电弧炉熔炼制成，Al_2O_3 含量 98%左右，呈白色，密度不小于 3.90 g/cm^3
		单晶刚玉	一种人造刚玉磨料，以矾土、硫化物为主要原料，经电弧炉熔炼，颗粒由水解制成，Al_2O_3 含量不小于 98%，多为等积状的单晶体，呈浅灰色，密度不小于 3.95 g/cm^3
		微晶刚玉	一种人造刚玉磨料，炼制的刚玉溶液经急速冷却制成，晶体一般小于 300 μm，Al_2O_3 含量 95%左右，密度不小于 3.90 g/cm^3
		铬刚玉	一种人造刚玉磨料，用铝氧粉加入少量氧化铬在电弧炉内熔炼制成，Al_2O_3 含量不小于 98.5%，多呈粉红色，密度不小于 3.90 g/cm^3
		锆刚玉	一种人造刚玉磨料，是氧化铝和氧化锆的共熔混合物，为微晶结构
		黑刚玉	一种人造刚玉磨料，又名人造金刚砂，由刚玉、铁尖晶石等组成，Al_2O_3 含量不小于 77%，密度不小于 3.61 g/cm^3
	陶瓷刚玉		利用化学法合成氧化铝超细粉体，然后通过烧结的方法而制成的具有微晶结构的刚玉磨料
	碳化硅	绿碳化硅	一种人造磨料，呈绿色光泽的结晶，SiC 含量 98.5%左右，密度不小于 3.18 g/cm^3
		黑碳化硅	一种人造磨料，呈黑色光泽的结晶，SiC 含量 98%左右，密度不小于 3.12 g/cm^3
		立方碳化硅	一种人造磨料，碳化硅的低温相，主要物相为 β-SiC，属立方晶系，色泽为黄绿色
	碳化硼		一种人造磨料，分子式为 B_4C，属六方晶系，呈黑色金属光泽，在电炉中用碳素材料还原硼酸制得

续表

分类	名称	成分及特性
超硬磨料	金刚石	目前所知自然界中最硬的物质，化学成分 C，是碳的同素异构体，旧莫氏硬度为 10，密度 3.52 g/cm³。它包括天然金刚石、人造金刚石、单晶金刚石、多晶金刚石、微晶金刚石、纳米金刚石等
	立方氮化硼	立方晶系结构的氮化硼，分子式为 BN，用人工方法制造。它包括单晶立方氮化硼、多晶立方氮化硼、微晶立方氮化硼、纳米立方氮化硼等

国家标准把磨料的粒度分为粗磨粒和微粉两部分，GB/T 2481.1—1998 将粗磨粒划分为 F4～F220共 26 个号，GB/T 2481.2—2009 将微粉划分为 F230～F2000 共 13 个号。选用时应根据零件的精度要求合理选取。

（2）分散剂

分散剂使磨料均匀分散在研磨剂中，并起稀释、润滑和冷却等作用，常用的有煤油、机油、动物油、甘油、酒精和水等。

（3）辅助材料

辅助材料主要是混合脂，常由硬脂酸、脂肪酸、环氧乙烷、三乙醇胺、石蜡、油酸和十六醇等几种材料配成，在研磨过程中起乳化、润滑和吸附作用，并促使工件表面产生化学变化，生成易脱落的氧化膜或硫化膜，借以提高加工效率。此外，辅助材料中还有着色剂、防腐剂和芳香剂等。

根据分散剂和辅助材料的成分和配合的比例不同，研磨剂分为液态研磨剂、研磨膏和固体研磨剂 3 种。液态研磨剂不需要稀释即可直接使用。研磨膏可直接使用或加分散剂稀释后使用，用油稀释的称为油溶性研磨膏，用水稀释的称为水溶性研磨膏。固体研磨剂常温时呈块状，可直接使用或加分散剂稀释后使用。

5. 研磨方法

研磨分手工研磨和机械研磨两种。手工研磨应选择合理的运动轨迹，对提高研磨效率、工件的表面质量和研具的寿命有直接的影响。手工研磨的运动轨迹有直线形、直线与摆动形、螺旋线形、8 字形和仿 8 字形等，如图 2—66 所示。常用的研磨方法见表 2—24。

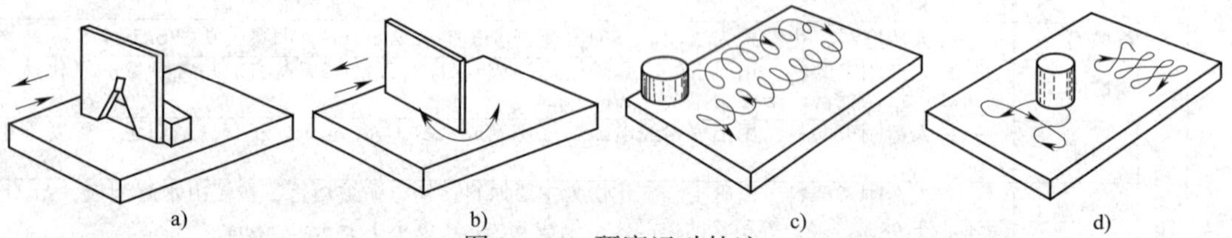

图 2—66　研磨运动轨迹

a）直线形　b）直线与摆动形　c）螺旋形　d）8 字和仿 8 字形

表 2—24　常用的研磨方法

类型	图示	方法
平面研磨	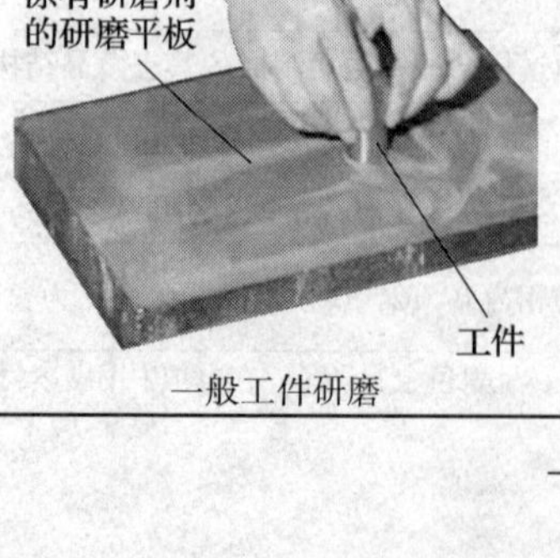 一般工件研磨	研磨平面一般在精磨之后进行。研磨时，研磨剂涂在研磨平板（研具）上，手持工件按一定的运动轨迹作相对运动。研磨一定时间后，将工件调转 90°～180°，以防工件倾斜。狭窄或较小工件可借助于导靠块进行研磨。对于工件上局部待研的小平面、方孔、窄缝等表面，也可手持研具进行研磨

续表

类型	图示	方法
平面研磨	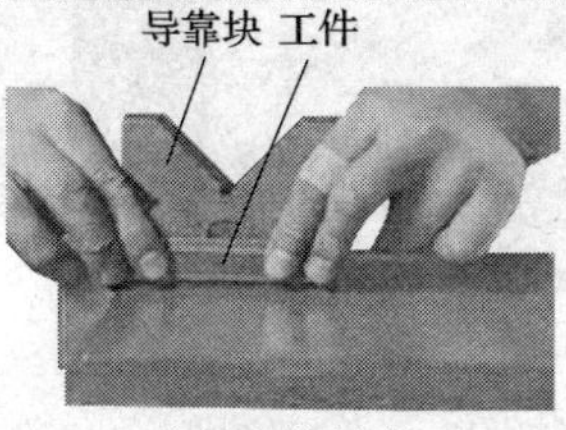 窄长工件研磨	
外圆研磨	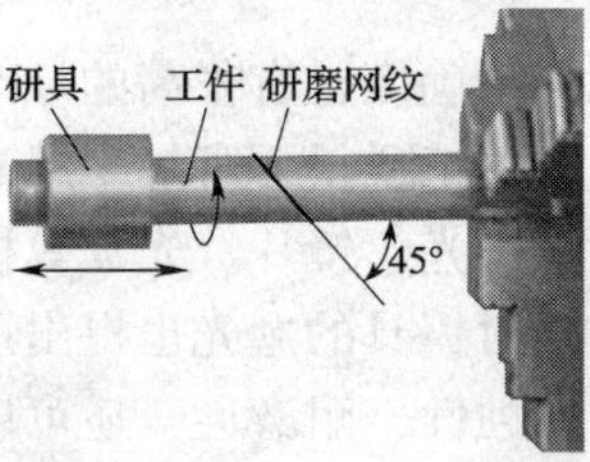	研磨外圆一般在精磨或精车基础上进行。手工研磨外圆可在车床上进行，工件和研具之间涂上研磨剂，工件由车床主轴带动旋转，工件的直径小于 80 mm 时转速为 100 r/min，直径大于 100 mm 时为 50 r/min。研具用手扶持作轴向往复移动，其移动速度视研磨出现的网纹倾斜角度来控制，当出现 45°网纹时，说明研套的移动速度适宜
内孔研磨	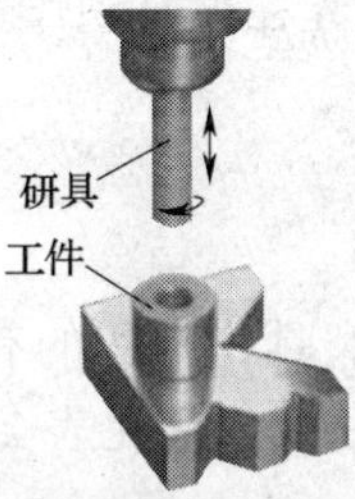 圆柱孔研磨  圆锥孔研磨	研磨内孔需在精磨、精铰或精镗之后进行，其方法与外圆柱面的研磨正好相反，研磨时，将研磨棒夹在机床上并转动，把工件套在研磨棒上进行研磨

6. 研磨的操作要点

研磨后工件表面质量的好坏、研磨效率的高低，除与研磨剂的选用及研磨的方法有关外，还须注意以下两个问题。

（1）研磨的压力和速度

在研磨过程中，若压力大、速度快，则研磨效率高。但工件容易发热而变形，甚至会发生因磨料压碎而使表面划伤，导致工件表面粗糙，因而必须合理加以控制。研磨较小的硬工件或粗研磨时，可用较大的压力、较低的速度；研磨大的、较软的工件或精研时，就应用较小的压力、较快的速度。另外，在研磨中，应防止工件发热。若引起发热，应暂停，待冷却后再进行研磨。

（2）研磨中的清洁工作

在研磨中，必须重视清洁工作，才能研磨出高质量的工件表面。若忽视了清洁工作，轻则工件表面拉毛，重则拉出深痕而造成废品。另外，研磨后应及时将工件清洗干净并采取防锈措施。

三、抛光

用带有细磨料的悬浮液体、膏状或棒状磨料，通过柔软的旋转轮打磨使工件表面平滑的过程称为抛光，如图 2—67 所示。抛光表面可达到半光亮到镜面光亮且没有明显的线条纹。

1. 模具抛光特点

表面抛光一般只要求获得光亮的表面即可，但在模具加工中所说的抛光与其他行业中所要求的表面抛光有很大的不同，严格来说，模具的抛光应该称为镜面加工。它不仅对抛光本

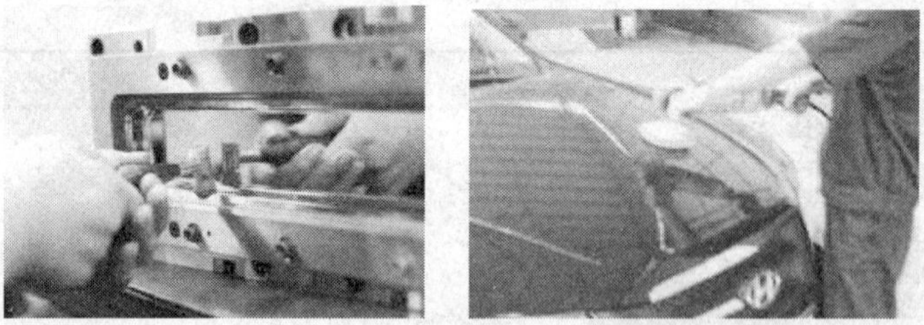

a)　　　　　　　　　　b)

图 2—67　抛光

a）模具抛光　b）汽车抛光

身有很高的要求，并且对表面平整度、光滑度以及几何精确度也有很高的标准。

随着玻璃、塑料等制品的日益广泛应用，对产品的加工质量要求越来越高，因此对生产此类制品的模具型腔表面质量也要相应提高，尤其是生产光学镜片、光盘等模具型腔的表面粗糙度要求极高，往往需要达到镜面抛光的程度，因而对模具的抛光也提出了更高要求。抛光不仅增加工件的美观，而且能够改善材料表面的耐腐蚀性、耐磨性，还可以使模具拥有其他优点，如使塑料制品易于脱模，减少生产注塑周期等。因此，抛光在模具制作过程中是非常重要的一道工序。

2. 抛光磨具

（1）涂附磨具

涂附磨具是指用粘结剂把磨粒粘附在可挠曲的基材上制成的磨具，常用的有砂页（砂布、砂纸）、砂卷、砂带、砂盘、砂页盘、带轴页轮等，其标记方法及含义见表 2—25。

表 2—25　　常用涂附磨具

分类	图示	标记方法示例	含义
砂页（砂布、砂纸）		砂页 GB/T15305. 1—230 × 280—A P60	砂页尺寸为 230 mm×280 mm，磨料为棕刚玉，粒度为 P60
砂卷	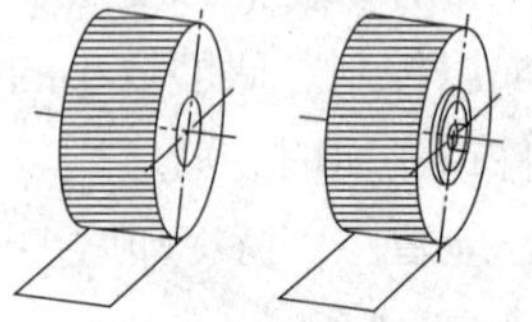 A型 未装卡盘砂卷　B型 装有卡盘砂卷	砂卷 GB/T15305. 2—2008　A 25×50000（另外还应标注粒度）	A 型砂卷，宽度为 25 mm，长度为 50 000 mm
砂带		砂带 GB/T15305. 3—50×800（另外还应标注运转方向和粒度）	砂带宽度为 50 mm，长度为 800 mm
砂盘	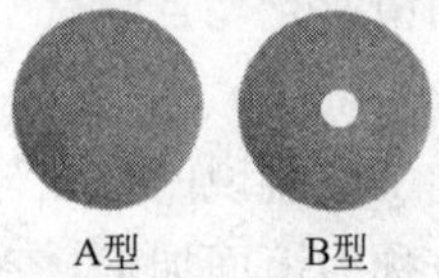 A型　B型	砂盘 GB/T19759—A—100—A P60 GB/T19759—B—100×12—A P60	A 型砂盘，外径为 100 mm，磨料为棕刚玉，粒度为 P60 A 型砂盘，外径为 100 mm，内径为 12 mm，磨料为棕刚玉，粒度为 P60

续表

分类	图示	标记方法示例	含义
砂页盘	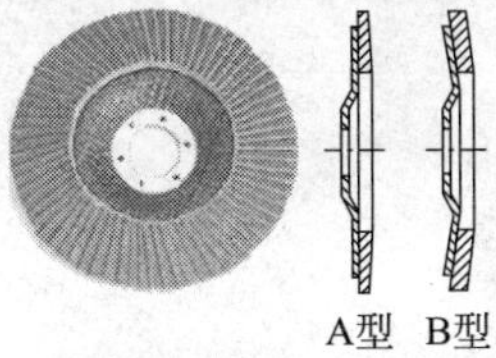	砂页盘 A 180 A P80 80 m/s GB/T20962—2007	A 型砂页盘，外径为 180 mm，磨料为棕刚玉，粒度为 P80，最高速度为 80 m/s
带轴页轮	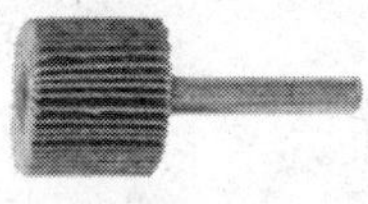	带轴页轮 GB/T 23539—2009 60×20×6×30 （另外还应标注最大工作线速度、最大允许转速和粒度）	带轴页轮，直径为 60 mm，宽度为 20 mm，轴径为 6 mm，轴自由长度为 30 mm

（2）磨头

磨头是指由磨料和结合剂制成的小直径固结磨具。国家标准 GB/T 4127. 12—2008 规定了磨头有带柄和不带柄两类，按形状分为圆柱磨头、半球形磨头、球形磨头、截锥磨头、椭圆锥磨头、圆头锥磨头、60°锥磨头等，如图 2—68a 所示。磨削抛光时，选用与抛光部位形状相似的磨头，装到手持式旋转抛光机上对工件进行磨削抛光加工，如图 2—68b 所示。磨头主要用来磨削抛光模具特殊部位，如沟槽、边角、复杂曲面等。

a) b)

图 2—68 抛光磨头

a）带柄抛光磨头 b）手持式旋转抛光机

（3）手持抛光磨石

手持抛光磨石属固结磨具的一种，国家标准 GB/T 4127. 11—2008 将其按截面形状分为长方抛光磨石、正方抛光磨石、半圆抛光磨石、圆形抛光磨石、三角抛光磨石、刀形抛光磨石等，如图 2—69a 所示。抛光时应选用适合抛光部位的磨石，用食指轻压施力部位对工件进行抛光加工，如图 2—69b 所示，以防磨石折断。

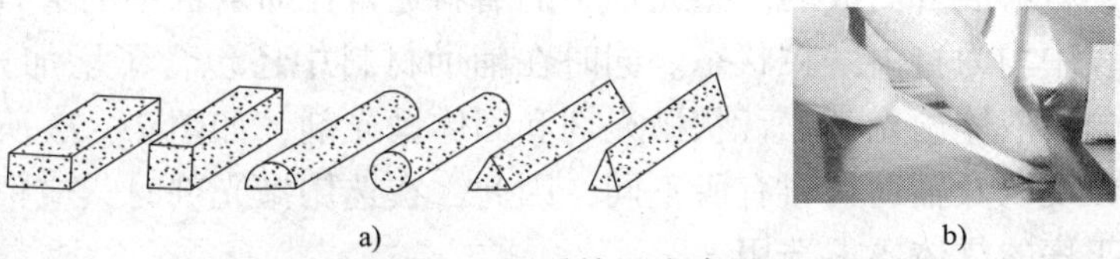

a) b)

图 2—69 手持抛光磨石

a）磨石的形状 b）用磨石抛光方法

（4）竹片抛光磨具

竹片抛光磨具的作用是压着砂纸或带有抛光剂的毛毡布，在工件上研磨抛光。不同形状的工件及不同的操作方法需要制作不同的形状，如图 2—70 所示。

（5）抛光锉刀

抛光锉刀主要用来锉削抛光模具的细小部位，通常安装在往复式抛光机上使用。金刚石

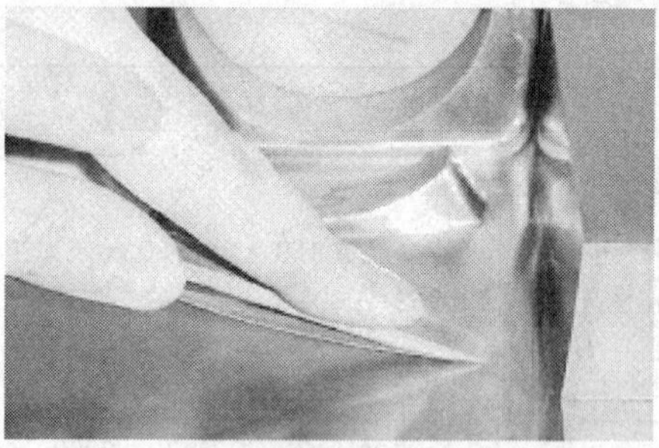

图 2—70　竹片抛光磨具的应用

抛光锉刀如图 2—71a 所示，手持式往复抛光机如图 2—71b 所示。

a)　　　　　　　　b)

图 2—71　抛光锉刀

a）金刚石抛光锉刀　b）手持式往复抛光机

（6）抛光轮

抛光轮的种类繁多，通常是由若干抛光轮片压合或缝合而成的平面轮，如图 2—72 所示。抛光轮的材料与磨光轮稍有不同，它是由弹性更好的各种棉布、细毛毡、丝绸、鹿皮、剑麻、羊毛、尼龙等制成的。使用时应安装在旋转式抛光机上，并借助适宜的抛光剂对工件进行抛光加工。

图 2—72　抛光轮

3. 抛光剂

金属抛光剂是指用于金属件表面抛光加工的化学物质，它与研磨剂基本相同，也是由磨料、分散剂和辅助材料混合而成的。抛光剂中的磨料通常比研磨剂中的磨料更细，一般采用微粉，在抛光过程中均为自由磨粒状态。同时在辅助材料中还包含了增加光亮的化学试剂。抛光剂在常温下分为液体抛光剂、膏状抛光剂和固体抛光剂，如图 2—73 所示。由于抛光剂中的磨料种类、粒度以及辅助材料有所不同，因此，在选用抛光剂时，应根据被抛光工件的材质以及各抛光工序的具体要求选用。

图 2—73　抛光剂

4. 抛光方法

抛光按工作原理一般分为机械抛光、化学抛光、电解抛光、超声波抛光、流体抛光、磁研磨抛光、电火花超声复合抛光等多种方法，其中机械抛光应用最为广泛。

机械抛光是靠切削或使材料表面发生塑性变形而去掉工件表面凸出部得到平滑面的抛光方法，一般使用砂纸、油石条、羊毛轮等，以手工操作为主，表面质量要求高的可采用超精研抛的方法。超精研抛是采用特制的磨具，在含有磨料的研抛液中，紧压在工件被加工表面上，作高速旋转运动。利用该技术可使被加工表面的表面粗糙度值达到 Ra 0. 008 μm。机械抛光是各种抛光方法中表面质量最好的，是模具抛光的主要方法，光学镜片模具常采用这种方法。

5. 抛光工艺过程

要想获得高质量的抛光效果，提高抛光效率，必须合理选择抛光磨具和抛光工艺。其中，抛光工艺的选择主要取决于前期加工后的表面状况，通常抛光的基本过程如下：

（1）粗抛

粗抛的目的是利用抛光锉刀或磨头、抛光磨石等固结磨具去掉前期较深的机械加工痕迹。例如精铣、电火花加工、磨削等工艺后的表面可以选择转速在 35 000～40 000 r/min 的旋转表面抛光机上进行抛光，然后采用手持抛光磨石加煤油作为润滑剂或冷却剂进行抛光。抛光磨石的使用顺序为 180#→240#→320#→400#→600#→800#→1000#。

（2）半精抛

半精抛的主要目的是利用砂纸、砂页盘等涂附磨具对工件表面进行抛光，以进一步降低抛光面的表面粗糙度值。通常使用砂纸的号数依次为 400#→600#→800#→1000#→1200#→1500#。

（3）精抛

精抛的主要目的是利用各种抛光轮（如布轮、毛毡轮等）配以适宜的抛光剂对工件表面进行抛光，使其表面达到半光亮或镜面要求。

6. 抛光操作要点

（1）在具体确定抛光工艺时，应根据操作者的经验、所使用的工艺装备及材料性能等情况来确定工艺规范。

（2）用砂纸抛光需要利用软的木棒或竹棒。在抛光圆面或球面时，使用软木棒可更好地配合圆面和球面的弧度。而较硬的木条像樱桃木，则更适用于平整表面的抛光。修整木条的末端使其能与钢件表面形状保持吻合，这样可以避免木条（或竹条）的锐角接触钢件表面而造成较深的划痕。

（3）在进行每一道打磨抛光工序时，磨具应从不同的 45°方向去打磨抛光，以避免工件产生波浪等高低不平现象，直至消除上一级的砂纹，然后才可转换下一道更细的砂号。

（4）在抛光时，应先用较粗粒度的抛光剂进行抛光，然后再逐步减小抛光剂的粒度。一般情况下，抛光剂涂在磨具上，每个抛光磨具只能使用同一种粒度的抛光剂，不能混用。

（5）抛光过程应分开在两个工作地点完成，即粗磨加工地点和精抛加工地点分开，而且要注意清洗干净上一道工序残留在工件表面的磨料。要求每更换一次不同粒度号的磨料时，就要用煤油清洗一次，绝不能把不同粒度的磨料相互混淆使用。

（6）精抛光时，工件需转到无尘间进行抛光，确保空气中无灰尘微粒粘在工件表面。精度要求在 1 μm 以上（包括 1 μm）的抛光工艺在清洁的抛光室内即可进行。若进行更加精密的抛光则必须在绝对洁净的空间，因为灰尘、烟雾、头皮屑和口水沫都有可能报废高精密抛光表面。

（7）精抛时必须尽量在较轻的压力下进行，尤其是抛光预硬钢件和用细研磨膏抛光时。当用8000#研磨膏抛光时，常用载荷为100~200 g/cm^2，但要保持此载荷的精准度很难做到。为了更容易做到这一点，可以在木条上做一个薄且窄的手柄，比如加一铜片或者在竹条上切去一部分而使其更加柔软。这样可以帮助控制抛光压力，以确保模具表面压力不会过高。

（8）抛光用的润滑剂和稀释剂有煤油、汽油以及牌号为L—AN32和L—AN46的全损耗系统用油、无水乙醇及工业透平油等。对这些润滑、清洗、稀释剂均要加盖保存。使用时，应分别采用玻璃吸管吸点法，轻轻地点在抛光件上，不要用毛刷往抛光件上涂抹。

（9）使用抛光毡轮、海绵抛光轮、牛皮抛光轮等柔软抛光磨具时，一定要经常检查这些柔性物质的磨损状况，以防止因磨损过量而露出与其粘接的金属铁杆，造成抛光面的损伤。一般要求当柔性部分还有2~3 mm时，就应及时更换新轮。

（10）抛光工艺完成后工件表面要做好防尘保护工作。当抛光过程停止时，应仔细去除所有研磨剂和润滑剂，保证工件表面洁净，随后应在工件表面喷淋一层模具防锈涂层。

7. 影响抛光表面质量的因素

影响抛光表面质量的因素及改善措施见表2—26。

表2—26　　影响抛光表面质量的因素及改善措施

表面质量缺陷	产生原因	改善措施
抛光表面有划痕	抛光前工件表面有毛刺，使抛光表面划伤	抛光前应将毛刺除干净
	抛光剂中磨料粗细不匀，使抛光面划痕深浅不一	抛光前应对抛光剂进行鉴定，可用400倍显微镜观察。应更换不合格的抛光剂，或对其做沉淀、过滤等分选
	抛光剂黏度过大，使磨料不易产生滚压作用。划压较严重，易出现较大、较多的划痕	对抛光剂适当稀释
	抛光液质量差、杂质多。例如使用干性油，易生成薄而硬的油膜，某些添加剂易变质、有沉淀物，空气中尘埃侵入等，均易导致抛光表面产生划痕	应使用不干性油类做润滑剂，避免使用易变质的添加剂，如乳化液等。抛光环境应干净
	抛光剂混合不匀或磨料供给不均匀，使各工件表面抛磨不均，抛光过程不稳定，导致出现表面呈橘皮状、小白点或划圈等	抛光液要搅拌均匀，抛光剂的供给应均匀
	抛光剂介质中混有较多、较大的磨屑，导致抛光表面划伤	抛光剂应及时更换
	抛光研具的纤维粗细、软硬相差悬殊，抛光研具有硬质点等，导致出现划痕深浅不一，划伤抛光表面	应对抛光研具严格筛选
	前面工序工件表面粗糙度值大或划伤严重，抛光时无法消除	在预加工时要保证工件质量
	抛光后未及时清洗，表面受腐蚀。操作过程中或运输、存放时碰伤、划伤工件抛光面	应及时清洗，加强责任心
抛光表面粗糙度值降低不明显	抛光研具柔软性过大，使去除工件表面层金属的能力较弱，且抛光时间不足	适当提高抛光研具的运行速度或更换“刚性”较强的抛光研具
	抛光研具吸附抛光液及镶嵌游离磨料的能力低，使抛光能力降低	选用吸湿性和磨料的黏结性及亲和性较好的研具
	抛光研具的“刚性”过强，使工件表面局部切除量过大；抛光研具的仿形能力过弱，不能完全触及工件型面各个部位	适当减低抛光研具的运动速度或采用“刚性”较弱的抛光研具
	工艺参数选择不当，例如抛光压力过大或过小，抛光速度过高或过低，抛光余量过多或过少。抛光工艺方法不能适应表面粗糙度值低的加工等	调整工艺参数，更换工艺方法

技能训练

一、刮削

1. 训练课题

刮削夹具体。

2. 训练图样

加工要求如图 2—74 所示，该夹具体需将它的 3 个平面（*A*、*B*、*C*）进行刮削，并达到精度要求。

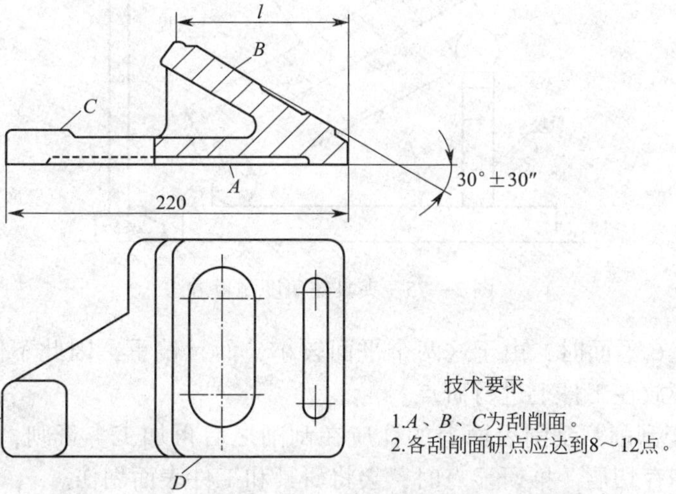

图 2—74　夹具体

3. 训练要求

（1）*A*、*B*、*C* 面接触精度按要求在任意 25 mm×25 mm 范围内显点为 8~12 点。

（2）掌握刮削姿势，提高刮削技能，并达到一定的刮削精度。

4. 训练备料

预加工件：材料 HT200，数量 1 件。

工具：平面刮刀、研具、百分表及表架、正弦规、量块、操作平台、检验平板等。

5. 训练步骤

（1）先刮削 *A* 面，并使精度达到在任意 25 mm×25 mm 范围内显点为 8~12 点。

（2）刮削 *B*、*C* 两面。在刮削 *B* 面时，需保证与 *A* 面的夹角（30°±30″）。

6. 操作注意事项

（1）工件 *A* 面比较大，通常作为安装基面或主要工作平面，因此应先对其进行刮削；之后以 *A* 面为基准刮削 *B*、*C* 两面，这样在刮削 *B*、*C* 面时便于安放和测量。

（2）为了确保 *B* 面与 *A* 面的夹角（30°±30″）。可将工件放在宽座正弦规上用百分表测量，如图 2—75 所示。测量时以 *D*、*E* 两面作为安装基准面。百分表允许最大读数偏差 Δ 可按下式计算：

$$\Delta = l \cdot \sin(\Delta\alpha)$$

式中　l——刮削面有效测量长度，mm；

$\Delta\alpha$——角度允许最大偏差。

如 $l=100$ mm，$\Delta\alpha=30''$（$\sin 30''=0.000145$），则允许最大读数偏差为：

$$\Delta=100\times0.000\,145=0.0\,145\ \text{mm}$$

即百分表最大读数偏差在 0.0 145 mm 范围内，则该工件合格。

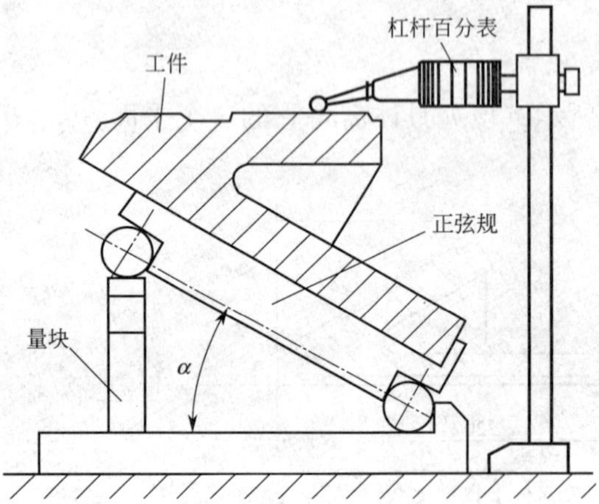

图 2—75　夹具体角度测量方法

（3）刮削 *B*、*C* 平面时，由于这两个平面较小，而且偏重，因此不便于在平板上研点，可用小型专用平板放在工件上进行研点。

（4）为了便于刮削，刮削表面上的孔应在刮削之后再加工。否则，不仅孔周围不便刮削，而且孔内会积存切屑。推研显点时，会将研具和工件表面划伤。

（5）刮削时应注意控制好刮削量。

7. 成绩评定（表 2—27）

表 2—27　　刮削实习记录与成绩评分表

训练课题	刮削夹具体						
姓名		班级		工件号		总得分	
项次	项目与技术要求		配分	评分标准		实测结果	得分
1	准备工作		15	每差一项扣 3 分			
2	涂显示剂及研点操作		10	每差一项扣 4 分			
3	刮削操作姿势与动作		15	每差一项扣 3 分			
4	*A* 面刮削精度		10	不符合要求扣 10 分			
5	*B* 面刮削精度		10	不符合要求扣 10 分			
6	*C* 面刮削精度		10	不符合要求扣 10 分			
7	*B* 面对 *A* 面的夹角		10	不符合要求扣 10 分			
8	质量检测操作规范性		10	不符合要求扣 10 分			
9	安全文明生产		10	违者不得分			
现场记录							

二、研磨直角尺

1. 训练课题

研磨直角尺。

2. 训练图样

加工要求如图 2—76 所示。

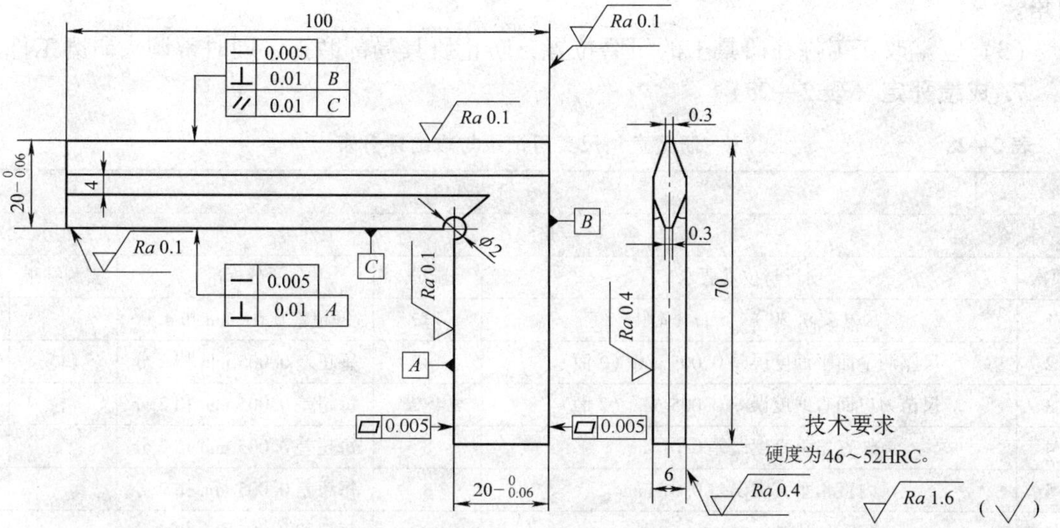

图 2—76　直角尺

3. 训练要求

按图样要求对工件进行研磨，掌握研磨方法及检验方法。

4. 训练备料

预加工件：材料 45 钢（或 Q235 钢），数量为每人 1 件。

研磨平板、研磨剂、标准直尺、矩形角尺、导靠块、煤油等。

5. 训练步骤

（1）先用 3 块小平板分组进行粗研磨练习，使平板平面度误差达到 0.05 mm 之内，表面粗糙度值不大于 *Ra*0.4 μm。

（2）选用 100 号～W50 范围内的研磨粉对直角尺两平面作粗研磨，用“8”字形、仿“8”字形或螺旋形运动轨迹进行，达到表面粗糙度值不大于 *Ra*0.4 μm。

（3）用导靠块作导靠，粗、精研磨尺座内侧和尺苗内侧刀口面，达到两面垂直度误差 0.01 mm、直线度误差 0.005 mm，表面粗糙度值不大于 *Ra*0.1 μm。

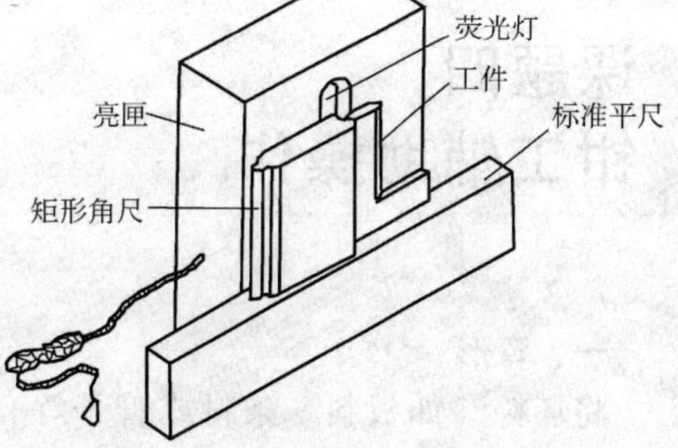

图 2—77　直角尺的质量检验

（4）仍用导靠粗、精研磨尺座外侧和尺苗外侧刀口面，达到两面垂直度误差 0.01 mm、直线度误差 0.005 mm、平行度误差 0.01 mm，表面粗糙度值不大于 *Ra*0.1 μm。

（5）采用光隙法进行检验，如图 2—77 所示。

6. 操作注意事项

（1）粗、精研磨时要用不同平板作研具，若采用同一块平板，则必须清洗干净。精研时应清除上道工序所留下的较粗磨料。

（2）研窄平面时要采用方铁导靠块靠紧，保持平面与侧平面垂直，以避免产生倾斜和圆角。

（3）应常改变工件在研具上的研磨位置，防止研具局部磨损，同时常调头研磨工件。

7. 成绩评定（表 2—28）

表 2—28　　研磨直角尺实习记录与成绩评分表

训练课题	研磨直角尺					
姓名		班级		工件号		总得分
项次	项目与技术要求	配分	评分标准		实测结果	得分
1	尺寸要求 $20_{-0.06}^{\ 0}$ mm（2 组）	4×2	每超差 0.01 mm 扣 4 分			
2	尺座测量面平面度误差 0.005 mm（2 面）	4×2	每超差 0.005 mm 扣 2 分			
3	尺苗刀口面直线度误差 0.005 mm（2 面）	4×2	每超差 0.005 mm 扣 2 分			
4	外直角垂直度误差 0.01 mm	8	每超差 0.005 mm 扣 2 分			
5	内直角垂直度误差 0.01 mm	8	每超差 0.005 mm 扣 2 分			
6	平行度误差 0.01 mm（2 处）	8×2	每超差 0.005 mm 扣 2 分			
7	测量面表面粗糙度值≤*Ra*0.1 μm（4 面）	4×4	每降一级扣 2 分			
8	两大平面表面粗糙度值≤*Ra*0.4 μm（2 面）	4×2	每降一级扣 2 分			
9	操作方法与步骤	10	违反规定酌情扣分			
10	安全文明生产	10	违反规定酌情扣分			
11	工时定额 12 h		每超 30 min 扣 2 分			
现场记录						

课题四
钳工辅助操作

一、弯形

将坯料（如板料、条料或管子等）弯成所需形状的加工方法称为弯形，如图 2—78 所示。

1. 材料弯曲变形过程

弯形的实质是使材料产生塑性变形，因此，只有塑性好的材料才能进行弯形，其材料变形过程如下：

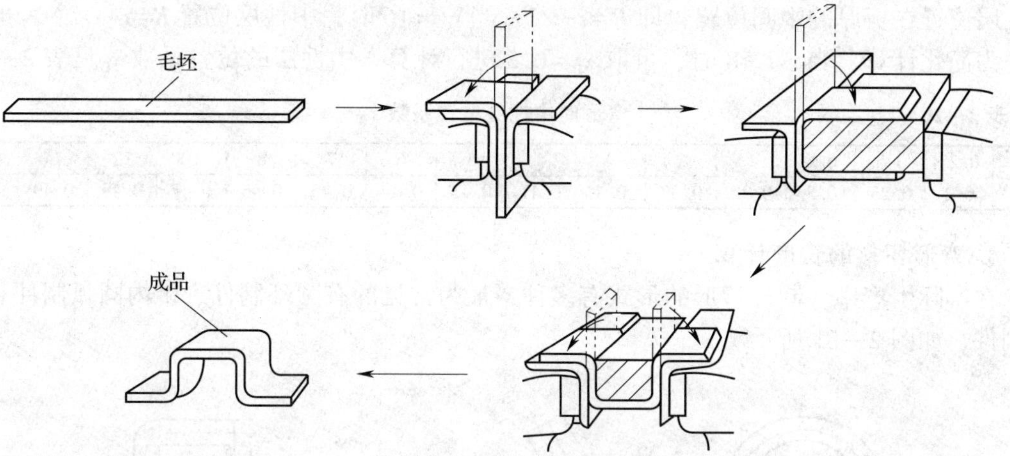

图 2—78　弯形

（1）初始阶段

如图 2—79 所示，当在弯曲力矩作用下，坯料发生弯曲，其内层金属在压应力作用下被压缩缩短，外层金属受拉应力作用而伸长。初始阶段应力较小，坯料只发生弹性变形。

（2）塑性变形阶段

弯矩足够大时，应力达到材料屈服点后开始产生塑性变形。坯料的内外表面首先由弹性变形状态过渡到塑性变形状态，而后塑性变形由内、外表面向中心扩展。

（3）断裂阶段

随着弯矩增大，当坯料弯曲半径小到一定程度时，将因变形超过自身变形能力的限度，而在坯料受拉伸的外表面首先出现裂纹，并向内伸展，致使材料发生断裂破坏。

由此可知，在弯形过程中，材料表面变形最大，且材料塑性越好，允许的最小弯曲半径也越小。若弯曲半径不变，材料厚度越小，表面变形越小。

2. 中性层

材料弯曲变形的过程中，内表面受压缩短，外表面受拉伸长，在内、外表面之间必然存在弯曲时既不伸长也不缩短的一层，该层称为中性层，如图 2—80 所示。

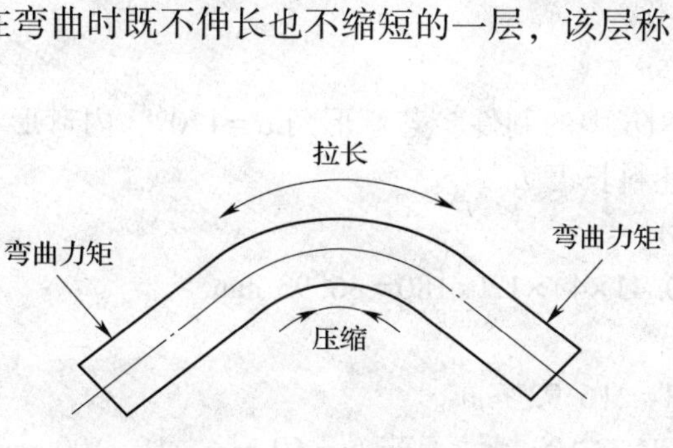

图 2—79　弯形原理

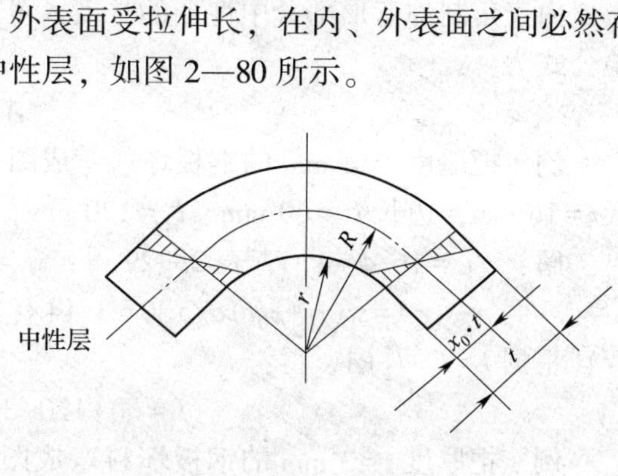

图 2—80　中性层位置

3. 中性层的确定

坯料经弯形后，只有中性层的长度不变，因此，计算弯形工件坯料长度时，可按中性层的长度进行计算。但当材料弯形后，中性层并不一定在材料的正中，而是偏向内层材料一边。实验证明，中性层的实际位置与材料的弯曲半径 r 和材料的厚度 t 有关。当 $r/t \geqslant 16$ 时，中性层位置在板厚的中间位置，即 $R=r+t/2$；当 $r/t<16$ 时，中性层位置 $R=r+x_0t$。一般情况下，为简化计算，当 $r/t\geqslant8$ 时，可取 $x_0=0.5$ 进行计算。中性层的位置系数 x_0 见表 2—29。

表 2—29　　弯形时中性层位置系数 x_0

r/t	0.25	0.5	0.8	1	2	3	4	5	6	7	8	10	12	14	≥16
x_0	0.2	0.25	0.3	0.35	0.37	0.4	0.41	0.43	0.44	0.45	0.46	0.47	0.48	0.49	0.50

4. 弯形坯料的长度计算

在实际生产中，制件弯形的形式有多种，最为常见的有圆环制件、带内圆弧制件和内直角制件，如图 2—81 所示。

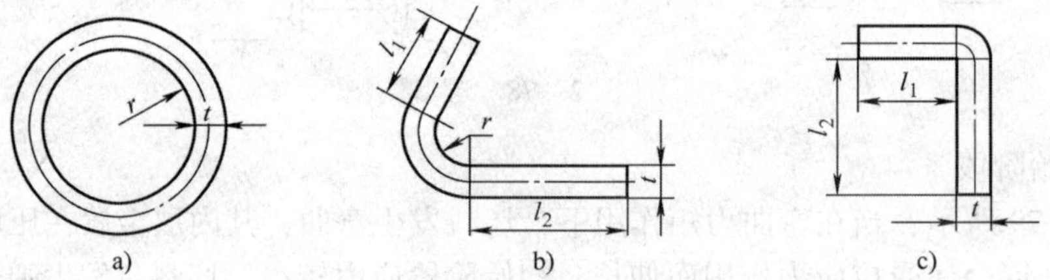

图 2—81　常见的弯形形式

a）圆环制件　b）带内圆弧制件　c）内直角制件

带内圆弧制件弯形部分中性层长度的计算公式为：

$$A=\pi(r+x_0t)\alpha/180$$

式中　A——圆弧部分中性层长度，mm；

r——弯形半径，mm；

x_0——中性层位置系数；

t——材料厚度，mm；

α——弯形角，(°)。

内直角制件弯形部分中性层的长度，可按弯形前后毛坯体积不变的原理进行计算，其经验公式为：

$$A=0.5t$$

例　把厚度 $t=4$ mm 的钢板坯料弯成图 2—81b 中的制件，若弯形角 $\alpha=120°$，内弯形半径 $r=16$ mm，边长 $l_1=60$ mm、$l_2=120$ mm，求坯料长度 L。

解：$r/t=16/4=4$，查表 2—29 得：$x_0=0.41$。

$$A=\pi(r+x_0t)\alpha/180=3.14\times(16+0.41\times4)\times120/180=36.93\text{ mm}$$

根据 $L=l_1+l_2+A$，得：

$$L=60+120+36.93=216.93\text{ mm}$$

例　把厚度 $t=3$ mm 的钢板坯料弯成图 2—81c 中的制件，若 $l_1=60$ mm，$l_2=100$ mm，求坯料长度 L。

解：因为是内面为直角的弯形制件，所以

$$L=l_1+l_2+A=l_1+l_2+0.5t=60+100+0.5\times3=161.5\text{ mm}$$

5. 弯形方法

弯形按弯形时的坯料温度分为冷弯和热弯，按弯形的操作方法分为手工弯形和机械弯

形。金属材料在常温下进行的弯形称为冷弯。当变形量过大时（料厚大于 5 mm 及直径较大的棒料和管材），金属产生过大塑性变形，从而引起冷作硬化，使力学性能下降时，则应采用加热弯曲和成型，这种方法称为热弯。弯形时，为了抵消材料的弹性变形（回弹现象），可凭经验适当多弯些。钳工常用的弯形操作方法有：

（1）利用台虎钳、简易垫铁、锤子等常用工具进行弯形

对于尺寸不大、形状不太复杂的板料、条料等单件或少量制件的弯形，可在台虎钳上进行操作，如图 2—82 所示，弯形时应注意装夹方法和锤击部位。对于不便于在台虎钳上弯形的工件，可借助于简易垫铁等辅助工具进行弯形，如图 2—83 所示。

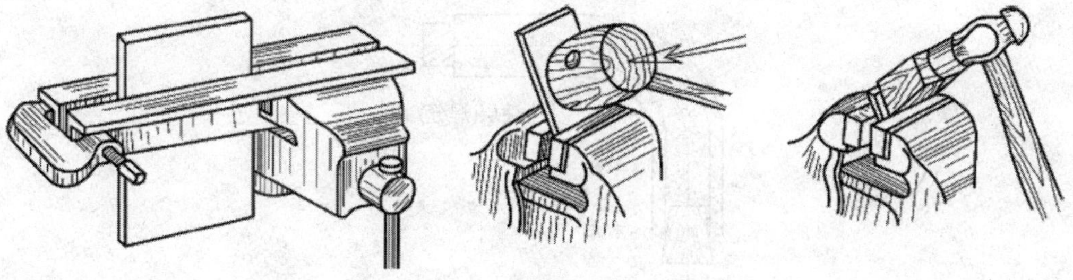

a)　　b)　　c)

图 2—82　板料在台虎钳上弯形

a）较长板料装夹　b）用木锤弯形　c）用铁锤弯形

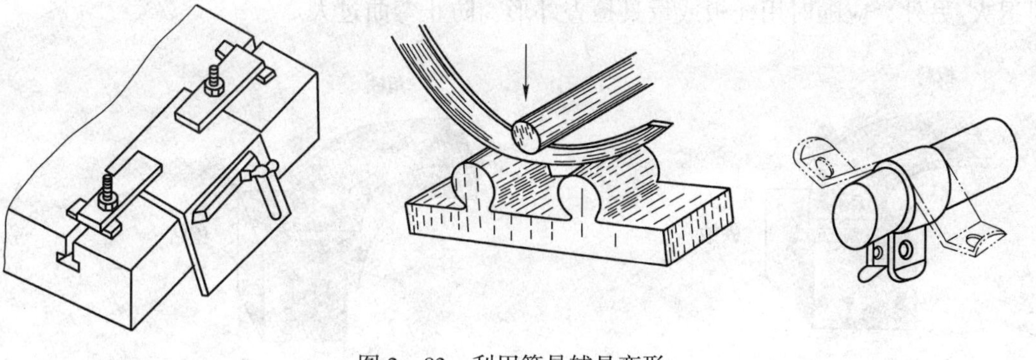

图 2—83　利用简易辅具弯形

（2）模具整体弯形

对于板料、棒料、条料、管材可借助简易模具一次整体弯形，如图 2—84 所示。当管子直径在 12 mm 以下时可以采用冷弯方法，管子直径大于 12 mm 时采用热弯方法。管子弯形的临界半径必须是管子直径的 4 倍以上。管子直径在 10 mm 以上时，为防止管子弯瘪，必须在管内灌满干沙，两端用木塞塞紧，并将焊缝置于中性层的位置上，如图 2—84c 所示，否则易使焊缝开裂。

（3）延展弯形

其原理是利用材料的延展性能，通过锤击使材料的外弯部分变薄延展（内弯部分变形较小）导致材料弯曲而实现弯形（也称作放边）。如图 2—85 所示为较宽条料和角铁型材的弯形。在打薄放边的过程中，角材底面必须与铁砧表面贴平，否则会产生翘曲现象；锤击点应均匀并呈放射线状，不得敲打角材弯角处。锤击时，材料可能会产生冷作硬化现象，应

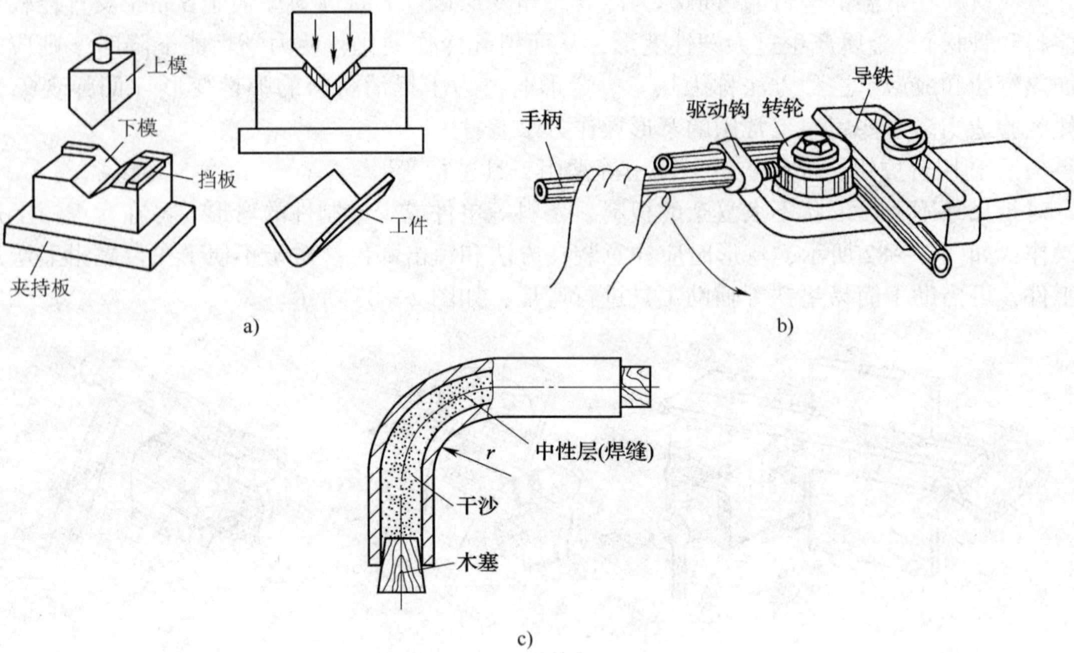

图 2—84　利用模具弯形

a）板料模具弯形　b）管子模具弯形　c）管子填充方法

及时退火。另外，应随时用样板或量具检查外形，防止弯曲过大。

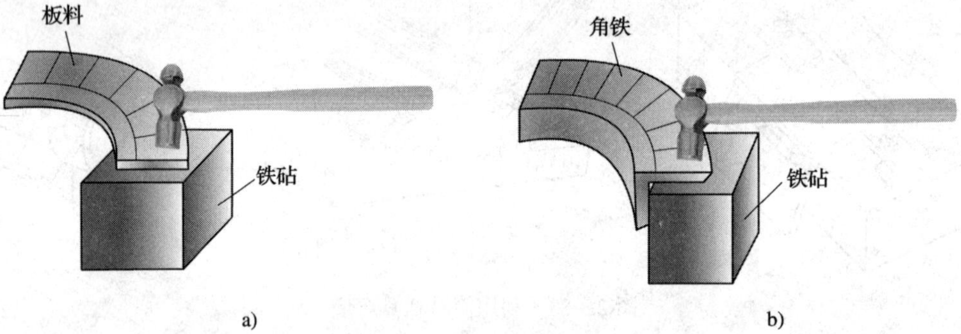

图 2—85　延展弯形方法

a）较宽条料在宽度方向上的弯形　b）角铁弯形

二、矫正

消除材料或制件弯曲、翘曲、凸凹不平等缺陷的加工方法称为矫正，如图 2—86 所示。

1. 概述

矫正的实质就是让金属材料产生新的塑性变形来消除原来不应存在的塑性变形。因此，只有塑性较好的材料才能进行矫正。在矫正过程中，材料要受到锤击、弯形等外力作用，使材料内部组织发生变化，造成硬度提高、性质变脆，这种现象称为冷作硬化。冷作硬化给后续加工带来困难，必要时应进行退火处理，使材料恢复原来的力学性能。

矫正按制件矫正部位的温度分为冷矫正和热矫正，按操作方法分为机械矫正和手工矫正。对于单件、小批量的制件常采用手工矫正。手工矫正是将材料（或工件）放在矫正平板、铁砧或台虎钳上，采用锤击、弯曲、延展或伸张等方法进行的矫正。

2. 手工矫正常用的工具

（1）矫正平板和铁砧

矫正平板、铁砧及台虎钳都可以作为矫正板材、型材或制件的基座。

（2）软、硬锤子

矫正一般材料均可采用钳工锤子；矫正已加工表面、薄板件或有色金属制件时，应采用铜锤、木锤或橡胶锤等软锤。如图 2—87 所示为用木锤矫正板料。

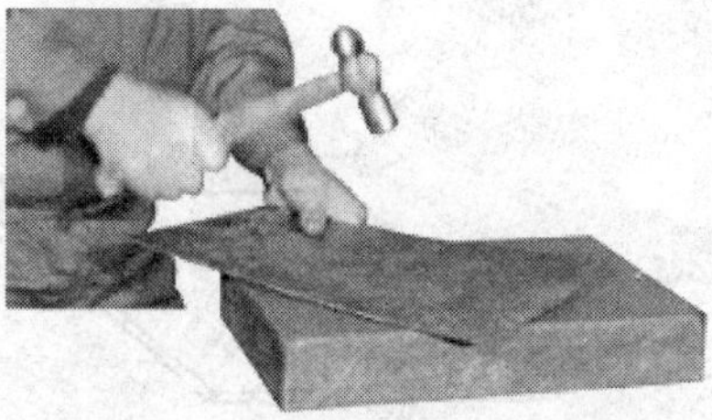

图 2—86　板料矫正

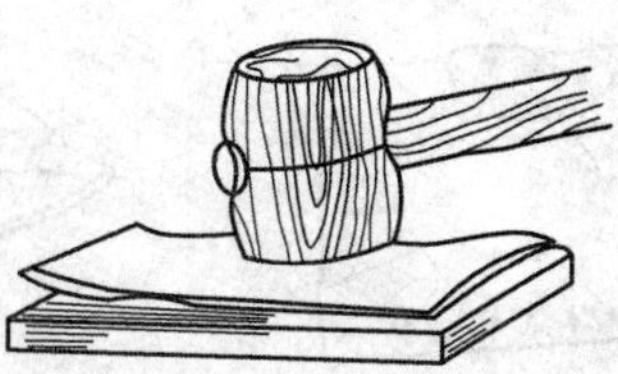

图 2—87　用木锤矫正板料

（3）抽条和拍板

抽条是采用条状薄板料弯成的简易手工工具，它用于抽打较大面积的板料，如图 2—88 所示。拍板是用质地较硬的木材（如檀木等）制成的专用工具，主要用于敲打铁皮或有色金属板料。

（4）螺旋压力工具

螺旋压力工具如图 2—89 所示，适用于矫正较大的轴类工件或棒料。

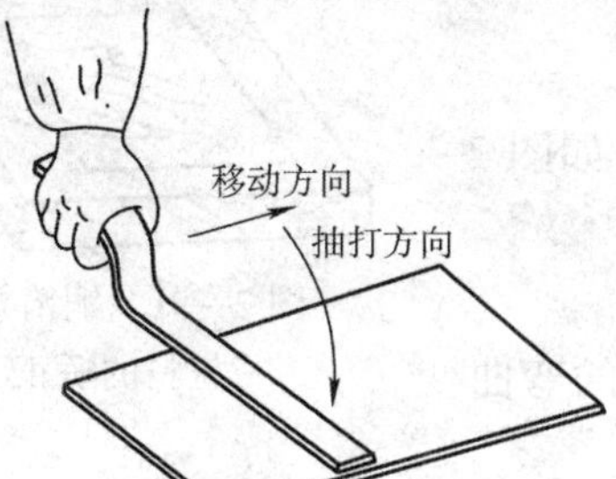

图 2—88　用抽条抽板料

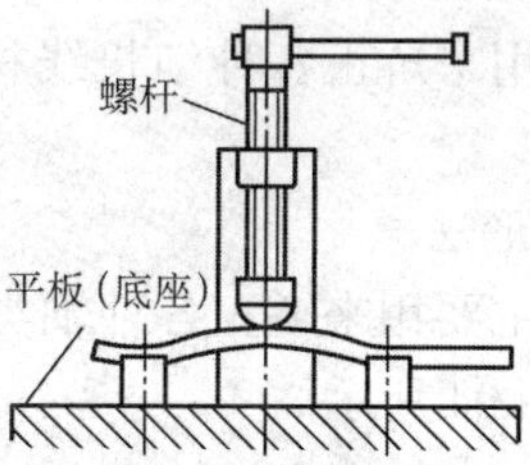

图 2—89　用螺旋压力工具矫正

3. 矫正方法

（1）延展法

当板料制件出现中部凸凹、边缘呈波浪形以及翘曲等变形时，应采用延展法矫正，如图 2—90 所示。

板料制件中间凸起，是由于变形后中间材料变薄、面积增大引起的。矫正时可锤击板料边缘，使边缘材料延展变薄，厚度与凸起部位的厚度越趋近则越平整。图 2—90a 中箭头标记部分为锤击位置。锤击时，由里向外逐渐由轻到重，由稀到密。如果直接锤击凸起部位，则会使凸起的部位变得更薄，这样不但达不到矫平的目的，反而使凸起更为严重。如果薄板表面有多处凸起部位，应先在凸起的交界处轻轻锤击，使几处凸起合并成一处，然后再锤击四周而矫平。

如果板料制件边缘呈波浪形，则说明板料四边变薄而伸长了。如图 2—90b 所示，锤击点应从中间向四周，按图中箭头所示方向，密度逐渐变稀，力量逐渐减小，经反复多次锤打，使板料达到平整。

如果板料制件发生对角翘曲，则应沿另外没有翘曲的对角线锤击使其延展而矫平，如图 2—90c 所示。

a)　　b)　　c)

图 2—90　薄板的矫平

a）中间凸起　b）边缘呈波浪形　c）对角翘曲

如果板料是铜箔、铝箔等薄而软的材料，可用平整的木块，在平板上推压材料的表面，使其达到平整，也可用木锤或橡皮锤锤击，如图 2—91 所示。

（2）扭转法

扭转法用来矫正条料或角铁的扭曲变形。如图 2—92 所示，矫正时将制件一端夹持在台虎钳上，用扳手或其他扭转工具朝变形相反方向扭转即可。

（3）伸张法

伸张法用来矫正各种细长线材的卷曲变形，其方法如图 2—93 所示。

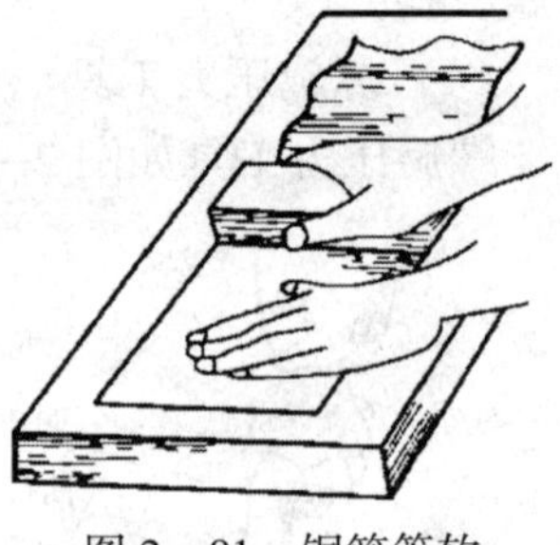

图 2—91　铜箔等软材料的矫正

（4）弯形法

弯形法主要用来矫正各种轴类、棒料、条料或型材的弯曲变形，如图 2—94 所示。

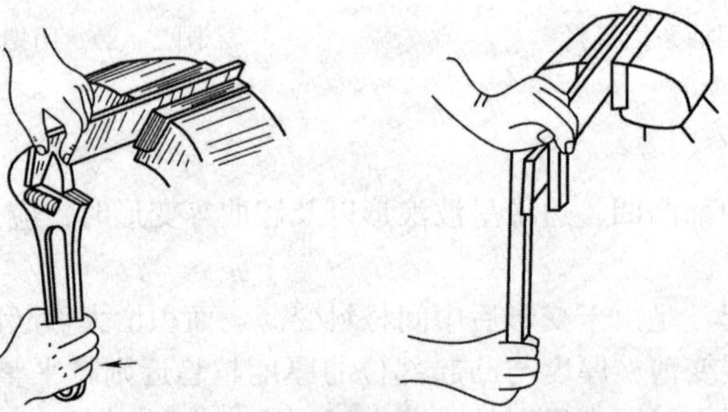

图 2—92　扭转法

矫直前，先查明弯曲程度和部位，作上标记，然后使凸部向上置于平台，用锤子连续锤

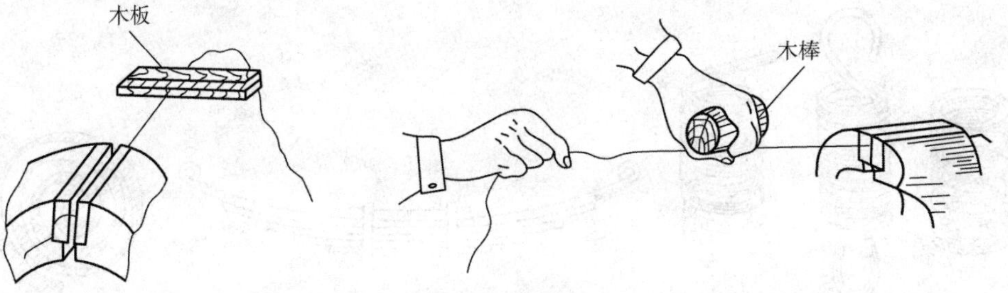

图 2—93　伸张法

击凸处，使凸起部位材料受压缩短，凹入部位受拉伸长，以消除弯曲变形。对直径较大的轴类、棒类制件，一般先找出弯曲部位，用压力机在轴的突出部位加压校直。

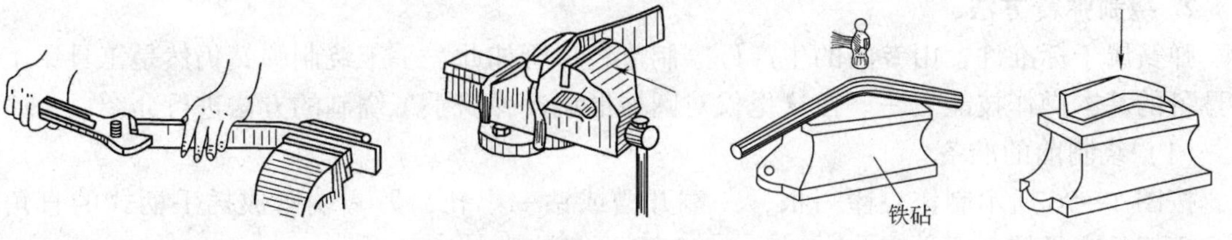

图 2—94　弯形法

a）用扳手矫直　b）用台虎钳矫直　c）轴类制件矫直　d）角铁矫直

（5）热矫正法

热矫正法是利用金属的热胀冷缩特性对轴、型材进行矫直的方法。用乙炔火焰对弯曲的最高点加热，使其受热膨胀，由于材料在高温时力学性能降低，不易向周围处于低温的材料方向膨胀，而冷却后加热部位材料收缩，使弯曲部位得到矫正。

4. 矫正注意事项

（1）矫正时要看准变形的部位，分层次进行矫正，不可弄反。

（2）对已加工工件进行矫正时，要注意保持工件的表面质量，不能有明显的锤击印迹。

（3）矫正时，不能超过材料的变形极限。

三、绕制弹簧

弹簧是一种机械零件，它的特点是当外力消除后，仍能恢复原来的形状。弹簧的主要功用是缓和冲击、减振吸振、夹紧、控制运动、储存和提供能量、测量力或力矩等。

1. 弹簧的种类和用途

弹簧的种类很多。按照弹簧受力性质，弹簧主要分为压缩弹簧、拉伸弹簧、扭力弹簧和弯曲弹簧四种。按照弹簧形状来分，又可分为螺旋弹簧、碟形弹簧、环形弹簧、板弹簧及片弹簧等。图 2—95 所示为常见的几种弹簧类型。

在各类弹簧中，螺旋弹簧制造简便，应用最广。碟形弹簧和环形弹簧能承受很大的冲击载荷，并具有良好的吸振能力，常用作缓冲弹簧。扭力弹簧常用作压紧、储能和传力（转矩）等。片弹簧用于受载不大而轴向尺寸很小的场合，尤其是用作各种仪器中的储能装置。板弹簧主要受弯曲作用，常用于受载方向尺寸有限制而变形量又较大的地方，因它的消振能力强，广泛用于汽车、铁路车辆。

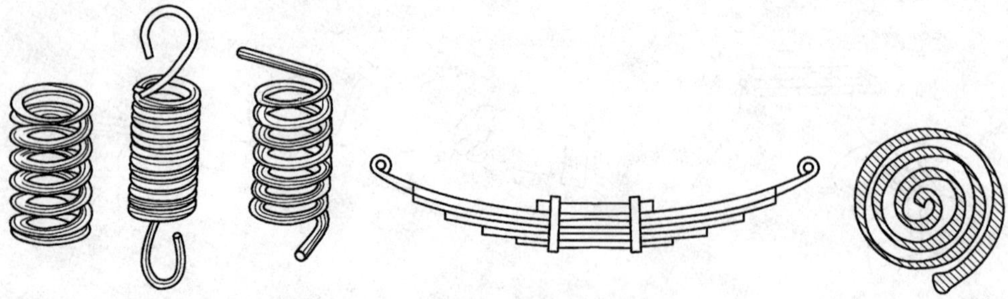

图 2—95　常用的几种弹簧

a）压缩弹簧　b）拉伸弹簧　c）扭力弹簧　d）板弹簧　e）片弹簧

2. 绕制弹簧方法

弹簧属于标准件，由专门的生产厂家制造。尽管如此，手工绕制弹簧仍然是工具钳工所需具备的基本操作技能之一。在这里仅对圆柱形钢丝弹簧手工绕制的方法进行介绍。

（1）绕制前的准备

按图 2—96 所示制作心棒一根，一端开槽或钻一小孔，另一端弯成摇手柄式的直角弯头。心棒的直径按下式计算：

$$D_{心}=K\cdot D_{簧}$$

式中　$D_{心}$——心棒直径，mm；

K——弹性影响系数，一般取 0. 75~0. 8；

$D_{簧}$——弹簧内径，mm。

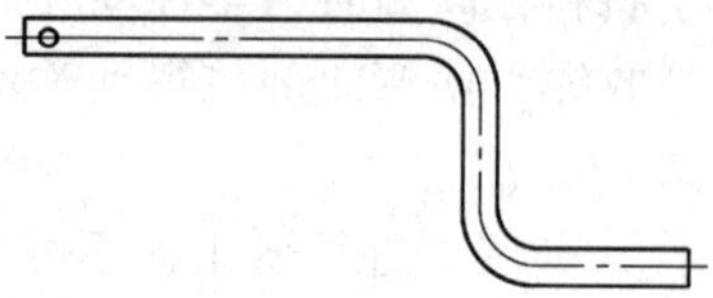

图 2—96　盘制心棒

弹性影响系数 K 用以考虑当盘绕力消除后，弹簧直径在钢丝应力作用下扩大的百分数。确定 K 值时应考虑钢丝的性质、粗细、弹簧的直径、盘绕时夹持钢丝的力，以及弹簧节距的调整方法等因素。当弹簧内径与其他零件相配时，K 取大值；当弹簧外径与其他零件相配时，K 取小值。

用上述公式求得的心棒内径是近似的，要得到准确的心棒直径，一般先绕 2~3 圈，放松后，测量一下弹簧尺寸是否符合要求，修整心棒后再继续绕制。

（2）绕制步骤

将钢丝一端插入心棒的槽内或小孔内，预盘半圈使其固定。另一端通过夹板夹持在台虎钳的木钳口上，夹紧力要适当，以钢丝能被拉动为宜，如图 2—97 所示。

1）绕制拉伸弹簧时，左手松握心棒，右手转动心棒，使之一边转动一边向前推进，推进速度要调整到使每圈弹簧相互紧靠为准。木钳口上的半圆槽起支承作用。

2）绕制压缩弹簧时，在木钳口上按节距刻出几条线来。开始绕制时，转动心棒手柄

2~3 圈，测量节距并放松心棒测量弹簧外径。当两者都正确后，将心棒逐渐向前推进，使弹簧形成均匀的节距，绕足总圈数后再加 2~3 圈即可进行截断。

3）弹簧的截取。用扁錾切削刃向上夹在台虎钳上，切削刃对准弹簧的截取部位，用锤子轻轻地锤击钢丝，如图 2—98 所示，也可用砂轮切断弹簧多余弹簧圈，然后磨平两端面。对于要求弹簧两头并圈，则需在并头的一圈上加热至大红色，立即用力在平板上按平。

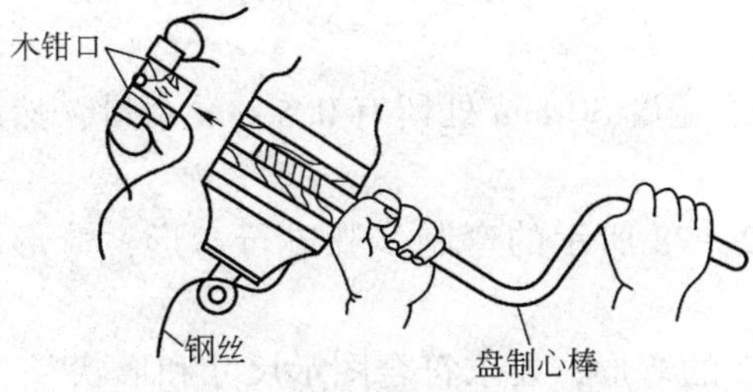

图 2—97　弹簧的盘制方法

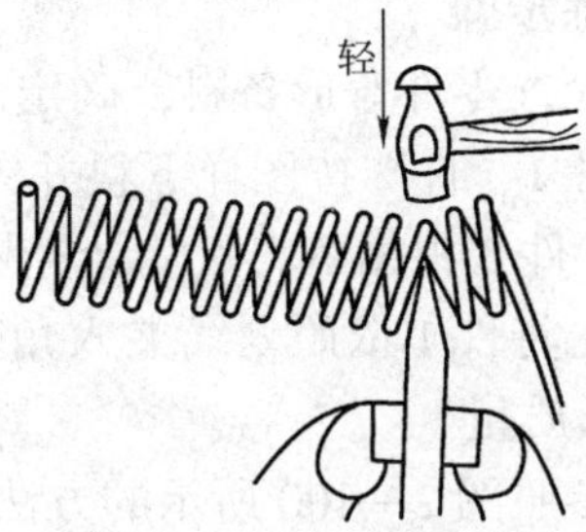

图 2—98　弹簧的截取

技能训练

一、弯形

1. 训练课题

条料和棒料的弯形。

2. 训练图样

加工要求如图 2—99 所示。

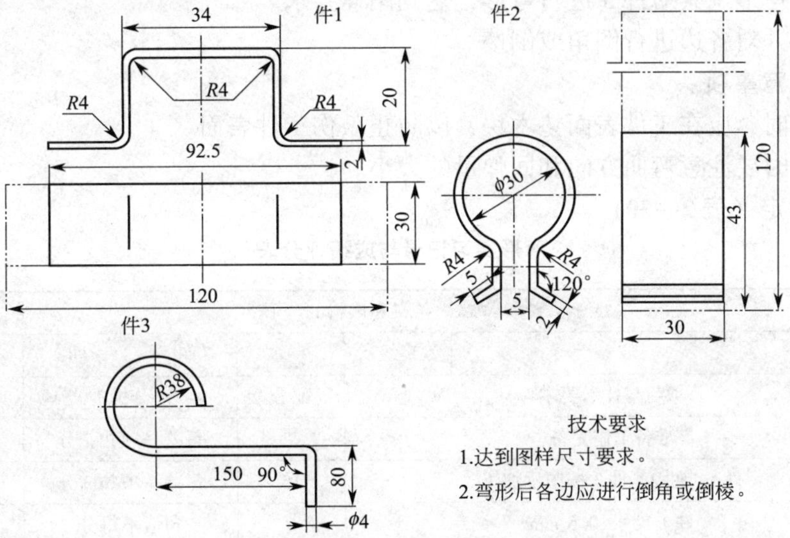

图 2—99　弯形零件图

3. 训练要求

（1）按图样将条料弯曲成件 1、件 2 所要求的形状，并将直径为 4 mm 的棒料弯曲成件 3 所要求的形状。

（2）工件弯形后，应达到图示尺寸要求，并限制好工件的弯形半径。

4. 训练备料

材料：Q235，条料规格为 120 mm×30 mm×2 mm。

材料：Q235，棒料规格为 ϕ4 mm×*L*（*L* 为棒料展开长度，由操作者根据图示尺寸进行推算，*L*=416. 4 mm）。

5. 训练步骤

（1）检查零件弯形备料，确定落料尺寸。

（2）件 1、件 2 按图样下料并锉外形尺寸，注意宽度 30 mm 处留有 0. 5 mm 余量，然后按图划线；件 3 根据落料尺寸计算划线分段。

（3）先将件 1 依照划线夹入角铁衬，并按图 2—78 所示的弯制步骤进行弯形，弯形后检验其弯形质量。

（4）参照图 2—100 所示的方法和步骤完成件 2 的弯形，要求符合图示尺寸和形状。

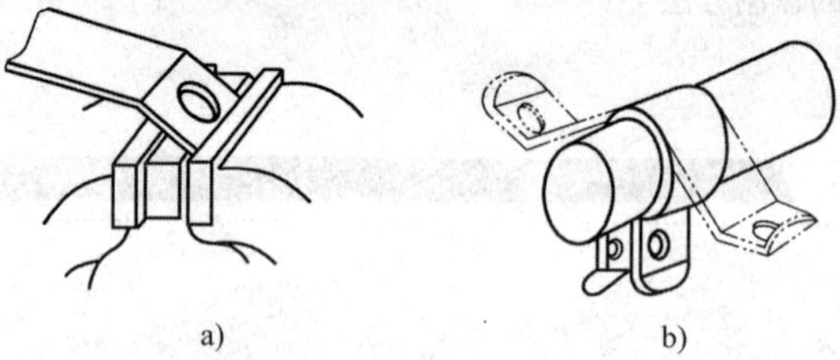

图 2—100　件 2 弯曲方法和步骤

a）弯曲两端　b）弯曲中间圆弧

（5）对件 1、件 2 的 30 mm 宽度进行锤击矫平，锉修 30 mm 宽度尺寸。

（6）利用弯形工具对件 3 进行弯形，达到图样要求。

（7）检查并对各边进行倒角或倒棱。

6. 操作注意事项

（1）锤击时，应在工件表面垫木块，以防止敲伤工件表面。

（2）弯形时要注意弯曲方向和回弹量的大小。

7. 成绩评定（表 2—30）

表 2—30　　弯形实习记录与成绩评分表

训练课题	条料和棒料的弯形					
姓名		班级		工件号		总得分
项次	项目与技术要求		配分	评分标准	实测结果	得分
1	准备工作完备		7	每差一项扣 2 分		
2	件 1、件 2、件 3 按图示加工		15	每差一项扣 3 分		
3	件 1 尺寸±0. 5 mm		6	超值不得分		
4	件 1 圆弧 *R*4 mm 正确		6	每处超值扣 3 分		
5	件 2 尺寸±0. 5 mm		6	超值不得分		
6	件 2 圆弧正确		6	每处超值扣 3 分		
7	件 2 角度正确		6	每处超值扣 3 分		

续表

<table>
<tr><td>训练课题</td><td colspan="7">条料和棒料的弯形</td></tr>
<tr><td>姓名</td><td></td><td>班级</td><td></td><td>工件号</td><td></td><td>总得分</td><td></td></tr>
<tr><td>项次</td><td colspan="2">项目与技术要求</td><td>配分</td><td colspan="2">评分标准</td><td>实测结果</td><td>得分</td></tr>
<tr><td>8</td><td colspan="2">件 3 尺寸±0. 5 mm</td><td>6</td><td colspan="2">超值不得分</td><td></td><td></td></tr>
<tr><td>9</td><td colspan="2">件 3 圆弧正确</td><td>6</td><td colspan="2">超值不得分</td><td></td><td></td></tr>
<tr><td>10</td><td colspan="2">表面光洁、无明显划痕</td><td>9</td><td colspan="2">酌情扣分</td><td></td><td></td></tr>
<tr><td>11</td><td colspan="2">操作方法与步骤正确</td><td>9</td><td colspan="2">酌情扣分</td><td></td><td></td></tr>
<tr><td>12</td><td colspan="2">安全文明生产</td><td>9</td><td colspan="2">违者不得分</td><td></td><td></td></tr>
<tr><td>13</td><td colspan="2">工时定额 12 h</td><td>9</td><td colspan="2">每超 1 h 扣 3 分</td><td></td><td></td></tr>
<tr><td>现场记录</td><td colspan="7"></td></tr>
</table>

二、矫正

1. 训练课题

手工矫正薄板。

2. 训练图样

加工要求如图 2—101 所示。

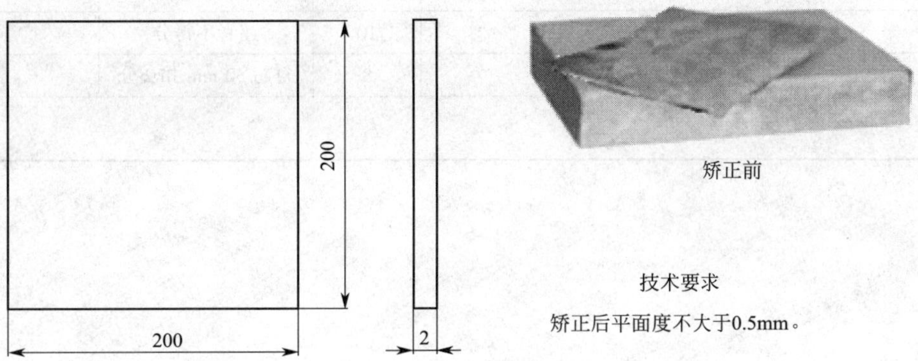

图 2—101 矫正薄板件

3. 训练要求

按图样要求对薄板件进行矫正，掌握矫正方法和检验方法。

4. 训练备料

材料：Q235，薄板规格为 200 mm×200 mm×2 mm。

5. 训练步骤

（1）根据图样检查所需矫正的薄板。

（2）利用检验工具（如平板、直角尺等）分析薄板产生变形的部位。

（3）参照图 2—90 所示对薄板进行矫正练习，要求无明显锤击痕迹，平面度达到 0. 5 mm。

（4）对矫正好的薄板件进行去毛刺、倒棱，并送去检查。

6. 操作注意事项

（1）金属薄板容易产生中部凸凹、边缘呈波浪形，以及翘曲等变形。在矫正时，不能采用和厚板一样对凸起部位直接锤击的方式，而是采用延展法矫正。

（2）在薄板上作矫正之前，可在旧平板上作锤平练习，以避免在薄板上出现大量的锤击痕迹。

（3）矫正时要看准变形的部位，分层次进行矫正，不可弄反。

（4）对已加工工件进行矫正时，要注意保持工件的表面质量，不能有明显的锤击痕迹。

（5）矫正时，不能超过材料的变形极限。

7. 成绩评定（表 2—31）

表 2—31　　矫正实习记录与成绩评分表

训练课题	手工矫正薄板					
姓名		班级		工件号	总得分	
项次	项目与技术要求	配分		评分标准	实测结果	得分
1	准备工作完备	16		每差一项扣 2 分		
2	锤击部位准确	16		每差一项扣 2 分		
3	平面度控制在 0.2 mm 范围内	10		超值不得分		
4	表面平整、无明显锤击痕迹	20		每差一项扣 5 分		
5	操作方法与步骤正确	20		每差一项扣 4 分		
6	安全文明生产	10		违者不得分		
7	工时定额 8 h	8		每超 30 min 扣 2 分		
现场记录						

第三单元

孔及螺纹加工

课题一 钻孔

用钻头在实体材料上加工孔的方法称为钻孔，如图 3—1 所示。在钻床上进行钻孔时，钻头的旋转是主运动，钻头沿轴向移动是进给运动。

一、钻削的特点

钻削时由于钻头是在半封闭的状态下进行切削加工，因此，钻削加工具有以下特点：

（1）切削量大，排屑困难。

（2）切削温度高，散热困难，钻头易磨损。

（3）摩擦严重，易产生切削“积瘤”。

（4）麻花钻细而长，钻孔时容易产生振动。

（5）加工精度低，钻孔的尺寸精度一般为 IT11 ~ IT10，表面粗糙度一般为 *Ra*100 ~ 25 μm。

二、麻花钻

1. 麻花钻的组成

麻花钻（俗称钻头）是指容屑槽由螺旋面构成的钻头，钻体部分形状像麻花一样，如图 3—2 所示。它是钳工常用的主要钻孔刀具，其工作部分用 W6Mo5Cr4V2 或其他同等性能的普通高速钢（代号 HSS）制造，热处理淬火后硬度达 62.5 ~ 66.5HRC；也可用高性能高速钢（代号 HSS—E）制造，淬火后硬度可达 64 ~ 68HRC。

麻花钻按制造精度等级分为普通级麻花钻和精密级麻花钻（精密级标记“H”，普通级不标记）；按与钻床的装夹形式分为直柄麻花钻（包括粗直柄、短系列、通用系列、长系列和超长系列）和莫氏锥柄麻花钻（包括通用系列、长系列、加长系列和超长系列）。

如图 3—2 所示，麻花钻由钻体和钻柄组成，规格用直径表示（靠近切削部分处测量），其参数可查阅相关国家标准。

（1）钻柄

钻柄是麻花钻的夹持部分，主要用来连接钻床主轴并传递动力。为了便于装夹，钻削 ϕ13 mm 以下的孔径时，通常选用直柄麻花钻；钻削 ϕ13 mm 以上的孔径时，通常选用莫氏锥柄麻花钻。在莫氏锥柄的小端有一扁尾，以备嵌入锥孔的槽中，作顶出钻头之用。

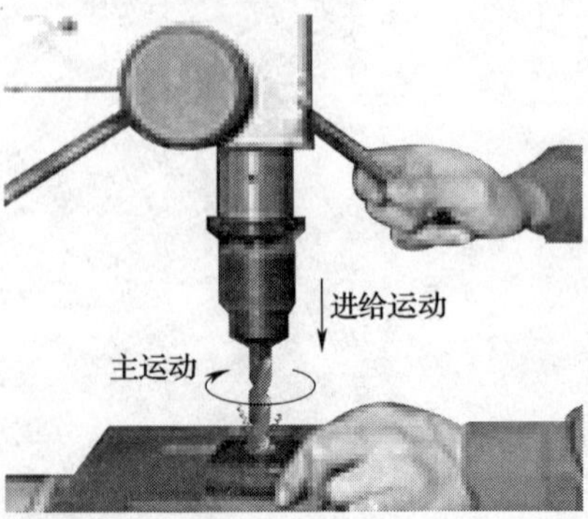

图 3—1　钻孔

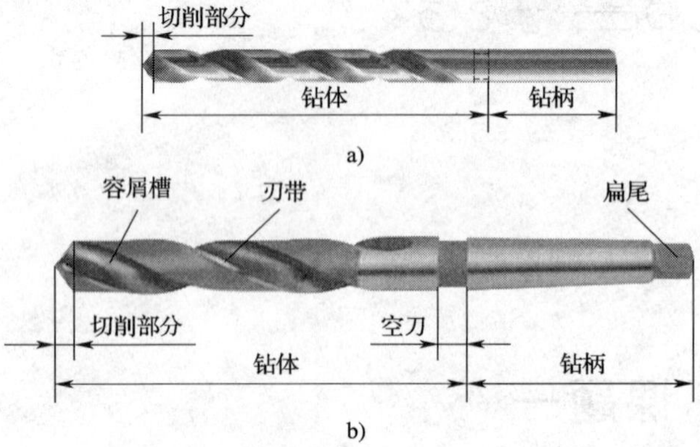

图 3—2　麻花钻

a）直柄麻花钻　b）锥柄麻花钻

（2）钻体

麻花钻的钻体包括切削部分（又称钻尖）和由两条刃带形成的导向部分及空刀。切削部分是指由产生切屑的诸要素（主切削刃、横刃、前面、后面、刀尖）所组成的工作部分，如图 3—3 所示，它承担着主要的切削工作。导向部分用来保持麻花钻钻孔时的正确方向，同时副切削刃（又称刃带导向刃，即刃带与容屑槽的交线）可修光孔壁；为了减少刃带与孔壁的摩擦，便于导向，麻花钻的导向部分直径略有倒锥（用倒锥度表示，每 100 mm 长度上为 0. 02～0. 12 mm，但总倒锥量不应超过 0. 25 mm）。空刀的作用是在磨制麻花钻时作退刀槽使用，通常锥柄麻花钻的规格、材料及商标也打印在此处。

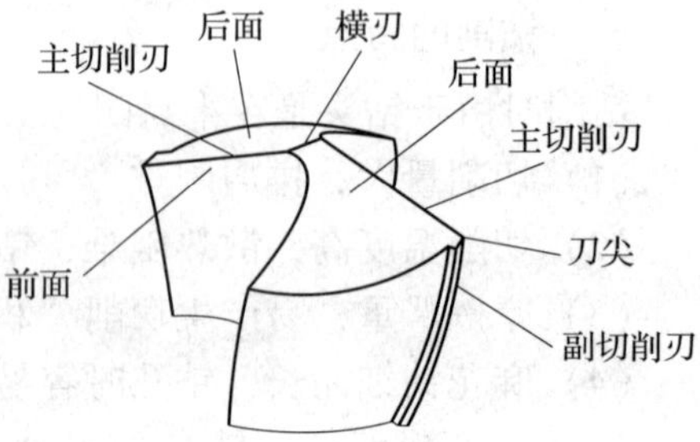

图 3—3　麻花钻的切削部分

2. 麻花钻的主要几何角度

（1）辅助平面

由于麻花钻的结构较为复杂，所以在学习麻花钻的几何角度之前，首先要了解与其相关的几个辅助平面，见表 3—1。

表 3—1　与麻花钻几何角度相关的辅助平面

名称	定义及说明	图示
结构基面	与主切削刃上的外缘转点和横刃转点连线相平行，且通过麻花钻轴线的平面	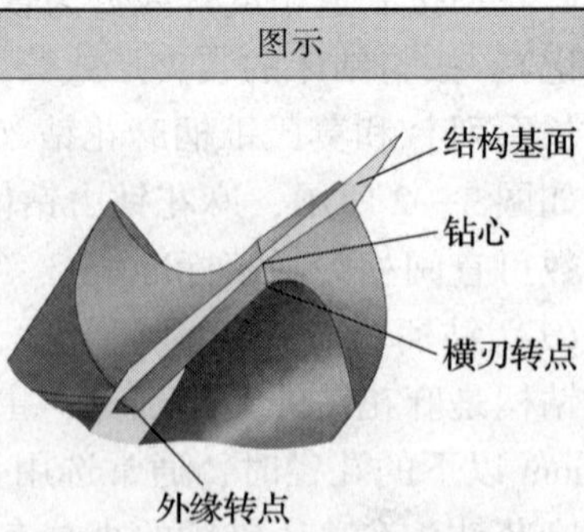

续表

名称	定义及说明	图示
基面	通过切削刃选定点，且垂直于该点切削速度方向的平面，实际上是通过该点与钻心连线的径向平面。由于麻花钻两主切削刃不通过钻心，所以主切削刃上各点的基面也就不同	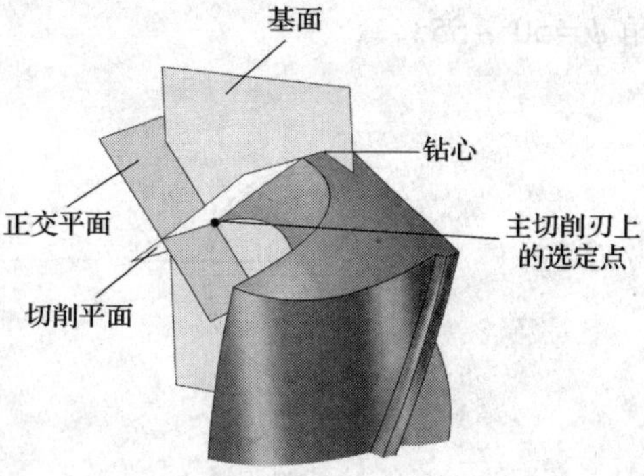
切削平面	切削刃选定点的切削平面，是由该点的切削速度方向和过该点切削刃的切线两者所成的平面。标准麻花钻主切削刃为直线，其切线就是钻刃本身。切削平面即为该点切削速度方向与钻刃构成的平面	
正交平面	通过主切削刃上选定点并垂直于基面和切削平面的平面	
柱剖面	通过主切削刃上选定点作与麻花钻轴线平行的直线，该直线绕麻花钻轴线旋转所形成的圆柱面的切面	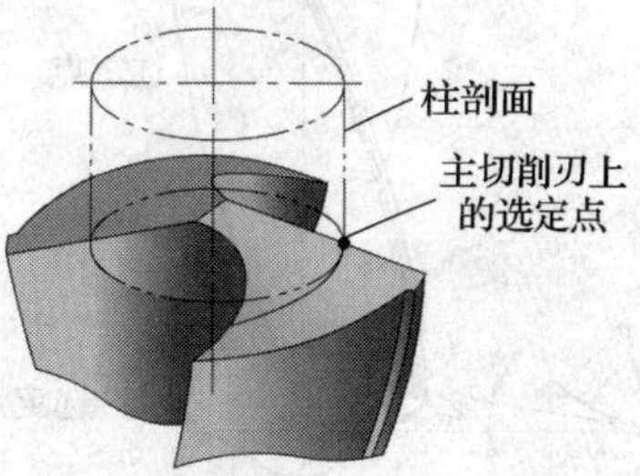

（2）几何角度

麻花钻的主要几何角度有螺旋角、顶角、前角、后角、横刃斜角等，如图 3—4 所示。

1）螺旋角（ω）。刃带导向刃上选定点的切线与包含该点及轴线组成的平面间的夹角称为螺旋角。麻花钻不同直径处的螺旋角是不同的，外径处螺旋角最大，越接近中心螺旋角越小。螺旋角增大则前角增大，有利于排屑，但钻头刚度下降。麻花钻外缘处的螺旋角通常为 30°。

2）顶角（2φ）。两主切削刃在结构基面上的投影间的夹角称为麻花钻的顶角。顶角越小，轴向力越小，外缘处刀尖角越大，利于散热。但在相同条件下，所受扭矩增大，切屑变形加剧，排屑困难。顶角的大小一般根据麻花钻的加工条件而定，标准麻花钻的顶角 $2\varphi=118°\pm2°$，此时两主切削刃呈直线。顶角 $2\varphi>118°$ 时，主切削刃呈凹形；顶角 $2\varphi<118°$ 时，主切削刃呈凸形，如图 3—5 所示。

3）前角（γ_o）。在主切削刃上通过选定点的前面与基面的夹角称为前角。前角大小决定着切除材料的难易程度和切屑在前面上的摩擦阻力的大小，前角越大，切削越省力。由于麻花钻的前面是一个螺旋面，所以主切削刃上的前角大小是变化的，外缘处最大，可达 $\gamma_o=30°$；自外向内逐渐减小，在钻心至 $d/3$ 范围内为负值；横刃处的前角 $\gamma_o=-60°\sim-54°$；接近横刃处的前角 $\gamma_o=-30°$。

4）后角（α_o）。通过选定点在柱剖面上的后面与切削平面之间的夹角称为后角。后角的作用是减小麻花钻后面与切削面间的摩擦，麻花钻主切削刃上的后角大小也是变化的，外缘处最小，越近钻心后角越大。一般外缘处的后角 $\alpha_o = 8° \sim 14°$。

5）横刃斜角（ψ）。横刃斜角是指主切削刃与横刃在垂直于麻花钻轴线的平面上投影的夹角。当麻花钻后面磨出后，横刃斜角自然形成，其大小与后角有关。标准麻花钻的横刃斜角 $\psi = 50° \sim 55°$。

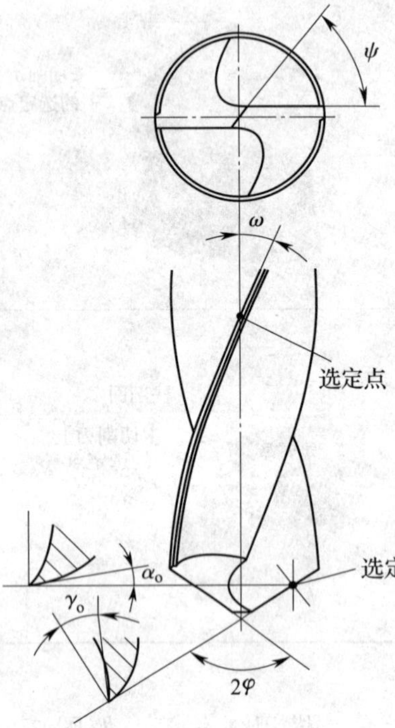

图 3—4　麻花钻的几何角度

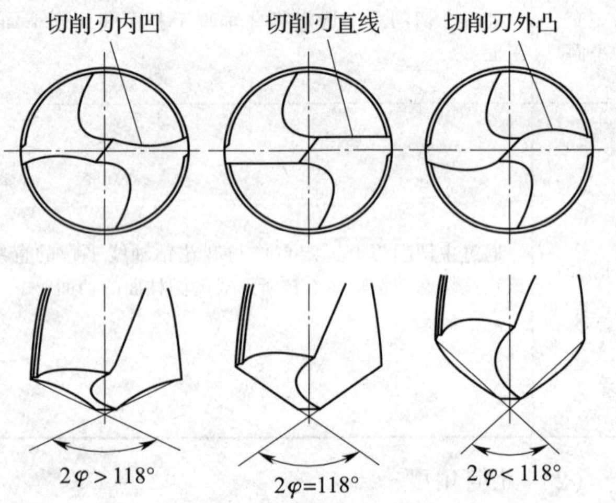

图 3—5　麻花钻顶角与主切削刃形状的关系

3. 标准麻花钻的缺点

（1）横刃较长，横刃处前角为负值，在切削中，横刃处于挤刮状态，产生很大轴向力，定心不良。

（2）主切削刃上各点前角大小不一样，致使各点切削性能不同。靠近钻心处前角为负，处于挤刮状态，切削性能差，产生热量大，磨损严重。

（3）麻花钻刃带处的副后角为零。靠近切削部分的刃带与孔壁摩擦比较严重，产生热量大，易磨损。

（4）主切削刃外缘处的刀尖角较小，前角很大，刀齿薄弱，而此处的切削速度最高，故产生切削热最多，磨损极为严重。

（5）主切削刃长，且全宽参与切削。分屑、断屑、排屑困难。

4. 标准麻花钻的修磨

由于麻花钻存在诸多缺点，因此在使用前，应根据工件材料和加工精度要求的不同，采取必要的修磨措施，以改善麻花钻的切削性能。其修磨方法和要求见表 3—2。

表 3—2 **麻花钻的修磨方法及要求**

修磨部位	修磨方法及要求	图示
磨短横刃并增大靠近钻心处的前角	这是最基本的修磨方式。修磨后横刃的长度 b 为原来的 1/5~1/3，以减小轴向抗力和挤刮现象，提高钻头的定心作用和切削的稳定性。同时，在靠近钻心处形成内刃，内刃斜角 $\tau=20°\sim30°$，内刃处前角 $\gamma_\tau=-15°\sim0°$，切削性能得以改善。一般直径在 5 mm 以上的麻花钻均须修磨横刃	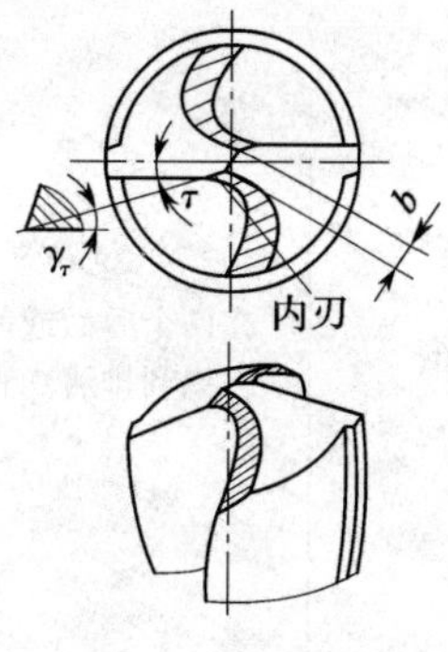
主切削刃	主要是磨出第二顶角 $2\varphi_o$（70°~75°）。在麻花钻外缘处磨出过渡刃（$f_o=0.2d$），以增大外缘处的刀尖角 ε，改善散热条件，增加刀齿强度，提高切削刃与刃带交角处的耐磨性，延长钻头寿命，减少孔壁的残留面积，有利于减小孔的表面粗糙度值	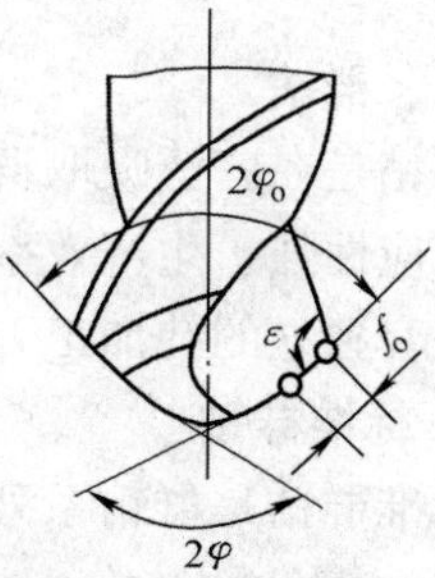
刃带	在靠近主切削刃的一段刃带上，磨出副后角 $\alpha_{o1}=6°\sim8°$，并保留刃带宽度为原来的 1/3~1/2，以减少对孔壁的摩擦，提高钻头寿命	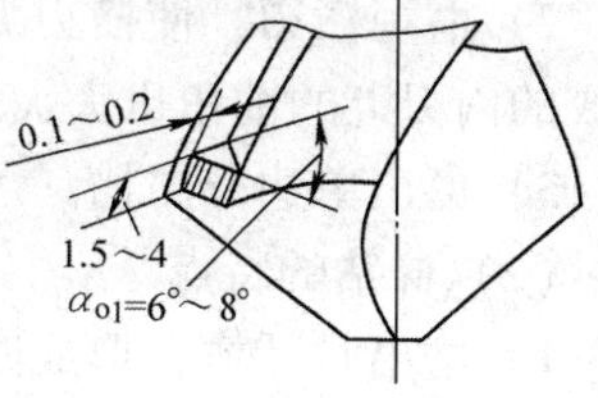
前面	修磨外缘处前面，可以减小此处的前角，提高刀齿的强度，钻削黄铜时，可以避免"扎刀"现象	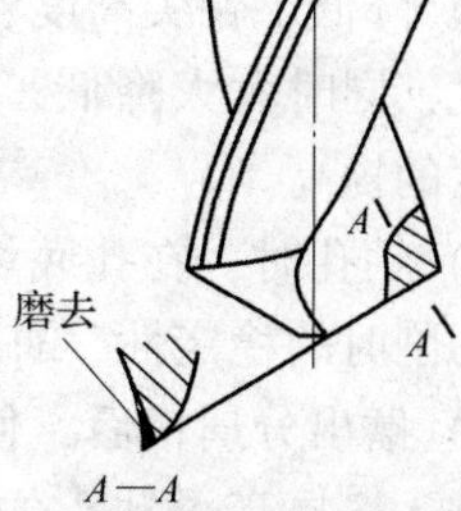

续表

修磨部位	修磨方法及要求	图示
分屑槽	在两个后面或前面上磨出几条相互错开的分屑槽，使切屑变窄，以利排屑。直径大于 15 mm 的钻头都可磨出分屑槽	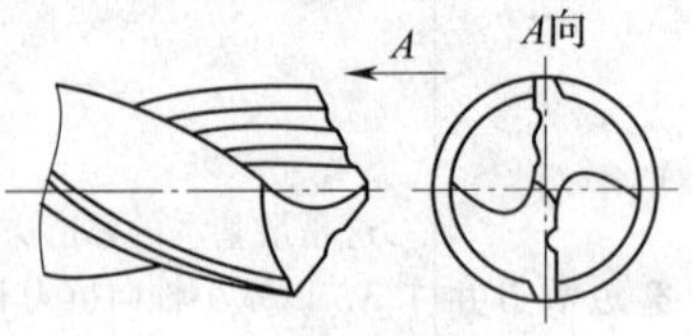 前面开槽 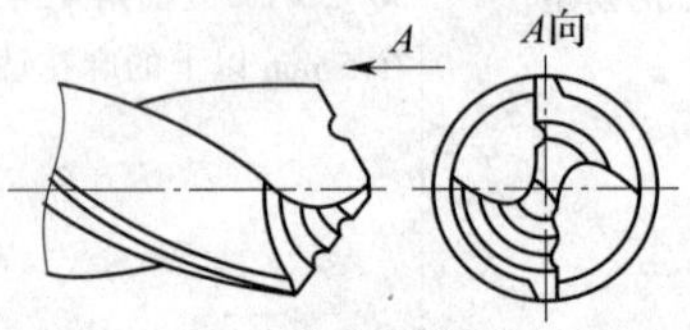 后面开槽

三、群钻

群钻是在广泛吸取群众智慧中的丰富经验后，经几十年的实践革新而获得的一种寿命长、适应性强、生产效率和加工精度高的新型钻头。根据加工材料和工艺特性的不同，现已形成一套独立的孔加工刀具系列。

1. 标准群钻

标准群钻是群钻系列中的基础，主要用来钻削碳钢和各种合金结构钢，应用最广。

（1）群钻的结构

1）磨出月牙槽，即在钻头的后面上对称地磨出月牙槽，形成凹形圆弧刃，把主切削刃分成 3 段，即外刃（*AB* 段）、圆弧刃（*BC* 段）、内刃（*CD* 段），如图 3—6 所示。

2）磨短横刃，使横刃为原来的 1/7～1/5，同时使新形成的内刃上的前角也大大增加。

3）磨出单边分屑槽。

（2）群钻的特点

1）磨出月牙槽，形成凹形圆弧刃，把主切削刃分成 3 段，起到了分屑、断屑的作用，使排屑顺利。

2）圆弧刃上各点的前角增大，减小了切削阻力，可提高切削效率。

3）降低了钻尖高度，可将横刃磨得较短而不影响钻尖强度，同时大大降低了切削时的轴向阻力，有利于切削速度的提高。

4）钻孔时，在孔底切出圆环肋，加强了定心作用和钻头切削时的稳定性，有利于提高孔的加工质量。

5）磨出分屑槽后，使切屑变窄，有利于排屑和切削液的进入，提高了钻头的寿命并且减小了工件变形，提高了加工质量。

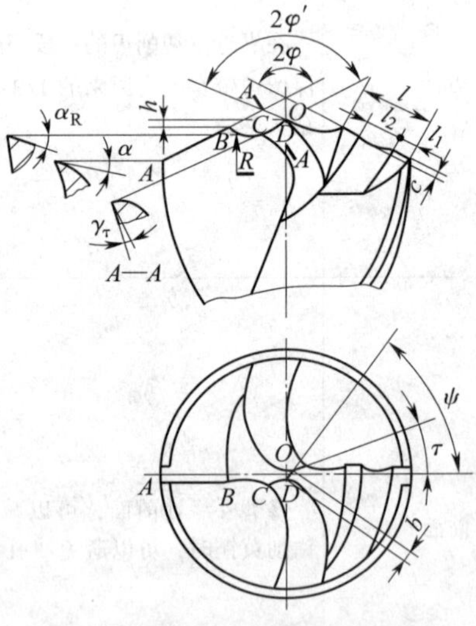

图 3—6　标准群钻

2. 其他常用群钻

除了标准群钻之外，其他常用群钻的工艺特点及刃磨要求见表 3—3。

表 3—3　　　　其他常用群钻的工艺特点及刃磨要求

名称	图示	工艺特点	刃磨要求
钻削铸铁用群钻	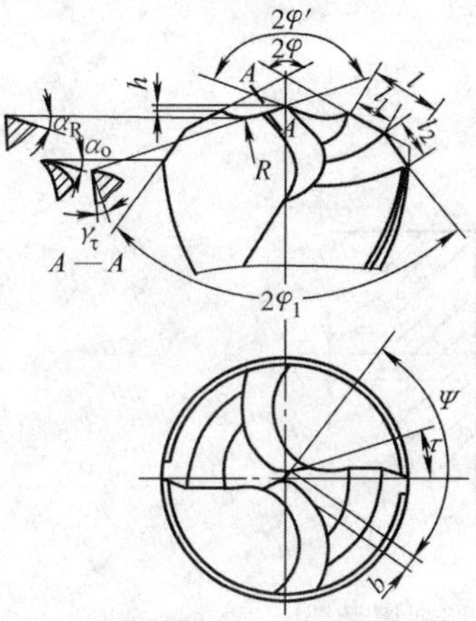	由于铸铁较脆，钻削时切屑呈碎块并夹杂着粉末，挤轧在钻头后面、刃带与工件之间，产生剧烈的摩擦，使钻头磨损。磨损几乎完全发生在刀具后面上，最严重的部位则是切削刃与刃带转角处的后面	①为了增大刀尖处的散热体积，磨出第二顶角，对直径较大的钻头可磨出第三顶角，从而提高钻头的寿命 ② 将后角磨得更大，比钻钢材的钻头大 3°～5°，并磨出第二重后角，增大后面与孔底间的容屑空间，有利于切削 ③在刀尖处磨出 R0.5 mm 左右的圆角，有利于提高加工质量 ④横刃可磨得更短，约为标准麻花钻的 1/7～1/5
钻削黄铜或青铜用群钻	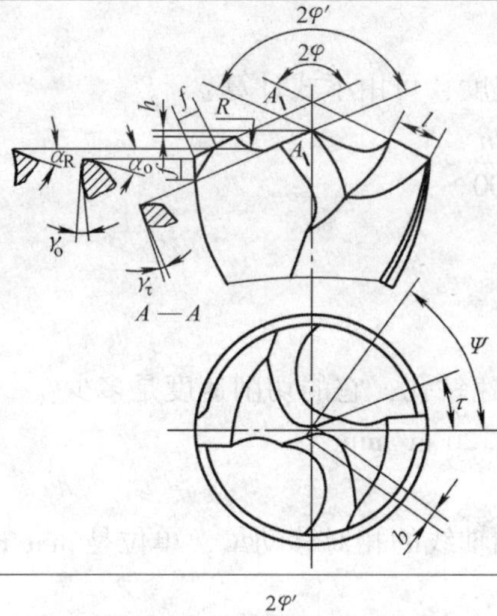	黄铜和青铜硬度较低，组织疏松，切削阻力较小，若采用较锋利的切削刃，会产生“扎刀”现象。“扎刀”就是钻头旋转时会自动切入工件，轻者使孔口损坏，钻头崩刃；重者将使钻头扭断，甚至会把工件从夹具中拉出造成事故	①为避免“扎刀”现象，钻头外缘处的前角应磨小 ②为提高生产率，横刃磨得更短 ③主、副切削刃的交角处可磨成半径为 0.5～1 mm的过渡圆弧，以降低钻孔表面粗糙度值
钻削薄板用群钻	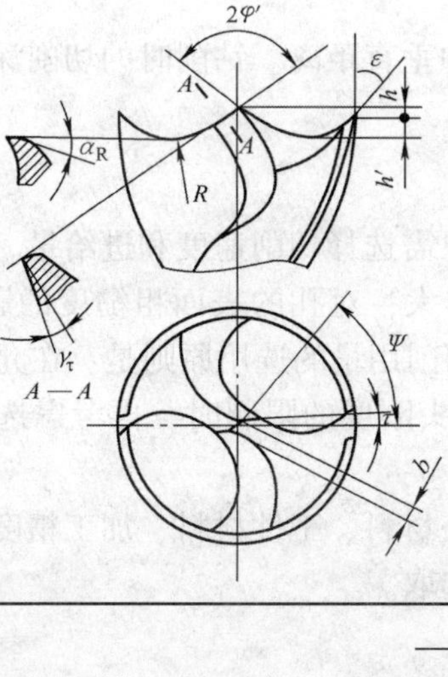	在薄板工件上钻孔，不能用普通麻花钻。因为麻花钻的钻尖较高，当钻尖钻穿孔时，钻头立即失去定心作用。同时轴向力又突然减小，加上工件弹动，使钻头切削厚度突然增大，造成孔不圆或孔口毛边很大，甚至“扎刀”或折断钻头	①把麻花钻两主切削刃磨成圆弧形切削刃，形成锋利的两个刀尖，并比钻心刀尖略低 0.5～1.5 mm，形成三尖，加强定心作用 ②可将横刃磨得更短，加强定心作用和提高生产率

四、钻削时切削用量的选择

1. 切削用量三要素

如图 3—7 所示，钻削时切削用量包括切削速度（v）、进给量（f）和切削深度（a_p）。

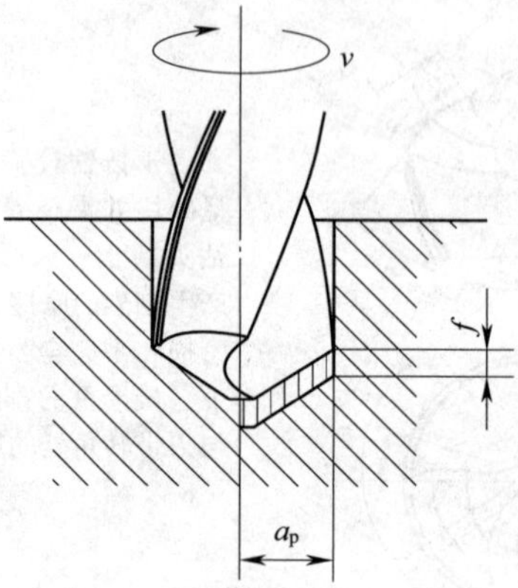

图 3—7　钻削时的切削用量

（1）切削速度

切削速度是指钻孔时钻头直径上一点的线速度，可由下式计算：

$$v=\frac{\pi dn}{1000}$$

式中　v——切削速度，m/min；

d——钻头直径，mm；

n——钻床主轴转速，r/min。

例　钻头直径为 20 mm，以 450 r/min 的转速钻孔，它的切削速度是多少？

解：$v=\pi dn/1\,000=3.14\times20\times450/1\,000=28.26$ m/min

（2）进给量

进给量是指主轴每转一转钻头对工件沿主轴轴线的相对移动量，单位是 mm/r。

（3）切削深度

切削深度是指已加工表面与待加工表面之间的垂直距离。钻削时的切削深度为孔径的一半，即 $a_p=D/2$。

2. 切削用量的选择

钻孔时，由于切削深度已由孔径所定，所以只需选择切削速度和进给量。

对钻孔生产率的影响，切削速度 v 比进给量 f 大；对孔的表面粗糙度的影响，进给量 f 比切削速度 v 大。综合以上的影响因素，钻削时切削用量的选用原则是：在允许范围内，尽量先选较大的进给量 f，当 f 受到表面粗糙度和钻头刚度的限制时，再考虑选较大的切削速度 v。

具体选择切削用量时，应根据钻头直径、钻头材料、工件材料、加工精度及表面粗糙度等方面的要求，凭经验或参考表 3—4 和表 3—5 选取。

表 3—4　　　　　　　　　　　　高速钢麻花钻的进给量选择

钻头直径 d/mm	<3	>3~6	>6~12	>12~25	>25
进给量 $f/\mathrm{mm\cdot r^{-1}}$	0.025~0.05	>0.05~0.10	>0.10~0.18	>0.18~0.38	>0.38~0.62

表 3—5　　　　　　　　　　　　高速钢麻花钻的切削速度选择

加工材料	硬度 HB	切削速度 v /$\mathrm{m\cdot min^{-1}}$	加工材料	硬度 HB	切削速度 v /$\mathrm{m\cdot min^{-1}}$
低碳钢	100~125	27	可锻铸铁	110~160	42
	>125~175	24		>160~200	25
	>175~225	21		>200~240	20
中、高碳钢	125~175	22		>240~280	12
	>175~225	20	球墨铸铁	140~190	30
	>225~275	15		>190~225	21
	>275~325	12		>225~260	17
合金钢	175~225	18		>260~300	12
	>225~275	15	灰铸铁	100~140	33
	>275~325	12		>140~190	27
	>325~375	10		>190~220	21
铜合金	—	20~48		>220~260	15
铝合金	—	75~90		>260~320	9

五、钻孔的操作要点

(1) 钻孔前要检查工件加工孔的位置和钻头刃磨是否正确，钻床转速是否合理。

(2) 起钻时，先钻出一浅坑，观察钻孔位置是否正确，并要不断修正。

(3) 当起钻达到钻孔位置要求后，即可压紧工件完成钻孔。

(4) 钻孔时进给量要选择合理，钻孔将穿透时，必须减小进给力，以免造成钻头折断或发生事故。

(5) 为了提高钻头寿命和改善加工孔的表面质量，钻孔时要选择合适的切削液。钻削不同材料时选用的切削液见表 3—6。

表 3—6　　　　　　　　　　　　钻削不同材料时选用的切削液

工件材料	切削液
各类结构钢	3%~5%乳化液，7%硫化乳化液
不锈钢、耐热钢	3%肥皂加 2%亚麻油水溶液，硫化切削油
紫铜、黄铜、青铜	不用；5%~8%乳化液
铸铁	不用，5%~8%乳化液，煤油
铝合金	不用，5%~8%乳化液，煤油，煤油与菜油的混合油
有机玻璃	5%~8%乳化液，煤油

六、钻孔的安全生产要求

(1) 操作钻床时不准戴手套，清除切屑时不准用手拿或用嘴吹碎屑，并尽量停车清除。

(2) 工件要夹紧，孔钻穿时要尽量减小进给力。

(3) 开动钻床前，应检查是否有钻夹头钥匙或斜铁插在钻轴上。

（4）操作钻床时，头部不准与旋转的主轴靠得太近，钻床变速前应先停车。

（5）钻通孔时，工件下面必须垫上垫铁或使钻头对准工作台的槽，以免损坏工作台。

（6）清洁钻床或加注润滑油时，必须切断电源。

技能训练

一、刃磨麻花钻

1. 训练课题

训练课题为刃磨麻花钻。

刃磨麻花钻一般只刃磨两个主后面，并同时磨出顶角、后角及横刃斜角。刃磨麻花钻技术要求高，是钳工必须掌握的基本功。

建议初学者最好是先用大于 ϕ12mm 的废旧钻头或专用刃磨钻头进行试磨，逐步掌握左右摆动和右手捻动的要领，之后再用好钻头进行刃磨。

2. 训练图样

麻花钻的刃磨要求如图 3—8 所示。

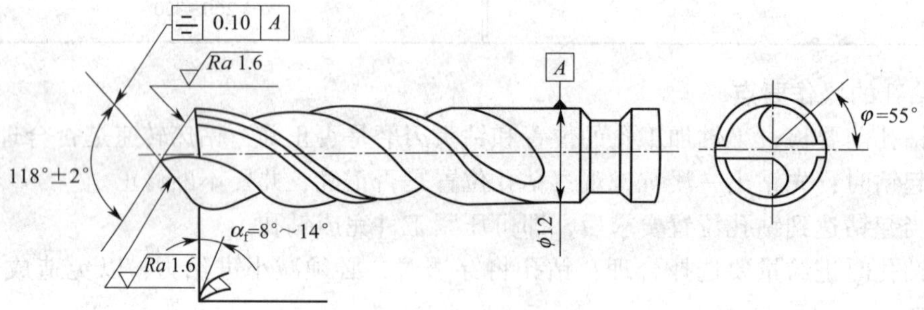

图 3—8　刃磨麻花钻

3. 训练要求

（1）刃磨用砂轮一般采用粒度为 F46 ~ F80、硬度为中软级（K、L）的氧化铝砂轮为宜。砂轮旋转必须平稳，对跳动量大的砂轮必须进行修整。

（2）根据加工材料，刃磨出正确的顶角 2φ，钻削一般中等硬度的钢和铸铁时，$2\varphi=116° \sim 118°$。

（3）两条主切削刃必须对称，即主切削刃的长度应相等，它们与钻头轴线形成的夹角也要相等。

（4）后角应适当，外缘处的后角 α_o 要求为 8° ~ 14°；横刃斜角 ψ 要正确，一般为 50° ~ 55°，两个主后面要刃磨光滑。

（5）主切削刃、刃尖和横刃应锋利，不允许有钝口和崩刃现象。

4. 训练备料

材料：专用刃磨麻花钻，直径为 12 mm；数量为 1 件。

5. 训练步骤

（1）刃磨主切削刃

刃磨时操作者应站在砂轮的两侧，右手握住钻头的前端，食指尽可能靠近切削部位，且作钻头摆动的支点，左手握住柄部，如图 3—9 所示。钻头的轴线和砂轮圆柱素线在水平面内的夹角等于钻头顶角 2φ 的一半（约为 59°），被刃磨部分的主切削刃处于水平位置，而钻尾向下倾斜 1°~2°。

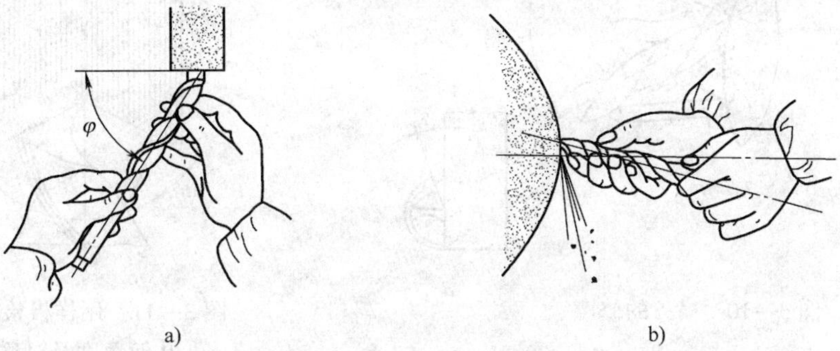

图 3—9　钻头刃磨时与砂轮的相对位置

刃磨时，右手使刃口在略高于砂轮水平中心平面处先接触砂轮，并使钻头绕自己的轴线由下而上地转动，同时施以适当的刃磨压力。左手配合右手作缓慢的同步向下摆动，摆动的幅度应根据钻头的后角来确定。为了保证钻头近中心处磨出较大的后角，还应作适当的右移运动。

在刃磨两条主切削刃时，应当交替进行，并且边刃磨边检查，随时修正，以确保两条主切削刃的单角（φ）一致，刃的长度一致。

（2）修磨横刃

为了便于钻削，对于直径在 5 mm 以上的钻头必须修短横刃，并适当增大靠近横刃处的前角。修磨时，可使钻头轴线在水平面内相对砂轮侧面左侧约成 15°角，在垂直平面内与刃磨点的砂轮半径方向约成 55°下摆角，如图 3—10 所示。

（3）刃磨后的质量检验

麻花钻刃磨后，需对其进行质量检验，检验项目有：顶角 $2\varphi=118°\pm2°$；单角一致且左右对称；两主切削刃长度一致；横刃斜角 $\psi=50°\sim55°$。

对于初学者来说，可利用检验样板检验其对称性，如图 3—11 所示。随操作者经验的不断增长，通常采用目测法检验刃磨后的质量，其方法是将钻头垂直竖立在与眼等高的位置，在明亮的背景下用肉眼观察两刃的长短、高低及后角大小等。由于存在视差原因，观察时应将钻头反复转过 180°仔细对比，直至觉得两刃基本对称时方可。

6. 操作注意事项

（1）刃磨时要保证砂轮平整。

（2）钻头在刃磨时两手动作要配合协调、自然，操作姿势要正确，所施加的压力不宜过大。

（3）刃磨时钻头切削刃的位置应略高于砂轮中心平面，而钻尾摆动时不得高出砂轮中心平面，以免磨出负后角。

（4）应注意控制刃磨温度，要经常蘸水冷却，以避免因过热退火而降低钻头的硬度。

（5）不要把一条主切削刃刃磨好后再刃磨另一条主切削刃，而应当两切削刃交替刃磨，并且边刃磨边检查，随时修正，直至达到刃磨要求为止。

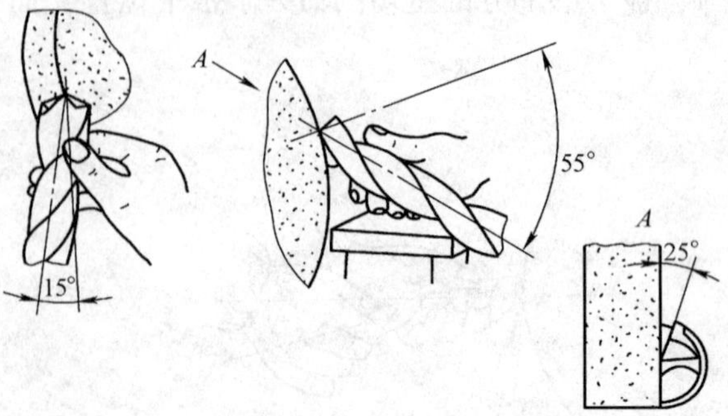

图 3—10　横刃的修磨

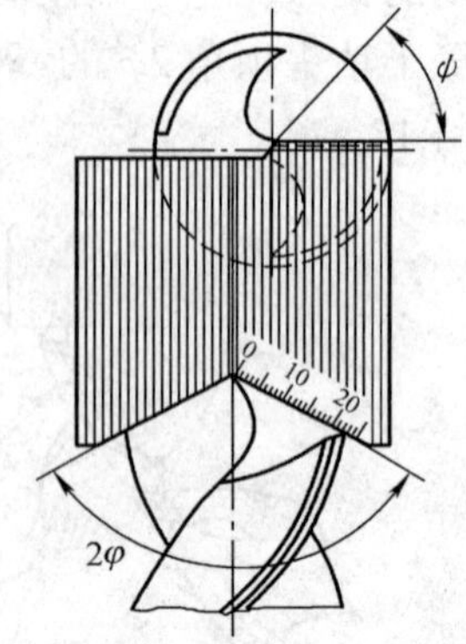

图 3—11　用样板检验钻头几何角度及对称性

7. 成绩评定（表 3—7）

表 3—7　　刃磨麻花钻实习记录与成绩评分表

<table>
<tr><td>训练课题</td><td colspan="7">刃磨麻花钻</td></tr>
<tr><td>姓名</td><td></td><td>班级</td><td></td><td>工件号</td><td></td><td>总得分</td><td></td></tr>
<tr><td>项次</td><td colspan="2">项目与技术要求</td><td>配分</td><td colspan="2">评分标准</td><td>实测结果</td><td>得分</td></tr>
<tr><td>1</td><td colspan="2">准备工作</td><td>15</td><td colspan="2">每差一项扣 3 分</td><td></td><td></td></tr>
<tr><td>2</td><td colspan="2">刃磨前的检查工作</td><td>10</td><td colspan="2">每差一项扣 4 分</td><td></td><td></td></tr>
<tr><td>3</td><td colspan="2">刃磨操作姿势与动作</td><td>20</td><td colspan="2">每差一项扣 5 分</td><td></td><td></td></tr>
<tr><td>4</td><td colspan="2">刃磨后的角度检查操作</td><td>15</td><td colspan="2">每差一项扣 5 分</td><td></td><td></td></tr>
<tr><td>5</td><td colspan="2">⌯ | 0.10 | A</td><td>8</td><td colspan="2">不符合要求不得分</td><td></td><td></td></tr>
<tr><td>6</td><td colspan="2">顶角 $2\varphi=118°\pm2°$</td><td>8</td><td colspan="2">不符合要求不得分</td><td></td><td></td></tr>
<tr><td>7</td><td colspan="2">横刃斜角 $\psi=50°\sim55°$</td><td>8</td><td colspan="2">不符合要求不得分</td><td></td><td></td></tr>
<tr><td>8</td><td colspan="2">刃磨表面质量</td><td>8</td><td colspan="2">不符合要求不得分</td><td></td><td></td></tr>
<tr><td>9</td><td colspan="2">安全文明生产</td><td>8</td><td colspan="2">违者不得分</td><td></td><td></td></tr>
<tr><td>现场记录</td><td colspan="2"></td><td></td><td colspan="2"></td><td></td><td></td></tr>
</table>

二、钻床的使用与维护保养

1. 训练课题

台钻和立钻的使用与保养。

2. 训练要求

（1）熟练掌握台钻和立钻的操作方法及安全注意事项。

（2）熟悉钻床的维护保养内容及要求。

3. 训练准备

台式钻床和立式钻床。

4. 台钻操作训练

（1）熟悉台钻的结构及各部分的功用。

（2）台钻静态训练

1）变速及 V 带松紧度的调整。

2）直柄麻花钻的装夹。如图 3—12 所示，顺时针转动钻夹头扳手即能利用钻夹头的三个爪将钻头夹住，装夹时尽量夹持钻头柄部的全长，装夹完毕一定立即将钻夹头扳手取下。

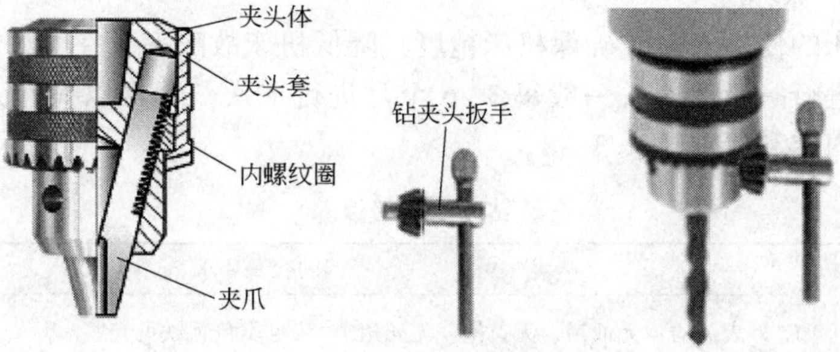

图 3—12　直柄麻花钻的装夹

3）工作台或机头升降调整，调整完毕一定将其紧固。

（3）台钻通电操纵训练

在开动钻床前，应检查各操作手柄、开关、旋钮是否在正确位置上，操纵是否灵活，各部件是否正常，安全装置是否齐全、可靠。

5. 立钻操作训练

（1）熟悉立钻的结构及各部分的功用。

（2）立钻静态训练

1）主轴变速和进给量调整。

2）锥柄麻花钻的装夹。锥柄麻花钻的装夹是利用钻头变径套来实现的，其装卸方法如图 3—13 所示。由于它采用的是莫氏锥度，其锥度较小，利用摩擦力原理，可以传递一定的扭矩，且配合定位精度高，拆卸方便。

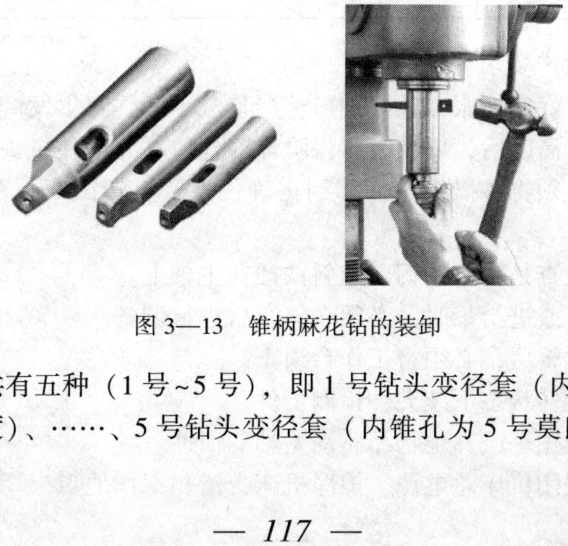

图 3—13　锥柄麻花钻的装卸

标准钻头变径套共有五种（1 号~5 号），即 1 号钻头变径套（内锥孔为 1 号莫氏锥度，外圆锥为 2 号莫氏锥度）、……、5 号钻头变径套（内锥孔为 5 号莫氏锥度，外圆锥为 6 号莫氏锥度）。

使用钻头变径套时，应根据钻头锥柄莫氏锥度的号数和钻床主轴锥孔来选用相应的钻头变径套。当用较小直径钻头钻孔时，用一个钻头变径套不能直接与钻床主轴锥孔相配，此时可把几个钻头变径套配接起来使用。

3）工作台的调整。调整完毕一定将其紧固。

（3）立钻通电操纵训练

主要包括：开动钻床前的检查以及手动进给和机动进给操作方法等。

6. 钻床的维护保养

为了延长钻床的使用寿命，确保机床精度，降低机床故障率，在做好日常维护与保养的基础上，应定期进行一级保养。一般每3~6个月进行一次，通常以操作人员为主，维修人员辅助。其保养内容和要求见表3—8。

表3—8　　钻床的一级保养

保养部位	保养内容及要求
钻床外部	1. 外表清洁、无油污、无黄袍、无死角，“漆见本色、铁见光” 2. 检查紧固件，补齐外部缺件 3. 外露精密表面修光毛刺，清洁无锈蚀 4. 擦拭钻床附件
传动机构	1. 检查清洗传动轴、齿轮、齿条等 2. 检查清洗导轨及工作台，清洁无锈、无毛刺 3. 检查调整手柄、手轮挡位
润滑	1. 检查油质、油量 2. 润滑装置齐全、完整、清洁 3. 油路畅通，油窗醒目
冷却	1. 清洗过滤网、切削液箱，无沉淀、无杂物 2. 系统完整，管路畅通，无泄漏
电器	1. 检查、清扫电动机及电器箱 2. 检查电器元件触点，要求性能良好、安全可靠

7. 钻床使用安全生产要求

（1）操作前必须穿好工作服，扎好袖口，严禁戴手套，女生发辫应挽在帽子内。

（2）调整台钻机头高度后，要及时将保险环移到位，并锁住机头。

（3）操作钻床前，须将各操纵手柄移到正确位置，空转试车，在各部机构都能正常工作时方可操作使用。

（4）开机前，应检查是否有钻钥匙或斜铁插在主轴上。

（5）变换主轴转速或进给量时，必须在停车后进行调整。

（6）调整工作台位置后，必须将工作台锁牢。

（7）严禁在主轴旋转状态下装夹、检测工件。

（8）停车时，不能用手或其他物品止动主轴的惯性。

（9）工作完毕，关闭机床总电源，擦净机床，清扫工作地点。

8. 成绩评定（表3—9）

表3—9　　台钻和立钻的使用与维护保养实习记录与成绩评分表

训练课题	台钻和立钻的使用与维护保养				
姓名	班级		工件号		总得分
项次	项目与技术要求	配分	评分标准	实测结果	得分
1	检查、准备工作完备	10	每差一项扣2分		
2	各操纵部件名称及位置清楚	10	每差一项扣2分		
3	启动与停止操作	10	每错一项扣4分		
4	正转与反转操作	10	每错一项扣4分		
5	机动与手动进给操作	10	每错一项扣4分		
6	变速进给操作	10	每差一项扣2分		
7	使用方法及操作步骤正确	10	每错一项扣2分		
8	日常维护保养	10	每差一项扣2分		
9	逐级维护保养与检验	10	每差一项扣2分		
10	安全文明生产	10	违者不得分		
现场记录					

三、钻孔

1. 训练课题

钻孔加工。

2. 训练图样

加工要求如图3—14所示。

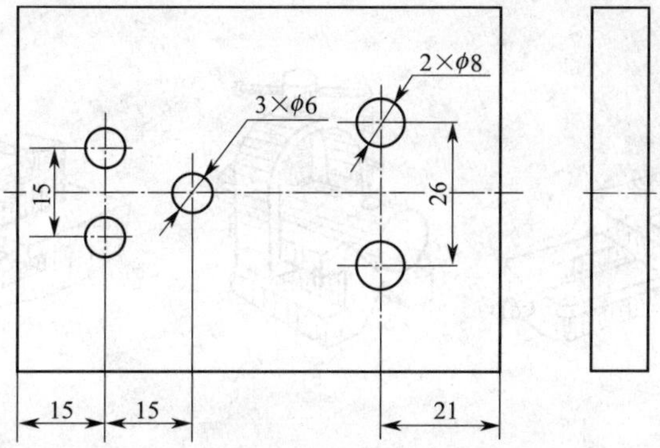

技术要求

各孔表面粗糙度值不大于Ra12.5μm。

图3—14　钻孔加工工件图

3. 训练要求

（1）会合理选用、刃磨麻花钻；熟知钻孔加工的工艺规程。

（2）能对一般的孔进行划线、钻孔，并达到加工精度要求。

4. 训练备料

材料：HT200，规格为85 mm×65 mm×25 mm，数量为1件。

注：也可根据实际生产需求确定钻孔训练课题。

5. 训练步骤

（1）根据图样要求选用钻头并进行刃磨练习。要求主切削刃处边缘的后角为 8°~12°，顶角 2φ 磨成 118°±2°；单角一致且左右对称；两主切削刃长度一致。

（2）按图样要求划线，打样冲眼，划观察圆，然后钻孔，并达到图样要求。划线时，应先划出孔的十字中心线，并打上中心冲眼，要求冲眼小而深，位置要准，以便使钻头在钻孔时不易偏离中心。按孔的大小划出孔的边缘圆周线，对钻直径较大的孔，还应划出几个大小不等的检查圆，如图 3—15a 所示，以便钻孔时检查和修正钻孔位置。当钻孔的位置尺寸要求较高时，还可直接划出以孔中心线为对称中心的几个大小不等的方框，作为钻孔时的检查线，如图 3—15b 所示。

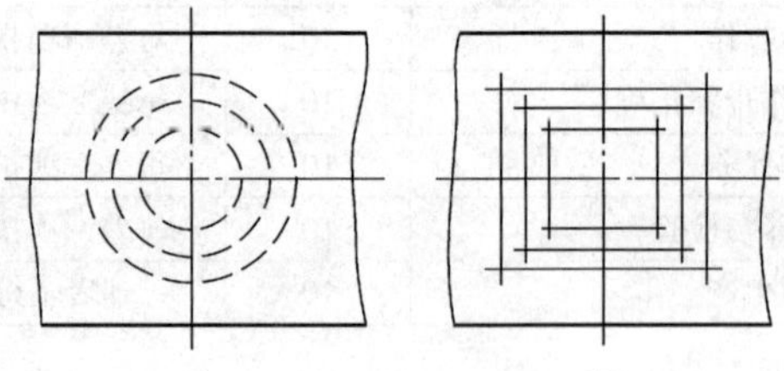

a)　　b)

图 3—15　孔位检查线形式

a）检查圆　b）检查方框

（3）复检工件钻孔尺寸。

6. 操作注意事项

（1）工件装夹要牢固，以免钻削时松动。装夹时应按工件形状和尺寸选定装夹方式，常用的装夹方法如图 3—16 所示。

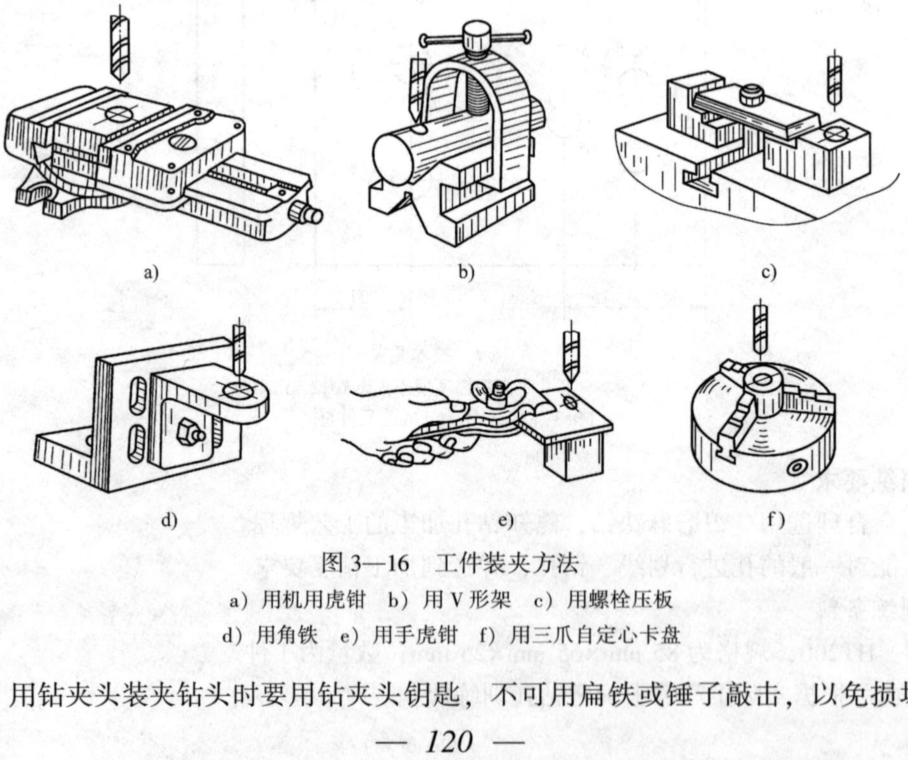

a)　b)　c)　d)　e)　f)

图 3—16　工件装夹方法

a）用机用虎钳　b）用 V 形架　c）用螺栓压板

d）用角铁　e）用手虎钳　f）用三爪自定心卡盘

（2）用钻夹头装夹钻头时要用钻夹头钥匙，不可用扁铁或锤子敲击，以免损坏夹头和影响钻床主轴精度。

（3）开始钻孔时应先试钻，待钻孔位置准确后方可继续钻削。钻孔时，先使钻头对准钻孔中心试钻出一浅坑，观察钻孔位置是否正确。若有偏心，则予以校正。校正时，如偏位较小，可在起钻的同时用力将工件向偏位的反方向推移，达到逐步校正；如偏位较大，可在校正方向打上几个中心冲眼或用油槽錾錾出几条槽，如图 3—17a 所示，以减少此处的钻削阻力，达到校正目的。但无论何种方法，都必须在锥坑外圆小于钻头直径之前完成，否则校正困难。

钻较大孔时，因大直径钻头的横刃较长，定心困难，最好用中心钻先钻出较大的锥坑，如图 3—17b 所示，经试钻达到要求后，方可进行正式钻孔。

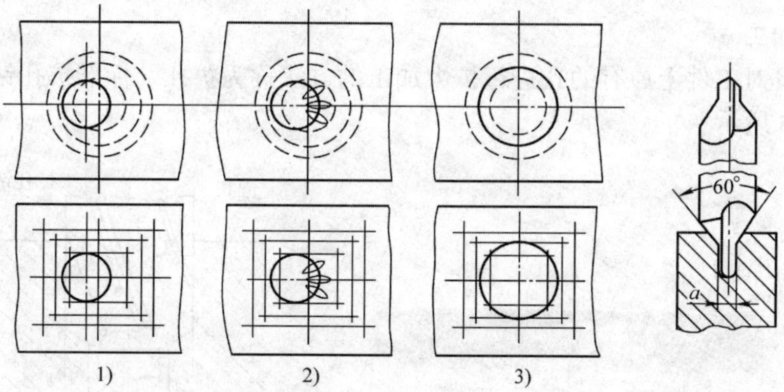

图 3—17　钻孔定心

a）用錾槽来校正　b）用中心钻定心

（4）钻孔时进给力要适当，即将钻穿时进给力应减小，不可用力过猛，以免扎刀造成事故。

（5）钻头用钝后应及时修磨锋利。

（6）注意操作安全。

7. 成绩评定（表 3—10）

表 3—10　　**钻孔加工实习记录与成绩评分表**

训练课题	钻孔加工					
姓名		班级		工件号		总得分
项次	项目与技术要求	配分	评分标准	实测结果	得分	
1	准备工作完备	10	每差一项扣 3 分			
2	刃磨钻头	10	每差一项扣 3 分			
3	划线、钻孔及质检操作	20	每差一项扣 3 分			
4	划线尺寸	10	每差一项扣 2 分			
5	3×ϕ6 mm 孔	6×3	每超差一项扣 6 分			
6	2×ϕ8 mm 孔	7×2	每超差一项扣 7 分			
7	表面粗糙度 Ra12. 5 μm	10	不符合要求不得分			
8	安全文明生产	8	违者不得分			
现场记录						

课题二
扩孔、锪孔与铰孔

一、扩孔加工

用扩孔刀具对工件上原有的孔进行扩大加工的方法称为扩孔。标准扩孔钻的结构及扩孔原理如图 3—18 所示。

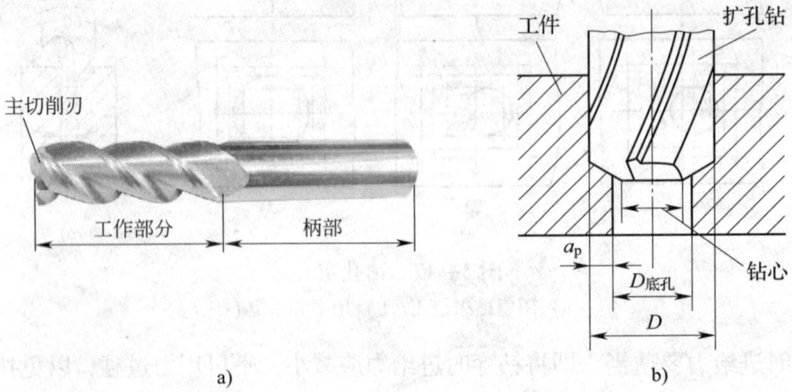

图 3—18 扩孔钻的结构及扩孔原理
a）扩孔钻结构 b）扩孔原理

1. 扩孔的特点

(1) 扩孔钻因中心不切削，无横刃，切削刃只做成靠边缘的一段，避免了横刃切削所引起的不良影响。

(2) 因扩孔产生的切屑体积小，不需大容屑槽，扩孔钻可加粗钻心，提高刚度，切削平稳。

(3) 由于容屑槽较小，扩孔钻可做出较多刀齿，增强了导向作用，一般整体式扩孔钻有 3~4 个主切削刃。

(4) 扩孔时，切削深度较小，切屑易排出，切削阻力小。

由于扩孔时的切削条件优于钻孔，因此当加工的孔径较大时，为了防止钻孔产生过多的热量造成工件变形或切削力过大，或更好地控制孔径尺寸，往往先钻出比图样要求小的孔，然后再把孔径扩大至要求。扩孔精度可达 IT9~IT10，表面粗糙度值可达 $Ra3.2 \sim 12.5$ μm，常作为孔的半精加工及铰孔前的预加工。

2. 扩孔的操作要点

(1) 用扩孔钻扩孔时，底孔直径约为要求直径的 0.5~0.7 倍，进给量为钻孔时的 1.5~2 倍，切削速度为钻孔时的 1/2。当采用手动进给时，进给量要均匀一致。

（2）在实际生产中，也常用麻花钻代替扩孔钻使用，一般用麻花钻扩孔时，底孔直径约为要求直径的 0.9 倍。

（3）用麻花钻扩孔时，应适当减小麻花钻的前角，以防扩孔时“扎刀”，如图 3—19 所示。

（4）钻孔后，在不改变钻头与机床主轴相互位置的情况下，应立即换上扩孔钻进行扩孔，使钻头与扩孔钻的中心重合，以便保证加工质量。

（5）扩孔过程中的冷却润滑供给不能间断。

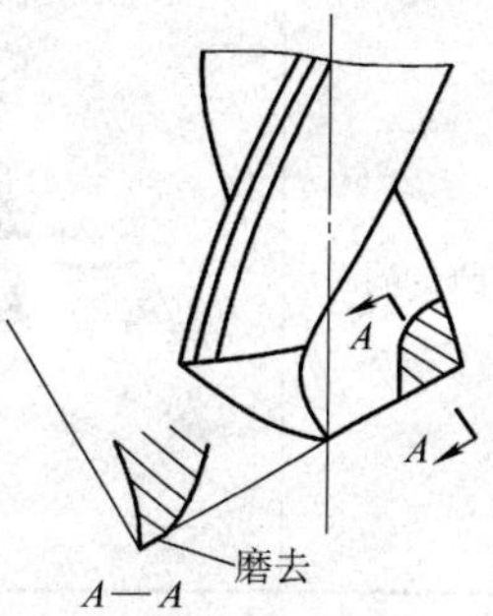

图 3—19　扩孔用麻花钻前角的修磨

二、锪孔加工

用锪钻在孔口表面锪出一定形状的孔或表面的加工方法称为锪孔。

1. 锪钻

锪孔时使用的刀具称为锪钻，一般用高速钢制造。锪钻按孔口的形状一般分为锥形锪钻、圆柱形锪钻和端面锪钻，可分别锪制锥形沉孔、圆柱形沉孔和凸台端面等。各种锪钻的形状及加工方法见表 3—11。

表 3—11　　锪钻的形状及加工方法

孔口形状	锪钻类型及说明	锪孔应用及要求
锥形沉孔	 标准锥形锪钻	 锪制时锪钻锥角应与零件图样锥角一致，且保证孔口与孔中心线的垂直度，适用于锥形埋头螺钉连接
	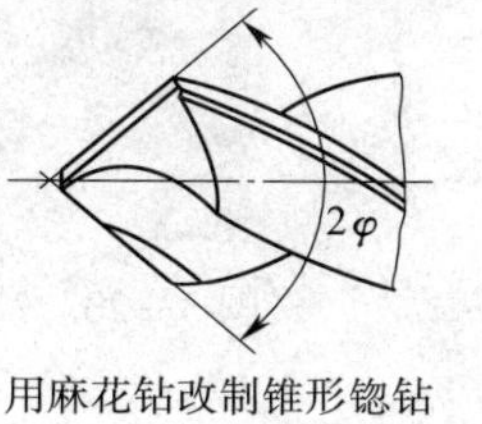 用麻花钻改制锥形锪钻	
圆柱形沉孔	 标准圆柱形锪钻	 圆柱形沉孔主要适用于圆柱形内六角埋头螺钉的连接。当用麻花钻改制的平底锪钻锪孔时，必须先用普通麻花钻扩出一个阶台孔作导向，然后再用平底锪钻锪至要求深度，即按照“一钻、二扩、三锪”的顺序进行，如下图所示 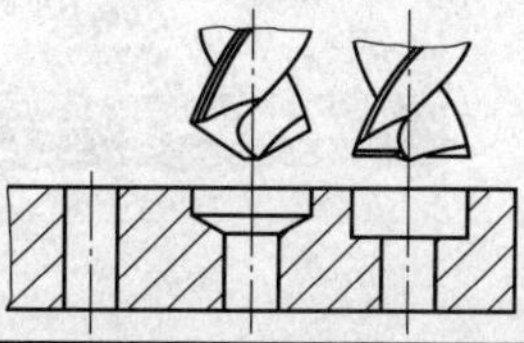
	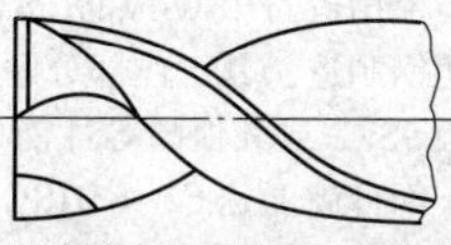 用麻花钻改制圆柱形锪钻	

续表

孔口形状	锪钻类型及说明	锪孔应用及要求
凸台端面	 标准端面锪钻	 将孔口端面锪平，并与孔中心线垂直，能使连接螺栓（或螺母）的端面与连接件保持良好接触，使连接可靠

2. 锪孔的操作要点

（1）锪孔时的进给量应为钻孔时的 2~3 倍，切削速度应为钻孔时的 1/3~1/2。应尽量减小振动以获得较小的表面粗糙度值。

（2）若用麻花钻改磨成锪钻时，应尽量选用较短的钻头，并修磨外缘处的前面，使前角变小，以防振动和“扎刀”。还应磨出较小的后角，防止锪出多角形表面。

（3）锪钢材料的工件时，因切削热量大，应在导柱和切削表面上加注切削液。

（4）当锪至所需深度时，停止进给后应让锪钻继续旋转几圈，然后再提起。

（5）锪钻的刀杆和刀片都要装夹牢固，工件要压紧。

三、铰孔加工

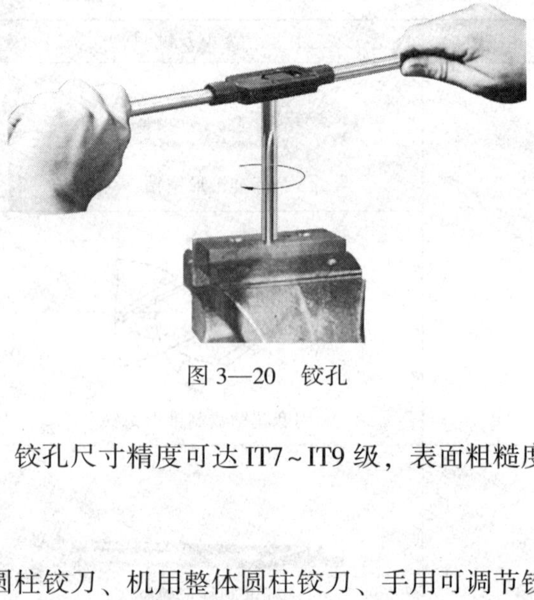

图 3—20　铰孔

用铰刀从工件孔壁上切除微量金属层，以获得较高的尺寸精度和较小的表面粗糙度值，这种对孔精加工的方法称为铰孔，如图 3—20 所示。铰刀是精度较高的多刃刀具，具有切削余量小、导向性好、加工精度高等特点。铰孔尺寸精度可达 IT7~IT9 级，表面粗糙度值可达 Ra3. 2~0. 8 μm。

1. 铰刀的种类

铰刀的种类繁多，常用的铰刀有手用整体圆柱铰刀、机用整体圆柱铰刀、手用可调节铰刀、螺旋槽铰刀、锥铰刀等，其结构形状、特点及应用见表 3—12。

表 3—12　　常用铰刀的种类、结构和特点及应用

种类	图示	特点及应用
手用整体圆柱铰刀		手用铰刀用 W6Mo5Cr4V2 或其他同等性能的高速钢制造，其工作部分硬度达 63~66HRC；也可用 9SiCr 或其他同等性能的合金工具钢制造，工作部分硬度达 62~65HRC。手用整体圆柱铰刀的切削部分较长，刀齿做成不均匀分布形式，铰孔时定心好、轴向力小，具有操作方便等特点，应用较为广泛

续表

种类	图示	特点及应用
机用整体圆柱铰刀		机用铰刀用 W6Mo5Cr4V2 或其他同等性能的高速钢制造，其工作部分硬度达 63～66HRC。它分直柄和莫氏锥柄两种，其切削锥角较大，校准部分较短，刀齿做成均匀分布形式
手用可调节铰刀		调节两端螺母可使刀条沿刀体中的斜槽作轴向移动，以改变铰刀的直径。它适用于修配、单件生产以及特殊尺寸（非标）情况下铰削通孔
螺旋槽铰刀		螺旋槽铰刀的切削刃沿螺旋线分布，铰孔时切削平稳，铰出的孔壁光滑。铰刀的螺旋槽方向一般是左旋，以避免铰削时因铰刀顺时针转动而产生自动旋进现象，同时还能使铰下的切屑容易被推出孔外。常用于铰削带有键槽的孔，可防止铰孔时键槽钩住刀刃
锥铰刀	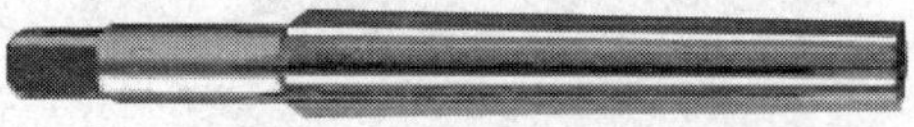 	用以铰削圆锥孔。按锥度比分为 1∶10 锥铰刀、1∶30 锥铰刀、1∶50 锥铰刀和莫氏锥铰刀。由于锥铰刀的刀刃全部参加切削，其负荷较重，铰削费力。因此，对于锥度比较大的铰刀分为多支一套，其中粗铰刀的刀刃上开有螺旋形分布的分屑槽，以减轻铰削负荷

2. 铰刀的结构及规格参数

(1) 铰刀结构

如图 3—21 所示，铰刀（以整体式圆柱铰刀为例）由柄部和刀体组成。刀体是铰刀的主要工作部分，它包含导锥、切削锥和校准部分。导锥用于将铰刀引入孔中，不起切削作用；切削锥承担主要的切削任务；校准部分有圆柱刃带，主要起定向、修光孔壁、保证铰孔直径等作用。为了减小铰刀和孔壁的摩擦，校准部分直径有倒锥度。铰刀齿数一般为 4～8 齿，为测量直径方便，多采用偶数齿。

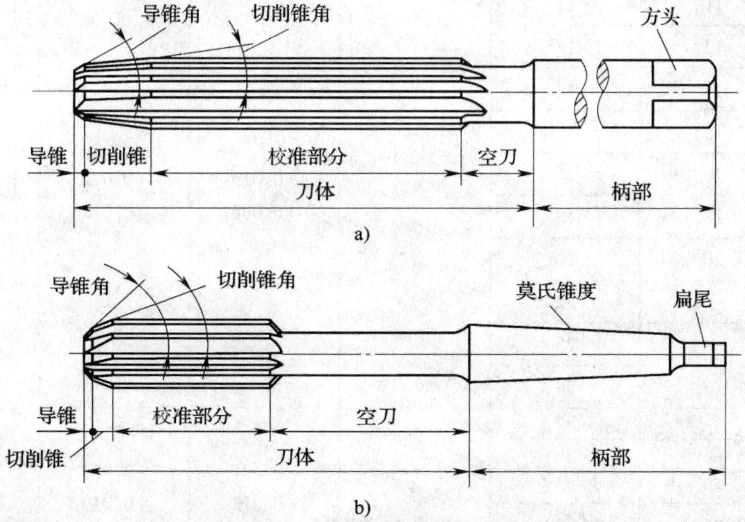

图 3—21　整体式圆柱铰刀的结构

a）手用铰刀　b）机用铰刀

（2）铰刀的规格参数

铰刀的规格用切削直径表示，即紧接切削锥之后的铰刀直径。对于常备标准铰刀的直径公差按 m6 制造。另外，国家标准还制定了加工 H7、H8、H9 级孔的铰刀直径公差。手用和机用整体式圆柱铰刀的优先采用系列以及铰刀直径公差参数见表 3—13。

表 3—13　　常用铰刀推荐直径及加工 H7、H8、H9 级孔的铰刀直径公差

（摘自 GB/T 1131.1—2004 和 GB/T 1132—2004）　　mm

<table>
<tr><th rowspan="2">手用铰刀直径</th><th rowspan="2">机用直柄铰刀直径</th><th colspan="2">机用莫氏锥柄铰刀</th><th colspan="3">极限偏差</th></tr>
<tr><th>直径</th><th>锥柄号</th><th>H7 级</th><th>H8 级</th><th>H9 级</th></tr>
<tr><td>2.0</td><td>2.0</td><td>—</td><td>—</td><td rowspan="5">+0.008
+0.004</td><td rowspan="5">+0.011
+0.006</td><td rowspan="5">+0.021
+0.012</td></tr>
<tr><td>2.2</td><td>2.2</td><td>—</td><td>—</td></tr>
<tr><td>2.5</td><td>2.5</td><td>—</td><td>—</td></tr>
<tr><td>2.8</td><td>2.8</td><td>—</td><td>—</td></tr>
<tr><td>3.0</td><td>3.0</td><td>—</td><td>—</td></tr>
<tr><td>—</td><td>3.2</td><td>—</td><td>—</td><td rowspan="7">+0.010
+0.005</td><td rowspan="7">+0.015
+0.008</td><td rowspan="7">+0.025
+0.014</td></tr>
<tr><td>3.5</td><td>3.5</td><td>—</td><td>—</td></tr>
<tr><td>4.0</td><td>4.0</td><td>—</td><td>—</td></tr>
<tr><td>4.5</td><td>4.5</td><td>—</td><td>—</td></tr>
<tr><td>5.0</td><td>5.0</td><td>—</td><td>—</td></tr>
<tr><td>5.5</td><td>5.5</td><td>5.5</td><td rowspan="9">1</td></tr>
<tr><td>6.0</td><td>6.0</td><td>6.0</td></tr>
<tr><td>7.0</td><td>7.0</td><td>7.0</td><td rowspan="4">+0.012
+0.006</td><td rowspan="4">+0.018
+0.010</td><td rowspan="4">+0.030
+0.017</td></tr>
<tr><td>8.0</td><td>8.0</td><td>8.0</td></tr>
<tr><td>9.0</td><td>9.0</td><td>9.0</td></tr>
<tr><td>10</td><td>10</td><td>10</td></tr>
<tr><td>11</td><td>11</td><td>11</td><td rowspan="10">+0.015
+0.008</td><td rowspan="10">+0.022
+0.012</td><td rowspan="10">+0.036
+0.020</td></tr>
<tr><td>12</td><td>12</td><td>12</td></tr>
<tr><td>14</td><td>14</td><td>14</td></tr>
<tr><td>（15）</td><td>（15）</td><td>15</td><td rowspan="7">2</td></tr>
<tr><td>16</td><td>16</td><td>16</td></tr>
<tr><td>18</td><td>18</td><td>18</td></tr>
<tr><td>20</td><td>20</td><td>20</td></tr>
<tr><td>22</td><td>—</td><td>22</td></tr>
<tr><td>25</td><td>—</td><td>25</td></tr>
<tr><td>28</td><td>—</td><td>28</td></tr>
<tr><td>32</td><td>—</td><td>32</td><td rowspan="5">4</td><td rowspan="5">+0.021
+0.012</td><td rowspan="5">+0.033
+0.019</td><td rowspan="5">+0.050
+0.030</td></tr>
<tr><td>36</td><td>—</td><td>36</td></tr>
<tr><td>40</td><td>—</td><td>40</td></tr>
<tr><td>45</td><td>—</td><td>（45）</td></tr>
<tr><td>50</td><td>—</td><td>50</td></tr>
</table>

注：括号内的尺寸尽量不采用。

3. 铰削时切削用量的选择

（1）铰削余量

铰削余量是由上道工序（钻孔或扩孔）留下来在直径方向的加工余量。铰削余量太大会使切削刃负荷增大，变形增大，被加工表面呈撕裂状态，同时加剧铰刀磨损。铰削余量太小，上道工序所留下的切削刀痕不能全部去除，达不到铰孔精度要求。因此，余量的选择直接影响铰削精度和表面粗糙度，铰削余量的选择见表3—14。

表3—14　　铰削余量的选择　　mm

铰孔直径	<5	5~20	21~32	33~50	51~70
铰削余量	0.1~0.2	0.2~0.3	0.3	0.5	0.8

（2）机铰时的切削速度（v）和进给量（f）

机铰时为了避免铰刀过早磨损和产生刀瘤，减少切削热及变形，提高铰孔质量，应合理选用切削速度和进给量。通常铰削钢件及铸铁件时，$v=4\sim8$ m/min、$f=0.5\sim1$ mm/r；铰削铜或铝材料时，$v=8\sim12$ m/min、$f=1\sim1.2$ mm/r。

4. 铰孔时的冷却与润滑

因铰孔时，铰刀与孔壁摩擦较严重，所以必须选用适当的切削液，以减少摩擦和散热，同时将切屑及时冲掉，提高铰孔质量。切削液的选用见表3—15。

表3—15　　铰孔时切削液的选用

工件材料	切削液选择类型
钢	（1）10%~20%乳化液 （2）铰孔质量要求较高时，用30%菜油加70%肥皂水 （3）铰孔质量要求更高时，用菜油、柴油、猪油
铸铁	（1）不用 （2）煤油（会引起孔径缩小，最大收缩量0.02~0.04 mm） （3）低浓度乳化液
铝	煤油
铜	乳化液

5. 铰削的操作要点

（1）工件要夹正，两手用力要平衡，速度要均匀，铰刀不得摇摆，以保持铰削的稳定性，避免出现喇叭口或将孔径扩大。

（2）铰孔时，不论进刀还是退刀都不能反转。因为反转会使切屑卡在孔壁与刀齿后面形成的楔形腔内，将孔壁刮毛，甚至挤崩刀刃。

（3）铰削钢件时，要经常清除粘在刀齿上的积屑，并可用油石修光刀刃，以免孔壁被拉毛。

（4）铰削过程中如果铰刀被卡住，不能用力强行扳转铰刀，以防损坏铰刀。而应略反转取出铰刀，清除切屑，检查铰刀，加注切削液。继续铰削时要缓慢进给，以防再次卡刀。

（5）机铰时，应使工件一次装夹进行钻、扩、铰，以保证铰刀中心线与钻孔中心线同轴。铰孔完成后，要待铰刀退出后再停车，以防将孔壁拉出痕迹。

（6）铰削尺寸较小的圆锥孔时，可先以小端直径钻出底孔，并留出铰削余量，然后用锥铰刀铰削。对于锥度比较大或尺寸和深度较大的圆锥孔，为减小切削余量及刀齿负荷，铰孔前可先钻出阶梯孔，然后再用锥铰刀铰削，铰削过程中要经常用相配的锥销来检查铰孔尺寸，如图 3—22 所示。

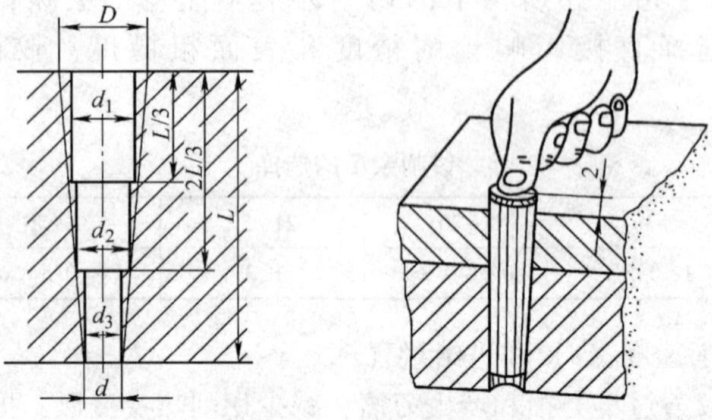

图 3—22　铰削锥孔方法

a）钻阶梯孔　b）用锥销检验孔的尺寸

6. 铰削质量分析

铰孔的精度和表面质量要求很高，在实际生产中，铰孔质量的好坏取决于很多因素，这些因素包括：

（1）被加工材料的种类和加工余量。

（2）铰刀的切削角度。

（3）铰刀使用时的条件。

（4）装夹和操作方法。

（5）润滑情况。

铰孔时产生废品的原因和防止方法见表 3—16。

表 3—16　　　　铰孔时产生废品的原因和防止方法

问题	产生原因	防止方法
表面粗糙度达不到要求	1. 铰刀刃口不锋利，刀面粗糙 2. 切削刃上粘有积屑瘤 3. 容屑槽内切屑粘积过多 4. 铰削余量太大或太小 5. 铰刀退出时反转 6. 手铰时铰刀旋转不平稳 7. 切削液选择不当或不充足	1. 重新刃磨铰刀 2. 用油石研去积屑瘤 3. 及时退出铰刀清除切屑 4. 合理选择铰削余量 5. 严格按操作规程操作 6. 两手用力应均匀 7. 合理选择或添加切削液
孔径扩大	1. 机用铰刀轴心线与预钻孔轴心线不重合 2. 铰刀直径不符合要求 3. 铰刀偏摆过大 4. 进给量不当和铰削余量太大 5. 切削速度太快	1. 仔细校准钻床主轴、铰刀和工件孔三者同轴度误差 2. 仔细测量、研磨铰刀 3. 重新刃磨铰刀，并控制同轴度 4. 适当调整进给量和控制铰削余量 5. 降低切削速度，加切削液
孔径缩小	1. 铰刀直径小于最小极限尺寸 2. 铰刀磨钝 3. 铰削余量太大引起孔壁弹性恢复	1. 更换新的铰刀 2. 重新刃磨或研磨铰刀 3. 合理选择铰削余量

续表

问题	产生原因	防止方法
孔呈多棱形	1. 铰削余量过大 2. 铰前孔不圆使铰刀发生弹跳 3. 钻床主轴振摆太大	1. 减小铰孔余量 2. 提高铰前孔的加工精度 3. 调整、修复钻床主轴精度

7. 铰削安全文明生产要求

（1）铰刀是精加工工具，刀刃较锋利，刀刃上如有毛刺或切屑粘附，不可用手清除，应用油石小心地磨去。

（2）铰圆柱通孔时，铰刀夹持要牢，以免铰刀跌落而损坏。

（3）铰刀使用完毕要擦净涂上机油，放置时保护好刀刃，以防与硬物碰撞而损坏。

技能训练

孔加工

1. 训练课题

钻孔、锪孔和铰孔。

2. 训练图样

加工要求如图 3—23 所示。

3. 训练要求

（1）按图样尺寸及加工要求对工件进行钻孔、锪孔、铰孔加工，并达到相关技术要求。

（2）初步掌握钻孔、锪孔、铰孔的基本操作技能。

（3）做到安全和文明生产。

4. 训练备料

四方铁：材料为 Q235 钢，数量为 1 件，尺寸为 65 mm×65 mm×22 mm。

工具、量具、刃具：划针、划规、划线盘、游标卡尺、样冲、小锤子、平锉、钻头（ϕ5 mm、ϕ6 mm、ϕ10 mm 等）、锪钻、铰刀、角尺等。

5. 训练步骤

（1）在教师的指导下，用练习钻头进行刃磨练习，并完成实习件钻头的刃磨。

（2）在教师的指导下，完成钻床的调整操作，以及钻头、工件的装夹操作。

（3）练习空车操作，并作钻床转速、主轴头架和工作台升降等的调整练习。

（4）练习用麻花钻刃磨 90°锥形锪钻和平底钻。

（5）按锉削平行面和垂直面的方法使四方铁达到尺寸 60 mm×60 mm×20 mm，垂直度、平行度达到 0. 05 mm 的要求，并去除毛刺。

（6）分别以 *A*、*B* 面为基准，划 2×ϕ5mm 通孔中心线（中心线尺寸 20 mm×20 mm、20 mm×38 mm）；划 2×ϕ10 mm 通孔中心线（中心线尺寸 10 mm×30 mm、30 mm×50 mm）；划两处 2×ϕ6mm 通孔中心线（中心线尺寸 50 mm×8 mm、50 mm×22 mm、50 mm×38 mm、50

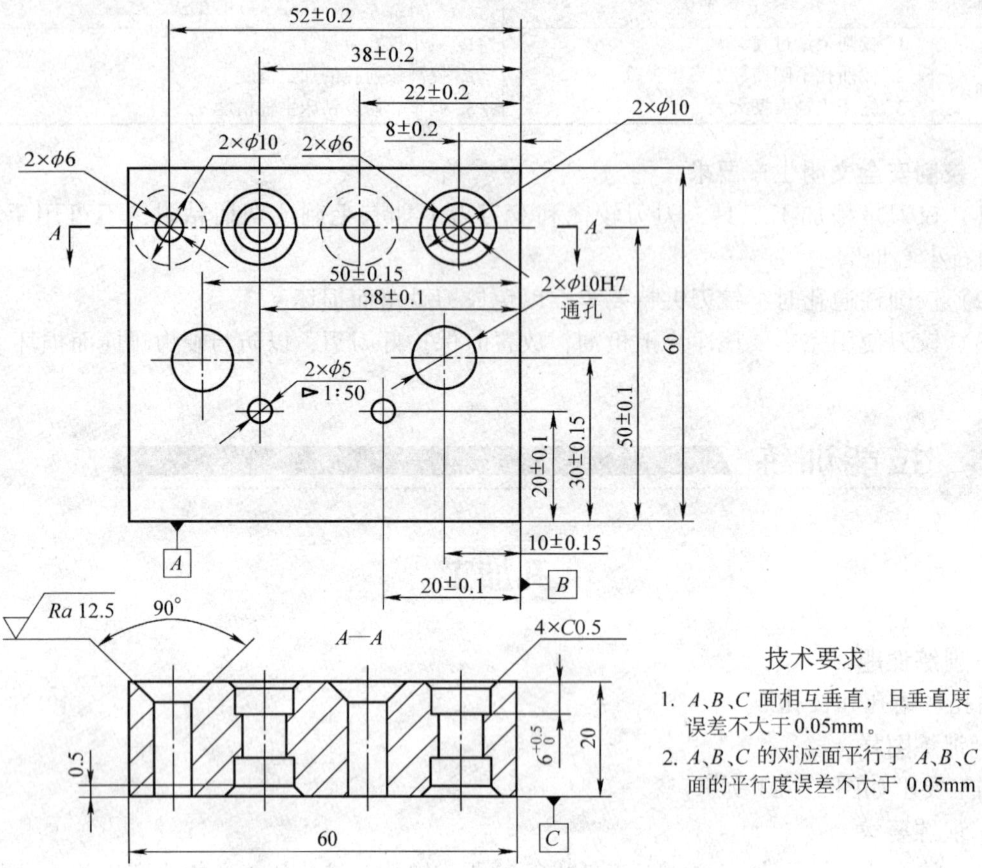

图 3—23 钻孔、锪孔和铰孔图样

mm×52 mm)；用游标卡尺复查，使孔距准确。

（7）用样冲打正中心样冲眼。

（8）用划规分别划 2×ϕ5 mm、两处 2×ϕ6 mm、2×ϕ10 mm 孔的圆。还应划几个检查圆线，以便借正、准确落定钻心。

（9）分别钻 2×ϕ5 mm 通孔、2×ϕ9. 8 mm 通孔、两处 2×ϕ6 mm 通孔，孔间距须达到图样要求。

（10）用柱形锪钻锪 2×ϕ10 mm 沉头孔，用 90°锥形锪钻锪 90°锥孔。将零件翻转 180°按上述方法锪另一面。

（11）用手铰刀铰 2×ϕ10H7 通孔和 1：50 锥孔。

（12）复检各尺寸。

6. 操作注意事项

（1）刃磨钻头时，应接通开关后待砂轮转动正常，方可开始进行刃磨。

（2）按工艺要求进行钻头、工件的装夹。不得用扁铁、锤子敲击钻夹头。

（3）钻孔、锪孔、铰孔时，应选择好切削用量，注意控制好进给力，要求遵守安全操作规程。

7. 成绩评定（表 3—17）

表 3—17　　孔加工实习记录与成绩评分表

训练课题	钻孔、锪孔、铰孔训练					
姓名		班级		工序号		总得分
项次	项目与技术要求		配分	实测记录		得分
1	准备工作完备		5	每差一项扣 1 分		
2	铰 1∶50 锥孔		4×2			
3	铰 2×ϕ10H7 通孔		4×2			
4	钻 4×ϕ6 mm 孔		2×4			
5	锪 2×ϕ10 mm 沉头孔（两面 4 处）		2×4			
6	锪孔深 $6_{0}^{+0.5}$ mm（4 处）		2×4			
7	锪锥孔 90°（2 处）、*Ra*12.5 μm		4×2			
8	倒角 4×0.5 mm		0.5×4			
9	孔距（20±0.1）mm（3 处）、（38±0.1）mm		2×4			
10	孔距（30±0.15）mm（2 处）、（10±0.15）mm、（50±0.15）mm		2×4			
11	孔距（50±0.1）mm（2 处）、（8±0.2）mm、（38±0.2）mm		2×4			
12	孔距（50±0.1）mm（2 处）、（22±0.2）mm、（52±0.2）mm		2×4			
13	操作方法与步骤正确		5			
14	安全文明生产		5	违者每次扣 2 分		
15	工时定额 12 h		3	每超额 1 h 扣 3 分		
现场记录						

课题三　螺纹加工

一、攻螺纹

用丝锥在工件孔中切削出内螺纹的加工方法称为攻螺纹，如图 3—24 所示。攻螺纹按操作方法分为手工攻螺纹（简称手攻）和机械攻螺纹（简称机攻）两种。

1. 丝锥的种类

丝锥的种类很多，工具钳工常用丝锥的结构、特点及应用见表 3—18。

图 3—24　攻螺纹

表 3—18　　常用丝锥的种类、结构和特点及应用

<table>
<tr><th colspan="3">丝锥种类</th><th>图示</th><th>特点及应用</th></tr>
<tr><td rowspan="4">普通螺纹丝锥</td><td rowspan="2">手用</td><td>等径丝锥</td><td>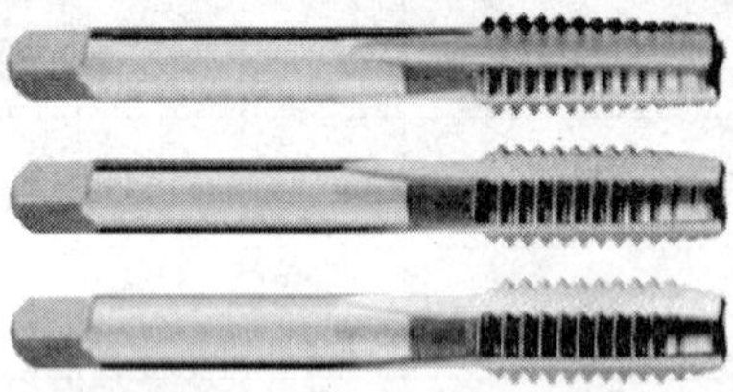
初锥
中锥
底锥</td><td>手用丝锥的螺纹部分通常用 9SiCr、T12A 或同等性能的其他牌号合金工具钢、碳素工具钢制造。公称直径 $d \leqslant 3$ mm 的硬度达 664HV；公称直径 3 mm<$d \leqslant 6$ mm 的硬度达 60HRC；公称直径 $d > 6$ mm 的硬度达 61HRC。主要用于一般螺纹连接的螺纹加工，应用最为广泛</td></tr>
<tr><td>不等径丝锥</td><td>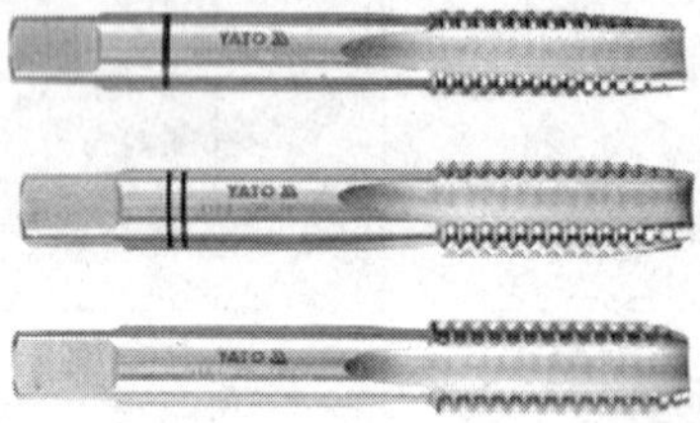
头锥
二锥
精锥</td><td>在头锥上标记 1 条圆环，二锥上标记 2 条圆环或顺序号 Ⅰ、Ⅱ。使用时必须按头锥、二锥、精锥顺序进行。主要用于直径较小或直径较大以及螺纹精度要求较高的场合</td></tr>
<tr><td rowspan="2">机用</td><td>直槽</td><td>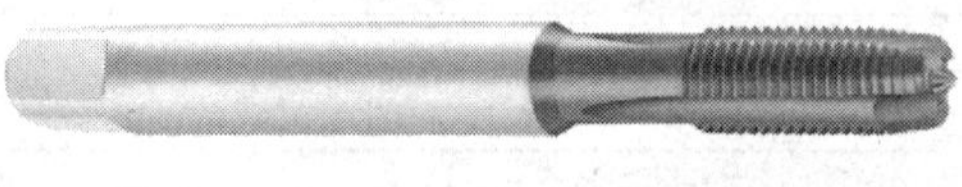</td><td rowspan="2">普通机用丝锥的螺纹部分用 W6Mo5Cr4V2 或同等性能的其他牌号高速钢制造，硬度达 62～63HRC；高性能机用丝锥的螺纹部分用 W2Mo9Cr4VCo8 或同等性能的其他牌号高性能高速钢制造，硬度达 65HRC。机用丝锥一般为单支，其切削部分较短，夹持部分与工作部分的同轴度较好，多用于细牙丝锥。螺旋丝锥的特点是便于排屑</td></tr>
<tr><td>螺旋槽</td><td></td></tr>
<tr><td colspan="3">管螺纹丝锥</td><td>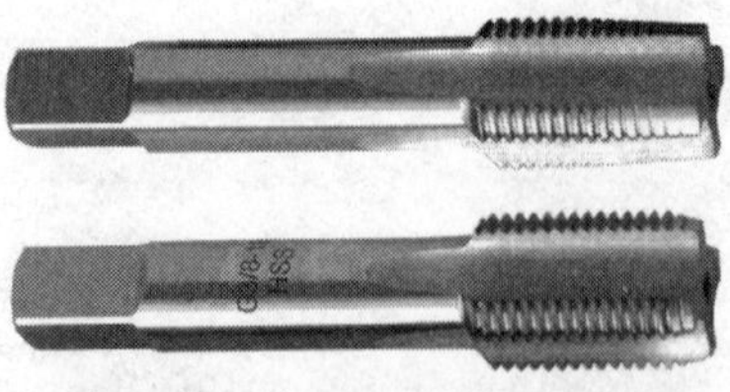</td><td>用于管螺纹加工</td></tr>
<tr><td colspan="3">圆锥管螺纹丝锥</td><td>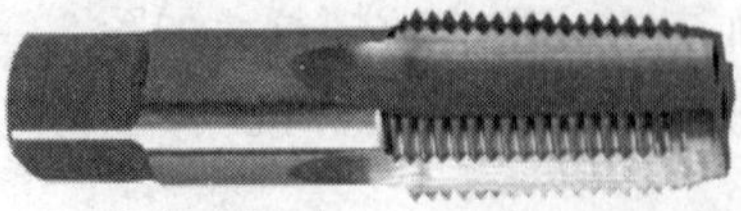</td><td>主要用于有密封要求的圆锥管螺纹加工</td></tr>
</table>

2. 丝锥的结构

丝锥由柄部和工作部分组成，如图 3—25 所示。柄部起夹持和传递扭矩作用。在工作部分上沿轴向开有几条容屑槽，以形成锋利的切削刃，前段为切削锥，起切削和引导作用；后段为校准部分，可修整螺纹牙型。为了减小牙侧的摩擦，在校准部分的直径上略有倒锥。

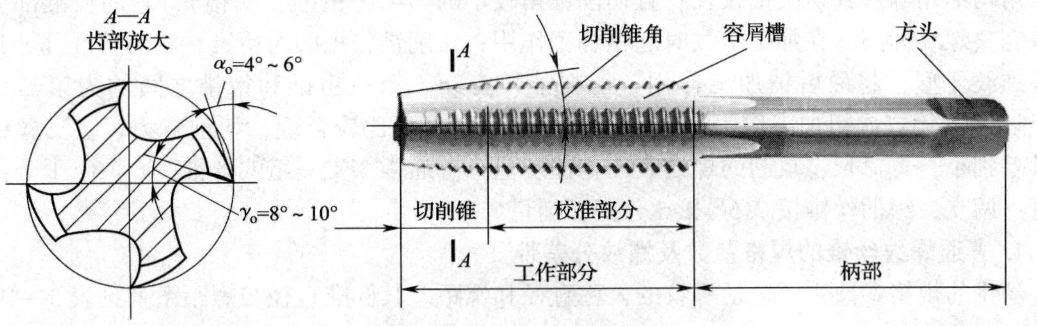

图 3—25　手用丝锥的结构

3. 成组丝锥切削量的分配

攻螺纹时，为了减小切削力，延长丝锥寿命，一般将整个切削量分配给几支丝锥来承担。通常 M6～M24 丝锥每组有两支，M6 以下及 M24 以上的丝锥每组有 3 支，细牙螺纹丝锥每组有两支。

成组丝锥切削量的分配形式有锥形分配和柱形分配两种，如图 3—26 所示。

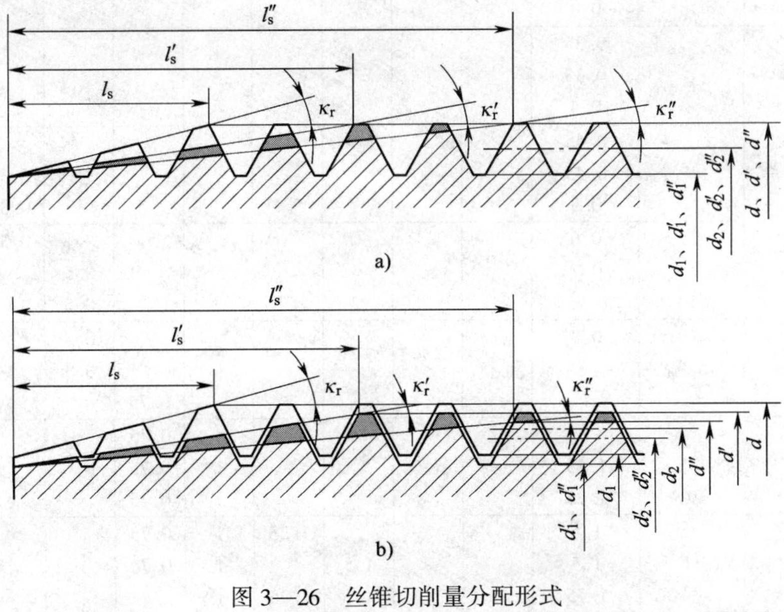

图 3—26　丝锥切削量分配形式

a）锥形分配　b）柱形分配

（1）锥形分配（等径丝锥）

如图 3—26a 所示，在成组丝锥中，各支丝锥的大径、中径、小径均相等，仅切削锥的长度及切削锥角不等。切削锥较长，且切削锥角较小的为初锥，在通孔中攻螺纹可一次加工完成螺纹成品尺寸；切削锥较短的为底锥，它只起修短螺尾的作用；切削锥长度介于初锥和底锥之间的为中锥，具有单支丝锥的功能。

（2）柱形分配（不等径丝锥）

如图 3—26b 所示，在成组丝锥中，各支丝锥的大径、中径、小径以及切削锥长度和切削锥角均不相等。其切削锥较长，且切削锥角较小的为第一粗锥（头锥），它的校准部分不具备完整螺纹牙型，在加工螺纹时起粗加工作用；切削锥较短的为精锥，它的校准部分具有完整螺纹牙型，起最后精加工作用；切削锥长度介于第一粗锥和精锥之间的为第二粗锥（二锥），起第二次粗加工作用。这种丝锥的切削量分配比较合理，切削省力，各支丝锥磨损量差别小，寿命长，攻制的螺纹表面粗糙度值小。通常 3 支一组的丝锥按 6 : 3 : 1 分担切削量；两支一组的丝锥按 7. 5 : 2. 5 分担切削量。

4. 普通螺纹丝锥的规格参数及螺纹公差带

丝锥的规格参数主要包括螺纹的公称直径和螺距。其标准直径与螺距系列见表 3—19。

表 3—19　　普通螺纹标准直径与螺距系列（摘自 GB/T 193—2003）

公称直径 *D*、*d*/mm			螺距 *P*/mm										
第一系列	第二系列	第三系列	粗牙	细牙									
				3	2	1. 5	1. 25	1	0. 75	0. 5	0. 25	0. 25	0. 2
1			0. 25										0. 2
	1. 1		0. 25										0. 2
1. 2			0. 25										0. 2
	1. 4		0. 3										0. 2
1. 6			0. 35										0. 2
	1. 8		0. 35										0. 2
2			0. 4									0. 25	
	2. 2		0. 45									0. 25	
2. 5			0. 45								0. 35		
3			0. 5								0. 35		
	3. 5		0. 6								0. 35		
4			0. 7							0. 5			
	4. 5		0. 75							0. 5			
5			0. 8							0. 5			
		5. 5								0. 5			
6			1						0. 75				
	7		1						0. 75				
8			1. 25					1	0. 75				
		9	1. 25					1	0. 75				
10			1. 5				1. 25	1	0. 75				
		11	1. 5			1. 5		1	0. 75				
12			1. 75				1. 25	1					
	14		2			1. 5	1. 25[a]	1					
		15				1. 5		1					
16			2			1. 5		1					
		17				1. 5		1					
	18		2. 5		2	1. 5		1					
20			2. 5		2	1. 5		1					

续表

公称直径 D、d/mm			螺距 P/mm										
第一系列	第二系列	第三系列	粗牙	细牙									
				3	2	1. 5	1. 25	1	0. 75	0. 5	0. 25	0. 25	0. 2
	22		2. 5		2	1. 5		1					
24			3		2	1. 5		1					
		25			2	1. 5		1					
		26				1. 5							
	27		3		2	1. 5		1					
		28			2	1. 5		1					
30			3. 5	(3)	2	1. 5		1					
		32			2	1. 5							
	33		3. 5	(3)	2	1. 5							
		35[b]				1. 5							
36			4	3	2	1. 5							
		38				1. 5							
	39		4	3	2	1. 5							
		40		3	2	1. 5							

注：优先选用第一系列直径，其次选择第二系列直径，最后选择第三系列直径；尽可能避免选用括号内的螺距；a 仅用于发动机的火花塞，b 仅用于轴承的锁紧螺母。

普通螺纹丝锥的螺纹中径（d_2）公差带有 4 种，即 H_1、H_2、H_3 和 H_4，可分别加工精度要求不同的内螺纹。各种中径公差带的丝锥所能加工的内螺纹公差见表 3—20。

表 3—20　各种中径公差带的丝锥所能加工的内螺纹公差（摘自 GB/T 968—2007）

丝锥公差代号	适用于内螺纹公差代号	丝锥公差代号	适用于内螺纹公差代号
H_1	4H、5H	H_3	6G、7H、7G
H_2	5G、6H	H_4	6H、7H

由于影响攻螺纹尺寸的因素很多，如被加工材料的性质、机床条件、丝锥装夹方法、切削速度、切削液种类等，因此，在选取丝锥公差带时，可按加工条件根据生产经验或通过实验，在标准所列范围内选择最适当的丝锥。丝锥各公差带的极限偏差值可查阅相关国家标准。

5. 铰杠

铰杠是手工攻螺纹时用来夹持丝锥的工具。常用铰杠有普通活络铰杠和丁字形活络铰杠两种，其结构如图 3—27 所示。普通铰杠的规格用其长度表示，其适用范围见表 3—21。

表 3—21　常用活络铰杠的规格及适用范围

铰杠规格/mm	150	220	280	380	480
夹持丝锥范围	M5 ~ M8	M8 ~ M12	M12 ~ M14	M14 ~ M16	M16 ~ M22

6. 攻螺纹前底孔直径与孔深的确定

（1）攻螺纹前底孔直径的确定

攻螺纹时，丝锥对金属层有较强的挤压作用，使攻出螺纹的小径小于底孔直径，如图 3—28 所示。因此，攻螺纹之前的底孔直径应稍大于螺纹小径。如果螺纹牙顶与丝锥牙底没有足够的材料变形空间，丝锥将会被挤压出来的材料箍住，甚至出现螺纹“烂牙”或折断丝锥现象。但底孔直径又不宜过大，否则会使攻出的螺纹牙型不完整，影响使用强度。

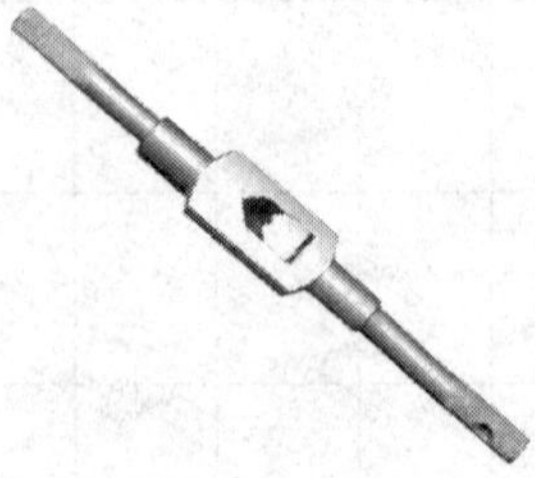
a)

b)

图 3—27　铰杠种类

a）普通活络铰杠　b）丁字形活络铰杠

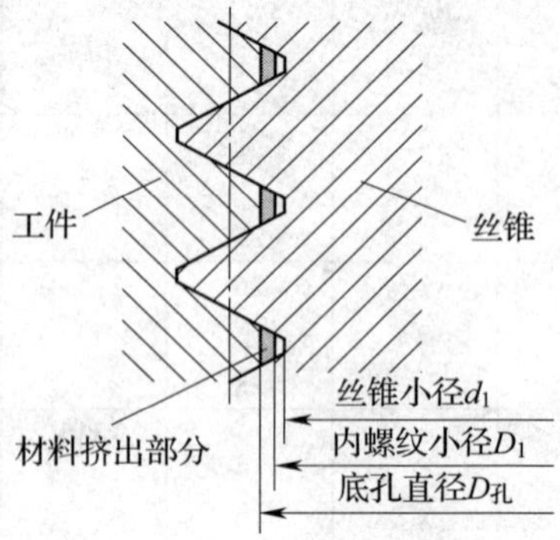

图 3—28　材料产生塑性变形示意图

1）攻制钢件或塑性较大材料时，底孔直径的计算公式为：

$$D_{孔}=D-P$$

式中　$D_{孔}$——螺纹底孔直径，mm；

D——螺纹公称直径，mm；

P——螺距，mm。

2）攻制铸铁件或塑性较小材料时，底孔直径的计算公式为：

$$D_{孔}=D-(1.05\sim1.1)P$$

式中　$D_{孔}$——螺纹底孔直径，mm；

D——螺纹公称直径，mm；

P——螺距，mm。

用于普通螺纹的麻花钻直径及常用螺纹公差带的小径极限值也可从表 3—22 中查出。

表 3—22　　攻普通粗牙螺纹时麻花钻直径及螺纹小径极限值（摘自 GB/T 20330—2006）

螺纹/mm						麻花钻直径/mm
公称直径	螺距	下列等级的小径				
		5H 最大	6H 最大	7H 最大	5H、6H、7H 最小	
1. 0	0. 25	0. 785	—	—	0. 729	0. 75
1. 1	0. 25	0. 885	—	—	0. 829	0. 85
1. 2	0. 25	0. 985	—	—	0. 929	0. 95
1. 4	0. 30	1. 142	1. 160	—	1. 075	1. 10
1. 6	0. 35	1. 301	1. 321	—	1. 221	1. 25
1. 8	0. 35	1. 501	1. 521	—	1. 421	1. 45
2. 0	0. 40	1. 657	1. 679	—	1. 567	1. 60
2. 2	0. 45	1. 813	1. 838	—	1. 713	1. 75
2. 5	0. 45	2. 113	2. 138	—	2. 013	2. 05
3. 0	0. 50	2. 571	2. 599	2. 639	2. 459	2. 50

续表

螺纹/mm						麻花钻直径/mm
公称直径	螺距	下列等级的小径				
		5H 最大	6H 最大	7H 最大	5H、6H、7H 最小	
3.5	0.60	2.975	3.010	3.050	2.850	2.90
4.0	0.70	3.382	3.422	3.466	3.242	3.30
4.5	0.75	3.838	3.878	3.924	3.688	3.70
5.0	0.80	4.294	4.334	4.384	4.134	4.20
6.0	1.00	5.107	5.153	5.217	4.917	5.00
7.0	1.00	6.107	6.153	6.217	5.917	6.00
8.0	1.25	6.859	6.912	6.982	6.647	6.80
9.0	1.25	7.859	7.912	7.982	7.647	7.80
10.0	1.50	8.612	8.676	8.751	8.376	8.50
11.0	1.50	9.612	9.676	9.751	9.376	9.50
12.0	1.75	10.371	10.441	10.531	10.106	10.20
14.0	2.00	12.135	12.210	12.310	11.835	12.00
16.0	2.00	14.135	14.210	14.310	13.835	14.00
18.0	2.50	15.649	15.744	15.854	15.294	15.50
20.0	2.50	17.649	17.744	17.854	17.294	17.50
22.0	2.50	19.649	19.744	19.854	19.294	19.50
24.0	3.00	21.152	21.252	21.382	20.752	21.00
27.0	3.00	24.152	24.252	24.382	23.752	24.00
30.0	3.50	26.661	26.771	26.921	26.211	26.50
33.0	3.50	29.661	29.771	29.921	29.211	29.50
36.0	4.00	32.145	32.270	32.420	31.670	32.00

（2）攻螺纹底孔深度的确定

攻盲孔螺纹时，由于丝锥的切削锥部分不能攻出完整的螺纹牙型，所以钻孔深度要大于螺纹的有效长度，如图3—29所示。

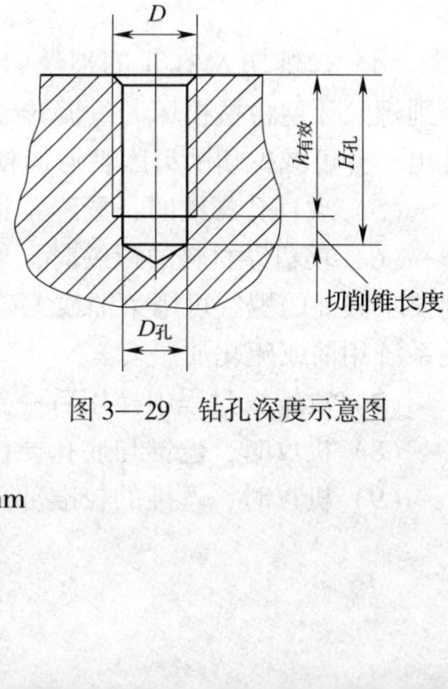

图 3—29 钻孔深度示意图

钻孔深度的计算式为：

$$H_{孔}=h_{有效}+0.7D$$

式中 $H_{孔}$——底孔深度，mm；

$h_{有效}$——螺纹有效长度，mm；

D——螺纹公称直径，mm。

例 分别计算在钢件和铸铁件上攻 M10 螺纹的底孔直径各为多少。若攻盲孔螺纹，其螺纹有效深度为 60 mm，求底孔深度。

解：查表 3—19 知，对于 M10 的螺纹，螺距 $P=1.5$ mm

钢件攻螺纹底孔直径：

$$D_{孔}=D-P=10-1.5=8.5\ \text{mm}$$

铸铁件攻螺纹底孔直径：

$$\begin{aligned}D_{孔}&=D-(1.05\sim1.1)P\\&=10-(1.05\sim1.1)\times1.5=(8.425\sim8.35)\ \text{mm}\end{aligned}$$

取 $D_{孔}=8.4$ mm（按钻头直径标准系列取一位小数）

底孔深度：

$$H_{孔}=h_{有效}+0.7D=60+0.7\times10=67\ \text{mm}$$

7. 攻螺纹的操作要点

（1）正确控制底孔直径及深度，并在孔口倒角，倒角直径可略大于螺纹公称直径，以方便丝锥顺利切入，并可防止孔口挤出毛刺。通孔螺纹两端均倒角。

（2）工件夹持要正确，尽量使底孔中心线或孔口表面置于铅垂或水平位置，以便容易判断丝锥是否歪斜。

（3）起攻时，要尽量把丝锥放正，然后对丝锥施加压力并转动铰杠，如图 3—30 所示。当丝锥切入 1~2 圈时，应从不同的方向仔细检查丝锥与工件表面的垂直度，并逐步进行校正，如图 3—31 所示。

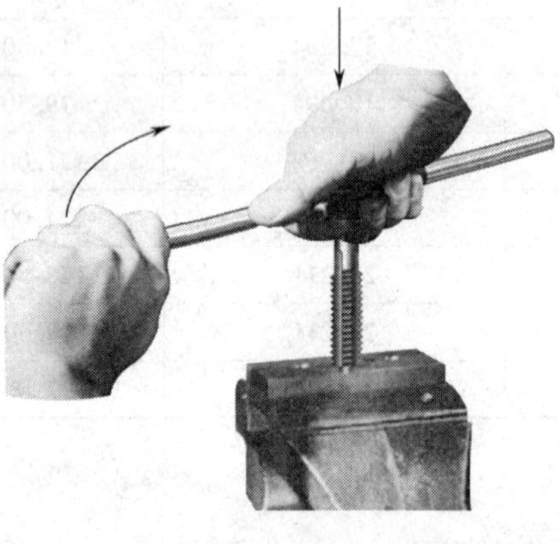

图 3—30　起攻方法

图 3—31　攻螺纹时垂直度检查方法

（4）丝锥切入 3~4 圈螺纹时，只需两手均匀用力转动铰杠，不应再对丝锥施加压力，否则螺纹牙型将被损坏。每扳转铰杠 1/2~1 圈，就应倒转 1/4~1/2 圈，使切屑碎断后容易排出，并可减少切削刃因粘屑而使丝锥轧住的现象。

（5）攻盲孔螺纹时，要经常退出丝锥，清除孔内切屑。

（6）攻塑性材料的螺纹时，要加注切削液，一般用机油或浓度较大的乳化液；对于精度要求较高的螺纹可用菜油或二硫化钼等；攻不锈钢材料的螺纹时，可用 32 号 L—AN 全损耗系统用油或硫化油。

（7）攻螺纹过程中换用后一支丝锥时，要先用手旋入已攻出的螺纹中，以防产生乱牙。

（8）机攻时，丝锥与底孔要保持同轴。

（9）机攻时，丝锥的校准部分不能全部伸出工件，否则在反车退出丝锥时会产生乱牙。

8. 从螺孔中取出断丝锥的方法

在攻螺纹的过程中，如果操作不当会发生丝锥折断而埋入螺孔内的情况，这时应根据丝锥折断的情况采取相应的措施，从螺孔中把折断的丝锥取出来。

首先把孔中的切屑和丝锥碎片清除干净，以防止轧在丝锥与螺纹之间而阻碍退出丝锥。然后针对以下情况进行处理：

（1）当丝锥折断部分露出孔口，可用钳子拧出，或用尖錾和样冲抵在断丝锥的容屑槽中，顺着退出的切线方向轻轻敲击。必要时再顺着旋进方向轻轻敲击，使丝锥在多次正反方向的敲击下产生松动，则可将折断的丝锥取出，如图 3—32 所示。

（2）当丝锥断在近孔口处，可用自制旋取器将丝锥取出，如图 3—33 所示。若没有合适的旋取器，也可在带方榫的断丝锥上旋进两只螺母，再把弹簧钢丝插入折断的两段丝锥的容屑槽内。钢丝的根数和容屑槽的槽数相同，并且尽量选粗一些。用铰杠按退出方向扳动方榫，通过钢丝把螺孔内的断丝锥取出，如图 3—34 所示。

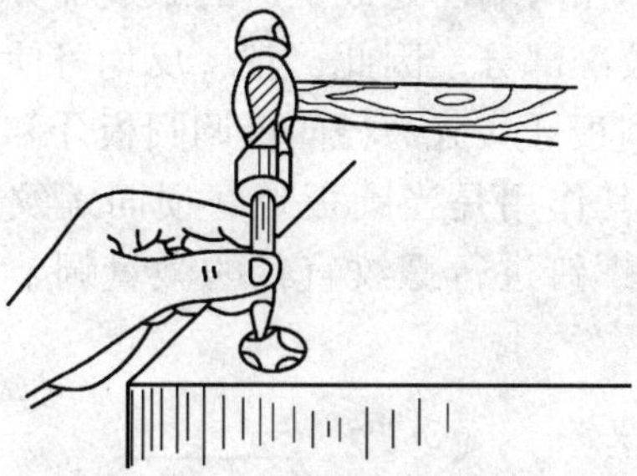

图 3—32　用冲击法取断丝锥

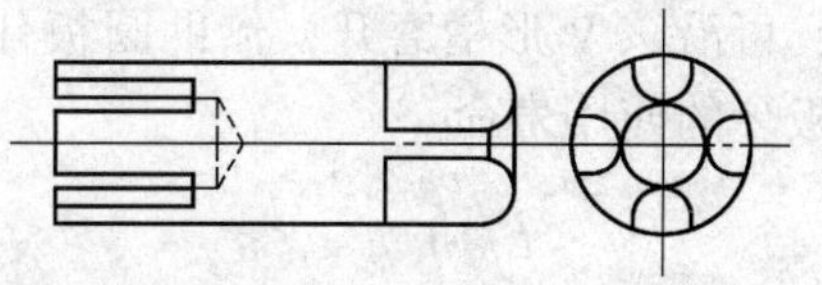

图 3—33　旋取器

（3）如果使用上述方法仍不能取出断丝锥，可用电火花将断丝锥熔掉；也可在丝锥断面上堆焊弯杆或螺母，然后扳动堆焊物取出断丝锥，如图 3—35 所示。

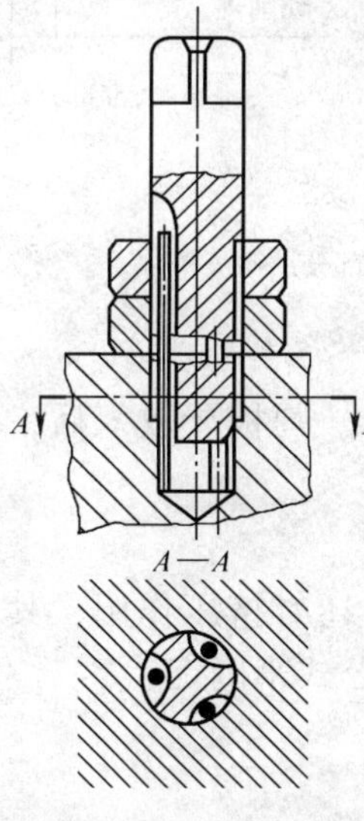

图 3—34　用钢丝取断丝锥

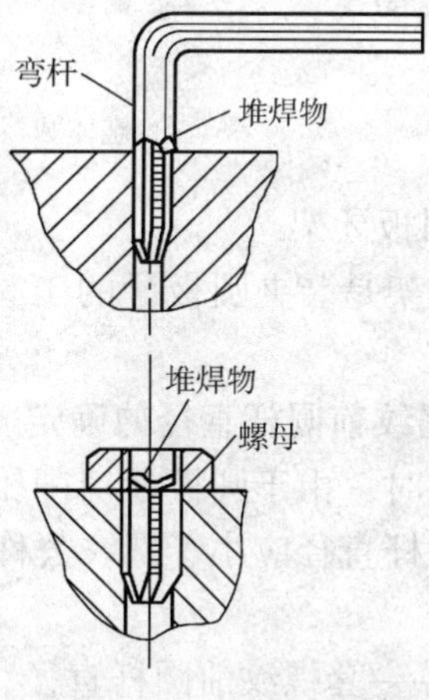

图 3—35　用堆焊弯杆或螺母取断丝锥

（4）在工件允许退火的情况下，对丝锥加热退火，然后将断丝锥钻去，注意麻花钻的直径应小于螺纹底孔直径，以防止将螺纹钻坏。

二、套螺纹

用圆板牙在外圆柱面（或外圆锥面）上切削出外螺纹的加工方法称为套螺纹，如图 3—36 所示。

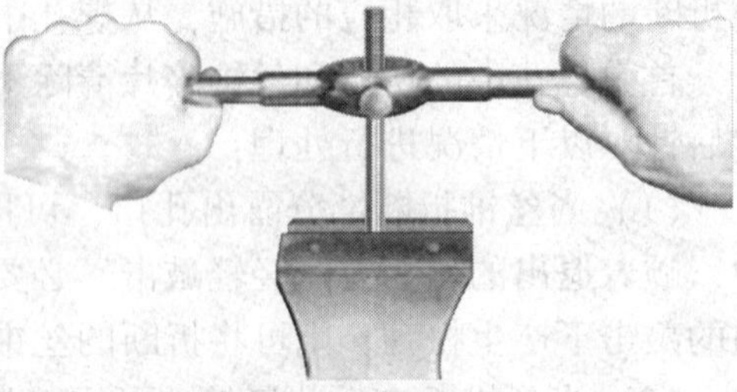

图 3—36　套螺纹

1. 套螺纹用的工具

（1）圆板牙

圆板牙是加工外螺纹的刀具，用 9SiCr 或同等性能的其他牌号合金工具钢制造，其螺纹部分的硬度不低于 60HRC；也可用 W6Mo5Cr4V2 或同等性能的其他牌号高速钢制造，公称直径 $d \leqslant 3$ mm 时，硬度不低于 61HRC，公称直径 $d>3$ mm 时，硬度不低于 62HRC。圆板牙由切削锥、校准部分和容屑孔组成，其结构如图 3—37 所示。在两端面处成锥形的螺纹部分为切削锥，起切削和引导作用；中间一段为具有完整牙型的校准部分。因此，正、反均可使用。常用的圆板牙有整体圆板牙和可调圆板牙。其中，可调圆板牙又分为径向可调圆板牙和切向可调圆板牙两种。在整体圆板牙的圆周上开一 V 形槽，其作用是当圆板牙磨损而螺纹直径变大后，可沿该 V 形槽磨开，借助圆板牙架上的两调整螺钉进行螺纹直径的微量调节，以延长圆板牙的使用寿命。

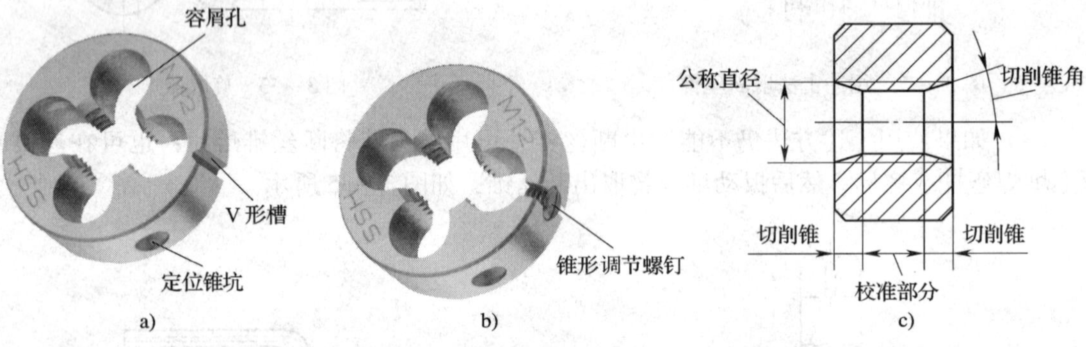

图 3—37　圆板牙

a）整体圆板牙　b）径向可调圆板牙　c）工作部分结构

（2）圆板牙架

圆板牙架是装夹圆板牙的工具，其结构如图 3—38 所示。圆板牙放入后，用螺钉定位紧固。

2. 套螺纹前圆杆直径的确定

套螺纹时，由于圆板牙切削锥对材料不但有切削作用，还有挤压作用，其牙顶将被挤高，所以圆杆直径应小于螺纹公称尺寸。一般可按下列经验公式来确定：

$$d_{杆}=d-0.13P$$

式中　$d_{杆}$——套螺纹前圆杆直径，mm；

d——螺纹公称直径，mm；

P——螺距，mm。

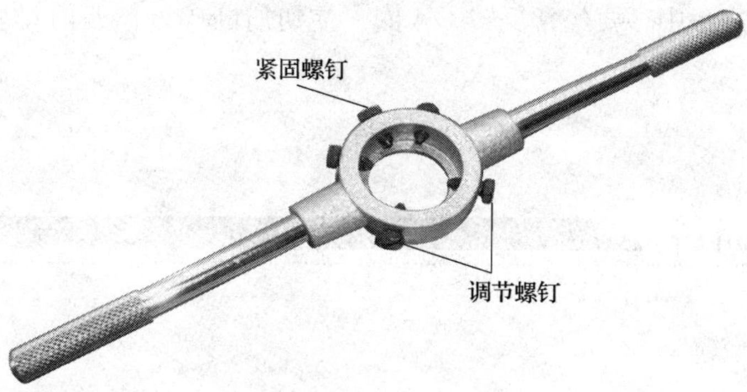

图 3—38　圆板牙架

套螺纹的圆杆直径也可从表 3—23 中查出。

表 3—23　　**圆板牙套螺纹时的圆杆直径**　　mm

普通粗牙螺纹				圆柱管螺纹		
公称直径	螺距	圆杆直径		公称直径	管子直径	
		最小	最大		最小	最大
M6	1	5.8	5.9	⅛	9.4	9.5
M8	1.25	7.8	7.9	¼	12.7	13
M10	1.5	9.75	9.85	⅜	16.2	16.5
M12	1.75	11.75	11.9	½	20.5	20.8
M14	2	13.7	13.85	⅝	22.5	22.8
M16	2	15.7	15.85	¾	26	26.3
M18	2.5	17.7	17.85	⅞	29.8	30.1
M20	2.5	19.7	19.85	1	32.8	33.1
M22	2.5	21.7	21.85	1⅛	37.4	37.7
M24	3	23.65	23.8	1¼	41.4	41.7
M27	3	26.65	26.8	1⅜	43.8	44.1
M30	3.5	29.6	29.8	1½	47.3	47.6
M36	4	35.6	35.8	—	—	—
M42	4.5	41.55	41.75	—	—	—
M48	5	47.5	47.7	—	—	—

3. 套螺纹的操作要点

（1）套螺纹前应将圆杆切入端倒角 15°~20°，以便圆板牙容易切入，圆锥的最小直径应稍小于螺纹小径，如图 3—39 所示。对于重要螺纹的切入端通常倒成 45°的斜角。

（2）套螺纹时应保持圆板牙的端面与圆杆轴线垂直。

（3）开始套螺纹时，要适当施加轴向压力，当切入 1~2 牙后再次检验垂直度，然后不再施加向下的压力，两只手用力均匀转动圆板牙架即可。

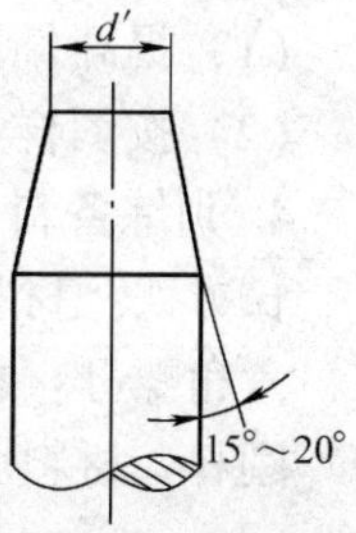

图 3—39　圆杆切入端倒角

（4）在套螺纹过程中，要经常反转 1/4 圈，使切屑断碎以便及时排屑，并加注合适的切削液。

技能训练

一、螺纹加工

1. 训练课题

攻、套螺纹。

2. 训练图样

加工要求如图 3—40 所示。

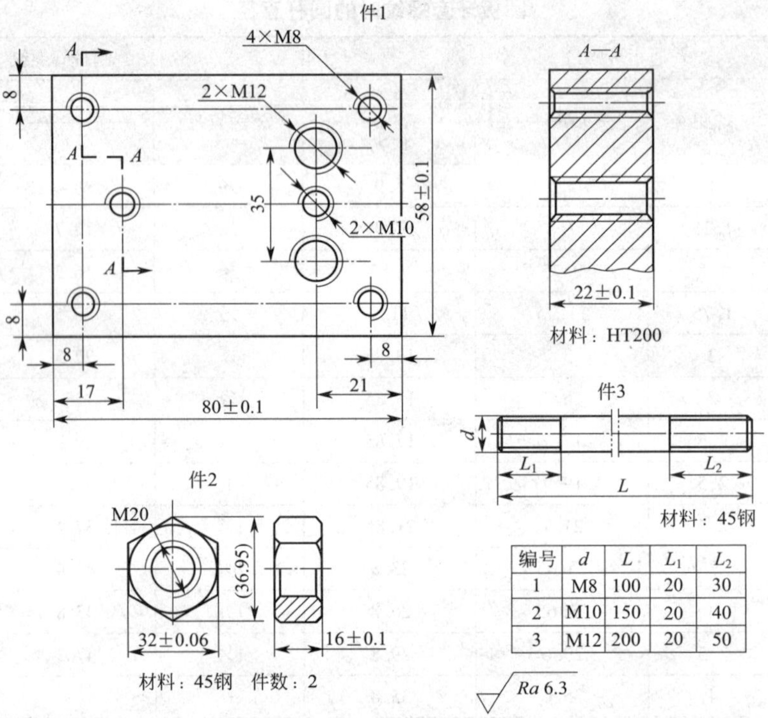

编号	d	L	L_1	L_2
1	M8	100	20	30
2	M10	150	20	40
3	M12	200	20	50

图 3—40　攻、套螺纹图样

3. 训练要求

（1）提高钻孔的操作技能，掌握攻、套螺纹的方法。

（2）按图样尺寸对工件进行底孔及预制圆杆的加工，并符合加工精度要求。

4. 训练备料

长方铁：材料为 HT200，数量为 1 件，规格为 85 mm×60 mm×25 mm。

六角螺母：材料为 45 钢，数量为 2 件，规格为 ϕ38 mm×18 mm。

圆杆：材料为 45 钢，数量为 3 件，规格为 ϕ8 mm×100 mm、ϕ10 mm×150 mm、ϕ12 mm×200 mm。

工具：钢直尺、游标卡尺及其他量具、划针、划规、划线盘、样冲、小锤子、平锉、钻

位置，即可实现转速或进给量的变换。在主轴运转过程中，也可以进行转速或进给量预选。该机床有三级高转速及三级大进给量，为保证机床和操作者的安全，特设有互锁装置，不能同时选用。

（4）主轴的进给

该摇臂钻床可以实现机动进给、手动进给、微动进给以及定程切削。

1）机动进给。将机动进给手柄压下，然后将主轴操纵手柄扳至所需位置，再将手动进给手柄向外拉出，机动进给即被接通。

2）手动进给。在正常位置时转动手动进给手柄，即可实现手动进给。

3）微动进给。将机动进给手柄向上抬起，再将手动进给手柄向外拉出，转动微进给手轮，即可实现微动进给。

4）定程切削。将定程切削限位手柄拉出，转动刻度盘微调旋钮至图 3—43a 所示位置，使刻度盘上的蜗轮蜗杆脱开啮合，可转动刻度盘至所需切削深度值与箱体上的副尺“0”线大致对齐，再转动刻度盘微调旋钮至图 3—43b 所示位置（180°），此时刻度盘上的蜗轮蜗杆已经啮合，进行微调，直至与“0”线准确对齐。并用另一端的锁紧旋钮，将刻度盘微调旋钮顶紧，推进定程切削限位手柄，接通机动进给。当切削深度达到所需值时，机动进给手柄自动抬起，断开机动进给，完成定程切削。

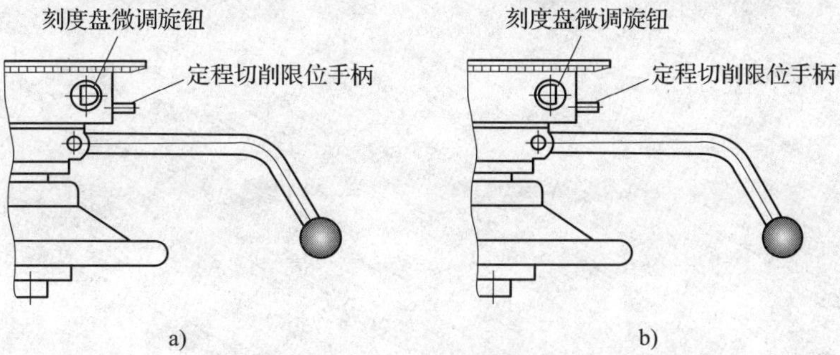

图 3—43　Z3050×16（Ⅰ）型摇臂钻床的定程切削

a）操纵位置（一）　b）操纵位置（二）

（5）主轴箱和立柱的锁紧与松开

主轴箱和立柱的夹紧或松开，既可同时进行，又可单独进行，通过转动锁紧选择旋钮至所需位置，然后按压锁紧按钮或松开按钮即可。

（6）摇臂升降

摇臂升降分别由升、降按钮控制。

（7）主轴箱沿摇臂导轨移动

直接转动主轴箱移动手轮，即可将主轴箱移动到所需位置。

2. 操纵注意事项

（1）主轴机动进给时，手动进给手柄会同时旋转，操作者应与此手柄保持距离。

（2）在锁紧状态下，可直接按压升、降按钮，机床能自动完成松开—升降—再锁紧。

（3）摇臂和主轴箱位置调整结束后，都必须锁紧，以防止钻孔时产生摇晃而发生事故。

3. 成绩评定（表3—25）

表3—25　　摇臂钻床的操纵实习记录与成绩评分表

训练课题	摇臂钻床的操纵					
姓名		班级		工件号		总得分	
项次	项目与技术要求	配分	评分标准	实测结果	得分
1	检查、准备工作完备	10	每差一项扣2分		
2	各操纵部件名称及位置清楚	20	每差一项扣2分		
3	启动与停止操作	10	每错一项扣4分		
4	正转与反转操作	10	每错一项扣4分		
5	机动、手动、微动、定程进给操作	10	每错一项扣4分		
6	主轴箱、立柱夹紧与松开操作	10	每差一项扣2分		
7	摇臂升降操作	10	每错一项扣2分		
8	维护保养与检验	10	每差一项扣2分		
9	安全文明生产	10	违者不得分		
现场记录					

第二篇　工具的结构与制作

第四单元

量具、刀具的结构与制作

课题一
量具的结构与制作

量具（包括测量用辅助工具）制作是工具钳工一项重要的工作任务，如制作划规、划针、划线平板、样板、卡规以及专用测量或检测装置等。为了更好地掌握该项技术，要求工具钳工必须了解一些典型测量器具的结构和工作原理。

一、典型测量器具的结构

1. 螺旋副原理测量器具（外径千分尺）

外径千分尺的工作原理是利用螺旋副传动将测微螺杆的轴向位移转变为微分筒上的圆周刻线读数。其结构如图 4—1 所示，其中尺架 1 为一弓形零件，属基础件，各组成部分都装

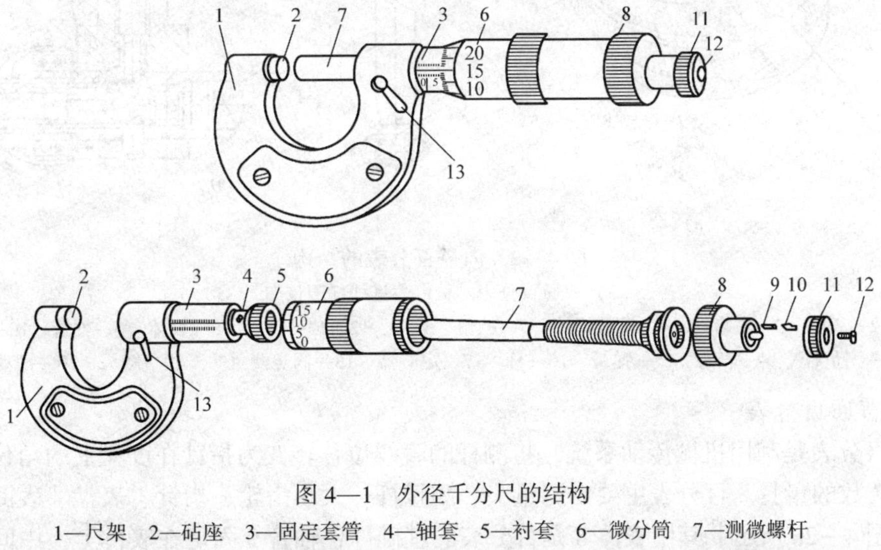

图 4—1　外径千分尺的结构

1—尺架　2—砧座　3—固定套管　4—轴套　5—衬套　6—微分筒　7—测微螺杆
8—罩壳　9—弹簧　10—棘爪销　11—棘轮盘　12—螺钉　13—手柄

在它的上面。在尺架1的左端是砧座2；右端是表面有刻线的固定套管3，里面装有带内螺纹（螺距为0.5 mm）的衬套5，测微螺杆7右面螺纹可沿此内螺纹回转，并用轴套4定心。在固定套管3的外面是有刻线的微分筒6，它用锥孔与测微螺杆7右端锥体相连。测微螺杆7转动时的松紧程度可用衬套5上的螺母来调节。当测微螺杆7要固定不动时，可转动手柄13通过偏心锁紧。松开罩壳8，可使测微螺杆7与微分筒6分离，以便调整零线位置。转动棘轮盘11，通过螺钉12与罩壳8的连接使测微螺杆7产生移动，当测微螺杆7左端面接触工件时，棘轮盘11在棘爪销10的斜面上打滑，测微螺杆7就停止前进，由于弹簧9的作用，使棘轮盘11在棘爪销10上滑过而发出“咔咔”声。如果棘轮盘11以反方向转动，则拨动棘爪销10和微分筒6以及测微螺杆7转动，使测微螺杆向右移动。

2. 指示表式测量器具（内径百分表）

内径百分表是由普通百分表和内量杠杆测量架组成的，如图4—2所示。

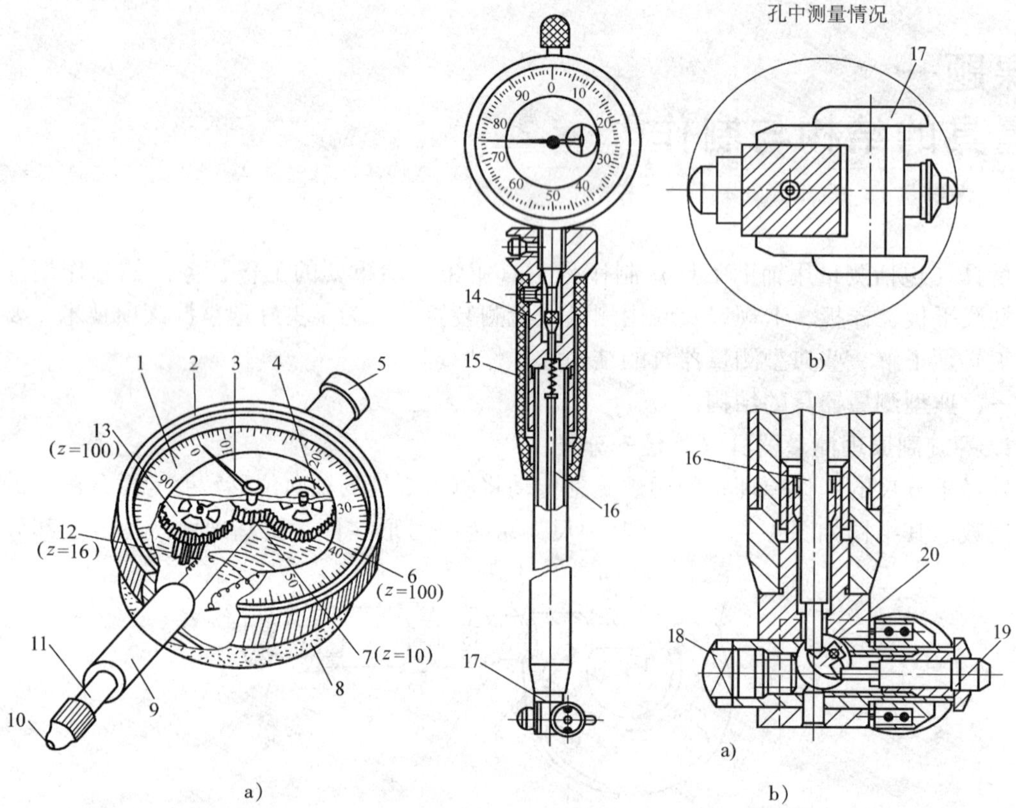

图4—2　内径百分表的结构

a）普通百分表　b）内量杠杆测量架

1—度盘　2—表圈　3—主指针　4—转数指针　5—挡帽　6、7、12、13—齿轮　8—表体　9—轴管　10—测量头　11—测量杆　14—表架　15—弹簧　16—杆　17—定心器　18—固定测量头　19—触头　20—摆动块

（1）普通百分表

普通百分表是利用机械传动系统，将测杆的直线位移转变为指针在度盘上的角位移，并由度盘进行读数的量具。百分表主要由测量头、测量杆、大小齿轮、指针、表盘、表圈、表体等组成，如图4—2a所示。其中表体8是百分表的基础件，轴管9固定在表体上，中间穿过装有测量头10的测量杆11，测量杆上有齿条，当被测件推动测量杆移动时，经过齿条，齿轮12、

13、7、6 产生转动，将测量杆的微小直线位移转变为主指针 3 的角位移，由度盘 1 将数值显示出来。量杆上端的挡帽 5 主要用于限制测量杆的下移位置，也可在调整时，用它提起量杆，以便重复观察示值的稳定性。为读数方便，表圈 2 可带动度盘在表体上转动，将指针调到零位。

（2）内量杠杆测量架

内量杠杆测量架的结构如图 4—2b 所示，它是将百分表装在表架 14 上，触头 19 通过摆动块 20、杆 16 将测量值 1∶1 地传给百分表。固定测量头 18 可根据孔径大小更换。

3. 光学原理测量器具（合像水平仪）

合像水平仪主要由测微螺杆、杠杆系统、水准器、光学合像棱镜和具有 V 形工作平面的底座组成，如图 4—3 所示。其中水准器安装在水平仪内带有杠杆的特制底板上，其水平位置可用旋钮通过微分盘中的测微螺杆、螺母（测微螺杆的螺距 0. 5 mm，微分盘的刻线分为 100 等份。微分盘转过一格，测微螺杆上螺母轴向移动 0. 005 mm）与杠杆系统调整获得。水准器内气泡两端圆弧分别由三个不同方位的棱镜反射至窗口里圆形镜框内，分成两半合像。测量时，若水平仪底面不在水平位置，两端有高度差时，气泡 A、B 的像就不重合，这时应转动旋钮进行调节，使水准器处于水平位置，则气泡 A、B 的像就会重合，如图 4—3c 所示。此时便可从窗口处读出高度差的毫米数和旋钮处刻线的百分之毫米数（每格代表在 1 m长度内差 0. 01 mm），将两个数值相加，即可得到在 1 m 长度内高度差的实际数值。例如，在窗口内的读数为 0 mm，旋钮刻线为 13 格，高度差就是 0+0. 01 mm×13＝0. 13 mm，即在 1 m 长度内测量面两端高度差为 0. 13 mm。

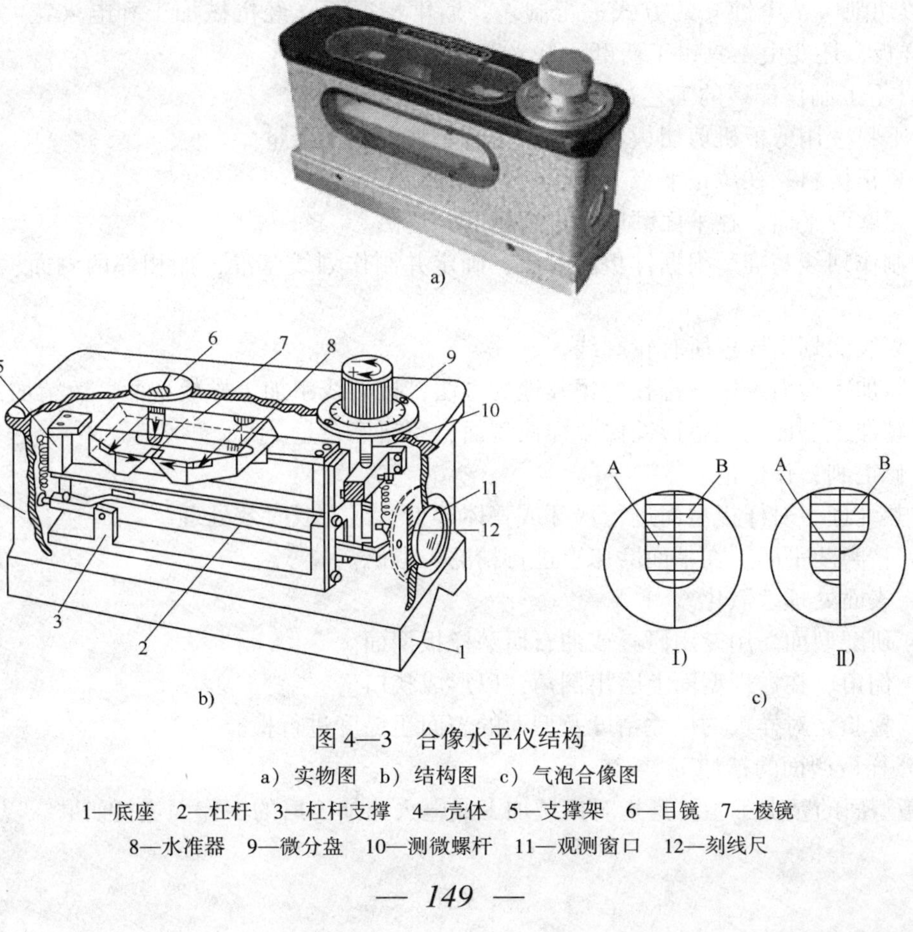

图 4—3　合像水平仪结构

a）实物图　b）结构图　c）气泡合像图

1—底座　2—杠杆　3—杠杆支撑　4—壳体　5—支撑架　6—目镜　7—棱镜

8—水准器　9—微分盘　10—测微螺杆　11—观测窗口　12—刻线尺

二、量具的制作

通用量具通常由专业生产厂家制造，对于工具钳工来说主要承担专用量具的制作，如样板、划线平板、各类量规及卡规等。

1. 制作样板

（1）样板制作技术要求

1）样板用料应矫平、磨光后再用，以便使划线清晰、准确；材料的硬度要适中，表面应平整光洁；一般采用热处理后变形较小的材料，厚度为1~3 mm。

2）样板测量面的轮廓形状、尺寸及相互位置精度应符合设计和使用要求，表面粗糙度值 Ra 要小于0.8 μm。

3）样板测量面应与样板的大平面严格垂直且要耐磨，形状应保持不变；具有对称轴的样板必须能翻对中心。

4）尽量采用机械加工方法或线切割机床制作样板，以便提高样板的制作精度；样板标记要清晰，套数应符合要求。

5）要求较高的配对使用的样板，其轮廓要吻合，应用透光检查，要求透光均匀或不透光。

（2）制作样板的方法

制作样板的方法较多，有手工加工、机械加工及电火花、线切割加工等。其中手工加工主要是由工具钳工用手工的方式来制作。而机械加工和电火花、线切割加工则是在相应的机床上，以切削（或电蚀）的方式进行制作。通常情况下，经机械加工和电火花、线切割加工后的样板，还要由工具钳工研磨、修光其测量面。

（3）手工制作样板的工艺过程

1）下料。用剪板机剪切板料，注意留有足够的加工余量。

2）矫正板料。在矫正平板上矫正板料。

3）粗磨两平面。在平面磨床上进行粗磨，退磁。

4）制作划线基准。根据样板的要求，确定并制作划线基准，如相邻两侧面、外圆、内孔等。

5）划线。划出样板所有轮廓线。

6）粗加工型面。用钻排孔、锯及锉的方法，按划线粗加工样板型面，留精加工余量。

7）精加工型面。用整形锉修整样板型面，留研磨余量。

8）修毛刺，作标记。

9）热处理。对样板型面进行局部或整体淬火、回火或时效处理。

10）精磨两平面。在平面磨床上进行精磨，退磁。

11）表面处理。氧化。

12）研磨型面。用专用研具或油石研磨样板型面。

13）倒角。在样板型面上磨出倒角，以形成狭口。

14）检验。对样板的尺寸精度及型面的表面粗糙度进行检验。

（4）样板型面的精加工

样板型面的精加工主要是指对机械加工或电火花加工后的工作面进行研磨，以达到设计要求。

研磨型面通常在样板热处理以后，要用各种不同的研具进行研磨。研具一般用铸铁制成，按其操作方法分为可动型和不可动型两类。

可动型研具在研磨过程中，样板固定不动，手握研具在样板型面上移动。可动型研具的形状不一定要与样板的型面完全一致。常用的可动型研具如图 4—4 所示。

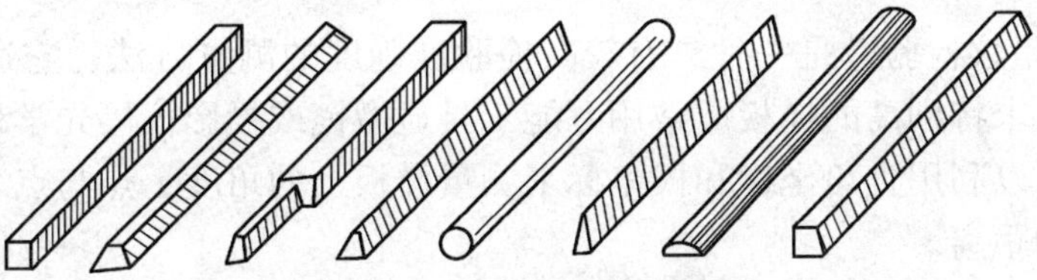

图 4—4　可动型研具

不可动型研具的形状与样板型面的一部分或全部形状相同，研磨时研具固定不动，样板在研具表面来回移动。常用的不可动型研具如图 4—5 所示。

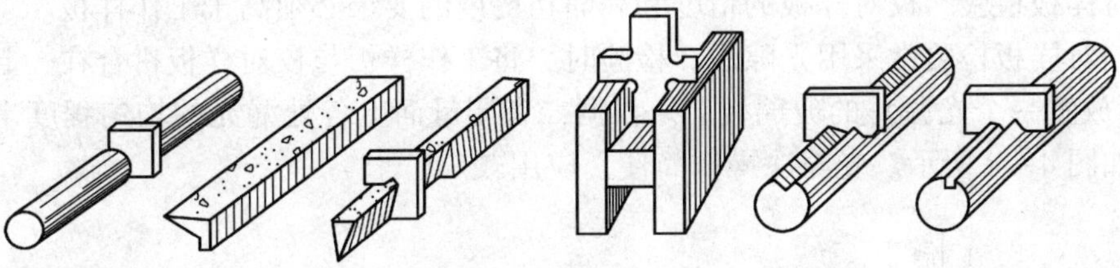

图 4—5　不可动型研具

因为样板厚度比较薄，在用不可动型研具研磨时，样板容易晃动，所以通常把研具与样板放在平板上进行对研，如图 4—6 所示。

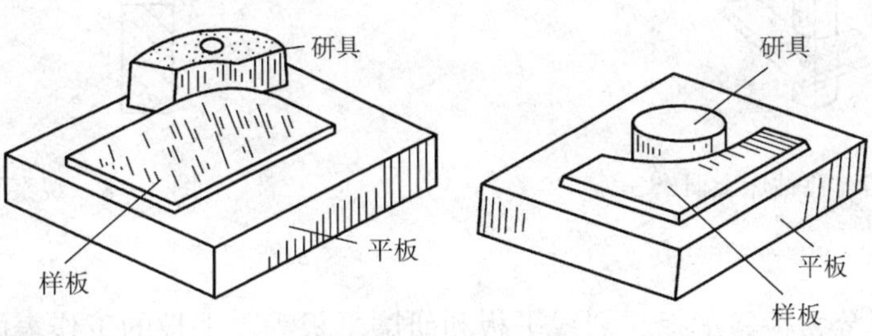

图 4—6　在平板上研磨样板型面

当研具是回转表面时，可以将研具安装在钻床主轴上，让研具作旋转运动，手握样板在研具表面作上下直线运动，如图 4—7 所示。

（5）制作样板标记

为了便于生产管理，样板上都要制作标记。样板标记常用的制作方法有钢印法、电刻法、腐蚀法三种。

1）钢印法。是用钢印在样板平面上敲出标记的方法。

2）电刻法。是利用镶有钨尖的铜笔电刻器在通电的状态下刻写标记的方法。

3）腐蚀法。是用酸液在样板表面腐蚀出标记的方法。

（6）样板检验

校对样板和工作样板制作完毕后要进行检验，工作样板在使用一段时间后也要重新检验。检验样板的方法较多，按使用工具的不同主要有以下三种：

1）利用通用量具检验。是一种操作简单而测量精度较高的方法，它适用于测量一些形状简单、规则的样板。常用的量具有正弦规、千分表、量块、刀刃检查尺和各种辅助用的量棒等。

2）利用光学量仪检验。是一种具有较高检验准确度的测量方法，它适用于检验测量面形状复杂而精度要求特别高的样板。常用万能工具显微镜或投影仪等光学量仪来检验。

工具显微镜可以利用直角坐标和极坐标来测量样板上的角度、点与点之间、线与线之间以及点与线之间的距离。

当样板形状复杂、尺寸较小，而且精度要求又高，利用其他方法无法检验时，可以使用投影仪进行检验。根据放大了的工件轮廓影像与预先按相同放大比例绘制好的放大图吻合程度来判断样板制作的精确程度。

3）利用校对样板检验。当样板测量面较复杂，用一般通用量具或量仪检验较困难时，可使用校对样板检验。校对样板的精度和表面粗糙度的要求必须高于工作样板。

使用校对样板检验常采用光隙法。检验时，将工作样板与校对样板拼合在一起放在灯箱（或在其后放置一个光源）的玻璃板上。根据二者测量面上各处漏光的均匀程度来判断其制作精度，如图 4—8 所示。光隙法操作简便，应用较广。

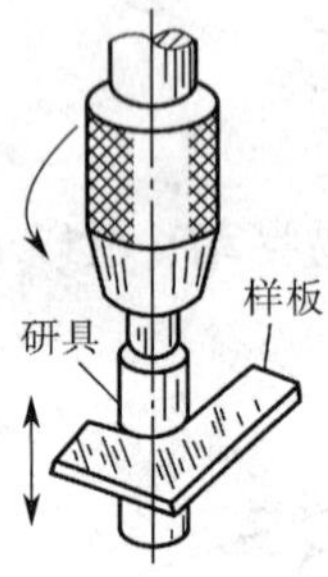

图 4—7　在钻床上研磨

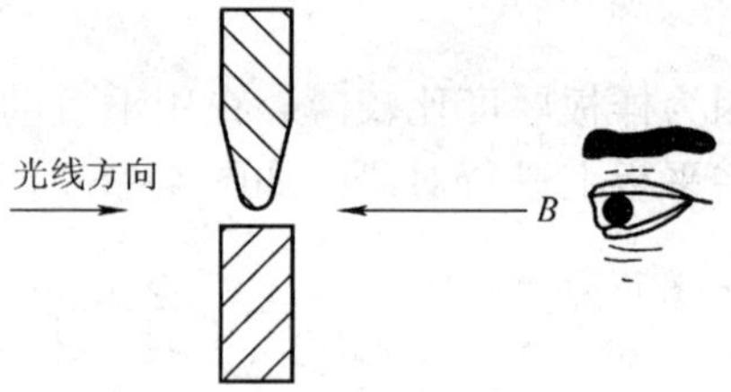

图 4—8　观察光隙

2. 制作平板

平板按用途可分为检验平板、划线平板和研磨平板等。平板的工作表面要求具有很高的精度，同时还应具有较好的耐磨性、稳定性和足够的刚性。

平板一般按以下工艺过程制作：

铸造—退火—初刨平面及侧面—时效处理—精刨工作面—钻、攻手柄螺纹孔—装手柄—刮削工作面。

制作平板的关键工序是刮削工作面，即平板工作面。一般可在标准平板上用合研显点的方法刮削。如果没有标准平板，也可用三块平板按互研互刮的方法刮削（也称为原始平板刮削法）。刮削可分正研和对角研两个步骤进行。

原始平板刮削法采用的是渐进法原理，使其精度逐步达到要求，其方法如图 4—9 所示。

3. 制作卡规

(1) 卡规的结构类型

卡规是用来检验轴类零件外圆尺寸的量规。它具有两个平行的测量面，也可改用一个平面与一个球面或圆柱面或用两个圆柱面作为测量面。卡规的种类较多，常用的结构类型见表4—1。

表 4—1　　　　常用卡规的结构类型

名称	实物图	检验范围	名称	实物图	检验范围
双端板状卡规		1~50 mm	单端圆形板状卡规		1~180 mm
单端矩形板状卡规		10~70 mm	镶嵌口单端卡规		100~325 mm

（2）制作卡规的工艺过程

以单端圆形板状卡规为例，如图 4—10 所示，其制作工艺过程如下：

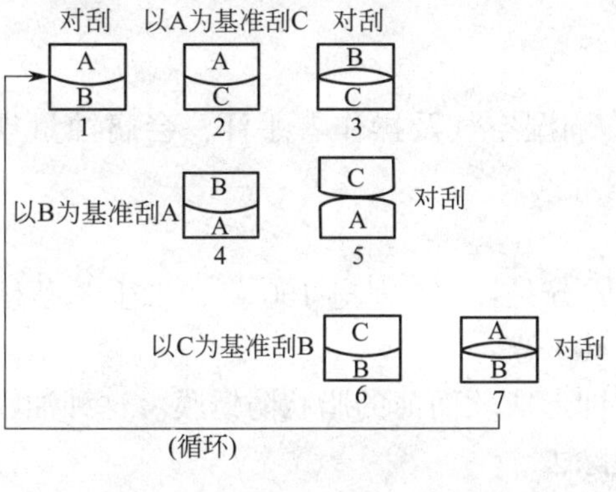

图 4—9　原始平板刮削方法

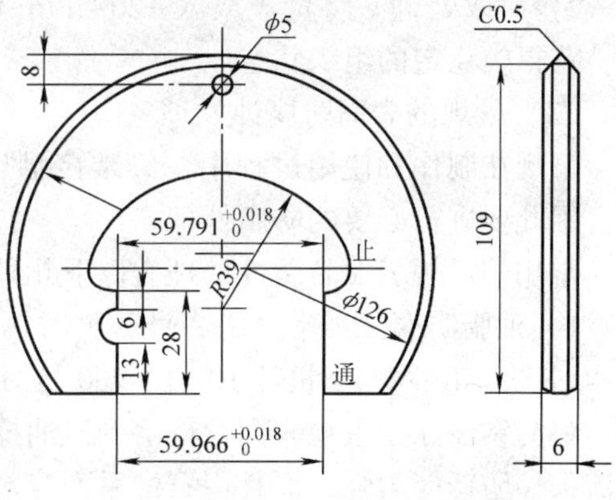

图 4—10　单端圆形板状卡规

落料→车两端面和外圆，两端面留磨削余量→粗磨两端面，留精磨余量→划出轮廓线→钻孔→铣内、外轮廓面，工作面留磨削余量→去毛刺，打标记→热处理淬火、时效处理→精磨两端面→磨工作表面，留研磨余量→研磨工作面。

4. 量规的材料、热处理及表面防腐蚀处理

（1）量规材料的基本要求

量规在检测工件时，其工作面要求有较高的精度和较低的表面粗糙度值，其材料的选用应具备：线膨胀系数较小、稳定性和耐磨性好、有较好的切削加工性能和热处理性能。

常用量规材料的牌号、特点及其使用范围见表 4—2。

表 4—2　　常用量规材料

类别	材料牌号	特　点	制作量规的名称
渗碳钢	15、20、15Cr、20Cr、15CrMn	经渗碳淬火后表面具有一定的硬度，心部韧性较好	板状卡规、模锻卡规、样板及不完整的塞规
碳素工具钢	T7、T8	硬度高，耐磨性好，但热处理变形大	样板、需镀铬的量规
	T10A、T12A	硬度高，耐磨性好，热处理变形小	光滑量规、螺纹量规
合金工具钢	CrMn、CrWMn 9CrWMn、GCr15 Cr12MoV、Cr12	硬度和耐磨性高，抗蚀性好，热处理变形小，但稳定性差	光滑量规、螺纹量规、花键量规、量块
氮化钢	38CrMnAlA 38CrMoAlA	氮化后，表面具有极高的硬度和耐磨性，稳定性好，内应力小，心部韧性好	形状复杂和淬火后不能磨削的量规、量块

（2）量规热处理的特点

量规经过机械加工和热处理淬火以后，材料内部存在着应力及残余奥氏体，如果不及时消除，在使用和存放过程中会引起量规变形，因此在制作过程中应安排冷处理和时效处理。

1）冷处理。将淬火后的量规及时放入低温介质中冷却至-70～-90 ℃，保持 1～8 h，待量规截面温度均匀一致后，取出放在空气中，使其恢复到室温的过程，称为冷处理。冷处理能提高量规的硬度、耐磨性，稳定量规尺寸。但冷处理会产生内应力，还应进行时效处理。

2）时效处理。将量规放入 120～176 ℃的炉内保温 20～30 h，进一步消除量规的内应力，获得较稳定的组织状态。

（3）量规的表面防腐蚀处理

量规在制作和使用过程中，经常接触切削液、潮湿空气及操作者手汗，会腐蚀量规表面，因此要进行必要的防腐处理。

常用的量规表面防腐蚀处理有以下几种：

1）油脂防腐蚀。常采用 2 号软膜防锈油，其成分是：743 钡皂 100 份、二壬基萘磺酸钡 40.8 份、L—AN32 机油 10 份、200 号溶剂汽油 400 份。

将防锈油涂于量规表面，待溶剂汽油挥发后，即形成软而薄的脂状防锈膜。这种油膜不易流失，防锈能力强，而且用石油系列溶剂很容易除去。

2）镀铬与发黑防腐蚀。量规表面镀铬除了能防腐蚀外，还能提高耐磨性。但镀铬的成本较高，所以常用发黑处理代替。发黑使量规表面生成一层很薄的黑色氧化膜，是一种成本低、工艺简单的防腐蚀方法。

3）油漆防腐蚀。对于精度较低的大型量规的非工作表面，如果采用油脂防腐蚀或发黑、镀铬都不方便，可采用油漆防腐。先把量规非工作表面上的油污、铁锈等清除干净，然后涂上磁漆或硝基清漆。

4）气相防腐蚀。气相防腐蚀是用气相缓蚀剂（又称挥发性缓蚀剂）进行防腐蚀的一种方法。气相缓蚀剂在常温下挥发后能充满包装空间，吸附在量规表面，阻滞金属腐蚀。

技能训练

一、工具制作

1. 训练课题

制作划规。

2. 训练图样

加工要求如图 4—11 所示。

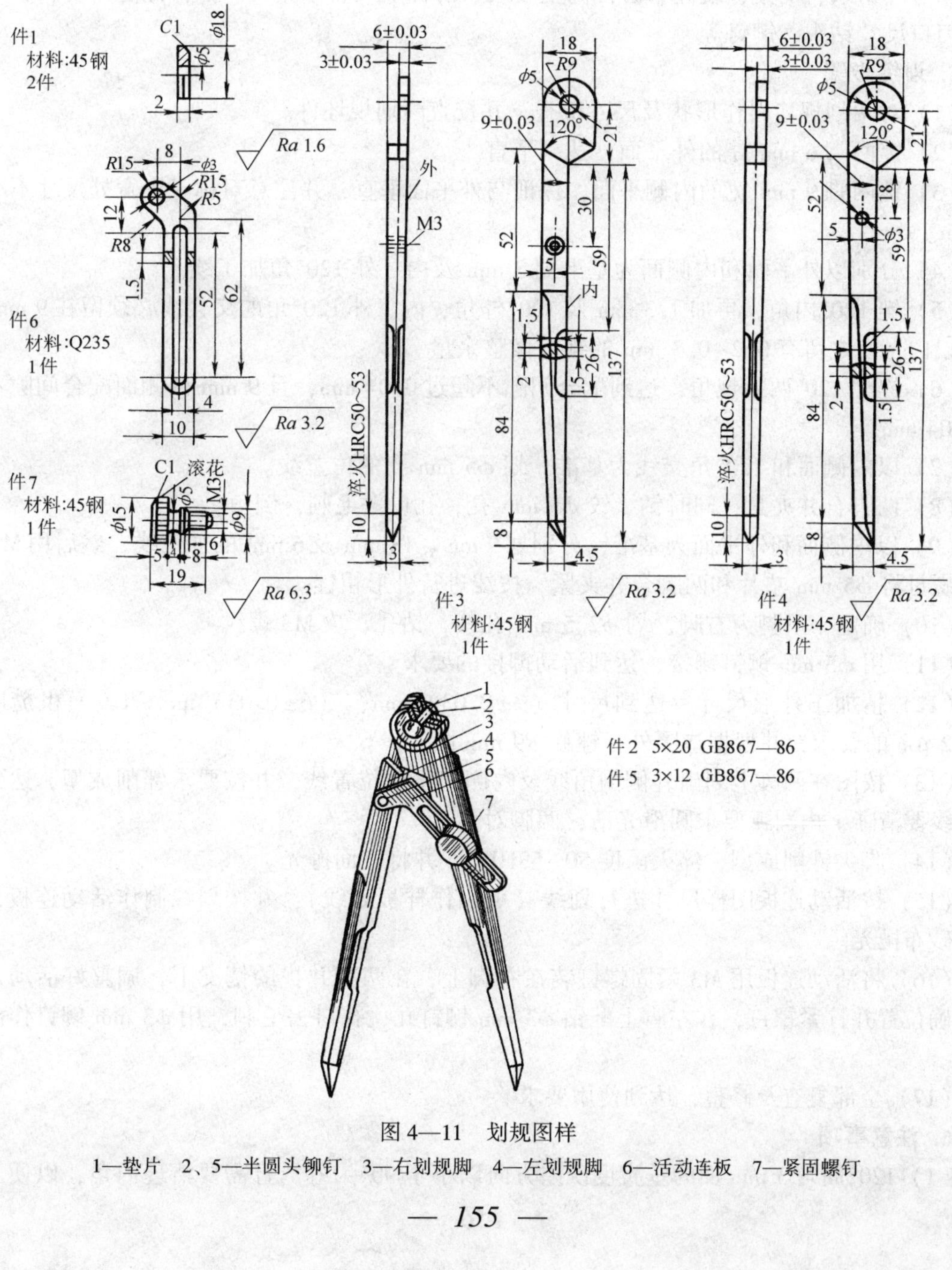

图 4—11 划规图样

1—垫片 2、5—半圆头铆钉 3—右划规脚 4—左划规脚 6—活动连板 7—紧固螺钉

3. 训练要求

（1）熟悉划规制作的工艺及要求。

（2）通过划规制作进一步提高各项基本操作的技巧和综合加工能力。

4. 训练备料

（1）材料

45 钢：规格 200 mm×20 mm×8 mm（或划规毛坯）×2 件。

Q235 钢：规格 90 mm×30 mm×1. 5 mm×1 件。

（2）工、量具

锯弓、锯条、平锉、组锉、游标高度卡尺、游标卡尺、千分尺、游标万能角度尺、直角尺、刀口尺、钻头、铆钉等。

5. 训练步骤

（1）对两划规坯料作形状及尺寸检查，并校直两划规坯件。

（2）锉两脚 6 mm 厚的外平面，达到平直。

（3）锉两脚 9 mm 宽的内侧平面，保证与外平面垂直，并注意对称于全宽处尺寸不小于 18 mm。

（4）分别以外平面和内侧面为基准划 3 mm 及内、外 120°角加工线。

（5）锉 120°内角，再加工 3 mm 及 120°外角，内、外 120°角的交会线必须留在 9 mm 内侧面以内，使之留有 0. 2~0. 3 mm 的锉配修整余量。

（6）锉配 120°两划规角，达到配合间隙不超过 0. 04 mm，且 9 mm 内侧面配合间隙不超过 0. 04 mm。

（7）以内侧面和 120°角交线为基准。划 ϕ5 mm 孔的位置线。

（8）两脚合并夹紧，同时钻、铰 ϕ5 mm 孔，孔口去毛刺，倒角。

（9）以内侧面和外平面为基准，分别划 9 mm、18 mm 及 6 mm 的加工线，然后用 M5 螺钉、螺母将 ϕ5 mm 垫片和两脚合并夹紧，按线进行外形粗锉。

（10）确定一只脚为右脚，划 ϕ2. 5 mm 孔线，钻孔、攻 M3 螺纹。

（11）用 ϕ5 mm 铆钉铆接，达到活动铆接的要求。

（12）精加工外形尺寸，达到尺寸（9±0. 03）mm、（6±0. 03）mm 和表面粗糙度值 Ra3. 2 μm 的要求，并根据垫圈外径锉修 R9 mm 圆头。

（13）按图在两脚上划出外侧倒角线及内侧捏手槽位置线，并按要求锉削成型，达到各棱交线要清晰，内圆弧要求圆滑光洁，两脚对称。

（14）脚尖锉削成型，淬火硬度 50~53HRC，并将表面抛光。

（15）按活动连板图样尺寸进行划线（可制作样板划线），并按划线制作活动连板，最后用砂布抛光。

（16）将活动连板用 M3 紧固螺钉装在右脚上，在两脚并拢的情况下，调整好活动连板的正确位置并拧紧螺钉，在左脚上配钻 ϕ3 mm 铆钉孔，孔口去毛刺，用 ϕ3 mm 铆钉作活动铆接。

（17）全部复查及修整，达到使用要求。

6. 注意事项

（1）120°面与 3 mm 面的垂直度误差方向以小于 90°为好，且需要清理内角，以便于达到配合要求。

（2）铆合面必须平直光洁，平行度误差必须控制在最小范围内，才能保证铆接后两划规转动松紧适度。

（3）钻 ϕ5 mm 铆孔时，必须两脚夹紧配合正确，并钻在两脚内侧面延长线上，否则将使合并间隙达不到要求，又无法再修整加工。

（4）在加工外侧倒角与内侧捏手槽时，必须一起划线，锉两脚时应经常并拢检查大小和长短是否一致，否则影响划规外形质量。

（5）在加工活动连板时，由于厚度尺寸小，应先加工长槽后再加工外形轮廓，钻孔时必须夹牢，避免造成工伤和折断钻头。

（6）由于活动连板加工时有尺寸、形状的误差，为使装配后位置正确，可将 M3 螺钉孔（或 ϕ3 mm 铆钉孔）的位置用试装配钻方法确定。

7. 成绩评定（表 4—3）

表 4—3　　制作划规实习记录与成绩评分表

训练课题	制作划规				
姓名	班级		工件号	总得分	
项次	项目与技术要求	配分	评分标准	实测结果	得分
1	（9±0.03）mm（2 处）	6	一处超差扣 3 分		
2	（6±0.03）mm（2 处）	6	一处超差扣 3 分		
3	120°配合间隙（2 处）	16	一处超差扣 8 分		
4	两脚并合间隙 0.08 mm	8	超差不得分		
5	R9 mm	6	要求圆头光滑正确，否则不得分		
6	ϕ5 mm（2 处）	8	要求铆钉铆接松紧适宜，铆合头完整，每处不符合要求扣 4 分		
7	ϕ3 mm（2 处）	6	要求铆钉铆接松紧适宜，铆合头完整，每处不符合要求扣 3 分		
8	活动连板尺寸和形状	4	符合图样要求		
9	两脚倒角对称（8 处）	16	每处不符合要求扣 2 分		
10	脚尖倒角对称（2 处）	6	每处不符合要求扣 3 分		
11	表面粗糙度值不超过 Ra3.2 μm（8 处）	8	一处升高一级扣 1 分		
12	安全文明生产	10	违者不得分		
现场记录					

二、制作角度样板

1. 训练课题

制作角度样板。

2. 训练图样

加工要求如图 4—12 所示。

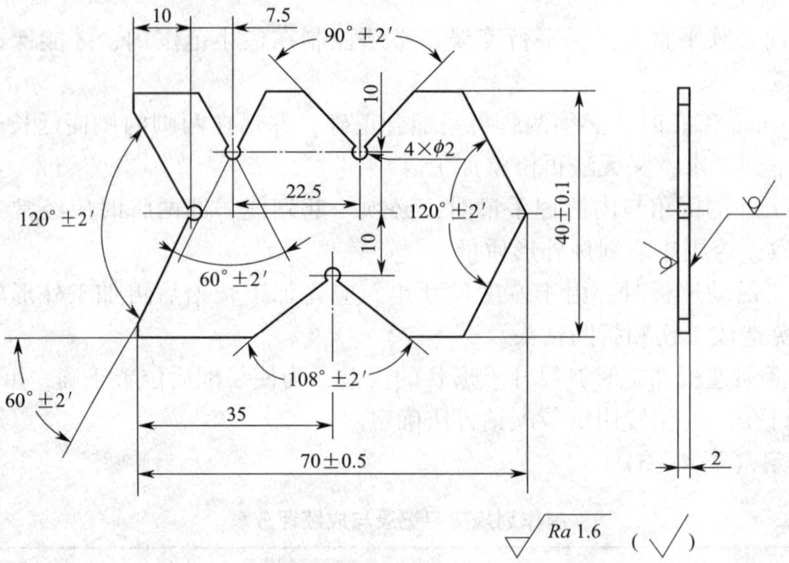

图 4—12　角度样板

3. 训练要求

(1) 熟练掌握万能角度尺的使用方法和薄板工件的锯削、锉削操作技能。

(2) 能分析和处理在制作过程中出现的问题（主要是薄板变形），注意保证角度的准确性，从而达到所需的加工质量要求。

4. 训练备料

(1) 材料

45 钢，规格为 71 mm×41 mm×2 mm，数量为每人 1 件。

(2) 工、量具

平板（1 级）、万能角度尺（0°~320°）、游标卡尺、油石、游标高度卡尺、刀口形直尺、刀口角尺、划线工具、样冲、平锉（100 mm—5 号纹、150 mm—4 号纹、200 mm—3 号纹）、三角锉（150 mm—5 号纹）、整形锉、锯弓、锯条、软钳口、钻头（ϕ2 mm）等。

5. 训练步骤

(1) 下料

按规格要求下料并检查、整理坯料，同时准备好制作用具。

(2) 锉削基准面

按图样要求锉削基准面 A，用刀口形直尺检验直线度；接着锉削基准面 B，保证其直线度以及与基准面 A 的垂直度，如图 4—13a 所示。

(3) 划线

涂蓝油划线，并检查划线的准确性，如图 4—13b 所示。

(4) 钻孔

按划线钻 4 个 ϕ2 mm 的工艺孔。钻孔时将工件装夹在机床平口钳上（也可用手持虎钳夹持工件），按划线钻孔，如图 4—13c 所示。

(5) 锯削

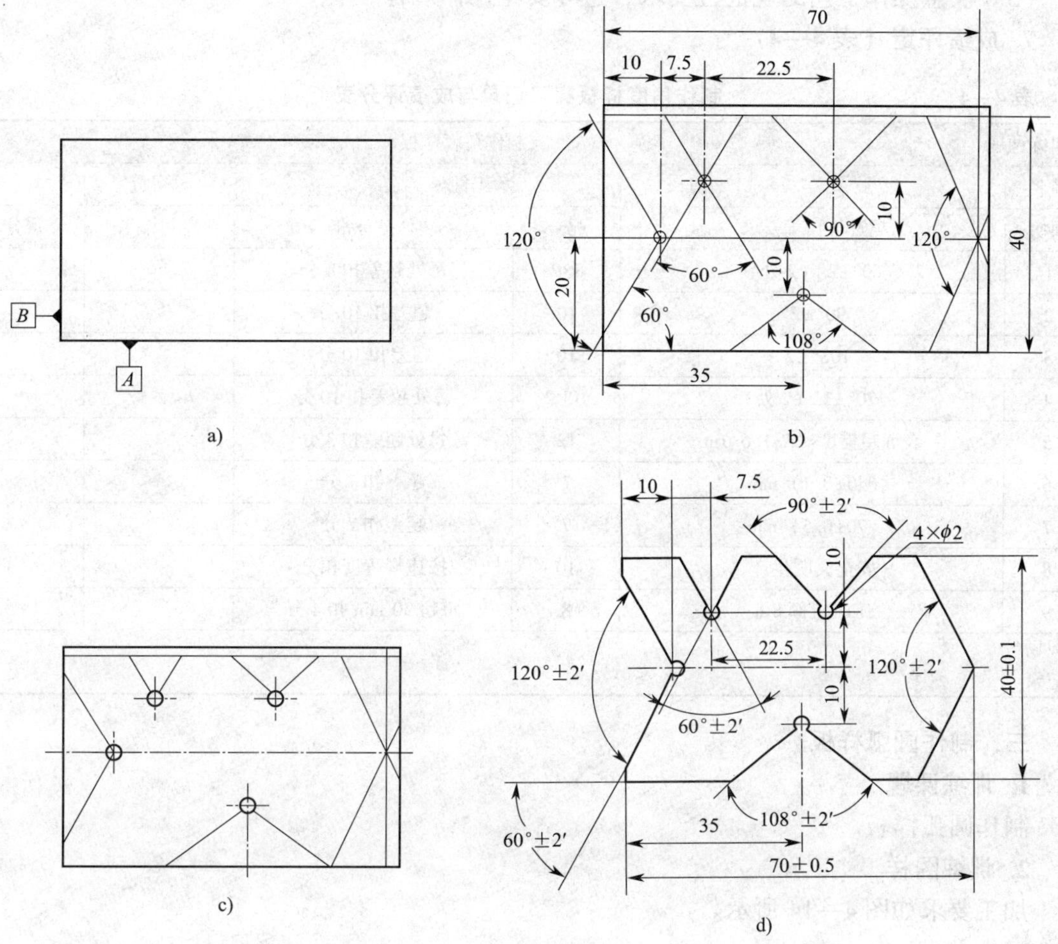

图 4—13　制作角度样板的工艺步骤

a）下料、锉削基准面 *A* 和 *B*　b）划线

c）钻削工艺孔　d）锯削、锉削、精整各个型面

按划线锯削，去除余料。

（6）锉削

按图样尺寸进行锉削，直至符合精度要求为止，如图 4—13d 所示。

（7）热处理

（8）精整

用油石精修（或研磨）各个型面，并将各个尖角和棱边稍许倒棱。

（9）检验

按图样要求进行检验，并做必要的修整。

6. 操作注意事项

（1）工件装夹在机用平口钳上进行钻孔时，一定要紧固夹牢，同时下面要加木衬垫，以防钻通孔时将工作台台面钻坏；若采用手持虎钳夹持工件，则要注意操作安全。

（2）用油石精修各个型面时，不能破坏型面的精度。

（3）注意操作工艺的规范性要求，遵守安全操作规程。

7. 成绩评定（表 4—4）

表 4—4　　制作角度样板实习记录与成绩评分表

训练课题	制作角度样板				
姓名	班级		工件号		总得分
项次	项目与技术要求	配分	评分标准	实测结果	得分
1	60°±2′（2 处）	8×2	每处超差扣 8 分		
2	90°±2′	10	超差扣 10 分		
3	108°±2′	10	超差扣 10 分		
4	120°±2′（2 处）	10×2	每处超差扣 10 分		
5	表面粗糙度≤*Ra*1. 6 μm	12	每处超差扣 3 分		
6	（40±0. 1）mm	7	超差扣 7 分		
7	（70±0. 5）mm	7	超差扣 7 分		
8	安全文明生产	10	按违规程度扣分		
9	工时定额 8 h	8	每超 30 min 扣 4 分		
现场记录					

三、制作圆弧样板

1. 训练课题

制作圆弧样板。

2. 训练图样

加工要求如图 4—14 所示。

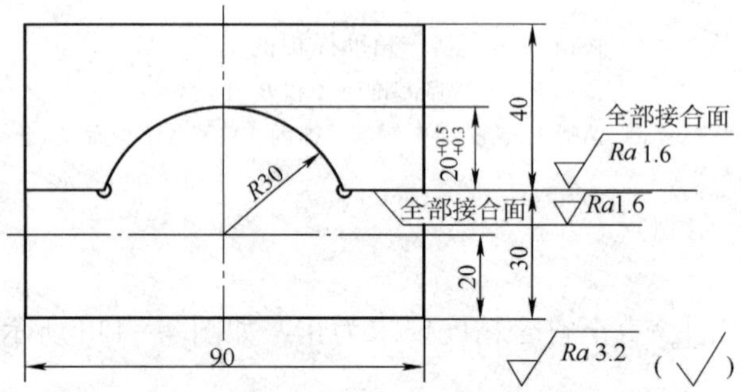

图 4—14　圆弧样板

3. 训练要求

（1）掌握手工制作圆弧样板的工艺方法和步骤。

（2）样板翻面配合时，其配合间隙均不得大于 0. 03 mm。

（3）样板的对称度必须保证在 0. 02 mm 范围内。

4. 训练备料

（1）材料

Q235 钢或 45 钢；规格为 90 mm×42 mm×2 mm，每人 1 块；90 mm×52 mm×2 mm，每人

1 块。

（2）工、量具

锯弓、锯条、平锉、半圆锉、圆锉、ϕ60 mm 光面塞规、整形锉、游标卡尺、灯光箱、钻头、直角尺、油石、划线工具等。

5. 训练步骤

（1）下料、检查并清理坯料，同时准备好制作用具。

（2）按图 4—14 所示要求划线。先划出公母样板 R30 mm 的中心，以中心划出 R30 mm 的圆弧，再划出公母样板外形尺寸线，并在接合面线上打上较密的样冲眼，其他部位打上较稀的样冲眼。

（3）在公样板圆弧与直线的交点处钻 ϕ1. 5 ~ ϕ2 mm 两个落刀孔，除公母样板配合部分（测量面）留 0. 3 ~ 0. 5 mm 余量外，其他各面均锉削至图样要求。

（4）在母样板圆弧处依据划线进行修锉，并在灯光箱上用 ϕ60 mm 光面塞规进行目测光隙检查。当圆弧面与光面塞规漏光均匀，光隙符合图样精度要求时，粗测直线与圆弧的距离为 20 mm；若距离小于 20 mm 则应继续修锉圆弧，使其距离在 $20^{+0.5}_{+0.3}$ mm 范围内；若距离大于 $20^{+0.5}_{+0.3}$ mm 时，则可修锉直线来弥补，保证精度符合图样要求。

（5）以母样板的配合面为基准，修锉公样板配合面，使公母样板的配合面在灯光箱上目测检查达到漏光均匀，光隙符合图样精度要求。

6. 注意事项

（1）修锉圆弧时应注意控制加工量，边修锉，边检测，以确保圆弧面的光滑。

（2）可采用钻排孔的方式去除多余的余量，注意留出精整余量，并保持板料的平整。

7. 成绩评定（表 4—5）

表 4—5　　制作圆弧样板实习记录与成绩评分表

训练课题	制作圆弧样板				
姓名	班级		工件号		总得分
项次	项目与技术要求	配分	评分标准	实测结果	得分
1	准备工作及备料	10	每缺一项扣 2 分		
2	划线及打样冲	10	超差一项扣 5 分		
3	钻削、锉削与精整	12	超差一项扣 3 分		
4	圆弧形状	10	不符合要求不得分		
5	配合间隙<0. 03 mm	15	每超差一面扣 3 分		
6	表面粗糙度 Ra1. 6 μm	15	每超差一面扣 3 分		
7	样板对称度<0. 02 mm	10	不符要求不得分		
8	安全文明生产	10	违反规定酌情扣分		
9	工时定额 4 h	8	每超 30 min 扣 4 分		
现场记录					

课题二
刀具的结构与制作

金属切削加工是指利用刀具切除被加工零件多余材料的加工方法。其过程是通过刀具与工件之间的相对运动来实现切削，以改变工件形状、尺寸、相对位置及表面状态，从而获得较高的尺寸精度和表面质量，它是机械制造业中最基本的加工方法。

一、切削运动与切削用量

1. 切削运动

切削加工时，刀具和工件之间的相对运动叫做切削运动。切削运动分为主运动和进给运动。如图 4—15 所示为车削、刨削、钻削运动及工件加工时形成的表面。

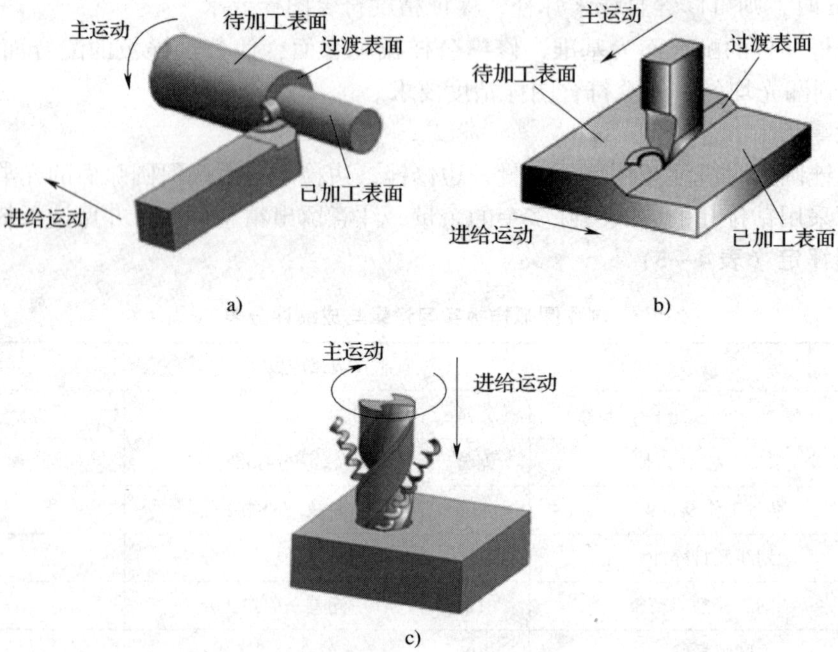

图 4—15　切削运动及工件加工时形成的表面

a）车削　b）刨削　c）钻削

（1）主运动

主运动是指进行切削时最主要的、消耗动力最大的运动，它使刀具与工件之间产生相对运动。如车削时工件的旋转、刨削时刨刀的移动以及钻削时钻头的旋转都是主运动。

（2）进给运动

进给运动是指刀具与工件之间产生的附加运动，以保证切削连续地进行。如车削时车刀的纵向或横向运动、刨削时工件的移动以及钻削时钻头的轴向移动均为进给运动。

切削加工时，主运动只有一个，进给运动可以有一个或多个。

（3）切削加工时工件上形成的表面

在切削加工过程中，工件上形成三个表面，如图 4—15 所示。

1）待加工表面。工件上即将被切除金属层的表面。

2）过渡表面。工件上由切削刃正在形成的表面。

3）已加工表面。工件上切削后形成的表面。

2. 切削用量

切削用量是指切削加工过程中切削速度、进给量和切削深度的总称（图 4—16）。切削用量直接影响工件加工质量、刀具的磨损和寿命、机床的动力消耗及生产率，因此，必须合理选择切削用量。下面以车削外圆为例来说明。

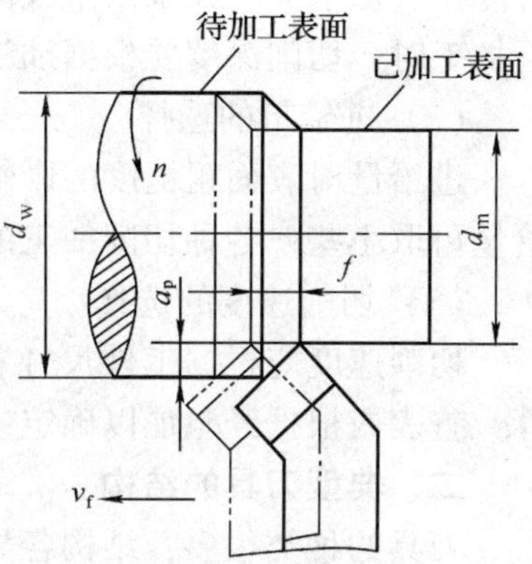

图 4—16　车削外圆时的切削用量

（1）切削速度（v_c）

切削速度是指刀具切削刃上的某一选定点相对于待加工表面在主运动方向上的瞬时速度，单位为 m/min（m/s）。

车削时的切削速度计算公式为：

$$v_c=\frac{\pi dn}{1000}$$

式中　v_c——车削时的切削速度，m/min；

d——工件或刀具选定点的旋转直径，mm；

n——工件或刀具的转速，r/min。

（2）进给量（f）

进给量是指刀具在进给方向上相对工件的位移量。对车削而言，可用刀具在工件每转（行程）时的位移量来度量，单位为 mm/r。

进给量也可用进给速度 v_f 来表示，即单位时间内切削刃选定点相对工件在进给运动方向上的相对位移，单位为 mm/min（mm/s）。

车削时的进给速度为：

$$v_f=nf$$

式中　v_f——车削时的进给速度，mm/min；

n——工件或刀具的转速，r/min；

f——进给量，mm/r。

（3）切削深度（a_p）

切削深度也称背吃刀量，是指工件已加工表面和待加工表面间的垂直距离，单位为 mm。由图 4—16 可知，车削外圆时：

$$a_p=\frac{d_w-d_m}{2}$$

式中　a_p——切削深度，mm；

d_w——待加工表面直径，mm；

d_m——已加工表面直径，mm。

3. 切削用量的选择

切削用量的大小影响切削加工的生产效率、加工成本和加工质量。因此，切削用量的选择原则是：在机床功率允许、保证安全的情况下，优先选择大的切削深度，其次选择大的进给量，最后选择大的切削速度。

（1）切削深度的选择

粗加工时，在机床的功率、强度、刚度和刀具强度允许的情况下，留出精加工余量外尽可能一次切削完。如果余量太大，可分几次切除，但第一次走刀应尽量将切削深度取大些。精加工时，切削深度要根据加工精度和表面粗糙度的要求来选择。

（2）进给量的选择

进给量对表面粗糙度的影响最大。因此，在粗加工时，进给量可取大些；精加工时，进给量可取小些。各种切削加工的进给量可根据相关手册上的进给量表选择确定。

（3）切削速度的选择

切削速度应根据工件尺寸精度、表面粗糙度、刀具寿命的不同来选择，具体可通过计算、查表或根据经验加以确定。

二、典型刀具的结构

刀具的种类很多，结构各异，但就切削部分而言，它们都可以看成是由外圆车刀演变而成的。现以典型的外圆车刀为例，说明刀具的结构特征及用途。

1. 车削刀具的结构

如图 4—17 所示，车刀由刀头和刀柄两部分组成。刀头由刀面、切削刃和刀尖等构成（表 4—6）。刀头用于切削，刀柄用于装夹。

表 4—6　　刀头的组成部分

刀面	前面（前刀面）	切削时切屑流过的表面
	主后面（主后刀面）	与过渡表面相对的表面
	副后面（副后刀面）	与已加工表面相对的表面
切削刃	主切削刃	前面与主后面的交线。它担负着主要的切削工作
	副切削刃	前面与副后面的交线。副切削刃配合主切削刃完成少量的切削工作
刀尖	主切削刃与副切削刃的交点。为提高刀尖强度，刀尖处一般磨出直线或圆弧形的过渡刃	

2. 车削刀具的主要角度和作用

（1）确定刀具切削角度的辅助平面

在介绍刀具的切削角度之前，首先引用 3 个辅助平面：基面、切削平面和正交平面（主截面），如图 4—18 所示。

1）基面。过切削刃选定点并垂直于该点切削速度方向的平面。

2）切削平面。过切削刃选定点与过渡表面相切并垂直于基面的平面。

3）正交平面（主截面）。过切削刃选定点同时垂直于切削平面与基面的平面。

这 3 个辅助平面相互垂直，车刀的几何角度就在这 3 个平面中测量。

（2）刀具的主要角度和作用

在各辅助平面中进行测量的主要角度及其作用见表 4—7。

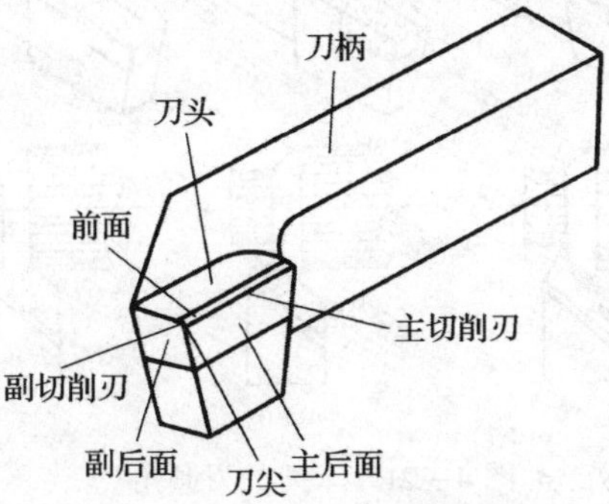

图 4—17　车刀切削部分的构成

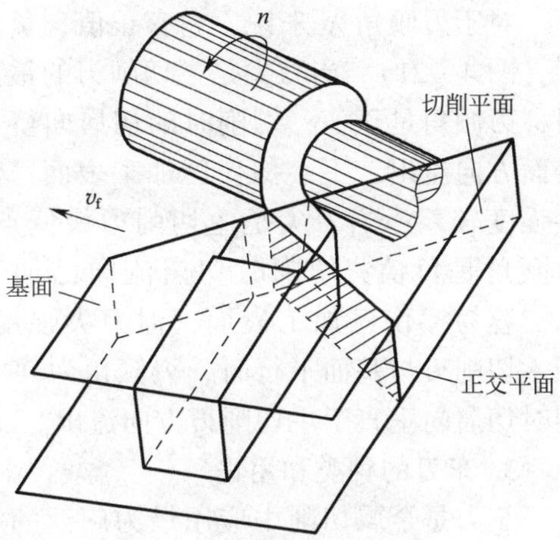

图 4—18　辅助平面

表 4—7　各测量面内测量的主要角度及作用

测量平面	切削角度	作用	角度间的关系及大小选择
在正交平面内测量（图 4—19）	前角 γ_o	前面与基面间的夹角。它主要影响切削刃的锋利及切屑变形程度	一般选取范围是 $-5°\sim25°$，粗加工时前角宜小，精加工时前角宜大
	主后角 α_o	主后面与切削平面间的夹角。主后角可改变车刀主后面与工件间的摩擦状况	后角的选取只能是正值，一般选取范围是 $3°\sim12°$，粗加工时选较小值，精加工时选较大值
	楔角 β_o	前面与主后面间的夹角。它影响刀头强度及散热情况	前角、主后角与楔角之间的关系为：$\gamma_o+\alpha_o+\beta_o=90°$
在基面内测（图 4—20）	主偏角 k_r	主切削刃在基面上的投影与进给方向间的夹角。它能改变主切削刃与刀头的受力及散热情况	通常主偏角的值在 $45°\sim90°$ 之间选取，刚性好时选小值，刚性差时选大值
	副偏角 k'_r	副切削刃在基面上的投影与进给运动反方向间的夹角。它可改变副切削刃与工件已加工面之间的摩擦状况及影响工件的表面粗糙度	一般副偏角取值 $5°\sim20°$
	刀尖角 ε_r	主切削刃与副切削刃在基面上的投影之间的夹角。它影响刀尖强度及散热情况	主偏角、副偏角与刀尖角之间的关系为：$k_r+k'_r+\varepsilon_r=180°$
在切削平面内测量（图 4—21）	刃倾角 λ_s	主切削刃与基面间的夹角。它影响刀尖强度并控制切屑的流向	刃倾角 λ_s 选值一般在 $-5°\sim10°$ 之间，粗加工时常取正值

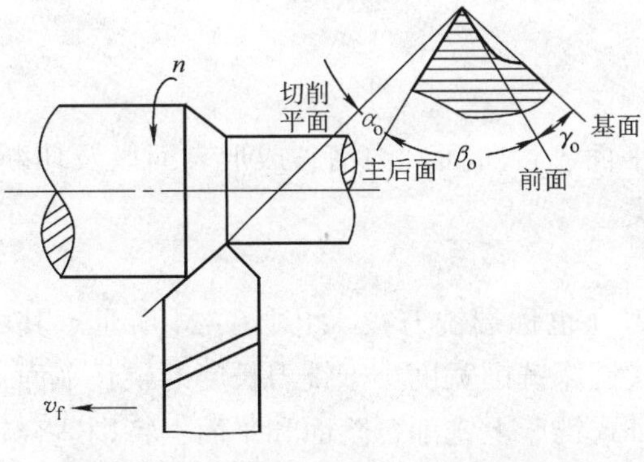

图 4—19　在正交平面内测量的角度

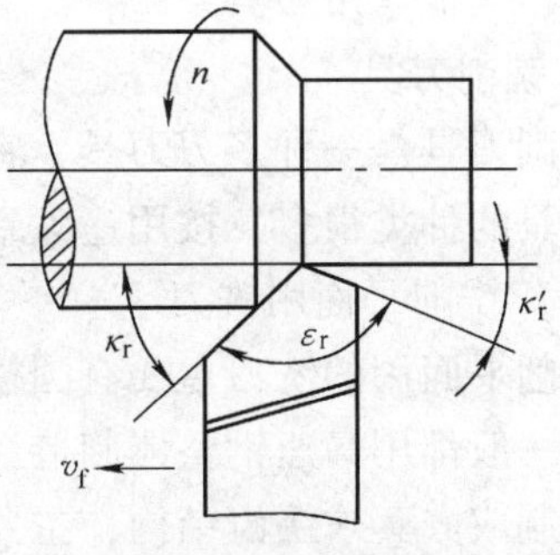

图 4—20　在基面内测量的角度

对于刃倾角 λ_s 来说，它有正值、负值和0°（图4—21）。当刀尖是主切削刃的最高点时，刃倾角是正值，切削时的切屑向待加工表面方向流出，不会擦伤已加工表面，但刀尖强度较差；当刀尖是主切削刃最低点时，刃倾角是负值，切削时切屑流向已加工表面，容易擦伤已加工表面，但刀尖强度好；当主切削刃与基面平行时，刃倾角为0°，切削时切屑向垂直于主切削刃方向流出。

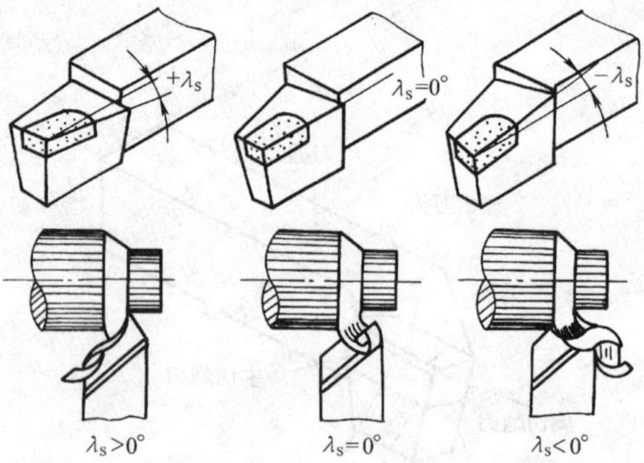

图4—21　车刀的刃倾角

3. 车刀的种类和用途

车刀是金属切削中应用最为广泛的一种刀具。它用于各种车床上加工外圆、内孔、端面、台阶、成形面、螺纹等。车刀按用途可分为外圆车刀、端面车刀、切断刀、内孔车刀、成形车刀和螺纹车刀等，如图4—22所示。车刀按其结构可分为整体车刀、焊接车刀、机夹车刀、可转位车刀和成形车刀等，如图4—23所示。

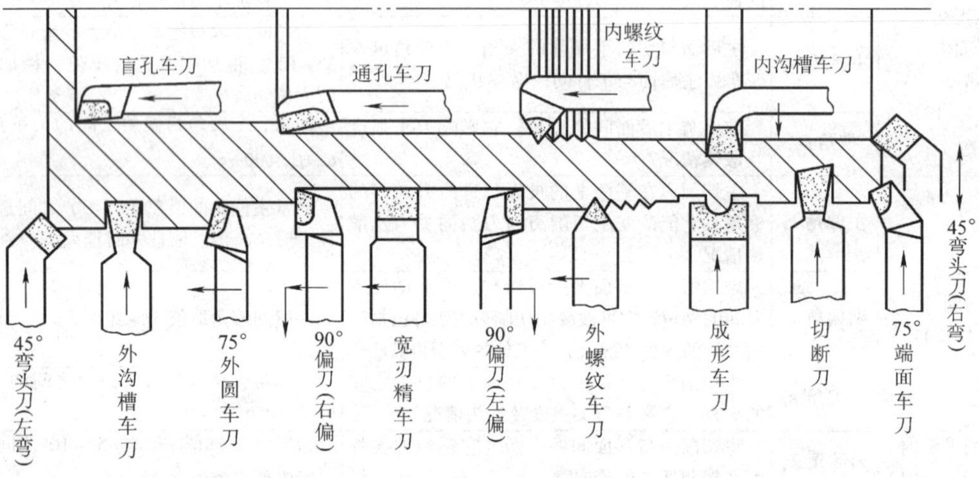

图4—22　车刀的种类和用途

三、其他常用刀具

1. 铣削刀具

铣削刀具是一种多刃刀具。它适用于加工平面、台阶面、沟槽、成形表面以及切断等。铣削刀具的种类很多，按用途大致可分为四大类。

（1）铣削平面用铣刀

铣削平面用的铣刀主要有圆柱铣刀和面铣刀（也称端铣刀），如图4—24所示。其中圆柱铣刀一般都用高速钢整体制造，主要用于卧式铣床铣削宽度小于铣刀长度的狭长平面；面铣刀多制成嵌套式镶齿结构，主要用在立式或卧式铣床上铣削台阶面和平面，特别适合较大平面的铣削加工。

（2）铣削沟槽用铣刀

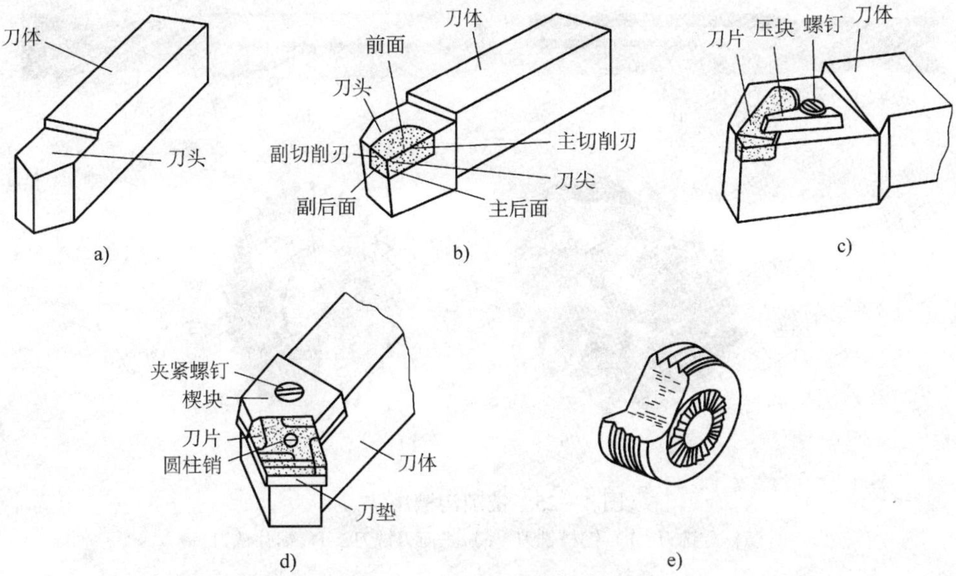

图 4—23　车刀的结构类型

a）整体车刀　b）焊接车刀　c）机夹车刀　d）可转位车刀　e）成形车刀

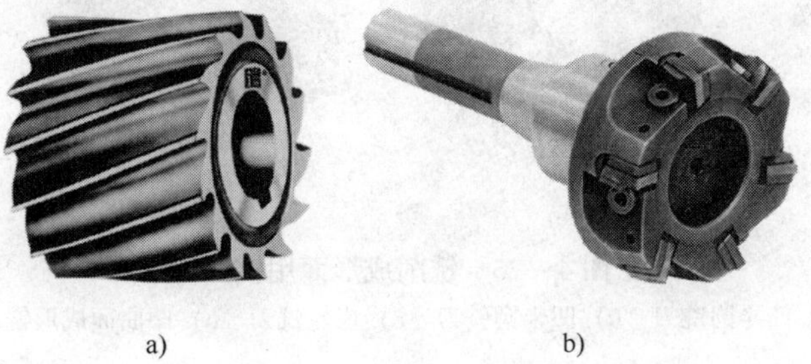

图 4—24　铣平面用铣刀

a）圆柱铣刀　b）面（端）铣刀

铣削沟槽用的铣刀主要有三面刃铣刀、立铣刀、键槽铣刀、锯片铣刀等，如图 4—25 所示。三面刃铣刀有直齿三面刃和错刃三面刃两种常用结构，它主要用在卧式铣床上铣削台阶面和凹槽；立铣刀一般由 3~4 个刀齿组成，工作时只能沿着刀具的径向进给，而不能沿着铣刀的轴线方向进给（键槽铣刀可实现径向或轴向进给），它主要用于铣削凹槽、台阶面和小平面，还可以利用靠模来铣削成形表面；锯片铣刀多用于铣削窄槽和切断工件。

（3）铣削成形面用铣刀

铣削成形面用铣刀主要有凸半圆铣刀、凹半圆铣刀、成形铣刀、齿轮铣刀、曲面成形铣刀等，如图 4—26 所示。

（4）铣削特形沟槽用铣刀

铣削特形沟槽用铣刀主要有 T 形槽铣刀、燕尾槽铣刀、半圆键槽铣刀、角度铣刀等，如图 4—27 所示。

根据安装方式的不同，铣刀可分为带孔铣刀和带柄铣刀两大类。其中带孔铣刀一般多用于卧式铣床，如圆柱铣刀和三面刃铣刀等；带柄铣刀则有直柄铣刀（一般直径较小）和锥柄铣刀（一般直径较大），多用于立式铣床。铣刀的结构形式也有整体式、焊接式和机夹式等。

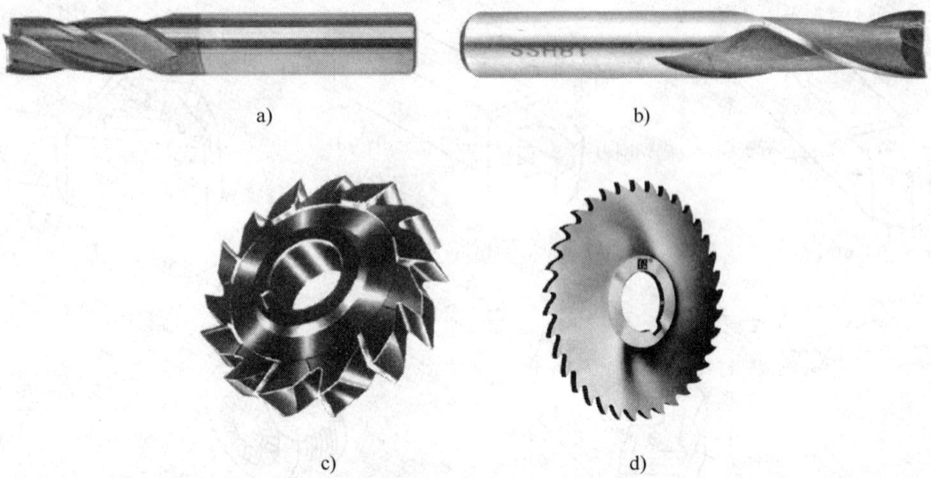

图 4—25　铣削沟槽用铣刀

a）立铣刀　b）键槽铣刀　c）三面刃铣刀　d）锯片铣刀

图 4—26　铣削成形面用铣刀

a）凸半圆铣刀　b）凹半圆铣刀　c）齿轮铣刀　c）凹曲面成形铣刀

图 4—27　铣削特形沟槽用铣刀

a）T 形槽铣刀　b）燕尾槽铣刀　c）半圆键槽铣刀　d）V 形槽铣刀　e）单角铣刀　f）双角铣刀

2. 孔加工刀具

在工具零件制造中，孔加工的比重非常大，需广泛使用各种孔加工刀具。孔加工刀具按其用途可分为两大类：一类是从实心材料上加工出孔的刀具，如麻花钻、中心钻和深孔钻等；另一类是对已有孔进行扩大、精整加工的刀具，如扩孔钻、锪钻、铰刀和镗刀（与车削内孔刀具相似）等。

3. 螺纹加工刀具

螺纹加工刀具包括加工内、外螺纹表面的各种刀具。螺纹加工刀具的种类较多，有螺纹车刀、丝锥、板牙、螺纹铣刀、搓丝板及滚丝轮等。螺纹刀具除螺纹车刀外，大多数为整体式多刃刀具，且刀齿都是均布在圆柱体、圆锥体或特形圆转体的外圆上。

4. 齿轮加工刀具

齿轮加工刀具是加工齿轮轮齿的专用刀具。按照齿轮轮齿加工原理不同，齿轮加工刀具可分为成形法齿轮加工刀具和展成法齿轮加工刀具两大类。其中常用的成形齿轮加工刀具分为盘形齿轮铣刀和指形齿轮铣刀两种，如图 4—28 所示。而展成法齿轮刀具主要有滚齿刀和插齿刀，如图 4—29 所示。

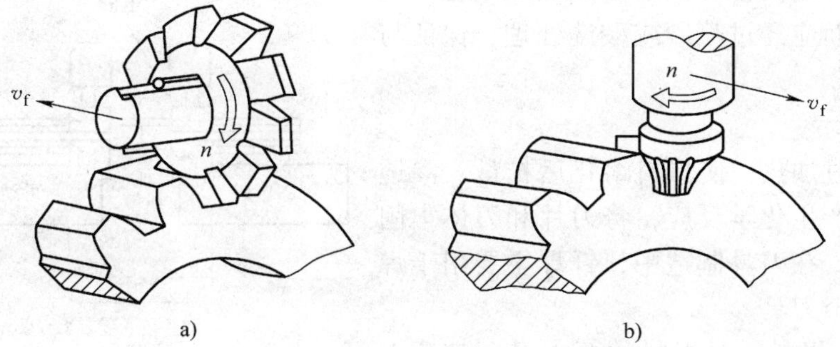

图 4—28　用成形法加工齿轮

a）盘形齿轮铣刀铣削　b）指形齿轮铣刀铣削

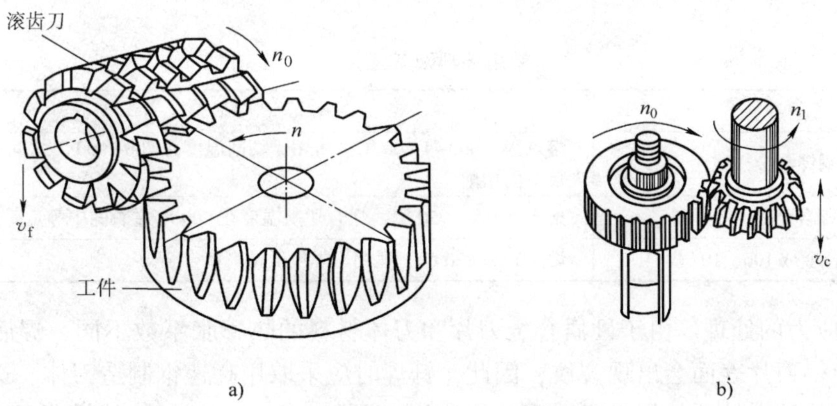

图 4—29　用展成法加工齿轮

a）滚齿刀滚齿　b）插齿刀插齿

滚齿刀左、右侧切削刃分布在螺旋面上，该螺旋面所构成的蜗杆称为滚齿刀的基本蜗杆，其基本形式有三种：阿基米德蜗杆、法向直廓蜗杆及渐开线蜗杆。其中阿基米德蜗杆轴向剖面内的齿形是直线，应用较广泛。滚齿刀的容屑槽形式有直槽和螺旋槽两种。

四、刀具的制作

在刀具制作中，工具钳工的工作主要是将刀具（片）与刀杆（柄）连成一体，以及对刀具进行刃磨。为了节省刀具材料、降低制造成本，刀具切削部分与柄部常采用不同的材料，通过焊接或夹固的方法连成一体。

1. 刀具的焊接

刀具焊接常用的方法有对焊和钎焊两种。

（1）对焊

大规格的麻花钻、带柄铰刀、带柄铣刀、丝锥等刀具的切削部分采用高速钢，而柄部采用碳素结构钢，对这两部分不同材料的连接，常采用对焊的方法进行。

焊接时将刀具的切削部分和柄部分别装夹在接触电焊机的电极上，并使两部分待焊的端面接触，然后通电加热使焊接面呈可塑或熔化状态，并施以一定的压力，熔化部位锻接而达到焊接的目的，如图 4—30 所示。

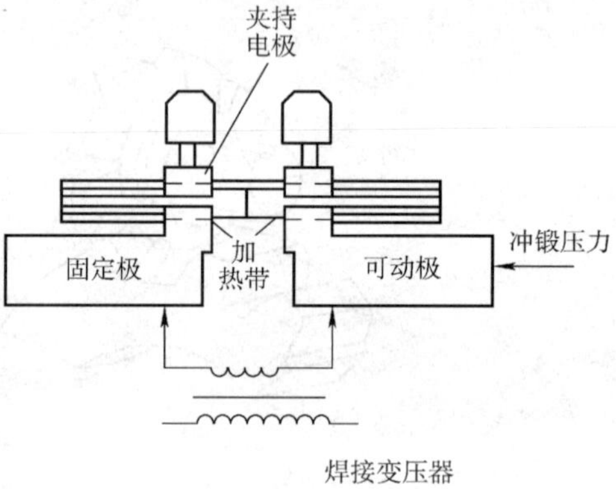

图 4—30　刀具对焊原理示意图

实施对焊的端面在焊接前必须加工平整。与电极接触的表面应经过喷砂或酸洗处理，保证与电极接触良好。

（2）钎焊

钎焊是通过加热，使焊料熔化后扩散、渗透或与刀具材料产生化学反应，将刀片和刀体牢固地结合在一起。在刀具制造中，钎焊主要用于焊接各种硬质合金刀具。

1）常用的焊料。对焊料的要求是，其熔点应高于切削温度，保证刀片在工作时的结合强度，同时要有较好的润湿性和导热性。常用焊料及其应用见表 4—8。

表 4—8　常用焊料及其应用

序号	焊料	应用
1	铜镍合金或纯铜	熔点为 1 000~1 200 ℃，可用于切削温度在 700~900 ℃之间的切削加工或大负荷的切削
2	铜锌合金或 105 焊料	熔点在 900~950 ℃，适合切削温度在 600 ℃左右的中等负荷的切削工作
3	银铜合金或 106、107 焊料	熔点约为 820 ℃，适用于焊接低钴高钛合金

2）焊接应力的处理。由于硬质合金刀片和刀体材料的热膨胀系数不同，焊后会产生较大的应力，使得刀片表面会出现裂纹，因此，钎焊时应采取用高速钢制造刀体、选用具有较高塑性和强度且熔点较低的焊料、采用补偿垫片（即用 0. 2~0. 5 mm 厚的低碳钢或铁镍合金作补偿垫片，置于刀片与刀体之间，可减少焊接应力）以及焊后缓慢冷却等工艺措施来减少焊接应力，以防止刀片产生裂纹。

3）钎焊硬质合金刀片的常用方法。常用的有氧—乙炔钎焊和高频感应钎焊两种。其中氧—

乙炔钎焊（俗称气焊）不需要专用设备，可广泛应用于单件小批量生产中。具体操作可按以下步骤进行：清理硬质合金刀片和刀槽—放置硬质合金刀片—预热—焊接—保温—清理刀具。

对于高频感应钎焊，其过程是：由高频感应加热设备输出高频电流，然后由感应器产生交变磁场，使放在感应器中的刀具产生感应电流，并使刀具迅速加热而进行钎焊。其特点是加热速度快，效率高，质量较好，操作方便，但是需要专用设备，所以一般用于钎焊各种形状复杂或多齿的硬质合金刀具，以及大批量的专业生产。

2. 刀片的夹固

硬质合金刀片经焊接作用后容易产生应力和裂纹，这不仅会降低刀具的使用性能，而且对零件的加工质量和生产效率也会造成极为不利的影响，因此目前已普遍采用非焊接技术连接的刀具，例如机夹式刀具。

机夹式刀具的刀片是通过夹紧元件将其夹固在刀体上，由于未经焊接，避免了热应力的作用，因此极大地提高了刀具的耐磨性和抗破损能力；又由于夹紧元件使用灵活、刀片拆装方便，使得机夹式刀具的刀体可重复多次使用，进而降低了生产成本，提高了生产效率。目前，机夹式刀具的应用范围越来越广，尤其是可转位刀具已得到广泛的应用。

（1）可转位刀片的应用特点

可转位刀片是压制而成的，再经过精磨，用杠杆、螺钉等夹紧元件将其夹固在刀体上。切削过程中刀片刃口磨钝后可迅速转位换刃，不需重磨。

（2）可转位车刀的刀片夹固方式

可转位刀片（以车刀刀片为主）在使用时，其定位、夹紧的方式很多，其中最常用的方式是杠杆式，也有些刀具采用杠销式、斜楔式、上压式、偏心式、拉垫式、压孔式等。

1）杠杆式。杠杆夹紧幅度较大，调节余量大。夹紧力与切削力方向一致，因此定位精度高，夹紧可靠，拆卸方便，如图 4—31 所示。

2）杠销式。其结构原理与杠杆式相同，但比杠杆式容易制造，只是调节余量较小，装卸刀片不如杠杆式方便，如图 4—32 所示。

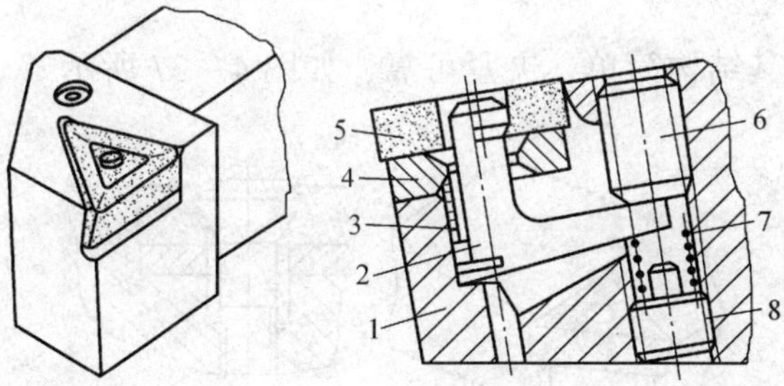

图 4—31　杠杆式夹固

1—刀杆　2—杠杆　3—弹簧套　4—刀垫
5—刀片　6—压紧螺钉　7—弹簧　8—调节螺钉

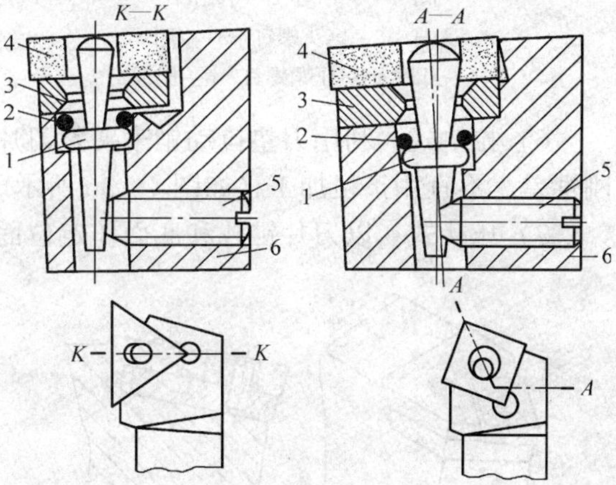

图 4—32　杠销式夹固

1—杠销　2—弹簧圈　3—刀垫
4—刀片　5—加力螺钉　6—刀杆

3）斜楔式。以刀片的孔和底面定位，利用螺钉和斜楔在刀片的侧面加力，将刀片夹紧。斜楔式又称侧压式，当刀片的尺寸变化较大时也可夹紧，但定位精度较低，如图 4—33 所示。

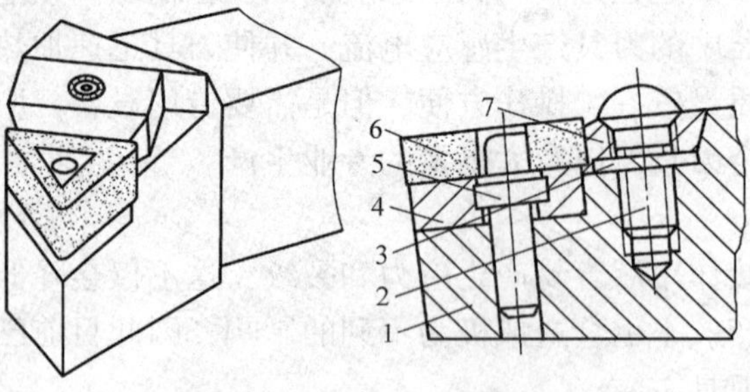

图 4—33　斜楔式夹固

1—刀杆　2—压紧螺钉　3—弹簧垫圈　4—刀垫　5—圆柱销　6—刀片　7—楔块

4）上压式。在刀片的上平面施加压力而夹紧的一种方法。以底面两侧面定位，夹紧可靠，装拆容易，但排屑受到一定的影响，如图 4—34 所示。

5）偏心式。有销轴偏心式和旋转螺纹偏心销式两种，如图 4—35 所示是利用螺纹偏心销（圆柱）来夹紧刀片的，其特点是结构紧凑，调节余量小。

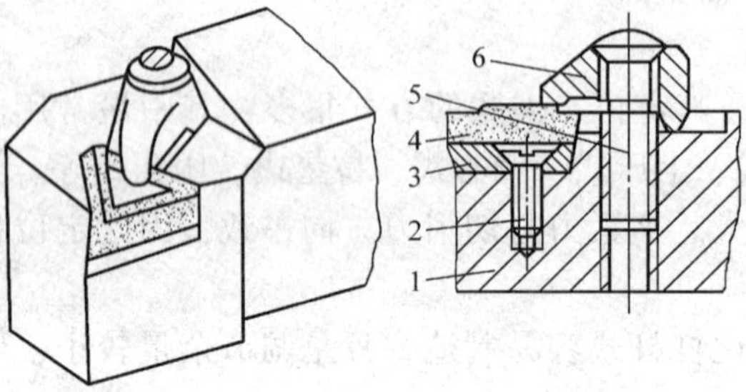

图 4—34　上压式夹固

1—刀杆　2—沉头螺钉　3—刀垫

4—刀片　5—压紧螺钉　6—压板

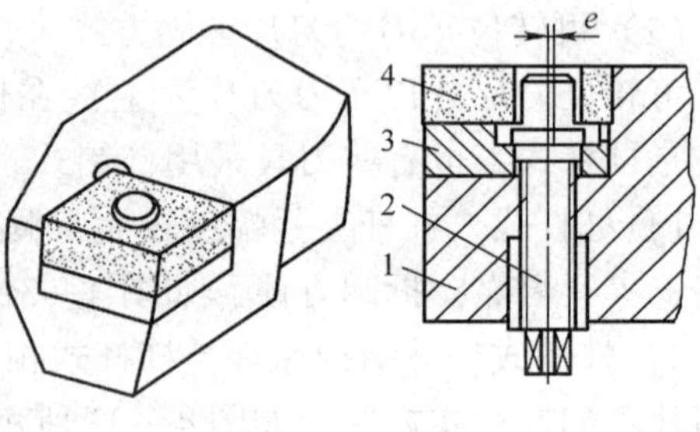

图 4—35　偏心式夹固

1—刀杆　2—螺纹偏心销　3—刀垫　4—刀片

6）拉垫式。利用刀垫拉动销来夹紧刀片。允许刀片尺寸有较大变动，但刀具切削部分刚性差，不宜用于粗加工，如图 4—36 所示。

7）压孔式。以刀片锥孔和底面作定位面，其结构简单，夹紧可靠，如图 4—37 所示。

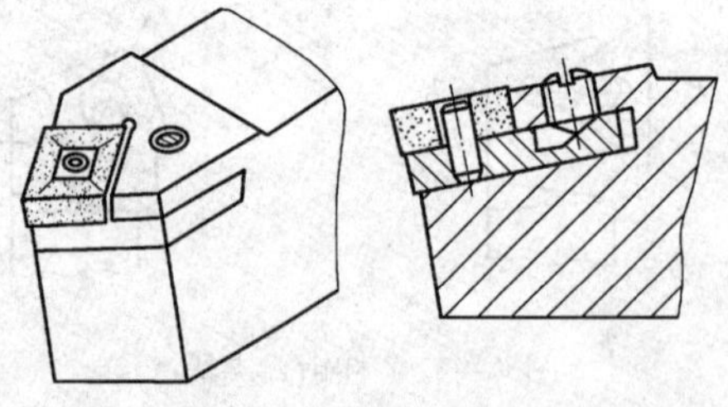

图 4—36　拉垫式夹固

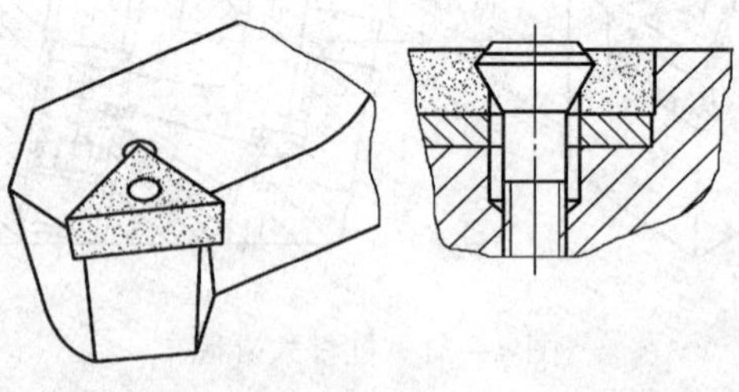

图 4—37　压孔式夹固

(3) 可转位面铣刀的刀片夹固

如图 4—38 所示，可转位面铣刀是由刀体 6、轴向支承块 3、刀垫 5、内六角螺钉 4、楔块 1、2 和双头紧固螺钉 7 等组成的。轴向支承块通过楔块和紧固螺钉紧固在刀体上。紧固前，需将轴向支承块的轴向跳动调整到一定的数值范围内；刀垫通过内六角螺钉固定在刀体的槽内，并以点接触方式定位刀片侧面，刀片安放在刀垫上，通过楔块夹紧。

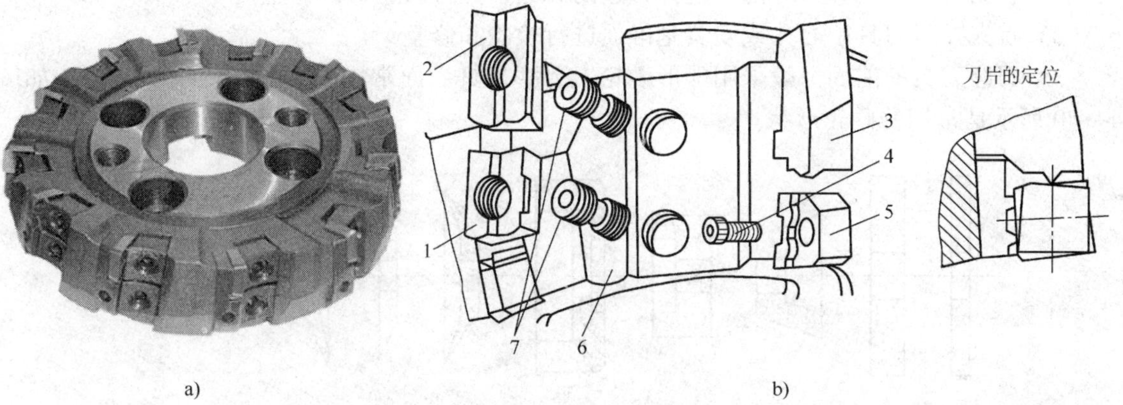

图 4—38　可转位面铣刀及其刀片的夹固

a）实物图　b）刀片安装示意图

1、2—楔块　3—轴向支承块　4—内六角螺钉　5—刀垫　6—刀体　7—双头紧固螺钉

可转位面铣刀各刀齿的切削刃分布必须在同一圆周和同一端平面上。其装配和调整步骤如下：

1）各零件分别去毛刺，清洗。

2）用内六角螺钉 4 将刀垫 5 固定在刀体 6 上，应检查并保证刀垫底面、侧面与刀体 6 接触良好。

3）用楔块 2 将轴向支承块压紧在刀体上。楔块和刀体是利用带有左、右螺纹的双头紧固螺钉 7 进行连接，可避免两者拧入长度不均。应检查并保证各接触面接触良好。

4）粗调轴向支承块的轴向位置，应使所有支承块的定位点处于同一平面上。

5）将刀片相邻的两侧面紧靠在轴向支承块和刀垫的定位点上，用楔块 1 将刀片压紧，并检查接触面使之接触良好。

6）将面铣刀的内孔套入对刀仪的旋转台心轴（图 4—39），用平测头和圆测头分别触及刀片的切削刃，转动对刀仪的旋转台，应使各刀片的刀尖处于同一平面内，各切削刃应在同一圆锥面上。调整时可将楔块稍微放松，用小铜锤轻轻敲击轴向支承块尾端，然后将楔块压紧后再重复检查一次，直至符合技术要求。

在使用过程中若需更换新刀片时，不必再松动轴向支承块。为了保证刀片安装质量，更换刀片以后，再用对刀仪检查一次，如有误差，尽量用选择刀片尺寸的方

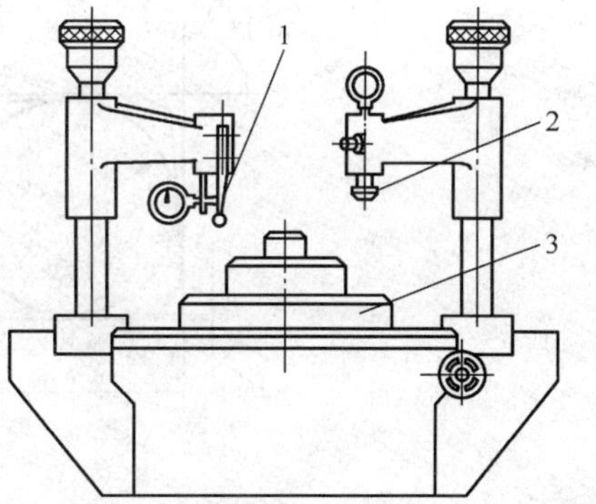

图 4—39　用对刀仪调整刀尖切削刃位置

1—圆测头　2—平测头　3—旋转台

法来消除误差。

3. 刀具的刃磨

刃磨是刀具制作和修理过程中最重要的工序之一。刀具的刃磨质量不仅直接影响着工件的加工精度和表面质量，而且还影响着刀具的切削性能和使用寿命。

（1）刃磨操作要点

1）根据刀具材料和刃磨部位选择合适的砂轮，并进行正确的修整。

2）首先要对刀具中心孔或安装基准面进行检验和修整。

3）刃磨刀具的前面一般采用碟形砂轮，刃磨刀具后面常用碗形砂轮或平形砂轮。如图4—40所示是常用的砂轮形状。

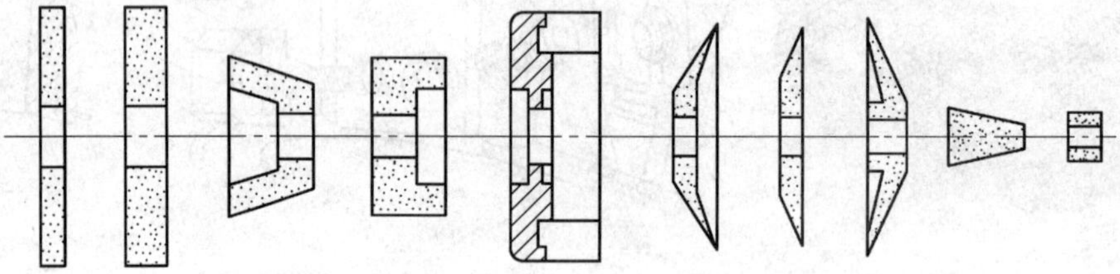

图4—40　砂轮形状

a）、b）平形　c）、d）、e）碗形　f）、g）、h）碟形　i）、j）磨内圆用砂轮

4）正确调整好刀具和砂轮在机床上的相对位置，以保证刀具能获得正确的几何形状。

5）刃磨过程中一般不加切削液，若需加切削液，其量必须充足，以避免刀具表面烧伤或产生裂纹。

（2）可转位刀片的刃磨

可转位刀片的形状和尺寸是压制而成的，为了达到刀片的互换精度，以及满足过渡刃、修光刃、倒棱参数的选择要求，可转位刀片在使用前必须进行刃磨。图4—41所示为可转位面铣刀刀片，其刃磨步骤如下：

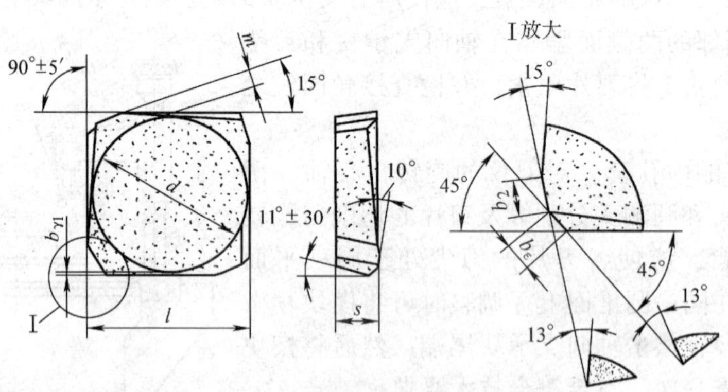

图4—41　可转位面铣刀刀片

1）研磨上下两平面。一般在研磨机上进行研磨。图4—42为研磨机的示意图。

研磨前应将刀片厚度按每挡 0.05 mm 分类，分批进行研磨。在研磨前和研磨过程中，要均匀地在上、下研磨盘上添加研磨剂。研磨时经常抽验刀片的厚度，符合要求后取出刀片用柴油清洗。

如果刀片量少，也可在平面磨床上进行磨削，留 0.005~0.01 mm 研磨余量，最后用手工进行研磨。

2）刃磨刀片刃口。刃磨刀片刃口可以在工具磨床上进行，也可以在专用的小型磨床上进行。

（3）刃磨尖齿刀具

首先是安装刀具。通常柄式刀具可自由地支承在万能工具磨床的两顶尖之间，套式刀具则先装在专用心轴上，然后再支承在两顶尖之间。接着进行前面的刃磨。尖齿铣刀与铰刀前面的刃磨方法相同，基本步骤如下：

1）调整砂轮与刀具的相对位置，将砂轮引入齿沟内。当刀具前角 $\gamma_o=0°$ 时，砂轮端面应通过刀具中心，如图 4—43a 所示。当刀具前角 $\gamma_o>0°$ 时，砂轮端面应相对刀具中心偏移一段距离 H，如图 4—43b 所示。

$$H=\frac{D}{2}\sin\gamma_o$$

式中　D——刀具直径，mm；

γ_o——刀具前角，(°)。

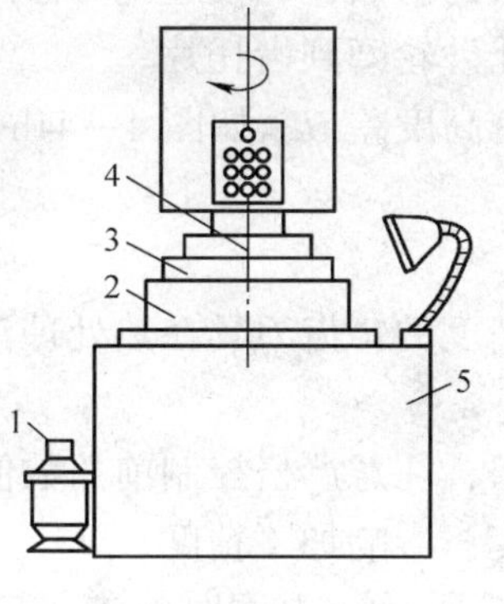

图 4—42　研磨机

1—泵　2—下研磨盘

3—上研磨盘　4—压铁　5—床身

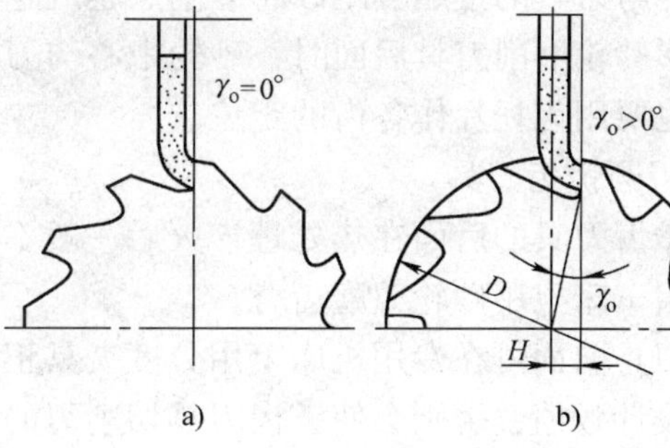

图 4—43　刃磨前面

a）前角 $\gamma_o=0°$　b）前角 $\gamma_o>0°$

2）调整结束后，启动砂轮。用手扶住刀柄或心轴，使刀具前面靠在砂轮端面上，施以一定的压力以代替横向进给，磨床工作台作纵向移动，磨完一齿，再磨另一齿，直至磨完全部刀齿为止。

刃磨螺旋槽刀具时，应使用砂轮的锥面刃磨刀具的前面。砂轮的锥面与铣刀的螺旋面形成一条线或一个窄小面的接触，可以减少干涉现象。转动砂轮架，使砂轮轴线与刀具轴线倾斜为刀具螺旋角。

在完成了前面刃磨之后，可进行后面的刃磨。在刃磨后面时，刀具的刀尖应比刀具中心低 H，以便得到所需的后角 α_o，如图 4—44a 所示。

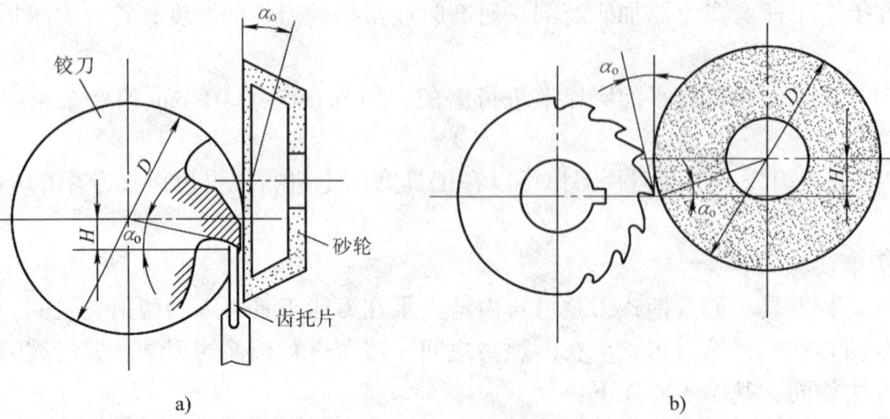

图 4—44　刃磨后面

a）用碗形砂轮刃磨后面　b）用平形砂轮刃磨后面

$$H=\frac{D}{2}\sin\alpha_o$$

式中　D——刀具直径，mm；

α_o——刀具后角，(°)。

无论是直槽刀具还是螺旋槽刀具，都要用齿托片支撑刀齿的前面，以便起到分齿定位作用。齿托片与刀具的接触点距砂轮磨削点越近越好，但不能让砂轮磨到齿托片。

用平形砂轮磨削刀具后面时，砂轮中心与刀具中心也应有高度差 H，如图 4—44b 所示。刃磨时，也要用齿托片作各齿的定位。

（4）刃磨铲齿刀具

普通铲齿刀具的后面在热处理淬火后一般不再刃磨，高精度的铲齿刀具在热处理淬火后必须在铲齿车床上用砂轮刃磨齿背。

铲齿刀具前面可在专用机床上用分度夹具正确分度后刃磨，注意严格控制前角数值，使它保持原设计数值，否则会使铲齿刀具切削刃的刃形产生畸变，影响加工精度。

铲齿刀具前面也可在万能工具磨床上刃磨，如图 4—45 所示。刃磨时将夹具安装在磨床的工作台上，依靠底面和侧面定位，刀具套在心轴上，齿托片撑在刀具齿背上。启动砂轮刃磨一齿后，将刀具提起，并转过一齿再放下继续刃磨，直至磨完全部刀齿为止。

刃磨螺旋槽铲齿刀具的前面时，如果工具磨床上没有分度及螺旋运动装置，一般在刀具心轴上串装一个靠模，当工作台作纵向移动时，靠模在固定齿托的作用下作旋转运动，刀具也随之转动。一条齿槽的前面磨好后，把齿托插入相邻的靠模槽内，刃磨另一条齿槽的前面，如图 4—46 所示。

目前刀具的刃磨已有专门的加工设备，如专用车刀刃磨机、钻头磨刀机、万能刀具磨床、万能工具磨床、数控工具磨床等。在具体使用时，可根据刀具的种类及结构特征予以选择。

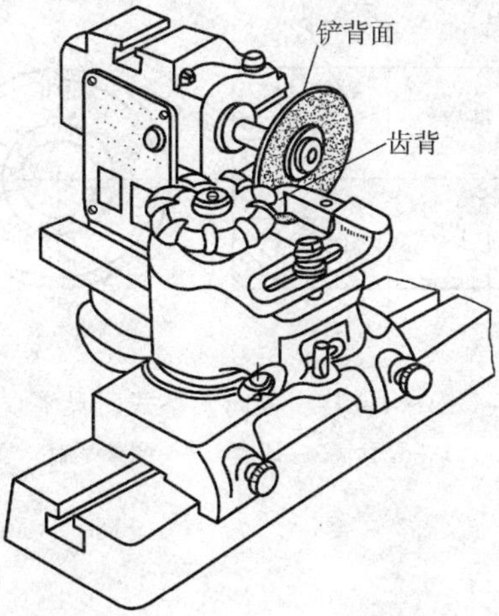

图 4—45　刃磨铲齿刀具的前面

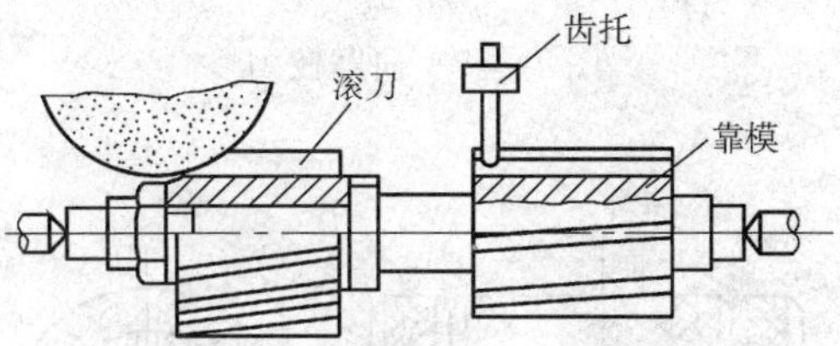

图 4—46　用靠模刃磨螺旋槽刀具的前面

技能训练

刀具刃磨

1. 训练课题

研磨铰刀。

2. 训练图样

如图 4—47 所示。

3. 训练要求

（1）熟知刀具的结构类型及规格。

（2）掌握刀具的刃磨技能。

4. 训练备料

选择好需研磨的铰刀及相应的研磨工具和设备。

5. 训练步骤

（1）选择研磨工具

1）径向调整式研具。由壳套、研套和调整螺钉组成，如图 4—48 所示。其制造方便，使用灵活，只是研套的孔径尺寸不易调成一致，所以研磨精度不高。

2）轴向调整式研具。它由壳套、研套、调整螺母和限位螺钉组成，如图 4—49 所示，适用于研磨精密铰刀。

3）整体式研具。它是在铸铁棒上钻一小于铰刀直径 0.2 mm 的孔，然后用待研的铰刀铰削而成，如图 4—50 所示。这种研具制造方便，但没有调整量，只适用于单件生产时研磨不太精确的铰刀。

无论采用哪种研具，研磨方法都相同。

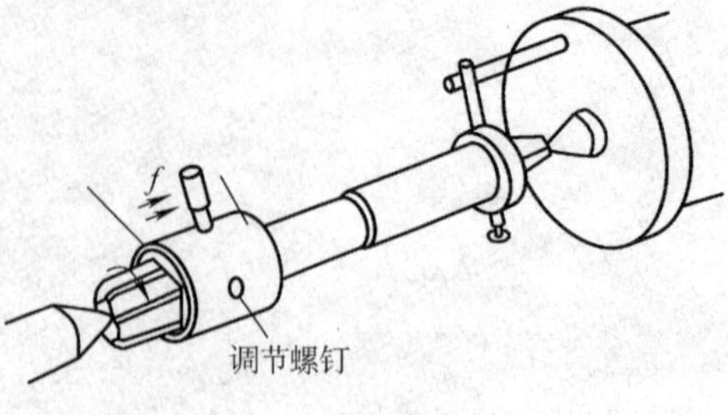

图 4—47　研磨铰刀

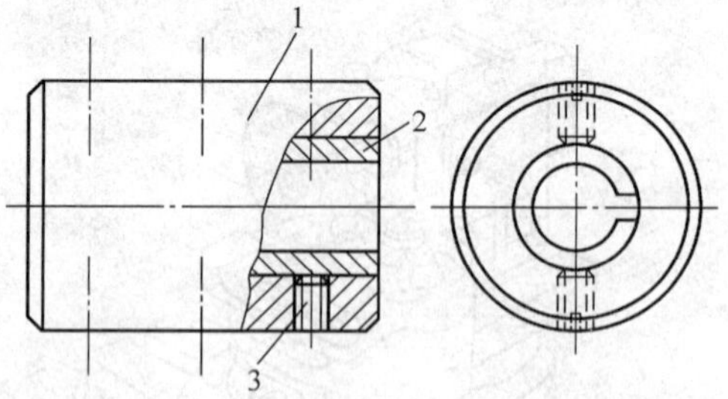

图 4—48　径向调整式研具

1—壳套　2—研套　3—调整螺钉

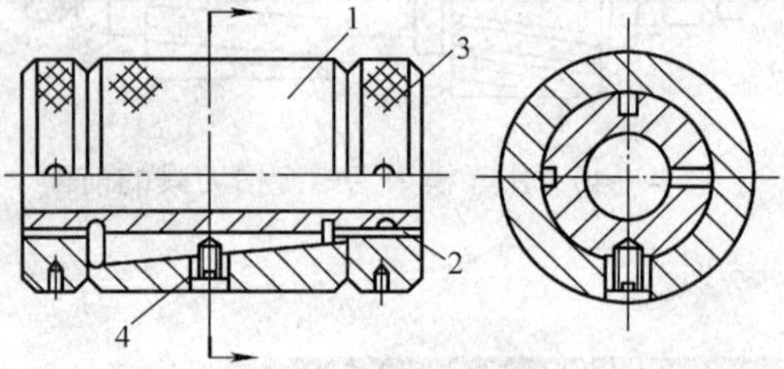

图 4—49　轴向调整式研具

1—壳套　2—研套　3—调整螺母　4—限位螺钉

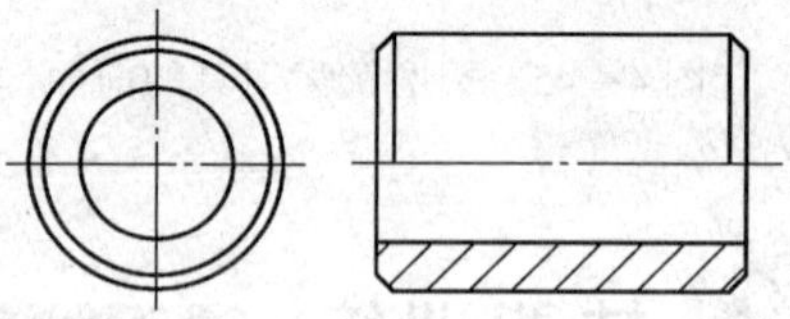

图 4—50　整体式研具

研套的材料常用铸铁。研磨高速钢铰刀一般选用粒度为 W40~W10 的氧化铝磨料，研磨硬质合金选用绿碳化硅或碳化硼磨料。

（2）铰刀刃磨要点

1）铰刀使用前的研磨。新用标准圆柱铰刀在使用前需根据工件的扩张量或收缩量进行研磨。

首先将铰刀用两顶尖装在车床上，由拨盘带动旋转，旋转方向要与铰削方向相反，转速以 40~60 r/min 为宜。然后将研具套在铰刀的工作部位，研套孔的尺寸调整到能在铰刀上自由滑动和转动为宜；研磨剂的放置要均匀。研磨时，用手握住研具作轴向均匀的往复移动，如图 4—47 所示。

研磨过程中要随时注意检查，如发现铰刀刀槽内有过多的研垢时，应及时清理干净，重新换上研磨剂后再继续研磨。

2）铰刀切削刃的研磨。为了获得较高的铰孔质量，需对铰刀的切削刃和刀面进行研磨。

由于铰刀的切削部分和校准部分的过渡处最易磨损，因此需要用油石仔细地将该处的尖角修磨成圆弧形的过渡刃。当铰刀刃口有毛刺或积屑瘤时，要用油石小心地磨掉。铰刀刃带宽度太大时，可用油石贴着后面，并与刃带倾斜 1°，沿切削刃垂直方向轻轻推动，将刃带研出 1°左右的小斜面，如图 4—51a 所示；在研磨后面时，油石不能沿切削刃方向推动，不能把刃口研凹下去，要注意保持铰刀原有的几何形状，如图 4—51b 所示。

使用手用铰刀铰孔时，铰削速度较低，进给速度不均匀，每次停歇时，都有可能在加工表面上留下振痕。为了降低加工表面的表面粗糙度值，可以用细油石把切削部分的切削刃研磨成0.1 mm左右的小圆角，如图4—52a所示。当精铰余量在0.04~0.08 mm时，铰孔表面粗糙度值可稳定在Ra6.3 μm以下。为补偿切削刃小圆角对孔壁的挤压造成孔径收缩，可用一般规格的废铰刀修磨，其直径应比被铰孔大0.02 mm左右。对于塑性较大的金属，为了避免在铰削过程中出现“扎刀”现象，可在铰刀切削部分的前面上，用细油石研磨出0.5 mm宽的棱带，使切削刃形成刮削状态，降低加工表面粗糙度值，如图4—52b所示。

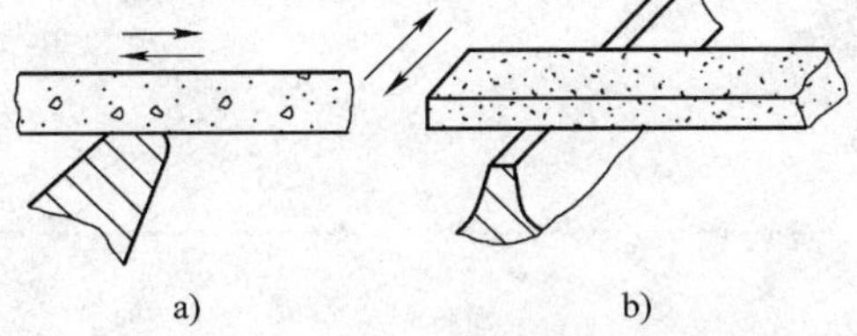

图4—51　研磨刃带

a）刃带由宽研窄　b）不能沿切削刃方向推动

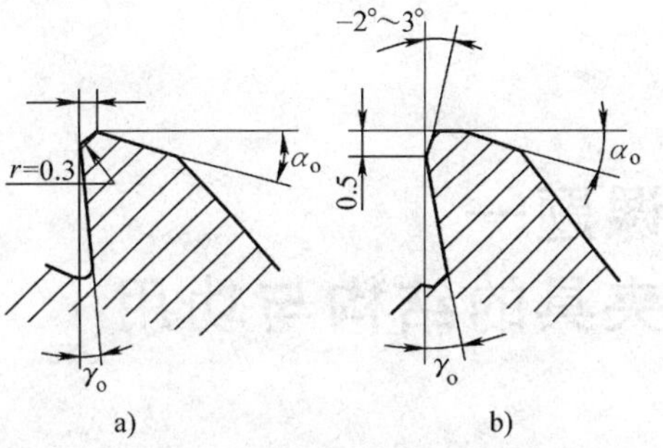

图4—52　研磨刃口

a）刃口研磨成小圆角　b）刃口处研磨棱带

3）铰刀的重磨。铰刀的切削部分磨损后要重新刃磨。铰刀的切削厚度较小，磨损主要发生在后面上，因此沿后面进行重磨。此外，若沿前面重磨，则铰刀校准部分的刃带会逐渐变窄，铰刀会很快失去尺寸精度。铰刀的重磨通常在工具磨床上进行。

6. 成绩评定

根据实际操作情况及使用要求设置评定标准。

第五单元

夹具的结构与制作

课题一 夹具的结构与功用

在机床上用以装夹工件（或引导刀具）的装置称为机床夹具。它是机械制造工艺过程中的重要组成部分，广泛应用于机械加工、装配、检验等工艺过程中。

一、机床夹具的组成

如图 5—1 所示为某轴套的零件图，其中 ϕ12H9 孔需要钻削加工，要求该孔轴线位于距左端面（30±0. 1）mm 处，且限定在间距等于 0. 05 mm、对称于基准轴线 *A* 和基准中心平面 *B* 的两平行平面之间。为满足此项技术要求，便于加工，采用了如图 5—2 所示的机床（钻床）夹具，它由以下几部分组成：

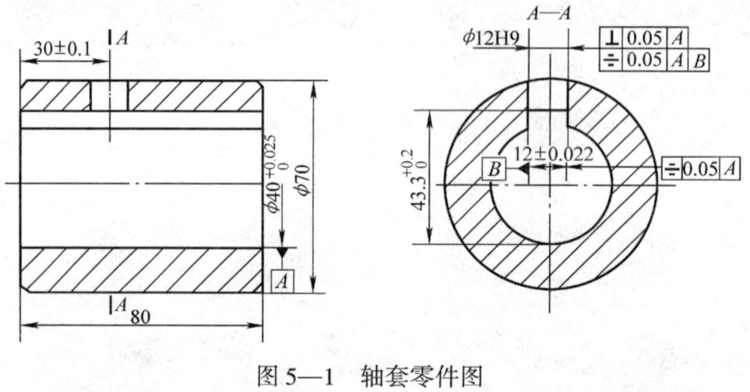

图 5—1　轴套零件图

1. 定位元件

确定工件在机床上或夹具中占有正确位置的元件（起定位作用的零部件）称为定位元件。如图 5—2 中的定位心轴 3 和定位销 7 以及夹具体 6 的里平面均是定位元件。

2. 夹紧装置

工件定位后将其固定，使其在加工过程中保持定位位置不变的装置称为夹紧装置。如图 5—2 中的螺母 4 和开口垫圈 5 均为夹紧件（起夹紧作用的零部件）。

3. 导向元件

确定刀具相对于工件正确位置并引导刀具沿正确方向进行切削的元件（起引导刀具作

用的零部件）称为导向元件。如图 5—2 中的钻套 1。

4. 夹具体

将定位元件、夹紧装置、导向元件等连接成一个整体的基础件（起支承作用的零部件）称为夹具体。如图 5—2 中的件 6。

一般机床夹具至少由夹具体、定位元件和夹紧装置这三部分组成。而导向元件或某些辅助装置（如连接元件、对刀元件、分度装置等）则根据夹具的作用和要求而定。

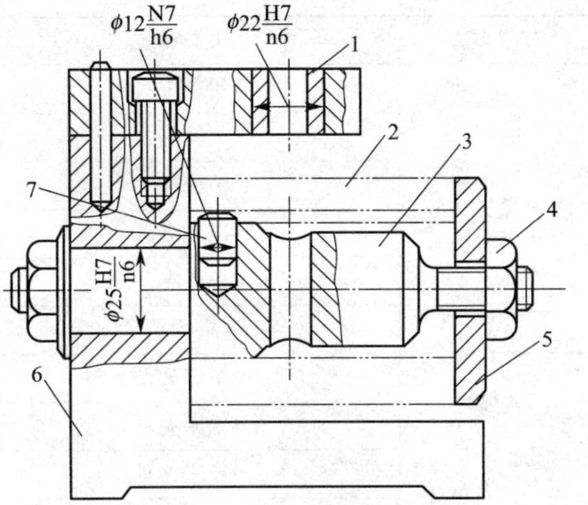

图 5—2　轴套钻床夹具

1—钻套　2—工件　3—定位心轴　4—螺母
5—开口垫圈　6—夹具体　7—定位销

二、机床夹具的功用

1. 保证加工精度

由图 5—2 可知，轴套在加工时，避免了因划线和找正而造成的加工误差，其零件的加工精度主要取决于夹具的制造精度。因此采用夹具后更容易保证零件的精度技术要求，且在成批生产时，能始终保持加工精度的稳定性。如图 5—1 所示，$\phi12H9$ 孔轴线对 $\phi40^{+0.025}_{0}$ mm 孔轴线的垂直度和对称度，(30±0.1) mm 的尺寸精度都必须用夹具保证。它比划线找正加工的精度高，成批生产时，零件加工精度稳定。

2. 提高劳动生产率，降低加工成本

采用夹具后，省去了划线、找正等工序，且装夹方便、迅速、安全、可靠，大大缩短了辅助时间。同时在导向元件的作用下，可加大切削用量，减少切削时间。因此，能提高劳动生产率，降低产品的加工成本，并能减轻操作者的劳动强度。

3. 扩大机床加工范围

使用夹具还可以扩大机床的加工范围，可以一机多用，解决缺乏某种设备的困难。例如，在车床或摇臂钻床上使用镗模，则可以代替镗床做镗孔加工。

三、机床夹具的分类

由于被加工零件的结构和加工工艺要求有所不同，机床夹具的类型非常繁多。通常可按表 5—1 进行分类。

表 5—1　　常用金属切削机床夹具的分类

分类方法	夹具种类	说明
按通用特性分	专用夹具	专为某一工件的某一工序而设计的夹具
	通用夹具	加工两种或两种以上工件的同一夹具
	组合夹具	由可循环使用的标准夹具零部件（或专用零部件）组装成易于连接、拆卸和重组的夹具
	可调夹具	通过调整或更换个别零部件，能适用多种工件加工的夹具
	成组夹具	根据成组技术原理设计的用于成组加工的夹具
	标准夹具	已纳入标准的夹具

续表

分类方法	夹具种类	说明
按夹紧方式分	手动夹具	以人力产生夹紧力的夹具
	气动夹具	以压缩空气产生夹紧力的夹具
	液压夹具	以压力油产生夹紧力的夹具
	电动夹具	以电力产生夹紧力的夹具
	磁力夹具	以磁力产生夹紧力的夹具
	自夹紧夹具	用离心力或切削力自动夹紧工件的夹具
按使用机床分	车床夹具	在车床上使用的夹具
	铣床夹具	在铣床上使用的夹具
	镗床夹具	在镗床上使用的夹具
	钻床夹具	在钻床上使用的夹具
	磨床夹具	在磨床上使用的夹具
	组合机床夹具	在组合机床上使用的夹具

四、工件的定位

为了保证工件被加工表面的技术要求，必须使工件相对刀具和机床处于正确的加工位置。确定工件在机床上或夹具中占有正确位置的过程叫做定位。

1. 工件定位原理

一个尚未定位的工件，其位置是不确定的。如图 5—3 所示，在空间直角坐标系中，工件可沿三个坐标轴自由移动和绕这三个坐标轴自由转动。通常把这种运动的可能性称为自由度。用 $\vec{x}$、$\vec{y}$、$\vec{z}$ 分别表示沿 x 轴、y 轴和 z 轴的移动自由度。用 $\widehat{x}$、$\widehat{y}$、$\widehat{z}$ 分别表示绕 x、y、z 轴转动的自由度。也就是说任何物体在空间中，如果不加任何约束和限制，它都具有以上 6 个自由度。因此，要使工件在夹具中占有确定的位置，就必须限制这 6 个自由度。

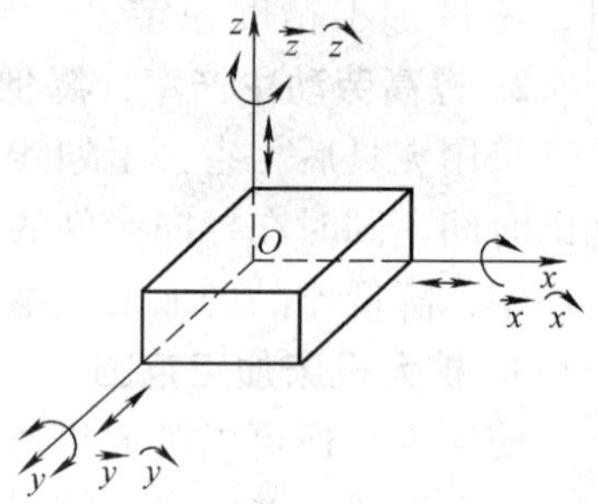

图 5—3　工件的六个自由度

用合理分布的六个定位支承点与工件定位基准面（工件在加工中用作定位的基准）接触来限制工件的六个自由度，使工件在夹具中的位置完全确定的方法，称为六点定位规则，简称“六点定则”。

2. 定位支承点的分布

为使工件在夹具中的位置完全确定，六个定位支承点必须根据工件形状和加工要求合理分布。

（1）长方体工件定位

如图 5—4 所示，在长方体工件上加工槽时，为保证加工尺寸 $A \pm \Delta A$，需要限制工件的 $\vec{z}$、$\widehat{x}$、$\widehat{y}$ 三个自由度；为保证尺寸 $B \pm \Delta B$，需限制 $\vec{x}$、$\widehat{z}$ 两个自由度；为保证尺寸 $C \pm \Delta C$，需限制 $\vec{y}$ 自由度。所以应将工件的六个自由度全部加以限制，才能满足所有加工要求，其支承点应按图 5—5 所示分布。

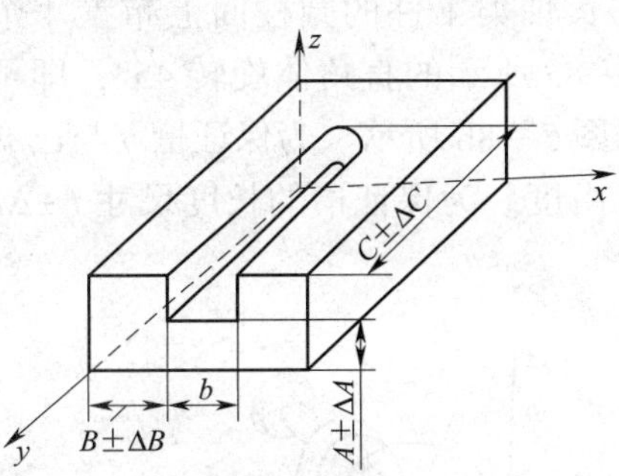

图 5—4　长方体工件加工要求简图

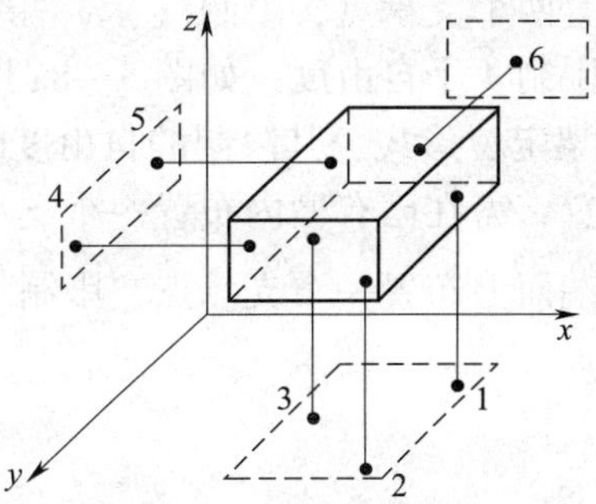

图 5—5　长方体工件定位支承点分布

在工件的底面上均匀地布置三个支承点，可限制工件的 $\vec{z}$、$\widehat{x}$、$\widehat{y}$ 三个自由度，该平面称为主要定位基准面。这三个定位支承点应处于同一个水平面内，且相互距离要尽可能远(所组成的三角形面积越大)。这样工件安放越平稳，也容易保证其各表面间的位置精度。由于主要定位基准面通常要承受较大的外力（如夹紧力、切削力等)，所以往往选取工件上最大的表面作为主要定位基准面。主要定位基准的三个支承点不能处于同一直线上，否则 $\widehat{y}$ 不能限制，如图 5—6b 所示。

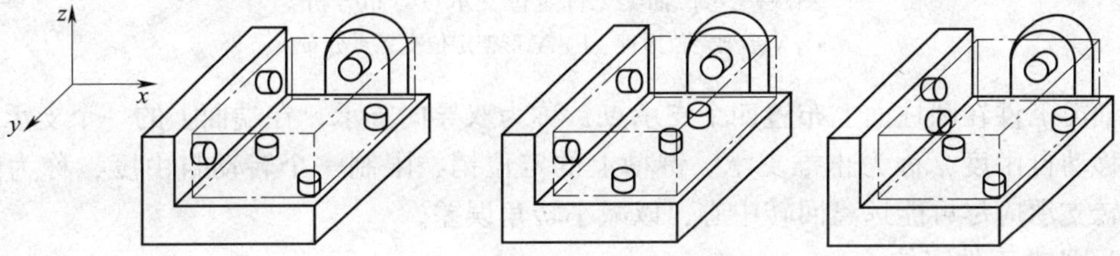

a)　　b)　　c)

图 5—6　长方体工件定位支承点分布分析

a）正确　b）主定位基准错误　c）导向定位基准错误

在工件的垂直侧面上布置两个支承点，可限制工件的 $\vec{x}$、$\widehat{z}$ 两个自由度，该面称为导向基准面。要求两支承点距离要远些，并且要在同一平面上，以便导向正确。一般应选取工件上狭而长的表面为导向基准面。导向定位基准的两个支承点的连线不能与主要定位基准面垂直，否则 $\widehat{z}$ 不能限制，如图 5—6c 所示。

在工件的正垂直面上布置一个支承点，可限制工件的 $\vec{y}$ 自由度，该面称为止推定位基准面。一般选取工件上最窄小且与切削力方向相对应的表面作为止推定位基准面。

（2）长轴类工件定位

如图 5—7 所示，在轴上铣槽，为保证槽宽 b 的中心平面相对于轴线对称，需在轴的侧母线上布置两个支承点，限制 $\vec{x}$、$\widehat{z}$ 两个自由度。为保证槽深尺寸 $H\pm\Delta H$ 及槽底面与轴线的平行度，需在下母

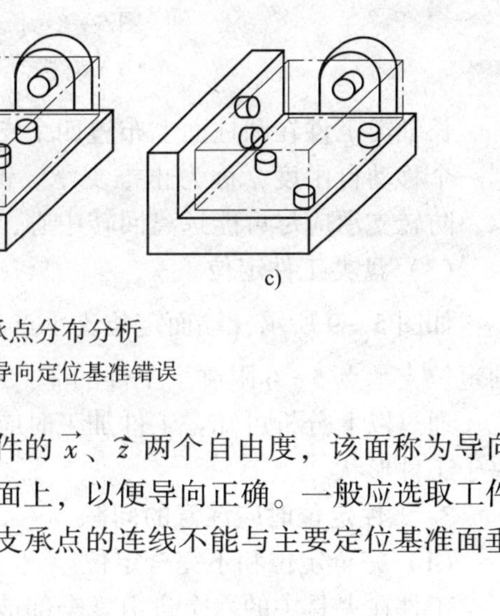

图 5—7　长轴类工件加工要求简图

线上布置两个支承点，限制 $\vec{z}$、$\hat{x}$ 两个自由度。即在长轴类工件的圆柱面上布置 4 个支承点，可限制 4 个自由度，如图 5—8a 所示。若将图 5—8a 所示的直角体旋转 45°，即可演变成 V 形架定位形式，其限制的自由度的数目不变，如图 5—8b 所示。为保证槽 b 与已有槽的相对位置，需在已有槽内布置一个支承点，限制 $\hat{y}$ 自由度。为保证槽的长度尺寸 $L\pm\Delta L$，需在轴的端面上布置一个支承点，限制 $\vec{y}$ 自由度。

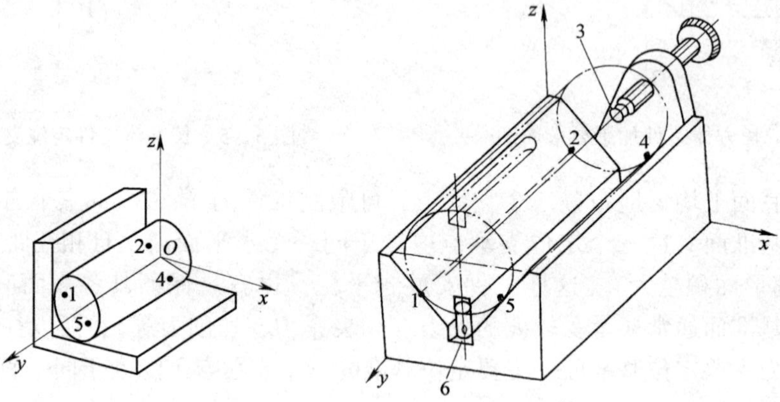

a)　　　　b)

图 5—8　长轴类工件定位支承点分布分析

a）V 形架定位原理　b）V 形架定位支承点分布

长轴类工件在圆柱面上布置四个支承点，称为双导向支承。在端面上的一个支承钉，限制一个移动自由度，称为止推支承。键槽上的定位销，限制一个转动自由度，称为防转支承。防转支承应尽可能远离回转中心，以减小转角误差。

（3）盘类工件定位

如图 5—9 所示，端面定位支承点 1、3、4 限制了工件的 $\vec{x}$、$\hat{y}$、$\hat{z}$ 三个自由度；短心轴的定位支承点 5、6 限制了工件的 $\vec{y}$、$\vec{z}$ 两个自由度；防转支承点 2 限制了工件的 $\hat{x}$ 自由度。

通过以上分析可知：工件加工时应限制的自由度取决于加工要求，定位支承点的分布取决于工件形状。

3. 工件定位时应注意的问题

（1）完全定位和不完全定位

工件在夹具中的六个自由度全部被限制，使工件在夹具中占有完全确定的唯一位置，称为完全定位。图 5—6a、图 5—8b 和图 5—9 所示的工件定位，都是完全定位。但是，并非在所有情况下，都必须使工件完全定位。如图 5—10 所示的圆盘工件，装入钻床夹具中钻 A 孔时，只要孔 A 的轴线在以 R 为半径的圆周上即可，可不要求在圆周上的哪一个位置。因此，就不需要限制工件 $\hat{z}$ 自由度。这种没有完全限制工件的六个自由度就能满足加工要求的定位，称为不完全定位。

（2）要防止产生欠定位

欠定位是指工件实际定位时，所限制的自由度数目少于按加工要求所必须限制的自由度数目。如加工图 5—11 所示工件上的键槽时，若 y 轴方向无定位点，则键槽沿工件轴线方向的尺寸 A 就无法控制。因此，欠定位无法保证加工质量，是绝不允许的。

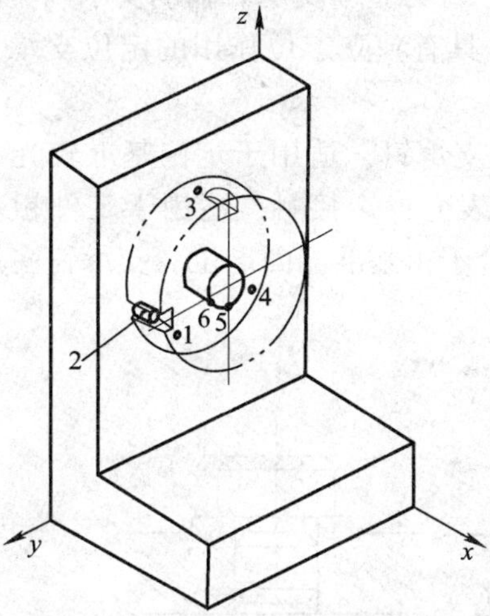

图 5—9　盘类工件定位支承点分布分析

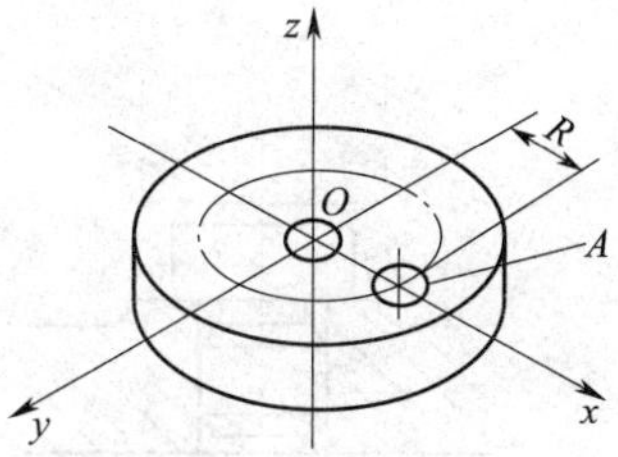

图 5—10　不完全定位

（3）正确处理过定位

在夹具中工件的几个定位支承点重复限制同一个自由度的现象，称为过定位。如图 5—12 所示，心轴的大端面限制了工件的 $\vec{x}$、$\overset{\frown}{y}$、$\overset{\frown}{z}$ 三个自由度，而长心轴限制了工件的 $\vec{y}$、$\vec{z}$、$\overset{\frown}{y}$、$\overset{\frown}{z}$ 四个自由度。此时，$\overset{\frown}{y}$、$\overset{\frown}{z}$ 两个自由度被重复限制，形成了过定位。

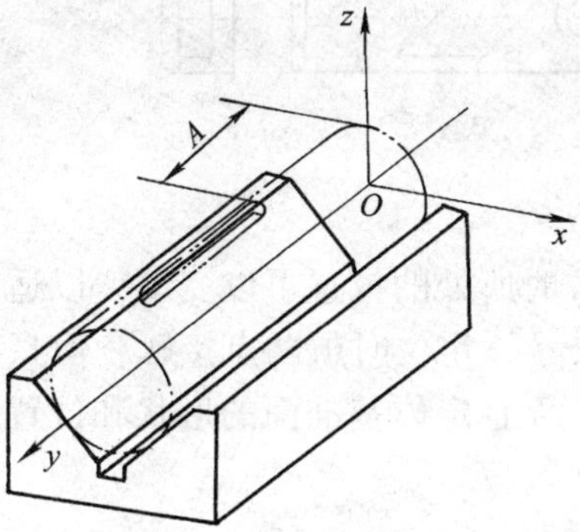

图 5—11　欠定位

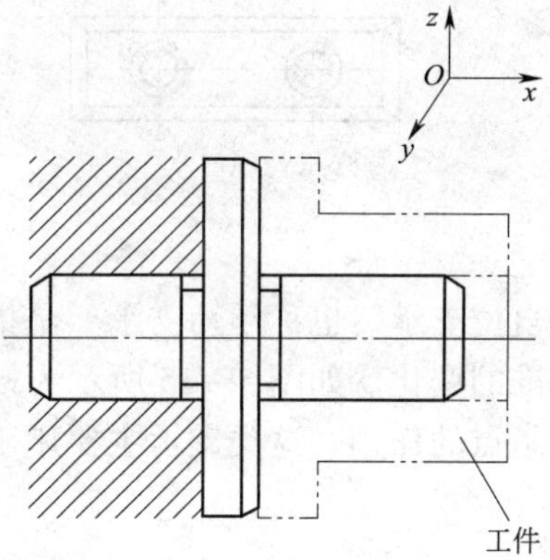

图 5—12　过定位

如果工件的定位基准面和定位元件精度不高，过定位可造成工件或定位元件夹紧后的变形。因此在工件定位时，尽量避免出现过定位现象。但是，有时为了提高工件在加工中的刚性及稳定性，在工件定位基准面和定位元件精度很高的前提下，也可适当采用过定位。

4. 定位方法和定位元件的选用

工件在夹具中定位，实际是定位支承点布置的具体实施，靠定位元件来完成。定位方法和定位元件的选用，应根据工件加工要求、定位基准的形状特点，确定定位支承点数目和布置方案，进而选定合适的定位元件，以保证工件定位的稳定性，并使定位误差最小。

（1）工件以平面定位

工件在夹具中，大多数都以平面作为定位基准面，为增加定位的刚性和稳定性，常以支承钉或支承板等来充当理论上的支承点。夹具中的支承分为基本支承和辅助支承两类。

1）基本支承。基本支承是用来限制工件自由度，具有独立定位作用的定位支承。常用的有支承钉、支承板、自位支承和可调支承等。

①支承钉。如图 5—13 所示，常用的有 A 型平头支承钉，适用于定位基准较光滑的工件平面；B 型球头支承钉接触面积较小，便于与粗糙表面稳定接触，适用于工件粗基准定位；C 型齿纹头支承钉可增大接触间的摩擦力，更适合于粗基准侧面定位。支承钉多用于工件平面上需三点定位及侧面支承的场合。

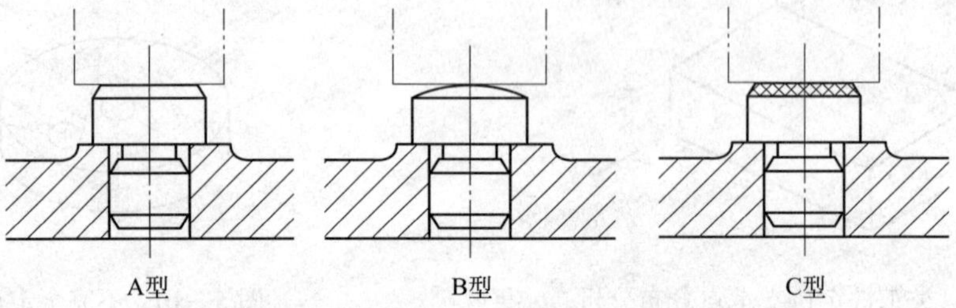

图 5—13　支承钉

②支承板。如图 5—14 所示，A 型支承板结构简单，制造方便，但易将切屑埋在沉头螺钉坑中，不易清除，适用于侧面精基准定位支承；B 型支承板便于清除切屑，制造略麻烦，适用于底面精基准定位支承。

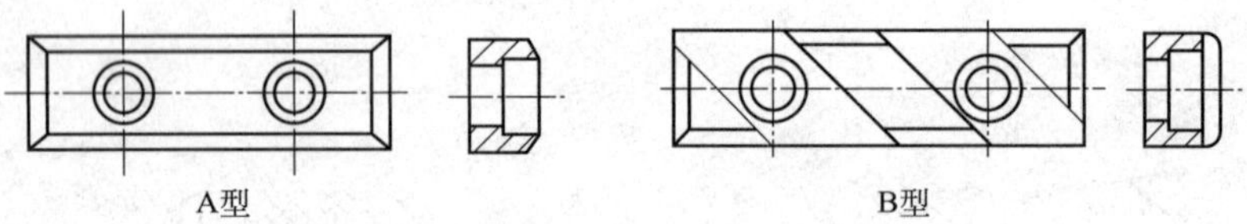

图 5—14　支承板

③自位支承。也称浮动支承，是指支承本身在定位时所处的位置可以变动，以适应工件定位基准的变化。如图 5—15 所示为杠杆式两点自位支承，定位时虽两点接触，但只起一个定位支承点的作用。这类支承主要用于工件刚度较差，而且定位基准面的形状和位置误差较大的场合。

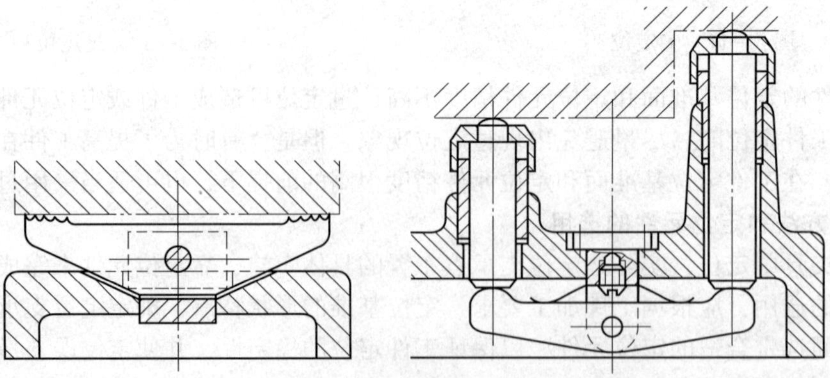

图 5—15　自位支承

④可调支承。可调支承的结构形式如图 5—16 所示，当每批工件的加工余量不同，定位尺寸、基准稍有变化时，可采用可调支承。它一般用于粗基准定位支承。

2）辅助支承。辅助支承是指加强工件的安装刚度而不起定位作用的支承。如图 5—17 所示，D 为辅助支承，这种支承通常在工件定位后才与工件适当接触，以防止工件在切削力的作用下产生变形或振动。

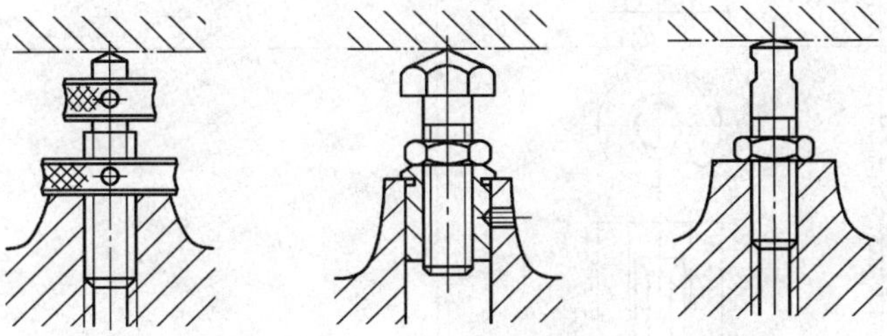

图 5—16 可调支承

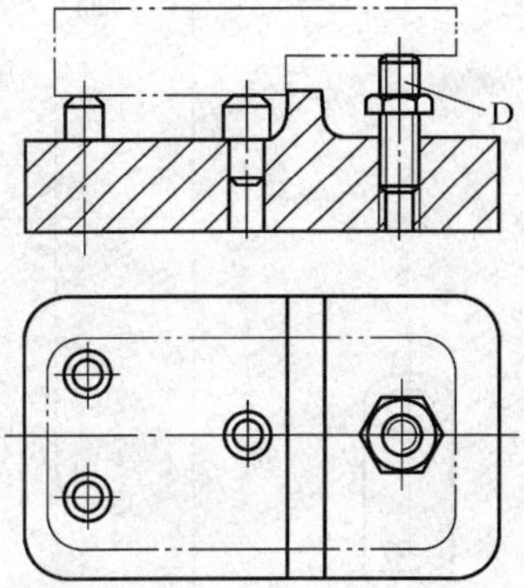

图 5—17 辅助支承

（2）工件以外圆柱面定位

工件以外圆柱面定位时，常用的定位元件有 V 形架（60°、90°、120°）、定位套等，其定位方法见表 5—2。

表 5—2　　工件以外圆或内孔定位常用方法

工件定位基准	定位元件		定位简图	限制自由度
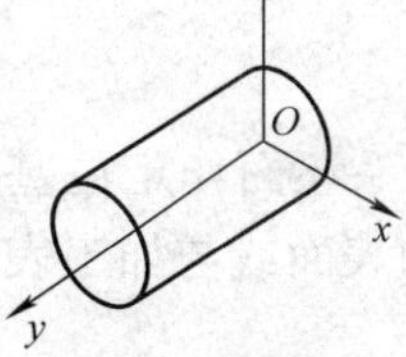 外圆柱面	V 形架	长 V 形架	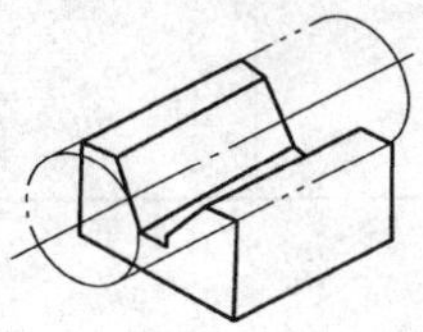	$\vec{x}$、$\vec{z}$ $\overset{\curvearrowright}{x}$、$\overset{\curvearrowright}{z}$
		短 V 形架	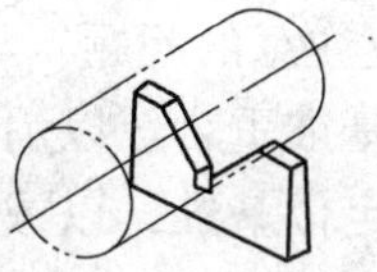	$\vec{x}$、$\vec{z}$
	定位套	长定位套	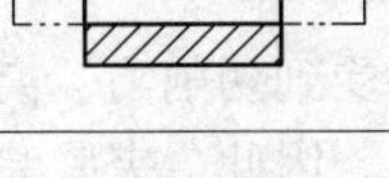	$\vec{x}$、$\vec{z}$ $\overset{\curvearrowright}{x}$、$\overset{\curvearrowright}{z}$
		短定位套	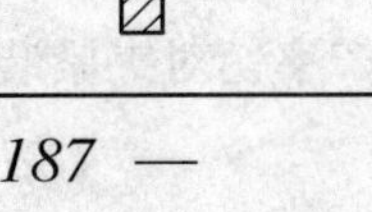	$\vec{x}$、$\vec{z}$

续表

工件定位基准	定位元件		定位简图	限制自由度
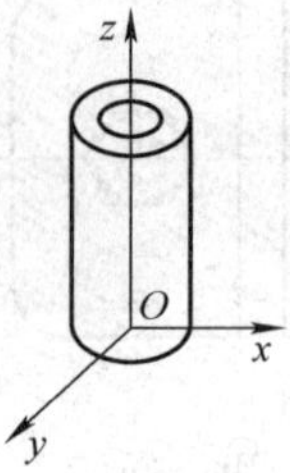 圆柱孔	圆柱销（心轴）	长圆柱销（心轴）	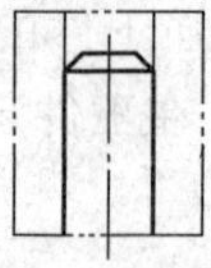	$\vec{x}$、$\vec{y}$ $\widehat{x}$、$\widehat{y}$
		短圆柱销（心轴）	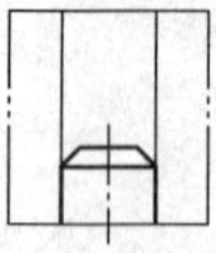	$\vec{x}$、$\vec{y}$
	削边销	长削边销	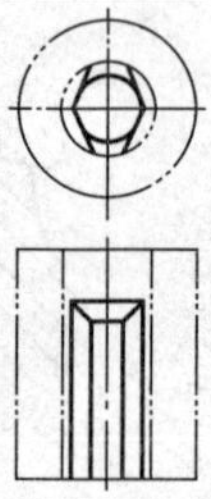	$\vec{y}$、$\widehat{x}$
		短削边销	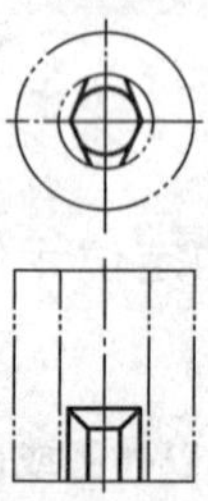	$\vec{y}$
	锥销		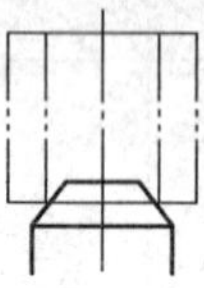	$\vec{x}$、$\vec{y}$、$\vec{z}$

（3）工件以圆柱孔定位

工件以圆柱孔定位时，常用的定位元件是心轴，其定位方法见表 5—2。

（4）工件选择定位基准时应注意的问题

1）尽量使定位基准与设计基准重合，以消除基准不重合误差。

2）尽量用已加工表面作为定位基准，以减小定位误差。当不得不用毛坯面作定位基准时，应尽量只使用一次，而且应选用表面较光滑、误差和加工余量较小的表面或与加工表面有直接关系的表面，以有利于保证加工精度要求。

五、工件的夹紧

工件定位后，为了不使工件受到切削力、离心力、惯性力以及工件自重的作用而产生位移和振动，必须对工件进行夹紧。因此，夹紧装置的合理、可靠和安全性，对工件的加工质量和效率有着重大影响。

1. 对夹紧装置的基本要求

为了确保加工质量和提高生产率，对夹紧装置提出如下基本要求：

（1）保证加工精度。

（2）夹紧作用准确、安全、可靠。

（3）夹紧动作迅速、操作方便、省力。

（4）结构简单、紧凑，并有足够的刚度。

2. 夹紧力确定的基本原则

夹紧力包括夹紧力的大小、方向和作用点三要素。

（1）夹紧力方向的选择

1）夹紧力的方向，应尽可能垂直于主要定位基准面，使夹紧稳定可靠，保证定位精度。如图 5—18 所示，*B* 为主要定位基准面。

2）夹紧力的作用方向，应尽量与切削力、工件重力方向一致，以减小工件在切削力的作用下所引起的夹紧力的削弱及工件振动。

（2）夹紧力作用点的选择

1）夹紧力的作用点应能保持工件定位稳固，不致引起工件发生位移或偏转，如图 5—19 所示。

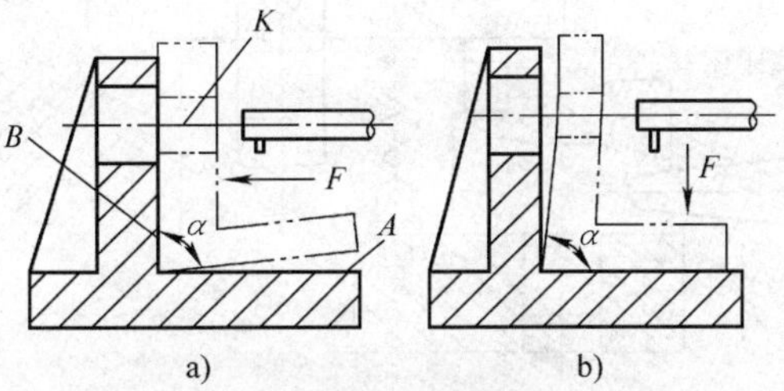

图 5—18　夹紧力的作用方向应垂直于主要定位基准

a）正确　b）错误

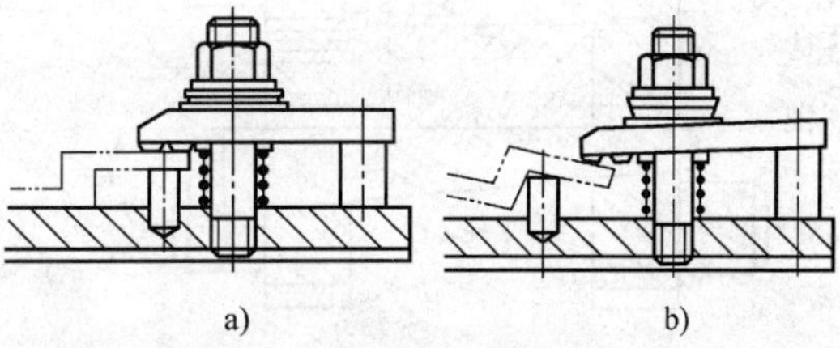

图 5—19　夹紧力的作用点应防止工件倾斜

a）正确　b）错误

2）夹紧力的作用点，应使夹紧变形尽可能小，如图 5—20 所示。

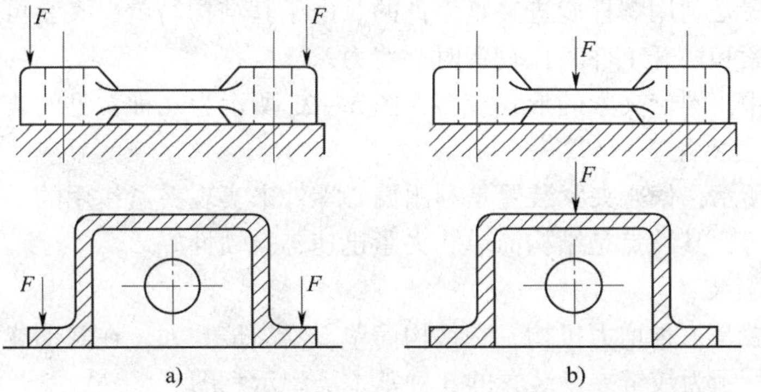

图 5—20　夹紧力应作用在工件刚性好的部位

a）正确　b）错误

3）夹紧力的作用点应尽可能靠近工件被加工表面，以提高定位稳定性和夹紧可靠性。如图 5—21 所示，为防止振动，应增加附加夹紧力 F_2，并在 F_2 下加辅助支承。

（3）夹紧力大小的确定

夹紧力的大小必须能保证工件在加工过程中位置不变。夹紧力太小，在加工过程中将发生位移而破坏定位。夹紧力太大，将使工件变形，增大夹紧装置的结构尺寸。所以，夹紧力的大小必须恰当。

夹紧力大小可以计算，但一般情况下可根据经验估算出来。

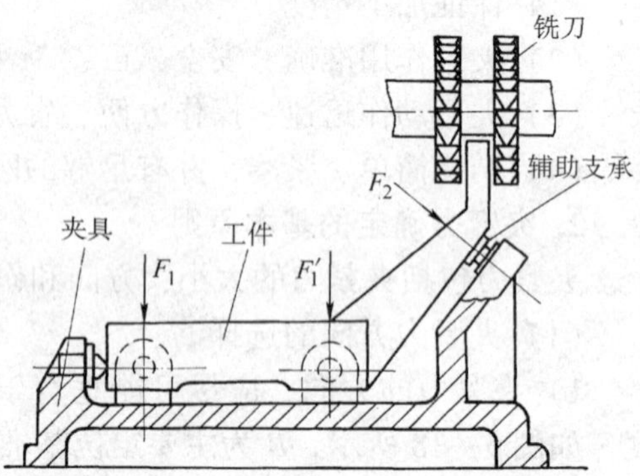

图 5—21　夹紧力应靠近工件被加工表面

3. 常用夹紧装置

（1）斜楔夹紧装置

如图 5—22 所示，斜楔夹紧装置是利用楔块斜面将楔块推力转变为夹紧力，把工件夹紧的一种装置。为使斜楔有自锁作用，斜楔的斜面升角应小于摩擦角。

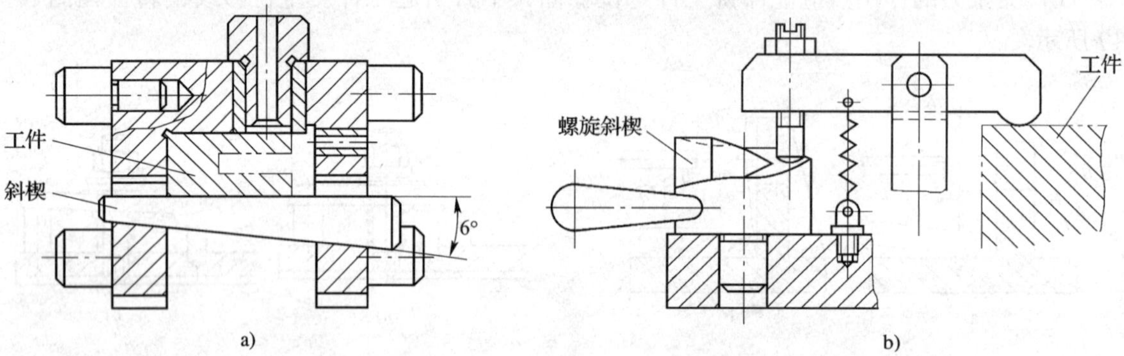

图 5—22　斜楔夹紧装置

a）普通斜楔夹紧机构　b）螺旋斜楔夹紧机构

（2）螺旋夹紧装置

螺旋夹紧装置是利用螺杆旋进夹紧工件的。由于其结构简单、夹紧可靠，在夹具中应用广泛；缺点是夹紧和松开工件时比较费时、费力。

在夹紧机构中，螺旋夹紧的形式较多，图 5—23 所示为几种常见的典型结构。

（3）偏心夹紧装置

如图 5—24 所示，偏心夹紧装置是利用偏心零件来实现夹紧作用的一种机构。常用的有偏心轮和偏心轴等，其特点是结构简单、夹紧迅速、自锁性好。

（4）铰链夹紧装置

铰链夹紧装置是一种增力机构，它结构简单，增力倍数大，在气动或液压夹具中应用广泛。如图 5—25 所示为铰链夹紧装置的 5 种基本类型示意图。

六、常见典型夹具结构

1. 钻床夹具

在钻床上进行钻孔、扩孔、铰孔等孔加工时所用的机床夹具，称为钻床夹具（俗称钻模）。因工件上被加工的孔分布情况不同，钻床夹具的类型也不同。常用的钻床夹具有固定式、回转式、移动式、翻转式和盖板式等几种类型。

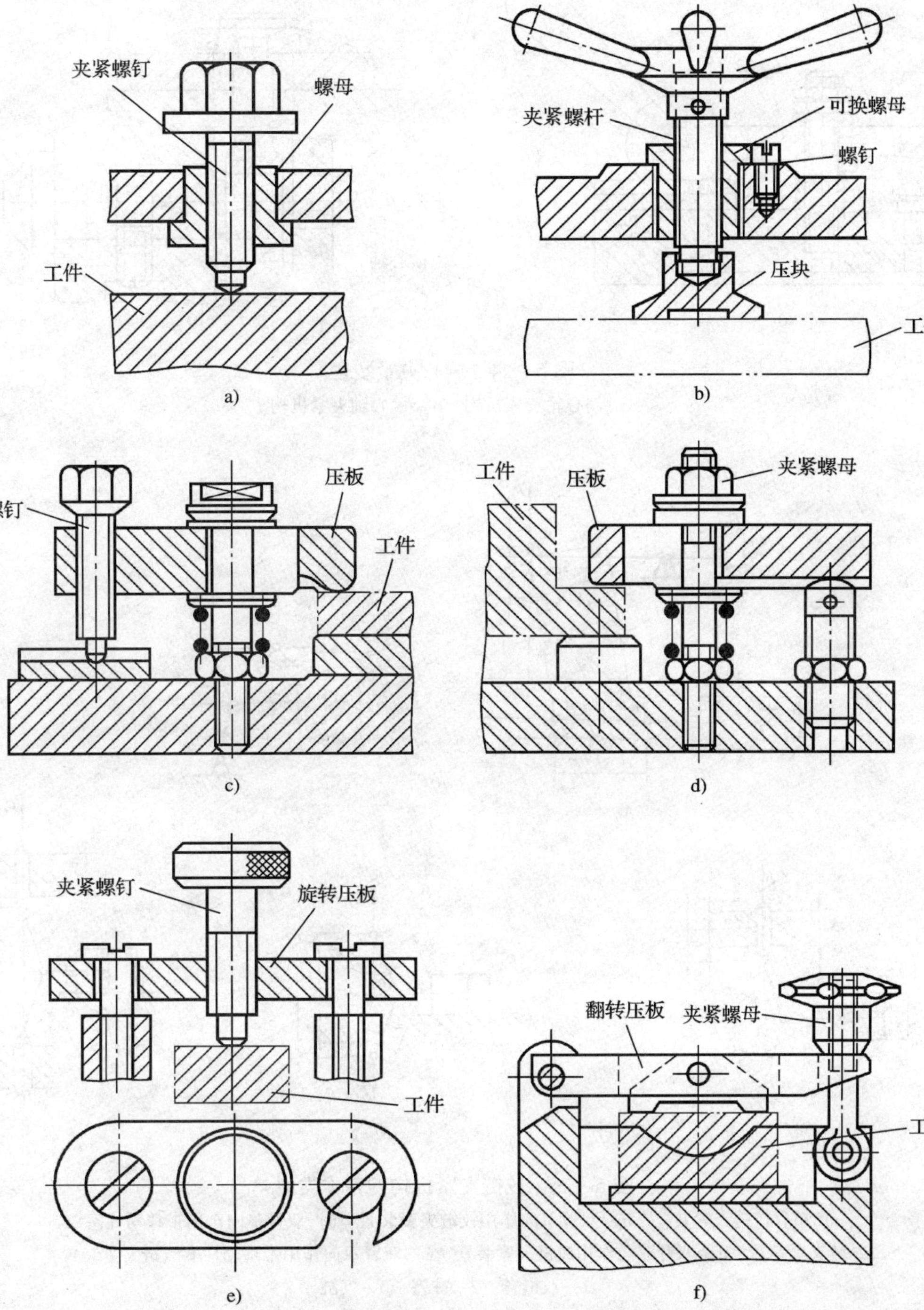

图 5—23　螺旋夹紧装置

a）螺钉夹紧　b）带压紧头螺旋夹紧　c）压板顶压夹紧　d）压板夹紧

e）旋转压板螺旋夹紧　f）翻转压板螺旋夹紧

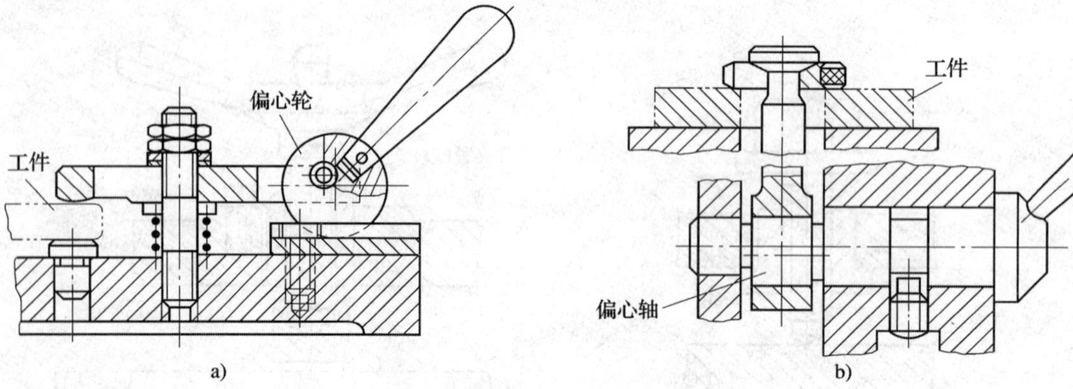

图 5—24　偏心夹紧装置

a）偏心轮夹紧机构　b）偏心轴夹紧机构

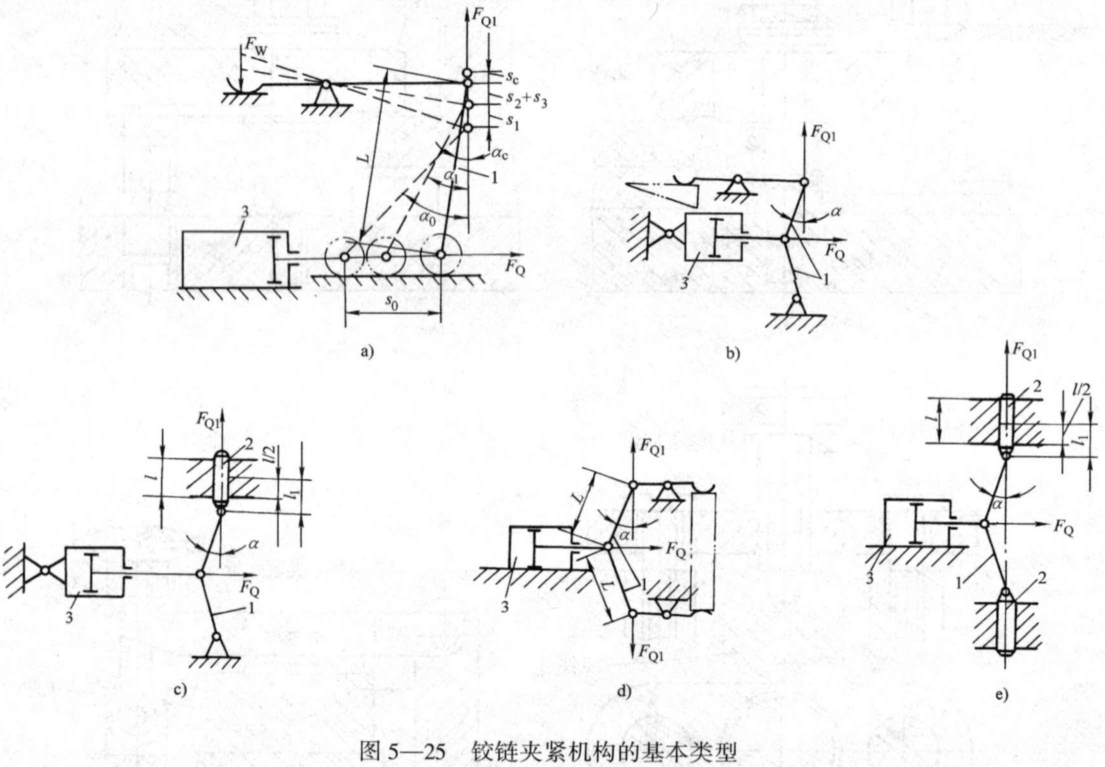

图 5—25　铰链夹紧机构的基本类型

a）单臂铰链夹紧装置　b）双臂单向作用铰链夹紧装置　c）双臂单向作用带移动柱塞铰链夹紧装置　d）双臂双向作用铰链夹紧装置　e）双臂双向作用带移动柱塞铰链夹紧装置

1—铰链臂　2—柱塞　3—气缸

(1) 固定式钻床夹具

此类夹具在使用过程中，夹具和工件在机床上的位置固定不变。如图 5—26 所示为一种钻削某工件斜孔用的固定式钻床夹具。根据工件的技术要求，此钻床夹具利用支承板 2 的平面和短心轴 4 作主定位支承，用削边销 3 限制被加工孔的周向位置，使工件在夹具中只有唯一正确位置。为方便工件装卸，采用快速螺旋夹紧机构（多线螺纹）。由于在工件斜面上起钻，钻头径向切削分力较大，钻套容易磨损，为保证钻头良好起钻和正确的引导，采用了斜端面可换钻套，以满足加工要求。

（2）回转式钻床夹具

此类夹具用于加工同一圆周上的平行孔系，或分布在圆周上的径向孔。如图 5—27 所示为钻削某圆盘工件径向均匀分布孔用的回转式钻床夹具。该夹具设有由分度盘 1 和分度销 6 等元件组成的分度装置，以保证被加工孔的周向位置。工件在夹具中以短心轴 7 和端面作主定位支承。用开口垫圈 9 和螺母 8 实现快速夹紧。当钻完一孔后，将分度销 6 拔出，通过手柄 3 带动分度盘 1 旋转至第二钻孔位置，从而完成工件的钻削。

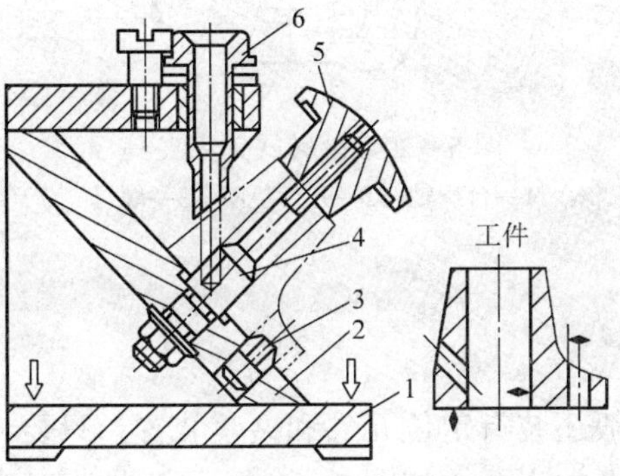

图 5—26　固定式钻床夹具

1—夹具体　2—支承板　3—定位削边销
4—定位短心轴　5—快速夹紧螺母　6—可换钻套

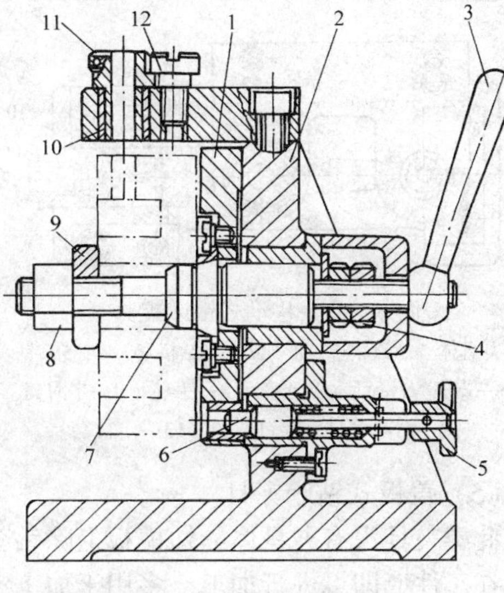

图 5—27　回转式钻床夹具

1—分度盘　2—夹具体　3—手柄　4、8—螺母
5—把手　6—分度销　7—短心轴　9—开口垫圈
10—衬套　11—钻套　12—螺钉

（3）移动式钻床夹具

此类夹具用于钻削中、小型工件同一表面上的多个孔。如图 5—28 所示为某移动式钻床夹具，用于加工连杆大、小头上的孔。工件以端面及大、小圆弧面为定位基准面，在定位套 12 和 13、固定 V 形架 2 及活动 V 形架 7 上定位，先通过手轮 8 推动活动 V 形架 7 压紧工件，然后转动手轮 8 带动螺钉 11 转动，压迫钢球 10，使两片半月键 9 向外胀开而锁紧。V 形架带有斜面，使工件在夹紧分力作用下与定位套贴紧。通过移动钻床夹具的位置，使钻头分别在两个钻套 4、5 中导入，从而加工工件上的两个孔。

（4）翻转式钻床夹具

此类夹具用于加工中、小型工件分布在不同表面上的孔。如图 5—29 所示为加工某套筒径向孔的翻转式钻床夹具。工件以内孔及端面在台肩轴 1 上定位，用开口垫圈 2 和螺母 3 夹紧。钻完一组孔后，翻转 60°钻另一组孔。

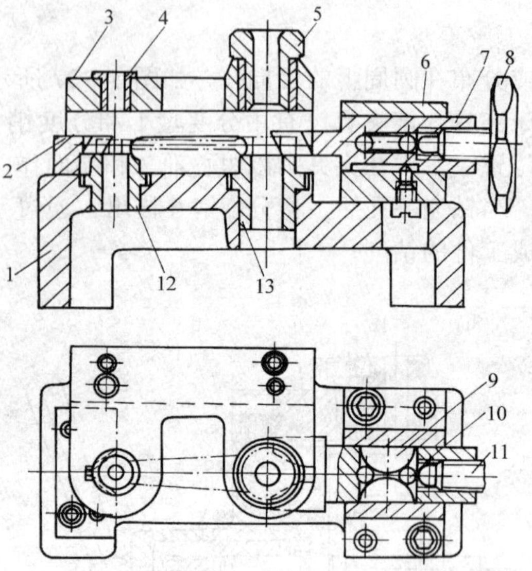

图 5—28　移动式钻床夹具

1—夹具体　2—固定 V 形架　3—钻模板　4、5—钻套
6—支座　7—活动 V 形架　8—手轮　9—半月键
10—钢球　11—螺钉　12、13—定位套

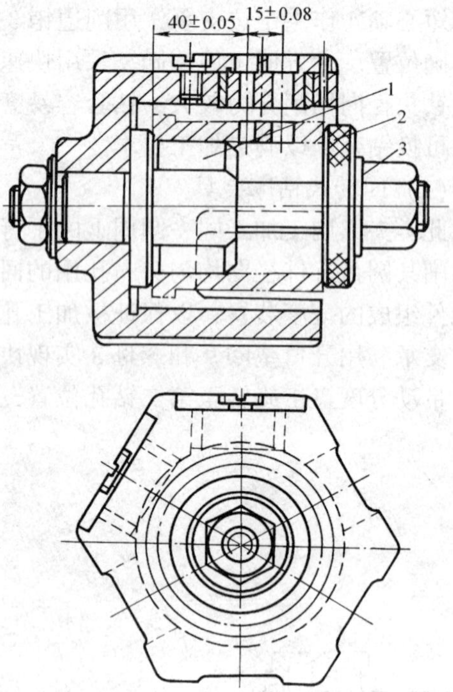

图 5—29　翻转式钻床夹具

1—台肩轴　2—开口垫圈　3—螺母

(5) 盖板式钻床夹具

此类夹具没有夹具体，钻模板上除钻套外，一般还装有定位元件和夹紧装置，只要将它覆盖在工件上即可进行加工，多用于加工大型工件上的小孔。如图 5—30 所示为加工车床溜

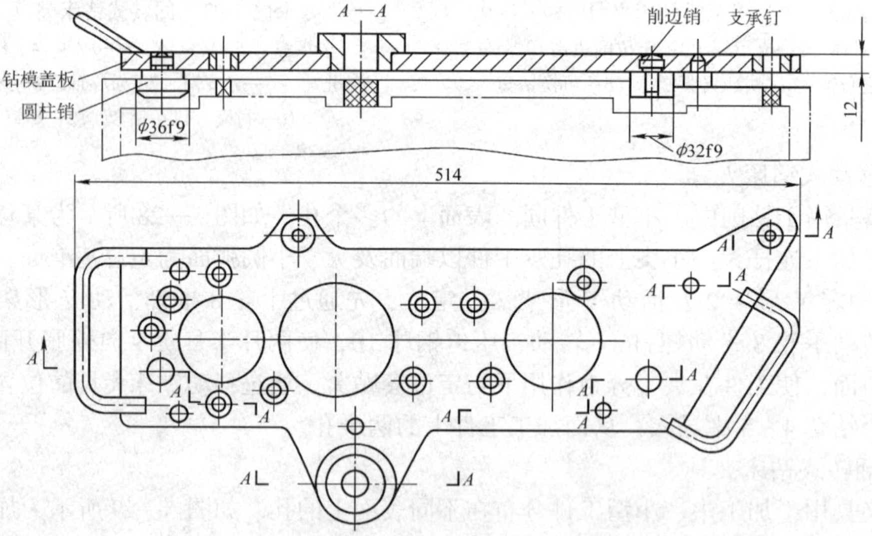

图 5—30　盖板式钻床夹具

1—钻模板　2—圆柱销　3—削边销　4—支承钉

板箱上多个小孔用的盖板式钻床夹具。在钻模板 1 上不仅装有钻套，还装有定位用的圆柱销 2、削边销 3 和支承钉 4。因钻小孔，钻削力矩小，故未设置夹紧装置。

2. 车床夹具

在车床上加工零件时，通常可直接利用车床上的卡盘、花盘、顶尖等通用夹具，而当零件形状比较复杂，采用通用卡盘装夹比较困难，或者应用花盘来装夹，生产效率不能满足生产要求时，则需要采用专门设计的车床夹具。车床夹具大致可分为角铁式、心轴式、花盘式等几种。

（1）角铁式车床夹具

角铁式车床夹具主要用在工件形状复杂，被加工表面的轴线与定位基准面成平行关系或构成一定角度的场合，这类夹具因一般具有类似角铁的夹具体而得其名。如图 5—31 所示为一顶杆件的角铁式车床夹具，该工件以较细的外圆柱面在半圆孔定位元件内定位，用铰链式压板压紧。夹具体的定位孔与过渡盘的凸缘常以 H7/f7、H7/h6、H7/js6 或 H7/n6 配合。

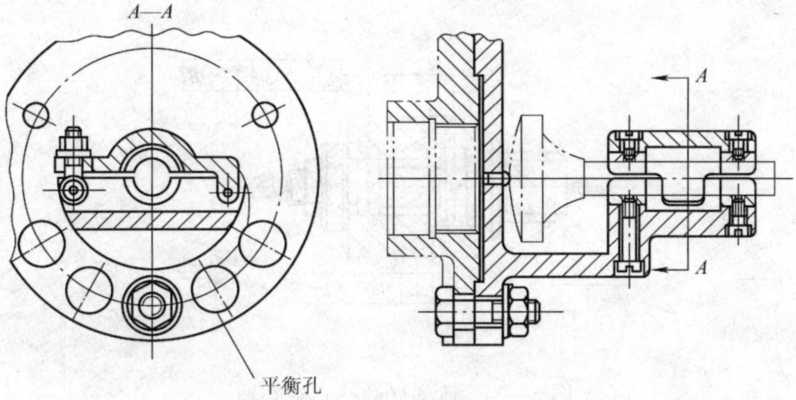

图 5—31　角铁式车床夹具

（2）心轴式（定心式）车床夹具

心轴式夹具适合于工件以孔为定位的车削工序中。按照机床主轴连接和定位方式，心轴可分为顶尖式心轴、锥柄式心轴、阶梯（圆柱）式心轴、弹簧式心轴等。

如图 5—32 所示为一种顶尖式心轴，适用于加工长筒形工件，也可以将许多薄片串起来套在圆柱心轴上，再用螺母夹紧。

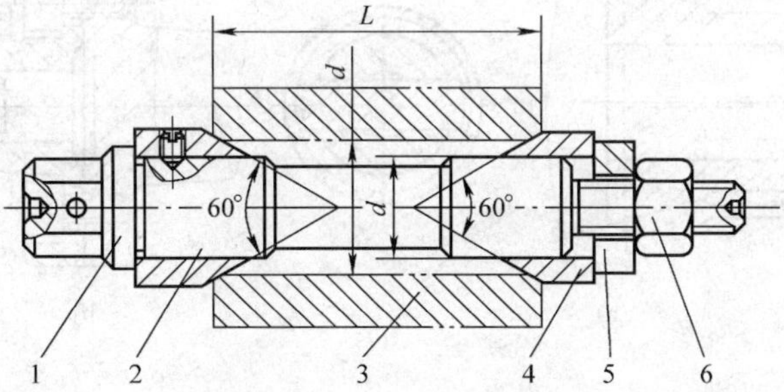

图 5—32　顶尖式心轴

1—心轴　2—固定顶尖套　3—工件　4—活动顶尖套　5—快换垫圈　6—螺母

如图 5—33 所示为锥柄式心轴，仅用于加工短的套筒类或盘状工件。该心轴的锥柄，其锥度应和机床主轴锥孔一致。锥柄尾部的螺纹是当承力较大时供拉杆拉紧用的。

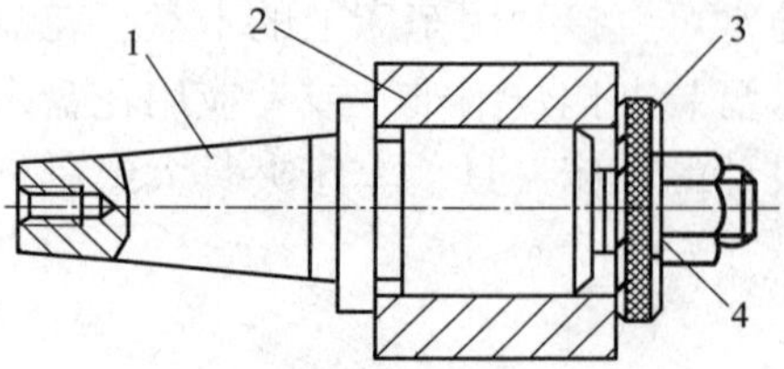

图 5—33　锥柄式心轴及其应用

1—心轴　2—工件　3—开口垫圈　4—螺母

如图 5—34 所示为阶梯（圆柱）式心轴，适用于加工较短长度或内孔有台阶孔的套筒类或盘状工件。

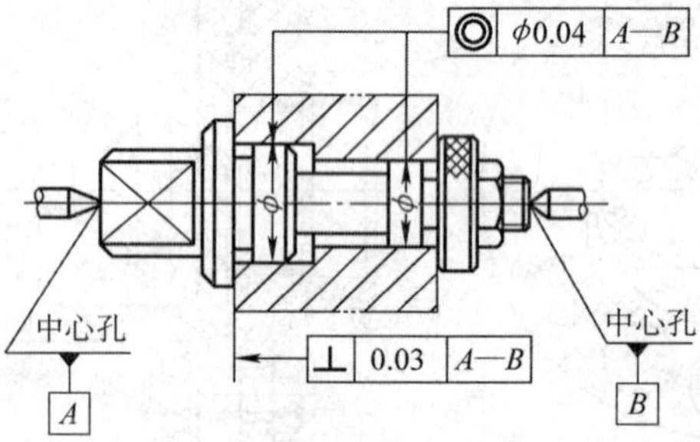

图 5—34　阶梯（圆柱）式心轴

如图 5—35 所示为弹簧心轴定心式车床夹具。工件以内孔和端面在弹性筒夹、定位套上定位。当螺母压紧弹性筒夹或拉杆移动时，拉杆或夹具体上的锥面迫使轴向开槽的弹性筒夹径向胀大，从而使工件定心并夹紧。加工结束后，松开螺母或拉杆，则弹性筒夹收缩复原，便可装卸工件。

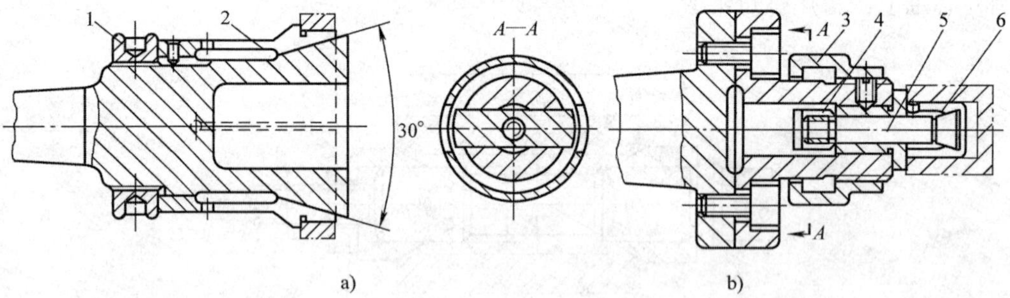

图 5—35　弹簧心轴

a）前推式弹簧心轴　b）不动式弹簧心轴

1、3—螺母　2、6—筒夹　4—滑条　5—拉杆

(3) 花盘式车床夹具

对于形状复杂的工件，在加工一个或几个与基准平面垂直的孔时，就可采用花盘式车床夹具。如图 5—36 所示为车床上镗孔夹具，工件以端面和两孔定位，定位元件为件 2 和两插销，用钩形压板压紧。要求装配时，确保两定位插孔保持正确的位置，使定位准确、方便，同时保证定位板在转位时动作灵活。

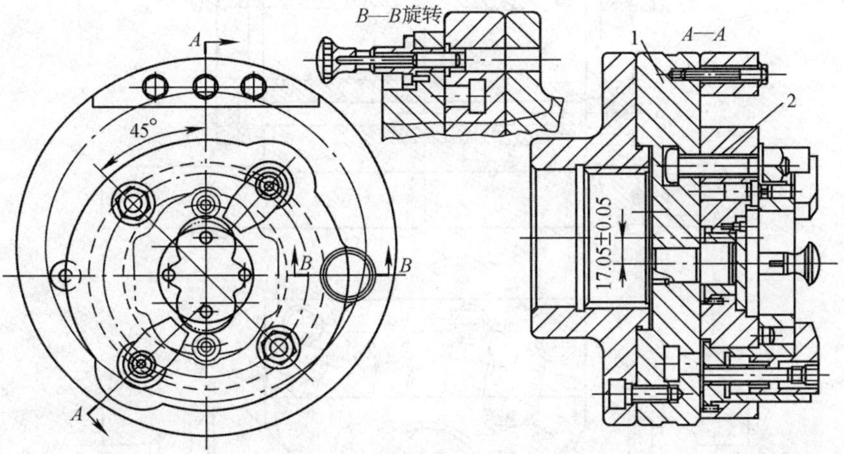

图 5—36　花盘式车床夹具

1—夹具体　2—定位板

3. 铣床夹具

铣床夹具用于在铣床上加工工件的平面、键槽、缺口、齿轮及各种成形面。铣削时切削力较大，且由于铣刀刀齿不连续，使得铣削过程会产生振动，对工件的定位精度和加工质量有一定的影响，因此，铣床夹具的刚性要好，夹紧力要大。

铣床夹具必须有确定刀具位置和方向的元件，以确保迅速得到夹具、机床与刀具的相对位置，通常采用对刀装置来实现。此外，铣床夹具必须用 T 形螺栓紧固在机床工作台上，并用键来确定其安装位置。根据铣削加工时夹具进给运动方式，铣床夹具可分为直线进给式、圆周进给式和曲线进给式（即机械仿形靠模夹具）三种类型。

(1) 直线进给式铣床夹具

在铣床夹具中，这类夹具应用最多，一般多采用多件装夹结构和多工位装夹结构。

图 5—37 所示为铣削千分尺尺架上、下两平行面的直线进给式铣床夹具。工件由定位元件 1、5 和底平面定位，转动螺母 2 即可使两个压板 3 同时将四个工件夹紧或松开。键 4 用来确定夹具在铣床工件台上的位置，并由螺栓将夹具紧固在铣床工作台上。

(2) 圆周进给式铣床夹具

这类夹具多用在有回转工作台的铣床上，依靠回转台旋转将工件顺序送入铣床的加工区内，以实现连续切削。

如图 5—38 所示为立式铣床上连续铣削拨叉的圆周进给式夹具。电动机通过变速箱中的蜗轮副带动转台 5 回转，工件以圆孔、孔的端面和侧面通过夹具体平面、定位销 2 和挡销 4 定位。油缸 6 中的活塞驱动拉杆 1 通过开口垫圈 3 将工件夹紧或松开。夹具上同时装夹 12

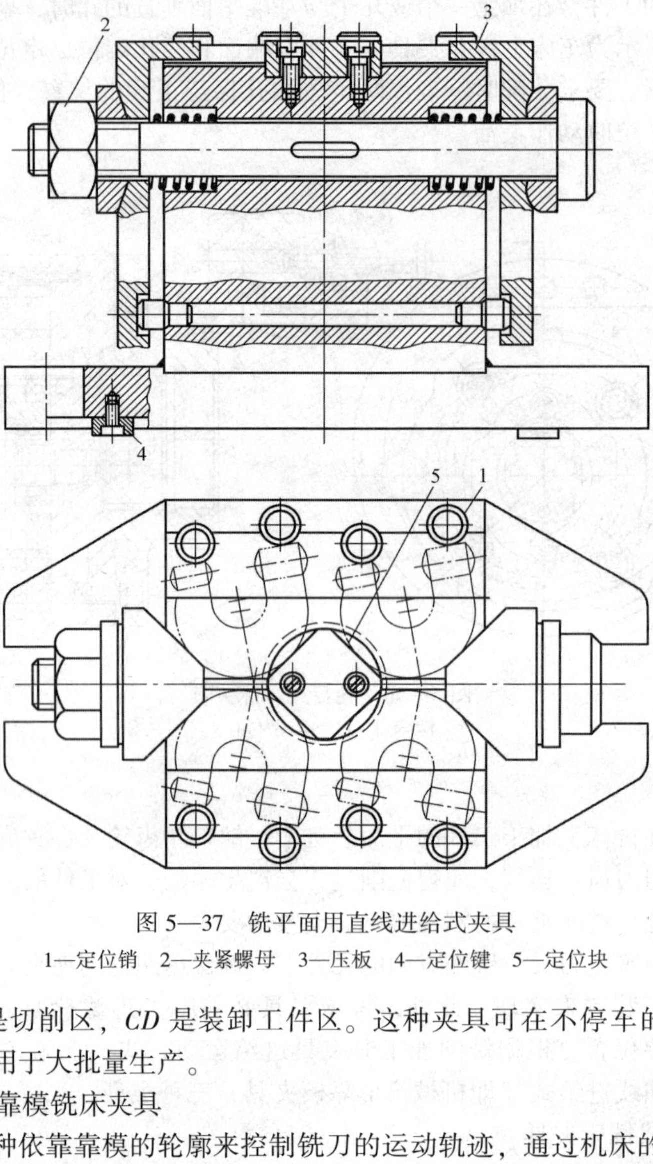

图 5—37　铣平面用直线进给式夹具

1—定位销　2—夹紧螺母　3—压板　4—定位键　5—定位块

个工件，图中 *AB* 是切削区，*CD* 是装卸工件区。这种夹具可在不停车的情况下装卸工件，生产效率较高，适用于大批量生产。

(3) 机械仿形靠模铣床夹具

这类夹具是一种依靠靠模的轮廓来控制铣刀的运动轨迹，通过机床的进给运动和靠模的辅助运动合成，来控制铣刀沿着所需的曲线轨迹进行铣削运动，并获得所需曲面形状零件的工艺方法。目前这种方法已被数控铣床加工所取代。

4. 镗床夹具

镗床夹具简称镗模，主要用来加工箱体类、壳体类、支座等零件上的精密孔或孔系。它与钻床夹具非常相似，除有夹具的一般元件外，还采用了引导刀具或镗杆进行镗孔的导套（镗套），以镗套来引导并支承镗杆，使镗杆的刚性得以提高，并以此来保证被加工孔的尺寸精度、形状精度和表面质量。因此，采用镗模可以不受镗床精度的影响而加工出有较高精度要求的工件。镗模不仅广泛用于一般镗床和组合镗床上，也可以在一般通用机床（如车床、铣床、摇臂钻床等）上加工出有较高精度要求的孔及孔系。

如图 5—39 所示为镗削车床尾座孔的镗模。镗模的两个支承分别设置在尾座的前方

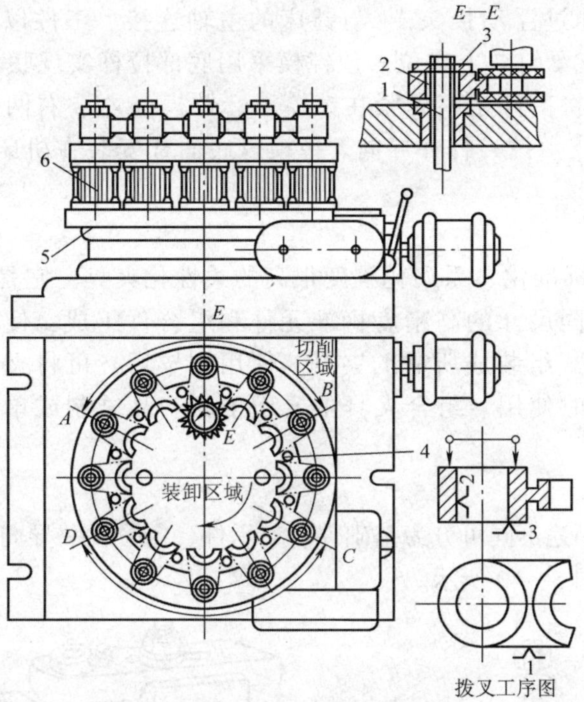

图 5—38　圆周进给式铣床夹具

1—拉杆　2—定位销　3—开口垫圈　4—挡销　5—转台　6—油缸

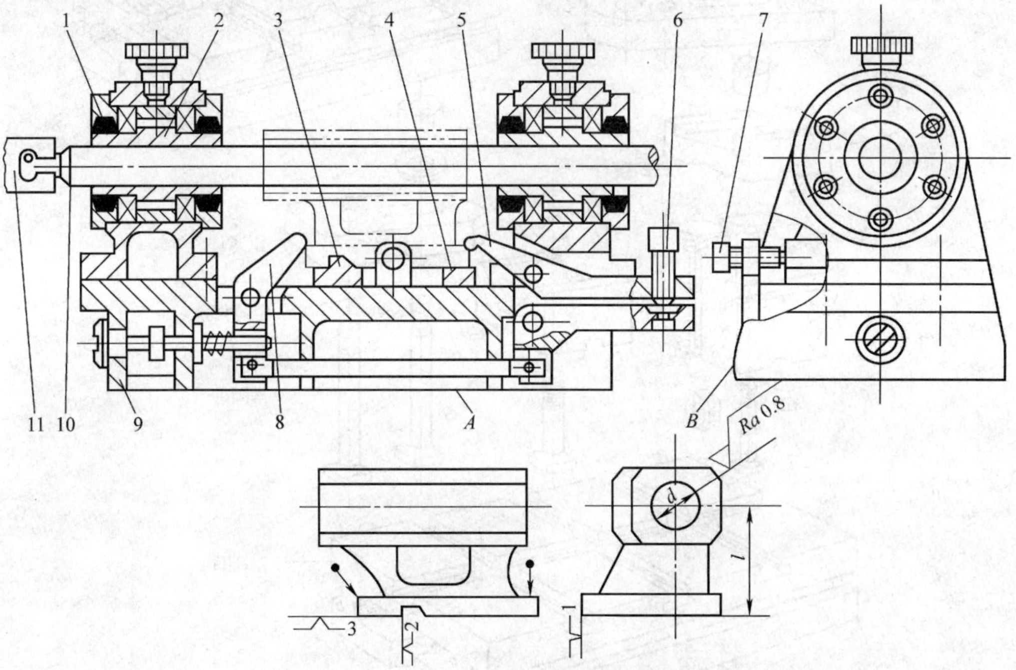

图 5—39　镗削车床尾座孔的镗模

1—支架　2—镗套　3、4—定位板　5、8—压板　6—夹紧螺钉

7—可调支承钉　9—镗模底座　10—镗刀杆　11—浮动接头

和后方，镗刀杆 10 通过浮动接头 11 与镗床的主轴连接。工件以底面、槽及侧面在定位板 3、4 以及可调支承钉 7 上定位。该镗模采用底部拉杆实现联动，当拧紧螺钉 6 时，压板 5 和 8 即可同时将工件尾座夹紧在镗模上。镗模（左、右两个）支架 1 上装有滚动回转镗套 2，用来支承镗刀杆并导向。镗模以底面 *A* 安装在机床工作台上，以侧面 *B* 找正其位置。

七、组合夹具

组合夹具是一种标准化、系列化程度很高的柔性化夹具。它是由一套预先制定好的有各种不同形状、不同尺寸的高精度标准元件和组合件组成，使用时按照工件的加工要求，采用组合的方式组装成所需的夹具。使用完毕后，可将夹具拆开，擦洗并归档保存，以便于再组装时使用。组合夹具主要用于新产品试制或单件小批量生产及临时突击性生产。

1. 组合夹具元件

组合夹具元件按用途不同可分为基础件、支承件、定位件、导向件、夹紧件、紧固件、其他件、合件等，如图 5—40 所示。

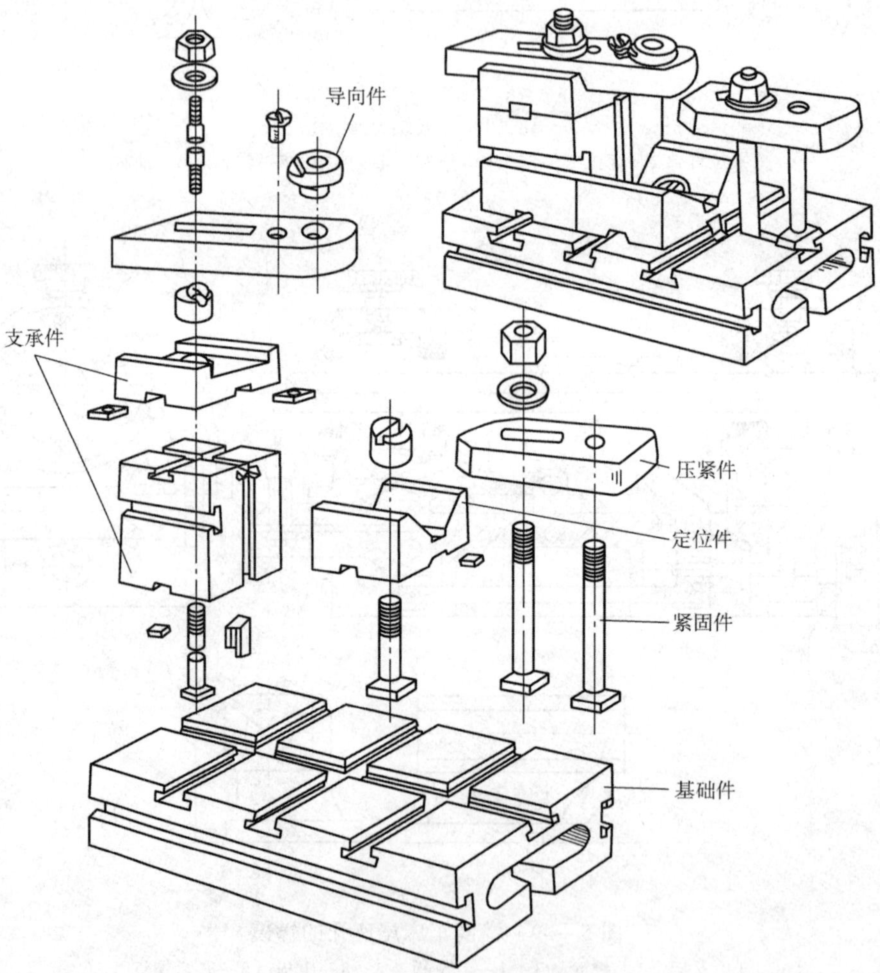

图 5—40　钻孔用的组合夹具元件

（1）基础件

基础件主要用作夹具体使用，也是各类元件组装的基础。常用的有各种形状的基础板和基础角铁等。

（2）支承件

支承件主要用作不同高度的支承或角度关系的支承，包括各种方形支承、长方形支承、伸长板、角铁支承和角度垫板等。

（3）定位件

定位件主要用于工件的定位和确定元件与元件之间的相对位置，如各种定位销、定位盘、定位支承、V 形支承、定位键等。

（4）导向件

导向件是用来确定刀具与工件之间相对位置的元件，包括各种尺寸规格的钻套、钻模板、导向支承等。

（5）夹紧件

夹紧件是指各种形式的压板、螺杆等，用于夹紧工件。

（6）紧固件

紧固件是用来连接组合夹具元件和紧固工件的，包括各种螺钉、螺母、垫圈等。

（7）其他件

如连接板、摇板、弹簧、平衡块等。

（8）合件

合件是一种由多元件组成的独立的且结构较复杂的标准部件，如分度组件等。

2. 组合夹具的特点

（1）能保证加工精度，提高生产效率。

（2）通用性好，适用范围广。

（3）可重复使用，降低产品的制造成本。

（4）缩短生产周期，减少夹具的库存量，易于管理。

（5）组合夹具的外形尺寸较大，结构较笨重、刚度差。

课题二 夹具的制作

一、夹具制作的基本过程与要求

1. 夹具制作的工艺过程

（1）技术准备

理解夹具图样，分析夹具的结构特点（包括定位、夹紧、分度及对刀、引导装置的工作原理和功用），掌握各部件的加工技术要求，以及夹具与使用机床的关系等，拟定夹具各部件的加工工艺规程。

(2) 准备原材料及工具

按图样要求，准备坯料；按加工工艺规程选择好所需的机床设备及工装（包括相应的工具、刀具、量具及二类夹具等）。

(3) 对主要零部件实施加工

按图样加工要求对定位元件、夹紧元件、对刀引导元件及夹具体等主要零件进行加工，并适时地进行热处理，使零件的尺寸精度、表面质量及使用性能均达到图样要求。

(4) 对其他零部件的加工

完成对其他零部件的加工，并配置好相应的标准件和外购件。

(5) 检验

对所有加工好的零部件进行检验，对不合格产品进行修理或更换。

(6) 装配

按夹具总装图将各零部件组装并调整达到图样要求。

(7) 检验入库

按总装图要求，进行装配后的装配精度检验，合格后打标记入库。

2. 夹具制作技术要求

(1) 夹具零件公差的确定原则

1) 为了保证被加工工件的尺寸精度，夹具的定位、制造及调整的误差总和不能超过工件工序公差的 1/3。

2) 在不增加制造难度的情况下，尽量将夹具公差定小一些，以补偿夹具的磨损，延长夹具的使用寿命，增加其可靠性。

3) 在确定与工件尺寸有关的夹具公差时，应先将工件尺寸转化为双向对称公差（如 $20^{+0.1}_{0}$ mm 转化为 20.05 mm±0.05 mm），夹具的公称尺寸取工件的平均尺寸，再按工件尺寸公差确定夹具零件的制造公差。

4) 将夹具中的尺寸公差和技术要求分别表示清楚，对有公差的部位，还要有相应的检验基准。

5) 采用调整法或修配法装配夹具时，可将夹具零件的制造公差适当放大，待装配时，再根据需要进行调整。

(2) 夹具零件制造公差与被加工工件尺寸公差的比例关系

表 5—3 为夹具零件制造公差与被加工工件尺寸公差的比例关系。具体选择时，可按实际制造要求进行。

表 5—3　　夹具零件制造公差与被加工工件尺寸公差的比例关系

夹具类型	被加工工件尺寸公差/mm				
	0.03~0.10	0.10~0.20	0.20~0.30	0.30~0.50	未注公差
车削、刨削、珩磨等夹具	1/4	1/4	1/5	1/5	≤0.10
钻削、铣削等夹具	1/3	1/3	1/4	1/4	≤0.10
镗削、拉削、磨削等夹具	1/2	1/2	1/3	1/3	≤0.10

(3) 各类机床夹具主要加工技术要求

1）车床、外圆磨床夹具的主要加工技术要求。表 5—4 为车床、外圆磨床夹具心轴的制造允差；表 5—5 为车床、外圆磨床夹具径向全跳动允差。

表 5—4　　车床、外圆磨床夹具心轴的制造允差　　mm

工件定位孔直径	定位心轴的制造允差			
	刚性心轴		弹性心轴	
	精加工	非精加工	精加工	非精加工
0~10	−0.005 −0.015	−0.023 −0.045	−0.013 −0.027	−0.035 −0.060
10~18	−0.006 −0.018	−0.030 −0.055	−0.016 −0.033	−0.045 −0.075
18~30	−0.008 −0.022	−0.040 −0.070	−0.020 −0.040	−0.060 −0.095
30~50	−0.010 −0.027	−0.050 −0.085	−0.025 −0.050	−0.075 −0.115
50~80	−0.012 −0.032	−0.060 −0.105	−0.030 −0.060	−0.095 −0.145
80~120	−0.015 −0.038	−0.080 −0.125	−0.040 −0.075	−0.120 −0.175
120~180	−0.018 −0.045	−0.100 −0.155	−0.050 −0.090	−0.150 −0.210
180~260	−0.022 −0.052	−0.120 −0.180	−0.060 −0.105	−0.180 −0.250
260~360	−0.026 −0.060	−0.140 −0.210	−0.070 −0.125	−0.210 −0.290
360~500	−0.030 −0.070	−0.170 −0.245	−0.080 −0.140	−0.250 −0.340

表 5—5　　车床、外圆磨床夹具径向全跳动允差　　mm

工件定位孔径向全跳动允差	定位表面对回转中心线的径向全跳动允差	
	心轴类夹具	一般车床、磨床夹具
0.05~0.10	0.005~0.010	0.010~0.020
0.10~0.20	0.010~0.015	0.020~0.040
0.20 以上	0.015~0.030	0.040~0.060

2）钻床、镗床夹具的主要加工技术要求。钻床、镗床夹具上导套自身的尺寸精度、导套与导套或导套与夹具安装基面间的相对位置精度直接决定着被加工孔或孔系的尺寸精度和相对位置精度。因此，导套内、外圆的同轴度公差通常不超过 0.005 mm。导套内径的公称尺寸为刀具的上极限尺寸，其制造允差按基轴制选取，见表 5—6。导套与导套间或导套与

安装基面间的位置精度见表5—7。

表5—6　　　　导套内径制造允差　　　　mm

导套类型	配合类型	孔偏差	工具的公称尺寸						
			>1~3	>3~6	>6~10	>10~18	>18~30	>30~50	>50~80
钻孔用导套	F8	上偏差	+0.022	+0.027	+0.033	+0.040	+0.050	+0.060	+0.070
		下偏差	+0.008	+0.010	+0.013	+0.016	+0.020	+0.025	+0.030
	G7	上偏差	+0.013	+0.017	+0.021	+0.025	+0.030	+0.035	+0.042
		下偏差	+0.003	+0.004	+0.005	+0.006	+0.008	+0.010	+0.012
铰H7孔用导套	F7	上偏差	+0.021	+0.027	+0.034	+0.040	+0.048	+0.057	+0.066
		下偏差	+0.011	+0.014	+0.018	+0.021	+0.028	+0.032	+0.036
	G6	上偏差	+0.018	+0.022	+0.027	+0.032	+0.038	+0.047	+0.053
		下偏差	+0.011	+0.014	+0.018	+0.021	+0.025	+0.031	+0.034

注：此表只列出钻孔及铰H7孔用导套内径的制造允差，其他加工内容的导套内径的制造允差可参照有关资料查取。

表5—7　　导套中心到定位基面的制造允差及对夹具安装基面的相互位置度要求　　mm

导套间中心距或导套中心到定位基面间的制造允差			导套中心对夹具安装基面的相互位置度要求	
被加工孔间中心距或孔中心到基面的尺寸允差	导套间中心距或导套中心到定位基面间的制造允差		被加工孔对定位基面的垂直度要求	导套中心线对夹具安装基面的垂直度要求
	平行或垂直时	不平行或不垂直时		
±0.05~±0.10	±0.005~±0.02	±0.005~±0.015	(0.05~0.10)/100	(0.01~0.02)/100
±0.10~±0.25	±0.02~±0.05	±0.015~±0.035	(0.10~0.25)/100	(0.02~0.05)/100
±0.25以上	±0.05~±0.10	±0.035~±0.080	0.25/100以上	0.05/100

3）铣床（含刨床及平面磨床）夹具的主要加工技术要求。在铣床夹具上，由于常用对刀元件来确定铣刀与夹具的相对位置，因此，对刀元件的位置精度将直接影响工件的加工精度。铣床夹具的主要加工技术要求见表5—8。

表5—8　　　　铣床夹具主要加工技术要求　　　　mm

对刀块到定位表面的位置制造允差			对刀块工作表面、定位键侧面对定位元件表面的技术要求	
工件上被加工表面到定位基准面的尺寸允差	夹具上对刀块到定位元件的定位表面的相互位置尺寸允差		工件被加工表面对定位基准的技术要求	对刀块工作表面、定位键侧面对定位元件表面的垂直度或平行度
	平行或垂直时	不平行或不垂直时		
~±0.10	±0.02	±0.015	0.05~0.10	(0.01~0.02)/100
±0.10~±0.25	±0.05	±0.035	0.10~0.20	(0.02~0.05)/100
±0.25以上	±0.10	±0.080	0.20以上	(0.05~0.10)/100

4）夹具主要零件的表面粗糙度要求。夹具主要零件的表面粗糙度要求见表5—9。

表 5—9　　夹具主要零件的表面粗糙度（*Ra*）要求　　μm

<table>
<tr><th colspan="2">表面名称</th><th>精度等级</th><th>外圆、外侧面</th><th>内孔、内侧面</th><th>应用举例</th></tr>
<tr><td rowspan="9">有相对运动的表面</td><td rowspan="3">一般平面</td><td>7</td><td colspan="2">0.4（0.5、0.63）</td><td>T 形槽</td></tr>
<tr><td>8、9</td><td colspan="2">0.8（1.0、1.25）</td><td>V 形架、偏心轮</td></tr>
<tr><td>11</td><td colspan="2">1.6（2.0、2.5）</td><td>叉头零件</td></tr>
<tr><td rowspan="2">特殊表面</td><td>精确</td><td colspan="2">0.4（0.5、0.63）</td><td rowspan="2">导轨面、燕尾导轨</td></tr>
<tr><td>一般</td><td colspan="2">1.6（2.0、2.5）</td></tr>
<tr><td rowspan="4">圆柱面</td><td>6</td><td colspan="2">0.2（0.25、0.32）</td><td>快换钻套、手动定位销</td></tr>
<tr><td>7</td><td>0.2（0.25、0.32）</td><td>0.4（0.5、0.63）</td><td>导向销</td></tr>
<tr><td>8、9</td><td colspan="2">0.4（0.50.63）</td><td>衬套定位销</td></tr>
<tr><td>11</td><td>1.6（2.0、2.5）</td><td>3.2（4.0、5.0）</td><td>转动轴颈</td></tr>
<tr><td rowspan="13">无相对运动的表面</td><td rowspan="2">一般平面</td><td>8、9</td><td>0.8（1.0、1.25）</td><td>1.6（2.0、2.5）</td><td>定位键侧面</td></tr>
<tr><td>特殊配合</td><td>0.8（1.0、1.25）</td><td>1.6（2.0、2.5）</td><td>键两侧面</td></tr>
<tr><td rowspan="3">夹具体基面</td><td>精确</td><td colspan="2">0.4（0.5、0.63）</td><td rowspan="3">夹具体安装面</td></tr>
<tr><td>中等</td><td colspan="2">0.8（1.0、1.25）</td></tr>
<tr><td>一般</td><td colspan="2">1.6（2.0、2.5）</td></tr>
<tr><td rowspan="3">夹具零件的安装基面</td><td>精确</td><td colspan="2">0.4（0.5、0.63）</td><td rowspan="3">安装夹具元件的表面</td></tr>
<tr><td>中等</td><td colspan="2">1.6（2.0、2.5）</td></tr>
<tr><td>一般</td><td colspan="2">3.2（4.0、5.0）</td></tr>
<tr><td rowspan="3">圆柱面</td><td>7</td><td>0.4（0.5、0.63）</td><td>0.8（1.0、1.25）</td><td>圆柱销（孔）</td></tr>
<tr><td>8、9</td><td>0.8（1.0、1.25）</td><td>1.6（2.0、2.5）</td><td>手柄等</td></tr>
<tr><td>未注尺寸</td><td colspan="2">3.2（4.0、5.0）</td><td>压板、活动手柄</td></tr>
<tr><td rowspan="2">定位表面</td><td>精确</td><td colspan="2">0.4（0.5、0.63）</td><td rowspan="2">定位件工作表面</td></tr>
<tr><td>一般</td><td colspan="2">1.6（2.0、2.5）</td></tr>
</table>

3. 工具钳工在夹具零件制造中所承担的主要工作

（1）刮削夹具体的基面及定位表面。

（2）研磨支承表面及钻套内孔。对分度销进行修研加工。

（3）倒毛刺、修棱边。

（4）钻、攻螺纹孔。

（5）在精密钻床上对钻模板、分度盘等上的孔进行钻、扩、铰等工序的加工。

（6）夹具的整体装配、检测等。

（7）其他一些相应加工、装配及检验工作。

二、典型夹具零件的加工

1. 钻模板的加工

对于工具钳工而言，钻模板的加工主要是对钻模板上各类孔及孔系进行钻孔、铰孔和研磨的加工。这些加工均是在钻床上完成的，常用的方法有精密划线加工法和量套找正加工法两种。

（1）精密划线加工法

由工具钳工通过精密划线的方法来加工钻模板。采用这种方法加工时，由于受到划线、对刀等因素的影响，其孔距尺寸公差一般只能控制在 0.1 mm，因此这种方法仅用来加工一些精度要求不高的钻模板。

(2) 量套找正加工法

这是用预先布置好的量套来确定钻模板上孔的位置，并使钻床主轴的轴线与量套轴线重合，然后实施加工的方法。

量套找正加工法所用的量套外径一般为 10~25 mm，并经过磨削，高度为 15~25 mm，其端面与外圆柱表面应有较高的垂直度（具体要求应根据孔的加工要求而定）。采用量套找正加工法加工的孔系，孔距尺寸公差可以控制在 0.05 mm 之内。

图 5—41 所示为某一钻模板制作工序图，本道工序要在钻模板上加工两孔（孔径分别为 16 mm 及 20 mm），两孔位置要求如图所示，其加工工艺过程如下：

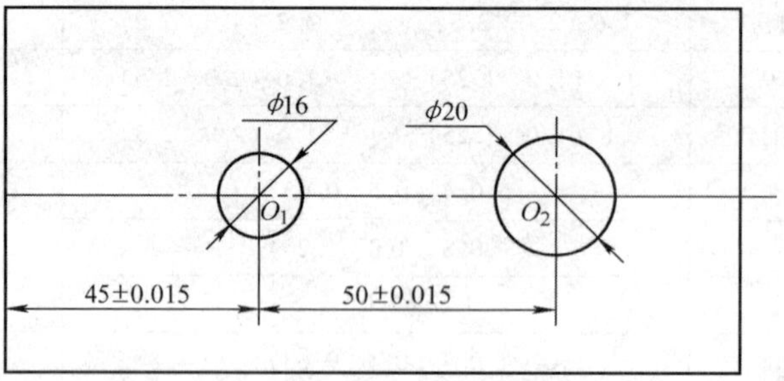

图 5—41　钻模板

1）根据图示要求运用划线法分别划出 O_1、O_2的中心位置后，钻 φ6.7 mm 孔，并攻 M8 螺孔（螺孔孔径尺寸应小于量套内径，螺孔所配置的螺钉仅起固定量套作用）。

2）在 O_1、O_2螺孔上分别放置两只直径为 15 mm、高为 20 mm 的量套，并用 M8 螺钉将量套略微压紧。

3）将钻模板放置在标准平板上（若孔距要求不高也可以放在钻床工作台上），在钻模板的一侧端面紧贴一块精密角铁 1，首先用量块组（Ⅰ）调整 O_1处量套位置，使其尺寸为 45 mm 后用螺钉紧固，然后再用量块组（Ⅱ）调整 O_2处量套位置，使 O_1O_2尺寸为 50 mm 后，再用螺钉紧固，然后拆去量块，如图 5—42 所示。

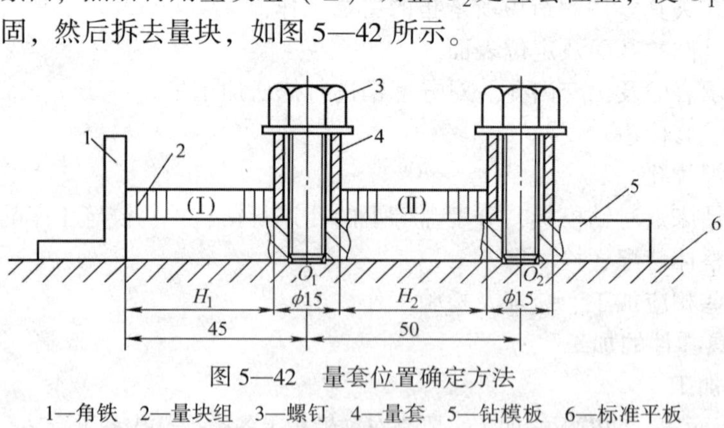

图 5—42　量套位置确定方法

1—角铁　2—量块组　3—螺钉　4—量套　5—钻模板　6—标准平板

量块组（Ⅰ）与量块组（Ⅱ）H_1、H_2尺寸的确定：

$$H_1=45-\frac{15}{2}=45-7.5=37.5\ \text{mm}$$

$$H_2=50-\frac{15+15}{2}=50-15=35\ \text{mm}$$

4）将调整好量套位置的钻模板放置在钻床工作台上进行钻孔。钻孔前，先调整钻模板与钻床主轴的相对位置，当钻床主轴轴线与量套的轴线重合后，再拆去量套，换上相应的钻头（若加工 O_1孔，则装上 ϕ16 mm 的钻头），对该孔进行钻削加工。

需要说明的是：当钻孔加工是在摇臂钻床上进行时，应将钻模板用压板固定在钻床工作台上；当钻孔加工是在普通立钻上进行时，由于钻床的主轴只能沿其轴线方向上下运动，故在加工前，钻模板不得事先固定。在调整钻床主轴与钻模板相对位置时，必须通过移动钻模板，使钻床主轴的轴线与量套的轴线重合后，方可将钻模板紧固在立钻的工作台上。

2. 钻套的加工

图 5—43 所示为常用的带肩固定式钻套，其加工技术要求为：ϕD 对 ϕd 的同轴度为 0. 01 mm；热处理淬火硬度达 60～64HRC；除磨削表面外，其余发黑处理。

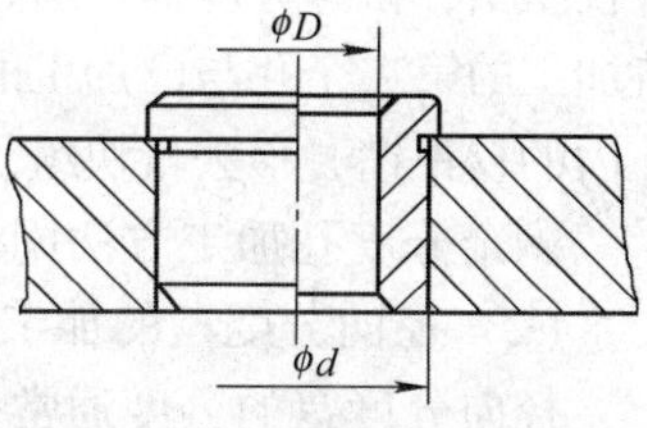

图 5—43　带肩固定式钻套

钻套加工中最重要的工序是磨削加工。对于直径小于 6 mm 的钻套，热处理后要在磨床上磨削是比较困难的，应在热处理淬火前由车床精加工，并留研磨余量，在淬火后由钳工在钻床上加以研磨即可。

3. 分度盘的加工

分度盘的加工可分为轴向与径向两种。

（1）轴向分度盘的加工

轴向分度盘的分度方法是：将分度孔按分度要求分布在圆盘端面的同一圆周上。工具钳工的工作主要是加工分度孔。

图 5—44 所示为在钻床上加工轴向分度盘端面分度孔的方法。其基本工艺过程如下：

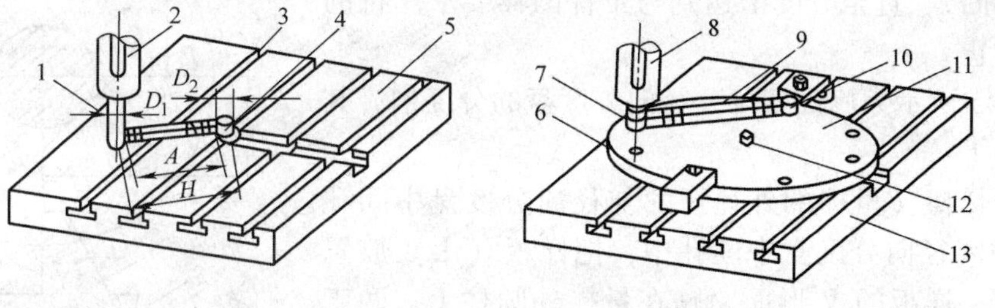

图 5—44　轴向分度盘的加工

a）第一个分度孔加工　b）下一个分度孔加工

1、7—量棒　2、8—钻床主轴　3、9—量块组　4、10、12—校正销　5、13—钻床工作台

6—压板组件　11—分度盘

先在钻床主轴孔中插一量棒（量棒的一端应呈锥形，其锥度与钻床主轴内孔锥度一致），并在钻床工作台上固定一校正销，销径与分度盘中心孔径一致。然后调整钻床主轴与校正销的相对位置，使量棒与校正销之间的中心距等于分度盘中心与待加工的分度孔中心的距离，这个距离通常由量块组来确定，如图 5—44a 所示。

量块组尺寸 A 为:

$$A=H-\frac{D_1+D_2}{2}$$

式中 A ——量块组尺寸;

H ——量棒与校正销之间的距离;

D_1——量棒的外径;

D_2——校正销的外径。

调整好距离后，便可卸下钻床主轴上的量棒、移去量块组，将中间孔已加工好的分度盘套在校正销上，用压板固定后，进行分度盘上第一个分度孔的钻、铰加工。当第一个分度孔加工完毕后，再分别以分度盘中心及第一个分度孔为基准，对第二个分度孔加工。第二个分度孔中心位置的确定方法与第一个孔大致相同，在钻床主轴上装上量棒，并在第一个分度孔中装上一根校正销，松开分度盘，通过旋转分度盘（分度盘绕其中心的校正销旋转），用量块组来调节待加工的第二个孔与已加工的第一个分度孔的中心距后，固定分度盘，拆下量棒及第一个分度孔内的校正销，移去量块组，对第二个分度孔进行钻削加工，如图 5—44b 所示。

剩余分度孔加工方法同前。

（2）径向分度盘的加工

径向分度盘的分度通常分为用分度孔分度与用分度槽分度。由于用分度孔分度的分度盘加工较简单，故这里只介绍用分度槽分度的径向分度盘的加工。

加工用分度槽分度的径向分度盘，工具钳工的主要工作是对分度槽进行修配。在修配之前，分度槽应先在铣床上加工成形，并留有 0.2 mm 左右的修配余量。然后运用两块样板（可根据分度槽的零件图或工序图的要求来制作）对其进行修锉，修锉时，先选用一块样板修配分度槽的平侧面，再用另一块样板修配分度槽的斜侧面（应先修配平侧面，再修配斜侧面），直至分度槽达到与工件图样要求相符的尺寸精度为止。

图 5—45 所示为修配四等分径向分度盘的分度槽，其工艺步骤如下：

先将一量棒（量棒的外径尺寸与径向分度盘中间孔径相等）插入径向分度盘中间孔中，把样板（Ⅰ）放置在分度盘上，样板的 V 形面紧贴在量棒外圆柱上，两工作面 A 面与 B 面分别与分度盘的两相邻的分度槽的平侧面 a—a'面和 c—c'面平行，留出精锉余量，并使余量尽可能一致，然后将样板用弓形夹（即 C 形夹头）夹紧在分度盘上。

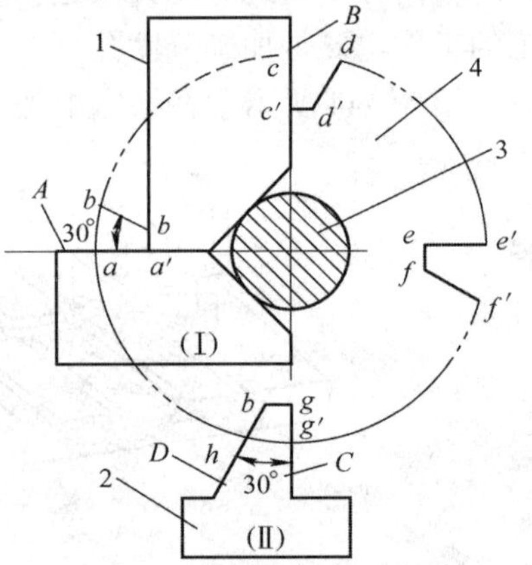

图 5—45 用样板修配分度槽

1—样板（Ⅰ） 2—样板（Ⅱ）

3—量棒 4—径向分度盘

将分度盘连同样板放置到台虎钳上并夹紧，然后分别对分度槽两平侧面（a—a'面及 c—c'面）修锉，使两平侧面与样板两工作面（A 面与 B 面）完全重合，修配完毕后，可修配第三个分度槽平侧面（e—e'面）。

在修配第三个分度槽平侧面（e—e'面）时，可将样板（Ⅰ）的 A 面与分度槽第二个平侧面（c—c'面）相重合后再与分度盘紧固在一起，对平侧面（e—e'面）进行修锉，使 e—e'

面与样板 B 面重合即可。当四个分度槽的平侧面均加工完毕后，再用样板（Ⅱ）对每个分度槽斜侧面（$b—b'$、$d—d'$、$f—f'$、$h—h'$面）进行修锉。修锉时，应使样板（Ⅱ）的工作面 C 与分度槽的平侧面重合，然后对分度槽的斜侧面进行修锉，直至其与样板（Ⅱ）的工作面 D 重合即可。

分度盘上所有分度槽加工完毕后，再进行热处理。热处理后，还要对它们进行研磨加工，研磨加工步骤与修锉一样。

（3）制作分度盘的工艺要点

1）对于用分度槽分度的径向分度盘的制作，其主要加工表面为内孔、端面、圆周上分度齿槽及外圆。其中内孔既是工件加工时的定位基准，又是使用基准，因此内孔的精度要求要高一些。此外，内孔与端面必须垂直，垂直度误差不大于 0.01 mm，因为当分度盘外径大、厚度较薄时，垂直度误差对等分误差影响很大。

2）分度盘精度要求高，外径大，厚度又薄，热处理时变形大。因此粗加工后（例如粗车后）必须留有较大的余量，以便在调质处理变形后有足够的余量消除变形。

3）当分度盘直径小于 350 mm 时，一般采用整体式分度盘，其主要工艺过程是：车外圆、端面和轴孔；铣分度槽；热处理淬硬；磨削端面和轴孔等基准面；精磨分度槽。

4）对径向分度盘实施粗磨、精磨内孔、端面、分度槽时，应安排在热处理淬火、回火之后，这样有利于消除上道工序变形对分度盘精度的影响。值得注意的是：在实施精磨操作前，应安排人工时效，其目的是消除粗磨的内应力，稳定零件的形状和尺寸。

（4）磨削分度盘齿槽的方法

磨削分度盘齿槽的方法通常有三种。一是用光学分度头磨削，其磨削、测量简单、方便，但精度较低，适用于低精度的分度盘加工及高精度分度盘的粗加工，如图 5—46 所示。二是自校磨削，它是利用定位点到砂轮的等距离来磨削分度齿槽，能逐次提高分度齿槽的等分精度。在一般平面磨床或工具磨床上添加一套专用夹具，便能进行磨削。这种方法与用光学分度头磨削相比，分度盘齿槽齿距相邻误差小，但效率低。三是计算修正磨削，它是在自校磨削的基础上进行的，这一方法既能减小齿槽齿距累积误差，又能照顾相邻齿距误差。

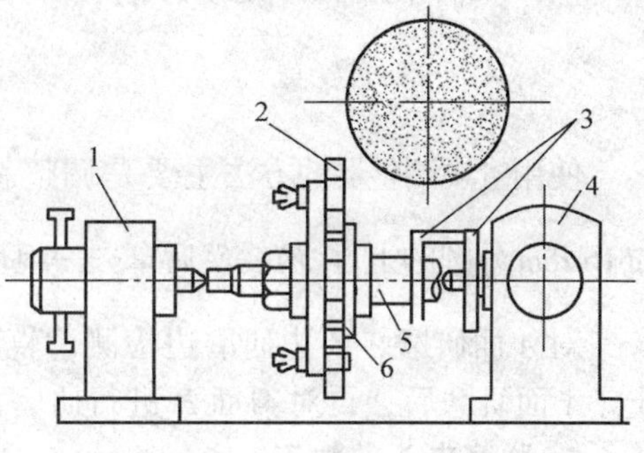

图 5—46　用光学分度头分度磨削
1—尾座　2—分度盘　3—卡箍
4—光学分度头　5—心轴　6—内压板

目前，随着制造技术的提高，对分度盘的制作加工，可直接采用数控机床加工予以实现，它不仅效率高，而且质量好。而对于高精度的分度盘零件，工具钳工只需进行必要的修锉、研磨、检验、装配即可。

4. 分度销的加工

分度销分为轴向分度盘用分度销及径向分度盘用分度销，其中轴向分度盘所用的分度销一般都是圆柱形的，经热处理淬火后可进行磨削加工。径向分度盘所用的分度销，一般由工具钳工进行修锉、研磨加工。

图 5—47 所示为一种常用的径向分度盘用分度销。分度销的 A 面和与其相差 30°的 B 面为工作面，除了对这两个工作面留下少量的修研余量（0.02 mm）外，其他加工内容均已完成。工具

钳工的工作就是对该分度销的工作面（*A*、*B* 面）进行修锉、研磨。加工要求 *A* 面必须通过分度销外圆的中心。30°斜面 *B* 应保证与径向分度盘外圆柱上的分度孔的斜侧面相配。

修研时，首先研磨平面 *A*，研磨完毕后，对 *A* 面进行检验，方法如图 5—48 所示。将精加工好的分度销 ϕ16 mm 外圆放置在 V 形架上，在标准平板上用千分表对研磨面 *A*（即工作面）进行校正，使 *A* 面平行于标准平板。然后将分度销紧固在 V 形架上，并用量块调整器来检验工作面 *A* 是否通过 ϕ16 mm 外圆中心。若检验通过即修研合格。

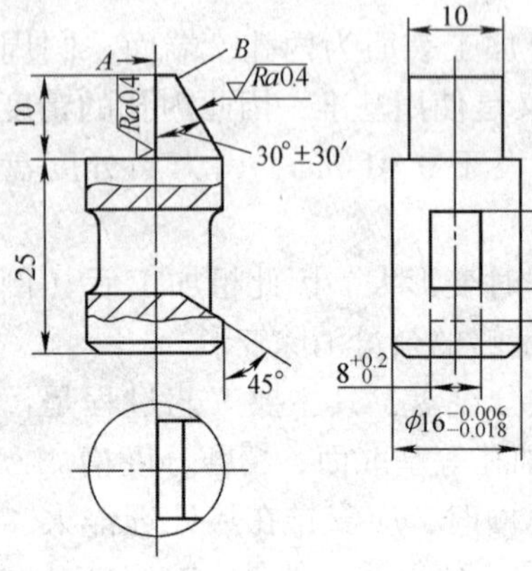

图 5—47　分度销

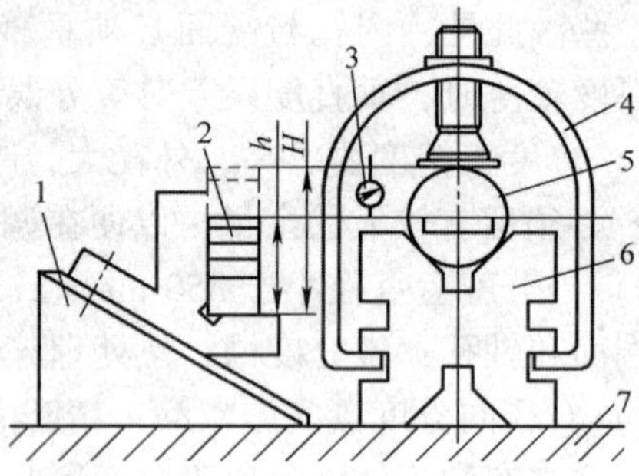

图 5—48　分度销平面 *A* 的检测

1—调整器　2—量块组　3—千分表　4—夹紧装置
5—分度销　6—V 形架　7—标准平板

使用量块调整器的方法主要是调整斜面上量块组的高度 *H*。先使 *H* 等于分度销的最高点（ϕ16 mm 外圆的上母线），然后拿去一组量块，使剩下的量块高 *h* 为：$h=H-\frac{16}{2}$ mm$=H-8$ mm。

对 *A* 面研磨，要边研磨边检测，直到达到尺寸要求（即 *A* 面通过 ϕ16 mm 外圆中心）为止。*A* 面研磨后，再对斜面 *B* 进行研磨。对 30°斜面的研磨，可采用异形研具研磨。

5. 弹簧夹头的加工

（1）弹簧夹头的类型和技术要求

弹簧夹头是一种具有弹性的分瓣套筒，它利用弹性变形与其他机构配合使用，可以实现工件的定心、夹紧，如图 5—49 所示。其结构特点是零件的主要表面为同轴度要求较高的内外旋转表面，需精磨，而零件的工作孔壁较薄容易变形，因此增加了零件加工工艺的复杂性。

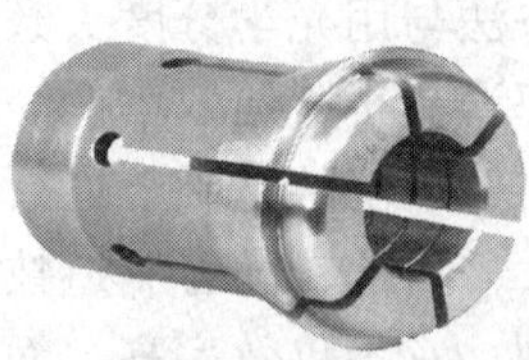

图 5—49　弹簧夹头

弹簧夹头按工作孔径的大小可分为 3 mm 以上孔径和 3 mm 以下孔径两类；按结构形式分类，可分为单头式、双头式和小锥度弹簧夹头；按有无镶嵌硬质合金可分为普通式和镶嵌式。

弹簧夹头主要加工技术要求为：弹簧夹头内、外圆同轴度误差不大于 ϕ0. 01 mm。经淬火、中温回火，硬度达 55～60HRC。

（2）制作弹簧夹头的工艺过程

1）制作工作孔径大于 3 mm 的弹簧夹头的主要工艺过程为：车内外圆；铣槽；热处理

淬硬；磨内孔、外圆和端面；磨切通槽。

2）制作工作孔径小于 3 mm 的弹簧夹头的主要工艺过程为：车内外圆；铣槽；热处理淬火并回火；研内孔；磨切通槽；磨外圆和端面。

（3）制作弹簧夹头的工艺要点

以图 5—50 所示弹簧夹头结构为例，其制作工艺要点为：

1）通常在粗加工前或粗加工后安排调质处理。

2）淬火前，铣槽不将槽铣通，以减小变形。

3）材料一般选用高碳钢和碳素工具钢，并进行淬火后的中温回火处理。

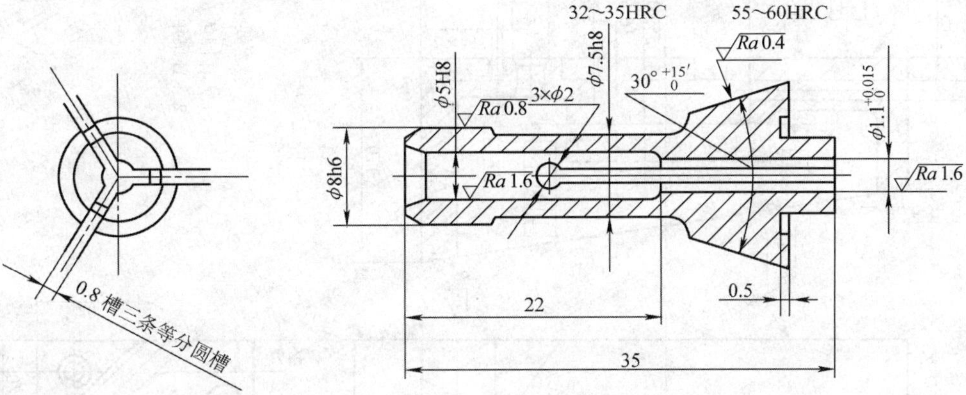

图 5—50　弹簧夹头结构图

6. 夹具体的加工

（1）夹具体的结构特点和技术要求

夹具体是夹具的基础零件，各种夹具体的尺寸大小、结构形式是不同的，但有许多共同的特点：夹具体由许多相对位置精度要求较高的平面和孔组成，内部呈腔状，结构复杂、壁厚不均、刚度较低、加工精度要求较高。其主要技术要求如下：

1）主要平面的精度。夹具体基准平面的平面度允差为 0.01～0.02 mm，各主要平面的表面粗糙度为 Ra0.8～1.6 μm。

2）孔的精度。主要孔的尺寸精度为 IT7 级，表面粗糙度为 Ra0.8～1.6 μm，几何形状精度一般不超过孔径公差的一半。

3）孔、平面间的位置精度。各主要平面对装配基准面的垂直度允差为 0.01～0.05 mm，同轴线孔的同轴度允差为 0.01～0.02 mm，有关联的各孔间的孔心距尺寸精度一般为 ±0.03 mm，主要孔轴线对装配基面的垂直度允差为 0.01～0.02 mm。

（2）夹具体的材料及坯料

由于铸铁的耐磨性、工艺性及吸振性较好，故常作为夹具体材料。为缩短生产周期，还可用锻造毛坯或用钢板焊接毛坯。目前国外广泛采用各种型材、标准件组合装配而成的夹具体毛坯。

（3）夹具体的制作工艺过程

以铸件夹具体为例，其制作工艺过程为：毛坯制造，人工时效；划线，粗加工基准面及其他平面；粗加工各孔；人工时效；粗加工各主要平面，精整加工主要平面；精整加工各个型面。

图 5—51 所示为离合器压盘多轴钻夹具体零件图，材料为铸件。A 面为装配基准；B 面为钻模板安装面；C 面、D 孔为三爪自定心卡盘的安装、定位面；ϕ22 mm 孔为钻套安装孔；

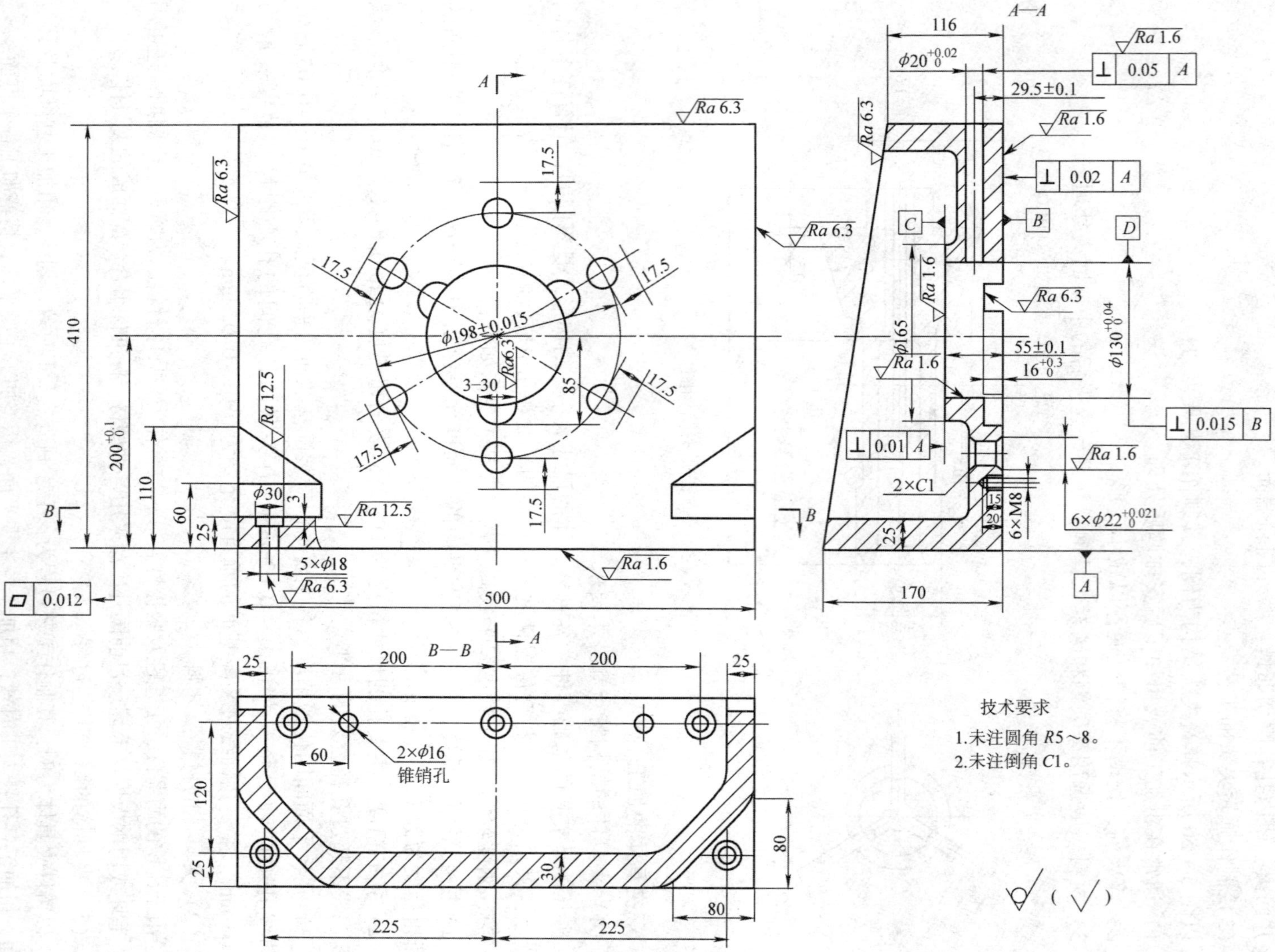
A—A
B—B
116
$\phi 20^{+0.02}_{0}$
⊥ 0.05 A
29.5±0.1
Ra 1.6
⊥ 0.02 A
B
C
D
Ra 6.3
$\phi 165$
55±0.1
$16^{+0.3}_{0}$
$\phi 130^{+0.04}_{0}$
⊥ 0.015 B
⊥ 0.01 A
2×C1
6×M8
$6\times\phi 22^{+0.021}_{0}$
170
410
500
$200^{+0.1}_{0}$
110
60
25
$\phi 30$
3
Ra 12.5
5×$\phi 18$
0.012
$\phi 198\pm0.015$
3−30
85
17.5
200
2×$\phi 16$
锥销孔
120
80
30
225
技术要求
1.未注圆角 $R5\sim8$。
2.未注倒角 $C1$。
(√)

图 5—51　夹具体零件图

ϕ20 mm 孔为扳手（调整三爪位置用）安装孔。其加工工艺过程如下：

1）铸造，人工时效。

2）钳：划线。

3）铣：按划线找正，粗铣 *A*、*B*、*C* 面及顶面，留余量 3~5 mm。

4）钳：以 *A* 面为基准找正 ϕ130 mm 孔中心线；经该孔轴线为基准找正其余孔中心线；预钻各主要孔。

5）镗：粗镗 ϕ130 mm 孔，留余量 4 mm。

6）人工时效。

7）涂装。

8）钳：划线。

9）铣：精铣各平面至尺寸，表面粗糙度为 *Ra*1.6 μm。

10）镗：精镗 ϕ130 mm 孔至尺寸。

11）钻：钻、铰销孔和攻螺孔；去毛刺；刮研 *A* 面，保证平面度允差 0.012 mm。

12）检验。

（4）夹具体加工的工艺要点

1）划线找正。夹具体结构复杂，毛坯制造误差较大，机械加工前，首先安排划线工序，以便使各加工面有足够而均匀的加工余量。

2）遵循“先面后孔”的原则。夹具体上的孔大多数分布在平面上，先加工平面，切除铸件表面的凸凹不平和夹砂等缺陷，可减小钻头引偏，以保证孔的加工精度。

3）遵循“基准统一”原则，选择精基准。夹具体的底面既是夹具体的设计基准，也是夹具的装配基准。它与夹具体的各主要孔、端面、侧面均有直接的联系，以底面为统一定位基准加工其他表面时，可消除基准不重合误差，有利于保证各表面的位置精度。

4）加工阶段粗、精分开。由于夹具体零件的结构形状复杂，刚度低、加工精度要求高，粗加工时切削力、切削热均易使工件产生应力和变形，将粗、精加工阶段分开，则粗加工时引起的变形能充分表现出来，而在精加工阶段获得修正。如上述夹具体工艺过程中，就安排了人工时效将粗、精加工分开。

5）时效处理。夹具体毛坯比较复杂，铸造内应力较大。为消除内应力，减少变形，保证精度的稳定性，铸造后应安排人工时效处理。

精密夹具体除了在铸造后进行时效处理外，往往在粗加工后还需进行人工时效处理。

（5）夹具体的检验

夹具体检验的项目有：

1）加工表面的表面粗糙度检验。主要在车间里进行，通常采用与表面粗糙度标准样块比较或目测的方法来评定。

2）加工表面的外观检验。可采用目测的方法，观察加工表面完成情况及有无烧伤、气孔、砂眼等缺陷。

3）孔的尺寸精度检验。常用内径千分尺、内径千分表等量具来检验。

4）孔和平面的几何形状精度。平面几何形状误差通常用涂色法、标准平板或塞尺检验平面度。

5）各加工表面间的相互位置精度。各表面间的位置精度通常利用检验棒、千分尺、百分表、角尺以及标准平板等相互组合使用来进行测量。

技能训练

一、制作支承台阶

1. 训练课题

制作支承台阶。

2. 训练图样

如图 5—52 所示。

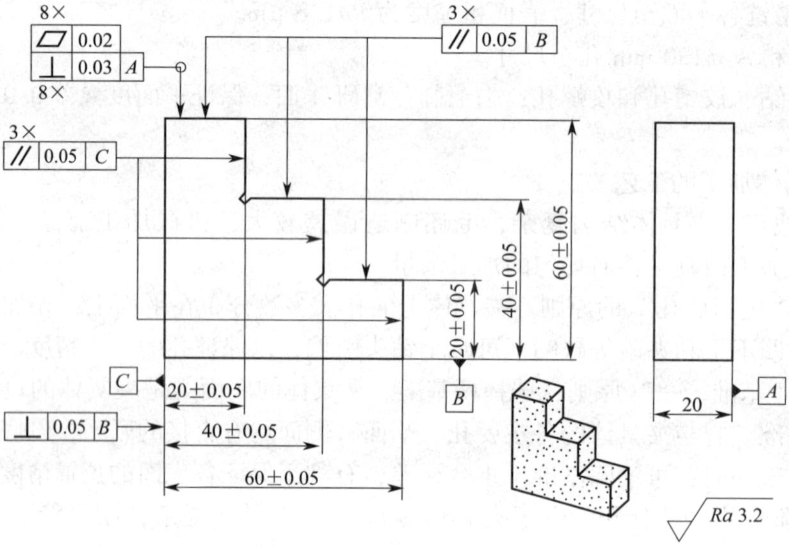

图 5—52　支承台阶零件

3. 训练要求

（1）能合理地制定制作工艺，并正确地选用制作工具。

（2）能熟练地使用量具，提高测量的准确性。

（3）熟练掌握钳工操作技能，达到图样要求。

4. 训练备料

材料准备：材料为 Q235 钢，尺寸为 60. 5 mm×60. 5 mm×20 mm。

工、量具准备：粗齿平锉（300 mm）、中齿扁锉（250 mm）、细齿平锉（200 mm）、手锯、锯条、刀口尺、刀口角尺、游标卡尺、游标高度卡尺、万能角度尺、划线工具、铜丝刷等。

5. 训练步骤

（1）领取工、量具及材料，检查来料尺寸是否符合规格，否则将其锯削、锉削到规定的毛坯尺寸。同时做好其他工作准备。

（2）粗、精锉工件外形，以保证尺寸达到（60±0. 05）mm×（60±0. 05）mm 四方、厚 20 mm 及几何公差要求。

（3）按图样要求划出台阶的加工线，并用游标卡尺校对（图 5—53a）。

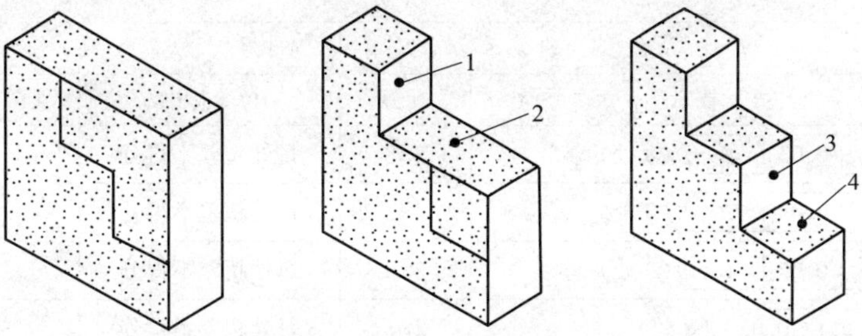

a)　　b)　　c)

图 5—53　制作支承台阶示意图（数字为加工面）

a）划线　b）加工台阶的一角　c）加工台阶的另一角

（4）锯去台阶的一角，并粗、精锉该直角面，以保证（20±0.05）mm×（40±0.05）mm 尺寸、几何公差及表面粗糙度等要求（图 5—53b）。

（5）锯去台阶的另一角，并粗、精锉该直角面，以保证（20±0.05）mm×（40±0.05）mm 尺寸、几何公差及表面粗糙度等要求（图 5—53c）。

（6）复检全部精度要求，并作必要的修整。锐边去毛刺、倒钝。

6. 操作注意事项

（1）锯削时不得使锯缝歪斜，注意留出锉削余量。

（2）为了获得内棱清角，防止锉刀在锉削时碰坏相邻面，锉刀的一侧棱边必须修磨至略小于 90°。锉削时，修磨边紧靠内棱角进行直锉。

（3）粗、精锉的加工余量要控制好，由于锉面较小，因此最后精锉时锉削的行程要短。

（4）为保证加工表面光洁，锉削时要经常清除嵌入锉刀锉齿内的锉屑，并在锉刀的齿面上涂上粉笔灰。

（5）台阶的直角处允许锯削 1×1×45°的沉割槽。各台阶面之间的垂直度，可通过控制各尺寸的平行度来间接保证。

（6）在外形加工时，垂直度、平行度等误差应控制在最小范围内。

（7）加工时，要顾及全部的精度要求。最后锉削时可采用推锉的方法，进行平面度的修整。

7. 成绩评定（表 5—10）

表 5—10　　制作支承台阶实习记录与成绩评分表

训练课题	制作支承台阶				
姓名		班级		工件号		总得分	
项次	项目与技术要求	配分	评分标准	实测结果	得分
1	（20±0.05）mm（2 处）	4×2	超差每处扣 4 分		
2	（40±0.05）mm（2 处）	4×2	超差每处扣 4 分		
3	（60±0.05）mm（2 处）	4×2	超差每处扣 4 分		
4	⊥ 0.05 B	4	超差不得分		

续表

训练课题	制作支承台阶					
姓名		班级		工件号		总得分
项次	项目与技术要求	配分	评分标准	实测结果	得分	
5	⊥ 0.03 *A* （8 处）	2×8	每处超差不得分			
6	// 0.05 *B* （3 处）	2×3	每处超差不得分			
7	// 0.05 *C* （3 处）	2×3	每处超差不得分			
8	▱ 0.02 （8 处）	2×8	每处超差不得分			
9	*Ra*3.2 μm（8 处）	2×8	每处超差不得分			
10	安全文明生产	6	违反规定酌情扣分			
11	工时定额 6 h	6	每超 30 min 扣 2 分			
现场记录						

二、制作压板组件

1. 训练课题

制作压板组件。

2. 训练图样

如图 5—54 所示。

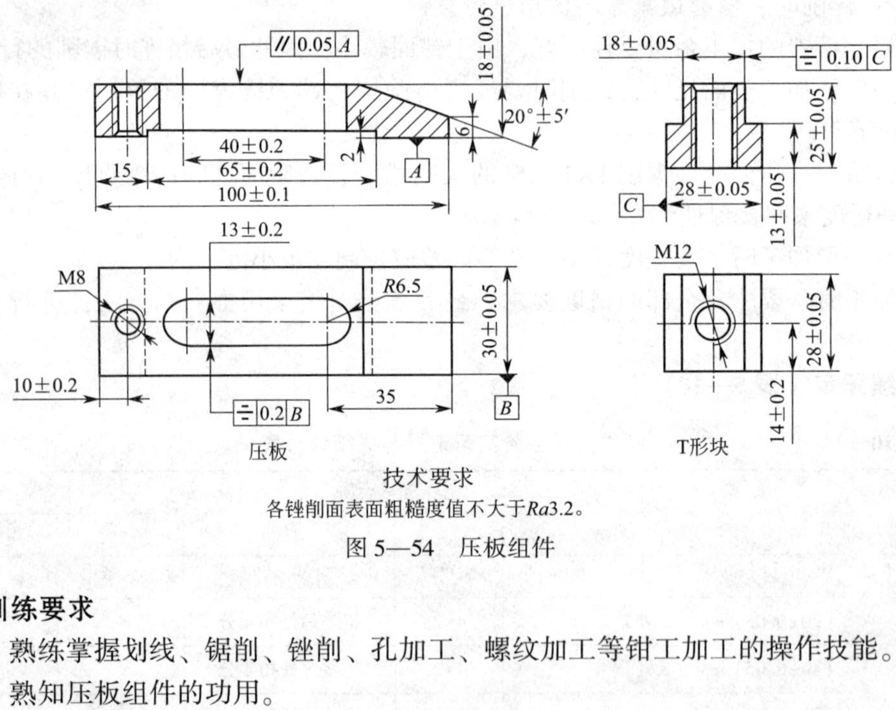

技术要求

各锉削面表面粗糙度值不大于*Ra*3.2。

图 5—54　压板组件

3. 训练要求

（1）熟练掌握划线、锯削、锉削、孔加工、螺纹加工等钳工加工的操作技能。

（2）熟知压板组件的功用。

（3）会分析零件的制作工艺并合理地确定相应的加工工序。

（4）能正确地检测工件。

4. 训练备料

压板材料：Q235 钢；规格 101 mm×31 mm×18.5 mm。

T 形块材料：Q235 钢；规格 29 mm×29 mm×26 mm。

工具：常用平锉、圆锉、整形锉、划线工具、手锯等；麻花钻（ϕ4 mm、ϕ6.7 mm、ϕ10.2 mm、ϕ10.5 mm、ϕ13 mm）、丝锥（M8、M12）、铰杠、铜丝刷等。

量具：直尺、直角尺、游标卡尺、万能角度尺、高度尺、外径千分尺等。

5. 训练步骤

（1）加工压板

1）检查来料尺寸，若不符合要求应予以修正或更换。

2）按图样要求锉削压板的外形，并使尺寸达到图样要求。

3）分别以一个长度面、端面及厚度面为基准，划出压板形体的加工线，并按图划出孔的加工线及钻孔检查线。

4）钻出两个 ϕ13 mm 的孔。将锯条磨窄，并穿入 ϕ13 mm 的孔中，锯去腰形孔内的余料，并按图样的要求锉好腰形孔。（也可直接将腰形孔先钻成排孔，然后再修锉到图样要求。）

5）钻 ϕ6.7 mm 的螺纹底孔，并攻 M8 的螺纹，同时保证螺纹的精度。

6）锯、锉削压板的角度面，控制好角度尺寸以达到图样要求。

7）锉削压板的底平面及凹槽，并达到图样要求。

8）去毛刺，进行精度检查。

（2）加工 T 形块

1）检查来料尺寸，若不符合要求应予以修正或更换。

2）按图样要求锉削 T 形块的外形，并使尺寸达到图样要求。

3）划出 T 形块的加工线，划出螺孔加工线及孔位的检查线。

4）钻 ϕ10.2 mm 的螺纹底孔，倒角，并攻 M12 的螺纹孔，同时保证螺纹的精度。

5）锉削 T 形块的台阶面，并达到图样要求。

6）去毛刺，进行精度检查。

6. 注意事项

（1）应根据基准划出加工线，并且加工、测量基准与划线基准要重合。

（2）钻孔时应注意孔位的正确性，工件必须夹牢，并且注意压力的大小，防止工件和平口钳因松动而发生事故。

（3）为保证孔的对称度的要求，在加工时还应多测量，及时修正（可采用先钻小孔、再钻大孔的方法进行修正）。

（4）攻螺纹前，应先精确地计算好内螺纹的底孔尺寸，然后再钻孔、攻螺纹。

（5）在攻螺纹时，应确保丝锥的中心线与孔的中心线重合，并注意用力适当，以防螺纹变形、乱牙及不垂直。

（6）T 形块的 18 mm 尺寸的对称度，可通过间接的尺寸控制来保证。

（7）在锉削腰形孔时，应先锉两侧面，后锉内圆弧面。在锉平面时，锉刀的横向移动要控制好，以防止锉坏两端的圆弧面。

7. 成绩评定（表 5—11）

表 5—11　　　　制作压板组件实习记录与成绩评分表

训练课题	制作压板组件				
姓名	班级		工件号		总得分
项次	项目与技术要求	配分	评分标准	实测结果	得分
1	压板尺寸（100±0.1）mm	3	超差不得分		
2	压板尺寸（18±0.05）mm	4	超差不得分		
3	压板尺寸（30±0.05）mm	4	超差不得分		
4	20°±5′	4	超差不得分		
5	// 0.05 A	3	超差不得分		
6	压板尺寸（65±0.2）mm	3	超差不得分		
7	压板尺寸（40±0.2）mm	4	超差不得分		
8	压板尺寸（13±0.2）mm	4	超差不得分		
9	⌯ 0.2 B	5	超差不得分		
10	压板尺寸（10±0.2）mm	3	超差不得分		
11	M8 螺孔	4	变形、乱牙不得分		
12	表面粗糙度 *Ra*3.2 μm（10 处）	5	每处超差扣 0.5 分		
13	尺寸（28±0.05）mm（2 处）	8	每处超差扣 4 分		
14	T 形块尺寸（25±0.05）mm	4	超差不得分		
15	尺寸（13±0.05）mm（2 处）	8	每处超差扣 4 分		
16	T 形块尺寸（18±0.05）mm	4	超差不得分		
17	⌯ 0.10 C	5	超差不得分		
18	T 形块尺寸（14±0.2）mm	3	超差不得分		
19	M12 螺孔	5	变形、乱牙不得分		
20	表面粗糙度 *Ra*3.2 μm（10 处）	5	每处超差扣 0.5 分		
21	安全文明生产	7	违规可酌情扣分		
22	工时定额 10 h	5	每超 30 min 扣 3 分		
现场记录					

三、制作 V 形架组件

1. 训练课题

制作 V 形架组件。

2. 训练图样

如图 5—55 所示。

3. 训练要求

（1）熟练掌握划线、锯削、锉削、孔加工、螺纹加工等钳工加工的操作技能。

（2）熟知 V 形架、桥形压板的功用。

（3）会分析零件的制作工艺并合理地确定相应的加工工序。

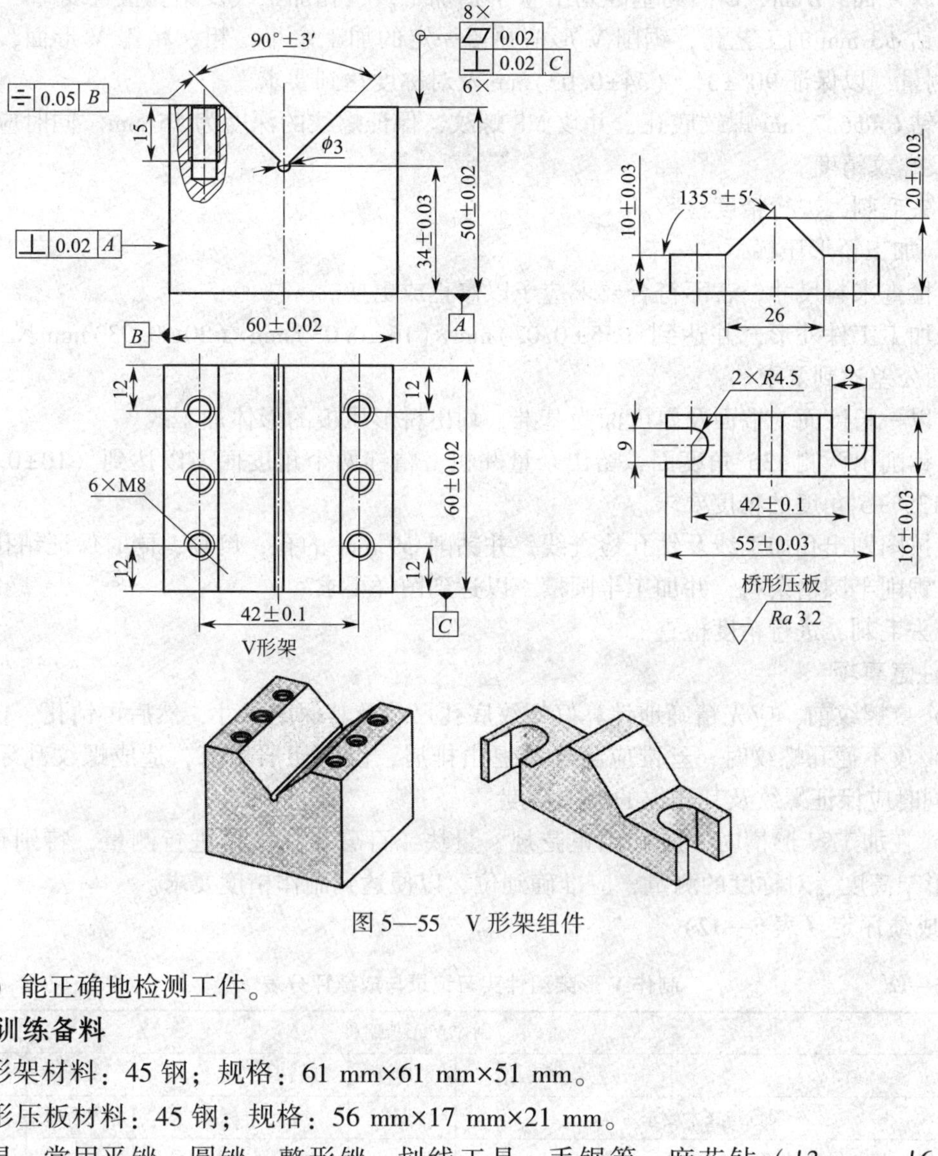

图 5—55　V 形架组件

（4）能正确地检测工件。

4. 训练备料

V 形架材料：45 钢；规格：61 mm×61 mm×51 mm。

桥形压板材料：45 钢；规格：56 mm×17 mm×21 mm。

工具：常用平锉、圆锉、整形锉、划线工具、手锯等；麻花钻（ϕ3 mm、ϕ6. 7 mm、ϕ9 mm、ϕ13 mm 等）、丝锥（M8）、铰杠、铜丝刷等。

量具：直尺、直角尺、游标卡尺、万能角度尺、高度尺、外径千分尺、正弦规（宽型）、量块（83 块）、表架、杠杆百分表、ϕ20h6 测量圆柱（心棒）等。

5. 训练步骤

（1）加工 V 形架

1）检查来料尺寸，若不符合要求应予以修正或更换。

2）按图样要求先加工基准面 A、B、C，并使 $A\perp B\perp C$，且达到垂直度为 0. 02 mm、平面度为 0. 02 mm、表面粗糙度为 Ra3. 2 μm 的要求。

3）加工工件外形，并达到（60±0. 02）mm×（60±0. 02）mm×（50±0. 02）mm 尺寸要求，保证几何公差达到要求。

4）以 A 面、B 面、C 面为基准划出 V 形槽加工线、孔加工线及钻孔检查线。

5）钻 ϕ3 mm 的工艺孔，锯削 V 形槽并留一定的加工余量。粗、精锉 V 形面，并利用正弦规测量，以保证 90°±3′、(34±0.03) mm 及对称度达到要求。

6）钻 6×ϕ6.7 mm 螺纹底孔，并攻 M8 螺纹，保证螺纹的深度为 15 mm。同时应保证位置精度及螺纹精度。

7）去毛刺，进行精度检验。

（2）加工桥形压板

1）检查来料尺寸，若不符合要求应予以修正或更换。

2）加工工件外形，并达到（55±0.03）mm×（16±0.03）mm×（20±0.03）mm 尺寸要求，保证几何公差达到要求。

3）以一长度面、端面及厚度面为基准，划出桥形压板的形体加工线。

4）锯削出两侧 135°角度面，留出余量并粗、精锉两个角度面，以达到（10±0.03）mm 尺寸及 135°±5′角度的精度要求。

5）按图划出孔加工线及钻孔检查线，并钻削 ϕ9 mm 的孔，倒角，同时保证钻孔精度。

6）锯削半圆槽余料，并加工半圆槽，以达到图样要求。

7）去毛刺，进行精度检查。

6. 注意事项

（1）攻螺纹前，应先精确地计算好螺纹底孔尺寸及其深度尺寸，然后再钻孔、攻螺纹。

（2）攻不通孔螺纹时，丝锥应当经常退出排屑，以防切屑堵塞，造成螺纹乱牙或丝锥折断。同时应保证螺纹及其孔位的加工精度。

（3）在加工 V 形槽时，应利用正弦规、量块、百分表、心棒进行测量，特别是对 90°角、V 形架高度、对称度的测量，应准确到位，以便达到制作精度要求。

7. 成绩评定（表 5—12）

表 5—12　　制作 V 形架组件实习记录与成绩评分表

训练课题	制作 V 形架组件				
姓名	班级		工件号		总得分
项次	项目与技术要求	配分	评分标准	实测结果	得分
1	尺寸（60±0.02）mm（2 处）	6	每处超差不得分		
2	V 形架尺寸（50±0.02）mm	3	超差不得分		
3	V 形架尺寸（34±0.03）mm	3	超差不得分		
4	90°±3′	3	超差不得分		
5	▱ 0.02 （8 处）	8	每处超差不得分		
6	⊥ 0.02 C （6 处）	6	每处超差不得分		
7	⊥ 0.02 A	3	超差不得分		
8	⌯ 0.05 B	3	超差不得分		
9	6×M8 螺孔	6	每处超差不得分		
10	尺寸（42±0.1）mm（3 处）	9	每处超差不得分		
11	表面粗糙度 Ra3.2 μm（8 处）	4	每处超差扣 0.5 分		

续表

训练课题	制作 V 形架组件					
姓名		班级		工件号		总得分
项次	项目与技术要求	配分	评分标准	实测结果	得分	
12	桥形压板尺寸（20±0.03）mm	3	超差不得分			
13	尺寸（10±0.03）mm（2 处）	6	每处超差不得分			
14	桥形压板尺寸（16±0.03）mm	3	超差不得分			
15	桥形压板尺寸（55±0.03）mm	3	超差不得分			
16	135°±5′（2 处）	6	每处超差不得分			
17	桥形压板尺寸（42±0.1）mm	3	超差不得分			
18	表面粗糙度 *Ra*3.2 μm（14 处）	7	每处超差扣 0.5 分			
19	安全文明生产	7	违规可酌情扣分			
20	工时定额 24 h	8	每超 30 min 扣 4 分			
现场记录						

第六单元

模具的结构与制作

课题一 模具的结构与功用

一、模具的种类与作用

模具是工业生产的基础工艺装备，涉及机械、汽车、轻工、电子、化工、冶金、建材等各个行业，应用范围十分广泛，被称之为“工业之母”。例如，在汽车生产中90%以上的零部件都需要依靠模具成型。采用模具成型工艺具有高效、节能、成本低、质量好等一系列优点。模具制造技术已成为现代制造业的重要组成部分，是衡量一个国家科技与产品制造水平的重要标志，它在很大程度上决定着产品的质量、效益、新产品的开发能力，决定着一个国家制造业的国际竞争力。

模具的种类繁多，按加工性质的不同，主要划分为热态作用模具（如锻压模具、铸造模具、塑料成型模具等，这一类模具通常称为型腔模）和冷态作用模具（如冲压模具、冷挤压模具等，这一类模具通常称为冷冲模）。

二、冷冲压模具

冷冲压模具在国家标准《冲模术语》（GB/T 8845—2006）中称之为冲模，是指通过加压将金属、非金属板料或型材分离、成形或接合而获得制件的工艺装备。

在冷冲压生产中，由于所要冲制的零件形状、材料性质不同，采用的冲模结构和类型也有所不同。根据工艺性质分类，冷冲压模具可分为冲裁模、弯曲模、拉深模、成形模。根据工序组合方式分类，冷冲压模具可分为单工序冲模、复合模、级进模。根据导向方式分类，冷冲压模具可分为无导向冲模、导柱模、导板模。

1. 冷冲压模具的基本类型及结构

（1）冲裁模

冲裁模是指分离出所需形状与尺寸制件的冲模。冲裁模按冲压性质可分为落料模、冲孔模、修边模、切口模、切舌模、剖切模、整修模、切断模等；按工序组合方式可分为单工序冲裁模、连续冲裁模、复合冲裁模；按导向方式可分为无导向敞开冲裁模、导柱导向冲裁模及导板导向冲裁模。下面以落料模为例介绍冲裁模的结构、工作原理及特点。

1）无导向单工序落料模。落料模是指分离出带封闭轮廓制件的冲裁模。如图 6—1

所示为无导向单工序落料模，它没有专门导向装置，模具的上半部分由上模座 1、凸模 2 组成，通过模柄安装在压力机滑块上做往复运动；下模部分由凹模 5、卸料板 3、导料板 4、下模座 6 和定位板 7 组成，通过螺栓、压板固定在压力机工作台上。导料板 4 对条料起导向作用，定位板 7 限制条料的送进步距。冲裁时，分离后的制件靠凸模直接从凹模洞口依次推出，箍在凸模上的废料由卸料板刮下，上、下模没有直接的导向关系。

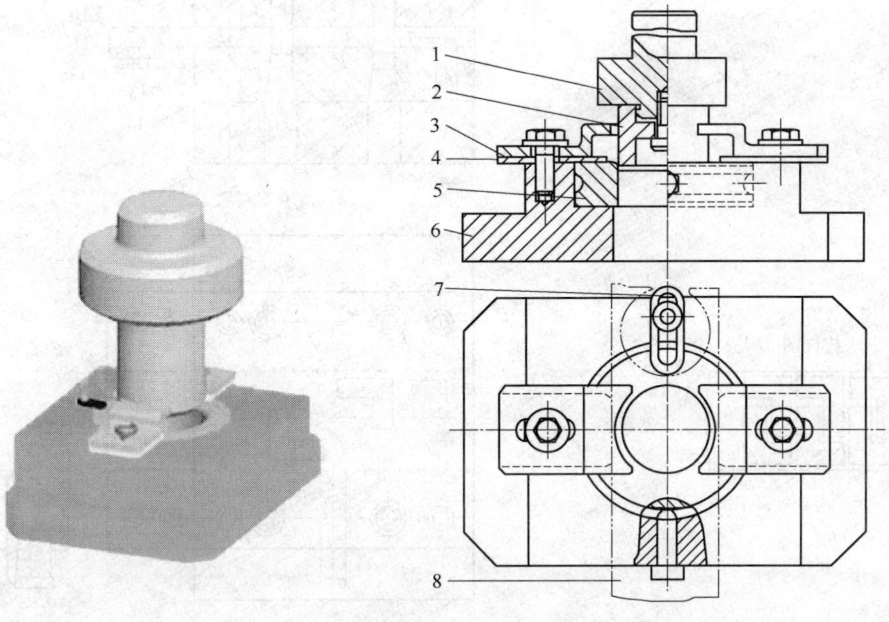

图 6—1　无导向单工序落料模

1—上模座　2—凸模　3—卸料板　4—导料板　5—凹模　6—下模座　7—定位板　8—料坯

该类模具的特点是具有一定的通用性，通过更换凹模和凸模，调整导料板、定位板、卸料板的位置，可以冲裁不同的制件，还可用于冲孔。它具有结构简单、制造容易、周期短、成本低的优点。但调试凹、凸模间隙时较为麻烦，冲裁件质量不高，模具寿命低，操作不安全。因此，它用于一些形状简单、精度要求不高、生产批量不大及试制性产品零件的冲裁。

2）导板式单工序冲裁模。如图 6—2 所示为导板式单工序落料模，在凹模的上面安装有一个起导向作用的导板。在冲裁过程中，当条料沿导料板 10 送到始用挡料销 20 时，凸模 5 由导板 9 导向而进入凹模，完成了首次冲裁，冲下一个零件。条料继续送至固定挡料销 16 时，进行第二次冲裁，第二次冲裁时落下两个零件。此后，条料继续送进，其送进距离由固定挡料销 16 来控制，而且每一次冲压都是同时落下两个零件，分离后的零件靠凸模从凹模洞口中依次推出。

这种冲模的主要特征是凸、凹模的正确配合是依靠导板导向。其特点是比无导向模的精度高，可达 IT12 级以上，寿命也较长，使用时安装较容易，卸料可靠，操作较安全，轮廓尺寸也不大。它很适用于料厚 $t \geqslant 0.5$ mm 且形状不十分复杂的中、小型制品零件的批量冲压。

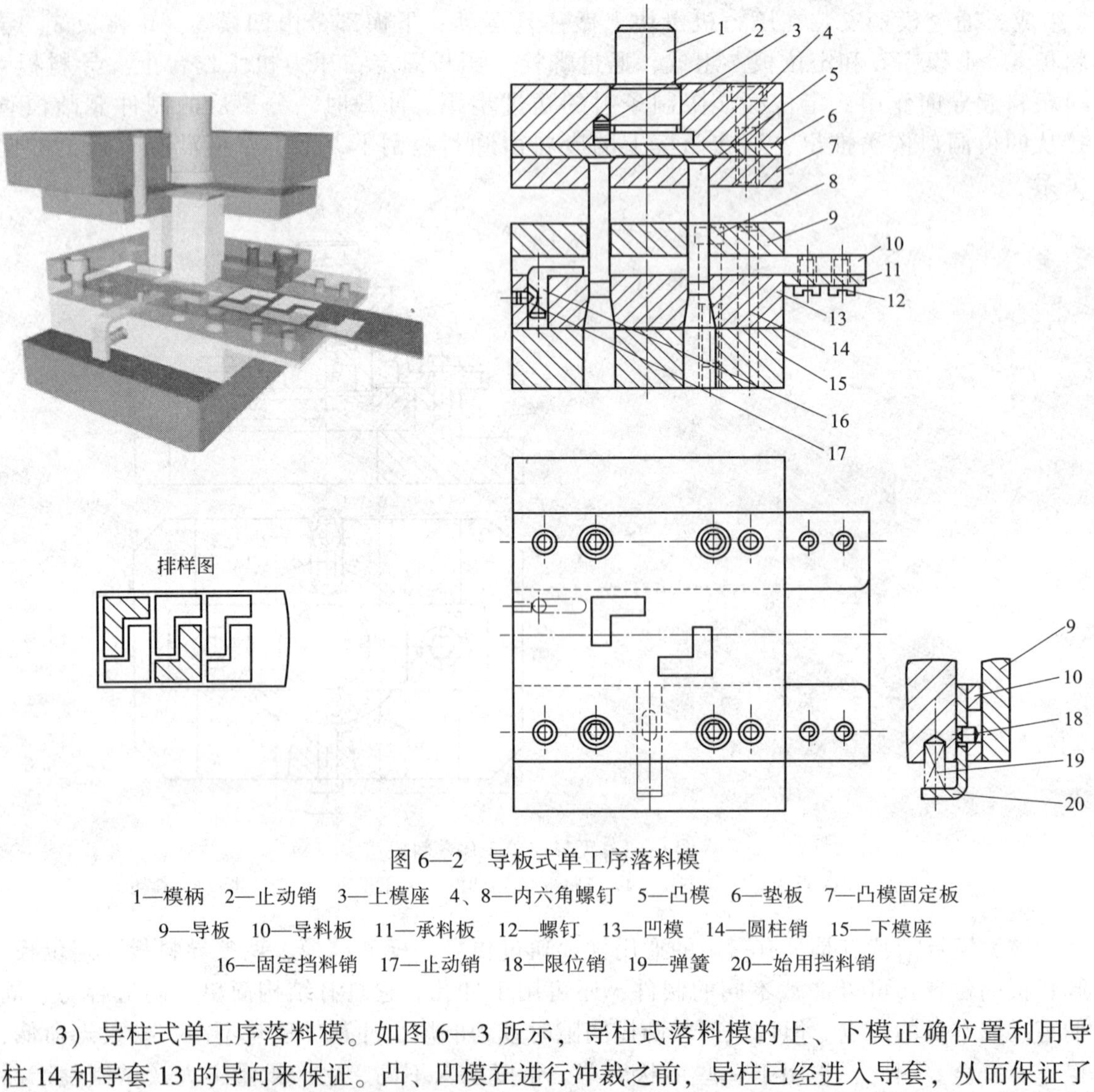

图 6—2　导板式单工序落料模

1—模柄　2—止动销　3—上模座　4、8—内六角螺钉　5—凸模　6—垫板　7—凸模固定板
9—导板　10—导料板　11—承料板　12—螺钉　13—凹模　14—圆柱销　15—下模座
16—固定挡料销　17—止动销　18—限位销　19—弹簧　20—始用挡料销

3）导柱式单工序落料模。如图 6—3 所示，导柱式落料模的上、下模正确位置利用导柱 14 和导套 13 的导向来保证。凸、凹模在进行冲裁之前，导柱已经进入导套，从而保证了在冲裁过程中凸模 12 和凹模 16 之间间隙的均匀性。

上、下模座和导套、导柱装配组成的部件为模架。导柱式冲裁模的导向比导板模可靠，精度高，寿命长，使用安装方便，但轮廓尺寸较大，模具较重，制造工艺复杂，成本较高。它广泛用于生产批量大、精度要求高的冲裁件，是目前最常用的冲模结构形式。

（2）弯曲模

弯曲模是指将制件弯曲成一定角度和形状的冲模，它分为预弯模、卷边模和扭曲模。

如图 6—4 所示为阶台 U 型预弯模，工作原理是将平板坯料放在凹模上，利用定位板定位，凸模安装在压力机滑块上，待压力机滑块下行时，凸模接触板料并逐渐向下压，此时板料受压产生弯曲变形，随着凸模的不断下降，板料弯曲半径逐渐减小，直到压力机滑块下降到下死点位置时，板料被紧紧地压在凸、凹模之间，其内弯曲半径

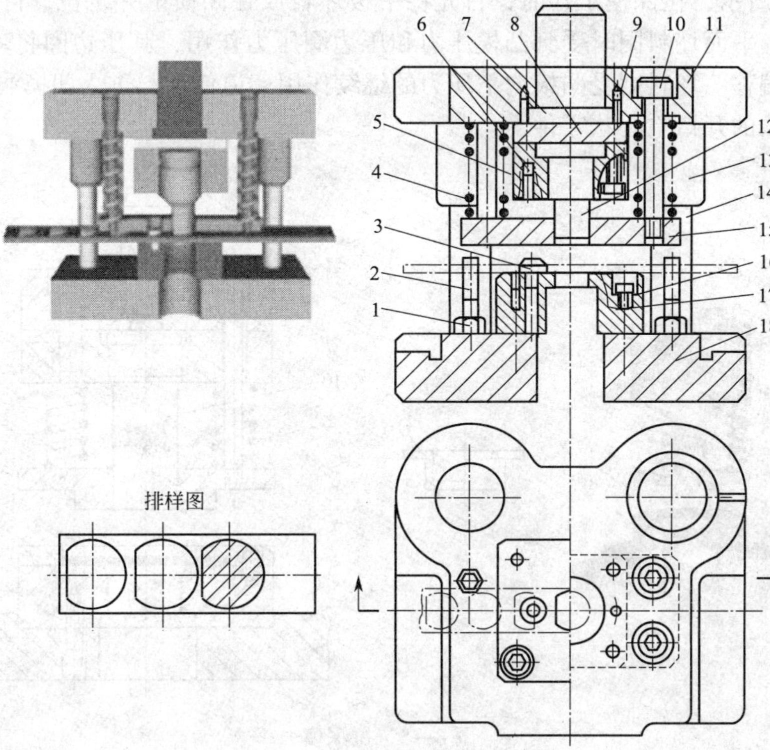

图 6—3　导柱式单工序落料模

1—螺母　2—导料螺钉　3—挡料销　4—弹簧　5—凸模固定板　6—销钉　7—模柄　8—垫板　9—止动销　10—卸料螺钉　11—上模座　12—凸模　13—导套　14—导柱　15—卸料板　16—凹模　17—内六角螺钉　18—下模座

与凹模弯曲半径相吻合，将板料弯曲成所要求的形状。当凸模抬起时，弹压顶杆在弹簧力的作用下将制件顶出。

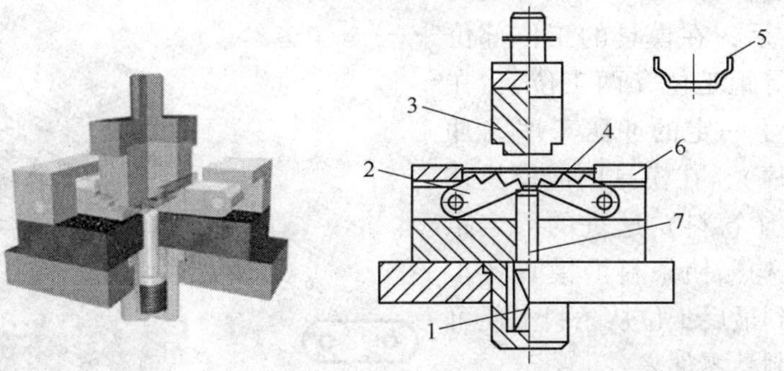

图 6—4　预弯模

1—弹簧　2—凹模　3—凸模　4—板料　5—制件　6—定位板　7—弹压顶杆

（3）拉深模

拉深模是指把制件拉压成空心体，或进一步改变空心体形状和尺寸的冲模。拉深模分为反拉深模、正拉深模和变薄拉深模。

如图 6—5 所示，拉深模工作时，首先将平板坯料放在凹模上并定位。待压力机滑块带着凸模下降时，平面坯料同时受到凸模压力和压边圈压力作用，其压边圈将坯料紧紧压紧，防止坯料位置偏移。坯料则受凸模向下压力的继续作用，迫使坯料进入凹模洞口，最后将坯料拉深成所要求的开口空心状零件。

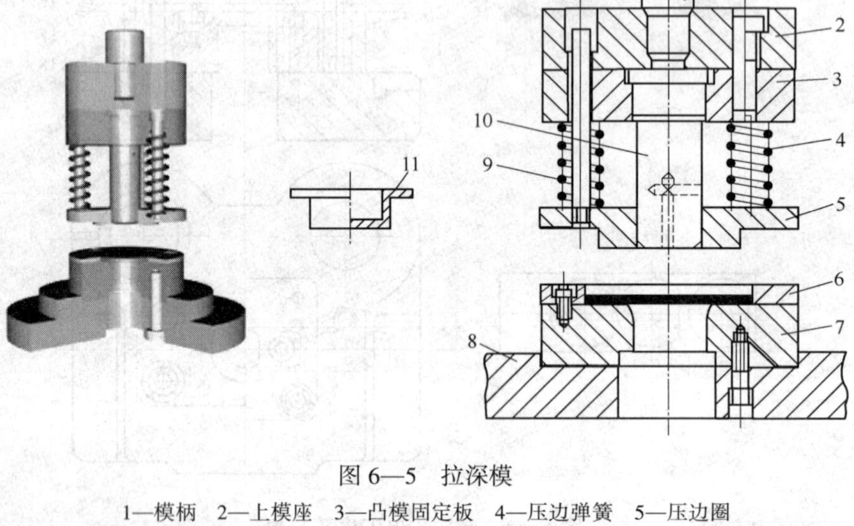

图 6—5　拉深模

1—模柄　2—上模座　3—凸模固定板　4—压边弹簧　5—压边圈
6—定位板　7—凹模　8—下模座　9—卸料板螺栓　10—凸模　11—制件

拉深模是冷冲压生产中应用最为广泛的一种高效率加工模具。它主要用来压制圆筒形、圆锥形、球形及方盒形等零件制品。

（4）级进模

级进模又称为连续模或跳步模，它是指压力机的一次行程中，在送料方向连续排列的多个工位上同时完成多道冲压工序的冲模。

如图 6—6 所示，在模具的工作部位将其分成若干个等距工位（两工位），在每个工位上安置了一定的冲压工序（冲孔工序和落料工序），在模具内或模具外设置了控制条料（卷料）送进的固定距离（步距）的机构，使条料沿模具各工位依序冲压后，到最后工位从条料上便可冲出一个合格的制品零件来。

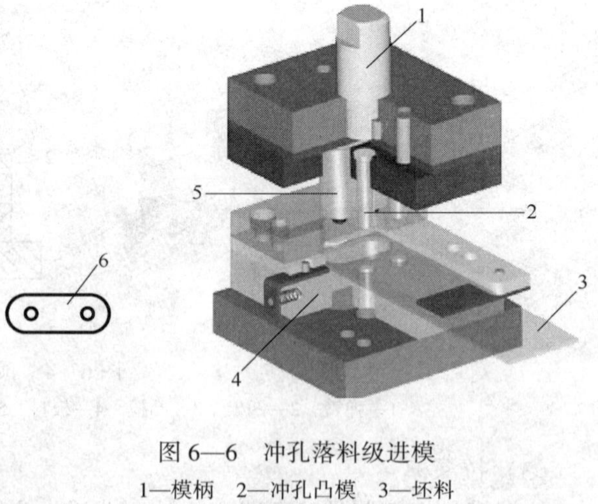

图 6—6　冲孔落料级进模

1—模柄　2—冲孔凸模　3—坯料
4—凹模　5—落料凸模　6—制件

采用级进模一般生产效率较高，便于实现生产的自动化，操作也比较方便，安全可靠，很适合制品零件的大批量生产。

（5）复合模

复合模是指在压力机的一次行程中，

同时完成两道或两道以上冲压工序的单工位冲模。按凸凹模的安装部位，复合模分为倒装复合模和正装复合模。

复合模是冷冲模中多工序冲模的一种结构形式，它和级进模的作用方式不同。如图6—7所示，它是在压力机的一次行程中，坯料在一个位置上，同时完成落料和拉深两道工序。复合模在结构上的主要特点是具有一个凸凹模，如在冲裁复合模中，此凸凹模的外形为落料凸模，而内孔则为拉深或冲孔的凹模。

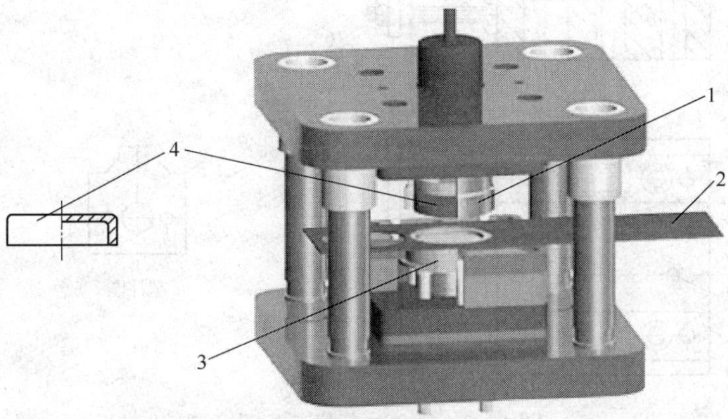

图6—7　正装落料拉深复合模

1—凸凹模　2—坯料　3—落料凹模和拉深凸模　4—制件

复合模加工制件的精度较高，生产效率高，且不受条料外形尺寸的精度限制，但模具零部件加工制造比较困难，成本较高，并且凸凹模容易受到最小壁厚的限制。

2. 冷冲压模具的结构特点

冷冲模是一个完整的独立整体，它是由各种不同零部件组合而成的，按其功能分为工艺结构零件和辅助结构零件。工艺结构零件直接参与完成冲压过程，并和毛坯直接发生作用。辅助结构零件不与毛坯直接作用，但对模具完成工艺过程起保证作用或对模具的功能起完善作用。

（1）工艺结构零件

工艺结构零件又分为工作零件、定位零件、压卸料及送料零件。

1）工作零件。直接对板料进行冲压加工（分离或成形）的零件。主要有凸模、凹模、凸凹模以及定位侧刃等。如图6—8中的零件2、3、4、6等。

2）定位零件。确定板料、制件或模具零件在冲模中正确位置的零件。主要有定位销、定位板、挡料销、始用挡料销、导正销、抬料销、导料板、侧刃挡块、止退键、侧压板、限位块、限位柱等。定位零件基本上都已标准化，可根据坯料或制件形状、尺寸、精度和模具结构形式及生产率要求等选用相应的标准件。在图6—8中，起定位作用的零件有左导料板1、右导料板5、挡板15等。利用这些零件来确定坯料送进时在模具中有准确的位置，以保证冲压出合格的制件。

3）压料、卸料及送料零件。使制件与废料得以出模，保证实现正常冲压的零件。主要有压边圈（压料板）、卸料板、推件器、顶件器等。如图6—8所示，该模具是利用切边凸模14，将前一组完成冲裁的部分切掉来实现的，保证了冲裁时定位的准确和连续。

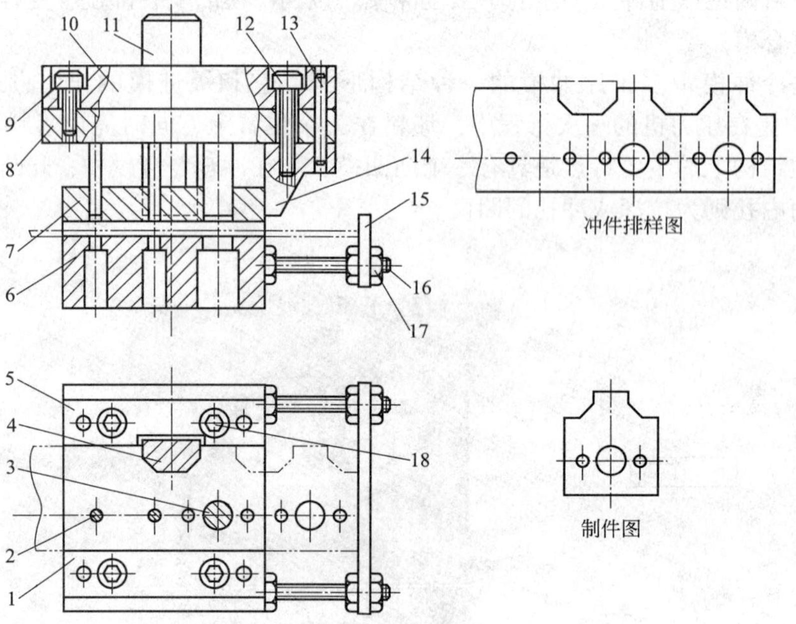

图 6—8 简单冲裁模装配示意图

1—左导料板 2、3、4—凸模 5—右导料板 6—凹模 7—导向板
8—固定板 9、12、18—内六角螺钉 10—盖板 11—模柄 13—圆柱销
14—切边凸模 15—挡板 16—双头螺柱 17—螺母

（2）辅助结构零件

辅助结构零件主要包括导向零件、固定零件以及其他零件。

1）导向零件。保证运动导向和确定上、下模相对位置的零件。主要有导柱、导套、滚珠导柱、滚珠导套、导板、滑块、耐磨板、凸模保护套等。如图 6—8 中的导向板 7。

2）固定零件。将凸模、凹模固定于上、下模，以及将上、下模固定在压力机上的零件。主要有上模座、下模座、凸模固定板、凹模固定板、预应力圈、垫板、模柄、浮动模柄、斜楔等。如图 6—8 中的固定板 8、盖板 10、模柄 11 等。

（3）标准模架

模架指的是上模座、下模座、导柱、导套等的组合体。其主要作用是把模具的结构及工作零件连接起来，以保证模具工作部分在工作时有一个确定的相对位置。为了满足模具实际生产的需要，我国早已将冲模模架进行了标准化。标准化的实施有效地简化了模具设计程序，提高了模具制造质量和生产率，缩短了生产周期，降低了生产成本。

标准模架按导向形式的不同可分为滑动导向模架和滚动导向模架。按导向件的配置形式不同，标准模架又有对角导向模架、后侧导向模架、中间导向模架和四导柱导向模架等。

三、塑料成型模具

塑料成型模具是指利用其本身特定封闭腔体去成型具有一定形状和尺寸的立体形状塑料制品的模具。它是型腔模具的一种，虽然成型的方式各有不同，但是从原理上都是使塑料经过熔化、流动、固化三阶段成型为产品的。根据其成型特点，主要可分为注射模、压缩模、挤出模和中空吹塑模。

1. 塑料注射成型模具的基本类型及结构

注射模是最典型的塑料成型模具，其成型特点是将热塑性塑料放入专用的注射机料筒内，通过加热使其熔化成流动状态，再以较高的速度和压力，通过注射系统将其注入模具型腔内，待其固化后，形成所需的制品。注射模可用于制作形状复杂的塑料制品，应用最为广泛。

注射模的种类繁多，按模具的型腔数目可分为单型腔和多型腔注射模；按分型面的数量可分为单分型面和双分型面或多分型面注射模；按浇注系统的形式可分为普通浇注系统和热流道浇注系统注射模；按基本结构分类，一般可划分为二板模（两块模板、一次分型模具，如图 6—9 所示）和三板模（三块模板、二次分型模具，如图 6—10 所示），只有个别的是四板模。

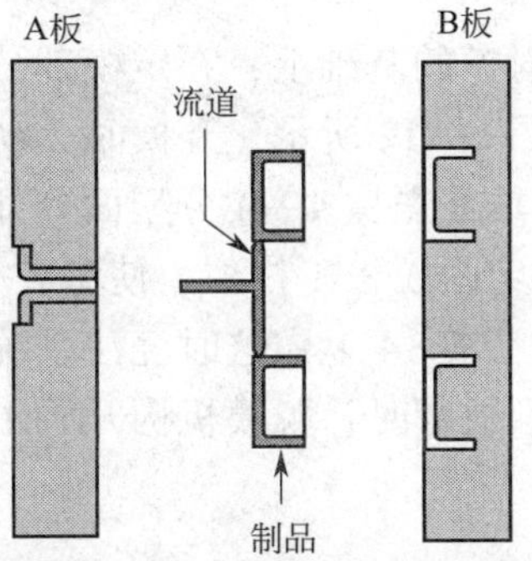

图 6—9　二板注射模原理示意图

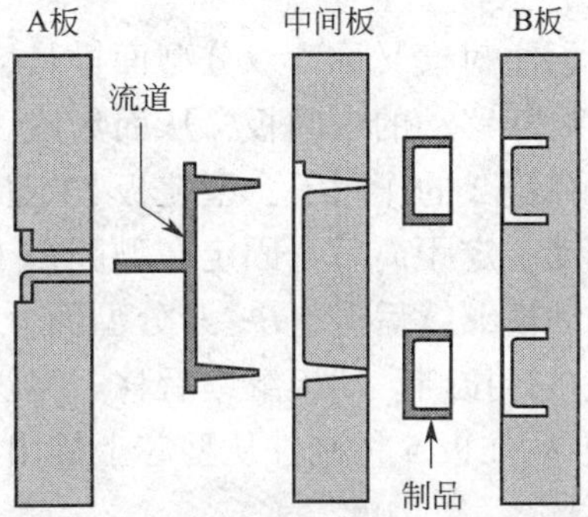

图 6—10　三板注射模原理示意图

（1）二板注射模

二板注射模又称为单分型面注射模，一般是在分型面处，分开成定模板和动模板。如图 6—11 所示，开模时，动模后退，模具从分型面分开，制件包紧在型芯 7 上随动模部分一起向左移动而脱离凹模 2。同时，浇注系统凝料在拉料杆 15 的作用下，和塑料制件一起向左

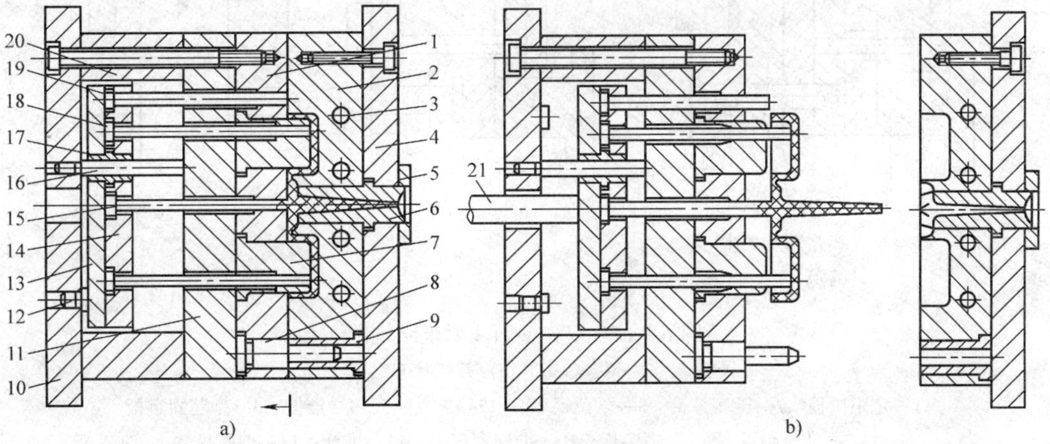

图 6—11　单分型面注射模结构图

a）闭合状态　b）开模状态

1—动模板　2—定模板（凹模）　3—冷却水道　4—定模座板　5—定位圈　6—浇口套　7—型芯　8—导柱　9—导套　10—动模座板　11—支承板　12—支承钉　13—推板　14—推杆固定板　15—拉料杆　16—推板导柱　17—推板导套　18—推杆　19—复位杆　20—垫板　21—注射机顶杆

移动。当注射机顶杆 21 接触推板 13 时，脱模机构开始动作，推杆 18 推动塑料制件从型芯 7 上脱下来。合模时，在导柱 8 和导套 9 的导向定位作用下，动、定模闭合。在闭合过程中，定模板 2 推动复位杆 19 使脱模机构复位。然后，注射机开始下一次注射。

此类模具具有以下特点：

1）成型后将成型品和注入口切断，并进行加工。

2）结构简单，便于使用。

3）适合于产品自动落下。

4）故障少，价格便宜。

（2）三板注射模

三板注射模又称为双分型面模具，是在单分型面注射模的基础上，在定模部分增加了一块可以局部移动的中间板，从而形成了两个分型面。如图 6—12 所示，开模时，动模部分后退，在弹簧 2 的作用下，型腔板 13 随动模一起后移，模具首先从 *A—A* 分型面分开。当动模部分移动一定距离后，固定在型腔板 13 上的限位销 3 被定距拉板 1 拉住，使型腔板 13 停止移动。动模继续后退，*B—B* 分型面分开。因制件包紧在型芯 14 上，这时浇注系统凝料在浇口处被自行拉断。动模继续后移，当注射机的推杆接触推板 9 时，脱模机构开始工作，由推杆 11 推动推板 5 将制件从型芯上推出脱落。

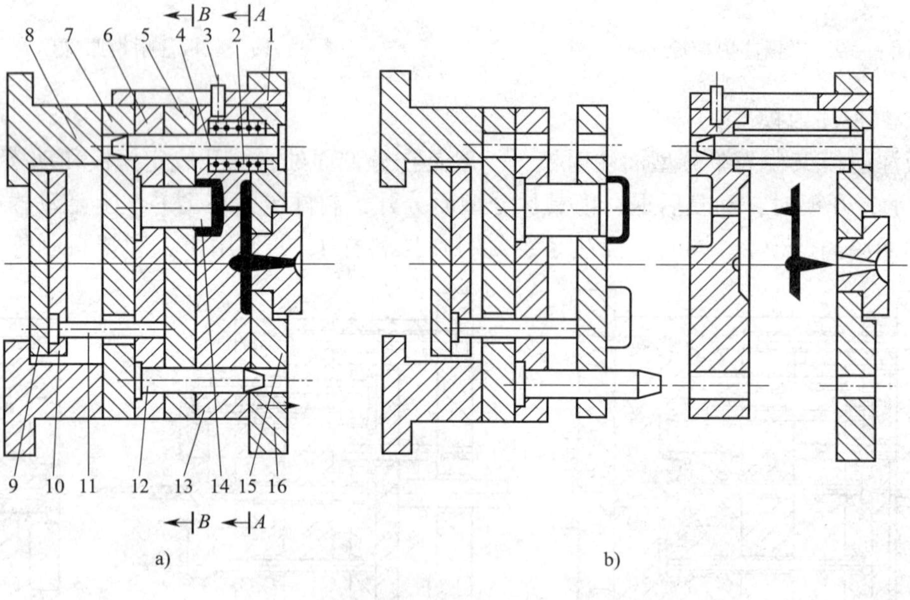

图 6—12　双分型面注射模结构图

a）闭合状态　b）开模状态

1—定距拉板　2—压缩弹簧　3—限位销　4、12—导柱　5、9—推板　6—型芯固定板

7—动模垫板　8—动模座板　10—推杆固定板　11—推杆　13—型腔板

14—型芯　15—浇口套　16—定模座板

此类模具具有以下特点：

1）由于可采用点浇口，故不需要对浇口位进行后处理。

2）结构复杂，需分别取出成型品和浇口流道。

3）可将浇口置于成型品的任意位置。

4）故障比二板模具多，模具费用也较高。

（3）侧抽芯注射模

当制件具有与开模方向不同的内侧孔、外侧孔或侧凹时，除极少数情况可以强制脱模外，一般都必须将成型侧孔或侧凹的零件做成可动的结构，在制件脱模前，先将其抽出，然后再从型腔中和型芯上脱出制件，这样的模具就称为侧向抽芯注射模，如图 6—13 所示。

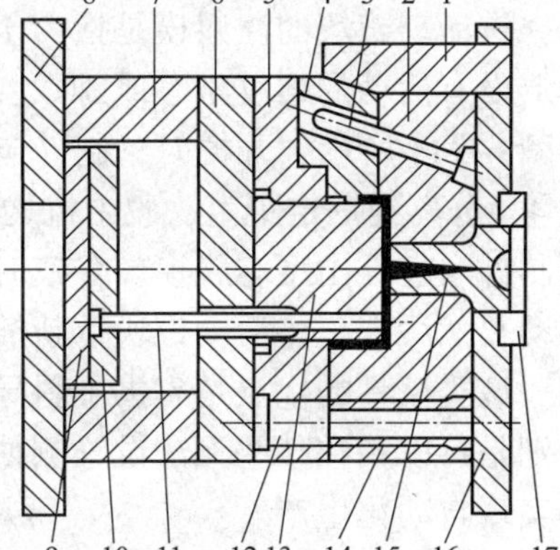

图 6—13　侧向抽芯注射模结构图

1—楔紧块　2—定模板　3—斜导柱　4—滑块　5—动模板　6—动模垫板　7—支撑块　8—动模座板　9—推板　10—推杆固定板　11—推杆　12—导柱　13—型芯　14—导套　15—浇口套　16—定模座板　17—定位环

抽芯机构按功能划分，一般由成型组件、运动组件、传动组件、锁紧组件和限位组件五部分组成。

1）成型组件。形成制件上侧孔、凹凸台阶或曲面，包括型芯 13、型块等。

2）运动组件。连接并带动型芯或型块在模套导滑槽内运动，包括滑块 4、斜滑块等。

3）传动组件。带动运动组件作抽芯和插芯动作，包括斜导柱 3、齿条、液压抽芯机构等。

4）锁紧组件。合模后锁紧运动组件，防止注射时受到反压力而产生位移，包括楔紧块 1 等。

5）限位组件。使运动组件在开模后停留在所要求的位置上，保证合模时传动组件工作顺利，包括限位块、限位钉等。

由于塑料制件的结构形状各异，故抽芯机构的形式也有所不同。常用侧向抽芯机构的形式、特点及适用范围见表 6—1。

表 6—1　侧向抽芯机构的形式、特点及适用范围

形　式	特　　点	适用范围
斜导柱抽芯机构	1. 以注射机的开模力作为抽拔力 2. 结构简单，对于中、小型芯的抽芯使用较为普遍 3. 用于抽出接近分型面抽拔力不太大的型芯 4. 抽芯所需开模距离较大 5. 抽出方向一般要求与分型面平行 6. 延时抽芯距离较短	抽芯距离小于 50 mm
弯销抽芯机构	1. 用于抽出离分型面垂直距离较远的型芯 2. 与斜导柱相比较，相同截面的弯销所能承受的抽拔力较大 3. 延时抽芯距离大 4. 弯销可设在模具外侧，结构紧凑	开模行程短，抽芯距离大，抽芯阻力大，活动型芯离分型面较远
齿轮、齿条抽芯机构	1. 可抽出与分型面成任何角度且抽拔力不大的型芯 2. 抽芯行程等于抽芯距离，能抽出较长的型芯 3. 可实现长距离延时抽芯 4. 模具结构复杂	活动型芯与分型面成夹角，需要同时抽出几个不同方向的型芯
斜滑块抽芯机构	1. 适合抽出侧面成型深度较浅、面积较大的凹凸表面 2. 抽芯与推出的动作同时完成 3. 斜滑块分型处有利于改善溢流、排气条件 4. 斜滑块通过模套锁紧，锁紧力与锁模力有关	同时抽出几个型芯的特殊情况

（4）带活动镶块注射模

带活动镶块的注射模是指由于制件有侧孔或侧凸、有螺纹孔或外螺纹等特殊要求时，模具上设有活动的螺纹型芯或螺纹型环、活动的侧向型芯或半块（哈夫块）等的注射模具。如图 6—14 所示，开模时，制件包在活动镶块 1 和型芯 2 上随动模部分向左移动而脱离定模板 4，分离到一定距离，脱出机构开始工作，设置在活动镶块 1 上的推杆 10 将活动镶块连同制件一起推出型芯脱模。合模时，推杆 10 在弹簧 11 的作用下复位，推杆复位后模板停止移动，然后人工将活动镶块重新插入镶件定位孔中，再合模后进入下一次注射过程。

该类模具的优点是省去了斜导柱、滑块等结构，模具结构简单，大大降低了制造成本，特别是可以用在某些无法设置侧抽芯机构的场合。但生产效率较低，操作时安全性较差，无法实现自动化生产。

（5）自动卸螺纹注射模

自动卸螺纹注射模如图 6—15 所示，是利用机床的旋转运动或往复运动，或者利用专门的驱动和传动装置，带动螺纹型芯或型环转动，使制件脱出的塑料模具。

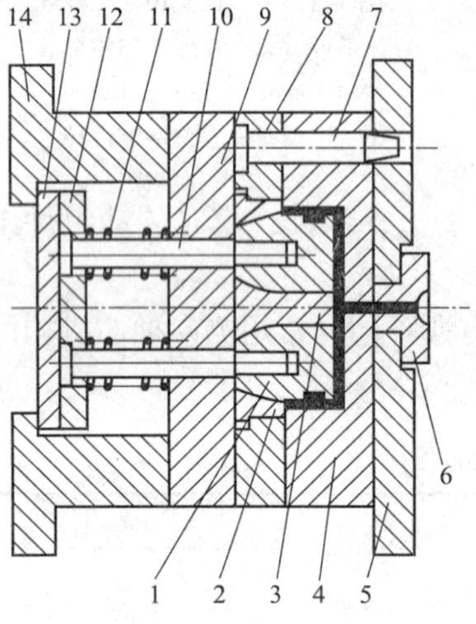

图 6—14　带活动镶块注射模结构图

1—活动镶块　2—型芯　3—导向块　4—定模板　5—定模座板　6—浇口套　7—导柱　8—动模板　9—动模垫板　10—推杆　11—压缩弹簧　12—推杆固定板　13—推板　14—动模座板

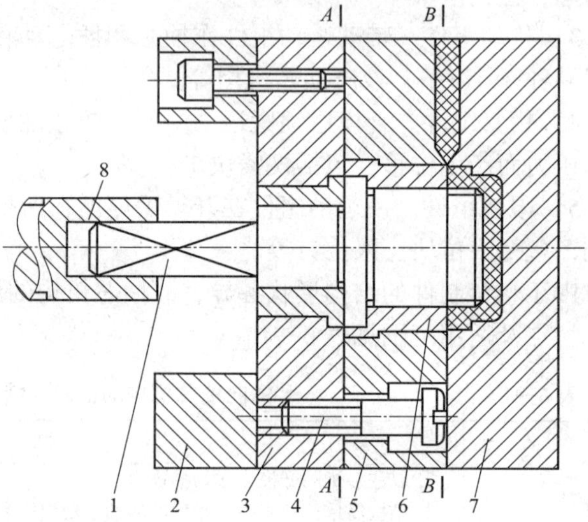

图 6—15　自动卸螺纹的直角式注射模结构图

1—螺纹型芯　2—垫头　3—支承板　4—定距螺钉　5—动模板　6—衬套　7—定模板　8—注射机开合模丝杠

该模具用于角式注射机，主螺纹型芯由注射机开合模丝杠带动旋转，使其与制件相脱离。

（6）热流道注射模

热流道注射模如图 6—16 所示，是指连续成型作业中，借助加热使流道内的热塑性塑料始终保持熔融状态的注射模。它通过采用对流道加热或绝热的办法使从注射机喷嘴到浇口处之间的塑料保持熔融状态，每次注射成型后流道内均没有塑料凝料。

此类模具的优点是提高了生产率，节约了塑料，保证注射压力在流道中的传递，利于改善制件的质量，实现全自动操作。但模具成本高，浇注系统和控温系统要求高，对制件形状

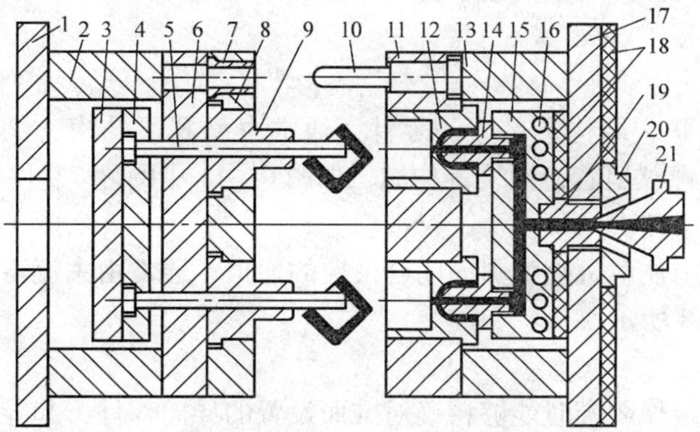

图 6—16　热流道注射模结构图

1—动模座板　2—垫块　3—推板　4—推板固定板　5—推杆　6—动模垫板　7—导套　8—动模板　9—型芯　10—导柱　11—定模板　12—型腔　13—支架　14—喷嘴　15—热流导板　16—加热器孔道　17—定模座板　18—绝热层　19—浇口套　20—定位环　21—注射机喷嘴

和塑料有一定的限制。

(7) 双色注射模

双色注射模如图 6—17 所示，在一台成型机上通过旋转或滑移上模部分，与不同的下模部分合模成型，成型机分别注射同一材质不同颜色或者不同材质的塑料，从而成型出多样性的产品。双色模具也可以看成是一套普通模具外加一套嵌件模。两种颜色模具一般都是两套凹模、一套凸模。

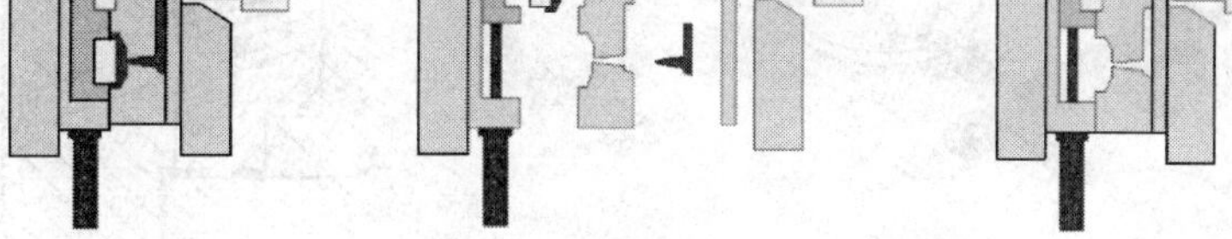

图 6—17　滑移式双色注射模结构图

a）第一次合模注射　b）凸模滑移　c）第二次合模注射

优点：双色注射模可以成型两种以上的塑料，可以为多色；双色注射模成型产品比组装件更美观，没有装配间隙。

缺点：双色注射成型需要专门的成型机，成本较高；双色注射模需要更高的模具加工、定位精度；双色注射模需要更高的模具安装精度，以及更精准的成型工艺。

2. 塑料注射成型模具的结构特点

注射模的结构是由注射机的类型和制件的结构特点所决定，每副模具均由动模和定模所组成。动模安装在注射机的移动板上，而定模则安装在注射机的固定板上；注射时，动模与定模闭合后构成浇注系统及模腔，当模具分开后，制件或成品留在动模一边，再由设置在动模内的脱模机构顶出制件。根据模具中各个部件的作用不同，如图 6—11 所示，一套注射模可以分成以下几个部分：

（1）成型部分

赋予成型材料形状、结构、尺寸的零件，通常由型芯（凸模，又叫公模）、型腔（凹模，又叫母模）以及螺纹型芯、镶块等构成，如图 6—11 中的件 7、件 2 等。

（2）浇注系统

它是将熔融塑料由注射机喷嘴引向闭合模腔的通道，通常由主流道、分流道、浇口和冷料井组成，如图 6—18 所示。

（3）导向部件

为了保证动模与定模闭合时能够精确对准而设置的导向部件，起导向定位作用，一般由导柱和导套组成，如图 6—11 中的件 8、件 9 等。有的模具还在顶出板上设置了导向部件，保证脱模机构运动平稳可靠。

（4）推出机构

实现制件和浇注系统脱模的装置，其结构形式很多，最常用的有顶杆、顶管、顶板及气动顶出等推出机构，一般由推杆、复位杆、推杆固定板、推板、顶杆等组成，如图 6—11 中的件 18、件 19、件 14、件 13、件 21 等。

（5）抽芯机构

对于有侧孔或侧凹的制件，在被顶出脱模之前，必须先进行侧向抽芯或分开滑块（侧向分型），方能顺利脱模，如图 6—19 所示。

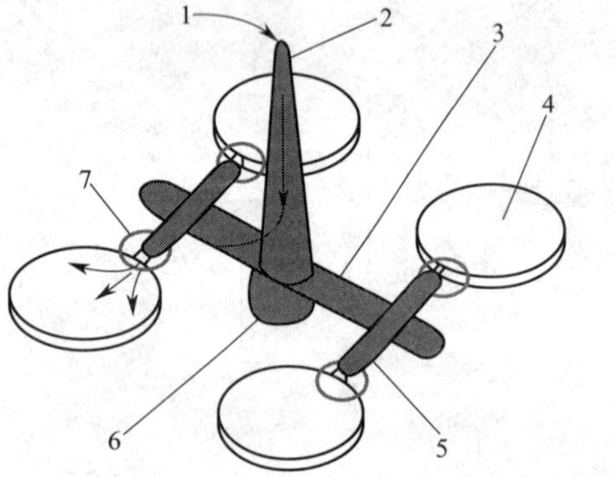

图 6—18　注射模浇注系统

1—进料口　2—竖流道　3—主流道　4—成型产品
5—分流道　6—冷料井　7—冷浇口

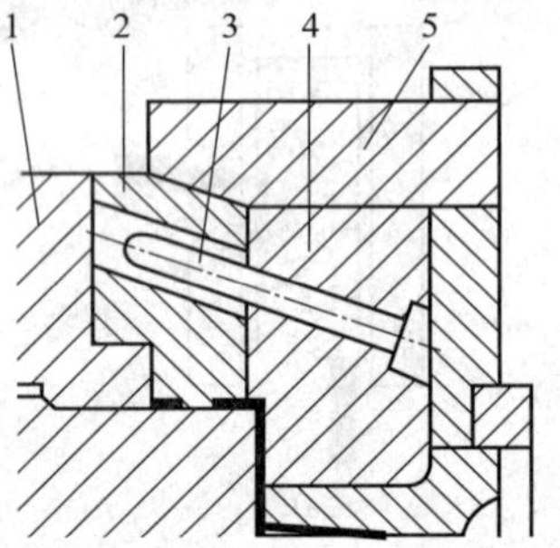

图 6—19　侧向抽芯机构

1—动模块　2—滑块　3—斜导柱
4—定模板　5—楔紧块

（6）模温调节系统

为了满足注射成型工艺对模具温度的要求，需要有模温调节系统（如冷却水、热水、热油及电热系统等）对模具温度进行调节。一般根据塑料的种类决定加热或冷却模具，如成型 ABS、聚苯乙烯、聚乙烯、聚丙烯等塑料制件时模具应有冷却系统；成型聚碳酸酯、聚苯醚、聚砜等塑料制件时模具应有加热系统。

（7）排气系统

为了将模腔内的气体顺利排出，常在模具分型面处开设排气槽，许多模具的推杆或其他活动部件（如滑块）之间的间隙也可起到排气作用。因此在保养模具时一定注意不要将润滑油加得太多。

（8）其他结构零件

其他结构零件是指为满足模具结构上的要求而设置的零件，如固定板、动模板、定模板、撑头、支承板及连接螺钉等。

3. 其他塑料成型模具

（1）压缩模

压缩模的成型特点是将热固性塑料放在模具型腔内，在压力机上通过加热板对其加热、加压后使其软化充满型腔，经保温、保压一定时间后，软化的塑料就固化成与型腔相应形状的零件制品。常用的热固性塑料如酚醛塑料由于具有较好的电气绝缘性能、机械强度、较好的耐蚀性和热稳定性等优点，主要应用于电器、电信、仪器仪表及日用产品中。

（2）挤出模

挤出模的成型特点是在挤出机中通过加热、加压而使塑料以流动状态连续通过口模成型挤出，并经定型得到制品。挤出成型工艺主要用于热塑性塑料的成型加工，也可用于某些热固性塑料。挤出的制品都是连续的型材，如管材、棒材、板材等，其生产率较高。

（3）中空吹塑模

是把塑料型坯放于模具中，然后合模，借助压缩空气吸胀、定形、冷却而得到一定形状的中空制件的方法，可制作塑料瓶等零件。

课题二 模具的制作

一、模具制作的工艺方法

模具零件具有品种繁多、形状复杂、精度要求高的特点，因此，对于模具零件的制作，大多采用传统的切削加工方法，此外，还可以使用各种先进的加工设备和特殊的制作工艺，如电火花成形加工、电火花线切割加工、数控加工以及精密成形加工技术等。下面介绍几种与工具钳工有关的模具零件制作技术。

1. 冷挤压成形加工

冷挤压成形加工是在常温下，利用金属塑性变形的原理，用淬硬的挤压凸模，在油压机的高压下缓慢地挤入具有一定塑性的坯料中，从而获得与凸模形状相同、凹凸相反的形状，如图 6—20 所示。

因为冷挤压成形加工具有简单迅速、生产率高、冷挤压后型腔表面精度高（表面粗糙度 Ra 值可达 0.16 μm）、材料的纤维未被切断、型腔强度高的特点，所以冷挤压成形工艺广泛适用于小尺寸浅型腔模具及难于机械加工的复杂型腔模具的制造，同时还可以用于有浮雕花纹、字母及多型腔模具零件的加工。

2. 电铸成形加工

电铸成形加工是利用和电镀相同的阴极沉积金属的电化学加工原理，把预先按型腔的形状、尺寸做成的母模接在低电压、大电流的直流电源的负极上，依靠电铸溶液获得金属沉积层（镍、铜或铁），然后将这层金属壳从母模上脱下，外形经过机械加工后，镶入模套内作为型腔的工艺，如图 6—21 所示。

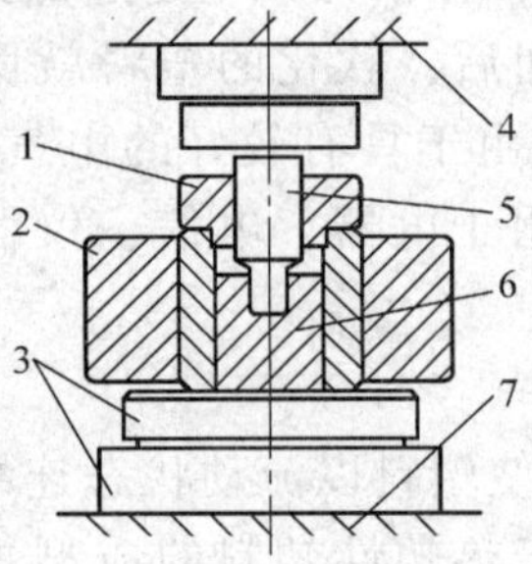

图 6—20　冷挤压成形加工

1—导向套　2—模套　3—垫板　4—压力机上座

5—挤压凸模　6—坯料　7—压力机下座

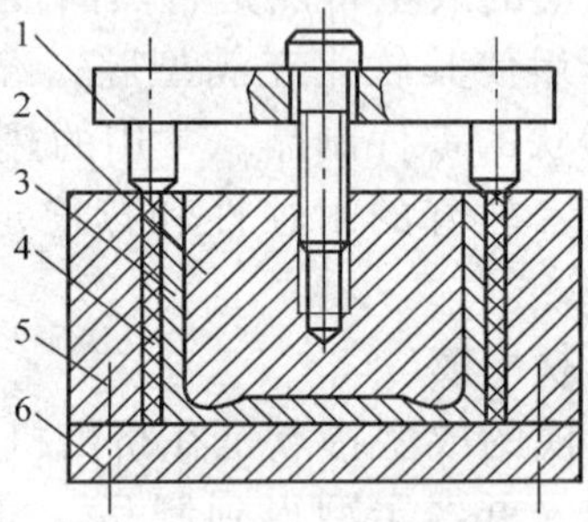

图 6—21　电铸型腔与模套的组合及脱模

1—卸模架　2—母模　3—电铸型腔

4—粘接剂　5—模套　6—垫板

电铸成形的特点是：复制精度很高，可获得尺寸和形状精度要求高、花纹细致、形状复杂的型腔；可用一个标准母模（金属或非金属做的，或者直接使用产品）复制出多个形状一致的型腔或电铸电极；使用设备简单，操作方便，铸成后不需热处理等。但是，为了保证型腔具有足够的强度和刚性，镀层厚度一般不少于 6 mm。电铸成形速度慢、周期长、成本高，难以获得均匀的电铸层厚度；对壳型较薄的零件电铸时容易变形；受冲击负荷较大的型腔（如锻模）不宜电铸制模。电铸制模工艺在制作工艺品、玩具、灯具和唱片等行业里应用较广。

采用金属母模的电铸工艺过程为：产品设计→母模设计→母模制造→母模预处理（去油、镀脱模层、装导线及绝缘包扎）→电铸→清洗→脱模→机械加工→镶入模套。

3. 压印锉修制模技术

压印锉修加工是指利用已加工成形并经淬硬的凸模、凹模或特制的压印工艺冲头作为基准件，垂直放置在未经淬硬或硬度较低并留有一定压印修正余量的对应零件上，加以压力，通过压印基准件的切削与挤压作用，在工件上压出印痕，再由钳工按印痕均匀锉修四周余量，作出对应的刃口或型孔的制造技术。

压印锉修制模技术主要用于型孔的加工。一般是以便于进行成形加工或热处理后变形较大的零件作为压印件，而便于按印痕进行手工加工的零件作为被压印件。压印锉修加工方法主要有单型孔压印和多型孔压印两种。如图 6—22 所示为单型孔压印加工的方法。多型孔压印的方法与单型孔压印方法相同，但需控制各成形孔之间的

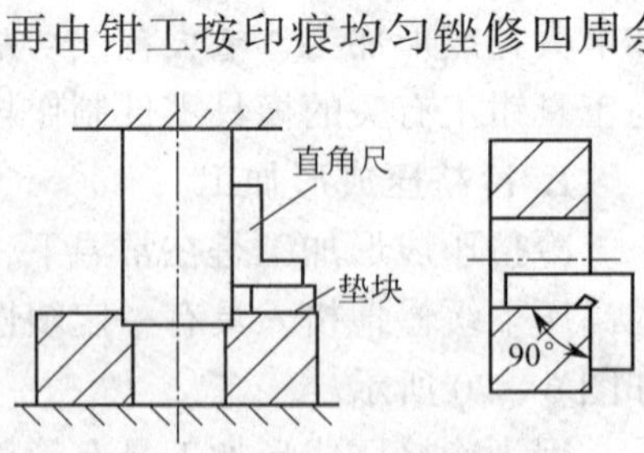

图 6—22　单型孔压印示意图

距离，以便保证各零件之间（如凹模与固定板之间）成形孔的相对位置，如图 6—23、图 6—24 所示。

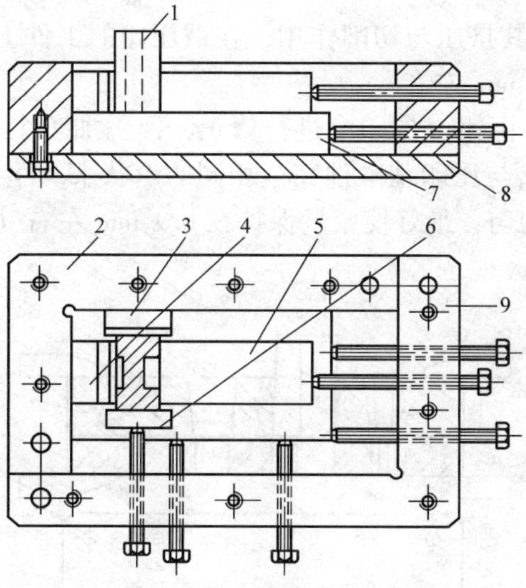

图 6—23 用精密方箱夹具压印

1—凸模 2、9—角尺板 3、4—块规 5、6—垫块 7—工件 8—底板

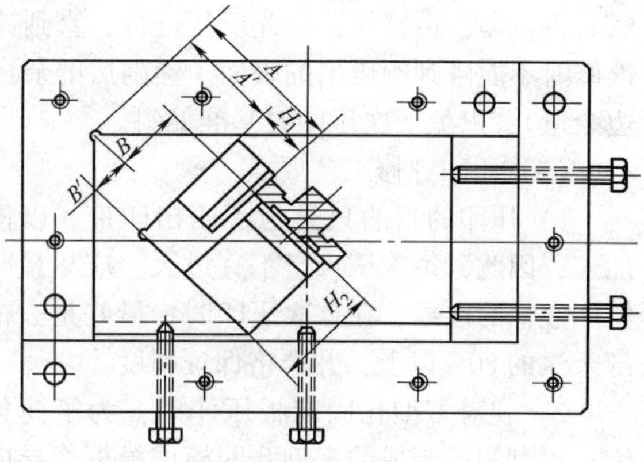

图 6—24 成形孔倾斜的压印方法

（1）压印锉修前的准备

1）基准件的制备。精心制备好压印基准件（凸模或凹模），使之达到所要求的尺寸精度和表面粗糙度。将压印刃口部位用油石磨出 0.1 mm 左右的圆角，以增强压印过程的挤压作用并降低压印表面的微观不平度。注意对压印基准件进行退磁处理。

2）选择压印设备和工具。根据压印型孔面积的大小，选择合适的压印设备。较小的型孔压印可用手动螺旋式压力机进行，较大的型孔则用液压机类设备。同时根据凸模的结构准备合适的工具，如直角尺、精密方箱等。

3）准备好润滑剂。压印过程中，为了减小摩擦作用，可在压印基准件上涂抹润滑剂，如硫酸铜溶液等。

4）准备型孔板材。对型孔板材要加工至所要求的尺寸、形状精度，确定基准面并在型孔位置划出型孔轮廓线。

5）型孔轮廓预加工。主要对型孔内部的材料进行去除。可以在立式铣床、带锯床、线切割机床上进行。若没有以上设备则可采用如图6—25 所示沿型孔轮廓线内侧依次钻孔，然后切断去除废料。去除废料的孔壁应经钳工或用铣、插等方法进行修整，使余量均匀。锉修余量不宜过多，可以减少锉修工作量，一般取每边 0.5～1 mm。当利用凸模挤光凹模孔时，余量一般为每边 0.1～0.2 mm。

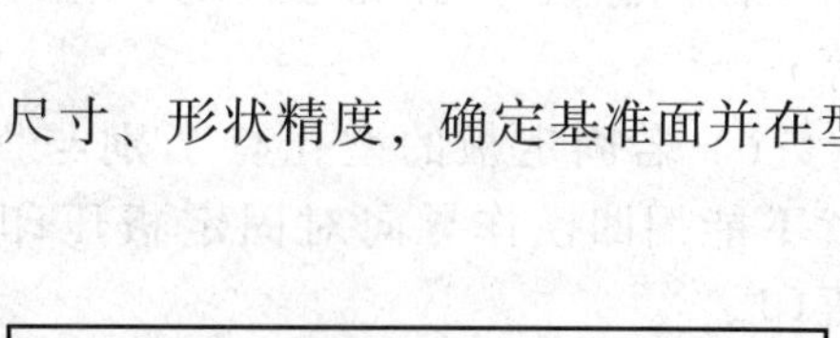

图 6—25 型孔的预加工

（2）压印锉修加工

1）将压印基准件放在所需压印的工件上后，用直角尺或精密方箱校正垂直度和相对位置，并放在压印机工作台的中心位置上。

2）在压印基准件上施加一定的压力，并通过其挤压与切削作用，在被压印的工件上产生印痕。第一次压入深度不宜过大，应控制在 0.2 mm 左右。

3）压印结束，取下基准件和受压印的制件，由钳工按印痕进行修正，锉去加工余量，然后再压印，再锉修，如此反复进行，直到锉修出与压印基准件完全相同的形状来。注意：锉修时不能碰到刚压出的表面。锉削后的余量要均匀，最好使余量保持在 0.1 mm 左右（单边余量），以免下次压印时基准偏斜。

（3）压印锉修工艺要点

1）压印的目的只是为了压出印痕，以便于加工，因此，每次压入量不宜过大。应尽量减少压印锉修的次数，在首次压印时，最好是去掉全部余量的 80%以上，并严格保证精度。

2）在对多型孔固定板压印时，为了简化手续，可利用已制成的多型孔凹模或模框作导向对固定板进行压印，如图 6—26 所示。

3）压印后的修正，应注意将相距最大的孔先进行锉修成形（如图 6—26 中 *A*、*B* 两孔），然后锉修其他各孔。这样做容易保证孔的位置，并避免工件外形的错位。

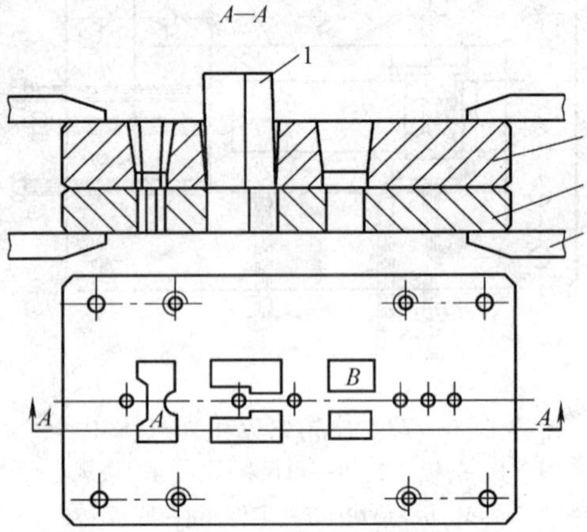

图 6—26　利用凹模作导向对固定板压印
1—凸模　2—凹模　3—固定板　4—平行夹头

4）在凹模上有圆形凹模孔时，可将固定板上安装圆形凸模的孔镗出（或通过凹模钻出），然后用定位销钉将凹模与固定板定位后，通过凹模对固定板压印。

5）当凸、凹模间隙较小时，可直接以淬硬凹模为导向对固定板进行压印。而当凸、凹模间隙较大时（单面间隙在 0.03～0.05 mm），可在凸模一端（压印端）镀铜或涂漆，镀（涂）至略小于凹模孔尺寸（成间隙配合），然后通过凹模孔对固定板压印。当单面间隙大于 0.05 mm 时，压印应在凸、凹模间隙内垫金属片（紫铜片或磷铜片等）。

6）若固定板的型孔有个别与凹模型孔的形状不完全一致（如凸模有台肩时），就不能用凹模作导向对固定板压印，此时需另制压印工艺冲头用精密方箱夹具进行压印。

7）确定压印冲头尺寸时，对于大间隙冲模以及塑压模等的模框，大多采用特制的压印工艺冲头进行压印。压印工艺冲头的最小尺寸取成形孔要求的最小尺寸，制造公差取成形孔公差的一半。

8）压印锉修加工通常是以凸模为基准件。如果凹模型孔的热处理变形比凸模大时，则可以用凹模型孔为压印基准件来压印凸模。

二、模具制作的精度要求

模具零件制作时，各种加工方法所能获得的加工精度、表面粗糙度值以及所要求的加工余量见表6—2。

表6—2　　　各种加工方法所能获得的加工精度、表面粗糙度值和加工余量

加工方法		本道工序单面经济加工余量/mm	经济加工精度	表面粗糙度 *Ra*/μm
刨削	半精刨	0.8~1.5	IT10~IT12	6.3~12.5
	精刨	0.2~0.5	IT8~IT9	3.2~6.3
铣削	划线铣	1~3	1.6 mm	1.6~6.3
	靠模铣	1~3	0.04 mm	1.6~6.3
	粗铣	1~2.5	IT10~IT11	3.2~12.5
	精铣	0.5	IT7~IT9	1.6~3.2
	仿形雕刻	1~3	0.1 mm	1.6~3.2
车削	靠模车	0.6~1	0.24 mm	1.6~3.2
	成形车	0.6~1	0.1 mm	1.6~3.2
	粗车	1	IT11~IT12	6.3~12.5
	半精车	0.6	IT8~IT10	1.6~6.3
	精车	0.4	IT6~IT7	0.8~1.6
	精细车、金刚车	0.15	IT5~IT6	0.1~0.8
钻削		—	IT11~IT14	6.3~12.5
扩孔	粗扩	1~2	IT12	6.3~12.5
	铸孔、冲孔后扩孔	1~1.5	IT11~IT12	3.2~6.3
	细扩	0.1~0.5	IT9~IT10	1.6~6.3
铰孔	粗铰	0.1~0.15	IT9	3.2~6.3
	精铰	0.05~0.1	IT7~IT8	0.8
	细铰	0.02~0.05	IT6~IT7	0.2~0.4
锪孔	无导向锪	—	IT11~IT12	3.2~12.5
	有导向锪	—	IT9~IT11	1.6~3.2
镗削	粗镗	1	IT11~IT12	6.3~12.5
	半精镗	0.5	IT8~IT10	1.6~6.3
	高速镗	0.05~1	IT8	0.4~0.8
	精镗	0.1~0.2m	IT6~IT7	0.8~1.6
	细镗、金刚镗	0.05~0.1	IT6	0.2~0.8
磨削	粗磨	0.25~0.5	IT7~IT8	3.2~6.3
	半精磨	0.1~0.2	IT7	0.8~1.6
	精磨	0.05~0.1	IT6~IT7	0.2~0.8
	细磨、超精磨	0.005~0.05	IT5~IT6	0.025~0.1
	仿形磨	0.1~0.3	0.01 mm	0.2~0.8
	成形磨	0.1~0.3	0.01 mm	0.2~0.8
	坐标磨	0.1~0.3	0.01 mm	0.2~0.8
珩磨		0.005~0.03	IT6	0.05~0.4

续表

加工方法		本道工序单面经济加工余量/mm	经济加工精度	表面粗糙度 Ra/μm
钳工划线		—	0.25~0.5	—
钳工研磨		0.002~0.015	IT5~IT6	0.025~0.05
钳工抛光	粗抛	0.05~0.15	—	0.2~0.8
	细抛、镜面抛	0.005~0.01	—	0.001~0.1
电火花成形加工		—	0.05~0.1	1.25~2.5
电火花线切割加工		—	0.01~0.015	1.25~2.5
电解成形加工		—	0.1 mm	0.8~3.2
电解抛光		0.1~0.15	—	0.025~0.8
电解修磨		0.1~0.15	IT6~IT7	0.025~0.8
电解磨削		0.1~0.15	IT6~IT7	0.025~0.8
照相腐蚀		0.1~0.4	—	0.1~0.8
超声抛光		0.02~0.1	—	0.01~0.1
磨料流动抛光		0.02~0.1	—	0.01~0.1
锻造		—	IT15~IT16	—
冷挤压		—	IT7~IT8	0.08~0.32
低压铸造		—	IT11~IT15	—
熔模铸造		—	IT8~IT13	1.6~6.3
陶瓷型铸造		—	IT11~IT13	3.2~6.3
壳型铸造		—	IT10~IT13	3.2

三、冷冲压模具制作工艺

1. 冲裁模制作工艺

(1) 冲裁模制作要求

1) 表面状态。工作刃口应尖锐、锋利和无倒刺、裂纹、黑斑及缺口等缺陷。要求刃口表面粗糙度值为 Ra1.6~0.8 μm，非工作部分允许适当增加。侧壁应平行，或稍带斜度，但要注意斜度的方向。

2) 材料性能。凸模、凹模的工作部分应具有高硬度和耐磨性及良好的韧性。一般凸模制造容易，易修磨刃口。因此，凸模工作部分硬度为 58~62HRC，凹模硬度为 60~64HRC。

3) 间隙大小。冲裁模工作磨损后间隙增大，制造和装配时应采用最小合理间隙，而且同一副冲模的间隙应在各方向力求均匀一致。

(2) 冲裁模制作方法

冲裁模凸模的加工主要是外形加工，凹模的加工主要是孔或孔系的加工，它们的加工顺序均遵循先粗后精、先基准后其他、先面（平面）后孔、先切（切削加工）后特（特种加工），且工序要适当集中的原则。冲裁模凸模、凹模的常用加工方法见表 6—3

和表6—4。

表6—3　冲裁模凸模常用的加工方法

凸模形式		加工方法	适用范围
圆形凸模		车削加工毛坯，淬火后精磨，最后工件表面抛光及刃磨	各种圆形凸模
非圆形凸模	带安装台阶式	方法一：凹模压印锉修法。车、铣或刨削加工毛坯，磨削安装面和基准面，划线铣轮廓，留0.2~0.3 mm单边余量，凹模（已加工好）压印后锉修轮廓，淬硬后抛光、磨刃口	无间隙模或设备条件较差的工厂
		方法二：成形铣削加工。粗加工轮廓，留0.2~0.3 mm单边余量，用凹模（已加工好）压印后锉修成形或精铣成形加工，最后淬火、抛光、磨刃口	一般要求的凸模
	直通式	方法一：线切割加工长方形坯料，磨安装面和基准面，划线加工安装孔、铝丝孔，淬硬后磨安装面和基准面，切割成形、抛光、磨刃口	形状较复杂的凸模，且精度较高
		方法二：成形磨削。加工坯料，磨安装面和基准面，划线加工安装孔，粗加工轮廓，留单边0.2~0.3 mm的余量，淬硬后磨安装面，再成形磨轮廓	形状不太复杂但精度较高的凸模或镶块

表6—4　冲裁模凹模常用的加工方法

凹模形式	加工方法	适用范围
圆形	方法一：钻铰法。毛坯处理后，车削加工上、下底面及外圆。钻、铰工作型孔，淬硬后磨上、下底面，研磨、抛光工作型孔	孔径小于5 mm
	方法二：磨削法。毛坯处理后，车削加工上、下底面，钻、镗工作型孔，划线加工安装孔，淬硬后磨上、下底面和工作型孔、抛光	较大孔的凹模
系列圆孔	方法一：坐标镗削。毛坯处理后，粗、精加工上、下底面和凹模外形；磨上、下底面和定位基面；划线、坐标镗系列型孔；加工固定孔，淬火后研磨、抛光型孔	高精度及位置要求
	方法二：钻铣加工。毛坯粗、精加工与坐标镗削相同，不同之处为孔系加工用坐标法在立式铣床上加工，后续加工与坐标镗削法一样	位置精度要求一般
非圆形孔	方法一：锉削法。坯料粗加工后按样板划轮廓线，切除中心余料后按样板锉修，淬硬后研磨、抛光	形状简单，设备条件较差
	方法二：数控（成形）铣。凹模型孔可进行成形铣或在数控设备上进行精加工，钳工锉修斜度，淬硬后研磨、抛光型孔	形状不太复杂，精度不太高，过渡圆角较大
	方法三：压印加工法。粗加工后，用加工好的凸模或样冲压印后修锉，再淬火研磨、抛光	尺寸不大，形状不太复杂
	方法四：线切割。外形加工好以后，划线并加工安装孔，之后淬火、磨安装基面，割型孔（斜度可在淬火前铣好，可割小锥度）	各种形状型孔，较高精度的成形表面
	方法五：成形磨削。毛坯按镶拼结构加工好，划线粗加工轮廓。淬火后磨安装面，成形磨轮廓，研磨、抛光	镶拼结构凹模
	方法六：电火花加工法。外形加工好，划线加工安装孔后淬火，磨安装基面，做电极或用凸模制作凹模型孔，最后研磨、抛光	形状复杂、精度要求较高的整体式凹模

注：目前大多数冲裁模凹模的制作普遍采用了数控机床来加工，它不仅制造精度高，而且生产效率高，对各种形状复杂的型面或型孔均能加工成形。

2. 弯曲模制作工艺

（1）弯曲模制作顺序

弯曲模的制作顺序一般按制件要求选择。当制件要求有精确的内形尺寸时，可先制作凸模，再按凸模配制凹模，同时保证规定的间隙；当制件要求有精确的外形尺寸时，则先制作凹模，再按凹模配制凸模，并保证规定的间隙。

（2）弯曲模制作方法

弯曲模的凸模、凹模工作面一般是敞开面，所采用的制作方法与制件的大小和形状有关。一般圆形弯曲模零件均采用车削和磨削加工，而非圆形弯曲凸模、凹模常用铣削、电火花、线切割等方法加工。

（3）弯曲模制作要点

1）弯曲模的最终热处理应在试模之后进行，因为弯曲件的回弹量不易确定，故一般情况下，模具的工作零件应经修整并获得合格弯曲件后再进行热处理。

2）凸、凹模的修整应采用样板或样件进行控制，以便保证弯曲模形状符合要求。

3）弯曲凸、凹模的圆角半径及间隙应制作均匀，表面粗糙度 Ra 值应控制在 0.40 μm 以下，并在淬火后进行精修和抛光，以保证制件表面质量。

4）弯曲模的凸、凹模不允许有刃口，应有圆角过渡，以防弯曲件被冲裂或产生表面缺陷。弯曲模的工作面一般为敞开面，以便加工。所用顶出弹簧或中硬橡皮应有足够的弹力。

3. 拉深模制作工艺

（1）拉深模制作方法

拉深模的制作方法由于其制件类型的不同而有所不同。拉深制件的外形可分为三类，即回转体类零件、盒形零件、非回转体曲面形零件。其中凸模、凹模的常用加工方法见表6—5和表6—6。

表6—5　　制作拉深凸模常用的加工方法

制件类型		加工方法	适用范围
回转体类	筒形和锥形	毛坯锻造后退火。粗车、精车外形及圆角，淬火后磨装配处成形面，修磨成形端面和圆角，抛光	所有筒形零件的拉深凸模
	曲线回转体	方法一：成形车。毛坯加工后粗车、用成形刀具或靠模成形加工曲面和过渡圆角。淬火后研磨，抛光	凸模要求较低，设备条件较差
		方法二：成形磨。毛坯加工后粗车、半精车成形面，淬火后磨安装面，成形面，成形曲面和圆角，抛光	凸模精度要求较高
盒形拉深件		方法一：锉修法。毛坯经加工后锉修方形和圆角，再淬火研磨、抛光	精度要求低的小型件，设备条件较差
		方法二：铣削加工。毛坯加工后划线铣成形面，锉修圆角后淬火、研磨、抛光	精度要求一般的通用加工法
		方法三：数控加工。运用数控机床对已备毛坯进行成形面及圆角的加工，并进行淬火、研磨、抛光	精度要求稍高的凸模
		方法四：成形磨。毛坯加工后，划线，粗加工型面淬火后成形磨削型面、抛光	精度要求较高的凸模
非回转体曲面形零件		方法一：铣削加工。毛坯加工后，划线，成形铣削型面，修锉圆角后淬火，研磨、抛光	型面不太复杂，精度较低
		方法二：数控加工。用数控机床加工已备好的毛坯，然后淬火、研磨、抛光	型面较复杂，精度较高
		方法三：成形磨。毛坯加工后划线，粗加工型面淬火后成形磨削型面、抛光	结构不太复杂但精度较高的凸模

表 6—6　　　　　　　　　　制作拉深凹模常用的加工方法

制件类型			加工方法	适用范围
回转体类	筒形和锥形		毛坯加工后粗车、精车型孔，划线加工安装孔，淬火，磨型孔或研磨型孔，抛光	所有凹模
	曲线回转体	无底模	与筒形凹模加工方法相同	无底中间拉深模
		有底模	毛坯加工后粗、精车型孔，精车时可用靠模、仿形、数控等方法，也可用样板精修，淬火后抛光	需整形的凹模
盒形拉深件			方法一：铣削加工。毛坯经加工后，划线，铣型孔，最后钳工修锉，淬火后研磨、抛光	精度要求一般的无底凹模
			方法二：插削加工。毛坯加工后划线，插型孔，最后钳工锉修圆角，淬火后研磨、抛光	
			方法三：线切割。毛坯加工后划线加工安装孔，淬火后磨安装面等，最后切割型孔、抛光	精度要求较高的无底凹模
			方法四：电火花。毛坯加工后，划线，加工安装孔，淬火后磨基面，最后用电火花电极加工型腔，抛光	精度要求较高需整形的凹模
非回转体曲面形零件			方法一：成形铣。毛坯加工后划线，成形铣型腔，精修后淬火，研磨、抛光	精度较低的有底型腔模
			方法二：铣削或插削。毛坯加工后划线，铣或插型孔，修锉圆角后淬火、研磨、抛光	精度较低的无底模
			方法三：线切割。毛坯加工后划线，加工安装孔，淬火后磨基面，线切割型孔，抛光	精度较高的无底模
			方法四：电火花。毛坯加工后划线，加工安装孔，淬火后用电火花电极加工型腔、抛光	高精度较小型腔的整形模

（2）拉深模制作要点

1）拉深模热处理一般在试模之后进行，冲压出合格制件，以便钳工修正。

2）拉深模凸、凹模的制造，对于圆形断面，一般采用车削加工；对于非圆形断面，一般在划线后采用铣削加工，然后淬硬，并需进行研磨、抛光。凸、凹模的工作端部无锋利的刃口，应加工成光滑的圆角，其圆角的大小应符合图样要求，并经反复试冲合格后为止。

3）拉深模型腔工作表面要求表面粗糙度很小（一般 Ra 为 0.4～0.32 μm），要求在淬火后抛光、研磨或镀硬铬。对于部分复杂的拉深模，其坯料形状和尺寸需最终通过试模后方能确定，其热处理淬硬、研磨、抛光工序也允许在试模后进行。

4）拉深模凸、凹模间隙要均匀，一般可先按图样做一个样板，供加工时修配之用。拉深模间隙的大小直接影响到拉深力的大小、拉深件的质量和拉深模的寿命，加工时应严格控制。

5）根据制件尺寸要求，对外缘尺寸要求较高时制模修配以凹模为基准，相反对内形尺寸要求较高时则以凸模为基准。

4. 其他成形模具的制作工艺

其他成形模的制作与弯曲模、拉深模的制作基本相同，所不同的主要是胀形、翻边、校平、整形等模具的零件的硬度和表面质量要求更高些。因此，成形模具零件（特别是工作零件）的加工有以下特点：

（1）凸模型面和凹模型腔都由不同的平面和曲面组合而成，除了经常采用普通金属切削机床加工外，随着数控加工技术和特种加工技术的广泛应用，成形模具零件的加工方法更加多样化。

(2) 成形模具零件的检测可采用曲线（曲面）样板、轮廓测量仪以及三坐标测量机等特种量具、量仪进行检测。

(3) 对于精度不太高而型面复杂的成形模具，其凸、凹模的精加工大都放在热处理（淬火并回火）之前进行，热处理之后仅对型面进行抛光处理。

(4) 对于精度高、形状复杂的成形模具的工作零件，通常在热处理后还要进行修研、抛光和氮化处理。为了缩短模具加工时间、提高效率，在热处理前采用高速铣削的加工技术，不仅能更快地切除材料，而且加工精度高、表面质量好，大大减少了后续加工时间。

四、塑料模制作工艺

1. 塑料模制作工艺要求

模具精度是决定塑料成型件精度的重要因素之一。为了保证制件精度，制造塑料模具时，应达到以下技术指标：

(1) 组成塑料模具的所有零件，在材料、加工精度和热处理质量等方面均应符合相应图样的要求。

(2) 组成模架的零件应达到规定的加工要求，装配成套的模架应活动自如，并达到规定的平行度和垂直度等要求。

1) 动模板与定模板。模板上、下平面的平行度及侧面与基准面的垂直度，应控制在 300 mm：0.02 mm 以内。模板上的导柱孔孔径公差为 H7，孔距公差为±0.02 mm，垂直度应控制在 300 mm：0.02 mm 以内。

2) 导柱与导套。导柱压入部分直径公差及导套外径公差均为 k6，导柱滑动部分直径公差及导套内径公差均为 f7，直线度允差控制在 100 mm：0.02 mm 以内，工件硬度均为 55HRC 以上。其中导套内外径同轴度允差为 0.01 mm。

3) 模架组装后的精度。浇口板上平面对底板下平面的平行度允差应为 300 mm：0.05 mm；导柱、导套轴线对模板的垂直度为 100 mm：0.02 mm；固定结合面应配合严密，不得有间隙；分型面闭合时的贴合间隙应小于 0.03 mm。

(3) 模具的功能必须达到图样所规定的技术要求。包括：抽芯滑块和推顶装置的动作要灵活；加热及温度调节部分能正常工作；冷却系统水路畅通，并且无漏水现象发生。

(4) 为了鉴别塑料成型件的质量，装配好的模具必须在生产条件下（或用试模机）试模，并根据试模存在的问题进行修整，直到试出合格的成型件为止。

2. 塑料模制作工艺过程

塑料模的制作工艺过程一般为：分析、理解塑料模具图；做好加工前的准备工作并制备好模坯；根据生产条件确定加工方法并予以实施；对所加工的零件进行检验、修整；根据总装图将各零部件进行组装；进行模具的试模与调整。

3. 塑料模零件的制作

(1) 塑料模型芯（凸模）零件的制作

通常型芯的加工采用普通机床加工和线切割加工。常用的制造工艺如下：

1) 粗加工外形。铣削各个面，各面分别按最大外形尺寸加工，单面留 0.5~0.8 mm 的加工余量。

2）预先热处理。进行退火以消除粗加工引起的材料内应力。

3）粗磨外形。用平磨或成形磨粗磨出型芯互相垂直的三个基准面及相应的平行面，单面留 0.3~0.5 mm 的加工余量。

4）划线。按图样要求进行划线。

5）粗加工外形。按图样形状铣削加工型芯外形，单面留 0.5~0.8 mm 的精加工余量（视型芯形状、复杂程度及大小而定）。

6）钳加工。钻螺纹底孔或加热、冷却水孔及攻制固定型芯的螺纹等。

7）粗加工后的检验。对型芯形状、尺寸和孔与螺孔的位置进行测量检验，以确认留给热处理的变形量和精加工的余量是否合理。

8）热处理。按硬度要求淬火与回火。

9）精加工外形。用平磨或成形磨将外形磨至图样要求的形状和尺寸公差，一般外形尺寸尽量加工控制在上限尺寸（若外形面需镀层还应考虑镀层厚度），适量的公差余量有利于以后的研磨修正与调整。

10）中间检验。对精加工后的外形尺寸进行必要的中间测量检验，以确认型芯是否符合精度要求。

11）精加工内腔凹入面。加工型芯盲孔凹入面与通孔，根据内腔凹入面要求用电极进行电火花放电成形加工或电火花线切割加工。一般凹入内型面尽量加工至下限尺寸，适量的公差余量有利于研磨、抛光及以后的修正（若内型面需镀层还应考虑镀层厚度）。

12）最终检验。按图样对型芯内腔凹入面的形状、尺寸精度进行最终测量检验，以便最终确认精加工后的质量。

13）光整加工。钳工研磨、抛光型芯成型面（注：最后研磨、抛光时的方向必须与塑料制件脱模方向一致）。

14）表面处理。若还需表面处理的，可对型芯进行渗氮、镀铬或镀钛，以提高表面硬度、耐磨性和耐腐蚀性。

15）装配前修正。钳工去毛刺、倒角、修整，以转入装配准备阶段。

（2）塑料模型腔零件（凹模）的制作

对于型腔的加工，可根据图样所要求的尺寸精度及表面质量采用机械加工、电加工、压力加工、电铸成形等方法进行。比如：凹模型腔是镶拼结构，则可采用冷挤压成形工艺；对于整体式凹模可采用电火花成形加工；对于批量小的塑料模具可采用环氧树脂浇注型腔；对于复杂结构的型腔，可采用数控铣床成形铣削或加工中心加工，还可采用陶瓷型精密铸造成形加工。值得注意的是：当采用电火花成形加工或电火花线切割加工时，应放在对型腔零件完成淬火与回火之后进行。型腔零件制作的一般工艺过程如下：

1）粗加工外形。铣削各个面，各面分别按最大外形尺寸加工，单面留 0.5~0.8 mm 的加工余量。

2）预先热处理。进行退火以消除粗加工引起的材料内应力。

3）粗磨外形。用平磨粗磨出型腔互相垂直的三个基准面及相应的平行面，单面留0.3~

0.5 mm 的加工余量。

4）划线。按图样要求进行划线。

5）粗加工型腔。按图样形状铣削加工型腔，单面留 0.5~1 mm 的精加工余量（视型腔形状、复杂程度及大小而定）。

6）钳加工。钻螺纹底孔或加热、冷却水孔及攻制固定型腔零件的螺纹等。

7）粗加工后的检验。对型腔零件的形状、尺寸和孔与螺孔的位置进行测量检验，以确认留给热处理的变形量和精加工的余量是否合理。

8）热处理。按硬度要求淬火与回火。

9）精加工外形。用平磨或成形磨将外形磨至图样要求的形状和尺寸公差，一般外形尺寸尽量加工控制在上限尺寸，适量的公差余量有利于以后的研磨修正与调整。

10）中间检验。对精加工后的外形尺寸进行必要的中间测量检验，以确认零件是否符合精度要求。

11）精加工型腔。根据型腔要求用电极进行电火花放电成形加工或电火花线切割加工。一般内型面尽量加工至下限尺寸，适量的公差余量有利于研磨、抛光及以后的修正（若型腔需镀层还应考虑镀层厚度）。

12）最终检验。按图样对型腔的形状、尺寸精度及表面质量进行最终测量检验，以便最终确认精加工后的质量。

13）光整加工。钳工研磨、抛光型腔（注：最后研磨抛光时的方向必须与塑料制件脱模方向一致）。

14）表面处理。若还需表面处理的，可对型腔进行渗氮、镀铬或镀钛，以提高表面硬度、耐磨性和耐腐蚀性。

15）装配前修正。钳工去毛刺、倒角、修整，以转入装配准备阶段。

（3）塑料模零件的制作要点

1）成型零件。塑料模成型部分的零件主要有型芯、型腔及镶块。对这一部分的制作，一般是先制作型芯，然后按型芯配作型腔。在加工时应按图样进行，并采用边加工边试配的方法，直到合适后再淬火、抛光或电镀。

2）导向零件。一般均按图样要求加工，并保证其配合精度和同轴度。导柱、导套应与模板的支承平面保持垂直，不得歪斜。

3）浇注系统。对于浇注系统的加工一般均按图样要求进行，经试模合格后，再淬火、抛光、定形。

4）脱模机构。一般均在试模中进行修整，直到制件脱模后不变形、外观不受损伤为止。修整后的脱模机构顶杆、反推杆、拉料杆等的头部均应淬火。模具内的顶出机构应动作可靠，运动灵活，顶杆装配后，其端面应比型腔或镶件的平面高 0.05~1 mm。

5）冷却与加热装置。在冷却装置中，水孔的位置及尺寸大小应按图样要求进行加工。水孔在通过镶块时，应加以密封，水孔管在试模时应畅通无阻。注意在加工过程中，一定不要碰坏型腔。对于有加热装置模具的加工，应注意加热棒的绝缘，以防通电不安全。

6）基座及安装装置。对于注射模的定模与动模接触表面安装合模后应接触严密，接触面的加工要光整、平滑，表面粗糙度值应达到 $Ra1.6 \sim 0.8\ \mu m$。而对所制模具的分型面与模板的工作表面要求应相互平行，定模板、动模板、垫板、模板等工作表面也应相互平行，在 200 mm 范围内，平行度允差不超过 0.05 mm。另外，注射模各零件表面均不得有裂纹、撞痕、毛刺等。

技能训练

一、压印锉修

1. 训练课题

采用压印锉修技术制作简易无间隙冲裁模凸模和凹模的刃口。（注：可按实际情况选择课题。）

2. 训练图样

零件截面形状如图 6—27 所示。

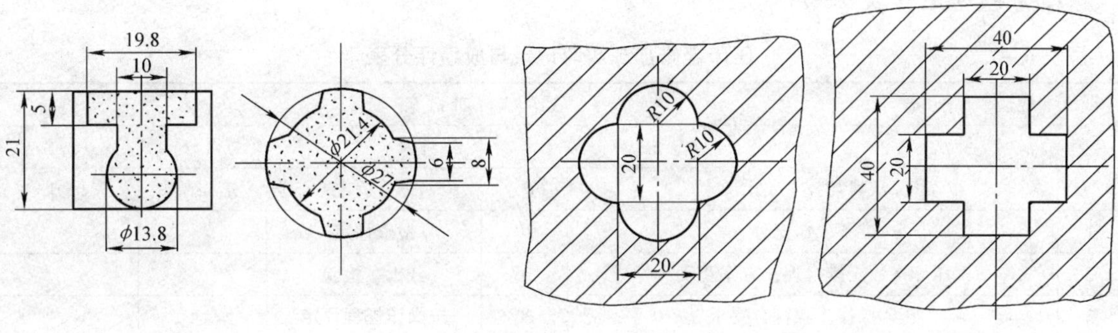

a)　b)　c)　d)

图 6—27　压印法加工刃口端面印痕图

a)、b) 冲裁凸模端面　c)、d) 冲裁凹模端面

3. 训练要求

（1）掌握压印锉修加工的方法和步骤。

（2）工件加工后要求凸、凹模刃口表面无毛刺，两者配合的单面间隙控制在 0.08 mm 以内，且间隙均匀。

4. 训练备料

（1）压印基准件（凸模或凹模）若干件；材料：45 钢（条件许可的情况下最好是用 T8 或 T10A 钢）。

（2）被压印件（凹模或凸模）若干件（注：被压印件可先经粗加工并留有压印余量）；材料：Q235 钢或 20 钢。

（3）辅助工具：直角尺、复写纸或红丹粉、油石、压力设备、钳工工具等。

5. 训练步骤

（1）将凸、凹模安装在模架上，找正压印件与被压印件的相对位置，使四周余量均匀（观察四周，使各处都被覆盖住）。

（2）用直角尺校正压印件的垂直度，准确无误后打上定位销钉，并将模架放在压力机上压印。

（3）压印时，在凸、凹模中间放上复写纸或在压印件上涂上红丹粉，将凸、凹模接触并施加压力，使其端面上印出印痕。

（4）取下被压印件，依照印痕钳工去掉多余的余量，每边留压印余量 0.2~0.3 mm，并沿轮廓四周做出小斜边（或圆角），准备压印。

（5）将被压印件重新安装在模架上进行压印。

（6）压印后精磨凸、凹模刃口端面。注意控制磨削量，切不可将印痕磨去。

（7）再次压印，去除余量和毛刺，精磨。

（8）再次压印并由钳工按印痕修正，直到被压印件刃口尺寸和形状完全符合图样要求为止。

6. 操作注意事项

（1）压印操作时，基准件应垂直放正在被压印件上，不得歪斜。

（2）注意控制好每次的压印量和锉修余量。

7. 成绩评定（表 6—7）

表 6—7　　压印锉修加工实习记录与成绩评分表

训练课题	压印锉修加工				
姓名		班级	工件号		总得分
项次	项目与技术要求	配分	评分标准	实测结果	得分
1	准备工作充分	10	检查评定		
2	压印次数安排合理，方案正确	16	分析、检验		
3	压印操作步骤符合要求	20	按操作规程评定		
4	检测方法正确，质量控制得当	10	每错一项扣 2 分 每缺一项扣 3 分		
5	压印方法正确，余量去除合理	22			
6	时间安排合理（12 h）	12	每超 30 min 扣 2 分		
7	安全文明生产	10	违者不得分		
现场记录					

二、简易弯曲模的制作与装配

1. 训练课题

制作简易直角弯曲模。

2. 训练图样

如图 6—28、图 6—29 所示。

3. 训练要求

（1）熟练掌握划线、锯削、锉削、孔加工、螺纹加工等钳工加工的操作技能。

（2）熟知直角弯曲模基本组件的功用。

（3）会分析零件的制作工艺并合理地确定相应的加工工序。

（4）能正确地检测工件。

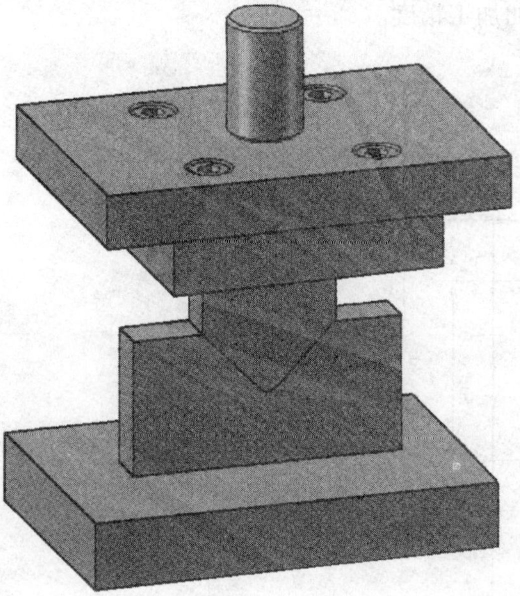

图 6—28　直角弯曲模实物图

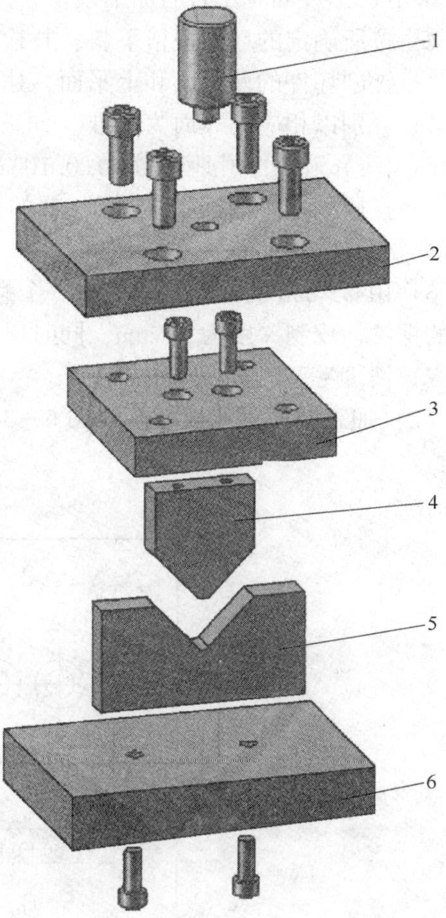

图 6—29　直角弯曲模结构示意图

1—模柄　2—上模板　3—凸模固定板

4—凸模　5—凹模　6—下模板

4. 训练备料

材料：Q235 钢或 45 钢；模柄材料：20 钢或 Q235 钢。

规格：按图示结构选择相应的板料尺寸及圆棒尺寸。

工具：常用平锉、圆锉、三角锉、整形锉、划线工具、手锯、活扳手、铰杠、麻花钻（ϕ5 mm、ϕ6.5 mm、ϕ8.5 mm）、锪钻（ϕ11 mm、ϕ14 mm）、扩孔钻（ϕ8.5 mm）、丝锥（M6、M8、M10）、板牙（M10）、辅助 V 形压块、矩形压块、螺纹样冲、铜丝刷等。

量具：直尺、直角尺、游标卡尺、万能角度尺、高度尺、外径千分尺、百分表及其表架、自制样板。

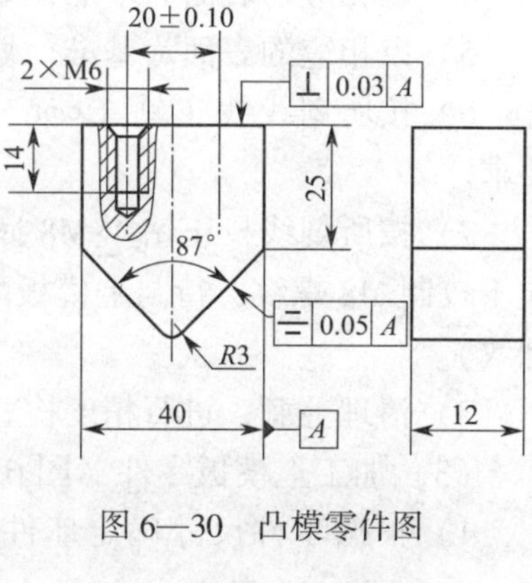

图 6—30　凸模零件图

5. 训练步骤

（1）加工凸模零件（图 6—30）

1）根据零件尺寸确定坯件规格（为矩形板块，各表面可留出 0.5~1 mm 左右的加工余量）。

2）按所确定的坯件规格下料，并检查下料尺寸，若不符合要求应予以修正或更换。

3）锉削坯件的两侧面和上平面，达到图样要求的尺寸和垂直度。

4）分别以相应的表面为基准（如长度面或宽度面等），划出凸模的外框加工线（87°角度的凸面线）和 2 个孔距为（20±0.10）mm 的螺纹孔位置线。

5）按所划加工线锯削、锉削 87°的角度凸面，控制好角度的对称度，使尺寸和精度达到图样要求。

6）用 ϕ5 mm 的麻花钻加工出 2 个螺纹孔的底孔并倒角，然后顺着已加工好的底孔攻制 M6 的螺纹，攻制深度为 14 mm，同时保证螺纹的加工精度。

7）清理毛刺，进行精度检查。

（2）加工凸模固定板零件（图 6—31）

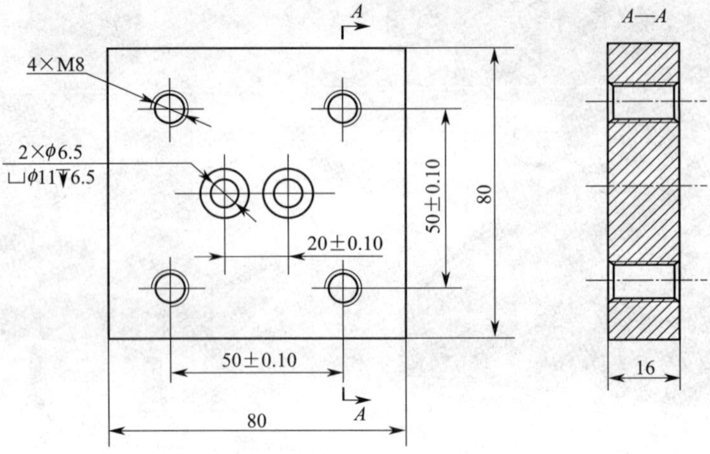

图 6—31　凸模固定板零件图

1）根据零件尺寸确定坯件规格（为矩形板块，各表面可留出 0.5~1 mm 左右的加工余量）。

2）按坯件规格下料并检查下料尺寸，若不符合要求应予以修正或更换。

3）锉削坯件的两相邻长边为划线基准，保证相互垂直。

4）以相应的表面为基准，划线并锉削凸模固定板外形，达到图样尺寸要求。

5）以相应的表面为基准，划 2×ϕ6.5 mm 和 4×M8 螺孔中心线。

6）按所划线找正钻 2×ϕ6.5 mm 孔，并锪 ϕ11 mm 沉孔，要求孔底要平，达到图样要求。

7）按所划线找正钻 4×M8 底孔（ϕ6.7 mm），倒角并攻 M8 螺纹，达到图样要求（也可先不攻制 M8 螺纹，待与上模板配钻完成后，再攻制 M8 螺纹，这样可以防止在配钻时损坏螺纹）。

8）清理毛刺，进行精度检查。

（3）加工上模板零件（图 6—32）

1）根据零件尺寸确定坯件规格（为矩形板块，各表面留出 0.5~1 mm 左右的加工

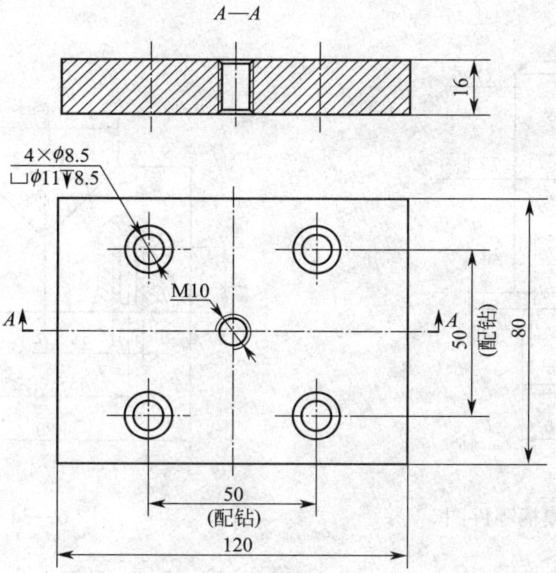

图 6—32　上模板零件图

余量)。

2）按坯件规格下料并检查下料尺寸，若不符合要求应予以修正或更换。

3）锉削坯件的两相邻长边为划线基准，保证相互垂直。

4）以相应的表面为基准，划出上模板的中心线及外框加工线。

5）按所划加工线加工外框（以锉削为主），并控制好加工量，使其形状和尺寸达到图样要求（外框尺寸为 120 mm×80 mm×16 mm）。

6）将上模板和凸模固定板按所划中心线的位置找正并装夹在一起，然后用 ϕ6. 7 mm 的麻花钻沿着凸模固定板上已钻好的螺纹底孔进行配钻。

7）将上模板与凸模固定板分开，对两者分别进行加工。

①加工凸模固定板。用 M8 的丝锥攻制 4×M8 螺纹。

②加工上模板。用扩孔钻（也可用麻花钻替代）将上模板上 4 个分布在四角且已加工好的 ϕ6. 7 mm 的孔扩大至 ϕ8. 5 mm，然后用 ϕ14 mm 的锪钻对其进行锪孔加工，锪孔深度为 8. 5 mm；用麻花钻在上模板的中心位置钻出 ϕ8. 5 mm 的螺纹底孔，然后用 M10 的丝锥对已经加工好的螺纹底孔进行攻螺纹加工。

8）清理毛刺；进行精度检查。

（4）加工模柄零件（图 6—33）

1）根据零件尺寸确定坯件规格（为圆棒材料，规格：ϕ14mm×45 mm）。

2）按零件图车削，达到图样要求。

3）直接用 M10 的板牙对圆棒留出的 ϕ9. 75 mm×12 mm 部分进行套螺纹加工，保证其加工精度。

4）清理毛刺，进行精度检查。

（注：为了提高效率，模柄零件的制作也可直接采用机床切削的方式进行。）

（5）加工凹模零件（图 6—34）

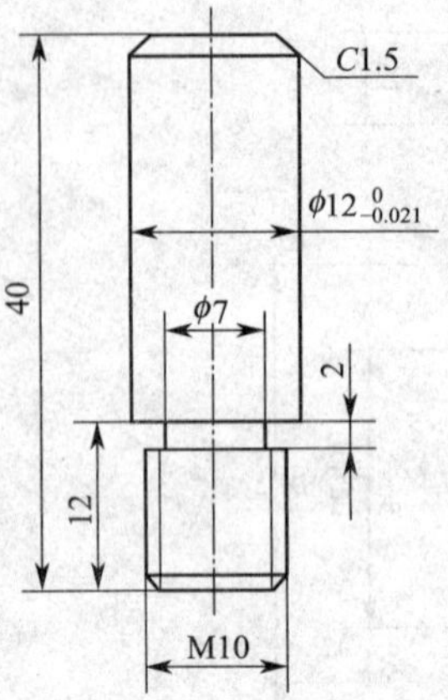

图 6—33　模柄零件图

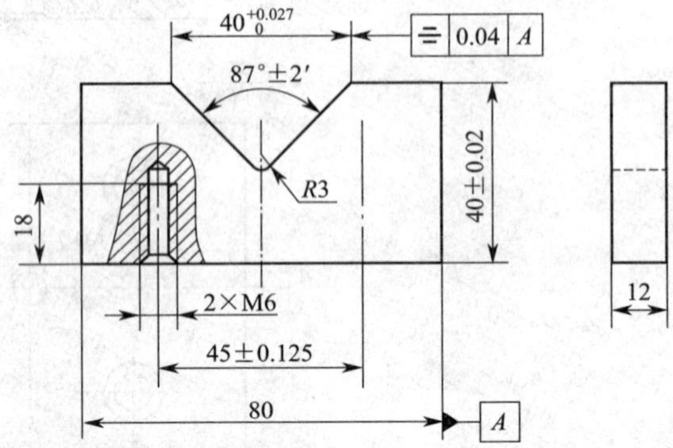

图 6—34　凹模零件图

1）根据零件尺寸确定坯件规格（为矩形板块，各表面留出 0.5～1 mm 左右的加工余量）。

2）按坯件规格下料并检查下料尺寸，若不符合要求应予以修正或更换。

3）锉削坯件的各个表面，使其基本接近图样所要求的尺寸和精度。

4）分别以相应的表面为基准，划出凹模的外框加工线（包括 87°角度的凹面线）和 2 个相隔（45±0.125）mm 的螺纹孔的加工线及孔位检查线。

5）按所划加工线实施加工（以锉削为主）。锯削、锉削 87°的角度凹面，控制好相应的加工量，使尺寸和精度达到图样要求。

6）用 $\phi5$ mm 的麻花钻加工出 2 个螺纹孔的底孔并倒角，然后顺着已加工好的底孔攻制 M6 的螺纹，攻制深度为 18 mm，同时保证螺纹的加工精度。

7）清理毛刺，进行精度检查。

（6）加工下模板零件（图 6—35）

1）根据零件尺寸确定坯件规格（为矩形板块，各表面可留出 0.5～1 mm 左右的加工余量）。

2）按坯件规格下料并检查下料尺寸，若不符合要求应予以修正或更换。

3）锉削坯件的各个表面，使其基本接近图样所要求的尺寸和精度。

4）以相应的表面为基准，划出下模板的中心线及外框加工线。

5）将带有螺纹的中心冲（即螺纹样冲）安装于已加工好的凹模螺纹孔内，然后找准下模板上相隔 45 mm 需配钻的 2 个孔的位置，

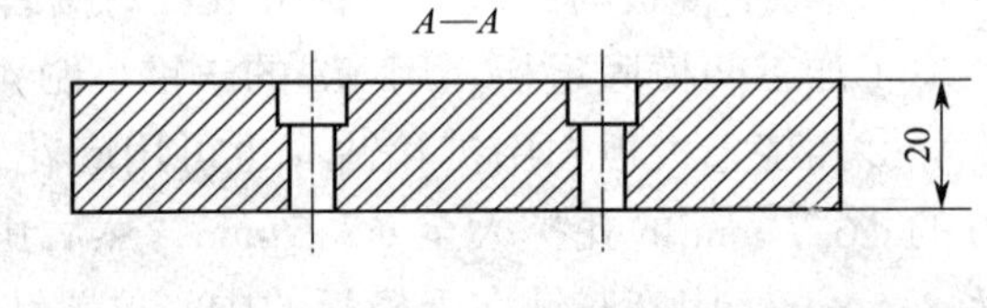

图 6—35　下模板零件图

用螺纹样冲压印出孔的加工线。

6）按所划加工线加工外框（以锉削为主），并控制好加工量，使尺寸和精度达到图样要求（外框尺寸为 120 mm×80 mm×20 mm）。

7）用 ϕ6. 5 mm 的麻花钻顺着已压印好的 2 个孔进行钻孔，然后用 ϕ11 mm 的锪钻对其进行锪孔加工，锪孔深度为 6. 5 mm，保证其加工精度。

8）清理毛刺，进行精度检查。

（7）弯曲模的装配

1）清理已加工好的零件，并做好装配的准备。

2）按照图样要求将凹模与下模板装配并确保其装配精度。

3）按照图样要求将凸模与凸模固定板装配并确保其装配精度。

4）按照图样要求将模柄与上模板装配并确保其装配精度。

5）按照图样要求将凸模与凸模固定板的组件用螺栓连接到模柄与上模板组件上，确保其装配精度。

6）将装配好的凸模部分与凹模部分合模，检查两者的装配质量，如有问题及时修整。

6. 注意事项

（1）应根据基准划出加工线，并使加工、测量基准与划线基准重合。

（2）钻孔时应注意孔位的正确性。对于需要配钻的孔，两工件必须夹牢，并且注意压力的大小，防止工件和平口钳因松动而发生事故。

（3）在制作凸模与凹模的87°角度时，可先做出样板，以便用于检查角度。

（4）当采用带有螺纹样冲的凸模来压印凸模固定板上需配钻的孔时，应注意保护凸模上的87°角度凸面（可通过辅助 V 形压块来保护）。同样，对于采用带有螺纹样冲的凹模来压印下模板上需配钻的孔时，也应注意保护凹模上的 87°±2′角度凹面（可通过辅助矩形压块来保护）。

（5）对于螺纹孔的加工，应先精确地计算好内螺纹的底孔尺寸，然后再钻孔、攻螺纹。

（6）在攻螺纹时，应确保丝锥的中心线与孔的中心线重合，并注意用力适当，以防螺纹变形、乱牙及不垂直。

7. 成绩评定（表 6—8）

表 6—8　　制作简易直角弯曲模实习记录与成绩评分表

训练课题	制作简易直角弯曲模					
姓名		班级		工件号		总得分
项次	项目与技术要求		配分	评分标准	实测结果	得分
1	凸模	螺纹孔 2×M6	4	变形、乱牙不得分		
2		螺纹孔位（20±0. 10）mm	4	超差不得分		
3		87°角度	6	偏斜、超差不得分		
4		外框尺寸 25 mm×40 mm×12 mm	3	每差一项扣 1 分		

续表

训练课题	制作简易直角弯曲模					
姓名		班级		工件号		总得分
项次	项目与技术要求		配分	评分标准	实测结果	得分
5	凸模固定板	安装孔 2×ϕ6.5 mm	4	每错一项扣 2 分		
6		螺纹孔 4×M8	6	变形、乱牙不得分		
7		螺纹孔位（50±0.10）mm	4	超差不得分		
8		外框尺寸 80 mm×80 mm×16 mm	3	每差一项扣 1 分		
9	上模板	安装孔 4×ϕ8.5 mm	6	每错一项扣 2 分		
10		模柄安装螺纹孔 M10	3	变形、乱牙不得分		
11		孔间距 50 mm	3	超差不得分		
12		外框尺寸 120 mm×80 mm×16 mm	3	每差一项扣 1 分		
13	模柄	模柄连接螺纹 M10	4	变形、乱牙不得分		
14		模柄的结构尺寸 ϕ12 mm×40 mm	3	每差一项扣 2 分		
15	凹模	螺纹孔 2×M6	4	变形、乱牙不得分		
16		螺纹孔位（45±0.125）mm	4	超差不得分		
17		87°角度	6	偏斜、超差不得分		
18		外框尺寸 80 mm×40 mm×12 mm	3	每差一项扣 1 分		
19	下模板	安装孔 2×ϕ6.5 mm	4	每错一项扣 2 分		
20		外框尺寸 120 mm×80 mm×20 mm	3	每差一项扣 1 分		
21	装配	凸模与凸模固定板的装配	3	每错一项扣 1 分		
22		模柄与上模板的装配	3	每错一项扣 1 分		
23		上模部分总装	4	每错一项扣 1 分		
24		凹模与下模板的装配	3	每错一项扣 1 分		
25	其他	时间安排合理（120 h）	4	每超 1 h 扣 2 分		
26		安全文明生产	3	违规不得分		
现场记录						

第三篇　工具的装配与使用

第七单元

装配基础知识

课题一　装配工艺概述

一、装配的概念

机械产品一般由许多零件和部件组成。零件是构成机器或产品的最小单元，由两个或两个以上的零件结合成机器的一部分称为部件。按规定的技术要求，将零件或部件进行配合和连接，使之成为半成品或成品的工艺过程称为装配。

在装配过程中，最先进入装配的零件或部件称为装配基准件。可以独立进行装配的部件称为装配单元。

装配是机械制造过程的最后阶段，在机械产品制造过程中占有非常重要的地位，装配工作的好坏，对产品质量起着决定性作用。

二、装配工艺过程

工艺过程是指改变生产对象的形状、尺寸、相对位置或性质等，使其成为成品或半成品的过程。产品的装配工艺过程包括以下 4 个阶段。

1. 装配前的准备

（1）熟悉产品的装配图、工艺文件和技术要求，了解产品的结构、零件的作用以及相互连接关系。

（2）确定装配方法、顺序和准备所需要的工具。

（3）对将要进入装配的零件进行清理和清洗，去除零件上的毛刺、铁锈及油污。

（4）对有些零件还需要进行刮削等修配工作，对有特殊要求的零件还要进行平衡试验、密封性试验等。

2. 装配工作

装配工作是装配工艺过程中的主要阶段，分为部件装配和总装配。

（1）部件装配

把零件装配成部件的过程称为部件装配。

（2）总装配

把零件和部件装配成最终产品的过程称为总装配。

3. 调整、精度检验和试车

（1）调整

调节零件或机构的相互位置、配合间隙、结合面松紧等，使各零部件之间达到规定的设计要求。

（2）精度检验

是指机构或机器的几何精度检验和工作精度检验等。几何精度是指机器静态时的精度，工作精度一般指机器工作状态下的精度。

（3）试车

是指设备装配后，按设计要求进行的运转试验，其目的是检验机器运转的灵活性、振动、工作温升、噪声、转速、功率等性能是否符合要求。

4. 喷漆、油封、装箱

喷漆是为了防止非加工面锈蚀，并使机器的外表更加美观；油封是为了防止工件的配合面及零件的已加工面锈蚀；装箱是为了便于运输和存储。

三、装配的组织形式

装配的组织形式随着生产类型、产品复杂程度和技术要求的不同而不同。一般分为固定式装配和移动式装配两种。

1. 固定式装配

固定式装配是将产品或部件的全部装配工作安排在一个固定的工作地点进行。在装配过程中，产品的位置不变，装配所需的零件和部件都汇集在工作场地附近。固定式装配主要应用于单件生产或小批量生产。

2. 移动式装配

移动式装配是指工作对象（部件或组件）在装配过程中，有顺序地由一个工人转移到另一个工人，即所谓“流水装配法”。移动装配时，常利用传送带、滚道或地面传输线运送装配对象。每一工作地点由一个工人或一组工人重复地完成固定的工作内容，技术熟练，并且广泛地使用专用设备、专用工具和采用互换性原则，因而装配质量好，生产效率高，生产成本低，适用于大批量生产，如汽车、拖拉机的装配。

四、装配工艺规程

1. 装配工艺规程及作用

装配工艺规程是指导装配施工的主要技术文件之一。它规定产品及部件的装配顺序、装配方法、装配技术要求、检验方法及装配时所需的设备、工具、时间定额等，是提高产品质量和效率的必要措施，也是组织生产的重要依据。

2. 编制装配工艺规程的方法和步骤

（1）对产品进行分析

研究产品装配图、装配技术要求及相关资料，了解产品的结构特点和工作性能，确定装配方法和装配的组织形式。

（2）确定装配顺序

通过工艺性分析，将产品分解成若干个可以独立装配的组件和分组件，即装配单元。产品的装配总是从装配基准件（基准零件或基准部件）开始。因此，根据装配单元确定装配顺序时，应首先确定装配基准件。然后根据装配结构的具体情况，按照“先下后上，先内后外，先难后易，先精密后一般，先重大后轻小”的原则，同时安排必要的检验工序并确定装配顺序。

例如，图 7—1 所示为某锥齿轮轴组件的装配图。经分析，装配基准件为锥齿轮轴，其装配顺序如图 7—2 所示。

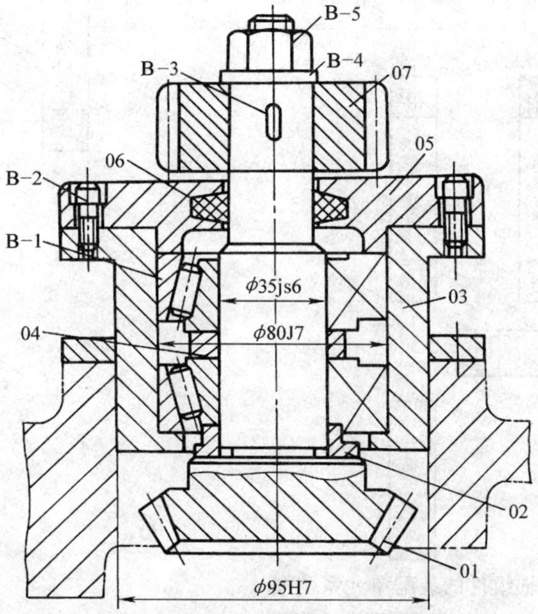

图 7—1　锥齿轮轴组件的装配图

01—锥齿轮轴　02—衬垫　03—轴承套　04—隔圈　05—轴承盖　05—毛毡圈　07—圆柱齿轮　B-1—轴承　B-2—螺钉　B-3—键　B-4—垫圈　B-5—螺母

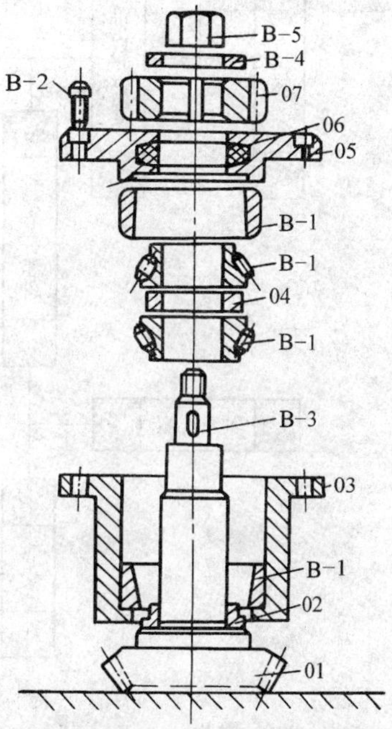

图 7—2　锥齿轮轴组件的装配顺序

（3）绘制装配单元系统图

装配单元系统图是指表示产品装配单元的划分及其装配顺序的示意图。装配单元系统图的绘制方法如下：

1）先画一横线，在横线左端画出代表基准件的长方格，在横线的右端画出代表产品的长方格。

2）按装配顺序从左向右将代表直接装到产品上的零件或组件的长方格从横线引出，零件画在横线上面，组件画在横线下面。

3）用同样方法可把每一组件及分组件的系统图展开画出。

如图 7—3 所示为锥齿轮轴组件的装配单元系统图。

由此可见，装配单元系统图表明了产品零部件间的相互装配关系及装配流程，可以用来指导和组织装配工艺过程。

（4）划分装配工序和装配工步

根据装配单元系统图，将装配工作划分成装配工序和装配工步。由一个工人或一组工人在不更换设备或地点的情况下完成的装配工作称为装配工序。用同一工具，不改变工作方法，并在固定的位置上连续完成的装配工作，称为装配工步。

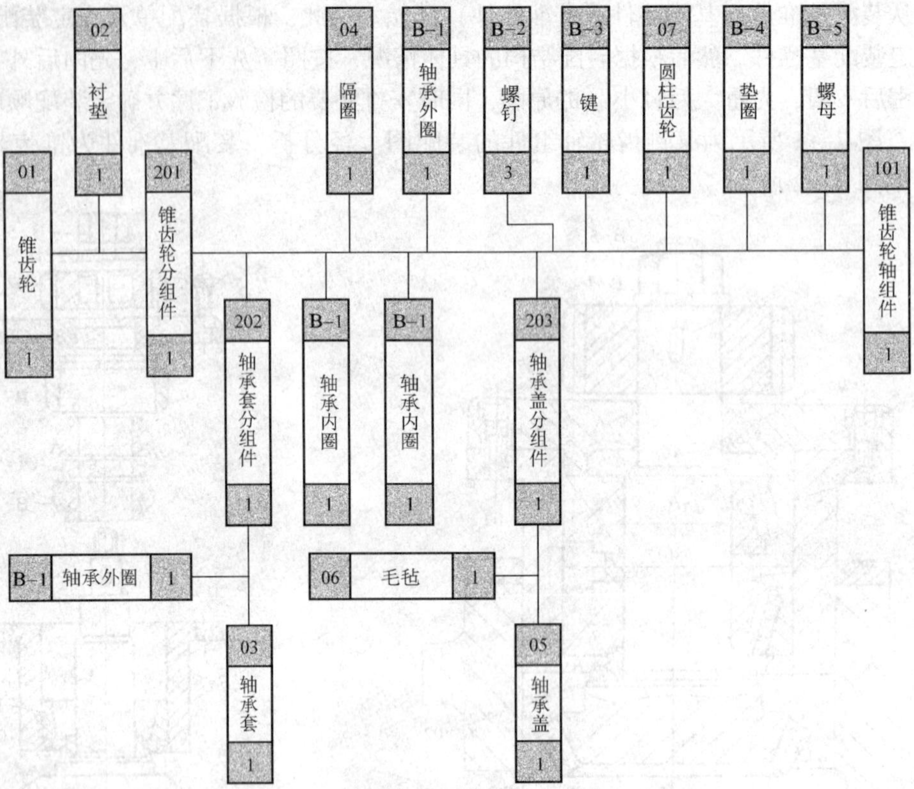

图 7—3　锥齿轮轴组件的装配单元系统图

装配工作一般由若干个装配工序组成，一个装配工序可包括一个或几个装配工步。如锥齿轮轴组件装配就由 4 个工序组成。

（5）编写装配工艺文件

主要是编写装配工艺卡片，它包含着完成装配工艺过程所必需的一切资料。单件小批生产，不需要制定工艺卡片，工人按装配图和装配单元系统图进行装配。成批生产，应根据装配系统图分别制定总装和部装的装配工艺卡片。表 7—1 为锥齿轮轴组件装配工艺卡片，它简要说明了每一工序的工作内容，所需设备和工夹具、工人技术等级、时间定额等。大批量生产则需一序一卡。

表 7—1　　锥齿轮轴组件装配工艺卡

<table>
<tr><td colspan="4" rowspan="3">（锥齿轮轴组件装配图）</td><td colspan="5">装配技术要求</td></tr>
<tr><td colspan="5">（1）组装时，各装入零件应符合图样要求</td></tr>
<tr><td colspan="5">（2）组装后圆锥齿轮应转动灵活，无轴向窜动</td></tr>
<tr><td colspan="2" rowspan="2">（厂名）</td><td colspan="2" rowspan="2">装配工艺卡</td><td>产品型号</td><td colspan="2">部件名称</td><td colspan="2">装配图号</td></tr>
<tr><td></td><td colspan="2">轴承套</td><td colspan="2"></td></tr>
<tr><td colspan="2">（车间名称）</td><td>工段</td><td>班组</td><td>工序数量</td><td colspan="2">部件数</td><td colspan="2">净重</td></tr>
<tr><td colspan="2">（装配车间）</td><td></td><td></td><td>4</td><td colspan="2">1</td><td colspan="2"></td></tr>
<tr><td rowspan="2">工序号</td><td rowspan="2">工步号</td><td colspan="2" rowspan="2">装配内容</td><td rowspan="2">设备</td><td colspan="2">工艺装备</td><td rowspan="2">工人等级</td><td rowspan="2">工序时间</td></tr>
<tr><td>名称</td><td>编号</td></tr>
<tr><td rowspan="2">I</td><td colspan="3">分组件装配：圆锥齿轮与衬垫的装配</td><td rowspan="2"></td><td rowspan="2"></td><td rowspan="2"></td><td rowspan="2"></td><td rowspan="2"></td></tr>
<tr><td>1</td><td colspan="2">以锥齿轮轴为基准，将衬垫套装在轴上</td></tr>
</table>

续表

<table>
<tr><td colspan="4">（锥齿轮轴组件装配图）</td><td colspan="4">装配技术要求</td></tr>
<tr><td colspan="4"></td><td colspan="4">（1）组装时，各装入零件应符合图样要求
（2）组装后圆锥齿轮应转动灵活，无轴向窜动</td></tr>
<tr><td colspan="2" rowspan="2">（厂名）</td><td colspan="2" rowspan="2">装配工艺卡</td><td>产品型号</td><td colspan="2">部件名称</td><td>装配图号</td></tr>
<tr><td></td><td colspan="2">轴承套</td><td></td></tr>
<tr><td colspan="2">（车间名称）</td><td>工段</td><td>班组</td><td>工序数量</td><td colspan="2">部件数</td><td>净重</td></tr>
<tr><td colspan="2">（装配车间）</td><td></td><td></td><td>4</td><td colspan="2">1</td><td></td></tr>
<tr><td rowspan="2">工序号</td><td rowspan="2">工步号</td><td colspan="2" rowspan="2">装配内容</td><td rowspan="2">设备</td><td colspan="2">工艺装备</td><td></td></tr>
<tr><td>名称</td><td>编号</td><td>工人等级</td><td>工序时间</td></tr>
<tr><td rowspan="2">Ⅱ</td><td colspan="3">分组件装配：轴承盖与毛毡的装配</td><td></td><td></td><td></td><td></td><td></td></tr>
<tr><td>1</td><td colspan="2">将已剪好的毛毡塞入轴承盖槽内</td><td></td><td></td><td></td><td></td><td></td></tr>
<tr><td rowspan="4">Ⅲ</td><td colspan="3">分组件装配：轴承套与轴承外圈的装配</td><td rowspan="4">压力机</td><td rowspan="4">塞规
卡板</td><td rowspan="4"></td><td rowspan="4"></td><td rowspan="4"></td></tr>
<tr><td>1</td><td colspan="2">用专用量具分别检查轴承套孔及轴承外圈尺寸</td></tr>
<tr><td>2</td><td colspan="2">在配合面上涂上机油</td></tr>
<tr><td>3</td><td colspan="2">以轴承套为基准，将轴承外圈压入孔内底面</td></tr>
<tr><td rowspan="8">Ⅳ</td><td colspan="3">锥齿轮轴组件装配</td><td rowspan="8">压力机</td><td rowspan="8"></td><td rowspan="8"></td><td rowspan="8"></td><td rowspan="8"></td></tr>
<tr><td>1</td><td colspan="2">以圆锥齿轮组件为基准，将轴承套分组件套装轴上</td></tr>
<tr><td>2</td><td colspan="2">在配合面上加油，将轴承内圈压装在轴上并紧贴衬垫</td></tr>
<tr><td>3</td><td colspan="2">套上隔圈，将另一轴承内圈压装在轴上，直至与隔圈接触</td></tr>
<tr><td>4</td><td colspan="2">将另一轴承外圈涂上油，压至轴承套内</td></tr>
<tr><td>5</td><td colspan="2">装入轴承盖分组件，调整端面的高度，使轴承间隙符合要求后，拧紧3个螺钉</td></tr>
<tr><td>6</td><td colspan="2">安装平键，套装齿轮、垫圈，拧螺母，注意配合面加油</td></tr>
<tr><td>7</td><td colspan="2">检查锥齿轮转动的灵活性及轴向窜动</td></tr>
<tr><td></td><td></td><td></td><td></td><td></td><td></td><td></td><td>共　张</td></tr>
<tr><td>标记</td><td>处数</td><td>更改文件</td><td>签字</td><td>日期</td><td>设计（日期）</td><td>审核（日期）</td><td>标准化（日期）</td><td>会签（日期）</td><td>第　张</td></tr>
</table>

五、装配前的准备工作

1. 装配前零件的清理和清洗

在装配过程中，零件的清理和清洗工作对提高装配质量、延长产品使用寿命具有重要的意义，特别是对于轴承、精密配合件、液压元件、密封件以及有特殊清洗要求的零件更为重要。

（1）零件的清理

装配前要清除零件上的型砂、铁锈、切屑、研磨剂、油污等；清理时，要避免划伤重要的配合表面；清理后，箱体零件内壁的不加工表面要涂以浅色油漆。

（2）零件的清洗

1）清洗方法。单件小批量生产中，零件可在清洗槽中手工清洗；成批或大量生产中，常用清洗机清洗零件。在清洗方法上，可以采用气体清洗、浸酯清洗、喷淋清洗、超声波清洗等。

2）常用清洗剂。常用的清洗剂有汽油、煤油、柴油和化学清洗液等。工业汽油适用于清洗较精密的零部件，航空汽油用于清洗质量要求更高的零件，使用汽油清洗时要注意防火。煤油、柴油清洗力不及汽油，清洗后干燥较慢，但比汽油安全。化学清洗液含有表面活性剂，对油脂、水溶性污垢具有良好的清洗能力，且配制简单，稳定耐用，无毒，不易燃，使用安全，以水代油，节约能源，常用于清洗钢件上以油为主的油垢和机械杂质。

（3）清洗时的注意事项

1）严禁用汽油清洗橡胶制品（如密封圈等），以防发胀变形，应使用酒精或化学清洗剂清洗。

2）滚动轴承不能使用棉纱清洗，已加注防锈润滑脂的密封滚动轴承不需要清洗。

3）清洗后的零件，应等零件上的油滴干后再进行装配。清洗后暂不装配的零件应妥善保管，防止脏物和灰尘再次污染。

4）零件的清洗工作，可分为一次清洗和二次清洗。零件在一次清洗后，应检查有无碰损或划伤，待检查修整后，再进行二次清洗。

2. 零件的密封试验

对于某些要求密封性的零件，如机械的液压元件、液压缸、阀体、泵体及压力容器等，要求在一定的压力下具有可靠的密封性，因此，在装配前应进行密封性试验。密封性试验有气压法和液压法两种。

（1）气压法

对于承受工作压力较小的零件，可采用气压法密封性试验，如图 7—4 所示。试验前，将试件各孔全部封闭，然后浸入水中，并向试件内部通入压缩空气，水中无气泡说明试件不泄漏，当有泄漏时，可根据气泡密度来判断试件是否符合技术要求。

（2）液压法

液压法密封性实验适用于承受工作压力较高的零件。对于容积较小的零件，可采用手动泵进行密封性试验，图 7—5 所示为三位五通阀体的密封性试验。试验前，按要求装好两端的密封圈和端盖，封闭其他孔口，加压至规定的试验压力后，仔细观察试件各部位是否有泄漏、渗透等现象，以此来判断试件的密封性能。

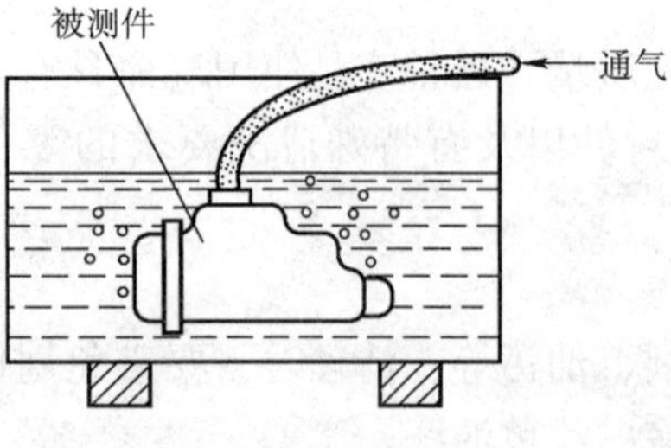

图 7—4　气压法密封性试验

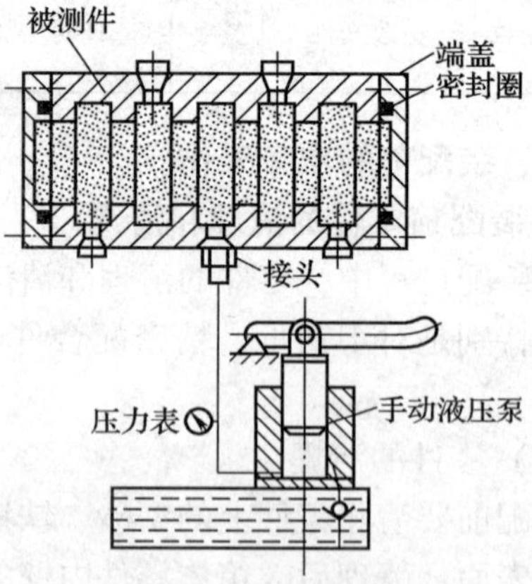

图 7—5　液压法密封性试验

3. 旋转件的平衡

机器中的旋转件（如带轮、飞轮、叶轮及各种转子等），由于材料密度不匀、本身形状对旋转中心不对称、加工或装配产生误差等原因，造成重心与旋转中心发生偏移，旋转时因有不平衡量而产生离心力，使旋转中心无法固定，引起机械振动，从而使机器工作精度降低，零件寿命缩短，噪声增加，甚至发生破坏性事故。

旋转件的不平衡形式有静不平衡和动不平衡两种。

（1）静不平衡

如图 7—6 所示，旋转件在径向各截面上有不平衡量，由此产生的离心力的合力通过旋转件重心，不会引起使旋转轴线倾斜的力矩，这种不平衡称为静不平衡。其特点是：静止时，不平衡量自然地处于铅垂线的下方；旋转时，不平衡离心力只产生垂直于旋转轴线方向的振动。

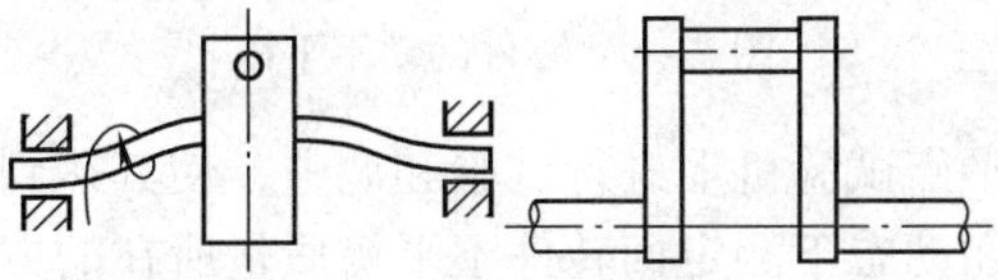

图 7—6　零件的静不平衡

调整产品或零部件使其达到静态平衡的过程称为静平衡试验。其方法是首先确定旋转件上不平衡量的大小和位置，然后去除或抵消不平衡量对旋转的不良影响。静平衡试验的步骤如下：

1）将待平衡的旋转件装上心轴后，放在平衡支架上。平衡支架应采用圆柱形或棱形，如图 7—7 所示。支承面应坚硬、光滑，并有较高的直线度、平行度，准确调至水平，以使旋转件在其上滚动时有较高的灵敏度。

2）用手轻推旋转体使其缓慢转动，待其自动静止后在旋转件的下方作标记，重复转动若干次，如所作标记位置不变，则为不平衡量方向。

3）如图 7—8 所示，在与标记相对称部位粘上一质量为 m 的橡皮泥，使 m 对旋转中心产生的力矩恰好等于不平衡量 G 对旋转中心产生的力矩，即 $mr=GL$，此时，旋转件获得静平衡。

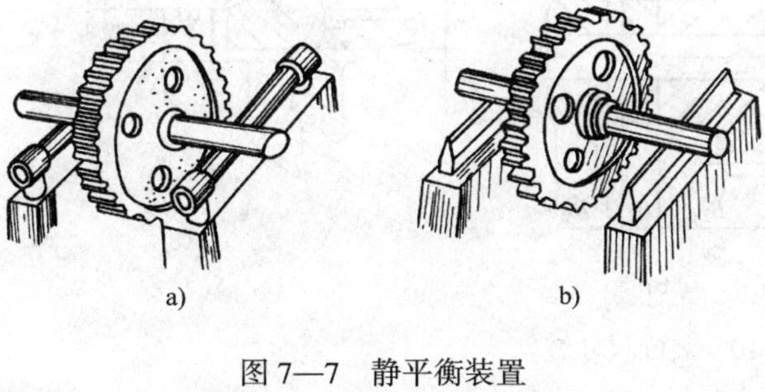

图 7—7　静平衡装置

a）圆柱形平衡架　b）棱形平衡架

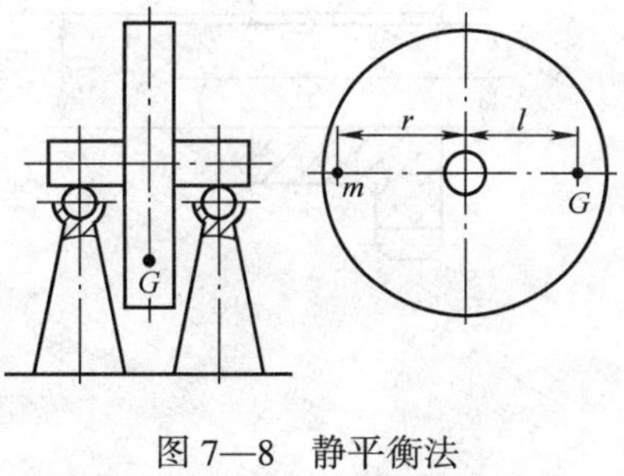

图 7—8　静平衡法

4）去掉橡皮泥，在其所在部位加上质量相当于 m 的重块，或在不平衡量处（与 m 相对直径上 L 处）去除一定质量（m）。待旋转件在任何位置均能在支架上停留时，静平衡实验即告结束。

静平衡只能平衡旋转件重心的不平衡，无法消除不平衡力矩。因此，静平衡实验只适于长径比较小（如盘类旋转件）或长径比虽然大但转速不太高的旋转件。

（2）动不平衡

如图 7—9 所示，旋转件在径向截面上有不平衡量且由此产生的离心力形成不平衡力矩，所以旋转件旋转时不仅会产生垂直于轴线的振动，而且还会产生使旋转轴线倾斜的振动，这种不平衡称为动不平衡。

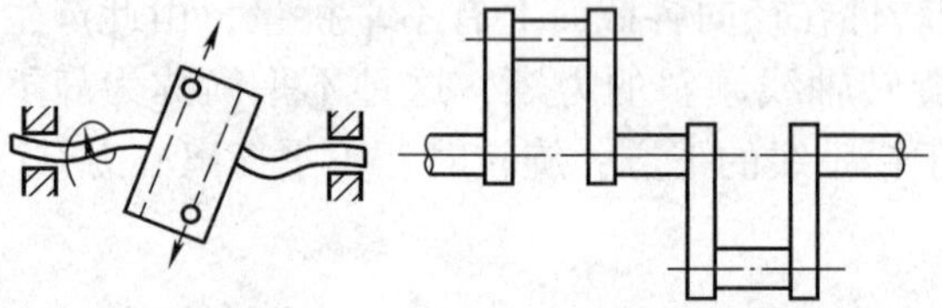

图 7—9　零件的动不平衡

对旋转的零部件在动平衡试验机上进行试验和调整，使其达到动态平衡的过程称为动平衡试验。动平衡试验只能在动态下测定回转件不平衡质量所在的方位，以及确定平衡质量应加的位置与大小。对于长径比较大或转速较高的旋转件，必须进行动平衡试验。

六、装配质量的控制

1. 装配尺寸链

（1）装配尺寸链的定义

在零件加工或产品装配过程中，为了达到加工精度或装配精度，要涉及各零件的许多有关尺寸。例如，图 7—10a 中齿轮孔与轴配合间隙 A_Δ 的大小，与孔径 A_1 及轴径 A_2 的大小有关；图 7—10b 中齿轮端面和机体孔端面配合间隙 B_Δ 的大小，与机体孔端面距离尺寸 B_1、齿轮宽度 B_2 及垫圈厚度 B_3 的大小有关；图 7—10c 中，机床床鞍和导轨之间配合间隙 C_Δ 的大小，与尺寸 C_1、C_2 及 C_3 的大小有关。这些互相联系且按一定顺序排列的封闭尺寸组合即为尺寸链。由此可知，尺寸链具有以下两个特性：

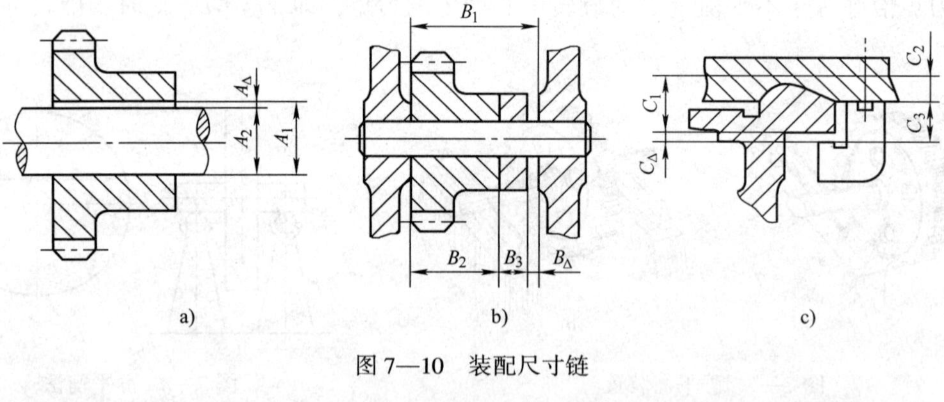

图 7—10　装配尺寸链

1）关联性。尺寸链中各尺寸相互联系、相互影响。像链条一样，一环扣一环。

2）封闭性。有关尺寸首尾相接，呈封闭状态。

影响某一装配精度的各有关装配尺寸所组成的尺寸链，就称之为装配尺寸链。

（2）装配尺寸链简图

为了简便起见，通常不绘出该零部件的具体结构，也不必按严格的比例，只要依次绘出各有关尺寸，排列成封闭的外形，这种示意图称为尺寸链简图。表示各零件之间相互装配关系的尺寸链简图称为装配尺寸链简图，图 7—10 所示的三种情况，其尺寸链简图如图 7—11 所示。

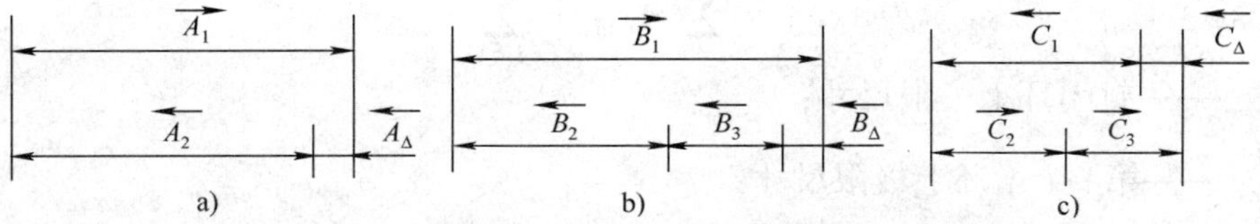

图 7—11　装配尺寸链简图

（3）装配尺寸链的环

根据尺寸链的关联性和封闭性，可以判断出每个尺寸链至少由三个尺寸组成，构成尺寸链的每一个尺寸都称为“环”。为了便于区分各环的作用、含义以及相关数值的计算，将环又细分为以下几种。

1）封闭环。在零件加工或机器装配过程中，最后自然形成（或间接获得）的尺寸，称为封闭环。一个尺寸链只有一个封闭环，如图 7—10 中的 A_Δ、B_Δ和 C_Δ。封闭环通常指的就是装配技术要求或装配精度。

2）组成环。尺寸链中除封闭环以外的其余尺寸均称为组成环。同一尺寸链中的组成环，用同一字母表示，如图 7—10 中的 A_1、A_2，B_1、B_2、B_3，C_1、C_2、C_3等。

3）增环。在其他组成环不变的条件下，当某组成环增大时，封闭环随之增大，那么该组成环称为增环。如图 7—10 中的 A_1、B_1、C_2、C_3为增环，增环用符号$\overrightarrow{A_1}$、$\overrightarrow{B_1}$、$\overrightarrow{C_2}$、$\overrightarrow{C_3}$表示。

4）减环。在其他组成环不变的条件下，当某组成环增大时，封闭环随之减小，那么该组成环称为减环。如图 7—10 中的 A_2、B_2、B_3、C_1为减环，减环用符号$\overleftarrow{A_2}$、$\overleftarrow{B_2}$、$\overleftarrow{B_3}$、$\overleftarrow{C_1}$表示。

增环、减环的简易判断方法：由尺寸链任一环的基面出发，绕其轮廓转一周，回到这一基面，按旋转方向给每个环标出箭头，凡是箭头方向与封闭环相反的为增环，箭头方向与封闭环相同的为减环，如图 7—11 所示。

（4）封闭环极限尺寸计算

由尺寸链简图中可以看出，封闭环公称尺寸等于所有增环公称尺寸之和减去所有减环公称尺寸之和，即：

$$A_\Delta = \sum_{i=1}^{m} \overrightarrow{A_i} - \sum_{i=1}^{n} \overleftarrow{A_i}$$

式中　A_Δ——封闭环的公称尺寸，mm；

$\overrightarrow{A_i}$——第 i 个增环公称尺寸，mm；

$\overleftarrow{A_i}$——第 i 个减环公称尺寸，mm；

Σ——求和符号；

m——增环数目；

n——减环数目。

1）当所有增环均为上极限尺寸，减环均为下极限尺寸时，则封闭环必为上极限尺寸，其计算公式为：

$$A_{\Delta\max}=\sum_{i=1}^{m}\overrightarrow{A}_{i\max}-\sum_{i=1}^{n}\overleftarrow{A}_{i\min}$$

式中 $A_{\Delta\max}$——封闭环上极限尺寸；

$\overrightarrow{A}_{i\max}$——第 i 个增环上极限尺寸；

$\overleftarrow{A}_{i\min}$——第 i 个减环下极限尺寸。

2）当所有增环均为下极限尺寸，而所有减环均为上极限尺寸时，则封闭环必为下极限尺寸，其计算公式为：

$$A_{\Delta\min}=\sum_{i=1}^{m}\overrightarrow{A}_{i\min}-\sum_{i=1}^{n}\overleftarrow{A}_{i\max}$$

式中 $A_{\Delta\min}$——封闭环下极限尺寸；

$\overrightarrow{A}_{i\min}$——第 i 个增环下极限尺寸；

$\overleftarrow{A}_{i\max}$——第 i 个减环上极限尺寸。

将两式相减，可得封闭环公差为：

$$\delta_{\Delta}=\sum_{i=1}^{m+n}\delta_{i}$$

式中 δ_{Δ}——封闭环公差；

δ_i——第 i 个组成环公差。

上式表明，封闭环公差等于各组成环公差之和。

例 图 7—10b 所示齿轮轴装配中，要求装配后齿轮端面和箱体凸台端面之间具有 0.1~0.3 mm 的轴向间隙。已知 $B_1=80^{+0.1}_{\ \ 0}$ mm，$B_2=60^{\ \ 0}_{-0.06}$ mm，B_3尺寸应控制在什么范围内才能满足装配要求？

解：（1）根据题意绘尺寸链简图。

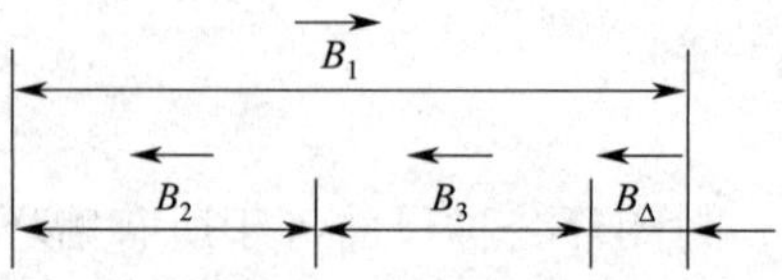

（2）确定封闭环为 B_Δ、增环为$\overrightarrow{B_1}$、减环为$\overleftarrow{B_2}$、$\overleftarrow{B_3}$。

（3）列尺寸链方程式，计算 B_3。

$$B_\Delta=B_1-(B_2+B_3)$$

$$B_3=B_1-B_2-B_\Delta=80-60-0=20\ \text{mm}$$

（4）确定 B_3极限尺寸。

$$B_{\Delta\max}=B_{1\max}-(B_{2\min}+B_{3\min})$$

$$B_{3\min}=B_{1\max}-B_{2\min}-B_{\Delta\max}=80.1-59.94-0.3=19.86\ \text{mm}$$

$$B_{\Delta\min}=B_{1\min}-(B_{2\max}+B_{3\max})$$

$$B_{3\max}=B_{1\min}-B_{2\max}-B_{\Delta\min}=80-60-0.1=19.9\ \text{mm}$$

故 $B_3=20_{-0.14}^{-0.10}$ mm

2. 装配方法

零件精度是保证装配精度的基础，装配精度直接与零件制造精度有关，但装配精度并不完全取决于零件精度。如果在装配时采取一定的工艺措施，即使零件制造精度降低，也能保证装配要求，常用的工艺措施有：对工件进行测量、挑选，对某一装配件进行修配，调整装配件位置等。为正确处理装配精度与零件制造精度的关系，妥善解决生产的经济性与使用要求之间的矛盾，生产中可采用不同的装配方法。

（1）互换装配法

在装配时，各配合零件不经修配、选择或调整即可达到装配精度的方法称为互换装配法。互换装配法的装配精度完全依赖于零件的制造精度，其特点及适用范围是：

1）装配操作简便，生产效率高。

2）装配时间易确定，便于组织流水线装配。

3）零件磨损后，更换方便。

4）对零件精度要求高。适用于组成环数少，装配精度要求不高的场合或大批量生产中。

（2）分组装配法

在成批或大量生产中，将产品各配合副的零件按实测尺寸分组，装配时按组进行互换装配以达到装配精度的方法称为分组装配法。这种装配方法的装配精度取决于分组数。其特点及适用范围是：

1）经分组后零件的配合精度高。

2）可增大零件的制造公差，使零件制造成本降低。

3）虽然增加了测量、分组等工作，但可以提高装配精度。

4）适用于大批量生产中装配精度要求很高、组成环数较少的场合。

（3）修配装配法

在装配时，修去指定零件上预留修配量，以达到装配精度的方法称为修配装配法。如图7—12所示，在卧式车床尾座装配中，用修刮尾座底板的方法以保证车床前后顶尖的等高度。这种装配方法的特点及适用范围是：

1）零件的加工精度要求降低。

2）不需要高精度的加工设备，节省机械加工时间。

3）装配工作复杂化，装配时间增加。适于单件、小批生产或成批生产精度高的产品。

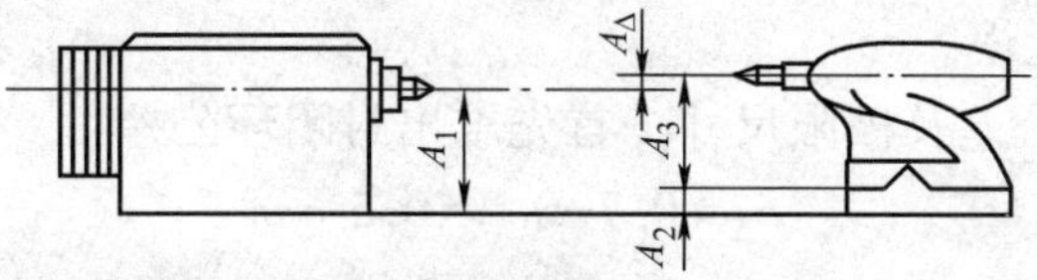

图 7—12　修刮尾座底板

（4）调整装配法

在装配时，用改变产品中可调整零件的相对位置或选用合适的调整件以达到装配精度的方法称为调整装配法。如图 7—13 所示，调整装配法分为可动调整（调整零件的相对位置）和固定调整（调整选用零件的尺寸）两种。其特点是：

1）装配时，零件不需任何修配加工，只靠调整就能达到装配精度。

2）可以定期进行调整，容易恢复配合精度，对于容易磨损而需要改变配合间隙的结构极为有利。

3）容易使配合件的刚度受到影响，甚至会影响配合件的位置精度和寿命。

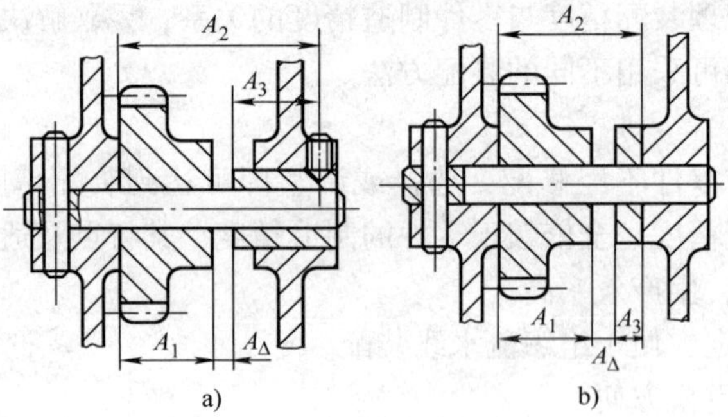

图 7—13 调整装配法

a）可动调整 b）固定调整

3. 装配尺寸链应用

不论采用哪种装配方法，都需要应用尺寸链的概念。根据装配精度（即封闭环公差）对装配尺寸链进行分析，并合理分配各组成环公差的过程，称为解尺寸链。

下面以互换装配法和分组装配法为例，说明解装配尺寸链的方法。

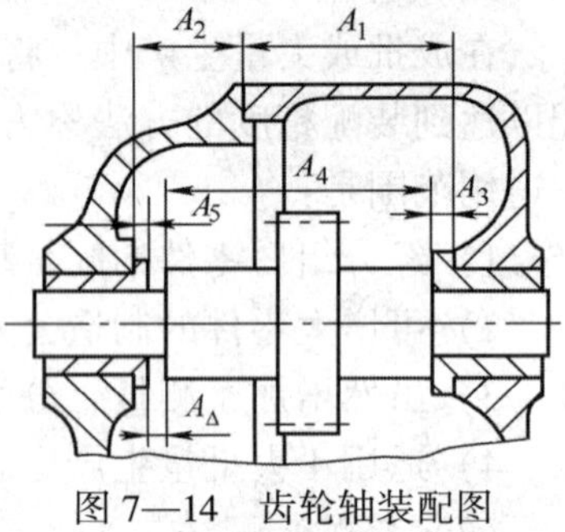

图 7—14 齿轮轴装配图

例 如图 7—14 所示齿轮箱部件，装配要求为轴向窜动量为 $A_\Delta = 0.2 \sim 0.7$ mm。已知 $A_1 = 122$ mm，$A_2 = 28$ mm，$A_3 = A_5 = 5$ mm，$A_4 = 140$ mm，试用完全互换法解尺寸链。

解：（1）根据题意绘出尺寸链简图，并校验各环公称尺寸。

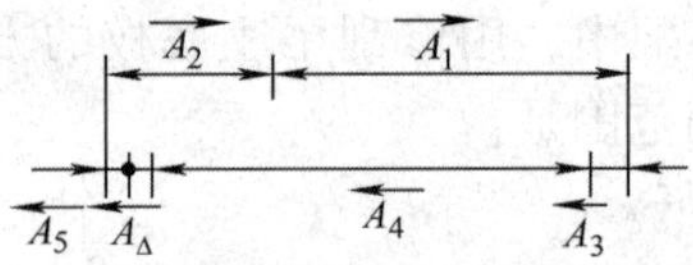

其中 A_1、A_2 为增环，A_3、A_4、A_5 为减环，A_Δ 为封闭环。

$$A_\Delta = (A_1 + A_2) - (A_3 + A_4 + A_5) = (122 + 28) - (5 + 140 + 5) = 0$$

各环公称尺寸确定无误。

（2）确定各组成环公差及极限尺寸。首先求出封闭环公差：

$$\delta_\Delta = 0.7 - 0.2 = 0.5 \text{ mm}$$

根据 $\delta_\Delta = \sum_{i=1}^{m+n} \delta_i = \delta_1 + \delta_2 + \delta_3 + \delta_4 + \delta_5 = 0.5$ mm，同时考虑各组成环尺寸的大小、加工和测

量的难易程度，合理分配各环尺寸公差：

$$\delta_1=0.20\ \text{mm},\delta_2=0.10\ \text{mm},\delta_3=\delta_5=0.05\ \text{mm},\delta_4=0.10\ \text{mm}$$

（3）确定协调环。为了能满足装配精度要求，应在各组成环中选择一个环，其极限尺寸由封闭环极限尺寸方程式来确定，此环称协调环，一般选择便于加工和测量的组成环为协调环。本题选 A_4 为协调环。

（4）确定各组成环极限偏差，并计算协调环极限尺寸。

根据“入体原则”及各组成环公差值，确定组成环极限偏差：

$$A_1=122^{+0.20}_{\ \ 0}\ \text{mm},A_2=28^{+0.10}_{\ \ 0}\ \text{mm},A_3=A_5=5^{\ \ 0}_{-0.05}\ \text{mm}$$

$$A_{4\min}=A_{1\max}+A_{2\max}-A_{3\min}-A_{5\min}-A_{\Delta\max}$$
$$=122.20+28.10-4.95-4.95-0.7=139.70\ \text{mm}$$

$$A_{4\max}=A_{1\min}+A_{2\min}-A_{3\max}-A_{5\max}-A_{\Delta\min}$$
$$=122+28-5-5-0.2=139.80\ \text{mm}$$

所以 $A_4=140^{-0.20}_{-0.30}$ mm

例 图 7—15 所示为某发动机内直径为 28 mm 活塞销与活塞孔装配示意图，要求销与销孔装配时，有 0.01~0.02 mm 的过盈量。试用分组装配法解该尺寸链，并确定各组成环的偏差值（设轴、孔经济公差为 0.02 mm）。

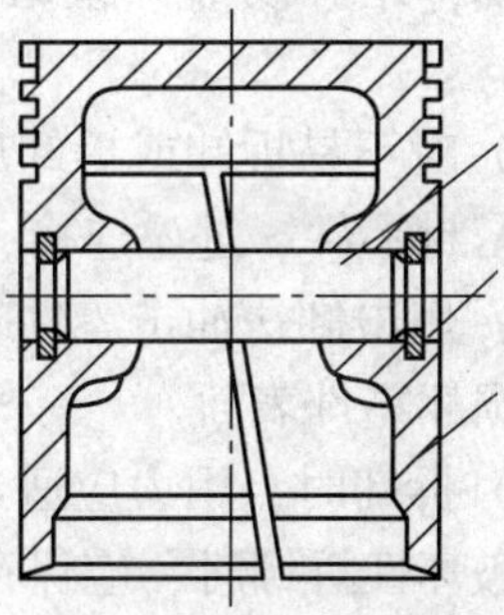

图 7—15 活塞销装配示意图

解：（1）先按完全互换法确定各组成环的公差和偏差值：

$$\delta_\Delta=(-0.01)-(-0.02)=0.01\ \text{mm}$$

根据“等公差原则”，取 $\delta_1=\delta_2=\delta_\Delta/2=0.01/2=0.005$ mm

按“入体原则”确定各组成环极限偏差，本题采用基孔制，则销孔的公差带位置应为单向正偏差，即销孔尺寸为：$A_1=28^{+0.005}_{\ \ 0}$ mm。

根据配合要求可知销尺寸为：$A_2=28^{+0.020}_{+0.015}$ mm。

（2）根据经济公差 0.02 mm，将得出的组成环公差均扩大 4 倍，得到 4×0.005 = 0.02 mm的经济制造公差。

（3）按相同方向扩大制造公差，得销孔尺寸为 $28^{+0.02}_{\ \ 0}$ mm，销尺寸为 $28^{+0.035}_{+0.015}$ mm。

（4）制造后，按实际加工尺寸分成 4 个组别，然后按组进行装配，分组情况见表 7—2。因分组配合公差与允许配合公差相同，所以符合装配要求。

表 7—2 **活塞销与活塞销孔的分组尺寸** mm

组别	活塞销孔直径	活塞销直径	配合情况	
			最小过盈	最大过盈
1	$28^{+0.005}_{\ \ 0}$	$28^{+0.020}_{+0.015}$	0.010	0.020
2	$28^{+0.010}_{+0.005}$	$28^{+0.025}_{+0.020}$		
3	$28^{+0.015}_{+0.010}$	$28^{+0.030}_{+0.025}$		
4	$28^{+0.020}_{+0.015}$	$28^{+0.035}_{+0.030}$		

七、零件拆卸与修理

1. 拆卸前的准备工作

拆卸工作是机器、夹具、模具修理过程中的重要环节，在拆卸中，若考虑不周，方法不当，就会造成被拆卸零部件的损坏，甚至使整台机器、夹具、模具的精度、性能降低。拆卸前的准备工作如下：

（1）熟悉有关技术资料，查阅说明书、装配图及历次修理记录。详细了解其工作原理、结构、性能、精度检验标准等。

（2）掌握各零部件之间的装配关系、连接和定位方法、配合性质及盈隙大小，测量出有关零部件的相对位置，并作出标记和记录。

（3）研究制定正确的拆卸方法。

（4）准备必备的拆卸工具，特别是专用和自制的特殊工、量具。

2. 拆卸的基本要求

机械设备拆卸时，应该按照与装配相反的顺序进行，一般是按从外部拆到内部，从上部拆到下部，先拆成部件或组件，再拆成零件的原则进行。另外在拆卸中还必须注意下列原则：

（1）对不易拆卸或拆卸后会降低连接质量和损坏一部分连接零件的，应当尽量避免拆卸，如密封零件、过盈连接、铆接和焊接连接件等。

（2）用击卸法冲击零件时，必须垫好软衬垫，或用软材料（如紫铜）做的锤子或冲棒，以防止损坏零件表面。

（3）拆卸时，用力应适当，注意保护主要结构件。对于相配合的两零件，在不得已必须采用破坏性拆卸时，应保存价值较高、制造困难或质量较好的零件。

（4）长径比较大的零件，如较精密的细长轴、丝杠等零件，拆下后，随即清洗、涂油、垂直悬挂。重型零件可用多支点支承卧放，以免变形。

（5）拆下的零件应尽快清洗，并涂油防锈，妥善保管。零件较多时，要按部件分门别类，作好标记后放置。

（6）拆下的细小、易丢失的零件，如螺钉、螺母、垫圈及销等，清洗后尽可能再装到主要零件上去，防止丢失。轴上零件拆下后，最好按原次序方向临时装回轴上或用钢丝串起来放置。

（7）拆下的各种液压件，在清洗后均应将进出口封好，以免灰尘杂质侵入。

（8）在拆卸旋转部件时，应注意尽量不破坏原来的平衡状态。

（9）容易产生位移而又无定位装置或有方向性的相配件，在拆卸时应先作好标记，以便装配时容易辨认。

3. 常用的拆卸方法

根据零部件结构特点的不同，应采用合理的拆卸方法。常用拆卸过盈连接的方法有击卸法、拉拔法、顶压法、加热法和破坏性拆卸法等。

（1）击卸法

击卸法是用锤子或其他重物的冲击能量把零件拆下来的一种方法，它具有使用工具简单、操作灵活方便、适用广泛等特点，是拆卸工作中最常用的方法。击卸时要注意对受击部位的保护，如图 7—16 所示。

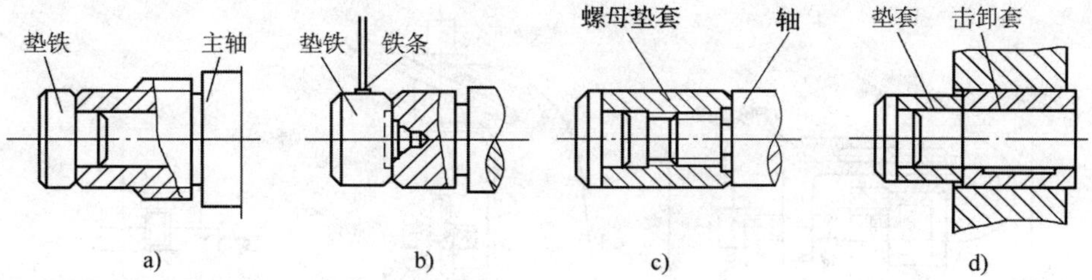

图 7—16　击卸时的保护

a）保护主轴的垫铁　b）保护轴端中心孔的垫铁　c）保护轴端螺纹的垫套　d）保护击卸套的垫套

（2）拉拔法

拉拔法是利用专用拉拔器把零件拆卸下来的一种静力拆卸方法。它具有拆卸件不受冲击力、拆卸安全、不容易损坏零件等特点，适用于拆卸精度较高，不许敲击的零件和无法敲击的零件，如图 7—17 所示。

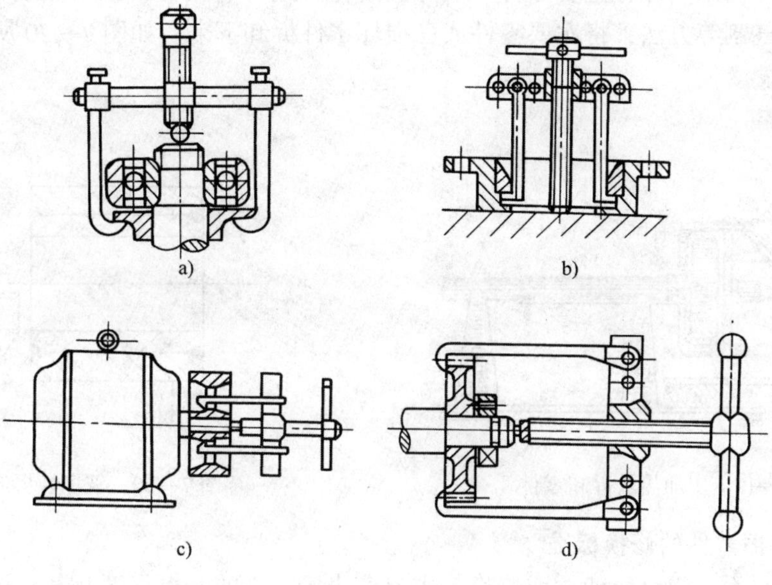

图 7—17　拉拔法

a）用拉拔器拉出滚动轴承　a）用拉拔器拉卸滚动轴承外圈　b）用拉拔器拉卸带轮　d）用拉拔器拉卸齿轮和滚动轴承

（3）顶压法

顶压法是利用压力机、C 形夹等设备和工具进行的一种静力拆卸方法，一般用于形状简单的小型过盈配合件，如图 7—18 所示。

（4）加热法

加热法是利用金属材料热胀冷缩的物理特性，将包容件加热膨胀后进行拆卸的方法，用于配合过盈量较大或无法用击卸法拆卸的连接，如滚动轴承的拆卸。如图 7—19 所示，在加热前用石棉把靠近轴承部分的轴颈隔离开，防止轴受热胀大，用拉拔器卡爪钩住轴承内圈，给轴承施加一定拉力；然后迅速将加热到 100 ℃左右的热油浇注在轴承内圈上，待轴承内圈受热膨胀后，即可用拉拔器将轴承拉出。

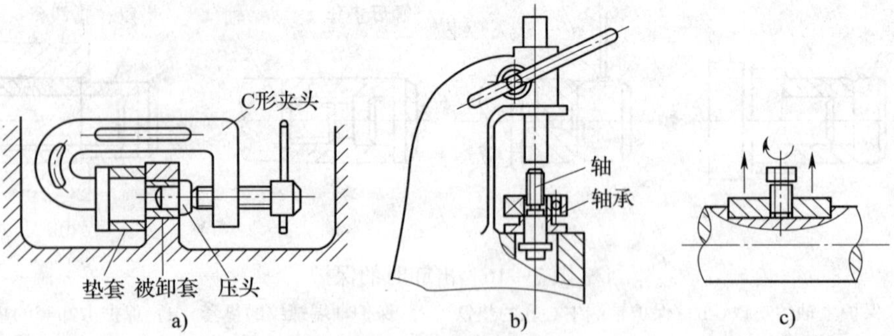

图 7—18　顶压法

a）用 C 形夹头拆卸　b）用压力机拆卸　c）用螺钉顶压拆卸

（5）破坏性拆卸法

破坏性拆卸是拆卸中应用最少的一种方法，只有在拆卸焊接、铆接或严重锈蚀等固定连接件时，才不得已采用保存主要零件、破坏次要零件的一种措施。破坏性拆卸一般采用车、锯、錾、钻、气割等方法，将次要零件或已损坏零件拆卸下来。如图 7—20 所示为用车削方法将轴套切去。

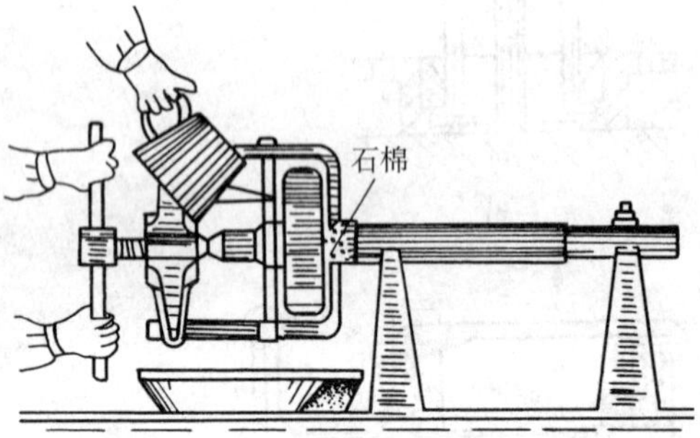

图 7—19　用加热法拆卸零件

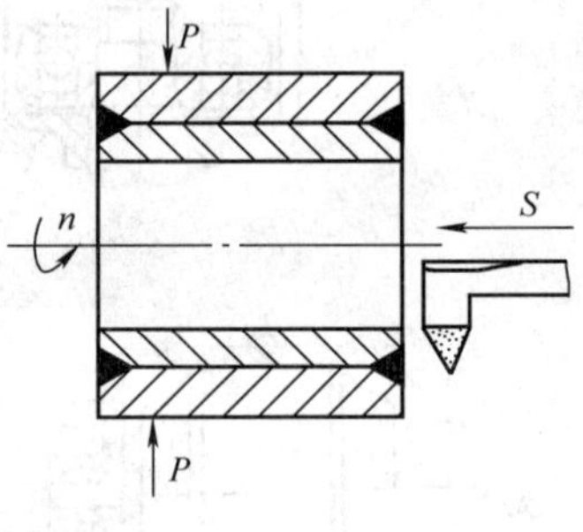

图 7—20　破坏性拆卸法

4. 设备磨损零件的修换标准

磨损零件是否可以继续使用或修换，主要取决于零件的磨损程度及其对设备精度、性能的影响，一般应考虑以下几个方面：

（1）对设备精度的影响

有些零件磨损后影响设备精度，使设备在使用中不能满足工艺要求，就必须修复或更换。当零件磨损量尚未超过规定公差，继续使用到下次修理也不会影响设备精度时，就可以不修换。

（2）对完成预定使用功能的影响

当零件磨损而不能完成预定的使用功能时，就必须更换，如离合器等。

（3）对设备性能的影响

当零件磨损后，降低了设备的性能，就要进行修换。

（4）对设备生产率的影响

当零件磨损后，使生产效率降低，工人劳动强度增加时，就应修换。

（5）对零件强度的影响

如锻压设备的曲轴、锤杆发现裂纹，继续使用可能引起严重事故，这时就应修复或更换。

（6）对磨损条件劣化的影响

磨损零件若继续使用，会加速磨损，还可能造成发热咬死和断裂等事故，就必须修换。

磨损零件在保证设备精度的前提下，应尽量修复，避免更换。零件是否修复，要考虑零件修复的经济性；修复后，能否恢复零件的原有技术要求和保持或恢复足够的强度和刚度；同时还要考虑零件的使用寿命和工厂现有的修理工艺技术水平。一般零件的修理周期，应比重新制作的周期要短；否则，就要考虑更换。

5. 零件常用的修复方法

（1）电镀修复法

常用的有镀铬、镀铁和金属刷镀。电镀法不但能恢复磨损零件的尺寸，还能改善表面性能，提高硬度、耐磨性、耐腐蚀性等，多用于轴与轴颈的修复。

如图 7—21 所示为电刷镀原理示意图。刷镀时，将专用直流电源的负极接到工件上（作为电刷镀时的阴极），正极与镀笔相连接（作为电刷镀时的阳极）。镀笔通常采用高纯细石墨块作阳极材料，石墨块包裹着棉套。蘸满镀液的镀笔以一定的相对运动速度在工件上移动，并保持适当的压力。在镀笔与工件接触部位，金属离子在电场力的作用下沉积在工件表面上，形成镀层。时间越长沉积越厚，直至达到要求。

电刷镀技术是电镀技术的新发展，它具有设备轻便、工艺灵活、沉积速度快、镀层种类多、镀层结合强度高、环境污染小、适应范围广等特点。

（2）金属喷涂修复法

有气喷法和电喷法两种。此方法多用于轴或轴颈的修复，也可用来修复导轨、青铜轴承等。

气喷法如图 7—22 所示。它是利用氧—乙炔火焰熔化非自熔金属合金或尼龙塑料丝或粉末，并通过压缩空气将熔融金属或尼龙塑料吹成雾状，向工件磨损部位喷涂的一种方法。

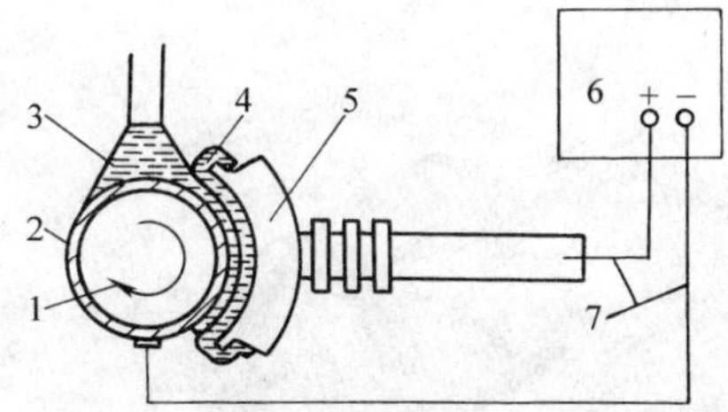

图 7—21　电刷镀原理示意图

1—工件　2—涂渡层　3—刷渡液　4—阳极包套
5—刷渡笔　6—电源　7—电缆线

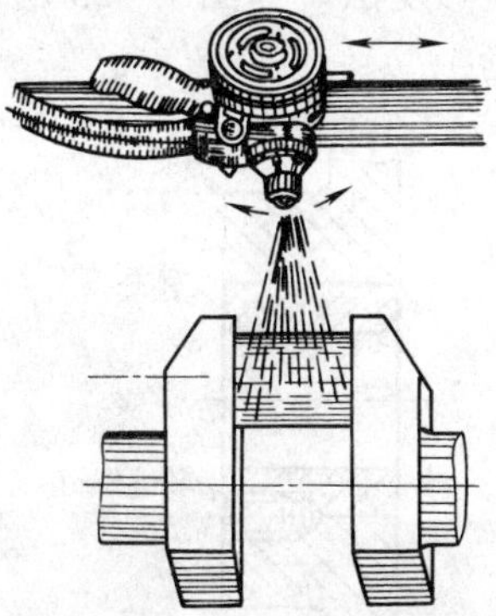

图 7—22　气喷涂示意图

电喷法是利用一般焊接电弧熔化两根不断进给的电极（金属丝），然后通过压缩空气把熔融金属吹成雾状，向工件上喷涂。

(3) 焊接修复法

零件磨损或局部断裂时，可用焊接的方法进行修复。常用的焊接修复方法及其应用范围见表 7—3。

表 7—3　常用焊接修复方法及其应用范围

方法	应用范围
振动电堆焊	常用于对主轴、花键轴、齿轮等零件进行修复
气焊	常用于修复断裂损坏的碳素钢、合金钢、铸铁和有色金属及其合金零件，还可以修复薄壁零件和低熔点合金
手工电弧焊	常用于修复碳素钢、合金钢和铸铁零件
气体保护电弧焊	用于修复不锈钢、耐热钢、铝、镁、钛合金等制成的零件
钎焊	用熔点低于零件材料的填充金属（钎料）将零件连接或填补缺陷。常用于修复碳素钢、合金钢、铸铁、有色金属及其合金等制成的零件

(4) 粘接修复法

利用粘合剂对零件的磨损、缺陷部位进行修补，如在机床导轨面上粘接金属或非金属导轨板；对轴、套、拔叉等零件断裂处进行修复等。图 7—23 所示为用粘接法补偿镶条厚度。

(5) 机械加工修复法

1) 改变尺寸修复法。对于相配合的零件，配合表面磨损后，可对其主要零件（如轴）进行切削加工，恢复其几何公差和表面粗糙度，并按其新尺寸配作与之配合的零件，达到配合要求。

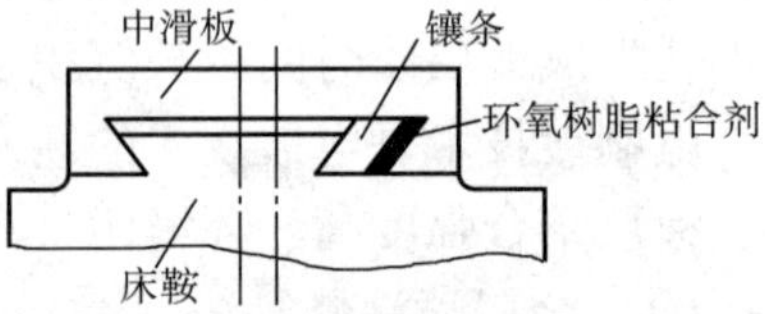

图 7—23　用粘接法补偿镶条厚度

修复的原则是：对结构复杂而贵重的零件进行切削加工恢复精度，而对其相配件重新制作。

2) 镶加零件修复法

①镶套修复法。如图 7—24 所示，将箱体磨损孔加大后，压入镶套，用骑缝螺钉固定。

②加垫修复法。如图 7—25 所示，当轴肩磨损时，可切去磨损部位，加一个适当尺寸的垫进行补偿。

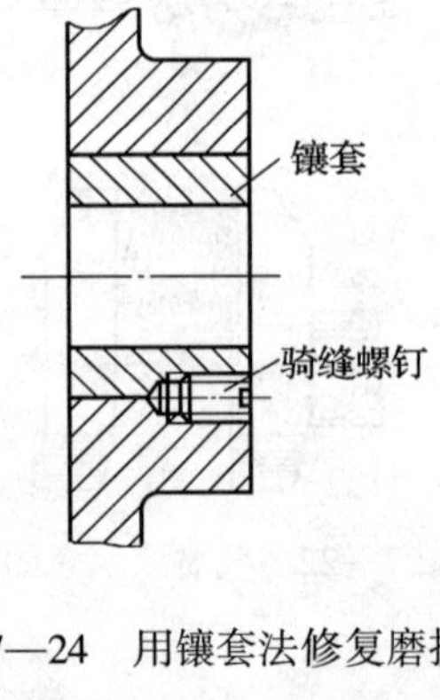

图 7—24　用镶套法修复磨损孔

图 7—25　加垫法

③机械加固修复法。如图 7—26 所示，在裂纹端部钻一卸荷孔，用钢板加固。

3) 局部修复法。当零件只是局部磨损或损坏，而其他部位尚可使用时，可将损坏部位切除，制造新件后，用压配、键连接、螺纹连接、铆接、焊接或粘接等方法加以固定，如图

7—27 所示。

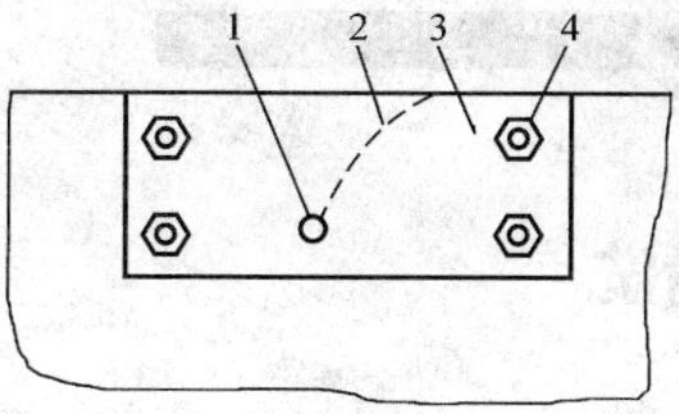

图 7—26　机械加固法

1—卸荷孔　2—裂纹　3—钢板　4—螺钉

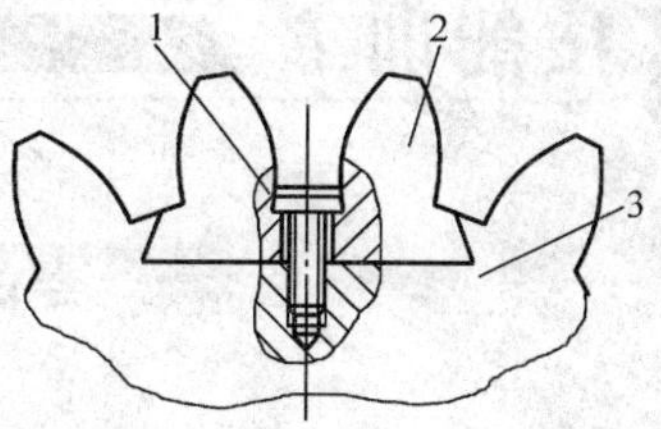

图 7—27　用螺钉固定镶齿齿块

1—圆柱头螺钉　2—齿形镶块　3—齿轮

（6）金属扣合修复法

当机架、箱体及其他大型铸件产生裂纹或折断，在垂直于铸件裂纹或折断的方向，用铣、钻、錾等方法加工出一定形状、尺寸的扣合槽，嵌入与之相吻合的扣合键，使产生裂纹或折断的铸件两面连接在一起，并具有一定的强度。如图 7—28 所示，将“工”字形扣合件加热后放入断裂工件中，待扣合件冷却后即能将裂纹拉紧。

（7）塑性变形修复法

塑性变形修复法适用于塑性好而精度要求不太高的零件修复，常用的有扩胀法和挤压法两种。

1）扩胀法。如图 7—29 所示，在专用模具上用扩胀冲头对套筒零件进行冲击，以增大套筒零件的外径和内径。

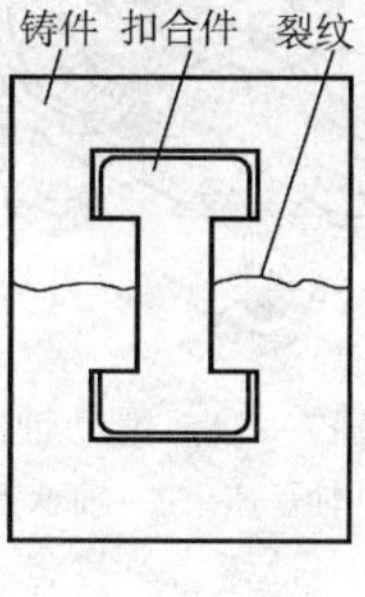

图 7—28　“工字”型热扣合法

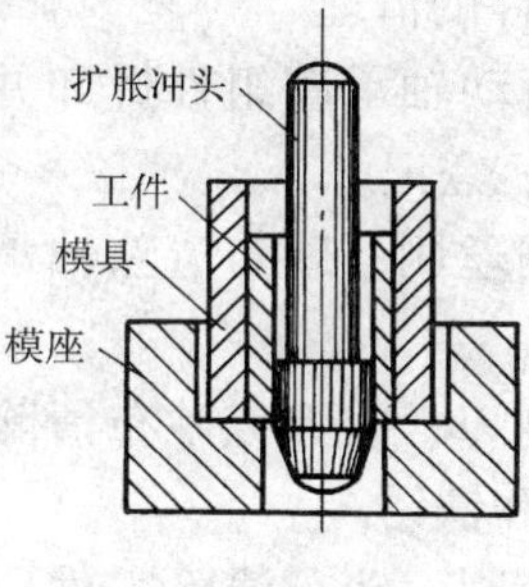

图 7—29　扩胀法

2）挤压法。如图 7—30 所示，通过专用冲头和冲模使套筒零件外径缩小，以实现零件修复。

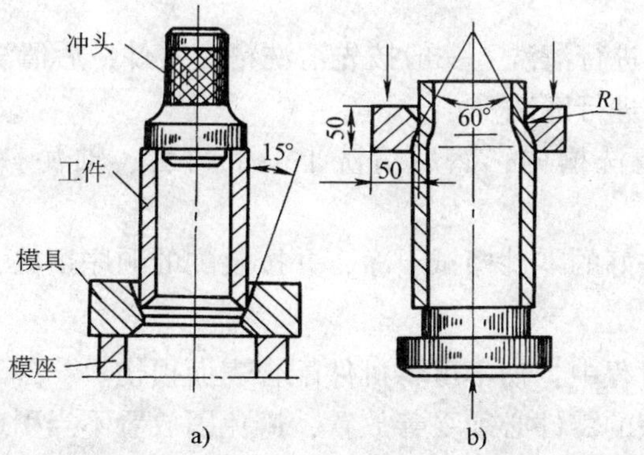

图 7—30　挤压法

技能训练

零部件的清理与清洗

1. 训练课题

滑动轴承座零部件的清理与清洗。（注：可结合本校的实际情况选用机用虎钳、联轴器、简单机床夹具或模具等作为训练课题。）

2. 训练图样

如图 7—31 所示。

3. 训练要求

了解并掌握零件清理、清洗的方法。

4. 训练备料

（1）较完整的滑动轴承座组件 1 套。

（2）清理、清洗用具。

（3）清洗剂（如机油、煤油等）。

5. 训练步骤

（1）零件的清理

1）将滑动轴承座组件拆卸并将各组成零件按先后顺序放置、登记。

2）用钢丝刷、砂布清除轴承座和轴承盖上的污物、杂质等。

3）用刮刀、锉刀或砂布清除各零件外表面上的污块、杂质和铁锈。

4）用毛刷、砂布清除零件内表面上的污块、铁锈，特别注意将零件配合孔、沟槽、台阶处积留的杂质污垢清理干净，如轴承盖的油孔等。

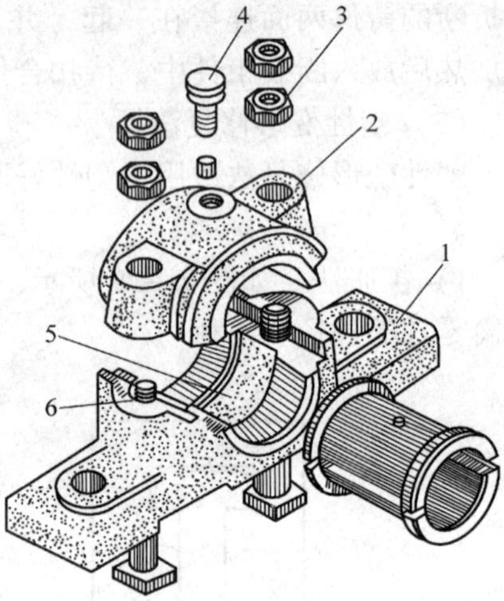

图 7—31　滑动轴承座组件

1—轴承座　2—轴承盖　3—螺母

4—油杯　5—衬套　6—螺栓

（2）零件的清洗

对经过清理后的零件进行清洗。一般按先清洗精密零件，后清洗一般零件，先清洗小零件，后清洗大零件的顺序进行清洗。

先将适量煤油倒在清洗槽内，然后清洗上、下衬套、轴瓦、油杯、螺母、螺栓、轴承座。

（3）将所清理、清洗好的零件擦拭干净，并按装配的顺序摆放，以备装配。

6. 操作注意事项

（1）在清理和清洗过程中，切不可将机件配合表面损伤。

（2）对清理和清洗完的零件必须妥善放置，避免因放置不当引起零件的变形和损伤。

（3）对不同材料的零件要采用不同的清洗液，以免造成零件的腐蚀、老化等。

7. 成绩评定（表 7—4）

表 7—4　　滑动轴承座零部件的清洗实习记录与成绩评分表

训练课题	滑动轴承座零部件的清洗				
姓名	班级		工件号	总得分	
项次	项目与技术要求	配分	评分标准	实测结果	得分
1	准备工作充分	10	过程检查评定		
2	拆卸、放置符合要求	15	每差一项扣 3 分		
3	清理方法正确、操作符合要求	15	每错一项扣 2 分 每缺一项扣 3 分		
4	清洗方法正确、操作步骤完整	20			
5	清洗液的选用合理、使用正确	10	每项不合要求扣 2 分		
6	零部件摆放符合要求	10	每项不合要求扣 3 分		
7	安全文明生产	10	违反规定酌情扣分		
8	工时定额 5 h	10	每超 30 min 扣 3 分		
现场记录					

课题二 固定连接的装配与修理

在机械产品中零件之间的连接方法包括固定连接和活动连接两种，其中最常见的固定连接有螺纹连接、键连接、销连接、过盈连接、铆接、粘接等。

一、螺纹连接的装配与修理

螺纹连接是机械设备中最基本的一种连接方法，它是一种可拆卸的固定连接，具有结构简单、连接可靠、装拆方便等优点，在机械中应用非常广泛。

1. 常用装拆工具

螺纹连接的紧固件主要有螺栓、螺钉、螺柱、螺母等，现已标准化。其种类繁多，形状各异，因此，螺纹连接的装拆工具也各有不同，其特点及应用见表 7—5。

表 7—5　　常用螺纹连接装拆工具

工具名称		图示	特点及应用
螺钉旋具	一字旋具	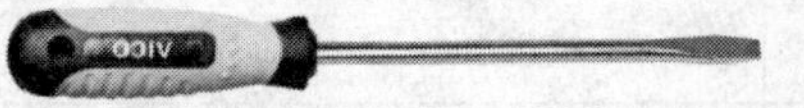	规格用旋体长度表示。使用时，应根据螺钉沟槽的宽度选用
	十字旋具	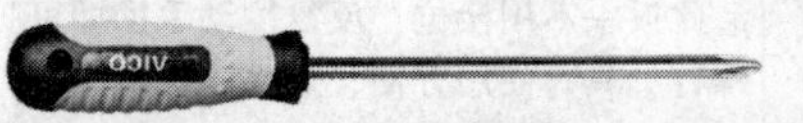	主要用来装拆头部带十字槽的螺钉，其优点是旋具不易从槽中滑出

续表

工具名称		图示	特点及应用
扳手	活扳手	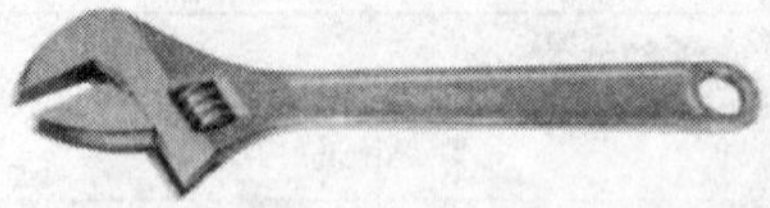	开口尺寸可在一定范围内调节。使用时，应让固定钳口承受主要作用力，否则容易损坏扳手。其规格用长度表示
	呆扳手	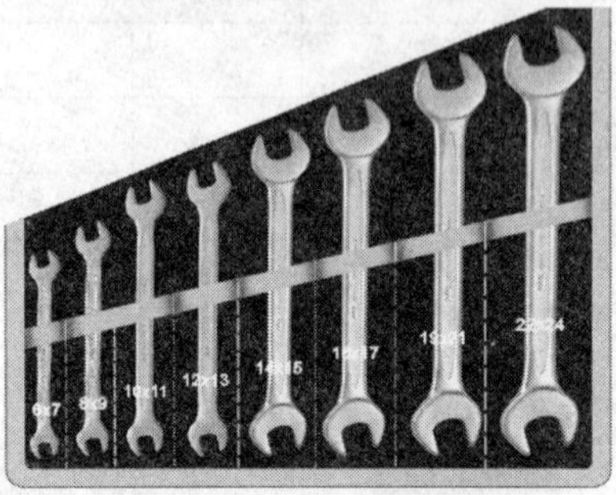	其规格用开口尺寸表示，一般由多把不同规格的呆扳手组成一套。用于装拆六角形或方头的螺母或螺钉
	梅花扳手	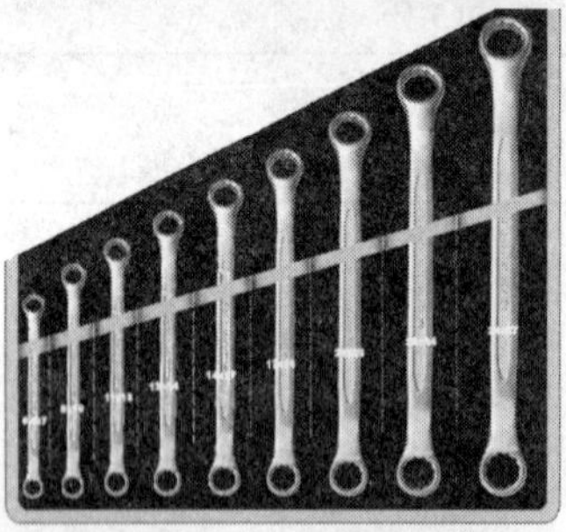	其特点是承载能力大、换位转角小（30°）。适用于工作空间狭小，不能容纳普通扳手的场合
	套筒扳手	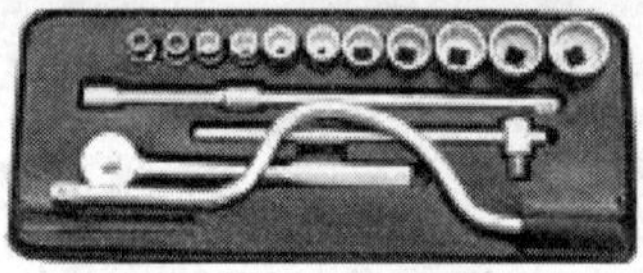	由不同规格的梅花套筒组成一套。在受结构限制其他扳手无法装拆或为了节省装拆时间时采用，使用方便，工作效率较高
	内六角扳手	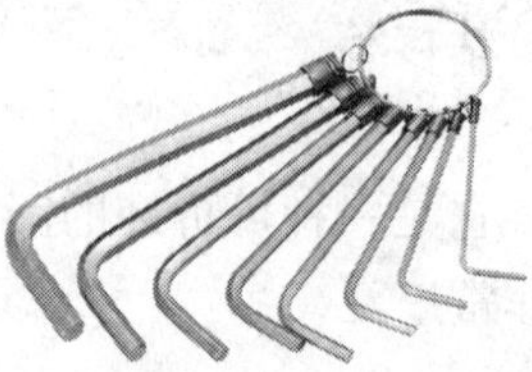	用于装拆内六角螺钉。其规格用六方的对边尺寸表示，使用时必须与螺钉配套
	钩头扳手		用于装拆圆螺母
	扭力扳手	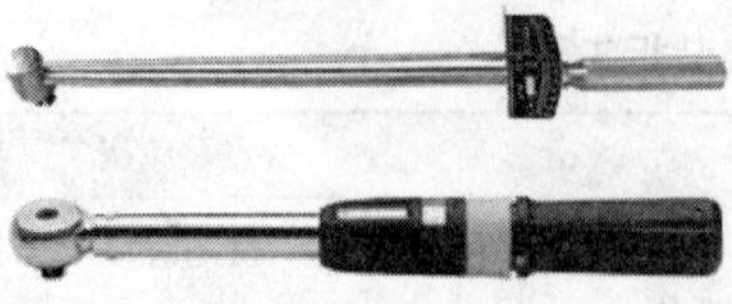	常用的有指针型和数显型，主要用于有预紧力要求的场合
	棘轮扳手		此扳手不用换位，反复摆动手柄即可拧紧或松开螺母或螺钉，具有使用方便、效率高等特点

2. 螺纹连接的类型

螺纹连接的主要类型有螺栓连接、螺钉连接、双头螺柱连接和紧定螺钉连接等，其结构、特点及应用见表 7—6。

表 7—6　　常见螺纹连接的结构、特点及应用

类型	结构	特点及应用
螺栓连接	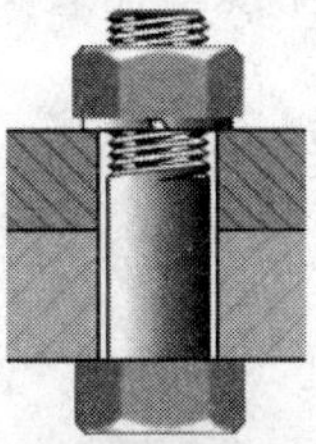	无须在连接件上加工螺纹，连接件不受材料的限制。主要用于连接件不太厚，并能从两边进行装配的场合
螺钉连接	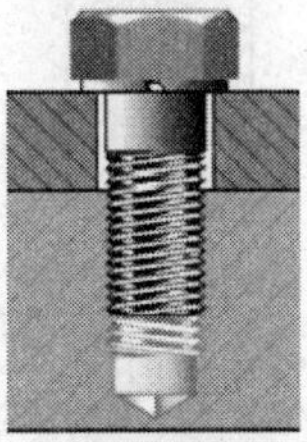	螺钉直接拧入一连接件的螺纹孔中，结构简单。主要用于连接件的结构受到限制，且不需经常装拆的场合
双头螺柱连接	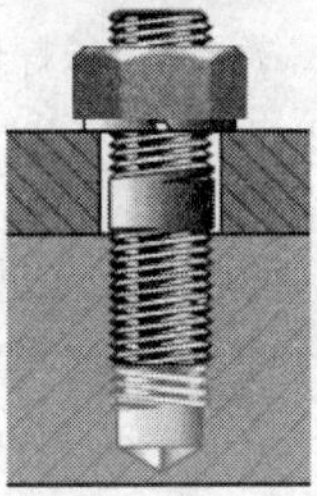	将螺柱一端拧入并紧定在一连接件的螺纹孔中，拆卸时只需旋下螺母，螺柱仍留在机体螺纹孔内，故螺纹孔不易损坏。主要用于连接件的结构受到限制，且需经常装拆的场合
紧定螺钉连接	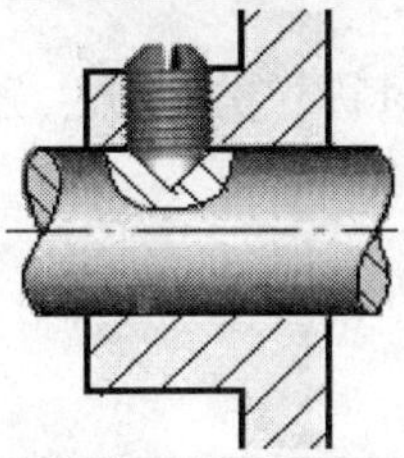	将螺钉拧入一连接件的螺纹孔中，其末端顶住另一零件的表面，或顶入相应的凹坑中。常用于固定两个零件的相对位置，并可传递不大的力或转矩

3. 螺纹连接的装配技术要求

（1）保证一定的拧紧力矩

为了达到连接可靠和紧固的目的，装配时要施加一定的拧紧力矩，保证螺纹牙间产生足够的预紧力和摩擦力矩。

（2）有可靠的防松措施

螺纹连接一般都具有自锁性，正常情况下不会自行松脱，但在冲击、振动、变负载或工作温度变化很大的情况下，为了保证连接的可靠，必须采取有效的防松措施。

（3）保证螺纹连接的配合精度

螺纹配合精度由螺纹公差带和旋合长度两个因素确定。国家标准将用于连接的螺纹分为精密、中等、粗糙三种，每种各有规定的公差带和旋合长度要求，以保证足够的连接强度。

4. 螺纹连接的装配要点

（1）双头螺柱的装配

双头螺柱装配必须保证与机体螺孔的配合有足够的紧固性（在装拆螺母过程中，双头螺柱不能松动）。通常是利用螺纹尾部的不完整牙型来实现过盈配合而达到紧固的目的。将双头螺柱拧入机体螺孔的方法很多，常用的有以下两种：

1）双螺母拧紧法。如图 7—32 所示，先将两个螺母相互锁紧在双头螺柱上，然后转动上面的螺母，将双头螺柱拧入螺孔。

2）长螺母拧紧法。如图 7—33 所示，先将长螺母旋入双头螺柱上，再拧紧止动螺钉，然后扳动长螺母，即可将双头螺柱拧入螺孔。取下长螺母时，先旋松止动螺钉，再拧出长螺母。

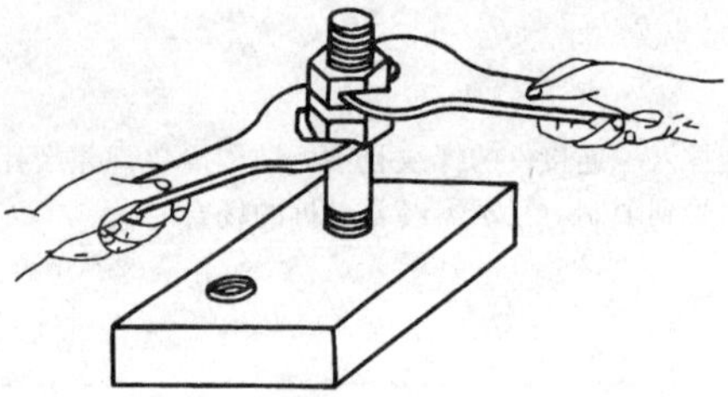

图 7—32　双螺母拧紧法

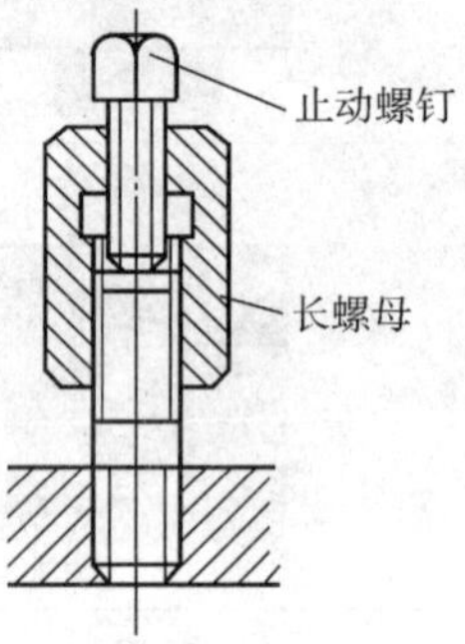

图 7—33　长螺母拧紧法

双头螺柱装配应保证螺柱轴心线与机体表面垂直，配合面应加注润滑油。

（2）螺钉、螺栓、螺母的装配

螺钉、螺栓、螺母的装配要求如下：

1）应保证螺钉或螺母端面与零件表面接触良好。

2）被连接件应紧密贴合，受力均匀，连接牢固。

3）拧紧成组螺钉或螺母时，应按先中间、后两边、对称、分层次、逐步拧紧，以保证连接件及螺钉受力均匀，如图 7—34 所示。

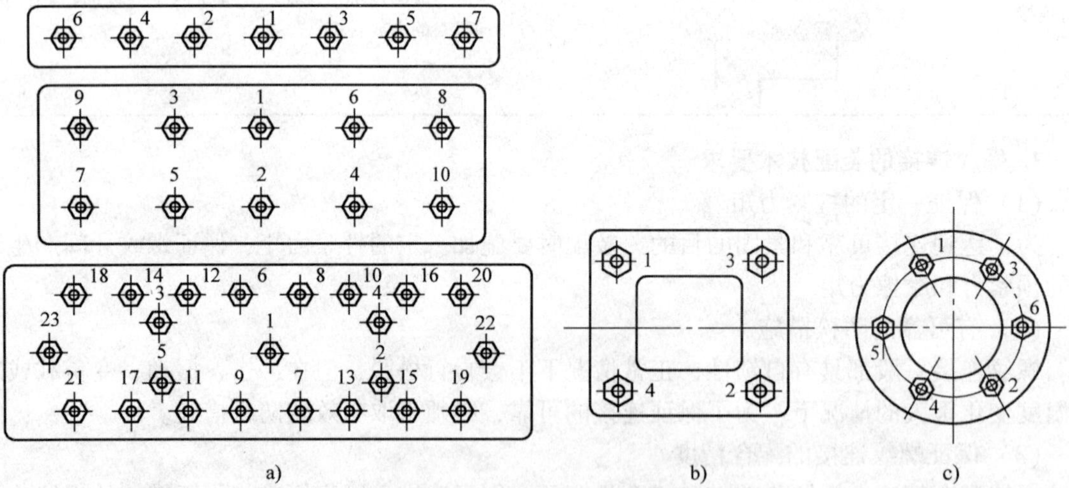

图 7—34　拧紧成组螺钉的顺序

a）长方形结构　b）方形结构　c）圆形结构

5. 螺纹连接的预紧

螺纹连接的预紧就是在正常状态下把螺纹拧紧后，再加大拧紧力量，使螺纹连接在承受工作载荷之前受到预紧力的作用（材料有微量的变形）。

螺纹进行预紧的目的是增强螺纹连接的刚性、紧密性和防松性能，保证螺纹连接的正常工作，还可以提高螺纹件的疲劳强度。

常用预紧力的控制方法有：扭矩法（用扭力扳手控制）、扭角法（控制螺钉或螺母的转角）（图 7—35a）和控制螺栓伸长法（图 7—35b）。

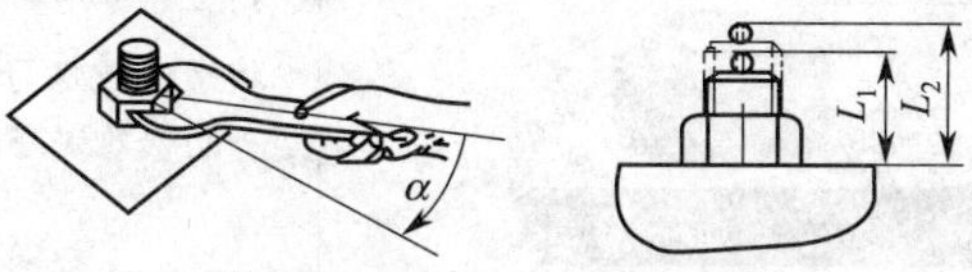

a)　　　　b)

图 7—35　预紧力的控制方法

a）扭角法　b）控制螺栓伸长法

6. 螺纹连接的防松

螺纹连接一般都具有自锁性，通常情况下，不会自行松脱，但在冲击、振动或交变载荷下，为避免螺纹连接松动，螺纹连接应有可靠的防松装置，其常用防松方法见表 7—7。

表 7—7　常用螺纹连接的防松方法、特点及应用

防松方法		图示	特点及应用
附加摩擦力防松	双螺母		将主螺母拧紧至预定位置，然后再拧紧副螺母。此防松装置增加了结构尺寸和质量。一般用于低速重载或较平稳的场合
	弹簧垫圈		此防松装置结构简单，但容易刮伤螺母和被连接件表面，同时，因弹力分布不均，螺母容易偏斜。一般用于工作较平稳，且不经常装拆的场合
机械防松	槽螺母		它防松可靠，但螺杆上销孔位置不易与螺母最佳锁紧位置的槽口吻合。多用于变载和振动场合
	止动垫圈		装配时，先把垫圈的内翅插入螺杆槽中，然后拧紧螺母，再把外翅弯入螺母的外缺口内。常用于受力不大的圆螺母防松
	带耳垫圈		垫圈耳部分别与连接件和六角螺钉或螺母紧贴，防止回松。常用于连接部分可容纳弯耳的场合

续表

防松方法		图示	特点及应用
机械防松	串联钢丝	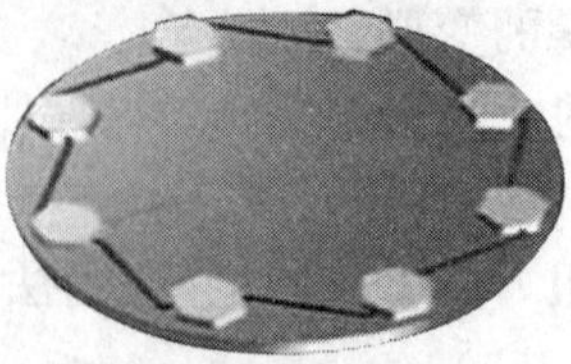	用钢丝穿过各螺钉头部的径向小孔，利用钢丝的相互牵制作用来防止回松。使用时应注意钢丝的穿绕方向。适用于结构紧凑的成组螺纹连接
破坏螺纹副防松	焊点或冲点		将螺钉或螺母拧紧后，在螺纹旋合处点焊或冲点，防松效果好。用于不再拆卸的场合

7. 螺纹连接的损坏形式和修理

螺纹连接的损坏形式和修理方法见表7—8。

表7—8　　螺纹连接的损坏形式和修理方法

损坏形式	修理方法
螺孔损坏使配合过松	可将螺孔钻大，攻制大直径的新螺纹，配换新螺钉。当螺孔螺纹只损坏端部几扣时，可将螺孔加深，配换稍长的螺钉
螺钉、螺柱的螺纹损坏	一般更换新的螺钉、螺柱
螺钉头拧断	若螺钉断处在孔外，可在螺钉上锯槽、锉方或焊上一个螺母后再拧出。若断处在孔内，可用比螺纹小径小一点的钻头将螺钉钻出，再用丝锥修整内螺纹
螺钉、螺柱因锈蚀难以拆卸	可将煤油加入锈蚀处，待煤油渗入螺纹部分后即可拆卸；也可用锤子敲打螺钉或螺母，使铁锈受振动脱落后拧出

二、键连接的装配与修理

键连接是通过键实现轴和轴上零件间的周向固定以传递运动和转矩。其中，有些类型还可以实现轴向固定和传递轴向力。它具有结构简单、工作可靠、装拆方便等优点，应用广泛。键连接可分为松键连接、紧键连接和花键连接。

1. 松键连接的装配

（1）松键连接的特点及应用

键是键连接的主要零件，现已标准化。按键的结构，松键连接分为普通平键连接、半圆键连接、滑键连接和导向平键连接4种，其特点及应用见表7—9。

表7—9　　松键连接的特点及应用

键连接类型	图示	特点及应用
普通平键连接	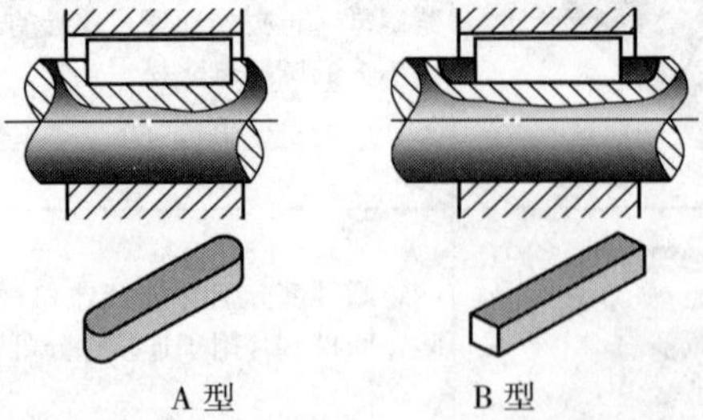	

续表

键连接类型	图示	特点及应用
	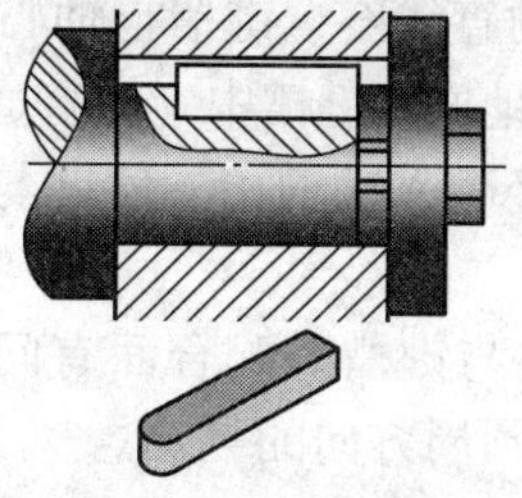 C 型	普通平键连接靠键的侧面传递转矩，只对轴上零件作周向固定，不能承受轴向力，轴与轮毂的同轴度较好。应用广泛，常用于高精度、传递重载荷、冲击及双向扭矩的场合
半圆键连接	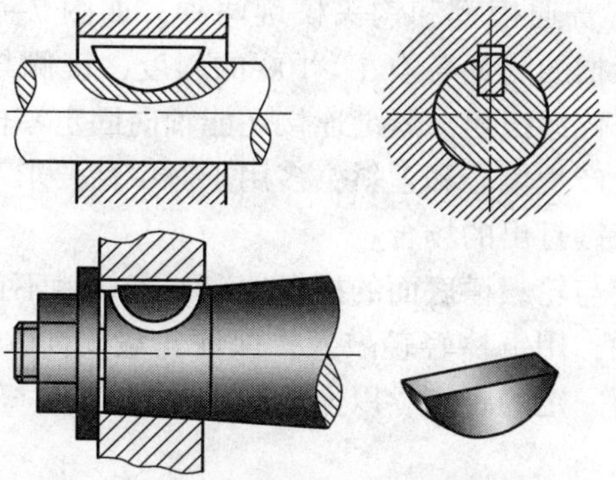	半圆键连接的工作原理与平键连接相同。轴上键槽用与半圆键半径相同的盘状铣刀铣出，因此半圆键在槽中可绕其几何中心摆动以适应轮毂槽底面的斜度。半圆键连接的结构简单，制造和装拆方便，但由于轴上键槽较深，对轴的强度削弱较大，故一般多用于轻载连接，尤其是锥形轴端与轮毂的连接中
滑键连接	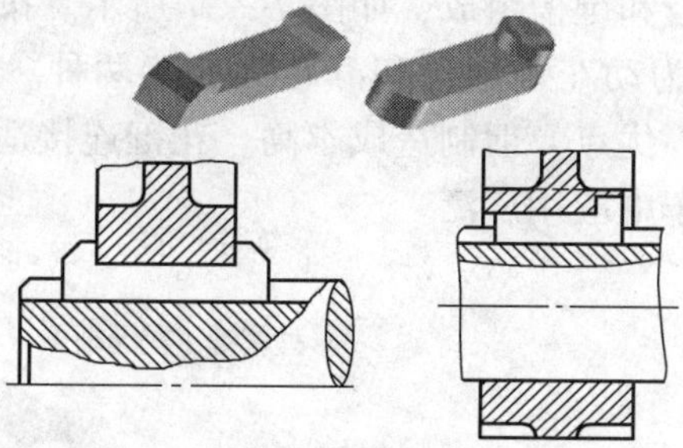	将键固定在轮毂上，键随轮毂一起沿轴槽滑动。适用于轴向移动距离较大场合
导向键连接	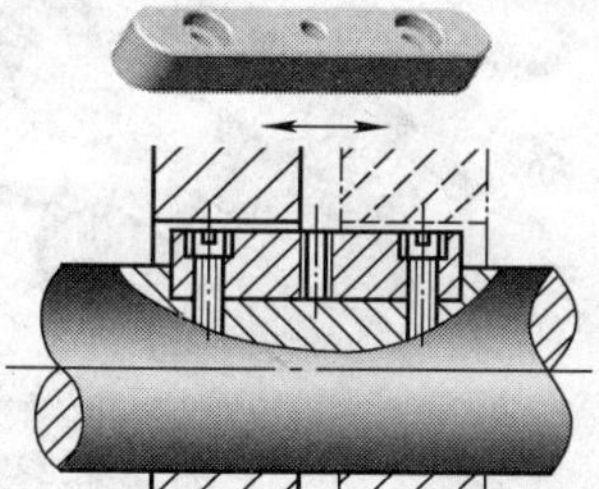	导向平键用螺钉固定在轴上的键槽中，轮毂沿键的侧面作轴向滑动。用于轮毂沿轴向移动距离较小的场合

（2）松键连接的装配技术要求

1）应保证键与键槽的配合要求。键与轴槽或轮毂槽的配合性质一般取决于机构的工作要求。

2）键与键槽应有较小的表面粗糙度值。

3）键装入键槽中应与槽底贴紧，长度方向与键槽有 0.1 mm 的间隙，键与轮毂键槽底部有 0.3~0.5 mm 的间隙。

(3) 松键连接的装配要点

1) 清理键与键槽上的毛刺，以防配合后产生较大过盈而影响配合的正确性。

2) 对于重要的键连接，装配前应检查键的直线度、键槽与轴心线的对称度和平行度。

3) 用键的头部与键槽试配，应能使键较紧地嵌在键槽中（对普通平键和导向平键而言）。

4) 在配合面上加润滑油，用铜棒将键轻轻敲入键槽中，使键与键槽底部贴紧，允许长度方向有 0.1 mm 的间隙。

5) 试配并安装轮毂（齿轮、带轮等），键与键槽非配合面有间隙，以保证轴与轴上零件的同轴度要求。装配后套件在轴上不允许有圆周方向的晃动。

2. 紧键连接的装配

紧键连接主要指楔键连接，楔键有普通楔键和钩头楔键两种，如图 7—36 所示。楔键上、下两面是工作面，键的上表面与毂槽的底面各有 1∶100 的斜度，键侧与键槽间有一定的间隙。装配时需打入，靠楔紧作用来传递扭矩。紧键连接还能轴向固定零件，并传递单方向的轴向力，但使轴上零件与轴的配合产生偏心和歪斜，多用于对中性要求不高、转速较低的场合。钩头楔键用于不能从另一端将键打出的场合。

装配楔键时一定要用涂色法检查键与轮毂槽底面的接触情况，若接触不良，应对轮毂槽进行修整，合格后，在配合面加润滑油，用铜棒轻轻敲入，保证轮毂周向、轴向紧固可靠。对于钩头楔键，钩头与轮毂端面间应留一定的距离，以便拆卸。

3. 花键连接的装配

花键连接是由轴和毂孔上的多个键齿和键槽组成，如图 7—37 所示。按齿形不同，分为矩形花键和渐开线花键；按使用要求分为动花键连接和静花键连接两种。它具有承载能力强、传递扭矩大、同轴度高和导向性好等优点，但制造成本高。花键连接适用于载荷大和同轴度要求高的传动机构中，在机床和汽车中应用广泛。

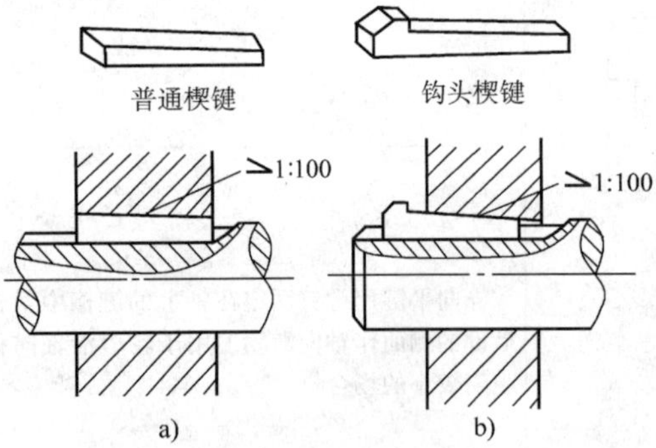

图 7—36　楔键连接

a) 普通楔键连接　b) 钩头楔键连接

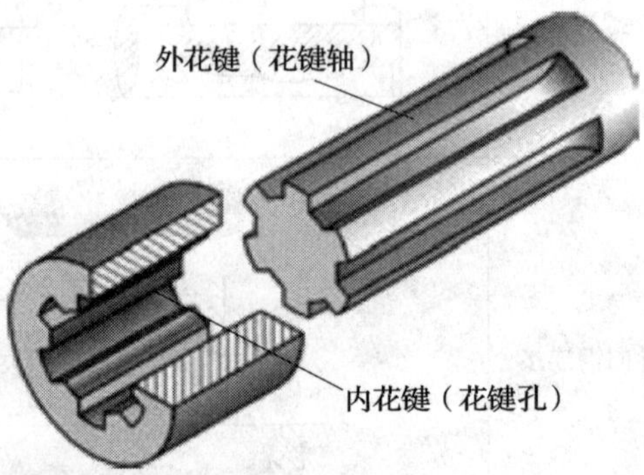

图 7—37　花键连接

(1) 静花键连接的装配

内花键与外花键之间有少量过盈。当过盈量较小时，可用铜棒轻轻敲入。过盈量较大时，可将内花键加热到 80~120 ℃后再进行装配。

(2) 动花键连接的装配

内花键零件能在花键轴上自由滑动，没有阻滞现象。连接时应保证正确的配合间隙，但用手摆动时，不应感觉有明显的周向间隙。装配时，应用涂色法检查配合情况，修整套件与花键轴，加注润滑油后装入。

(3) 花键连接的定心方式

花键连接的定心方式有大径定心、小径定心和键侧定心三种。但国家标准《矩形花键尺寸、公差和检验》（GB/T 1144—2001）中只规定了小径定心一种，其理由如下：

1）采用小径定心，有利于以花键孔为基准。

2）小径定心稳定性好，易实现热处理后磨削花键的工艺，可获得较高精度。

4. 键连接的损坏形式和修理

键连接的损坏形式和修理方法见表 7—10。

表 7—10　　键连接的损坏形式和修理方法

损坏形式	修理方法
松键和紧键损坏	一般是更换新键
轮毂或轴上的键槽损坏	将损坏的键槽加宽，再配制新键
尺寸较大的外花键磨损	可采用进行镀铬或堆焊，然后再加工到规定尺寸的方法修复。堆焊时要缓慢冷却，以防花键轴变形

三、销连接的装配与修理

销连接主要用来固定零件之间的相对位置，起定位作用，也可用于轴与轮毂的连接，传递不大的载荷，还可作为安全装置中的过载剪断元件，如图 7—38 所示。它具有连接可靠、定位方便、装拆容易、制造简便等特点，在各种机械中应用广泛。

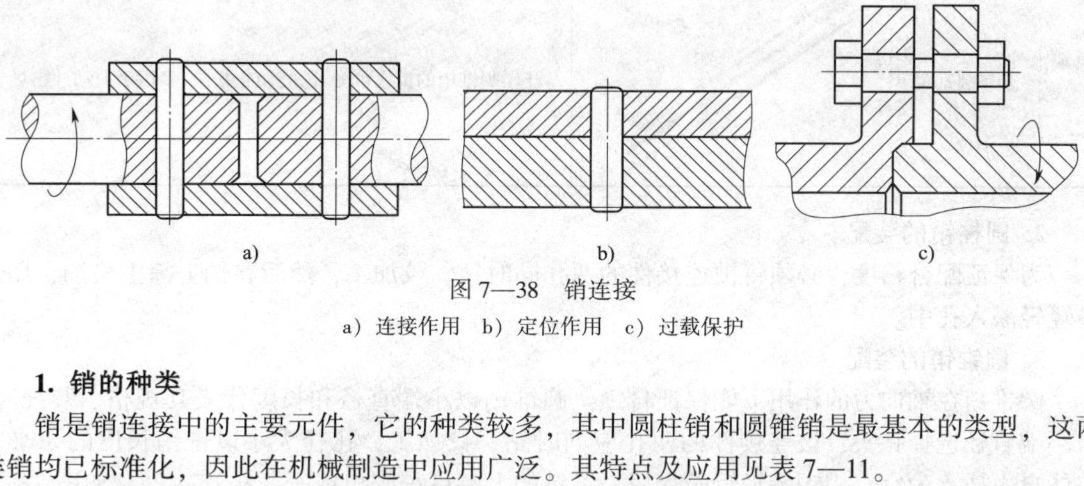

a)　b)　c)

图 7—38　销连接

a）连接作用　b）定位作用　c）过载保护

1. 销的种类

销是销连接中的主要元件，它的种类较多，其中圆柱销和圆锥销是最基本的类型，这两类销均已标准化，因此在机械制造中应用广泛。其特点及应用见表 7—11。

表 7—11　　常用圆柱销和圆锥销的特点及应用

类型		图示	特点及应用
圆柱销	普通圆柱销		圆柱销利用微量过盈固定在销孔中，经过多次装拆后，连接的紧固性及精度降低，故只宜用于不常拆卸处，可用来连接和定位
	带内螺纹圆柱销		主要用于盲孔或从对面不便于拆卸的场合，装入盲孔时应在轴向上开通气槽

续表

类型		图示	特点及应用
圆锥销	普通圆锥销	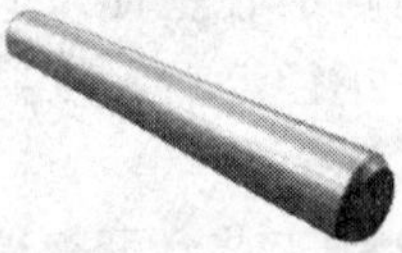	圆锥销有 1 : 50 的锥度，装拆比圆柱销方便，多次装拆对连接的紧固性及定位精度影响较小，可用来连接和定位
	带内螺纹圆锥销	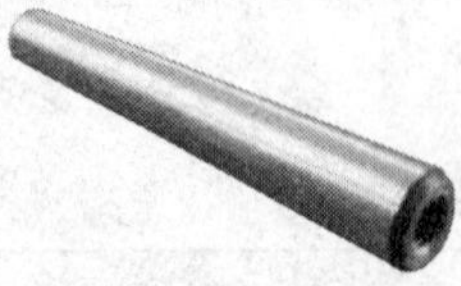	主要用于盲孔或从对面不便于拆卸的场合，装入盲孔时应在轴向上开通气槽
	大端带螺尾圆锥销	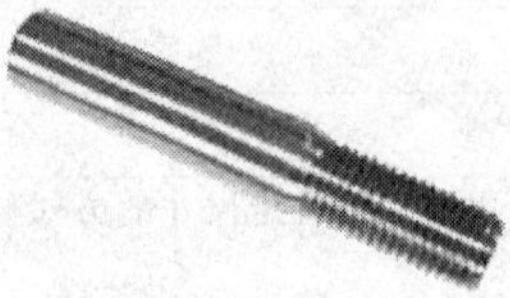	
	小端带螺尾圆锥销	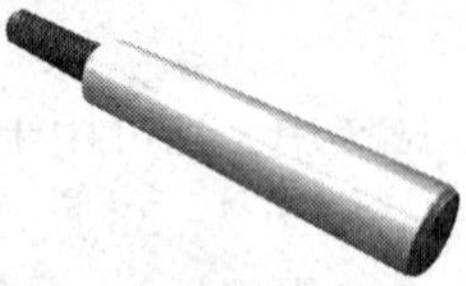	小端带外螺纹的圆锥销，可用螺母锁紧，适用于有冲击的场合
	开尾圆锥销	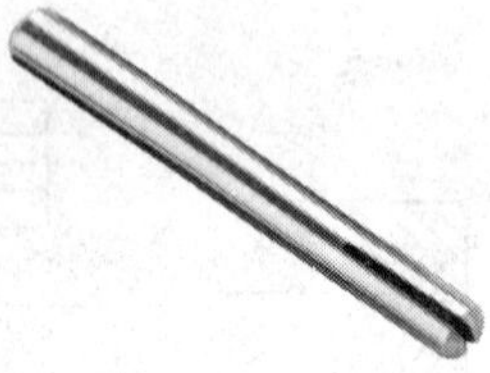	开尾圆锥销的销尾可分开，能防止松脱，多用于振动冲击场合

2. 圆柱销的装配

为保证配合精度，必须将被连接件的两孔同时钻、铰加工，然后在销上涂上机油，用铜棒轻轻敲入孔中。

3. 圆锥销的装配

圆锥销在轴向力的作用下能保证自锁。圆锥销以小端直径和长度代表其规格。装配时，以小端直径选择钻头，被连接件的两孔应同时钻、铰加工，孔径大小以锥销长度的 80%左右能自由插入为宜，用铜棒轻轻敲入后，锥销的大端可稍露出或平于被连接件，如图 7—39 所示。

4. 销连接的拆卸与修理

拆卸圆锥销时，应注意大、小端的方向。带螺尾的圆锥销可用螺母旋出，如图 7—40 所示。拆卸带内螺纹的圆锥销和圆柱销时，可用螺钉旋出或用拔销器拔出，如图 7—41 所示。

销连接损坏或磨损时，一般是更换销。若销孔损坏或磨损严重时，可重新钻、铰较大尺寸的销孔，更换相适应的新销。

四、过盈连接的装配与修理

过盈连接是靠包容件（孔）和被包容件（轴）配合后的过盈量来达到紧固连接目的的

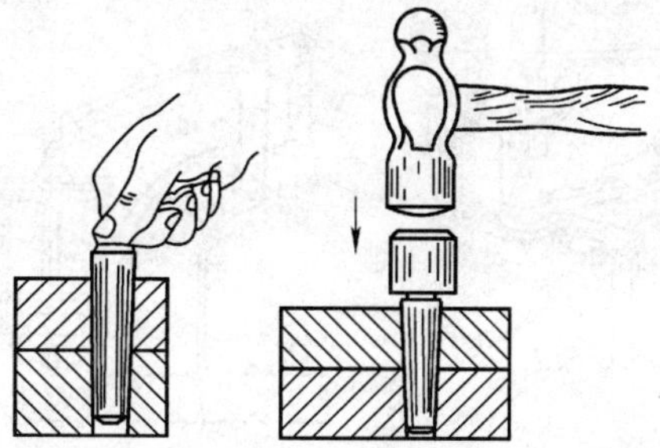

图 7—39 圆锥销的装配

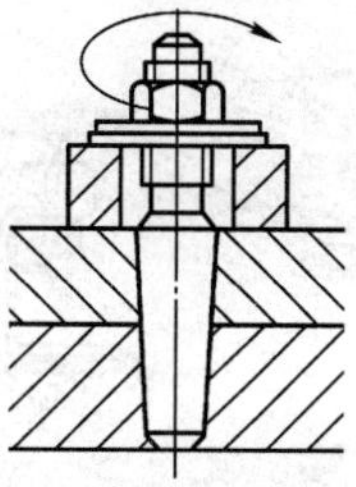

图 7—40 带螺尾圆锥销的拆卸

一种连接方法，如图 7—42 所示。过盈连接能传递扭矩、轴向力和一定的冲击载荷，具有结构简单、同轴度高、承载能力强等优点，但对配合面加工精度要求较高，装拆比较困难。

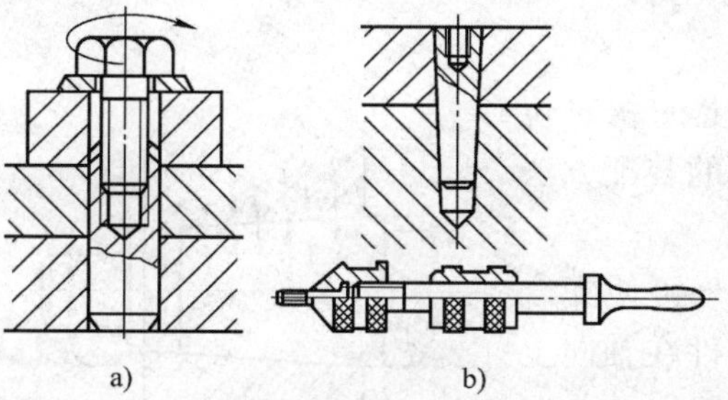

图 7—41 带内螺纹圆锥销和圆柱销的拆卸

a）用螺钉拆卸 b）用拔销器拆卸

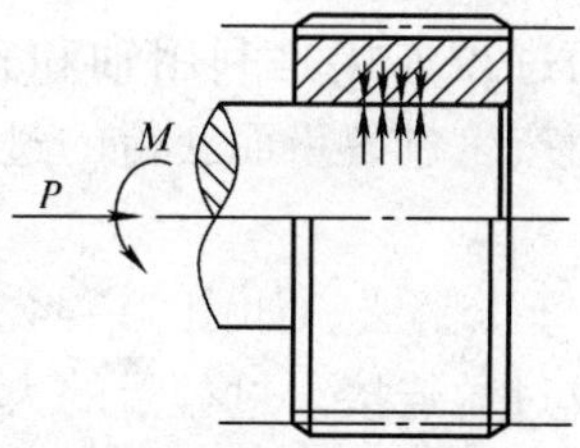

图 7—42 过盈连接

1. 过盈连接的装配技术要求

（1）配合件要有较高的几何精度，并保证配合时有足够、准确的过盈量。

（2）配合表面应有较小的表面粗糙度值。

（3）装配时，擦净配合表面并涂上机油，压入过程应连续，速度要稳定，不宜太快，一般以 2~4 mm/s 为宜，并准确地控制压入行程。

（4）细长件或薄壁零件，装配前应注意检查过盈量和几何公差，装配时最好沿垂直方向压入，以免变形。

2. 过盈连接的装配方法

（1）圆柱面过盈连接的装配

相配合的孔口和轴端应有 3°~5°的倒角，以便于装配。根据过盈量的大小不同，采用不同的装配方法：

1）压入法。当配合尺寸和过盈量较小时，可采用常温下的压入法。常用的压入方法和设备如图 7—43 所示。

2）热胀法。利用金属材料热胀冷缩的物理特性，将包容件（孔）加热胀大，再将常温状态的被包容件（轴）压入，达到过盈连接。加热温度和加热方法应根据过盈量及轮毂尺寸大小来选择。常用的加热方法有沸水加热（80~100 ℃）、蒸气加热（120 ℃）、油加热

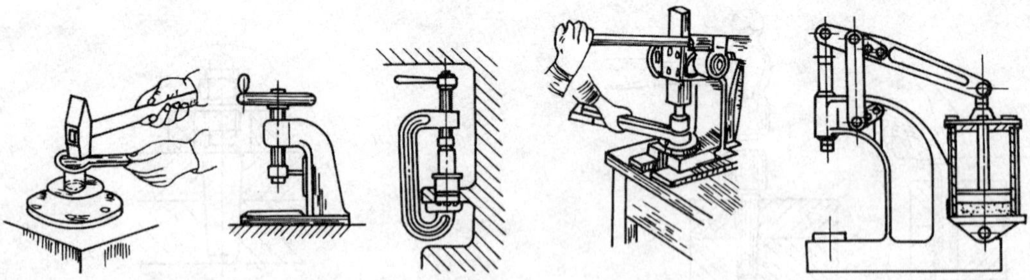

图 7—43　压入方法和设备

a）锤子加垫块　b）螺旋压力机　c）C 形夹头　d）齿条压力机　e）气动杠杆压力机

（90~230 ℃）、电阻炉加热、红外线辐射加热和感应加热等。

3）冷缩法。利用热胀冷缩的特性，将轴冷却，轴颈缩小后装入常温的孔中。常用的方法是采用干冰冷缩（−78 ℃）和液氮冷缩（−195 ℃）。

（2）圆锥面过盈连接的装配

圆锥面过盈连接是利用轴和孔零件在轴向上的相对位移，使径向产生过盈量而获得的过盈连接。常用的装配方法有两种：

1）螺母压紧法。如图 7—44 所示，拧紧螺母可使配合面压紧形成过盈连接。过盈量的大小取决于两零件在轴向上的相对位移量的大小。常用的锥度为 1∶30~1∶8。

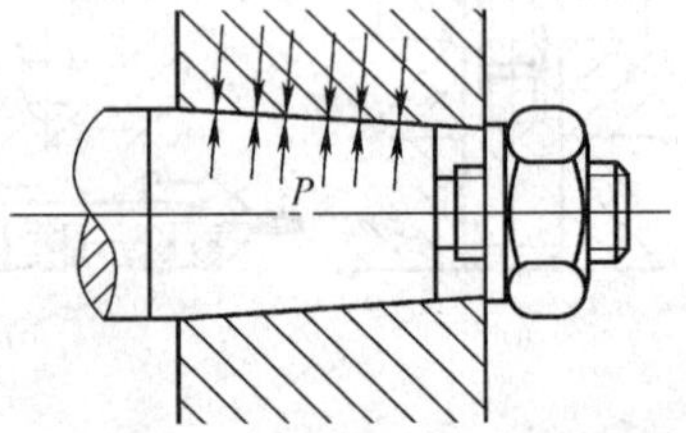

图 7—44　螺母压紧法

2）液压套合法。如图 7—45 所示，装配时将高压油压入配合面间，使包容件内径胀大，被包容件外径缩小，同时施加一定的轴向力，使之互相压紧，当压紧到预定的轴向位置后，排出高压油，即可形成过盈连接。同样，也可以用高压油拆卸。

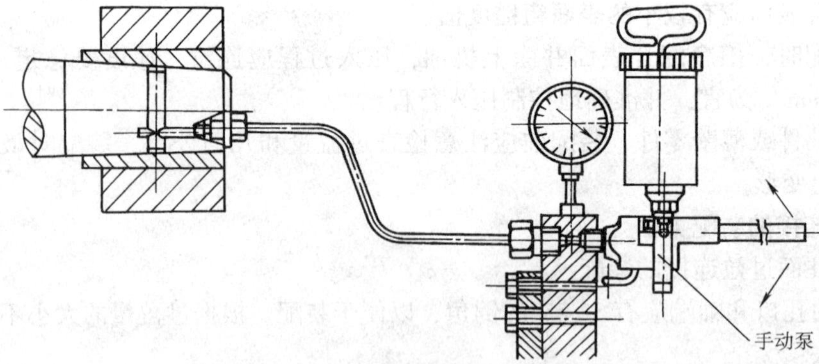

图 7—45　液压套合法

利用液压套合法装卸过盈连接，既不需要很大轴向力，也不损伤配合表面，多用于承载较大且需多次装拆的场合，尤其适用于大型零件。

3. 过盈连接的拆卸与修理

过盈连接的零件一般不进行拆卸，拆卸时容易损伤或破坏连接零件。过盈连接的损坏形式是过盈量的丧失而使配合松动。对于简单的包容件一般采取更换的办法重新建立过盈连接。若采用修复时，一般首先修复孔，以孔为基准，改变修复后的轴的尺寸，使轴、孔重新产生需要的过盈量。

轴的修复方法较多，可采用喷涂、刷镀、补焊后进行加工。经修复后的孔、轴配合面，必须具有合格的尺寸精度、表面粗糙度及同轴度。

五、铆接

借助铆钉将两个或两个以上的零件（或构件）形成不可拆的连接称为铆接，如图 7—46 所示。目前，在很多工件的连接中，铆接已逐渐被焊接所代替，但因铆接具有结构简单、操作方便、接头质量易于检查、工艺简单、不受被连接件材质的限制、在承受严重冲击和剧烈振动载荷时工作比较可靠等特点，所以在桥梁、航天以及机械和工具制造中仍有较多的应用。

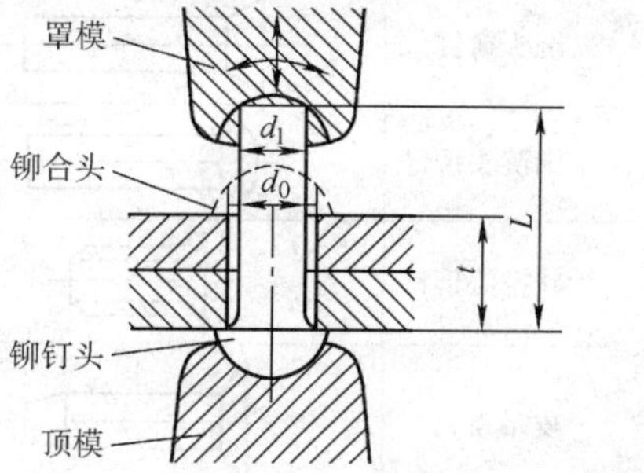

图 7—46　铆接

1. 铆接的种类

铆接按使用要求分为活动铆接和固定铆接两种；按操作方法分为冷铆、热铆和混合铆。其特点及应用见表 7—12。

表 7—12　　铆接的种类、特点及应用

种类			特点及应用
按使用要求分类	活动铆接		其结合部位可以相互转动，如钢丝钳、剪刀、划规等工具的铆接
	固定铆接	强固铆接	应用于结构需要有足够的强度、承受强大作用力的地方，如桥梁、车辆和起重机等
		紧密铆接	应用于低压容器装置，这种铆接只能承受很小的均匀压力，但要求接缝处非常紧密，以防止渗漏，如气筒、水箱、油罐等
		强密铆接	这种铆接不但能承受很大的压力，而且要求接缝非常紧密，即使在较大压力下，液体或气体也保持不渗漏，一般应用于锅炉、压缩空气罐及其他高压容器的铆接
按铆接方法分类	冷铆		铆接时，铆钉不需加热，直接镦出铆合头，直径在 8 mm 以下的钢制铆钉都可以用冷铆方法铆接。采用冷铆时铆钉的材料必须具有较高的塑性
	热铆		把整个铆钉加热到一定温度，然后再铆接。因铆钉受热后塑性好，容易成形，而且冷却后铆钉杆收缩，还可加大结合强度。热铆时要把铆钉孔直径放大 0.5~1 mm，使铆钉在热态时容易插入。直径大于 8 mm 的钢质铆钉多采用热铆
	混合铆		在铆接时，只把铆钉的铆合头端部加热。对于细长的铆钉，采用这种方法，可以避免铆接时铆钉杆的弯曲

2. 铆钉

铆钉的种类很多，按材质不同可分为碳素钢铆钉、特种钢铆钉、铜及其合金铆钉、铝及其合金铆钉；按铆钉的形状可分为平头、半圆头、沉头、半圆沉头、管状空心、皮带铆钉等。常用铆钉的种类、形状及应用见表 7—13。

表 7—13　　常用铆钉的种类、形状及应用

名称	形式	应用
平头铆钉	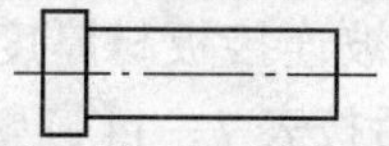	铆接方便，应用广泛，常用于一般无特殊要求的铆接中，如铁皮箱盒、防护罩壳及其他结合件中

续表

名称	形式	应用
半圆头铆钉	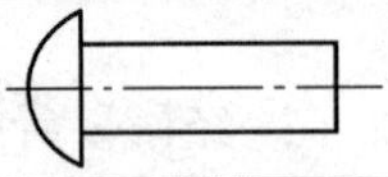	应用广泛，如钢结构的屋梁、桥梁和车辆、起重机等
沉头铆钉	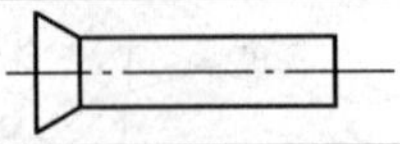	应用于框架等制品中表面要求平整的地方，如铁皮箱柜的门窗以及有些手用工具等
半圆沉头铆钉	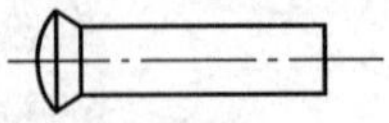	用于有防滑要求的地方，如脚踏板和走路梯板等
管状空心铆钉	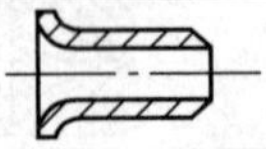	用于在铆接处有空心要求的地方，如电器部件的铆接等
皮带铆钉	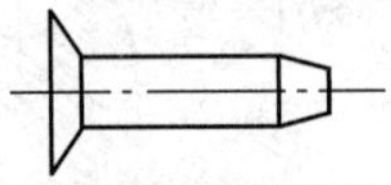	用于铆接机床制动带以及铆接毛毡、橡胶、皮革材料的制件
抽心铆钉	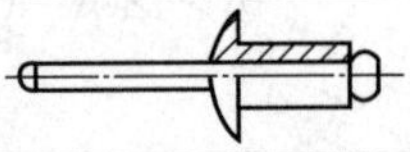	是一类单面铆接用的铆钉。适用于不便采用普通铆钉两面进行铆接的场合

由于铆钉生产已经标准化，所以铆钉标记时，一般要标出公称直径、公称长度和国家标准号。如“铆钉 GB 867—1986—5×20”，其含义是：公称直径为 5 mm、公称长度为 20 mm、材料为 ML2、不经表面处理的半圆头铆钉。

3. 铆接工具及铆接形式

（1）铆接工具

手工铆接工具除锤子外，还有压紧冲头、罩模、顶模等，如图 7—47 所示。压紧冲头用于被连接件的铆前压紧，使工件之间及铆钉更好地贴合；罩模用于铆接时镦出完整的铆合头；顶模用于铆接时顶住铆钉半圆头，这样既有利于铆接又不损伤铆钉半圆头。

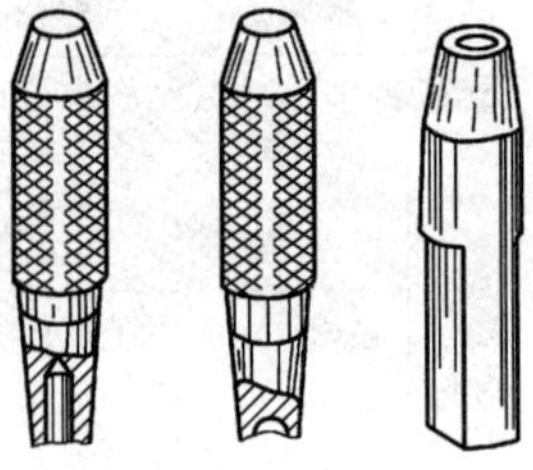

a）　　b）　　c）

图 7—47　铆接工具

a）压紧冲头　b）罩模　c）顶模

（2）铆接形式

由于铆接时的构件要求不同，所以铆接分为搭接、对接、角接等几种形式，如图 7—48 所示。

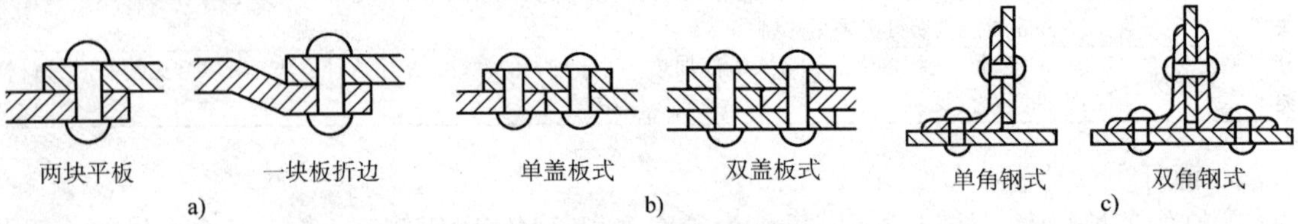

图 7—48　铆接形式

a）搭接　b）对接　c）角接

4. 铆钉杆径、通孔直径及铆钉长度的确定

（1）铆钉杆径 d（公称直径）的确定

铆钉杆径的大小与被连接板的厚度、连接形式以及被连接板的材料等多种因素有关。当被连接板材厚度相同时，铆钉杆径等于板厚的 1.8 倍；当被连接板材厚度不同，搭接连接时，铆钉杆径等于最小板厚的 1.8 倍。铆钉杆径可在计算后按表 7—14 圆整。

（2）通孔直径 d_h 的确定

铆接时，通孔直径的大小，应根据装配要求和铆钉杆径来选择。如孔径过小，铆钉插入困难；孔径过大，则铆合后的工件容易松动。具体数值见表 7—14。

表 7—14　标准铆钉杆径系列及通孔直径（摘自 GB/T 18194—2008 和 GB/T 152.1—1988）　mm

铆钉杆径 d	基本系列	1.0	1.2		1.6	2.0	2.5	3.0		4.0	5.0	6.0
	第二系列			1.4					3.5			
通孔直径 d_h	精装配	1.1	1.3	1.5	1.7	2.1	2.6	3.1	3.6	4.1	5.2	6.2
	粗装配	—	—	—	—	—	—	—	—	—	—	—
铆钉杆径 d	基本系列	8	10	12		16		20		24		30
	第二系列				14		18		22		27	
通孔直径 d_h	精装配	8.2	10.3	12.4	14.5	16.5	—	—	—	—	—	—
	粗装配	—	11	13	15	17	19	21.5	23.5	25.5	28.5	32

（3）铆钉长度的确定

铆接时铆钉所需长度，除了被铆接件的总厚度外，还要为铆合头留出足够的长度。因此，半圆头铆钉铆合头所需长度应为圆整后铆钉杆径的 1.25～1.5 倍；沉头铆钉铆合头所需长度应为圆整后铆钉杆径的 0.8～1.2 倍。

例　用沉头铆钉搭接连接厚度为 2 mm 和 5 mm 的两块钢板，如何选择铆钉杆径、长度及通孔直径？

解：铆钉杆径为：

$$d=1.8t=1.8\times2=3.6\ \text{mm}$$

按表 7—14 圆整后，取 $d=4$ mm。

铆钉长度 l 为铆合头长度 l_h 与铆接件的总厚度 l_t 之和，即：

$$l=l_h+l_t$$

$$l_h=(0.8\sim1.2)\times d=(0.8\sim1.2)\times4=3.2\sim4.8\ \text{mm}$$

$$l_t=2+5=7\ \text{mm}$$

$$l=10.2\sim11.8\ \text{mm}$$

根据选取的铆钉杆径，查表 7—14 得：通孔直径为 4.1 mm。

5. 铆接方法

冷铆时的操作步骤一般为：工件压紧—铆钉镦粗—铆合头初步成型—铆合头修整。如图 7—49 所示为半圆头铆钉的铆接过程。热铆时，在工件压紧后可用罩模一次完成。

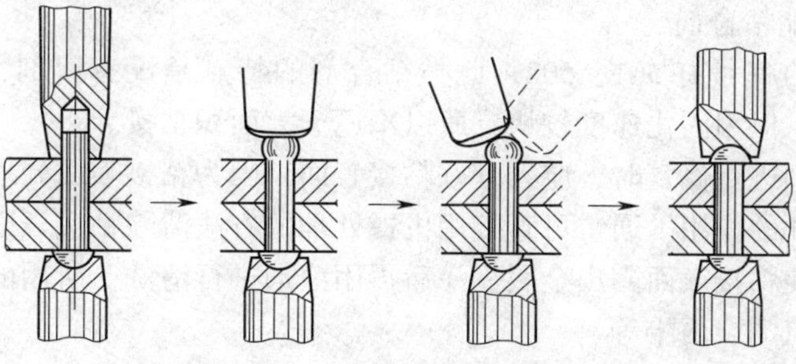

图 7—49　半圆头铆钉的铆接过程

六、粘接

粘接是利用粘合剂把不同或相同的材料牢固地连接成一体的操作方法。粘接工艺操作方便、连接可靠，适应性广，在各种机械设备修复过程中，取得了良好的效果。目前，在设备制造和修理中，已逐渐采用粘接技术，实现以粘代铆、以粘代机械紧固，并可解决过去某些连接方式所不能解决的问题，简化复杂的机械结构和装配工艺。

粘合剂按照使用的材料来分，可分为无机粘合剂和有机粘合剂两大类。

1. 无机粘合剂及其应用

无机粘合剂主要是由磷酸溶液和氧化物组成的，工业上大都采用磷酸和氧化铜，也可加入一些辅助填料，以得到所需要的性能。

无机粘合剂有粉状、薄膜、糊状、液体等几种形态，以液体形态使用最多。无机粘合剂操作方便、成本低，但强度低、脆性大、适用范围小。无机粘合剂在量具和刃具制造、设备修理、模具制造和定位件的固定上得到越来越广泛的应用。

采用无机粘合剂必须选择好接头的结构形式，尽量采用套接，避免平面对接和搭接。接合处的表面尽量粗糙，可滚花、铣浅槽或车出浅螺纹，以提高粘合强度。粘接前，还应进行粘接面的除锈、脱脂和清洗操作。粘接后的工件须经适当的干燥硬化才能使用。

2. 有机粘合剂及其应用

有机粘合剂通常由几种原料组合而成，它是以合成树脂为基体，再添加增塑剂、固化剂、稀释剂、填料、促进剂等配制而成。一般有机粘合剂由使用者根据实际需要配制，但有些品种已有专门生产厂家供应。

有机粘合剂的品种很多，下面只介绍两种最常用的粘合剂。

（1）环氧粘合剂

凡含有环氧基团的高分子聚合物的粘合剂，统称为环氧粘合剂或环氧树脂。由于它具有粘合力强、硬化收缩小、耐腐蚀、绝缘性好及使用方便等优点，因而得到广泛应用。其缺点是耐热性差、脆性大，使用时如添加适当的增韧剂即能达到较好的粘接效果。

如图 7—50 所示，当车床尾座底板磨损后，为了修复其精度，可粘接塑料板。在粘接前用砂布仔细打光结合面，并擦净粉末。在粘接前对被粘接面要进行表面清洗：先用丙酮溶剂清洗，经碱液在一定温度下处理 20~30 min 后，再用丙酮润湿，待其风干挥发后，将已配好的环氧粘合剂涂在被连接表面，涂层宜较薄，约 0.1~0.15 mm，然后将两被粘接件压在一起。为了保证胶层固化完善，必须有足够的粘接时间。

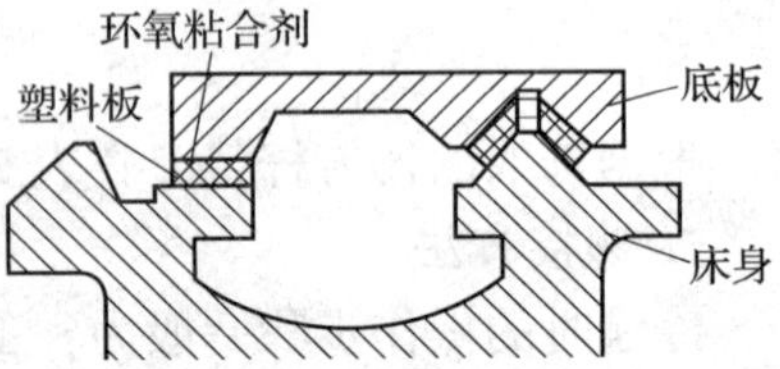

图 7—50　车床尾座板的粘接

（2）聚丙烯酸酯粘合剂

该粘合剂常用的牌号有 501、502。此类粘合剂的特点是没有溶剂，可在室温下固化，并呈一定的透明状，但因固化速度较快，所以不适于大面积粘接。

采用有机粘合剂进行修复时，应处理好粘接表面，因为粘接表面处理的好坏对粘接后的牢固程度起着决定性的作用。通常可直接用机械处理的方法清除粘接表面的灰尘、油污、漆斑、锈蚀等污垢，使粘接表面露出金属光泽后再用溶剂进行清洗。所用的清洗溶剂主要有合成洗涤剂、煤油、汽油、丙酮等。

有机粘接所用的粘合剂主要是环氧树脂粘合剂，其工艺过程包括对粘接表面的处理、配制粘合剂、涂粘合剂和搭接固化等。

技能训练

管道连接装配

管道是用来输送液体或气体的辅助装置。它由管子、管接头、连接盘（法兰盘）和衬垫等组成。管道连接常用的管子有钢管、有色金属管、橡胶软管和尼龙管等。

1. 训练课题

常用管接头的装配。

2. 训练图样

如图 7—51、图 7—52、图 7—53 所示。

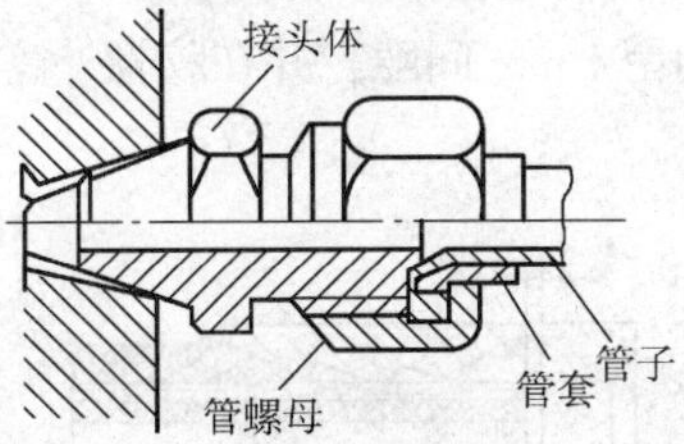

图 7—51　扩口薄壁管接头

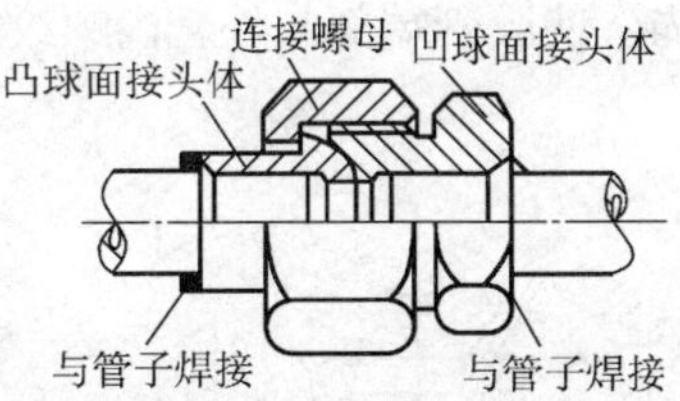

图 7—52　球形管接头连接

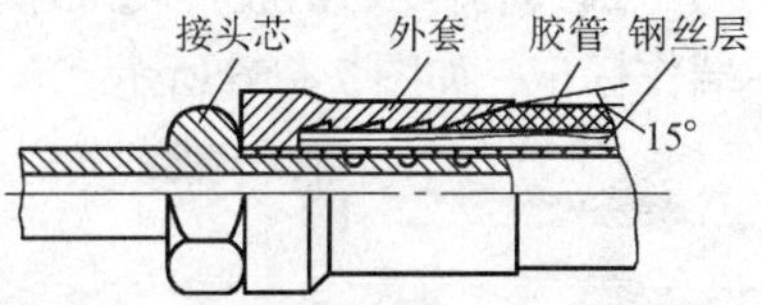

图 7—53　高压胶管接头

3. 训练要求

（1）基本要求

1）掌握各种管接头的装配方法及管道连接的方法。

2）编制连接装配工艺规程。

3）所连接的管道结构应做到：结构简洁、使用方便、无泄漏、工作可靠、密封性好、对流液的阻力小。

（2）管道连接技术要点

1）油管必须根据压力和使用场所进行选择，应有足够的强度而且内壁光滑、清洁，无砂眼、锈蚀、氧化皮等缺陷。

2）配管作业时，对有腐蚀的管子要进行酸洗、中和、清洗、干燥、涂油、试压等工作，直到合格才能使用。

3）切断管子时，断面应与轴线垂直；弯曲管子时，不要弯扁。

4）较长的管道各段要有支撑，管道要用管夹固定，以防振动。

5）在安装管道时，应保证最小的压力损失，使整个管道最短，转弯次数最少，并保证管道受温度影响时有伸缩变形的余地。

6）系统中任何一段管道或元件，应能单独拆装而不影响其他元件，以便于修理。

7）在管道的最高处，应安装排气装置。

8）所有管道都应进行二次拆装，以清除配管作业时对管道的污染。

4. 训练备料

常用规格的薄壁钢管（或有色金属管）、中高压钢管、高压胶管和相关配套的薄壁管接头、球形管接头、胶管接头以及管口胀孔器等常用管道连接工具。

5. 训练步骤

（1）扩口薄壁管接头连接的装配

1）依次将管螺母、管套套在薄壁管上，然后用如图 7—54 所示的管口胀孔器将薄壁管口端扩至所需要的形状。或按图 7—55 所示的旋转滚压法将薄壁管口端扩大。

2）拧紧连接管螺母，通过扩口管套将扩孔薄壁管压紧在接头配合表面上，实现管路连接。

（2）球形管接头连接的装配

1）研配凸、凹球形面，用涂色法检查，保证球形表面的接触良好。

2）将连接螺母套在球形接头体上，分别把球形接头体和凹球面接头体与管子焊接。

3）拧紧连接螺母，使两球形接头体表面紧密压合，保证其紧密性。

（3）高压胶管接头装配

1）将胶管剥去一定长度的外胶层，剥离角约为 15°，切不可损伤钢丝层。

2）将剥皮后的胶管装入外套内，使胶管端部与外套内螺纹之间留 1 mm 间隙，并在胶管外露端作标记，如图 7—56 所示。

图 7—54　管口胀孔器

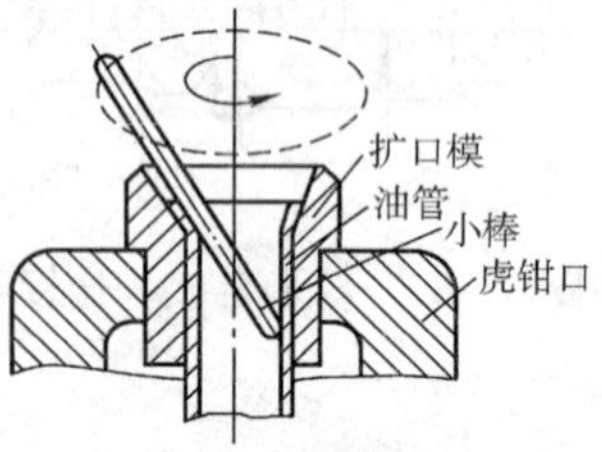

图 7—55　旋转滚压扩口方法

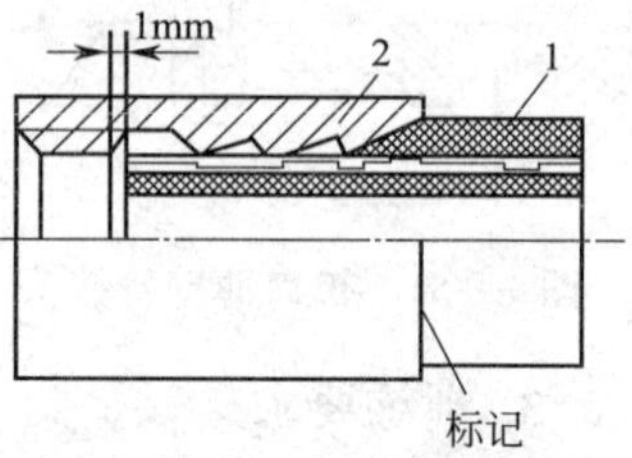

图 7—56　胶管装进外套
1—胶管　2—外套

3）把接头芯拧入接头外套及胶管中，此时，胶管便被挤入接头外套和接头芯螺纹中，使胶管与接头芯及外套紧密连接起来。

6. 操作注意事项

对连接好的管接头应进行连接可靠性检查，对有高温、高压作用的管道连接应按有关连接技术要求进行检验。

7. 成绩评定（表 7—15）

表 7—15　　管道连接实习记录与成绩评分表

训练课题	管道连接				
姓名	班级		工件号	总得分	
项次	项目与技术要求	配分	评分标准	实测结果	得分
1	准备工作充分	6	过程检查评定		
2	连接装配工艺规程编制合理	10	每错一项扣 2 分		
3	连接方法正确、操作步骤完整	32	每缺一项扣 3 分		
4	连接质量合格	30	每项不合要求扣 3 分		
5	安全文明生产	10	违反规定每项扣 2 分		
6	工时定额 6 h	12	每超 30 min 扣 3 分		
现场记录					

注：连接质量包括可靠性、密封性、使用性、外观质量、结构布局等项目。

第八单元

夹具的装配与使用

课题一 夹具的装配

夹具的装配是夹具制造中的最后一道工序，装配质量的优劣，对整个夹具的质量起着极其重要的作用。即使夹具单个零件制造精度一般，倘若在夹具的装配中，采用了较好的装配工艺，同样也能获得高精度的夹具。

一、夹具装配技术条件

1. 夹具装配精度项目

夹具的装配精度项目主要有：各零部件的相互位置精度，如位置尺寸、同轴度、平行度、垂直度等。运动部件的相对运动精度，如传动精度、直线及回转运动精度等。配合表面间的配合精度和接触精度，如配合间隙、过盈量、接触面大小及分布等。

2. 夹具装配技术要求

夹具的装配，其最终的目的是为了满足工件的加工制造要求，因此夹具的装配必须保证各有关元件间相互位置精度的技术要求，主要项目有：

（1）定位元件间或定位元件相对夹具体底面间的相互位置要求。

（2）定位元件与对刀、引导元件的相互位置要求。

（3）定位元件与连接元件或找正基面间的相互位置要求。

（4）对刀元件与连接元件或找正基面间的相互位置要求。

这些与工件加工要求直接相关的位置尺寸，其安装允差值可按工件加工技术条件规定值的 1/5~1/2 装配。与工件加工技术要求无直接相关的位置尺寸，可参考表 8—1 所列的数值进行调整。

表 8—1　　部分夹具安装技术条件参考值　　mm

技术条件的内容	参考值
车床、磨床夹具的找正基面对其回转中心的径向跳动	≤0.02
镗床夹具前、后镗套的同轴度	≤0.02
同一平面上支承钉（板）的等高允差	≤0.02
定位元件工作表面对夹具体底面的平行度或垂直度	≤0.02：100
定位元件工作表面对定位键（槽）侧面的平行度或垂直度	≤0.02：100

续表

技术条件的内容	参考值
对刀块工作表面对定位元件工作表面的平行度或垂直度	≤0.03∶100
对刀块工作表面对定位键（槽）侧面的平行度或垂直度	≤0.03∶100
钻套中心线对夹具体底面的垂直度	≤0.05∶100

从加工工艺性考虑，在夹具的技术要求中，主要的一些参数是属于装配后间接获得的（即属于装配尺寸链中的封闭环）。其精度即为夹具的装配精度。夹具的精度（包括装配精度）是依靠零件的加工和装配工艺来保证的，其中装配工艺对装配精度起着决定性的作用。

3. 夹具装配工艺要点

（1）夹具装配常用配合形式

表 8—2 为夹具装配中常用的配合形式，可根据实际装配要求予以选用。

表 8—2　　夹具装配常用的配合形式

配合形式		配合精度要求		实例
		一般精度	较高精度	
定位元件与工件定位基准面间的配合		H7/h6，H7/g6，H7/f7	H6/h5，H6/g5，H6/f5	定位销与工件基准孔
有引导作用并有相对运动的元件间的配合		H7/h6，H7/g6，H7/f7，H7/n6，G7/h6，F7/h6	H6/h5，H6/g5，H6/f6，H6/n5，G6/h5，F6/h5	滑动定位件、刀具与导套
无引导作用但有相对运动的元件间的配合		H7/f9，H9/d9	H7/d8	滑动夹具底座板
无相对运动的元件间的配合	无紧固件	H7/n6，H7/p6，H7/r6，H7/s6，G7/u6，F8/t7		固定支承钉
	有紧固件	H7/m6，H7/k6，H7/js6，H7/m7，H8/k7		定位销

（2）夹具典型装置装配工艺要点

表 8—3 为夹具典型装置的装配工艺要点。

表 8—3　　夹具典型装置的装配工艺要点

装置名称	装配工艺要点
活动定位装置及辅助支承	1. 定位元件活动导向部分的配合精度按 H7/f7、H7/h6 选取 2. 定位元件与辅助支承的固定要牢固、可靠 3. 可插、可拨的定位元件，在操作时要轻松、灵活 4. 对精度要求较高的定位元件，装配时要不断调整相互位置，确保定位准确 5. 定位元件与工件的相对位置允差应控制在工件公差的 1/3~1/2
斜楔夹紧装置	1. 工作斜面（接触斜面）的表面粗糙度应达到 $Ra1.6\ \mu m$，相互贴合面达到 80% 2. 夹紧传动部分动作要灵活、协调 3. 夹紧装置要可靠、便于操作
螺旋夹紧装置	1. 螺纹配合间隙不能太大，以免松动 2. 螺纹作用力的方向应与接触面垂直 3. 有弹顶装置的，要确保其动作灵活
偏心夹紧装置	1. 偏心轮的位置应调整到其工作段内，以防松动、咬死等现象的出现，且便于操作 2. 偏心轮的工作面与垫板面接触良好 3. 偏心轮工作表面应光滑过渡

续表

装置名称	装配工艺要点
铰链夹紧装置	1. 铰链连接部分应活动自如，但不能太松 2. 将铰链装置调整到夹紧工件后能自锁 3. 对多点夹紧装置，夹紧动作要协调，各点夹紧力要均衡
多点、多件联动夹紧装置	1. 保证各夹紧元件夹紧动作同步、协调、灵活 2. 保证各夹紧点（各工件）夹紧力均匀一致
导向装置	1. 按图样装配，保证导向元件与定位元件间的相互位置公差。一般取工件公差的 1/3~1/2 2. 确保导向元件的引导轨迹与刀具的进给轨迹相一致 3. 导向元件应固定可靠，有前、后导向的导向元件（如镗套），应保证其中心线重合
轴向分度对定装置（插销式）	1. 定位插销插入任一定位孔内，其插入长度和松紧程度要一致，操作要灵活，无卡死现象 2. 退出定位孔的定位销应离开定位孔端面 1~2 mm 3. 确保分度操作时不影响其他机构的工作精度和作用
径向分度对定装置（插齿式）	1. 分度定位时，确保齿面接触贴合面达 90%以上 2. 插入分度定位齿槽的定位销不能有回转现象，即定位销与齿槽间在斜齿面处无间隙滑动 3. 分度定位的操作不能影响其他机构的精度与作用 4. 操作便捷、灵活
分度装置的锁紧机构	1. 确保锁紧可靠、牢固，并且锁紧时不影响其他夹具装置的精度和作用 2. 松开后，应便于移动工件，无卡阻现象产生 3. 各活动部件要操作灵活，动作可靠
定心夹紧机构	1. 定心和夹紧动作应协调一致，动作灵活可靠 2. 确保定位夹紧后刀具与定位元件的相对位置的准确性 3. 各夹紧点受力均匀一致

二、夹具装配的工艺过程

1. 专用夹具的装配工艺过程

专用夹具的装配，其过程一般由装配前的准备阶段、预装配、最后装配及总检验等工艺过程所组成。

（1）装配前的准备阶段

准备阶段的工作主要有：仔细分析夹具装配总图及其技术要求，了解夹具的结构、夹具各零部件的作用及相互位置关系等；按照装配工艺规程，确定装配基准、装配方法、装配顺序等，安排组装场地；根据夹具装配总图上的零件明细表，清点夹具所有的零件，准备装配过程中所需的工具、夹具、量具、辅助材料及设备；对所有夹具零件进行清理，清洗零件上的油污、积尘，并对各零件进行去毛刺、倒钝锐边等处理。将零件按主、次分类，对主要零件（如定位元件、导向元件、对刀元件等）主要工作面的几何形状及表面质量，按其零件图上的技术条件、精度要求进行检验、修整。

（2）预装配

预装配也称试装，由于专用夹具大多采用单件、小批量生产模式，其预装配的目的是通过试装及时发现夹具设计或相关零件加工后存在的问题和缺陷，并对留有一定调整和修配量的零件进行修配，为最后装配奠定基础。该环节对于复杂或采用修配装配法的夹具尤为重要。

（3）最后装配

这一阶段的具体工作是：将试装后的夹具进行拆解清洗，进一步调整及修配各零部件，以保证达到夹具装配的技术要求，并加以固定；修、刮、研夹具的基准面，以获得装配总图所要求的基准尺寸及精度；对于旋转式夹具（如车削、磨削类夹具）大多数要配备平衡装置（如平衡块等）。最后装配与预装配的区别在于，最后装配完毕后，夹具所有技术指标都必须达到夹具总装图所要求的精度及技术条件，保证其获得合格的产品。

（4）总检验

对装配完毕的夹具进行总检验，其方法有两种，一种是利用测试设备对夹具装配质量进行测试；另一种是将待加工工件装夹在夹具上，对其进行加工，然后对已加工的工件进行测量，若工件符合加工要求即可。否则再重新进行调整、配装。

夹具装配、检验合格后，可对夹具体等部位进行打标记、喷涂油漆，对部分零件或部位涂油，以便存放和交付使用。

2. 组合夹具的装配工艺过程

组合夹具的装配就是把组合夹具的各个元件和合件，按一定的步骤和要求组装成加工所需的夹具的过程。

（1）装配工艺步骤

组合夹具的装配工艺过程与专用夹具基本相同，需经历装配前的准备，确定组装方案，进行夹具的试装配，进行组装（即将各元件进行连接、调整和固定）和检验。

（2）装配操作要点

在装配组合夹具时，应做好以下工作：

1）做好准备工作。装配前，应清理好所需的各组装元件，要求元件表面无杂物。配置好合适的量具及组装工具。

2）做好试装工作。试装的目的主要是检验夹具组装方案的合理性，并对原方案进行修改和补充，以便使所组装的夹具满足装配技术要求。需要说明的是：在满足装配技术要求的同时，还应考虑到夹具能与专用切削刀具及测量工具等配合使用。

3）做好调整工作。调整是组合夹具装配的关键，其目的是确保组合夹具装配的精度。调整工作主要有：

① 正确选择测量基准面。

② 正确测定元件间的相关尺寸，相关尺寸公差一般为工件尺寸公差的 1/5～1/3，在实际调整中，一般可调整至±0.01～±0.05 mm 范围内。

③ 合理选配元件，要求所选元件具有完全互换性，制造精度要高。

④ 尽可能地减少组装元件的数量，缩短尺寸链，以减小累积误差。

⑤ 采用合理的结构，确保精度。如为提高钻孔精度，增加刀具的引导长度，减少钻铰套下端与工件的距离。

⑥ 测量中避免利用元件本身的尺寸参数，尽量在加工位置上直接测量，以便提高检测精度。

⑦ 尽可能使连接与调整工作交替进行，做到边调整、边连接、边测量、边固定，以便提高装配效率。

3. 夹具装配中的修整和调试方法

（1）支承平面接触精度的修整

为了使支承件连接稳定牢固，在修整支承平面的接触精度时，应使支承平面中凹，其间隙通常在 0.01~0.05 mm 范围内，如图 8—1 所示。

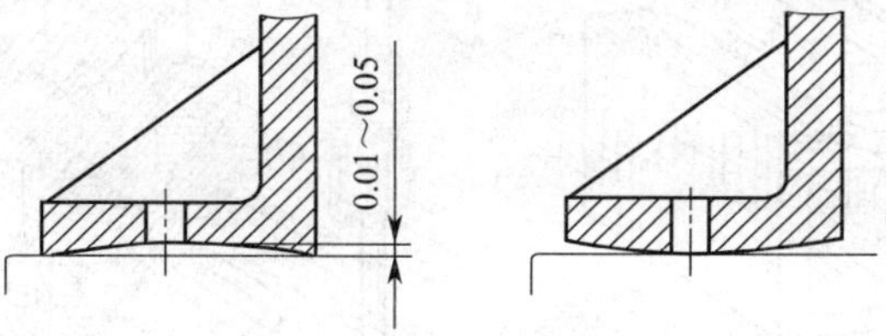

图 8—1　支承面接触精度的修整

a）正确　b）错误

（2）定位支承元件的装配与修整

如图 8—2 所示为定位支承的装配与修整方法。当检测到定位元件尺寸有误差时，可用油石进行修整。

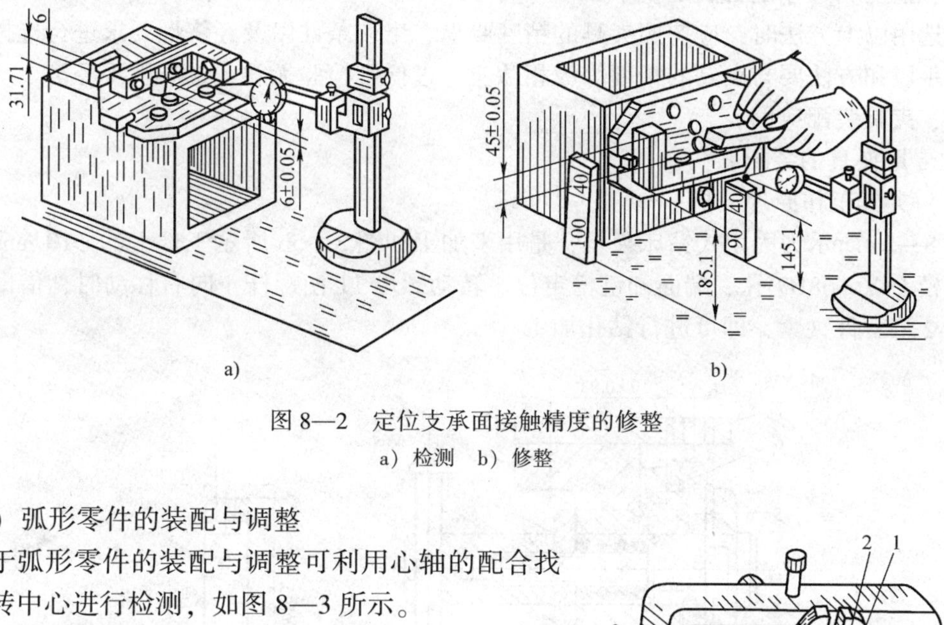

图 8—2　定位支承面接触精度的修整

a）检测　b）修整

（3）弧形零件的装配与调整

对于弧形零件的装配与调整可利用心轴的配合找出其旋转中心进行检测，如图 8—3 所示。

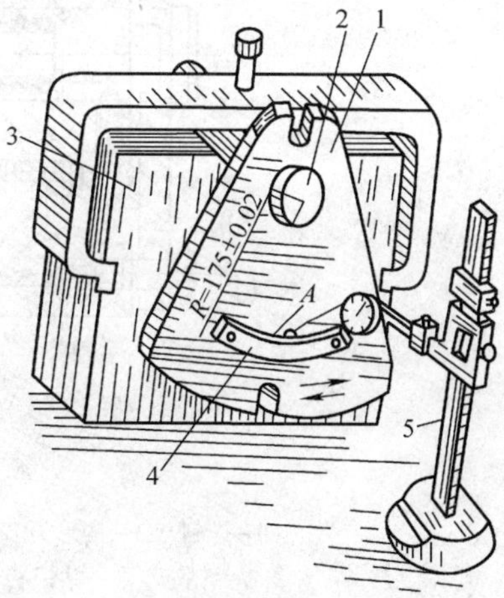

图 8—3　弧形零件的装配与调整方法

1—支承板　2—心轴　3—基座　4—工件　5—表座

（4）V 形架（定位元件）的检测装配

当两 V 形架作为定位元件时，可利用方箱的自身 90°角检测圆柱的上母线和侧母线，以确定两 V 形架的位置精度，如图 8—4 所示。

4. 夹具装配精度的检验

对夹具装配精度的检验可选用以下方法。

（1）按国家标准规定的检验方法对有关参数及其精度进行检验。

（2）利用机床上的精密附件（如坐标镗床上的光学中心测定器）来检测工件。

（3）制作精密样件或专用检验工具来检验。

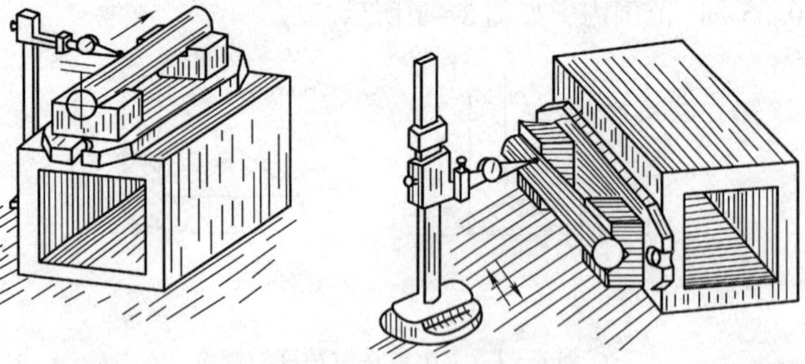

图 8—4　V 形架的装配与检测

（4）对一定数量的加工件进行检测，以检测的结果来验证夹具的质量。验证的内容有：夹具的定位是否合理；夹紧机构是否可靠；工件的安装、排屑和操作是否方便；对刀装置及分度、旋转机构是否操作灵活、可靠；夹具的使用是否安全可靠，在机床上能否顺利安装，其刚性、精度和尺寸是否满足技术要求等。

在选用以上方法时，应按照夹具的精度要求、生产条件以及经济性要求进行选择。采用的检测手段和方法要与夹具的精度等级相适应，过低则检验无效，过高则不经济。

三、夹具装配实例

1. 专用夹具的装配

（1）夹具工作原理分析

图 8—5a 所示为固定式钻床夹具，是用来加工如图 8—5b 所示工件上的 ϕ10 mm 孔。工件在钻模上以 ϕ68H7 孔、端面和键槽定位。转动螺母 11 使螺杆 4 向右移动时，借助钩形开口垫圈 2 将工件夹紧，即可进行钻孔加工。

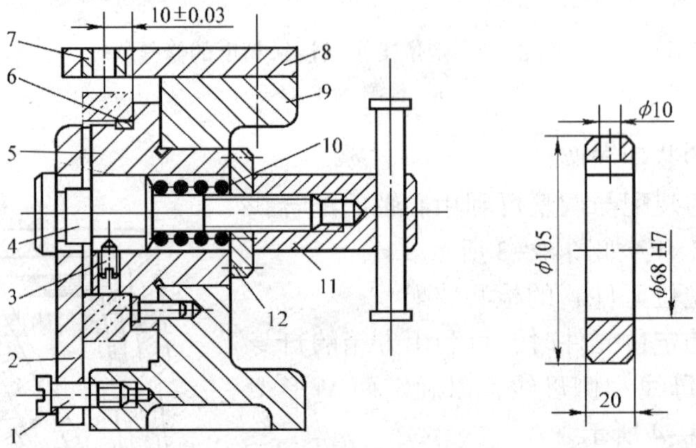

图 8—5　固定式钻床夹具

a）夹具　b）工件

1—螺钉　2—钩形开口垫圈　3—定位钉　4—螺杆　5—定位套　6—定位键

7—钻套　8—钻模板　9—夹具体　10—弹簧　11—夹紧螺母　12—盖板

当松开螺母 11，螺杆 4 在弹簧 10 的作用下左移，钩形开口垫圈松开，并将垫圈转位 90°即可卸下工件。钻套 7 用以确定钻孔的位置，并引导钻头进给。

（2）夹具装配工艺过程

1）清点和清洗待装配的各零件，去毛刺、倒锐边。

2）检验各主要零件的质量。

3）定位键 6、盖板 12 装于定位套 5 上。

4）将定位套组件装入夹具体 9 的孔内，保证配合精度以及定位键的对称平面与定位套轴线在同一竖直平面内，然后用螺钉紧固在夹具体上。

5）将钻套 7 压入钻模板 8 中，调整钻模板组件使钻套轴线与定位套轴线在同一竖直平面内，并保证钻套轴线与定位套的定位基面的定位尺寸为（10±0.03）mm。然后用螺钉紧固在夹具体上。

6）安装弹簧 10、螺杆 4、定位钉 3、钩形开口垫圈 2、螺钉 1、夹紧螺母 11 等零件。

7）夹具检验和工件试钻削合格后，用圆柱销分别将定位套 5 和钻模板 8 与夹具体 9 进行定位。

8）作标记。

2. 组合夹具的装配

（1）工序分析

如图 8—6 所示为连接销工件，除两端面及 $2\times\phi15^{+0.027}_{0}$ mm 孔待加工外，其他各部分均已加工，本道工序要求在普通车床上精车两端面及 $2\times\phi15$ mm 孔，两端至轴肩端面尺寸为 35 mm，两孔深 30 mm，并与 $\phi(25\pm0.02)$ mm 外圆有一定的同轴度要求。

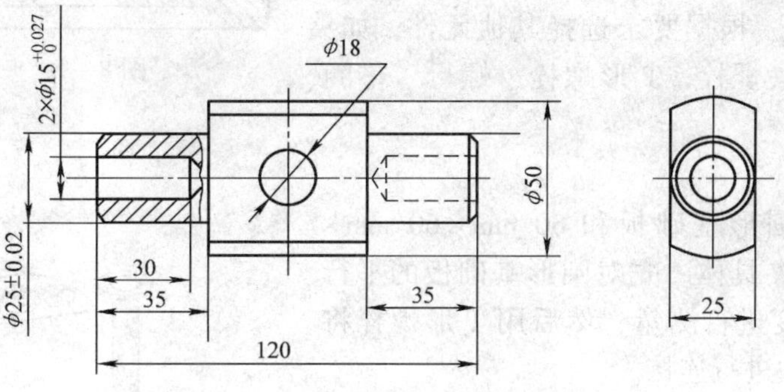

图 8—6　连接销

（2）确定组装方案

1）选择定位基准。根据工件的加工要求，工件应限制 5 个自由度。选择 $2\times\phi(25\pm0.02)$ mm 外圆及一台肩端面定位，符合定位基本原则，如图 8—7 所示。

2）选择夹具形式。根据连接销本工序的要求以及所需的设备，选择花盘与车床主轴连接、角铁支承、V 形架定位方式，如图 8—8 所示。

3）选择主要元件。根据工件的外形尺寸大小，选用 $\phi240$ mm 圆形基础板和 60 mm×60 mm×180 mm 支承角铁等元件组成夹具体，如图 8—9 所示。

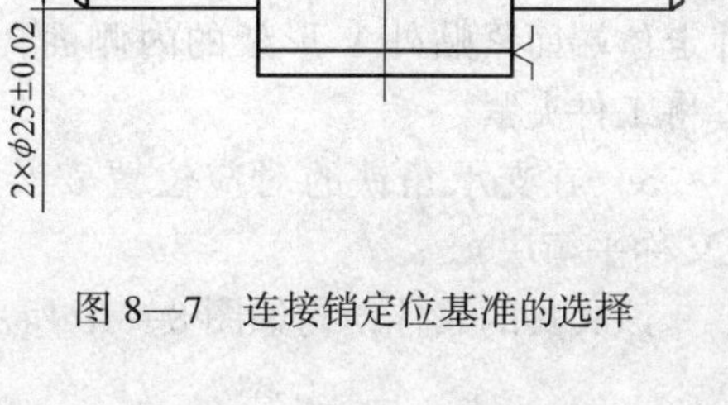

图 8—7　连接销定位基准的选择

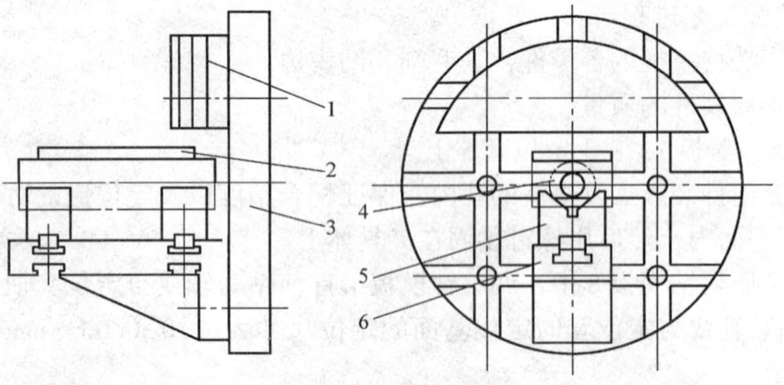

图 8—8　夹具形式示意图

1—平衡块　2—压板　3—圆形基础板　4—工件　5—V 形架　6—支承角铁

对有同轴度要求的两外圆柱面作定位基准，选用两块等高 V 形架来作为定位元件。这不仅能使工件的加工中心与圆形基础板的中心重合，并且还能保证 2×ϕ25 mm 同轴度要求。V 形架尺寸为 45 mm×30 mm×50 mm。

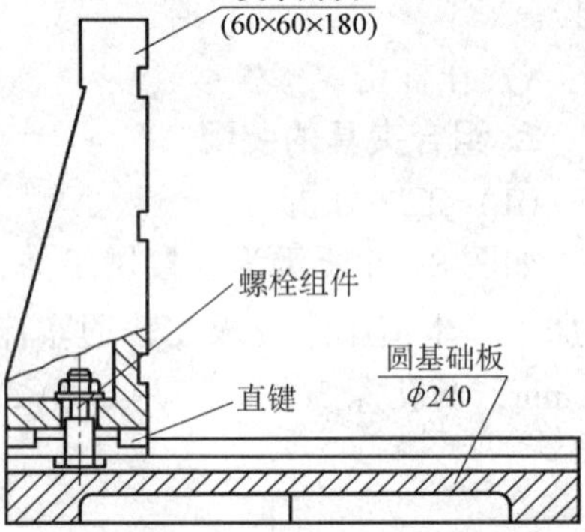

图 8—9　夹具体

4）工件的夹紧方法。由于车床夹具跟随车床主轴一起高速旋转，因而对工件的夹紧一定要牢靠。根据工件的具体情况，可用螺栓通过工件中 ϕ18 mm 孔及压板、垫圈、螺母将工件夹紧。

5）选择其他元件。根据要求选择其他元件，如夹紧压板、平衡板、双头螺栓、T 形螺栓、螺母、垫圈、定位键等。

（3）试装

1）将 ϕ240 mm 圆形基础板和 60 mm×60 mm×180 mm支承角铁组成夹具体。先对圆形基础板的平行度和支承角铁的垂直度进行测量，然后用 T 形螺栓将圆形基础板与支承角铁进行连接。

2）在支承角铁上安装定位元件。将两块等高 V 形架通过定向键及螺钉定位固定在支承角铁上（定向键一半装在 V 形架的凹槽内，并用螺钉紧固，另一半装在角铁支承的 T 形槽内）。

3）在支承角铁的对称中心安装双头螺栓（夹紧工件用），并用螺母锁紧。

4）将工件套入双头螺栓并放置在 V 形架上，使工件定位端面紧贴外 V 形架的内侧面，然后用压板和螺母将工件夹紧。

5）在支承角铁的对应位置安装适宜的平衡装置（又称平衡块）。

该夹具的具体结构如图 8—10 所示。

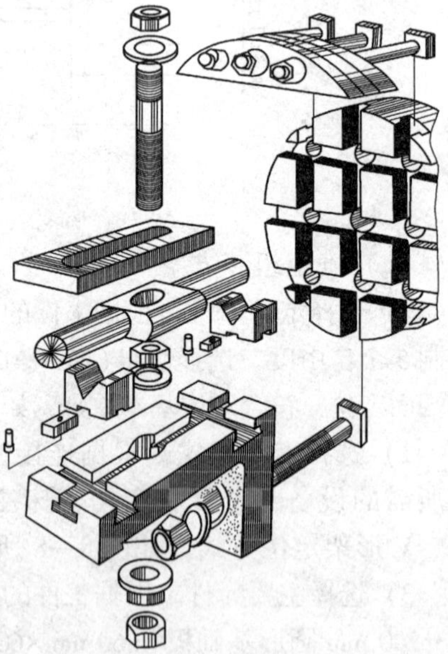

图 8—10　车削连接销工件夹具结构示意图

（4）夹具调整

1）将试装后的夹具安装到车床主轴上（可通过过渡盘连接或直接安装），保证车床主轴旋转中心线与圆形基础板工作面垂直。

2）用百分表（或杠杆百分表）检测工件 $\phi(25\pm0.02)$ mm 外圆柱面的圆跳动，通过精调支承角铁的位置确保工件 $\phi(25\pm0.02)$ mm 外圆中心线与主轴旋转中心线同轴，如图8—11所示。

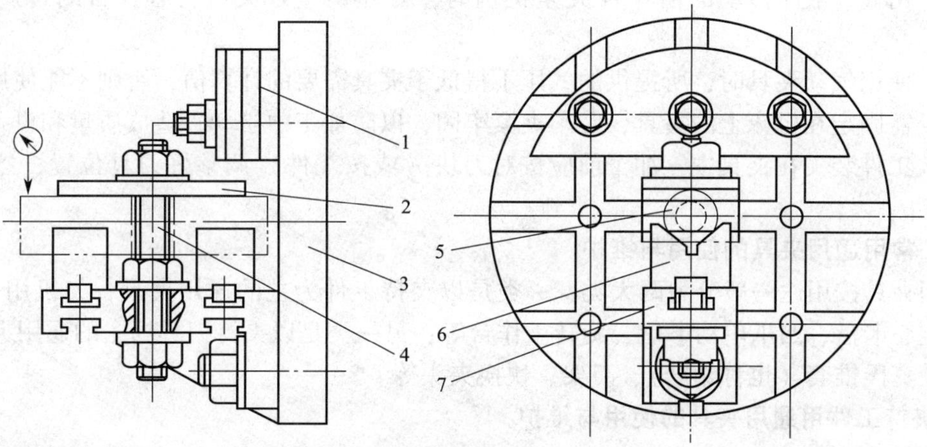

图 8—11　车削组合夹具检测及装配图

1—平衡块　2—压板　3—圆形基础板　4—双头螺栓组件　5—工件　6—V 形架　7—支承角铁

3）调整平衡块的位置，使组合夹具达到静平衡。

（5）检测

在夹具的各部分均紧固后，再系统地检查一次，然后进行试加工工件验证夹具的装配精度。

组合夹具在组装和调整各元件时，应注意各元件间都应预先安装定位 T 形键或定向键（除部分连接元件外）。键的放置可根据需要或夹具体的结构，在纵向及横向进行双向定位。若任选一个方向定位时，则应选择长的方向定位，定位面越长，定位精度越高。

课题二 夹具的使用与维护

一、夹具使用与维护的基本要求

正确地使用和维护夹具对保证产品质量、延长夹具使用寿命、降低生产成本是非常重要的。因此，对夹具的使用和维护应做到：

（1）在安装工件（或毛坯）前，要仔细检查夹具定位面是否清洁，防止工件与定位面

(元件）接触不良。

（2）夹具的定位面、定位元件，不得磕碰、敲击，以防损坏。

（3）要经常清除夹具工作机构中的切屑和油污，并定期润滑。对气动夹具的气缸，要保持清洁，减少锈蚀。

（4）不可加长螺旋夹紧机构的手柄来增大夹紧力，以免造成工件变形，影响工件加工质量，并防止损坏夹具。

（5）用气、液压传动的活塞杆夹紧机构时，必须调整好夹紧行程，否则将影响夹紧效果。

（6）使用气动夹具时，所提供的气压不得低于夹具需要的计算值，否则不能使用。

（7）需固定在机床上的夹具，必须夹紧牢固，以防加工中松动，造成质量和设备事故。

（8）工件装夹在夹具中，加工前应按对刀块（或按工件）调整好刀具位置，然后方可进行加工。

二、常用通用夹具的使用与维护

通用夹具按用途一般分为两大类，一类是以夹持工件为主的通用夹具，如机用平口钳、三爪自定心卡盘、四爪单动卡盘、旋转工作台等；另一类是以夹持刀具为主的通用夹具，如钻夹头、莫氏锥套（也称钻套）、刀架、快换夹头等。

1. 夹持工件用通用夹具的使用与维护

（1）机用平口钳

机用平口钳有普通精度的平口钳、精密平口钳、可倾平口钳和快速夹紧平口钳等，如图8—12所示。其中精密平口钳几何精度高，适用于坐标镗床、平面磨床和工具磨床等。可倾平口钳主要是指万能平口钳，它可在水平（360°）、垂直（0~90°）两个平面内回转，适用于万能工具铣床、工具磨床及平面磨床等。快速夹紧平口钳适用于成批和单件生产。

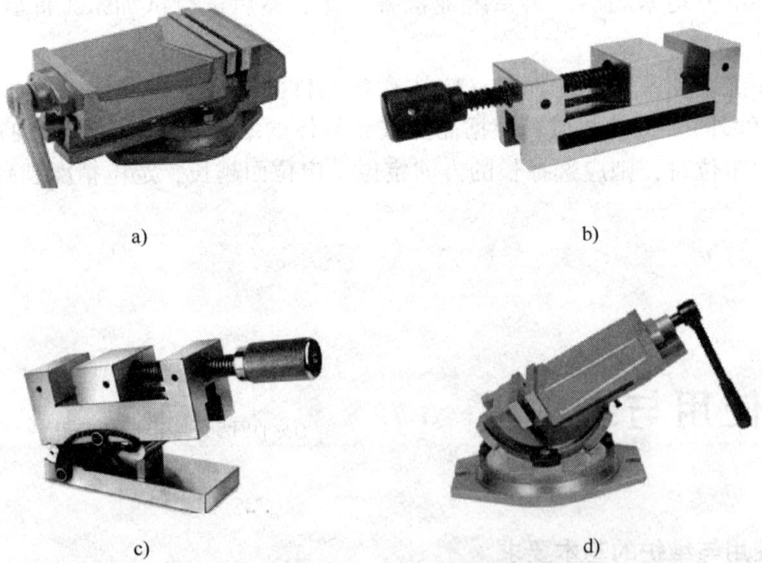

图8—12　机用平口钳

a）普通机用平口钳　b）精密机用平口钳　c）可倾正弦平口钳　d）可倾机用平口钳

机用平口钳属于机床附件，其常用规格系列见表8—4。

表 8—4　　常用机用平口钳系列参数　　mm

参数 \ 名称 / 规格	普通平口钳						精密平口钳		可倾平口钳	
	100	125	136	160	200	250	60	80	100	125
钳口宽度	100	125	136	160	200	250	60	80	100	125
钳口最大张度	80	100	170	125	160	200	50	60	80	100
钳口高度	38	44	36	50	60	60	30	34	36	42
定位键宽度	14		12	18			10		14	

机用平口钳的使用应做好以下工作：

1）使用前、后均应将各部位，尤其是活动部位擦净、上油。

2）钳口和底面精度较高，使用中应严加保护，避免磕碰和划伤。

3）当所夹持的工件需要找正时，应先轻轻预夹住，待找正后，再将工件夹紧，切不可在夹紧后猛击工件找正。

4）应根据工件的大小选择合适的机用平口钳，防止因扭矩过大而造成事故。

（2）三爪自定心卡盘

三爪自定心卡盘如图 8—13 所示，使用时应注意以下几点：

1）使用中要注意保护，避免磕碰和划伤。

2）使用前后均应将各部位，尤其是移动的三爪处擦净、上油。

3）根据工件的大小，选择适当规格的卡盘。

4）三爪张开或夹紧，要用专用扳手，严禁用其他工具击打。

5）若装夹时有阻滞现象应及时拆开清洗或修整毛刺，装入卡爪时要按标记顺序依次装入。

图 8—13　三爪自定心卡盘

2. 夹持刀具用通用夹具的使用与维护

（1）钻夹头

钻夹头主要用来装夹各种直柄刀具，如图 8—14 所示，使用时应注意以下几点：

图 8—14　钻夹头

1）使用时，应根据钻夹头的规格（夹持范围）来夹持直柄刀具。

2）钻夹头的夹紧和松开，一定要用专用扳手，不可用其他物件击打。

3）钻夹头的活动部位，要经常擦净，加油润滑。

（2）莫氏锥套

1）莫氏锥套可在钻床、车床等设备上装夹各种带莫氏锥柄的刀具，其内外锥分别与刀具和机床主轴内锥相配，因此，使用前要先检查，擦净后用手套上即可，切不可击打。

2）使用后，应擦净上油，妥善存放，防止磕碰。

3）卸锥套或刀具时，一定要用专用楔铁。锥套的内、外锥一旦有磕伤或拉痕，要及时用刮刀或细油石修复。

三、常用专用夹具的使用与维护

1. 钻床夹具的使用与维护

钻床夹具的使用与维护工作，主要是正确地将钻床夹具（即钻模）安装在钻床工作台及主轴上，此外，还应正确地选用钻套、确定钻套端面与工件表面间的距离和正确地使用钻模板。

（1）钻模板的分类与使用

钻模板是钻床夹具上的重要组件，主要用来安装钻套，有的还兼有夹紧功能，故应有一定的刚度和强度，常用的有以下几种。

1）固定式钻模板。如图 8—15 所示为常见的几种固定式钻模板结构。其中，图 8—15c 所示钻模板与夹具体多采用圆锥销定位及螺钉紧固结构，该钻模板可在钻配时调整位置，因而使用较广泛。固定式钻模板结构简单，钻孔精度高。但这种结构对某些工件而言，装卸不太方便。

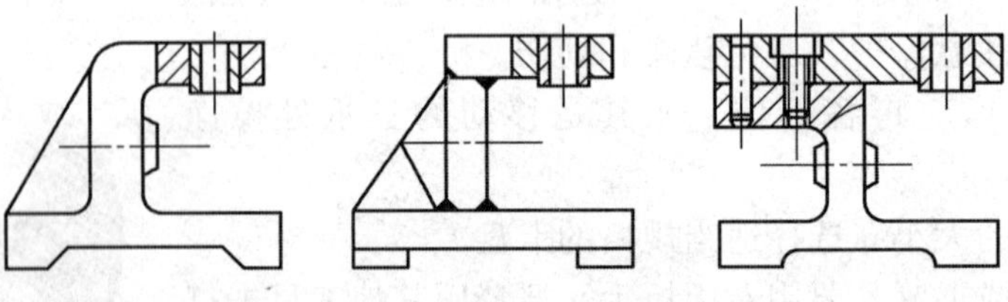

图 8—15　固定式钻模板

a）整体式　b）焊接式　c）装配式

2）铰链式钻模板。当钻模板妨碍工件装卸或钻孔后需攻螺纹时，可采用如图 8—16 所示的铰链式钻模板。由于铰链销孔间存在着配合间隙，因此，铰链式钻模板不适合于钻孔位置精度较高的场合。

3）可卸式钻模板。如图 8—17 所示，可卸式钻模板以两孔在夹具体上的圆柱销 2 和削边销 4 上定位，然后用铰链螺栓将钻模板和工件一起夹紧。在加工完一个工件后，将模板卸下，然后才能装卸工件。使用这类钻模板，装卸钻模板较费力，钻套的位置精度较低，故一般多在使用其他类型钻模板不便于装夹工件时采用（可用于较大工件的钻、扩、攻螺纹等多种工序的加工）。

（2）钻模板的选用

一般情况下钻模板的选用应做到以下几点：

1）在保证钻模板有足够刚性的前提下，要尽量减轻其重量。在实际使用中，钻模板的厚度根据钻套高度而

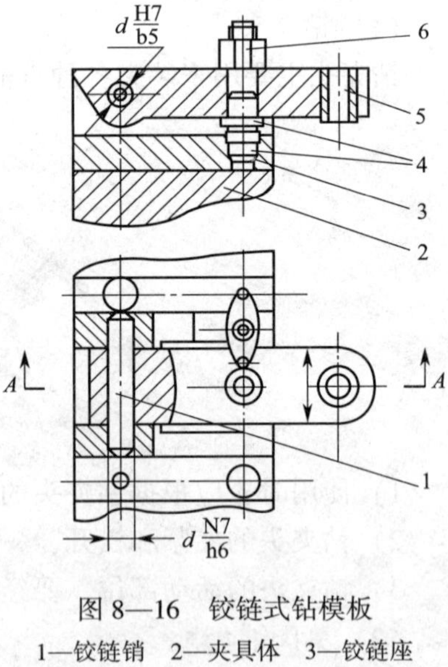

图 8—16　铰链式钻模板

1—铰链销　2—夹具体　3—铰链座

4—支承钉　5—钻模板　6—菱形螺母

定，一般在 15~30 mm。如果钻套较长，可将钻模板局部加厚，加强钻模板的周边以及合理布置加强筋，以提高其刚性。此外，钻模板一般不宜承受夹紧力。

2）钻模板上安装钻套的孔与定位元件的位置应具有足够的精度。

3）焊接结构的钻模板往往因焊接内应力不能彻底消除，而不易保证精度。当工件孔距公差大于±0.1 mm时方可采用。若其孔距公差小于±0.05 mm时，应采用装配式钻模板。

（3）钻套的分类与使用

钻套是钻模上的重要元件，它安装在钻模板或夹具体中。其作用是确定被加工工件上孔的位置，引导钻头、扩孔钻或铰刀，以防止其在加工过程中发生偏斜，并增强刀具系统刚性。钻套的结构和尺寸已经标准化，其结构类型常用的有以下四种。

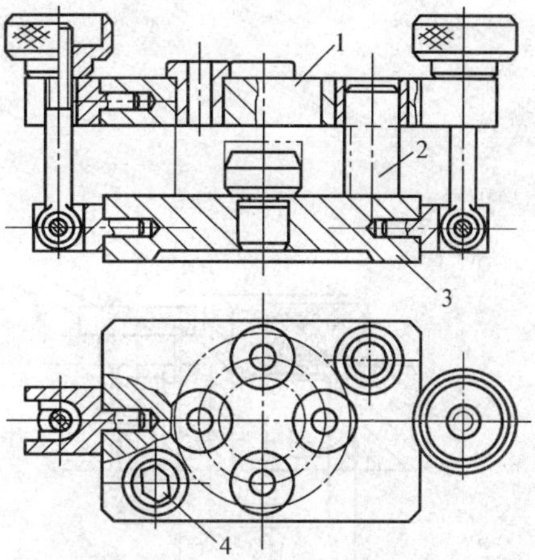

图 8—17　可卸式钻模板

1—钻模板　2—圆柱销　3—夹具体　4—削边销

1）固定式钻套。其结构如图 8—18 所示，分为无肩式（A 型）和有肩式（B 型）两种。有肩式主要用于较薄的钻模板，它是利用台肩端面使钻套轴心线与钻模板保持垂直。固定式钻套采用 H7/n6 配合压装在钻模板孔内，一般磨损后不便更换，多用于生产批量较小的单工步孔的加工。

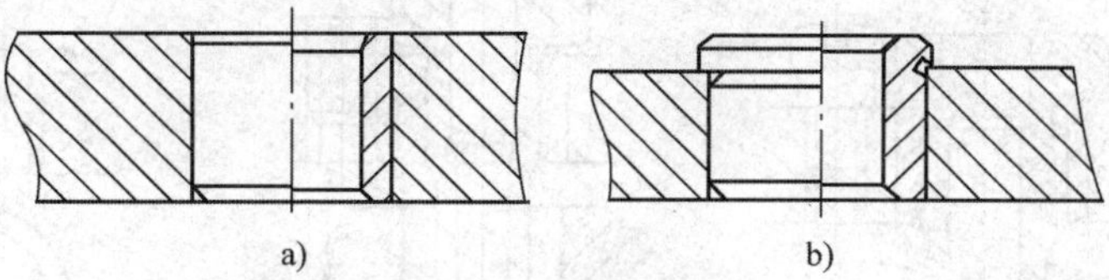

图 8—18　固定式钻套

a）无肩式　b）有肩式

2）可换式钻套。在单工步孔加工大批量生产中，为了便于更换磨损的钻套，可选用可换式钻套，如图 8—19 所示。它的凸缘上有台肩，钻套螺钉的圆柱头压在此台肩上，可防止钻套转动或在退刀时随刀具带出。当钻套磨损后，只要卸下螺钉，便可取出钻套进行更换。对更换频繁的钻套，为了保护钻模板不被损坏，应将可换式钻套以 F7/m6 或 F7/k6 配合要求装于衬套中，再将衬套以 H7/n6 配合要求压配于钻模板孔内。

3）快换式钻套。如图 8—20 所示为快换式钻套的结构。当被加工孔需依次进行钻、扩、铰等多种工序时，由于刀具直径逐渐增大，应使用外径相同而内径不同的钻套来引导刀具，这时采用快换钻套可减少更换钻套时间。快换式钻套的有关配合要求与可换式钻套相同。其特点是更换钻套时，不必拧出螺钉，只要将钻套削边转至螺钉处，就可迅速取出钻套进行更换。

4）非标（特殊）钻套。对于形状或被加工孔位置特殊的工件，需要选用相应特殊结构的钻套，如图 8—21 所示为几种特殊钻套的结构。其中图 8—21a 所示用于斜面或圆弧面钻

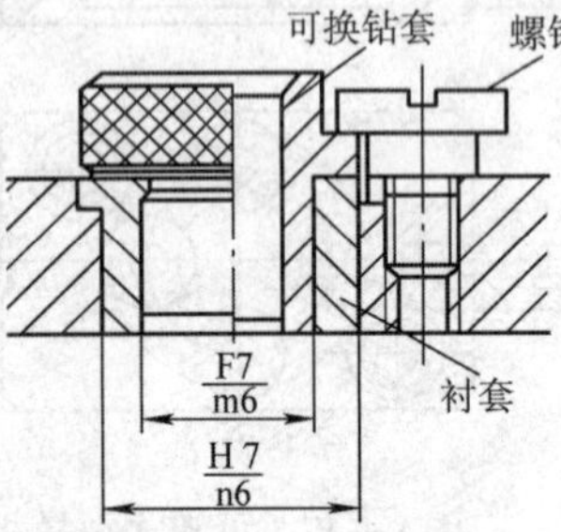

图 8—19　可换式钻套

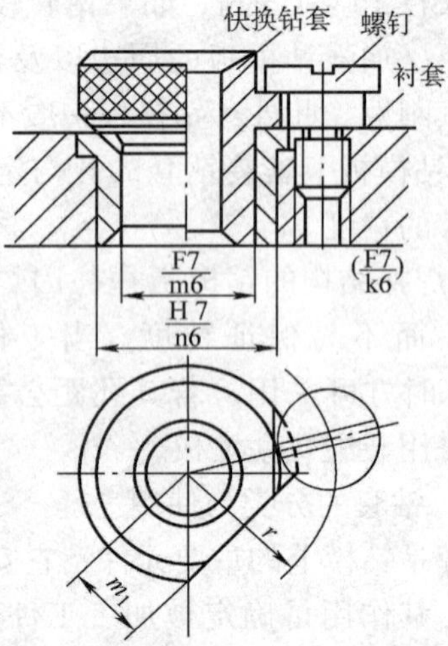

图 8—20　快换式钻套

孔，排屑空间为 $h<0.5$ mm，可增加钻头刚性，避免钻头的引偏或折断，在斜面上钻孔，可防止钻头切入时引偏甚至折断；图 8—21b 所示为加长钻套，用在钻模板下端不能靠近加工表面时，为减少刀具与钻套的摩擦，可将钻套引导高度 H 以上的孔径放大；图 8—21c 所示因两孔孔距太小，为便于装配和制造，将两个导向孔加工在同一钻套体上。

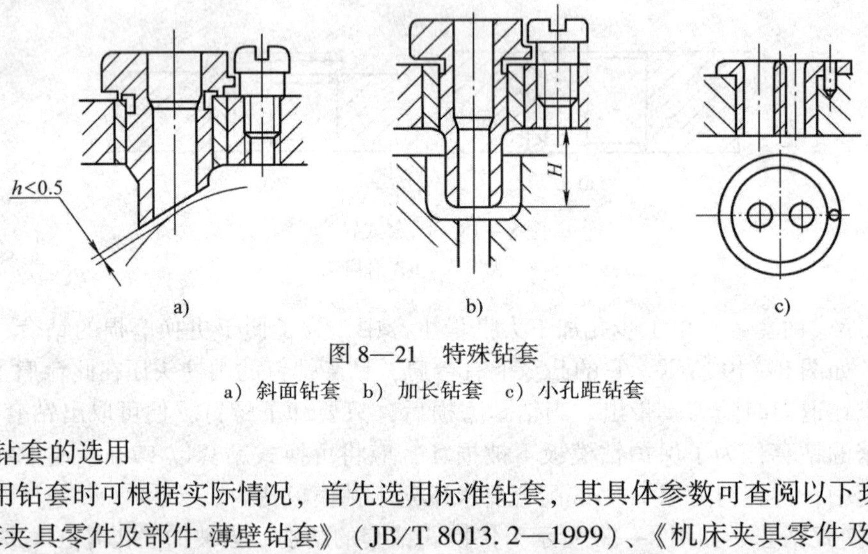

图 8—21　特殊钻套

a）斜面钻套　b）加长钻套　c）小孔距钻套

（4）钻套的选用

在选用钻套时可根据实际情况，首先选用标准钻套，其具体参数可查阅以下现行相关标准：《机床夹具零件及部件 薄壁钻套》（JB/T 8013. 2—1999）、《机床夹具零件及部件 固定钻套》（JB/T 8045. 1—1999）、《机床夹具零件及部件 可换钻套》（JB/T 8045. 2—1999）、《机床夹具零件及部件 快换钻套》（JB/T 8045. 3—1999）、《机床夹具零件及部件 钻套用衬套》（JB/T 8045. 4—1999）、《机床夹具零件及部件 钻套螺钉》（JB/T 8045. 5—1999）。

（5）钻床夹具的使用要点

1）在立式钻床工作台上安装固定式钻模时，应校正夹具的安装位置，以便保证夹具的正常使用。

2）对翻转式和移动式钻模，为了确保夹具放置平稳，减少夹具与工作台面的接触面积，可在夹具体上设置支脚。通常支脚设置4个，其形式有铸造结构、焊接结构和装配结构等几种，每个支脚的尺寸应大于机床工作台T形槽的宽度，以便使夹具安装平稳。

3）当工件的被加工孔径大于10 mm时（特别是钢制件），其夹具体应有专供夹压用的凸缘或凸台。

4）翻转式钻模适用于加工中小件，包括工件在内的总质量不宜超过10 kg，否则，应采用有分度装置的钻模。如能与通用回转台配合使用，则效果会更好。

5）当在一般的中型工件某一平面上加工若干个任意分布的平行孔系时，宜用固定式钻模在摇臂钻床上加工。如生产批量较大，则可在立式钻床或组合机床上采用多轴传动头进行加工。

6）对于孔距精度要求较高（小于±0.015 mm）时，宜采用固定式钻模板和固定钻套进行加工。

7）钻模板和夹具体为焊接结构的钻模，因焊接应力不能彻底消除，精度不能长期保证，故一般只在工件孔距公差要求不高（大于0.15 mm）时采用。

（6）钻床夹具的调整

钻床夹具的调整主要是指通过导向元件（钻套）来调整夹具与刀具的位置，其具体做法如下：

1）在台式钻床上钻孔时，若孔径较小或孔数多，一般不固定夹具，靠夹具座在工作台上滑移来调整刀具和导向套的位置。

2）在立式钻床上加工工件时，夹具一般先根据需要将刀具和钻套的位置对好，然后再紧固在工作台上进行使用。

3）在摇臂钻床上加工工件时，夹具安装在工作台上，靠摇臂的转动和主轴箱移动来调整刀具和各导向钻套的位置。

2. 车床夹具的使用与维护

（1）车床夹具的使用要点

1）所用车床夹具结构，应尽可能使其重心靠近主轴，以便减轻主轴轴承的磨损，减小振动对工件加工质量的影响。此外，还应便于工件的装卸和测量，能顺利地排出和清理铁屑。

2）对角铁式、花盘式及偏重的结构不对称车床夹具，应设置平衡块，以减少由离心力产生的振动和主轴轴承的磨损。

3）当采用螺旋夹紧装置时，应考虑增设弹簧垫圈或使用锁紧螺母，以防止夹紧松动。

4）对于加工轴套、盘类工件，应采用定心式车床夹具或心轴式车床夹具。而对于壳体、支座等非规则零件，则用角铁式车床夹具或花盘式车床夹具。

5）对于径向尺寸较小的车床夹具，一般通过锥柄安装在车床主轴锥孔中，并用螺栓拉杆拉紧，这种安装方式定心精度较高。

6）对于径向尺寸较大的车床夹具，一般可通过过渡盘与车床主轴轴颈连接，这种连接一般取决于车床主轴的前端结构。连接时必须有可靠的防松装置，以防倒车时使过渡盘与主轴的连接松脱。

（2）车床夹具的调整

1）车床用夹具心轴，一般以中心孔定位，不必调整床头和尾座顶尖。

2）车床用镗孔夹具，须找正夹具基准面与主轴中心线垂直度和镗孔回转中心线与主轴回转中心线的重合精度。其调整方法是：先在夹具体回转中心加工一个找正用的定心孔，然后在机床主轴孔内装一定位轴，使轴回转中心与夹具体回转中心位置相吻合。

3. 铣床夹具的使用与维护

（1）铣床夹具的使用要点

1）为了确定夹具相对于刀具的位置，铣床夹具上设有对刀装置（一般为对刀块），其位置常设在铣刀开始切入的一侧，以便于操作和观察。

2）为了确定和调整夹具相对于铣床工作台轴线的位置，在夹具体底面设置有两个定位键，且间距越大定位精度就越高。定位键与夹具体的配合多采用 H7/h6。对于高精度或重型铣床夹具，可在夹具体侧面设置一个找正面来确保准确定位。

（2）铣床夹具的调整

铣床夹具的调整主要有两项内容：

1）夹具安装后，为了保证工件加工部位与某一个走刀方向平行，须用百分表找正调整夹具体侧面（基准）精度，要求具有较高的定位面。

2）在铣夹具上装对刀块，用塞尺调整铣刀与对刀块的间隙，使刀具有正确的位置。

四、组合夹具的使用与维护

1. 组合夹具的使用范围

组合夹具适用于产品变化较大的生产，如新产品开发、研制，单件小批量生产及临时突击性生产；可用于车、铣、刨、镗、磨、钻及检验等工序。

组合夹具各元件间的配合尺寸公差一般为 IT7 级，因此，采用组合夹具，工件加工精度一般可达 IT8。

2. 组合夹具的使用特点

组合夹具具有以下使用特点：

（1）灵活多变，能迅速根据工件不同加工要求，提供各种定位夹紧形式，缩短生产周期。

（2）保证加工质量，提高生产率。

（3）使用后便于拆卸、清洗和存放。

（4）可重复使用，大大节省了人力和物力。

（5）制造成本较高。

3. 组合夹具的使用规范

工件加工质量的优劣不仅取决于夹具结构和精度，而且还取决于夹具的正确使用。

（1）按夹具规定的起重件进行搬运和吊装，并严格防止碰撞，以免损坏夹具零件和精度。

（2）安装夹具前，应将机床与夹具的连接部分擦拭清洁，以免影响安装精度和加工质量。

（3）装夹工件时，应将工件和夹具的定位面擦拭干净，保证其接触良好，如有毛刺应及时去净。

（4）不使用接长的套筒和扳手，以免损坏夹具或把工件压坏。

（5）校正夹具时，不能用铁锤敲击夹具，如需要敲击，可用铜锤或木榔头等敲击工具。

（6）为了保证夹具的精度，非专业技术人员不得随意自行装拆、修改和调整。

（7）使用夹具加工后的第一个工件，应进行首次检查，合格后方可投入正式使用。

（8）使用完毕后，应将切屑、切削液或油污擦干净，涂上防锈油脂，以免生锈后丧失精度。

技能训练

一、专用夹具的装配

1. 训练课题

铣床夹具的装配与检验。（注：可根据实际生产项目确定训练课题。）

2. 训练图样

如图 8—22 所示为铣床夹具装配图。

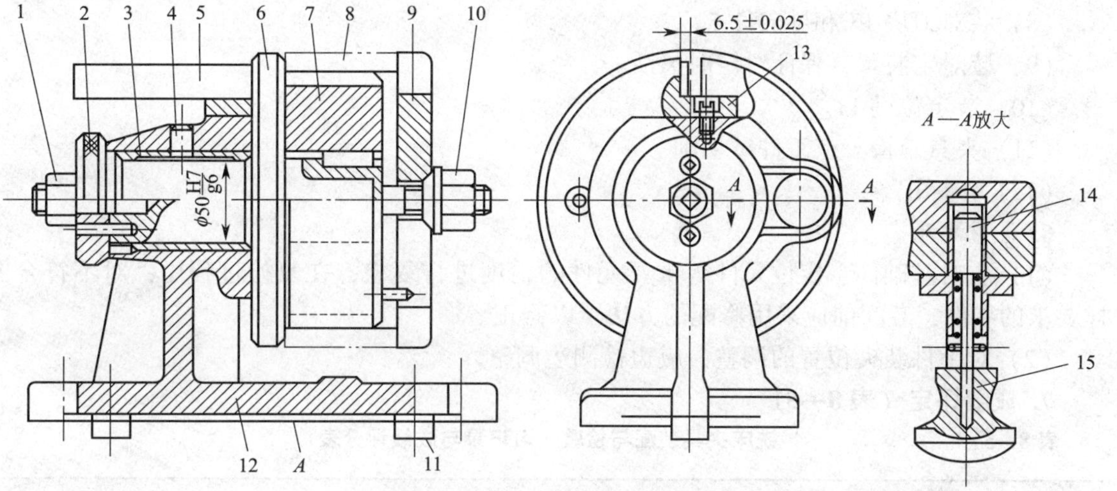

图 8—22　轴瓦铣开夹具

1—螺母　2—调整螺母　3—轴套　4—油杯　5—导向件　6—带轴分度盘　7—定位套　8—工件　9—开口压板垫圈　10—螺母　11—定位键　12—夹具体　13—对刀块　14—定位销　15—对定装置

3. 训练要求

（1）熟知专用夹具的基本组成及各零部件的功用。

（2）熟悉夹具装配的基本工艺规范，并能按照夹具总装图的技术要求拟定装配方案，确定装配工艺规程。

（3）能完成中等复杂程度夹具的装配，并具备修整、调试和维护保养机床夹具的能力。

4. 训练准备

（1）夹具工作原理分析

如图 8—22 所示为带分度装置的轴瓦铣开夹具。工件 8 在带轴分度盘 6 的端面和定位套 7 上定位，旋紧螺母 10 通过开口压板垫圈 9 将工件压紧。当铣开轴瓦的第一个口后，松开螺母 1，拔出定位销 14，将带轴分度盘 6 连同夹紧的工件一起转过 180°，并将定位销 14 插入带轴分度盘 6 的另一个对定孔中，再拧紧螺母 1，将带轴分度盘 6 锁紧。当工件的第二个开口铣削完工后，松开螺母 10，卸下开口压板垫圈 9，取下工件，即完成轴瓦的铣削加工。

（2）训练备料

清洗油盘及清洗液（如煤油等）、刮刀、显示剂、丝锥、扳手、润滑机油、直角尺、百分表等。

5. 训练步骤

（1）清点和清洗装配的各种零件，去毛刺，倒锐边。

（2）检验各主要零件的质量。

（3）刮削夹具体 12 底面 *A* 及轴套 3。轴套 3 刮削后压入夹具体孔内，油槽位置向上。

（4）钻、扩、铰油杯孔并装入油杯 4。钻、攻螺纹，并装入轴套骑缝螺钉。

（5）在带轴分度盘 6 上压入支承定位套 7 的对定销套及平键，然后装入轴套 3 孔内，并保证配合为 H7/g6。

（6）装调整螺母 2 与定位销及螺母 1。

（7）装定位套 7、开口压板垫圈 9 和螺母 10。

（8）装对刀块 13 和导向件 5。

（9）装对定装置，保证对定时灵活。

（10）装定位键 11。

（11）夹具总检验或工件试切削。

（12）作标记。

6. 注意事项

（1）应对基础件、定位元件等重要元件的精度进行复检，在复检过程中，对不符合图样要求的零件，装配前应采用修配的方法予以修正。

（2）对工件装夹位置的调整，应边检测边调整。

7. 成绩评定（表 8—5）

表 8—5　　铣床夹具装配与检验实习记录与成绩评分表

训练课题	铣床夹具装配与检验				
姓名		班级	工件号		总得分
项次	项目与技术要求	配分	评分标准	实测结果	得分
1	夹具工作分析	6	分析正确		
2	装配工艺方案	6	方案合理、工艺合适		
3	装配前的准备工作	6	准备充分、步骤完整		
4	带轴分度盘的装配与检验	6	测量与观察		
5	定位套的装配与检验	6	测量与观察		
6	对刀块与对定装置的装配与检验	10	装夹工件并试加工		
7	夹具总体检验及工件的试切削	15	测量与观察		
8	装配操作符合要求	15	按操作规程评定		
9	装配后各项技术指标符合图样要求	10	测量与使用		
10	工时 8~10 h	10	每超 1 h 扣 2 分		
11	安全文明生产	10	违者不得分		
现场记录					

二、组合夹具的装配

1. 训练课题

组装钻孔组合夹具。（注：可根据实际生产项目确定课题。）

2. 训练图样

如图 8—23 所示为零件工序加工图样。

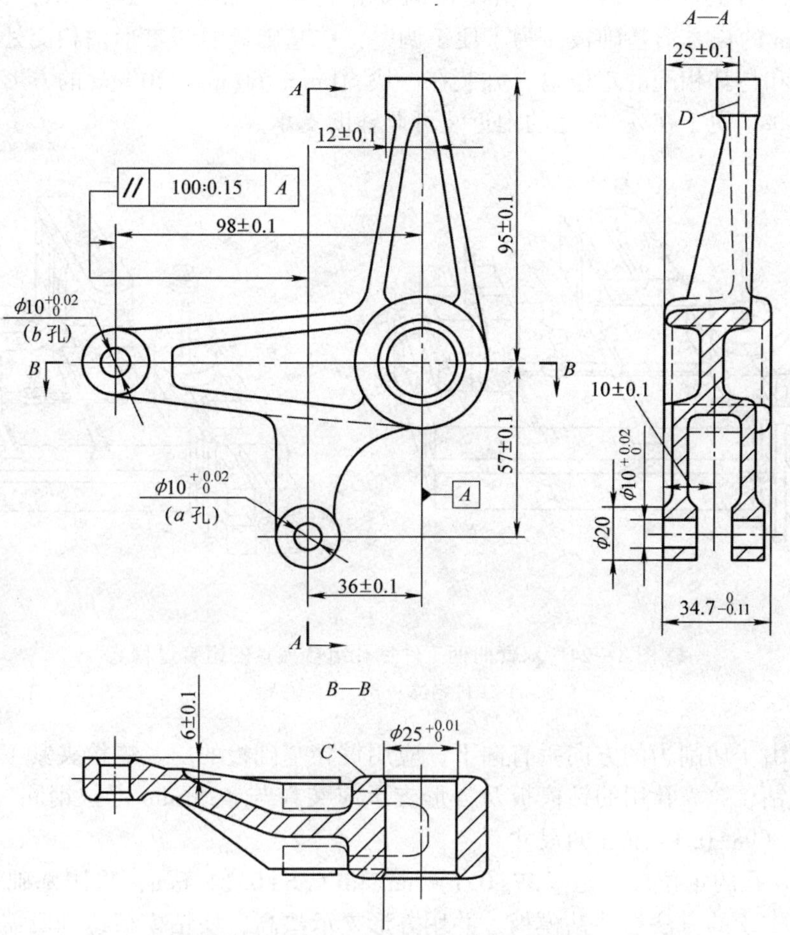

图 8—23　双臂曲柄工件的工序图样

3. 训练要求

（1）掌握组装组合夹具的工艺方法和检测手段。

（2）能按照组合夹具的应用技术要求拟定装配方案，确定装配工艺规程。

4. 训练步骤

（1）零件加工工序分析

如图 8—23 所示为双臂曲柄工件工序图样。工件上 $\phi25^{+0.01}_{0}$ mm 孔及其各平面在本工序开始前均已加工，本工序只钻、铰两个 $\phi10^{+0.02}_{0}$ mm 的孔。

（2）拟定组装方案

按定位基准与工序基准相重合的原则，确定工件的定位基准面为 $\phi25^{+0.01}_{0}$ mm 的孔及其

端面 C 和平面 D。

两个 $\phi10^{+0.02}_{0}$ mm 孔的中心分别以 $\phi25^{+0.01}_{0}$ mm 孔的中心确定。a 孔定位尺寸是（36±0.1）mm，b 孔定位尺寸是（98±0.1）mm。$\phi25^{+0.01}_{0}$ mm 孔与端面 C 共限制了工件 5 个自由度，另外平面 D 也限制了 1 个自由度，所以工件得到完全定位。

（3）试装

步骤一：根据工件尺寸和两块钻模板的安排位置，如图 8—24 所示，选用 240 mm×120 mm×60 mm 的长方形基础板。为了便于调整，在基础板的两 T 形槽相交处装 $\phi25$ mm 的圆柱形定位销和与其相配的定位盘，并装在一块 60 mm×60 mm×20 mm 的方形支承块上，以使工件装得高些，便于在 a、b 孔的附近装可调辅助支承。

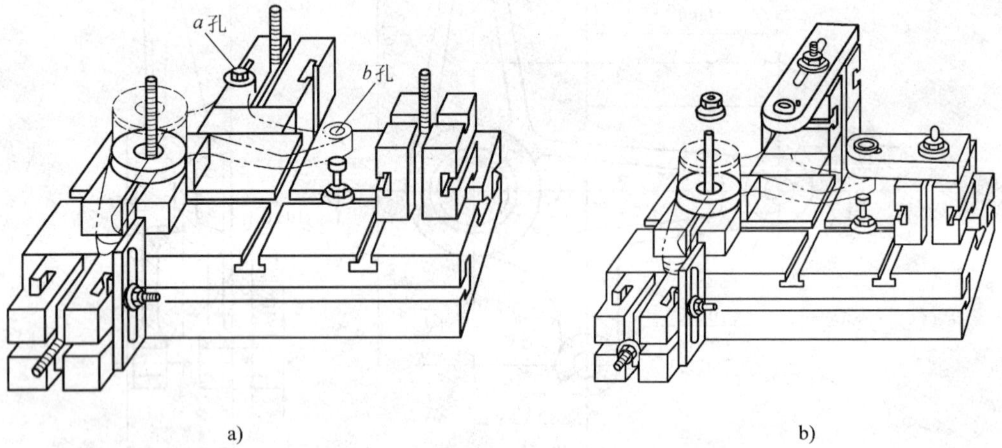

图 8—24　双臂曲柄工件钻孔组合夹具的组装过程

a）工件定位　b）工件夹紧

步骤二：由于切削力的方向垂直向下，应用贯穿基础板的压紧螺栓夹紧工件。

步骤三：钻、铰 b 孔用的钻模板及方形支承应装在与 $\phi25$ mm 定位销同一条纵向槽内，这样便于调整（98±0.1）mm 的尺寸。

步骤四：a 孔的定位尺寸是（57±0.1）mm 和（36±0.1）mm，采用基础板后侧面 T 形槽中接出方形支承的方法组装钻模板，并用方形支承垫高，使钻模板达到所需高度。两个钻套下端与工件端面的距离保持在（0.5~1）d 内（d 为加工孔的直径）。

步骤五：在基础板前侧面 T 形槽中装方形支承和伸长板，使 D 面定位。

步骤六：最后检查能否达到组合夹具的试装要求。

（4）组装

组装过程中需调整夹具，要求尺寸公差取图样相应尺寸公差的 2/10~3/10。

步骤一：清洗已选定的各种组合夹具元件。

步骤二：把方形支承、定位盘和 $\phi25^{+0.01}_{0}$ mm 定位销组装在一起，并紧固从基础板的底部贯穿的螺栓，调整 $\phi25^{+0.01}_{0}$ mm 轴心使与纵向 T 形槽同心。

步骤三：组装钻 b 孔的钻模板。在基础板上与 $\phi25^{+0.01}_{0}$ mm 同心的 T 形槽中放入定位键，并装上高度适当的方形支承，然后在上端面定位槽中放入长定位键，装上钻模板，调整好（98±0.1）mm 尺寸后由螺钉、垫圈和螺母紧固。

步骤四：组装钻 a 孔钻模板。方形支承装在基础板后侧面的 T 形槽中，然后装入可调辅助支承钉，再装上高度适当的方形支承和钻模板，均由定位键定位后用螺钉及垫圈和螺母紧固。调整时，先移动方形支承，保证纵向定位尺寸（36±0.1）mm 后将方形支承固定。然后移动钻模板，调好尺寸（57±0.1）mm，并由螺钉固定。

步骤五：组装 D 平面的定位元件。装方形支承于基础板前面的 T 形槽中。在方形支承的右侧装上伸长板，移动方形支承调整好伸长板与 $\phi25^{+0.01}_{0}$ mm 定位销的定位尺寸（12±0.1）mm，并用螺钉紧固。

（5）检验

步骤一：检验各元件夹紧是否符合要求，工件装卸是否方便。

步骤二：检验 a、b 孔与 $\phi25$ mm 定位销的定位尺寸以及（98±0.1）mm、（36±0.1）mm 和（57±0.1）mm 各尺寸。

步骤三：检验 D 面与 $\phi25$ mm 定位销的定位尺寸（12±0.1）mm。

步骤四：检验两孔钻套轴线与 $\phi25$ mm 定位销轴线的平行度误差，要求在 100 mm 内不能超过 0.15 mm。

5. 成绩评定（表 8—6）

表 8—6　　组装钻孔组合夹具实习记录与成绩评分表

训练课题	组装钻孔组合夹具				
姓名	班级		工件号	总得分	
项次	项目与技术要求	配分	评分标准	实测结果	得分
1	图样分析	8	分析正确		
2	组装工艺方案	8	方案合理、工艺合适		
3	组装前的准备工作	8	准备充分、步骤完整		
4	试装与检验	10	测量与观察		
5	组装与检验	10	测量与观察		
6	检验夹具使用情况	8	装夹工件并试加工		
7	检验各定位尺寸	8	测量与观察		
8	// 100 : 0.15 A	10	测量与观察		
9	组装操作符合要求	8	按操作规程评定		
10	组装后各项技术指标符合图样要求	8	测量与使用		
11	工时 6 h	6	每超 1 h 扣 2 分		
12	安全文明生产	8	违者不得分		
现场记录					

注：1~3 项符合评分标准得满分，否则每错一项扣 2 分，每缺一项扣 3 分；4~8 项、10 项要求装配、检测方法正确，质量控制得当，否则每错一项扣 2 分，每缺一项扣 3 分。

第九单元

模具的装配与使用

课题一 模具的装配

一、冷冲压模具的装配

根据冷冲模总装图，把所有的零件连接起来，使之成为一个整体，并达到所规定的技术要求的一种制造工艺，称为冷冲模的装配。

1. 冷冲压模具的装配技术要求

（1）装配好的模具外形尺寸、闭合高度应符合图样规定的要求。

（2）上模座的上平面与下模座的底面必须平行，一般要求在300mm长度上误差不大于0.02mm。装配好的模架，上模沿导柱上下滑动应平稳、灵活、无阻滞。

（3）凸模和凹模的配合间隙应符合图样要求，周围间隙应均匀一致；凸凹模的工作行程应符合技术要求。冲裁模具的凸模、凹模在装配前必须先用油石进行修磨。

（4）对于圆孔凹模，在钻线切割工艺孔时，应一并将漏料孔钻出（若有因工艺问题不能预先钻出的，则按工艺要求执行）。装配好的模具，落料孔或出屑槽应畅通无阻，保证制件或废料能自由排出。

（5）模柄的圆柱部分应与上模座上平面垂直；模柄装入上模座后，其轴线对上模座上平面的垂直度误差在全长范围内不大于0.05mm。

（6）装入模架的每对导柱和导套的配合间隙应符合规定要求，它们之间的相对滑动应平稳而均匀，无歪斜和阻滞现象；导柱和导套装配后，其轴线应分别垂直于下模座的底平面和上模座的上平面；装配后的导柱，其固定端面与下模座下平面应保留1~2mm的距离，选用B型导套时，装配后其固定端面比上模座上平面低1~2mm。

（7）定位装置要保证定位正确、可靠，卸料及顶件装置灵活、正确，出料孔畅通无阻，保证制件及废料不卡在冲模内。

（8）加工固定销孔时，应按钻孔→扩孔→铰孔的工艺进行。

（9）各零件外形棱边（工作棱边除外）以及销孔、螺钉沉孔必须倒角。

（10）各种附件应按图样要求装配齐全。

（11）模具在压力机上的安装尺寸需符合选用设备的要求，起吊零件安全、可靠。

（12）模具应在生产的条件下试模，试模所得制件应符合工序图要求，并能稳定地冲出合格的制件。

2. 冷冲压模具装配方案的确定

装配前必须仔细分析研究图样，根据模具的结构特点和技术要求，确定合理的装配方案。如图 9—1 所示为某冲裁模装配图，该冲模在使用时，下模座 1 部分被压紧在压力机的工作台上，是模具的固定部分。上模座 6 部分通过模柄 12 和压力机的滑块连为一体，是模具的活动部分。模具工作时安装在活动部分和固定部分上的模具工作零件必须保持正确的相对位置，能使模具获得正常的工作状态。装配模具时为了方便地将上、下两部分的工作零件调整到正确位置，使凸模 10、凹模 2 具有均匀的冲裁间隙，应正确安排上模和下模的装配顺序。否则，在装配中可能出现困难，甚至出现无法装配的情况。

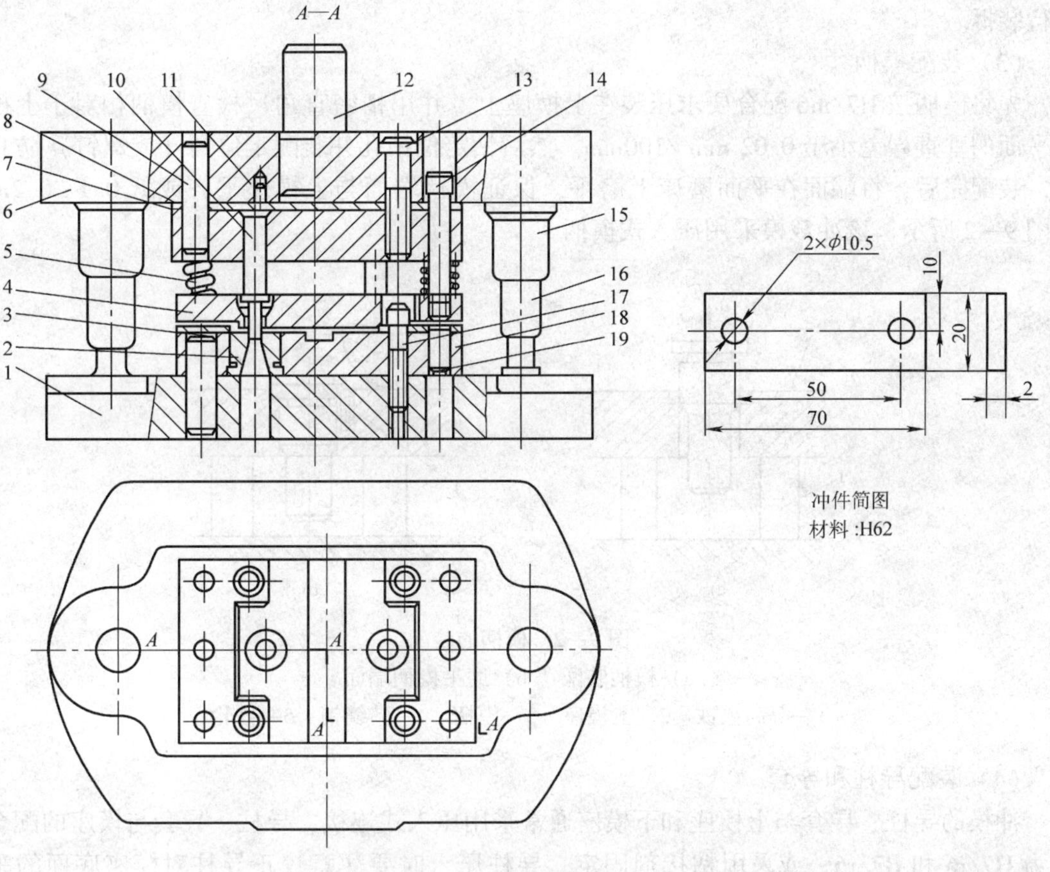

图 9—1　冲裁模装配图

1—下模座　2—凹模　3—定位板　4—弹压卸料板　5—弹簧　6—上模座　7、18—固定板　8—垫板　9、11、19—销钉　10—凸模　12—模柄　13、17—螺钉　14—卸料螺钉　15—导套　16—导柱

上模和下模的装配顺序应根据模具的结构来决定。对于无导柱的模具，凸模和凹模的配合间隙是在模具安装到压力机上时才进行调整的。上模和下模的装配顺序对装配过程不会产生影响，可以分别进行。

装配有模架的模具时，一般应先将模架装配好后，再装配模具工作零件和其他结构零件。上模和下模部分的装配顺序应根据上模和下模在装配及调整过程中所受限制的情况来决定。如果上模部分的零件在装配及调整时所受的限制最大，应先装上模部分，并以它为基准调整下模上的零件，并保证凸模和凹模配合间隙均匀；反之，则先装模具的固定部分（下模），并以它为基准调整模具活动部分（上模）的零件。

通过上述分析，该模具的装配顺序为：装配模柄→装配模架（导套、导柱装配）→装配下模部分→装配上模部分→调整与试模。

3. 冷冲压模具装配操作要点

（1）检查模具零件

装配前须认真按图样检查模具零件的加工质量，不合格的零部件不能投入使用。

（2）准备工具和量具

准备装配所需的工具和量具。装配过程中，不能用手锤直接敲打模具零件，而用紫铜棒进行装拆。

（3）装配模柄

先将模柄按 H7/m6 配合要求压装在上模座上，并用精密直角尺检查模柄相对于上模座上平面的垂直误差小于 0.02 mm /100mm。然后钻定位销孔并装配定位销（或螺钉）防止转动，装配完后，将端面在平面磨床上磨平，保证模柄端面与上模座平齐或低 0.1～0.2mm。如图 9—2 所示，该冲裁模采用压入式模柄。

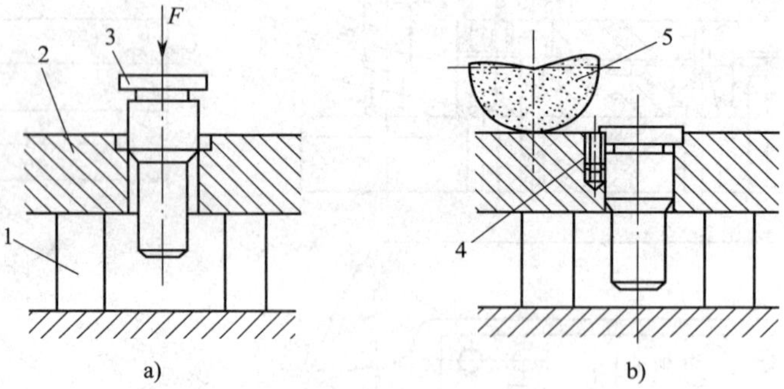

图 9—2　模柄的装配

a）模柄装配　b）磨平模柄端面

1—等高垫铁　2—上模座　3—模柄　4—骑缝销　5—砂轮

（4）装配导柱和导套

冲模的导柱、导套与上模座和下模座通常采用压入式连接，导柱、导套与模座的配合分别为 H7/r6 和 R7/r6，或采用粘接剂固定。导柱压入时要注意校正导柱对模座底面的垂直度。导柱装配后的垂直度误差采用比较测量法进行检验。

1）按导柱和导套装配的先后顺序不同，可分为先压入导柱法和先压入导套法。具体装配和检测方法分别见表 9—1 和表 9—2。

表 9—1　　先压入导柱的装配方法

序号	工序	装配简图	工艺说明
1	选配导柱和导套	—	按模架精度等级选配导柱和导套，使其配合间隙值符合技术指标

续表

序号	工序	装配简图	工艺说明
2	压入导柱	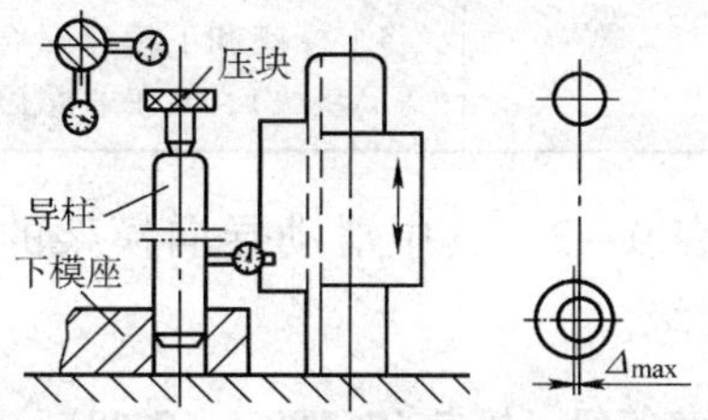	利用压力机将导柱压入下模座，压导柱时将压块放在导柱中心位置上。在压入过程中，需用百分表（或宽座直角尺）测量并校正导柱的垂直度。用同样方法压入所有导柱。但不到底，需留1~3mm
3	装导套	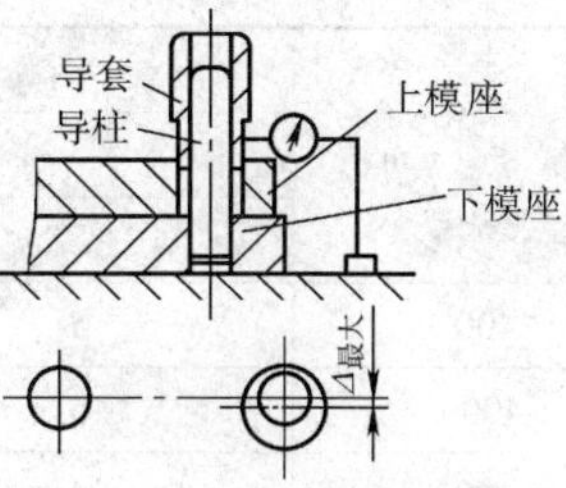	将上模座反置套在导柱上，然后套上导套，用千分表（或百分表）检查导套压配部分内外圆的同轴度，并将其最大偏差 $\Delta_{最大}$ 放在两导套中心连线的垂直位置，这样可减少由于不同轴而引起的中心距变化
4	压入导套	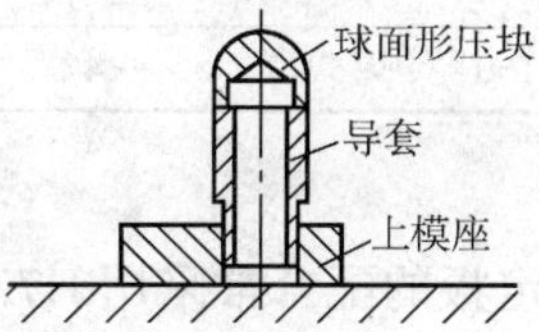	将球面形压块放在导套上，将导套压入上模座一部分。取走带有导柱的下模座，仍用球面形压块将导套全部压入上模座，端面低于上模座1~3mm
5	检验	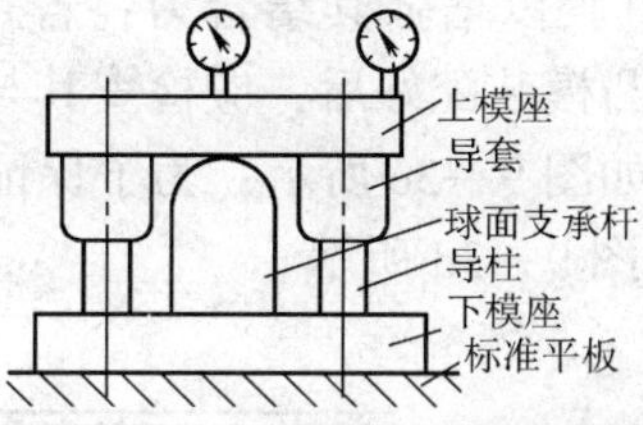	将上模座和下模座对合，中间垫上球面支承块（等高垫块），放在平板上测量模架平行度

表 9—2　　先压入导套的装配方法

序号	工序	装 配 简 图	工 艺 说 明
1	选配导柱和导套	—	按模架精度等级选配导柱和导套，使其配合间隙值符合技术指标
2	压入导套	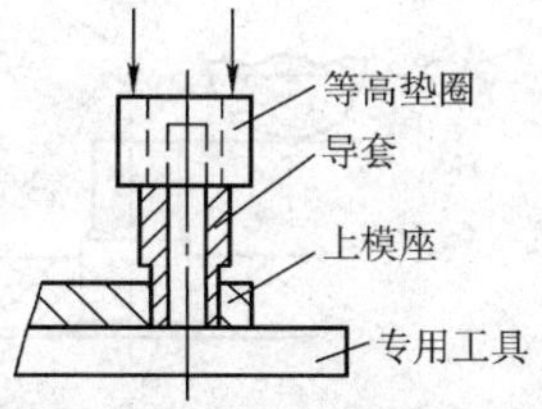	（1）将上模座放在专用工具上（此工具上的两个圆柱与底板垂直，圆柱直径与导柱直径相同） （2）将两个导套分别套在圆柱上，用两个等高垫圈垫在导套上 （3）在压力机的作用下将导套压入上模座 （4）检查压入后的导套与模座的垂直度
3	压入导柱	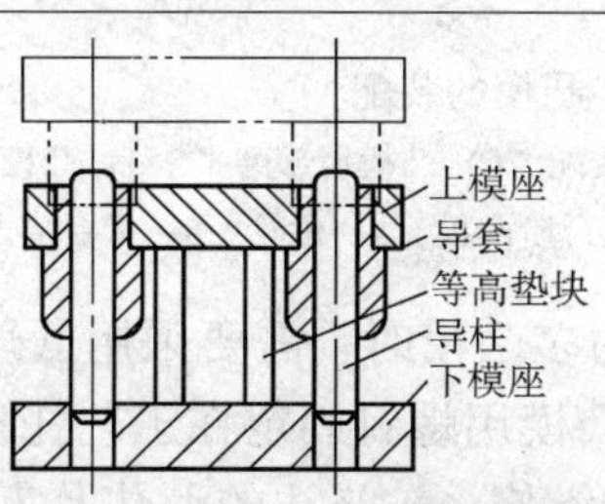	（1）在上模座和下模座间垫入等高垫块 （2）将导柱插入导套 （3）在压力机上将导柱压入下模座约5~6mm （4）将上模座提升到不脱离导柱的最高位置，然后轻轻放下，检查上模座与两等高垫块的接触松紧是否均匀，若接触松紧不一，则应调整导柱至接触松紧均匀为止 （5）将导柱压入下模座

续表

序号	工序	装配简图	工艺说明
4	检验	—	将上模座和下模座对合，中间垫上球面支承块（等高垫块），放在平板上测量模架平行度

2）装配成套的导向模架精度等级见表 9—3，其中滑动导向模架的精度分为Ⅰ级和Ⅱ级，滚动导向模架的精度分为 0Ⅰ级和 0Ⅱ级。

表 9—3　　装配成套的导向模架精度等级（摘自 JB/T8050—2008）

项	检查项目	被测尺寸（mm）	精度等级	
			0Ⅰ级、Ⅰ级	0Ⅱ级、Ⅱ级
			公差等级	
A	上模座上平面对下模座下平面的平行度	≤400	5	6
		>400	6	7
B	导柱轴心线对下模座下平面的垂直度	≤160	4	5
		>160	4	5

（5）装配凸模

装配凸模时多采用压入固定法。凸模与固定板的配合常采用 H7/n6 或 H7/m6。

1）对于无台阶的凸模，还要求涂上环氧胶以增强其结合力；若是直接用螺钉连接的，则应注意其位置准确度，并保证连接牢固。凸模装配好后，应检查其与上模板的垂直度，然后将固定板的上平面与凸模尾部一齐磨平，如图 9—3c 所示；为了保证凸模刃口锋利和平齐（指冲裁模），应将凸模的工作端面磨平，如图 9—3d 所示。

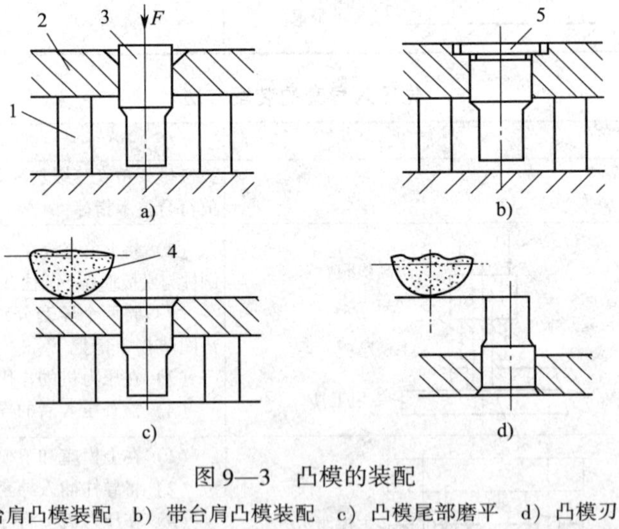

图 9—3　凸模的装配

a）无台肩凸模装配　b）带台肩凸模装配　c）凸模尾部磨平　d）凸模刃口磨平

1—等高垫铁　2—上模板　3—无台阶凸模　4—砂轮　5—带台肩凸模

2）固定复杂异形和对孔中心距要求高的多凸模时，需要采用低熔点合金固定法，如图 9—4 所示。该方法是以凹模为找正基准将各凸模用螺钉固定在工艺托板上，通过浇注低熔点合金将其固定。此方法操作简便，便于调整和维修，被浇注的型孔及零件加工精度要求较低，减轻了模具装配中各凸模、凹模的位置精度和间隙均匀性的调整工作。低熔点合金的配方可参见有关设计手册。

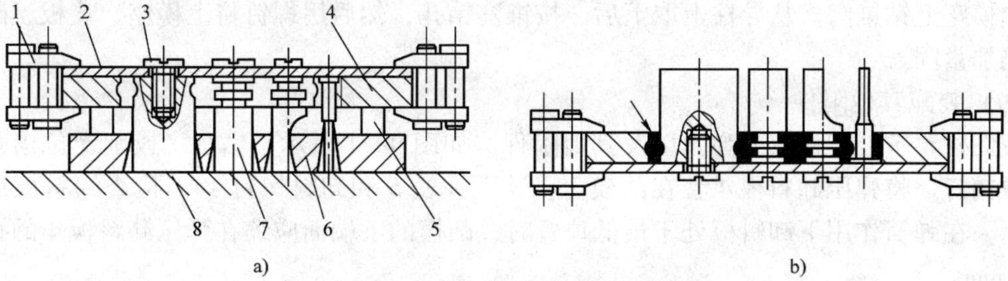

图 9—4　浇注低熔点合金法

a）固定凸模　b）浇注低熔点合金

1—平行夹头　2—托板　3—螺钉　4—凸模固定板　5—等高垫铁　6—凹模　7—凸模　8—平板

3）冲裁厚度小于 2mm 的冲模也可采用环氧树脂粘接剂固定。它是将凸模尾端放入凸模固定板孔中，用环氧树脂粘接固定，具有工艺简单、粘接强度高、不变形的优点，但不宜受较大的冲击。具体方法如图 9—5 所示。

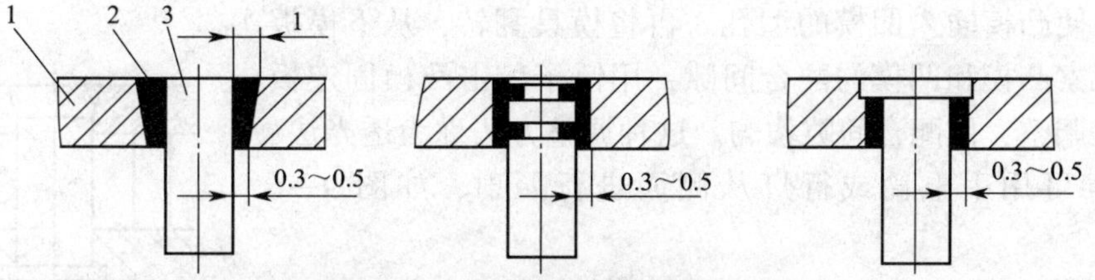

图 9—5　用环氧树脂粘接剂固定凸模

1—凸模固定板　2—环氧树脂　3—凸模

冲裁薄板的冲模还可以用无机粘接剂固定法。该粘接剂是由氢氧化铝的磷酸溶液与氧化铜粉末混合而成，将凸模粘接在凸模固定板上，其操作简单，粘接强度高，不变形，耐高温，不导电，但本身有脆性，不宜受较大的冲击力。工序顺序：清洗→安装定位→调粘接剂→用粘接剂固定。

（6）装配凹模

凹模与固定板的配合常采用 H7/n6 或 H7/m6。将组装好凹模的固定板放在下模座上，按中心线、外形或标记线找正固定板的位置，用平行夹头夹紧，通过螺钉孔在下模座上钻出锥窝。拆去凹模固定板，在下模座上按锥窝钻螺纹底孔并攻螺纹。然后重新将凹模固定板置于下模座上找正，并用螺钉紧固好，按凹模上的销孔的位置钻削并铰削下模座上的销孔，打入定位销。在组装好凹模的固定板上安装定位板。

（7）装配卸料板

卸料板起压料和卸料作用。装配时应保证它与凸模之间有适当的间隙，其装配方法如下：如图 9—1 所示，将弹压卸料板 4 套入已装在固定板上的凸模 10 内，在固定板之间垫上平行垫块，并用平行夹将它夹紧，然后按卸料板上的沉孔在固定板上钻出锥窝，拆开后按锥窝钻、攻固定板上的螺孔。

（8）装配凸模固定板

如图 9—1 所示，将已装入固定板的凸模 10 插入凹模的型孔中。在凹模 2 与固定板 7 之间垫入适当高度的等高垫铁，将垫板 8 放在固定板 7 上。粗调凸模和凹模间的相对位置后，再以导柱、导套定位安装上模座，用平行夹头将上模座 6 和固定板 7 夹紧。通过凸模固定板孔在上模座上钻锥窝。从导柱上取下后，按锥窝钻孔，然后用螺钉将上模座、垫板、凸模固定板稍加紧固。

（9）装配其他附件

按图样要求装配橡胶或弹簧以及其他附件。如图 9—1 所示，钻削、铰削定位销孔，装入定位销钉。将弹压卸料板 4 套在凸模上，装上弹簧 5 和卸料螺钉 14，检查卸料板运动是否灵活。在弹簧作用下卸料板处于最低位置时，凸模的下端面应缩在弹压卸料板 4 的孔内约 0. 5~1mm。

4. 模具间隙的检查及调整

检查凸模和凹模间隙分布是否均匀，如有偏差，应用锤子轻敲固定板的侧面，调整凸模的相对位置，使间隙趋于均匀，然后拧紧螺钉。

常用的检查及调整模具间隙的方法有透光法、测量法、垫片法、涂层法和镀铜法。

（1）透光法

调整凸模和凹模的配合间隙时，可将装好的上模部分套在导柱上，用锤子轻轻敲击固定板的侧面，使凸模插入凹模的型孔。再将模具翻转，从下模板的漏料孔观察凸模和凹模的配合间隙，用锤子敲击凸模固定板的侧面进行调整，使配合间隙均匀。这种调整方法称为透光法。为便于观察可用手电筒或行灯从侧面进行照射，如图 9—6 所示。

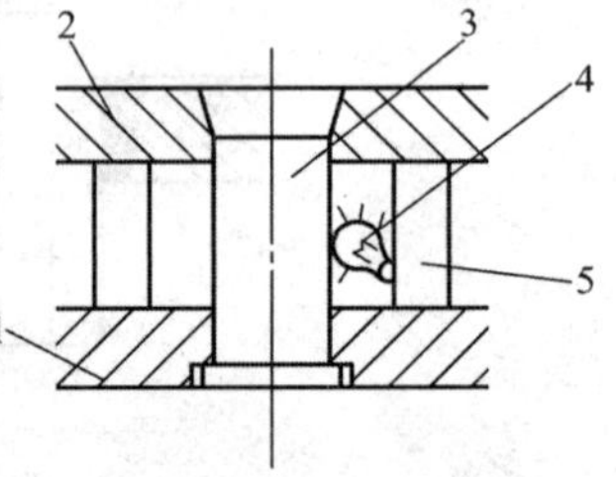

图 9—6　用透光法调整凸模和凹模的配合间隙

1—凸模固定板　2—凹模　3—凸模　4—光源　5—垫铁

（2）测量法

测量法是指将凸模插入凹模型孔内，用塞尺检查凸模和凹模不同部位的配合间隙，根据检查结果调整凸模和凹模之间的相对位置，使两者在各部分的间隙一致。测量法只适用于凸模和凹模配合间隙（单边）在 0. 02mm 以上的模具。

（3）垫片法

垫片法是指根据凸模和凹模配合间隙的大小，在凸模和凹模的配合间隙内垫入厚度均匀的纸条（易碎不可靠）或金属片，使凸模和凹模配合间隙均匀，如图 9—7 所示。

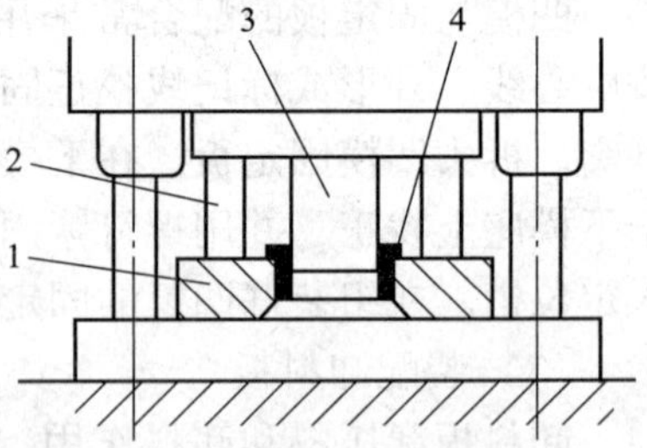

图 9—7　用垫片法调整凸模和凹模配合间隙

1—凹模　2—等高垫铁　3—凸模　4—垫片

（4）涂层法

在凸模上涂一层涂料（如磁漆或氨基醇酸绝缘漆等），其厚度等于凸模和凹模的配合间隙（单边），再将凸模插入凹模型孔，获得均匀的冲裁间隙，此法简便，对于不能用垫片法（小间隙）进行调整的冲模很适用。

（5）镀铜法

镀铜法和涂层法相似，在凸模的工作端镀一层厚度等于凸模和凹模单边配合间隙的铜层代替涂料层，使凸模和凹模获得均匀的配合间隙。镀层厚度用电流及电镀时间来控制，其厚度均匀，易保证模具冲裁间隙均匀。镀层在模具使用过程中可以自行剥落，而在装配后不必去除。

经上述调整后，以纸作为冲压材料，用锤子敲击模柄，进行试冲。如果冲出的纸样轮廓齐整，没有毛刺或毛刺均匀，说明凸模和凹模间隙是均匀的，如果只有局部毛刺，则说明间隙是不均匀的，应重新进行调整，直到间隙均匀为止。

5. 级进模的装配方法

对于级进模，由于在一次行程中有多个凸模同时工作，保证各凸模与其对应的型孔都有均匀的冲裁间隙是装配的关键所在。因此，应保证固定板与凹模上对应孔的位置尺寸一致，同时使级进模的导柱、导套比单工序导柱模有更好的导向精度。为了保证模具有良好的工作状态，卸料板与凸模固定板上的对应孔的位置尺寸也应保持一致。所以在加工凹模、卸料板和凸模固定板时，必须严格保证孔的位置尺寸精度，否则将给装配造成困难，甚至无法装配。在可能的情况下，采用低熔点合金和粘接技术固定凸模，以降低固定板的加工要求；或将凹模作成镶拼结构，以使装配时调整方便。

为了保证冲裁件的加工质量，在装配级进模时要特别注意保证送料长度和凸模间距（步距）之间的尺寸要求。

二、塑料模的装配

塑料模装配与冷冲模装配有许多相似之处，但在某些方面其要求更为严格。如塑料模闭合后要求分型面均匀密合。在有些情况下，动模和定模上的型芯也要求在合模后保持紧密接触。类似这些要求常常会增加修配的工作量。

1. 型芯的固定方式及装配

由于塑料模的结构不同，型芯在固定板上的固定方式也不相同，常见的固定方式如图9—8所示。

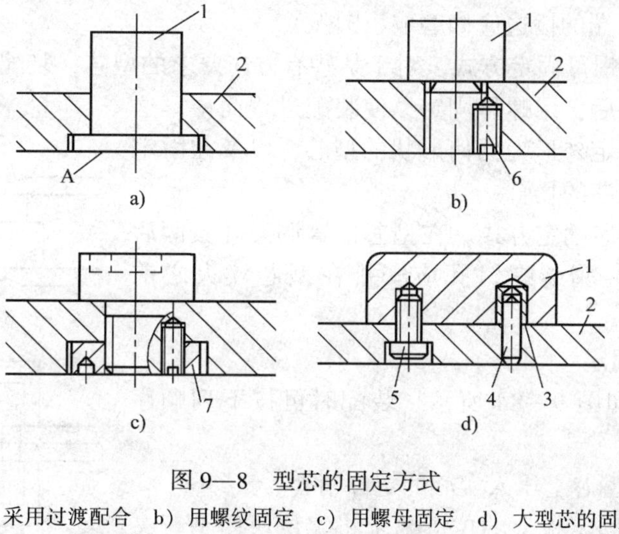

图 9—8　型芯的固定方式

a）采用过渡配合　b）用螺纹固定　c）用螺母固定　d）大型芯的固定

1—型芯　2—固定板　3—定位销套　4—定位销　5—螺钉　6—骑缝螺钉

（1）采用过渡配合方式固定型芯

如图9—8a所示，过渡配合的型芯通常采用压入式固定，与压入式凸模装配的方法相同，一般用于圆形小型芯。

为保证装配要求应注意以下几点：

1）检查型芯高度及固定板厚度（装配后能否达到设计尺寸要求），型芯台肩平面应与型芯轴线垂直。

2）固定板通孔与沉孔平面的相交处一般为90°角，而型芯上与之相应的配合部位往往呈圆角（磨削时砂轮损耗形成），装配前应将固定板的上述部位修出圆角，使之不对装配产生不良影响。

（2）采用螺纹方式固定型芯

采用螺纹固定的型芯一般用于热固性塑料压模，如图9—8b所示。

对圆形型芯，装配时，先拧紧螺纹，再用骑缝螺钉定位；对非圆形型芯，螺纹拧紧后型芯的实际位置与理想位置之间常常出现误差，必须先修磨型芯与固定板的贴合面，调整好型芯的位置后再用骑缝螺钉定位。如图9—9所示，α是理想位置与实际位置之间的夹角。型芯的位置误差可以通过修磨a或b面来消除。为此，应先进行预装并测出角度α的大小，其修磨量按下式计算：

$$\Delta_{修磨}=\frac{P}{360°}\alpha$$

式中 P——连接螺纹的螺距，mm；

α——误差角，(°)。

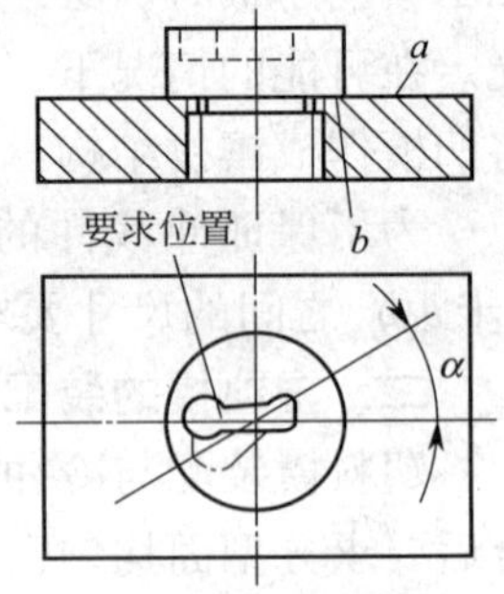

图9—9 螺纹固定的型芯修磨示意图

（3）采用螺母或螺钉方式固定型芯

螺母固定时，型芯与固定板连接段采用H7/k6或H7/m6配合，对非圆形型芯，可不用修磨来调整安装位置。

对螺钉紧固时，型芯与固定板采用H7/h6或H7/m6配合，型芯压入并调整好位置后用螺钉紧固（型芯压入端的棱边应修磨成小圆弧）。

图9—8c所示为螺母固定方式，对于某些有方向要求的型芯，装配时只需按设计要求将型芯调整到正确位置后，用螺母固定，使装配过程简便。这种固定形式适合于固定外形为任何形状的型芯，以及在固定板上同时固定几个型芯的场合。

图9—8c所示型芯固定方式，在型芯位置调好并紧固后要用骑缝螺钉定位。骑缝螺钉孔应安排在型芯淬火之前加工。

（4）大型芯的固定

大型芯的固定如图9—8d所示。装配时可按下列顺序进行：

1）在加工好的型芯上压入实心的定位销套。

2）根据型芯在固定板上的位置要求将定位块用平行夹头夹紧在固定板上，如图9—10所示。

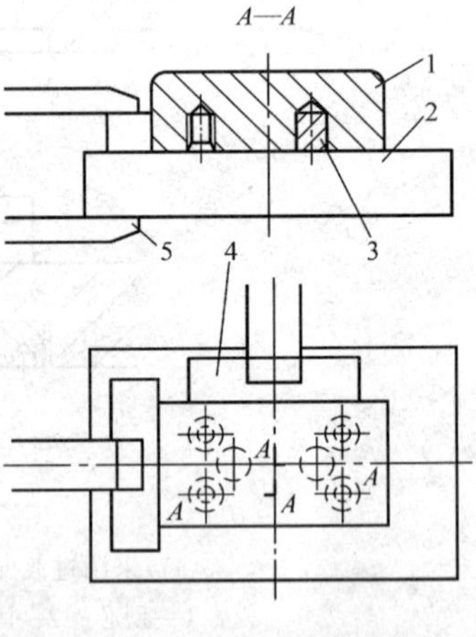

图9—10 大型芯与固定板的装配
1—型芯 2—固定板 3—销钉套
4—定位块 5—平行夹头

3）在型芯螺孔口部抹红粉，把型芯和固定板合拢，将螺钉孔位置复印到固定板上取下型芯，在固定板上钻螺钉过孔及锪沉孔；用螺钉将型芯初步固定。

4）通过导柱导套将卸料板、型芯和支承板装合在一起，将型芯调整到正确位置后拧紧固定螺钉。

5）在固定板的背面划出销孔位置线，固定板与型芯同钻、铰销孔，打入销钉。

2. 型腔的装配

塑料模型腔多采用镶嵌式或拼块式。装配后要求动、定模板分型面接合紧密、无缝隙，且与模板平面一致。

（1）整体式型腔的装配

如图 9—11 所示是圆形整体型腔的镶嵌形式。型腔和动、定模板镶合后，其分型面上要求紧密无缝。

1）对于压入式配合的型腔，其压入端一般都不允许有斜度；如果需要，压入斜度设在模板孔入口处。

2）型腔与模板之间应保持 0. 01～0. 02mm 的配合间隙，对非圆形型腔，在装配过程中应调整好位置。

3）装配后，钻、铰销孔，打入止转销，然后与模板一起磨平上、下端面。

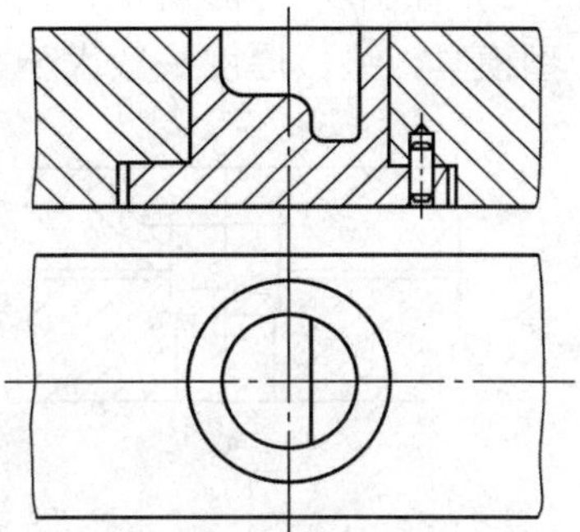

图 9—11　压入法装配型腔

（2）拼块式型腔的装配

型腔拼合面在热处理后进行磨削加工。拼块两端都应留有加工余量，待装配完毕后，再将两端和模板一起磨平。

为了不使拼块结构的型腔在压入模板的过程中，各拼块在压入方向上产生错位，应在拼块的压入端放一块平垫板，通过平垫板推动各拼块一起移动，如图 9—12 所示。

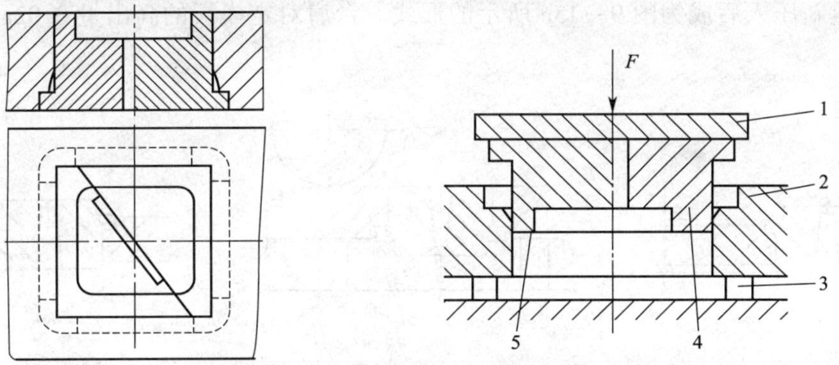

图 9—12　拼块式型腔的装配

1—平垫板　2—模板　3—等高垫板　4、5—型腔拼块

（3）型芯端面与加料室底平面间的间隙消除

如图 9—13 所示是装配后型芯端面与型腔底平面之间出现了间隙 Δ 的调整，可采用下列方法消除：

1）修磨固定板平面 *A*。修磨时需拆下型芯，磨去金属层厚度等于间隙值 Δ。

2）修磨型腔上平面 *B*。修磨时不需拆卸零件，比较方便。

3）修磨型芯（或固定板）台肩面 *C*。适用于多型芯模具，应在型芯装配合格后再将固定板上支承面 *D* 磨平。

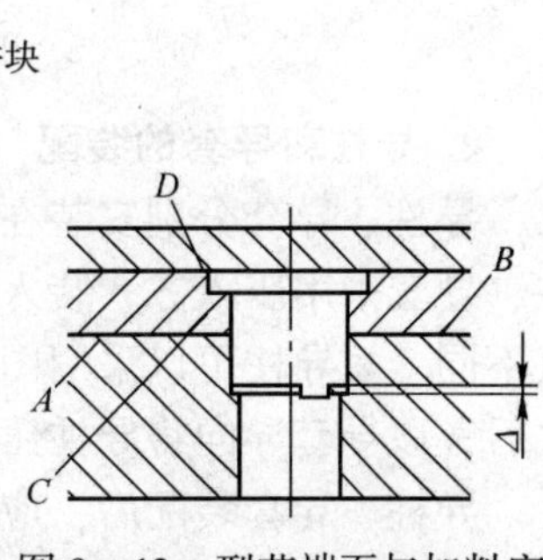

图 9—13　型芯端面与加料室底平面间出现间隙

（4）型腔端面与型芯固定板间的间隙消除

如图 9—14 所示是装配后型腔端面与型芯固定板间有间隙（Δ）。为了消除间隙可采用以下修配方法：

1）如图 9—14a 所示，如工作面 *A* 是平面时，修磨型芯工作面。

2）如图 9—14b 所示，在型芯和固定板定位台肩处垫入厚度等于间隙 Δ 的垫片，再一起磨平固定板和型芯端面，此法一般用于小型模具。

3）如图 9—14c 所示，在型腔上表面与固定板下表面之间增加垫板，此法一般用于大、中型模具，垫板厚度一般大于 2mm。

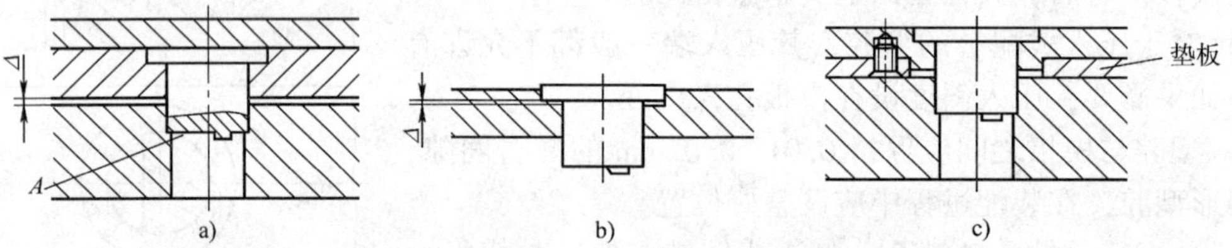

图 9—14　型腔端面与型芯固定板间有间隙

3. 浇口套的装配

浇口套与定模板的配合一般采用 H7/m6。要求装配后浇口套与模板配合孔紧密、无缝隙，浇口套和模板孔的台肩应紧密贴合，浇口套要高出模板平面 0.02mm；在浇口套加工时应留有去除圆角的修磨余量 *Z*，压入后使圆角突出在模板之外，如图 9—15a 所示。然后在平面磨床上磨平，如图 9—15b 所示。最后再把修磨后的浇口套稍微退出，将固定板磨去 0.02mm，重新压入后成为图 9—15c 所示的形式。台肩对定模板的高出量 0.02mm 也可采用修磨来保证。

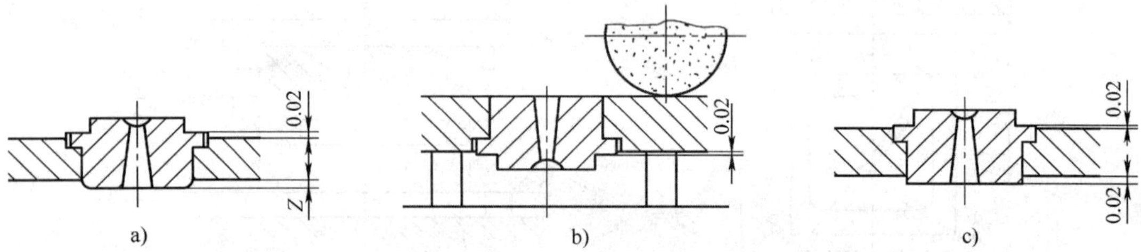

图 9—15　浇口套的装配

a）压入后的浇口套　b）修磨浇口套　c）装配好的浇口套

4. 导柱和导套的装配

导柱、导套分别安装在塑料模的动模和定模部分上，是模具合模和启模的导向装置。导柱、导套采用压入方式装入模板的导柱和导套孔内。对于不同结构的导柱所采用的装配方法也不同。短导柱可以采用图 9—16a 所示的方法压入。长导柱应在定模板上的导套装配完成之后，以导套导向将导柱压入动模板内，如图 9—16b 所示。

导柱、导套装配后，应保证动模板在启模和合模时都能灵活滑动，无卡滞现象。因此，加工时除保证导柱、导套和模板等零件间的配合要求外，还应保证动、定模板上导柱和导套安装孔的中心距一致（其误差不大于 0.01mm）。压入前应对导柱、导套进行选配。压入模

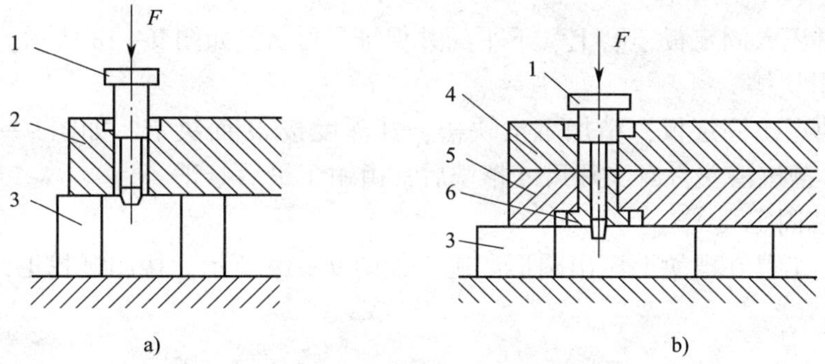

图 9—16　导柱的装配

a）短导柱的装配　b）长导柱的装配

1—导柱　2、5—定模板　3—平行垫块　4—固定板　6—导套

板后，导柱和导套孔应与模板的安装基面垂直。如果装配后启模和合模不灵活，有卡滞现象，可用红粉涂于导柱表面，往复拉动动模板，观察卡滞部位，分析原因，然后将导柱退出，重新装配。在两根导柱装配合格后再装配第三、第四根导柱。每装入一根导柱均应作上述观察。最先装配的应是距离最远的两根导柱。

5. 推出机构的装配

推出机构一般由顶杆（推杆）、复位杆、弹弓、顶杆固定板、顶板（顶环）及顶板导柱/导套等组成，如图 9—17 所示。推出机构的装配顺序如下：

（1）导柱 5 垂直压入支承板 9，磨平端面。

（2）将装有导套的推杆固定板 7 套装在导柱上，并将推杆 8、复位杆 2 穿入推杆固定板 7、支承板 9 和型腔镶件 11 的配合孔中，盖上推板 6，用螺钉拧紧，调整后使推杆、复位杆能灵活运动。

（3）修磨推杆和复位杆的长度。如果推板和垫圈 3 接触时，复位杆、推杆低于型面，则修磨导柱的台肩和支承板的上平面；如果推杆、复位杆高于型面，则修磨推板 6 底面。

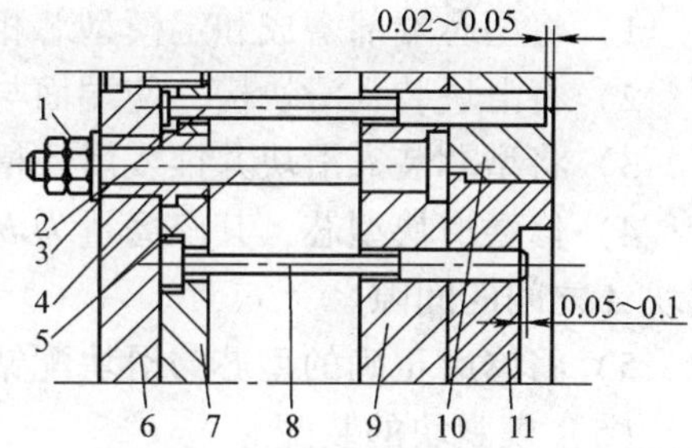

图 9—17　推出机构的装配

1—螺母　2—复位杆　3—垫圈　4—导套　5—导柱　6—推板　7—推杆固定板　8—推杆　9—支承板　10—动模板　11—型腔镶件

推出机构装配时有如下要求：

（1）装配后运动灵活，无阻滞。

（2）推杆在固定板孔内每边留 0.5mm 的间隙。

（3）推杆工作端面应高出型面 0.05~0.1mm。

（4）复位杆的端面应低于型面 0.02~0.05mm。

（5）推杆能在合模后自动复位。

6. 抽芯机构的装配

抽芯机构装配后，应保证滑块型芯与凹模达到所要求的配合间隙；滑块运动灵活、有足够的行程、正确的起止位置。

滑块装配常常要以凹模的型面为基准。因此，它的装配要在凹模装配后进行。其装配顺序如下：

（1）装配凹模（或型芯）

将凹模镶拼压入固定板，磨上、下平面并保证尺寸 A，如图 9—18 所示。

（2）加工滑块槽

将凹模镶块退出固定板，精加工滑块槽，其深度按 M 面决定，如图 9—18 所示。N 为槽的底面，T 形槽按滑块台肩实际尺寸精铣后，由钳工最后修正。

（3）钻型芯固定孔

利用定中心工具在滑块上压出圆形印迹，如图 9—19 所示。按印迹找正，钻、镗型芯固定孔。

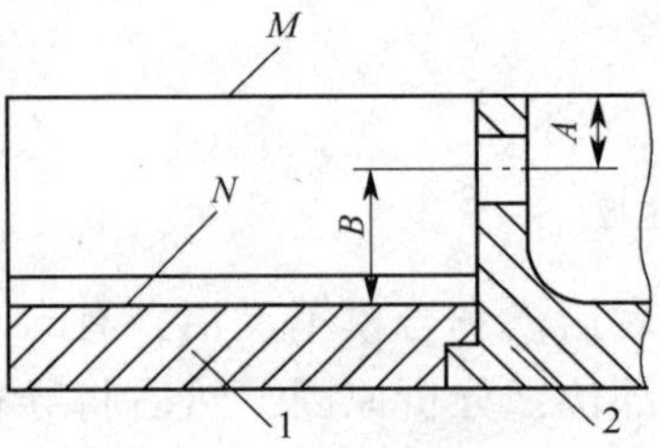

图 9—18 凹模装配

1—凹模固定板 2—凹模镶块

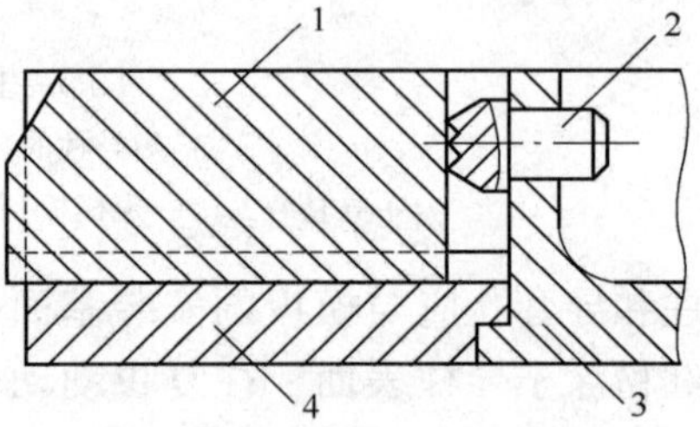

图 9—19 型芯固定孔压印

1—侧型芯滑块 2—定中心工具 3—凹模镶块 4—凹模固定板

（4）装配滑块型芯

在模具闭合时滑块型芯应与定模型芯接触，如图 9—20 所示。一般都在型芯上留出余量通过修磨来达到。其操作过程如下：

1）将型芯端部磨成和定模型芯相应部位吻合的形状。

2）将滑块装入滑块槽，使端面与型腔镶块的 A 面接触，测得尺寸 b。

3）将型芯装入滑块并推入滑块槽，使滑块型芯与定模型芯接触，测得尺寸 a。

4）修磨滑块型芯，其修磨量为 $b-a-(0.05\sim0.1\text{mm})$。0.05～0.1mm 为滑块端面与型腔镶块 A 之间的间隙。

5）将修磨正确的型芯与滑块配钻销钉孔后用销钉定位。

（5）楔紧块的装配

在模具闭合时楔紧块斜面必须和滑块斜面均匀接触，并保证有足够的锁紧力。为此，在装配时要求在模具闭合状态下，分模面之间应保留 0.2 mm 的间隙，如图 9—21 所示，此间

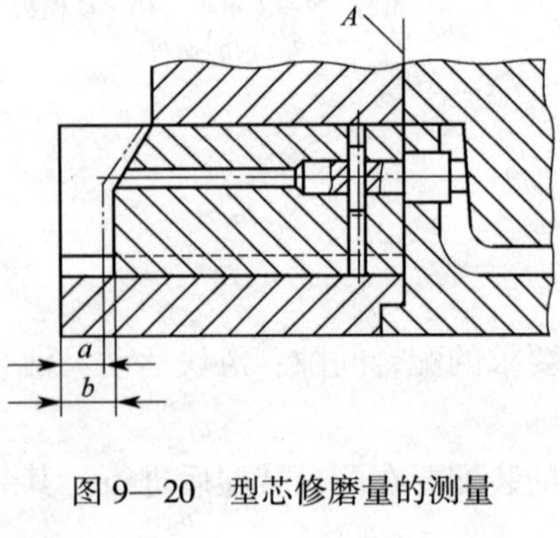

图 9—20 型芯修磨量的测量

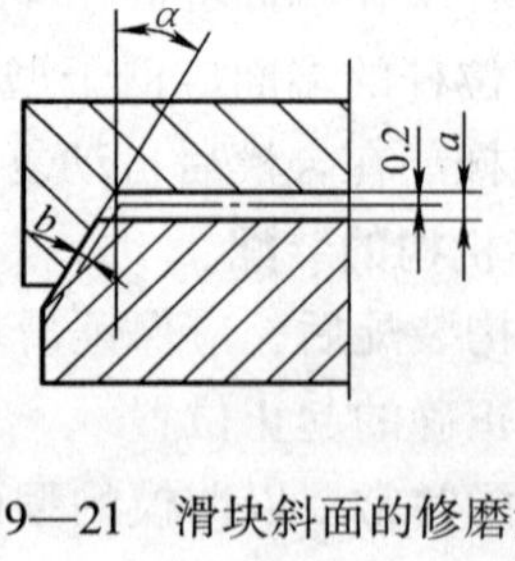

图 9—21 滑块斜面的修磨量

隙靠修磨滑块斜面留的修磨量保证。此外，楔紧块在受力状态下不能向闭模方向松动，所以，楔紧块的后端面应与定模板处于同一平面。

根据上述要求，楔紧块的装配方法如下：

1）用螺钉紧固楔紧块。

2）修磨滑块斜面，使与楔紧块斜面密合。其修磨量为 $b = (a-0.2\text{mm})\sin\alpha$。

3）楔紧块与定模板一起钻铰定位销孔，装入定位销。

4）将楔紧块后端面与定模板一起磨平。

（6）加工斜导柱孔

滑块型芯抽芯机构中的斜导柱装配如图 9—22 所示。一般是在滑块型芯和型腔装配合格后，用导柱、导套进行定位，将动模板、定模板、滑块合装后按所要求的角度进行配加工斜导柱孔，然后再压入斜导柱。为了减少侧向抽芯机构的脱模力，一般斜导柱孔比斜导柱外圆直径大 0.5~1.0mm。

（7）修磨限位块

开模后滑块复位的起始位置由限位块定位。在设计模具时一般使滑块后端面与定模板外形齐平，由于加工中的误差而使两者不处于同一平面时，可按需要将限位块修磨成台阶形。

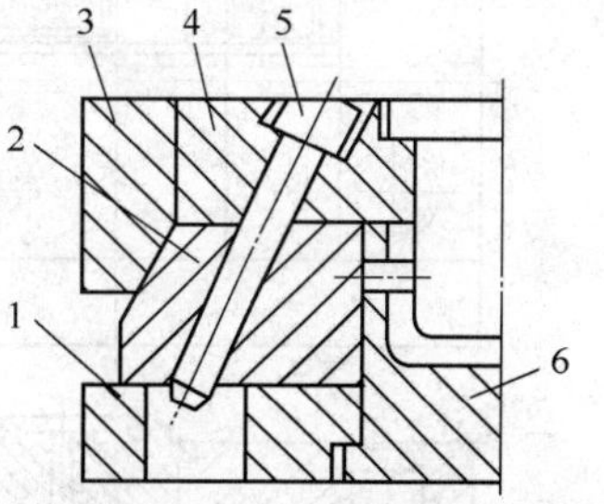

图 9—22　斜导柱的装配

1—动模板　2—滑块　3—楔紧块
4—定模板　5—斜导柱　6—腔体

7. 总装

塑料模一般的总装顺序如下：

（1）确定装配基准（型芯或型腔为第一基准，动模板或定模板两侧面为第二基准）。

（2）装配前要对零件进行测量，合格零件必须去磁并将零件擦拭干净。

（3）调整各零件组合后的误差累积，如各模板的平行度要校验修磨，以保证模板组装密合，分型面处吻合面积不得小于 80%，防止产生飞边。

（4）装配中尽量保持原加工尺寸的基准面，以便总装合模调整时检查。

（5）组装导向机构，并保证开模、合模动作灵活，无松动和卡滞现象。

（6）组装调整推出机构，并调整好复位及推出位置等。

（7）组装调整型芯、镶件，保证配合面间隙达到要求。

（8）组装冷却或加热系统，保证管路畅通，不漏水、漏电，阀门动作灵活。

（9）组装液压或气动系统，保证运行正常。

（10）紧固所有连接螺钉，装配定位销。

（11）试模，合格后打上模具标记。

例　图 9—23 是热塑性塑料注射模的装配图，其装配要求如下：

（1）装配后模具安装平面的平行度误差不大于 0.05mm。

（2）模具闭合后分型面应均匀密合。

（3）导柱、导套滑动灵活，推件时推杆和卸料秆动作必须保持同步。

（4）合模后，动模部分和定模部分的型芯必须紧密接触。

在进行总装前，模具已完成导柱、导套等零件的装配并检查合格。请确定此模具的装配方法。

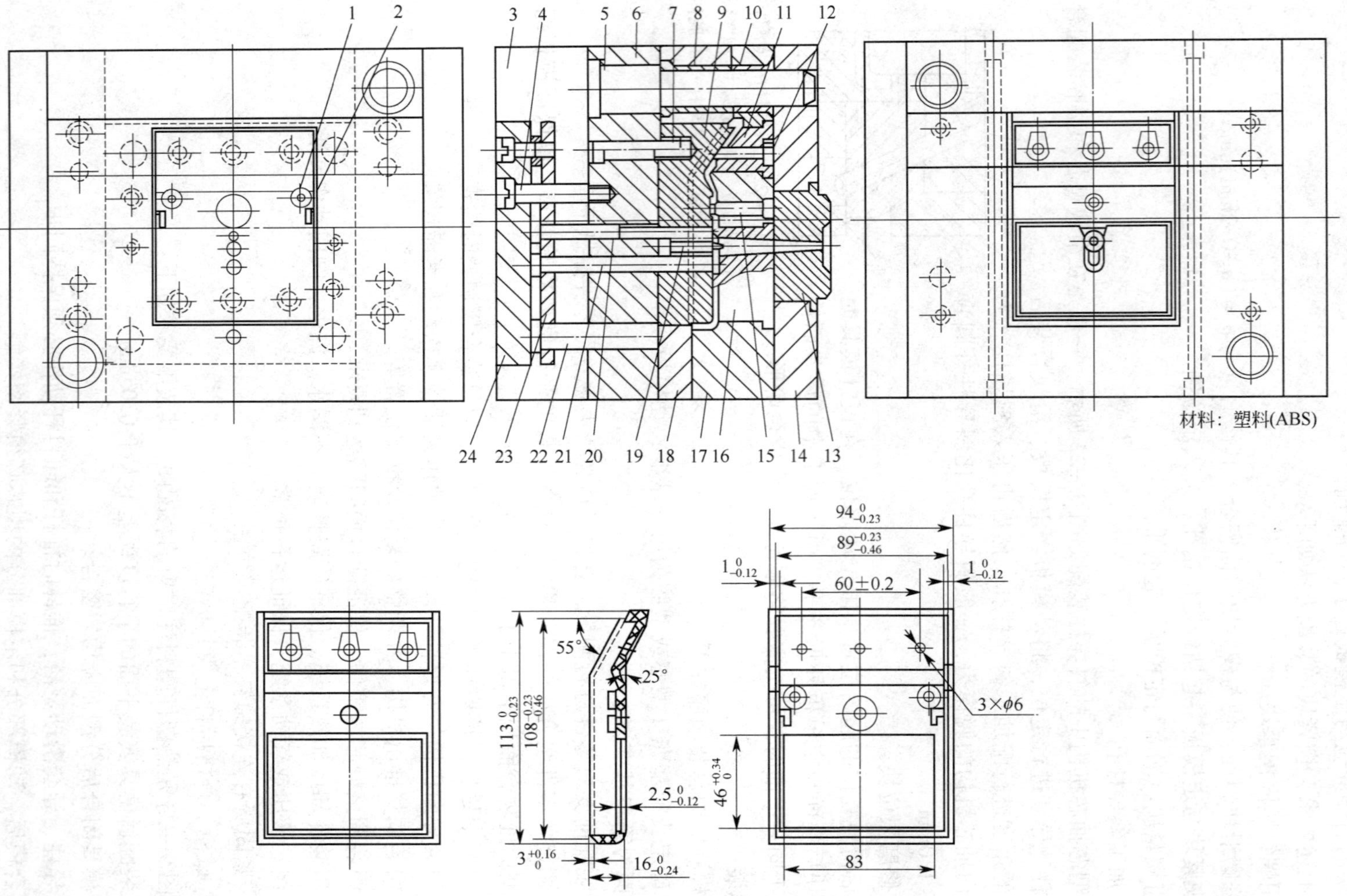

图 9—23　热塑性塑料注射模

1—嵌件螺杆　2—矩形推杆　3—垫块　4—限位螺杆　5—导柱　6—动模固定板　7—销套　8、10—导套　9、12、15—型芯
11、16—镶块　13—浇口套　14—定模座板　17—定模　18—卸料板　19—拉料杆　20、21—推杆　22—复位杆　23—推杆固定板　24—推板

本套模具的总装顺序如下：

（1）装配动模部分

1）装配型芯。在装配前，应先修光卸料板 18 的型孔，并与型芯作配合检查，要求滑块灵活，然后将导柱 5 穿入卸料板导套 8 的孔内，将动模固定板 6 和卸料板合拢。在型芯上的螺孔口部涂红粉后放入卸料板型孔内，在动模固定板上复印出螺孔的位置。取下卸料板和型芯，在固定板上加工螺钉过孔。

把销钉套压入型芯并装好拉料杆后，将动模固定板、卸料板和型芯重新装合在一起，调整好型芯的位置后，用螺钉紧固。按固定板背面的划线，钻、铰定位销孔，打入定位销。

2）配作动模固定板上的推杆孔。先通过型芯上的推杆孔，在动模固定板上钻锥窝；拆下型芯，按锥窝钻出固定板上的推杆孔。

将矩形推杆穿入推杆固定板、动模固定板和型芯（板上的方孔已在装配前加工好）。用平行夹头将推杆固定板和动模固定板夹紧，通过动模固定板配钻推杆固定板上的推杆孔。

3）配作限位螺杆孔和复位杆孔。首先在推杆固定板上钻限位螺杆过孔和复位杆孔。用平行夹板将动模固定板与推杆固定板夹紧，通过推杆固定板的限位螺杆孔和复位杆孔在动模固定板上钻锥窝，拆下推杆固定板，在动模固定板上钻孔并对限位螺杆孔攻螺纹。

4）装配推杆及复位杆。将推板和推杆固定板叠合，配钻限位螺钉过孔及推杆固定板上的螺孔并攻螺纹。将推杆、复位杆装入固定板后盖上推板用螺钉紧固，并将其装入动模，检查及修磨推杆、复位杆的顶端面。

5）装配垫块。先在垫块上钻螺钉过孔、锪沉孔。再将垫块和推板侧面接触，然后用平行夹头把垫块和动模固定板夹紧，通过垫块上的螺钉过孔在动模固定板上钻锥窝，并钻、铰销钉孔。拆下垫块在动模固定板上钻孔并攻螺纹。

（2）装配定模部分

1）镶块 11、16 与定模 17 的装配。先将镶块 16、型芯 15 装入定模，测量出两者突出型面的实际尺寸。退出定模，按型芯 9 的高度和定模深度的实际尺寸，单独对型芯和镶块进行修磨后，再装入定模，检查镶块 16、型芯 15 和型芯 9，看定模与卸料板是否同时接触。将型芯 12 装入镶块 11 中，用销孔定位。以镶块外形和斜面作基准，预磨型芯斜面。将经过上述预磨的型芯、镶块装入定模，再将定模和卸料板合拢，测量出分型面的间隙尺寸后，将镶块 11 退出，按测出的间隙尺寸，精磨型芯的斜面到要求尺寸。将镶块 11 装入定模后，磨平定模的支承面。

2）定模和定模座板的装配。在定模和定模座板装配前，浇口套与定模座板已组装合格。因此，可直接将定模与定模座板叠合，使浇口套上的浇道孔和定模上的浇道孔对正后，用平行夹头将定模和定模座板夹紧，通过定模座板孔在定模上钻锥窝及钻、铰销孔。然后将两者拆开，在定模上钻孔并攻螺纹。再将定模和定模座板叠合，装入销钉后将螺钉拧紧。

技能训练

一、冷冲压模具的装配与调试

1. 训练课题

单工序落料模的装配与调试（注：训练课题可根据实际生产项目确定）。

2. 训练图样

如图 9—24 所示为后导柱模架拨叉落料模装配图。

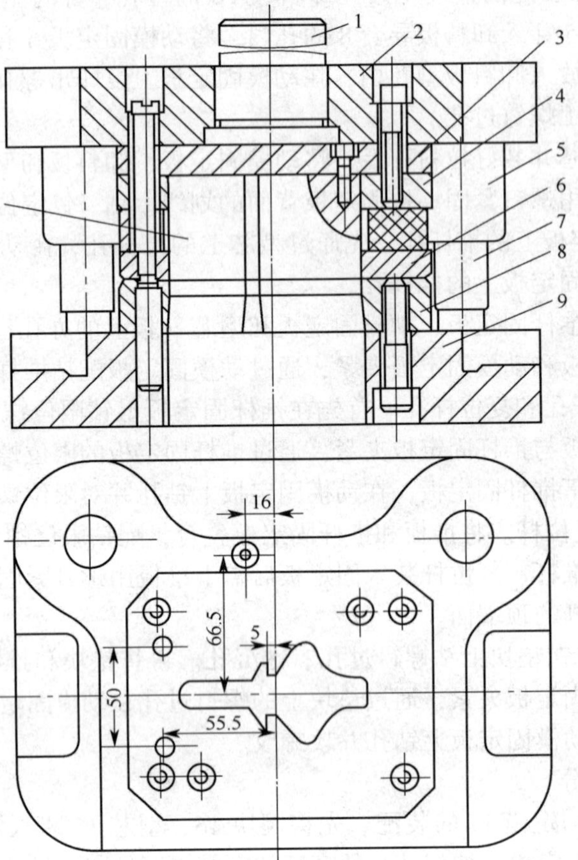

图 9—24　拨叉落料模装配图

1—模柄　2—上模座　3—垫板　4—凸模固定板　5—导套　6—卸料板　7—导柱　8—凹模　9—下模座　10—凸模

3. 训练要求

（1）完成以下装配内容

1）模柄与模座（即模架）的装配。

2）导柱、导套与模座的装配。

3）凸模的装配。

4）凹模的装配。

5）总装。

（2）装配要求

1）根据模具装配图，分析模具的工作原理、各部位的结构组成及功用。掌握冲裁模常用的装配方法、顺序和操作规范。

2）逐步熟悉各零部件的装配技术要求和工艺规范，确定装配工艺方案。

3）准备好装配用的工具、量具、夹具。

4）按图样检查各零件的加工质量，并确定装配基准件。

5）按图样逐一控制零部件的装配过程和装配质量。

4. 训练准备

按总装配图要求将所加工好的零件妥善放置，并做好相应的工装准备。

5. 训练步骤

（1）组装凸模

将凸模 10 装入凸模固定板 4 中，保证凸模对固定板端面的垂直度要求，并将凸模和固定板端面磨平。

（2）安装模柄

将模柄压入上模座 2 中，保证模柄与上模座的配合符合要求 H7/ m6，并将模柄端面突出部分磨平，安装好模柄后，用直角尺检查模柄与上模座上平面的垂直度。

（3）装配凸模及凹模

把凸模放入凹模 8 型孔内，两边垫以等高垫块，并放入后导柱模架内，用划针把凹模外形划在下模座 9 上面，将凸模固定板外形划在上模座 2 下平面上，初步确定凸模固定板和凹模在模座中的位置，然后分别用平行夹板夹紧上模和下模两部分，钻削上模座和下模座的螺钉固定孔，并将上模座翻过来，使模柄 1 朝上，按已划出的位置线将凸模固定板的位置对正，加工好固定板 4 的螺孔，按凹模 8 型孔划下模座上的漏料孔线。然后加工上模座 2 连接卸料板 6 的螺钉过孔以及下模座上的漏料孔，并按线每边均匀加大约 1 mm。最后用螺钉将凸模固定板 4 和垫板 3 紧固在上模座上，用螺钉将凹模紧固在下模座上（注意不要过紧，以便调整）。

（4）装配导柱、导套及模架

将导套压入上模座，将导柱装入下模座内，并保证装配技术要求。

（5）凸模与凹模的配合调整

将下模座的导柱放入上模座的导套内，并将上模座缓慢放下，使凸模进入凹模型孔内。如果凸模未进入凹模孔内，可轻轻敲击凸模固定板，利用螺钉与螺钉过孔的间隙进行细微调整，直至凸模进入凹模型孔内。同时观察凸模与凹模的间隙，用同样的方法予以调整，并通过冲纸法试冲，直到间隙均匀为止。

（6）安装定位销

冲裁间隙调整均匀后，把上模组件取下，钻、铰定位销孔，配入定位销（ 销与孔应保持适当的过盈）。下模座的定位销孔按凹模销孔配作，同样配入定位销，保持销与孔有适当的过盈。

（7）安装其他零部件

按装配图要求装配其他零部件。

（8）试冲和调试

试冲调试合格后打标记入库。

6. 成绩评定（表 9—4）

表 9—4　　单工序落料模的装配与调试实习记录与成绩评分表

训练课题	单工序落料模的装配与调试					
姓名		班级		工件号		总得分
项次	项目与技术要求	配分	评分标准		实测结果	得分
1	各项准备工作充分	6	每缺一项扣 1 分			

续表

训练课题	单工序落料模的装配与调试				
姓名		班级		工件号	总得分
项次	项目与技术要求	配分	评分标准	实测结果	得分
2	装配方案设置合理、正确	6	设置不合理每处扣 1 分		
3	凸模与固定板的装配	10	操作不符合每处扣 1 分		
4	模柄的装配	8	操作不符合每处扣 1 分		
5	凸模与凹模的装配	10	操作不符合每处扣 1 分		
6	导柱、导套及模架的装配	10	操作不符合每处扣 1 分		
7	总装	25	按操作规程评定，操作不符合每处扣 1 分		
8	其他零部件装配	4	操作不符合每处扣 1 分		
9	装配质量符合技术要求	10	发现一项不符合要求扣 2 分		
10	时间安排合理（工时 18h）	5	每超时 0.5h 扣 1 分		
11	遵守设备操作规程及安全文明生产	6	违者不得分		
现场记录					

二、热塑性塑料注射模的装配与调试

1. 训练课题

热塑性塑料注射模的装配与调试。（注：训练课题可根据实际生产项目确定。）

2. 训练图样

如图 9—25 所示。

3. 训练要求

（1）完成以下装配内容

1）型芯与型芯固定板的装配。

2）导柱、导套的装配。

3）浇口套（即浇道套，也称主流道衬套）的装配。

4）推出机构的装配。

5）总装。

（2）装配技术要求

1）按装配图和工艺要求完成各零部件的组装和调整。

2）按装配工艺要求选择好装配基准和装配工序。

3）按要求调整好各配合部分和固定部分。其中导柱、导套要配合均匀；抽芯机构要能保证相互运动灵活，无卡阻现象产生。

4）推杆要有足够的长度和准确的位置，调整好后应均匀紧固。

4. 训练准备

按总装配图要求将所加工好的零件妥善放置，并做好相应的工装准备。

5. 训练步骤

（1）精修定模及型腔

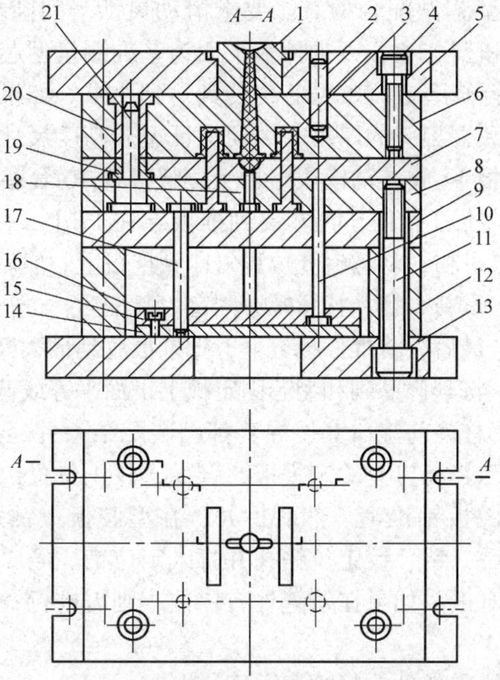

图 9—25　热塑性塑料注射模具装配图

1—浇口套　2—定位销　3—型芯　4、11—内六角螺栓　5—定模板　6—型腔板　7—推件板　8—型芯固定板　9—支承板　10—推杆　12—垫块　13—动模固定板　14—推板　15—螺钉　16—推杆固定板　17、21—导柱　18—拉料杆　19、20—导套

用油石修光型腔表面，控制型腔深度，磨分型面。

（2）装配型芯

将型芯与型芯固定板组装。装配后，型芯外露部分应符合图样要求。

（3）装配导柱、导套

将导柱、导套分别压入型腔板、推件板、支承板和型芯固定板。检查导柱、导套配合的松紧程度。

（4）装配浇口套

用压力机将浇口套压入定模板。

（5）装配推出机构

将推杆或复位杆与推板固定板及推板组装。

（6）总装

1）动模部分的装配

① 装配型芯固定板、支承板、垫块和动模固定板。装配前，先已完成型芯 3、导柱 17 和 21，拉料杆 18 与型芯固定板 8 及支承板 9 的装配，并经检验合格。装配时，将型芯固定板 8、支承板 9、垫块 12 和动模固定板 13 按其工作位置合拢，找正并用平行夹头夹紧。以型芯固定板上的螺孔、推杆孔定位，在支承板上钻出螺孔、推杆孔的锥窝。然后拆下型芯固定板，以锥窝为定位基准钻出螺钉过孔、推杆过孔和锪出螺钉沉孔，最后用螺钉拧紧固定。

② 装配推件板。推件板 7 在总装前已压入导套 19 并检验合格。总装前应对推件板 7 的

型孔先进行修光，并且与型芯做配合检查。要求滑动灵活、间隙均匀并达到配合要求。之后，将推件板套装在导柱和型芯上，以推件板平面为基准测量型芯高度尺寸。如果型芯高度尺寸大于设计要求，则进行修磨或调整型芯，使其达到要求。如果型芯高度尺寸小，则需将卸料板平面在平面磨床上磨去相应的厚度，以便保证型芯高度尺寸。

③ 总装推出机构。推板 14 放在动模固定板上，将推杆 10 套装在推杆固定板上的推杆孔内，并穿入型芯固定板 8 的推杆孔内，再套装到推板导柱 17 上，使推板和推杆固定板重合。在推杆固定板螺孔内涂上红丹粉，将螺钉孔位置复印到推板上。然后，取下推杆固定板，在推板上钻孔并攻螺纹，之后，重新合拢并拧紧螺钉固定。装配后，进行滑动配合检查，经调整使其滑动灵活、无卡阻现象。最后，将推件板拆下，把推板放到最大极限位置。检查推杆在型芯固定板上平面露出的长度，将其修磨到和型芯固定板上平面平齐或低 0.02mm 的位置。

2）定模部分的装配。总装前浇口套、导套都已装配结束并经检验合格。装配时，将型腔板 6 套装在导柱上并与已装浇口套的定模板 5 合拢，找正位置，用平行夹头夹紧。以定模板上的螺钉孔定位，对型腔板钻锥窝。然后拆开，在型腔板上钻孔、攻螺纹，之后重新合拢，用螺钉拧紧固定。最后，钻、铰定位销孔并打入定位销。经以上装配后，要检查型腔板和浇口套的浇道锥孔是否对正。如果在接缝处有错位，则需进行铰削修整，使其光滑一致。

（7）安装其他零部件

按装配图要求装配其他零部件；打标记入库。

6. 操作注意事项

（1）装配前应对所装零件进行检查，特别是成型零件，要求其形状、尺寸精度均符合图样标准及有关技术条件的规定。

（2）应按总装配图中各零部件的顺序进行装配，并按工艺要求选择好装配基准和装配工序。

（3）成型零件（即型芯、型腔零件）的加工和装配是同步进行的，并且各组成零件装配的次序没有严格的要求。

（4）成型零件装配后，应在生产条件下与其他部件一起进行最后的总装配和试模，试制的零件要符合图样要求。

（5）零件在装配前，应将影响装配的尖角、倒棱修成圆角，但型腔分型面处、浇口及进料口处应保持锐边，一般不准修成圆角。

（6）动、定模座安装面对分型面平行度误差在 300mm 范围内不大于 0.05mm。

（7）互相接触的承压零件（如型芯、推杆等），在装配时应有适当的间隙或合理的承压面积，以防模具在使用时由于直接挤压而造成零件的损坏。

（8）装配后，相互配合的各零件（特别是成型零件）相对位置精度应达到图样要求。各连接紧固零件应连接可靠，不得松动；各紧固螺钉、销钉要拧紧。

7. 成绩评定（表 9—5）

表 9—5　　热塑性塑料注射模的装配与调试实习记录与成绩评分表

训练课题	热塑性塑料注射模的装配与调试				
姓名		班级		工件号		总得分	
项次	项目与技术要求	配分	评分标准	实测结果	得分
1	各项准备工作充分	6	每缺一项扣 1 分		

续表

训练课题		热塑性塑料注射模的装配与调试					
姓名		班级		工件号		总得分	
项次	项目与技术要求	配分	评分标准			实测结果	得分
2	装配方案设置合理、正确	6	设置不合理每处扣 1 分				
3	型芯和固定板的装配与调整	10	操作不符合每处扣 1 分				
4	导柱、导套的装配与调整	10	用红丹粉涂试				
5	型腔及浇口套的装配与调整	8	需略高出模板 0.02mm				
6	推出机构的装配与调整	10	操作不符合每处扣 1 分				
7	总装	25	按操作规程评定，操作不符合每处扣 1 分				
8	其他零部件装配	4	操作不符合每处扣 1 分				
9	装配质量符合技术要求	10	发现一项不符合要求扣 2 分				
10	时间安排合理（工时 18h）	5	每超时 0.5h 扣 1 分				
11	遵守设备操作规程及安全文明生产	6	违者不得分				
现场记录							

课题二 模具的使用与维护

一、冷冲压模具的安装、使用与维护

1. 冷冲压模具的安装

（1）安装前的准备工作

冷冲模在安装之前，应做好以下几方面的工作：

1）选用、检查设备。压力机的最大工作能力（公称力）必须满足冷冲模的设计要求，在使用之前必须检查其制动器、离合器及操作系统等机构的工作是否正常。

2）安装模具前必须将冲床滑块的下平面、台面、垫板（或垫条）及模具上下面擦拭干净。

3）检查垫板或垫条的平行度，平行度应不大于 0.03mm。

4）观察工件或废料能否顶出或漏下。

（2）安装程序

冷冲模安装时，通常先将上模固定在压力机滑块上，然后根据上模位置固定下模。根据模具结构的不同，上模的安装形式与连接方法主要有以下三种：

1）利用模具的模柄进行安装连接。该安装形式常用于开式压力机上，一般模具比较小。模柄被固定在压力机的滑块模柄孔内，其直径的大小与所使用的压力机的滑块模柄固定孔的大小有关，不同规格的压力机有相应的模柄孔大小，可从相应的压力机设备说明书中选取。

2）利用模具的上模座进行安装连接。该安装形式常用于闭式压力机和大规格的开式压力机上，一般模具比较大。通过压板、垫块和螺钉等，利用压力机滑块底平面上的T形槽将上模座紧紧地固定在压力机的滑块上。

3）利用模柄和上模座来安装连接模具。现在有些压力机的滑块上既有用来固定上模的模柄孔，又有T形槽，安装的模具也比较大。这既方便了不同规格模具的安装，又便于模具的可靠对中。

下模的安装形式与连接方法一般是利用垫块、压板和螺钉直接固定在压力机的工作台垫板平面上（其上有T形槽）。下模的安装常在上模安装之后进行。

（3）固定方法

根据压力机和模具的不同特点和要求，有以下三种方法：压板压紧、螺钉固定、模柄固定。其中压板压紧、螺钉固定的点不少于四处。

1）检查垫条或垫块状况，垫条或垫板要专管专用，双垫条之间厚度差不得大于0.03mm。

2）将冷冲模置于压力机工作台或垫条（垫板）上，移至相近工作位置。

3）采用模柄固定的模具，要利用冲床的寸动装置使滑块逐步降至下死点，在滑块下降过程中移动模具，以便使模具的模柄进入预定位置中。

4）调整冲床至近似的闭合高度。

5）安装固定下模的压板、垫块和螺钉。垫板、垫块高度与被压模板高度一致，不允许随便采用其他铁块、钢板等杂物替代垫块。

6）紧固上模，确保上模顶面与滑块底面紧贴无隙。

7）调整凸、凹模刃口并紧固下模，逐个逐次交替拧紧螺钉。

2. 冷冲压模具的试模与调整

冷冲模装配完成后，在生产条件下进行试冲，通过试冲可以发现模具的设计和制造缺陷，找出产生原因，对模具进行适当的调整和修理后再进行试冲，直到模具能正常工作，冲出合格的制件，才能交付使用。

（1）试模时应注意的事项

1）试模前的模具必须进行退磁。

2）尽可能按工艺装备总图所指明的规格选定试模用压力设备，如不满足，应根据设备标准检查装夹位置是否合适。

3）模具安装时应保证模具的上模座的上平面和下模座的下底面分别与冲床滑块及工作台贴平整，并装夹牢固。

（2）试模操作要点

试模是一项不可缺省的重要工作。在正式试冲前，为了稳妥可靠，操作者需对模具进行全面的检查，检查无误后再进行试模。试模时先将模具安装固定好，然后人工转动飞轮或采用点动式开关控制，使模具在闭合状态下进行空运载循环试验（此时凸模先不进入凹模刃口），同时检查冲模的上模部分相对于下模部分的运动是否灵活正常，弹压类零件有无卡涩现象，若无异常，则可先用纸片试冲一下（此时要将上模往下调进一点，使凸模刃口进入凹模），观察其能否被冲下和被冲周边的情况，由此可以了解对刀深度和凸模与凹模之间间隙均匀程度，直到调整、再试满意为止。然后就可以用正式材料试模。根据被冲料厚，重新调整凸模相对于凹模刃口之间的对刀深度，原则上是先浅后深进行试冲，待冲件能顺利冲下为止。

（3）试冲时常见故障、产生原因及调整方法

将滑块行程调到适合程度，放上符合材质及尺寸规格的板料进行试冲，并根据试冲出制件的相关尺寸情况及毛刺情况精调模具，直至将合格的制件冲出为止。冲裁模、弯曲模、拉深模试冲时的常见故障、产生原因及调整方法见表 9—6、表 9—7、表 9—8。

表 9—6　　冲裁模试冲时常见故障、产生原因及调整方法

常见故障	产生原因	修整方法
送料不畅通或料被卡死	1. 两导料板之间的尺寸过小或有斜度 2. 凸模与卸料板之间的间隙过大，使搭边翻扭不平行，使条料卡死 3. 用侧刃定距的冲裁模，导料板的工作面和侧刃不平行，使条料卡死 4. 侧刃与侧刃挡块不密合，形成毛刺，使条料卡死	1. 根据情况锉修或重装导料板 2. 减小凸模与卸料之间的间隙 3. 重装卸料板 4. 修整侧刃挡块，消除间隙
刃口相咬	1. 上模座、下模座、固定板、凸模、凹模、垫板等零件安装面不平行 2. 凸模、导柱等零件安装时不垂直 3. 导柱与导套配合间隙过大，使导向不准 4. 卸料板的孔位不正确或歪斜，使冲孔凸模位移	1. 修整卸料板，重装上模或下模 2. 重装凸模或导柱 3. 更换导柱或导套 4. 修整或更换卸料板
卸料不正常	1. 由于装配不正确，卸料机构不能动作，如卸料板与凸模配合过紧，或因卸料板倾斜而卡紧 2. 弹簧或橡皮的弹力不足 3. 凹模和下模座的漏料孔没有对正，料不能排出 4. 凹模有倒锥，造成工件堵塞 5. 顶出器过短或卸料板行程不够	1. 修整卸料板、顶板等零件 2. 更换弹簧或橡皮 3. 修整漏料孔 4. 修整凹模 5. 加长顶出器的顶出部分或加深卸料螺钉沉孔的深度
冲件质量不好：有毛刺	1. 刃口不锋利或淬火硬度低 2. 配合间隙过大或过小 3. 间隙不均匀，使冲件一边有明显的带斜角毛刺	1. 修磨刃口，工作部分重新淬火 2. 修配凸模与凹模的间隙 3. 调整凸模与凹模的间隙
冲件质量不好：制件不平	1. 凹模有倒锥 2. 顶料杆与工件接触面过小 3. 导正钉与预冲孔配合过紧，将冲件压出凹陷	1. 修整凹模 2. 更换顶料杆 3. 修整导正钉
冲件质量不好：落料外形与内孔位置不正，呈偏位现象	1. 挡料钉位置不正 2. 落料凸模上导正钉尺寸过小 3. 导料板与凹模送料中心线不平行，使孔位偏斜 4. 侧刃定距不准	1. 修正挡料钉 2. 更换导正钉 3. 修整导料板 4. 修磨或更换侧刃

表 9—7　　弯曲模试冲时常见故障、产生原因及调整方法

常见故障	产生原因	修整方法
弯曲角度不够	1. 凸模和凹模的回弹角制造过小 2. 凸模进入凹模的深度太浅 3. 凸模与凹模之间的间隙过大 4. 试模材料不对 5. 弹顶器的弹力太小	1. 加大回弹角 2. 调节冲模闭合高度 3. 调节间隙值 4. 更换试模材料 5. 加大弹顶器的弹力
弯曲位置偏移	1. 定位板的位置不对 2. 凹模两侧进口圆角大小不等，材料滑动不一致 3. 压料装置的压力不足 4. 凸模没有对正凹模	1. 调整定位板位置 2. 修磨凹模圆角 3. 加大压料力 4. 调整凸模和凹模位置

续表

常见故障	产生原因	修整方法
冲件尺寸过长或不足	1. 凸模与凹模之间间隙过小，材料被挤长 2. 压料装置压力过大，将材料拉长 3. 设计时计算错误或不准确	1. 调整凸模和凹模间隙 2. 减小压料力 3. 改变坯料尺寸
冲件有光亮的凹陷	1. 凹模的圆角半径过小，冲件表面有划痕 2. 凸模与凹模之间的间隙不均匀 3. 凸模和凹模表面粗糙度值太大	1. 加大圆角半径 2. 调整凸模与凹模的间隙 3. 抛光凸模和凹模表面

表 9—8　　　　拉深模试冲时常见故障、产生原因及调整方法

常见故障	产生原因	修整方法
起皱	1. 压边装置的压力不足或压力不均匀 2. 凸模和凹模之间间隙过大或不均匀 3. 凹模圆角半径过大或不均匀	1. 调整压边力 2. 调整凸模和凹模间隙 3. 修磨圆角半径
破裂	1. 坯料质量不好，塑性差，金相组织不均匀，表面粗糙 2. 压边圈的压力过大，弹顶器的压缩比不合适 3. 凸模和凹模的圆角半径过小 4. 凸模与凹模之间的间隙过小或不均 5. 拉深次数太少，材料变形程度过大 6. 润滑不良，规定的中间退火工序没有进行	1. 更换坯料 2. 减小压边力 3. 加大圆角半径 4. 修整凸模与凹模的间隙 5. 增加拉深次数 6. 加润滑油或坯料中间退火
尺寸过大或过小	1. 坯料尺寸设计时计算错误 2. 凸模与凹模之间的间隙过大，使冲件侧壁鼓肚；间隙过小，使材料变薄 3. 压边圈的压力过大或过小	1. 改变坯料尺寸 2. 调整凸模与凹模的间隙 3. 调整压边力
表面质量不好	1. 模具工作表面、坯料或润滑剂不清洁 2. 凹模淬火硬度低，表面粗糙度值太大 3. 圆弧与直线衔接不好，有棱角或凸起	1. 清理工作表面等 2. 对凸模和凹模进行抛光 3. 修磨凸模和凹模
高度不一	1. 凸模与凹模之间间隙不均匀 2. 定位板位置不对	1. 调整凸模与凹模间隙 2. 重新调整定位板
底部凸起	凸模上无排气孔	在凸模上加工出排气孔

3. 冷冲压模具的使用

（1）正确选择和使用设备

1）设备的类型、规格应符合模具设计文件或制件生产工艺文件的规定。

2）应注意检查设备的精度，防止因设备精度太低而损坏模具。

3）做好设备的计划检修及维护、保养工作，避免设备运转状况不良和突发故障对模具的损坏。

（2）合理选用和处理原材料

1）原材料的品种、牌号、规格和质量应符合制件图样和生产工艺文件的规定。

2）按工艺文件的规定做好原材料的处理工作。例如，对冲压坯料的热处理、预成形和表面润滑处理；对模锻坯料的加热、预锻；对塑料的干燥、预热；对合金液的熔炼等。各种处理工作都应严格按照规范进行。

(3) 正确装拆和调整模具

1) 严格按照操作规程规定的程序安装和拆卸模具。

2) 搬运模具时要小心轻放，不允许乱扔、乱摔。安装和拆卸大型模具时应使用起吊设备，防止摔坏模具。

3) 模具在设备上应定位准确、夹紧可靠。安装模具的螺栓、螺母和压板应采用专用件。紧固用螺栓的旋合长度应大于螺栓直径的2倍。压板在压紧模具后，其压紧基面应平行于设备安装基面，不得偏斜。

4) 模具调整完毕后，应锁紧设备调节机构的锁紧装置。

(4) 安全使用注意事项

1) 坯料定位应正确，防止凸模因受偏载而折断。

2) 手工操作时，压力机不允许采用连续行程。必须保证送件、取件动作完成后，才能开始下一次工作行程或下一个工作循环。

3) 冲裁作业时严禁叠片冲裁。

4) 送件、取件所用的工具应采用软质材料制作。

5) 制件没有起模时，不允许用硬质工具撬取，而应用铜棒等软质工具取出。

6) 经常观察设备和模具的工作状况，如有异常应及时处理，发生故障时应立即停机。

7) 妥善处理模具损坏事故，细致分析事故原因，进而采取适当措施防止同类事故的再次发生。

8) 做好预防性维修工作，防止一个零件的失效影响其他零件的安全。对已经失效的零件应及时修理或更换。

4. 冷冲压模具的维护保养

(1) 卸下的模具应擦拭干净并涂上防锈油，及时、完整地交回模具库或指定的地点存放，防止模具生锈、遗失。

(2) 暂时不用的模具，也应及时擦拭干净，并在导柱顶端的储油孔中注入润滑油，再用纸片盖上，以防灰尘或杂物落入导套内而影响导向精度。

(3) 在保管冲模时，为避免上模与下模直接接触而可能压坏刃口部位，可以加装限位块，常用木块作为限位块。

(4) 冲模在安装、拆卸及搬运过程中，应慢起、轻放、平稳放置。

(5) 模具在使用过程中，严禁敲、砸、磕、碰，尤其是在调整过程中，应防止硬物损伤模具的工作部位。

(6) 要定期检修，保持和提高模具的精度和工作性能。对损坏的模具应进行现场分析，找出损坏原因及解决的办法，写出事故报告。

(7) 模具入库时要进行认真仔细地检查，做好模具技术性能的鉴定。对所保管的模具，必须进行分类管理，建立保管档案，由专人负责。

5. 冷冲压模具的失效分析

冷冲压模具失效的基本形式主要有四种，即磨损失效、疲劳失效、塑性变形失效和断裂失效。

(1) 磨损

模具在使用时的磨损是不可避免的，使用时间越长，则磨损量也越大，磨损就越严重。

磨损的形式有磨料磨损、粘着磨损、腐蚀磨损、疲劳磨损等。

判断模具是否因磨损而失效的主要标准是制件的尺寸精度，当制件的尺寸超出允许的公差范围时即表示模具失效。如果模具的磨损导致制件的表面质量严重下降，那么制件的表面质量要求也是判断模具是否失效的依据。冲裁模的凸模和凹模刃口由于磨损而逐渐钝化，严重时将显著地劣化模具的工作条件和制件的质量。制件的毛刺高度随着凸模和凹模刃口的钝化而逐渐增高，因而可以作为判断凸模和凹模刃口钝化程度的标志，当毛刺高度超过规定值时，表明刃口钝化严重，需要重新刃磨刃口后，模具才能继续使用。

（2）疲劳

模具一般以间歇工作的方式进行工作，频繁地加载和卸载会使模具受力零件处于交变应力作用下。模具使用一段时间后，由于交变应力的作用，在零件表面或内部存在微观缺陷及应力集中的部位将会萌生许多微裂纹。模具继续使用时，这些微裂纹将逐渐扩展，当微裂纹扩展到一定程度时，模具零件的承载能力被严重削弱，最终导致模具开裂或破损。

（3）塑性变形

当模具零件承受的载荷使零件内部的应力超过其自身材料的屈服强度时，零件就会产生塑性变形。常见的塑性变形失效有工作零件出现表面皱纹、局部塌陷和棱角倒塌，凸模出现镦粗、纵向弯曲现象，凹模出现胀大现象等。

（4）断裂

模具在正常工作时，因为某种原因而突然出现较大的裂纹，甚至分裂成几个部分，使模具立即丧失工作能力的失效形式称为断裂失效。常见的断裂失效有开裂、破裂、崩刃、折断等。

不同的失效形式之间常常有密切的联系和交互促进作用。磨损产生的沟痕往往成为萌生疲劳裂纹和热疲劳裂纹的发源地，同时，深而尖锐的沟痕本身就可成为一次性断裂的起裂点。零件表面出现疲劳裂纹和热疲劳裂纹后，表面质量严重恶化，将使磨损加剧，裂纹的尖端出现应力集中，将成为断裂源，促进一次性断裂的产生。

磨损虽然会导致模具失效，但在正常的工作条件下，模具在失效前都能在较长的时间内稳定、有效地工作。大部分模具的有效寿命决定于磨损失效，对于这些模具，磨损失效是它们的正常失效形式，其有效磨损寿命是确定模具期望寿命的依据。部分重载模具（如冷挤压模）的有效寿命主要决定于疲劳失效；部分冷、热温差很大的模具（如压铸模）的有效寿命主要决定于热疲劳失效。在疲劳和热疲劳失效前，模具一般也有较长的使用寿命，但习惯上仍将它们看作模具的早期失效。如果模具质量存在问题，或者使用不当，塑性变形和断裂失效在模具使用的各个时期都有可能产生，而且一旦发生的话，其后果很可能是致命的，它们是造成模具早期失效的主要形式。

为保证和延长模具的寿命，一方面要通过各种途径保证和提高模具的耐磨性，使模具具有足够的有效磨损寿命，另一方面要采取各种措施，预防早期失效的出现，保证模具在有效寿命期内能够安全稳定地运行。

6. 冷冲压模具的修理工艺及操作要点

（1）刃口崩刃

模具在使用中由于各种原因引起的崩刃都会对制件的质量产生一定的影响。它是模具修理中最常见的修理内容之一，刃口崩刃修理步骤如下：

1）崩刃很小时，通常将崩刃处用砂轮机磨大些，以保证焊接牢固，不易再次崩刃。

2）用相应的焊条进行焊接，目前多采用堆焊的方法。堆焊之前一定要选好修理的基准面，包括间隙面和非间隙面。

3）将刃口的非间隙面修平（参考事先留下的基准）。

4）对照过渡件进行划线，如果没有过渡件，可以用事先留下的基准粗磨间隙面。

5）在压力机上对间隙面进行修配时，可借助黏土等辅助研配。在修配过程中一定要小心，开动压力机时尽量慢，必要时可用调整装模高度的方法研配，以避免发生刃口啃坏的现象。

6）刃口间隙要合理，对于钢板冲压模，单边刃口间隙取板料厚度的1/20。但在实际操作过程中，可以用板料试冲的办法来检验间隙的大小，只要剪切后制件的毛刺达到要求即可，一般情况下，毛刺大小的判定标准是毛刺高度不大于板料厚度的1/10。

7）检测刃口的间隙面是否与剪切的方向统一。

8）间隙调整好后，用油石将刃口的间隙面推光滑，以减小生产中板料与刃口的摩擦及废料下落的阻力。

（2）毛刺

制件在修边、冲孔和落料时易出现毛刺过大的现象，产生毛刺的原因主要有模具刃口间隙过大和刃口间隙过小两类。间隙过大时，断面光亮带很小或基本上看不见，毛刺的特点为厚而大，不易除去；间隙过小时，断面出现两光亮带，由于间隙小，其毛刺的特点为高而薄。

通常采用以下修理工艺：

1）修边和冲孔工序采用凸模不动而修整凹模的办法，而落料工序时则以凹模为基准，即凹模尺寸不变，修整凸模，从而保证制件尺寸不在修理前后受到影响。

2）间隙较大时，对照制件找出模具刃口间隙大的部位进行补焊，然后修配刃口间隙至要求。

3）间隙较小时可直接修配非基准件至要求。

对于冲孔模，其产生毛刺后，如果是凸模或凹模磨损，可以找相应的标准件进行更换，如果没有标准件，可以采用补焊或测绘的方法进行制造。另外，特别指出一点，对于合金钢等焊接性能较差的材料，要进行特殊处理后再进行焊接，如预热等，否则会引起模具的开裂。

（3）拉毛

拉毛主要发生在拉延、成型和翻边等工序。解决方法如下：

1）首先对照制件找出模具的相应拉毛的位置。

2）用油石将模具相应的位置推顺，注意圆角的大小统一。

3）用细砂纸将模具推顺部位进行抛光，砂纸在400号以上。

（4）修边和冲孔带料

在修边和冲孔过程中常产生带料现象，其主要原因是压料或卸料装置出现异常，解决方法如下：

1）根据制件带料的部位找出模具的相应部位。

2）检查模具压料板和卸料板是否存在异常。

3）对压料板相应部位进行补焊。

4）结合制件将焊补部位进行修顺，具体的型面与工序件配制。

5）试冲。

6）如果检查并非模具压料板和卸料板的问题，可以检查模具的刃口是否有拉毛现象。

（5）屑料阻塞

冲压件产生屑料阻塞的原因及相应的修理方法见表 9—9。

表 9—9　　屑料阻塞的原因及修理方法

产生原因	修理方法
漏料孔偏小	加大漏料孔间隙
漏料孔偏大，屑料翻滚	重新修改漏料孔
刃口磨损，毛边较大	修磨刃口
冲压油滴速太快，油黏	控制滴油量，更换油种
凹模直刃部分表面粗糙，粉屑烧结附着于刃部	通过表面处理、抛光降低表面粗糙度值或更改材料
材质较软	修改冲裁间隙

其应急措施如下：凸模刃部端面修出斜度或弧形（注意方向），使用吸尘器在垫板落料孔处吹气。

（6）废料切不断

废料切不断的主要原因是操作人员在生产过程中没有及时对废料进行清理，造成废料堆积，最后在上修边刀块的压力下造成废料刀崩刃。其修理的方法与修边崩刃的办法相似，需要注意的是在修理过程中一定要注意修边刀块的高度。如果修得太高，会造成刀块与上修边刀块干涉，从而造成废料刀块的再次损坏；如果修得过低，会形成废料切不断现象。故在修理废料刀时不光要考虑到刀块的间隙面，同时刀块的高度也很重要。因此，在修理前一定要选好基准面。

（7）翻边整形制件变形

在翻边和整形过程中往往会出现制件的变形现象，在非表面件中一般不会对制件的质量产生多大影响，但在表面件中，只要有一点变形就会给外观带来很大的质量缺陷，影响产品的质量。翻边整形制件变形的产生原因及修理方法方法见表 9—10。

表 9—10　　翻边整形制件变形的产生原因及修理方法

产生原因	修理方法
由于制件在成形和翻边的过程中，板料发生变形、流动，若压料不紧就会造成制件变形	加大压料力，如果是弹簧压料，可采用加弹簧的办法。如果加大压料力后，在局部还存在变形的话，可用红丹粉采用研磨的方法找出具体问题点，检查是不是压料面局部出现凹陷等情况，此时可采用焊补压料板的办法
在压料力够大的情况下，压料面压料不均匀，局部有空隙	压料板焊补后与模具的下型面进行研配

（8）冲压件跳屑压伤

冲压件跳屑压伤的产生原因及修理方法见表 9—11。

表 9—11　　冲压件跳屑压伤的产生原因及修理方法

产生原因	修理方法
间隙偏大	控制凸模和凹模加工精度或修改设计间隙

续表

产生原因	修理方法
送料不当	送至适当位置时修剪料带并及时清理模具
冲压油滴速太快，油黏	控制滴油量或更换油的品种降低黏度
模具未退磁	研修后必须退磁（冲铁料更须注意）
凸模磨损，屑料压附于凸模上	研修凸模刃口
凸模太短，插入凹模长度不足	调整凸模刃口插入长度
材质较硬，冲切形状简单	在凸模刃口端面装顶出装置或修出斜面或弧形，减少凸模刃部端面与屑料的贴合面积

其应急措施是减小凹模刃口的锋利度，减小凹模刃口的研修量，增大凹模直刃部分表面粗糙度值（被覆），采用吸尘器吸废料，降低冲速，减缓跳屑。

二、塑料成型模具的安装、使用与维护（以注射模为例）

1. 塑料成型模具的安装与调试

塑料成型模具在注射机上的安装与调试包括预检、吊装与紧固、顶出距离的调整、合模松紧程度的调整以及配套部分的安装等。具体安装与调试方法如下：

（1）预检

在模具装上注射机之前，应按设计图样对模具进行检验，以便及时发现问题，进行修理，减少不必要的重复安装和拆卸。在对模具的固定部分和活动部分进行分开检查时，要注意方向记号，以免合拢时搞错。

（2）吊装与紧固

首先将注射机全部功能置于调整手动控制状态，根据模具图上标示出的吊装位置及方向，按规定的吊装方式（分为整体吊装和分体吊装两种）吊起模具。

1）模具吊装方向。模具吊装方向的选择应遵照以下几个原则：

① 模具有侧向分型抽芯机构时，尽量将滑块置于水平位置，在水平面内左右移动。

② 模具长度与宽度方向尺寸相差较大时，使较长边与水平方向平行，可以有效地减轻导柱拉杆在开模时的负载，并使因模具重量而造成的导向件弹性变形控制在最小范围内。

③ 模具带有液压油路接头、气动接头、热流道元件接线板时，尽可能放置在非操作面侧面，以方便操作。

2）吊装方法。一般将模具从注射机上方吊进拉杆模座之间。当模具水平或竖直方向尺寸大于拉杆间的距离时，吊装方法如下：

①当模具长方向尺寸大于拉杆间水平距离时，采用从拉杆侧面滑进的方法，适用于中小型模具。

②将模具长方向平行于拉杆轴线（模具高度小于拉杆水平距离，模具宽方向尺寸小于拉杆竖直距离），从拉杆上方滑进拉杆之后，旋转90°即可。

3）紧固方法。整体吊装到位后，将模具定模板上的定位环装入注射机定模座上的定位孔，用螺钉或压板螺钉压紧定模，并初步固定定模，依靠导柱、导套将动、定模两部分启闭几次，检查模具在启闭过程中是否平稳、灵活、无卡住现象，最后固定动、定模。

分体吊装与整体吊装相似，不同之处在于模具动模部分是在定模吊装初步固定之后再吊装紧固。

人工吊装适用于中小型模具，一般从注射面侧面装入，在拉杆上垫两块木板将模具滑入拉杆中。

模具尽可能整体安装，吊装时要注意安全，操作者要协调一致密切配合。当模具定位圈装入注射机上定模板的定位圈座后，可以极慢的速度合模，由动模板将模具轻轻压紧，然后装上压板。通过调节螺钉，将压板调整到与模具的安装基面基本平行后压紧，如图 9—26 所示。压板位置绝不允许像图中双点画线所示。压板的数量根据模具的大小进行选择，一般为 4~8 块。

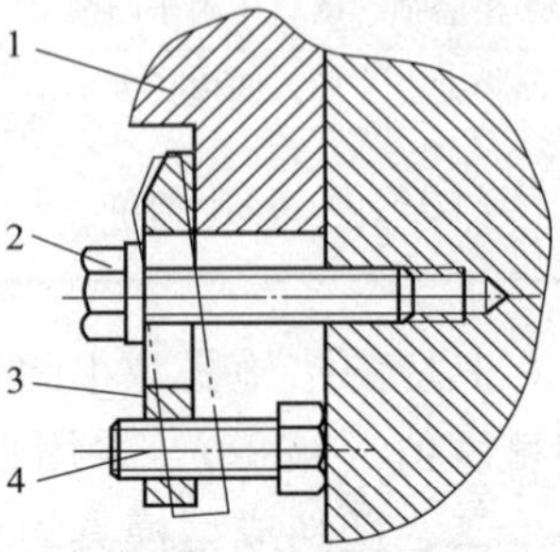

图 9—26　模具的紧固

1—座板　2—压紧螺钉

3—压板　4—调节螺钉

（3）顶出距离的调节

模具紧固后，慢速开启模具，达到模座行程时，动模板停止后退，调整注射机顶杆顶出距离，使模具上推杆固定板和动模支承板之间的间隙不小于 5mm，既能顶出制件，又能防止损坏模具。

（4）合模松紧程度的调节

为了防止制件溢边，又保证型腔能适当排气，合模的松紧程度很重要。对全液压式锁模机构，合模松紧程度只要观察锁模力是否在预定的工艺范围内即可；对于液压肘杆式锁模机构，目前主要凭经验和目测来调整，即在开模时，肘杆先快后慢，既不很自然也不太勉强地伸直，合模松紧正好合适。对于需要加热的模具，应在模具达到规定温度后再调整合模的松紧程度。

（5）配套部分的安装

配套部分的安装包括：热流道元件及电气元件的接线、电控部分的调整、液压回路连接、气压回路连接、冷却水路的连接等辅助部分的安装。

2. 塑料成型模具的试模

模具装配完成以后，在交付生产之前，应进行试模，试模的目的：一是检查模具在制造上存在的缺陷，查明原因并加以排除；二是对模具设计的合理性进行评定并对成形工艺条件进行探索，这将有益于模具设计和成形工艺水平的提高。试模前必须对设备的油路、水路及电路进行检查，并按规定保养设备，作好开车前的准备。

（1）模具预热

模具预热方法大致有两种：一是利用模具本身的冷却水孔，通入热水进行加热；二是外加热法，即将铸铝加热板安装在模具外部，从外向内进行加热，这种方法加热快，但消耗能量大。对中小型模具，无须进行模具预热。

（2）料筒和喷嘴的加热

根据工艺手册中推荐的工艺参数将料筒和喷嘴加热，与模具预热同时进行。由于制件大小、形状和壁厚的不同，以及设备上热电偶位置的深度和温度表的误差也各有差异，因此资料上介绍的加工某一塑料的料筒和喷嘴温度只是一个大致范围，还应根据具体条件调试。判断料筒和喷嘴温度是否合适的最好办法是将喷嘴与主流道脱开，用较低的注射压力使塑料自喷嘴中缓慢流出，观察料流。如果没有硬头、气泡、银丝、变色，且料流光滑明亮，则说明料筒和喷嘴温度是比较合适的，可以开机试模。

（3）工艺参数的选择和调整

根据工艺手册中推荐的工艺参数初选温度、压力、时间参数，调整工艺参数时按压力、时间、温度这样的先后顺序变动。

在开始注射时，原则上选择在低压、低温和较长的时间条件下成型。如果制件未充满，通常是先增加注射压力。当大幅度提高注射压力仍无效果时，才考虑变动时间和温度。延长时间实质上是使塑料在料筒内的受热时间增长，注射几次后若仍然未充满，最后才提高料筒温度。但料筒温度的上升以及它与塑料温度达到平衡需要一定的时间（一般约 15min 左右），需要耐心等待，不要过快地把料筒温度升得太高，以免塑料过热，甚至发生降解。

注射成型时可选用高速和低速两种工艺。一般壁薄而面积大的制件采用高速注射，而壁厚、面积小的制件采用低速注射，在高速和低速都能充满型腔的情况下，除玻璃纤维增强塑料外，均宜采用低速注射。

对黏度高和热稳定性差的塑料，采用较慢的螺杆转速和略低的背压加料及预塑，而对黏度低和热稳定性好的塑料，可采用较快的螺杆转速和略高的背压。在喷嘴温度合适的情况下，采用喷嘴固定形式可提高生产率。但是，当喷嘴温度太低或太高时，需要采用每次注射后向后移动喷嘴的形式。喷嘴温度低时，由于后加料时喷嘴离开模具，减少了散热，故可使喷嘴温度升高；而喷嘴温度太高时，后加料时可挤出一些过热的塑料。

（4）试注射

当料筒中的塑料和模具达到预热温度时，就可以进行试注射，观察注射制件的质量缺陷，分析产生缺陷的原因，调整工艺参数和其他技术参数，直至达到最佳状态。试注射过程中，应详细记录模具状态和工艺参数，对不合格的模具应及时进行返修。

在试模过程中应详细记录，并将结果填入试模记录卡，注明模具是否合格。如需返修，应提出返修意见。在记录卡中应摘录成型工艺条件及操作注意要点，最好能附上注射成型的制件，以供参考。对试模后合格的模具，应清理干净，涂上防锈油后入库。

注射模在试模过程中，制件常出现的问题、产生原因及调整方法见表 9—12。

表 9—12　注射模试模时常见问题、产生原因及调整方法

常见问题	产生原因	调整方法
制件尺寸精度发生变化，不稳定	1. 注射机系统不稳定	1. 调整注射机，使其电气部分、液压系统工作时稳定可靠；严格控制注射温度、压力、速度等成型条件，使每个制件成型周期一致；多型腔注射时，浇口大小一致，进料均衡
	2. 模具发生变形或磨损	2. 提高模具强度，对于定位杆弯曲或磨损的应更换；调整模具精度，使活动零件动作稳定、定位零件定位准确
	3. 锁模力不符合要求	3. 检查模具合模时的锁模力。合模时锁模力要大，防止时松时紧，合模稳定可靠
	4. 原材料质量较差	4. 塑料应颗粒均匀，收缩率要稳定
制件产生气泡，影响使用	1. 塑料含水分太大，料温过高	1. 试模前应将塑料烘干或更换新塑料；减少塑料加热时间
	2. 注射压力小，模温低，模具排气不良	2. 加大注射压力；检查排气系统，若排气不良，在模内设冷料穴，使其排气良好；提高模具温度
	3. 注射速度太快及柱塞或螺杆回程太早	3. 降低注射速度；延长柱塞退回时间
	4. 模具型腔内有水、油污	4. 清除模腔内水分和油污，合理使用脱模剂

续表

常见问题	产生原因	调整方法
制件充填不足，不能成型	1. 注射量不足 2. 加料量不足 3. 塑化能力不足 4. 熔料填充不良 5. 排气不好	1. 加大注射量 2. 加大加料量 3. 设法增加塑化能力；提高喷嘴、料筒温度，提高模温 4. 加大喷嘴直径，提高温度，增加熔料的流动性；增大主浇道和分浇道的直径；设置辅助浇道或浇口；开设大的冷料穴；提高注射压力，延长注射及保压时间 5. 排气不良的，可降低注射速度，或增开排气孔道，或增加分型面处浅槽
制件表面产生凹痕或塌坑	1. 进料口太小或数量不足 2. 进料口的位置不当 3. 模温不合适 4. 注射压力太小或保压时间短、供料不足	1. 增大进料口截面积或进料口数量 2. 改进制件设计，使壁厚均匀；改进进料口位置 3. 严格控制模温 4. 加大注射压力、速度；加大保压时间；加大供料量，减少溢流槽面积
制件周围飞边过大	1. 合模不严、间隙过大 2. 锁模力不足 3. 塑料流动性差 4. 成型条件差	1. 调整模具分型面，减少型腔、型芯部分滑动零件的间隙值；修整模具，加大模具强度和韧度，使各支承面相互平行；清除分型面异物和油污 2. 减少注射压力，增加锁模力 3. 更换塑料或重新调整注射速度，提高料温、模温 4. 适当调整加料量
制件表面出现细缝	1. 料温、模温太低 2. 注射速度较慢，压力小 3. 料的进口位置不当 4. 嵌件温度太低 5. 塑料流动性差 6. 排气不良	1. 改善工艺条件，提高料温、模温 2. 加快注射速度，加大注射压力 3. 改进制件设计；调整进料口和浇道系统 4. 预热嵌件 5. 更换流动性好的塑料，改善填料；改变模具冷却浇道，使其冷却均匀 6. 清除模腔水分，适量使用润滑剂和脱模剂；增设冷却槽，使之充分排除气体
制件表面出现波纹，影响美观	1. 料温、模温、喷嘴温度低 2. 注射力偏小，注射速度慢 3. 塑料流动性差 4. 浇道太长 5. 供料不足	1. 改进注射工艺，提高料温、模温、喷嘴温度 2. 增加注射力和注射速度 3. 使用前进行烘干及清除杂质，如有必要更换流动性较好的塑料注射成型 4. 调整模具，改进浇注系统设计 5. 加大供料量；改进冷料穴设计、模具冷却系统、浇注系统
塑料表面沿流动方向产生银色针状条纹或片状云母纹	1. 注射时塑料温度太高 2. 含水分及挥发物较多 3. 注射压力小、模温太高 4. 流道口太小及排气不良 5. 配料不当或混入异物	1. 改进注射工艺，适当降低料温、模温 2. 烘干清除水分、油污，并合理进行润滑和使用脱模剂 3. 加大注射力，适当降低模温；改善制件设计，使其薄厚均匀过渡 4. 调整模具，使进料口适当增大及增设排气机构 5. 改善塑料质量，避免异物混入
制件成型后产生翘曲变形	1. 冷却时间不足，模温太高，出模太早 2. 进料口位置不合理，尺寸小；料温、模温太低，注射压力小、速度快，保压补缩时间不足，冷却不均匀 3. 模具强度不够，精度低，定位不可靠	1. 延长冷却时间，加快冷却速度，待成型固化后再脱模 2. 调整或改进进料口位置；合理控制模温，动、定模模温趋于一致；适当增加注射压力，延长保压补缩时间 3. 调整顶出机构，使其受力均匀；重新精修模具；重新修改制件，使其制件形状设计合理，嵌件分布均匀

续表

常见问题	产生原因	调整方法
制件有裂纹	1. 脱模顶出力不均匀 2. 模具受热不均或模温太低 3. 冷却过快 4. 型腔脱模斜度小 5. 混入杂质或脱模剂使用不当	1. 调整顶出机构，使制件出模时受力均匀、动作可靠 2. 合理控制成型工艺，使模温升高时各部件温度一致 3. 适当降低冷却速度 4. 改进进料口尺寸及形状；在不影响质量前提下，尽量使脱模斜度大 5. 使用塑料要干净，严防杂质；采用填料的，应搅拌均匀后使用；嵌件安装前要预热并清除表面杂物和油污，合理使用脱模剂
制件表面产生黑点或变色	1. 料筒清洗不干净或混有杂物 2. 塑料或模具型腔表面有可燃性挥发物 3. 塑料质量不佳，受潮，水解变黑	1. 试模前，认真清洗料筒，避免杂物混入 2. 试模前，认真清洗塑料或模具型腔表面 3. 塑料使用前，应清除杂质或经烘干后使用
制件成型后难以脱模，制件粘模，取不出来	1. 型腔表面粗糙 2. 型腔脱模斜度太小 3. 模具镶块处缝隙太大 4. 模温太高或太低 5. 顶杆太短不起作用 6. 拉料杆失灵 7. 活动型芯脱模不及时 8. 塑料发脆 9. 收缩率太大 10. 料温、喷嘴温度、模温较低，且喷嘴与浇口套不吻合或喷嘴与模具间有漏出的熔料	1. 对模腔进行抛光使之光洁 2. 调整模具结构，加大脱模斜度 3. 修整模具，尽量使镶件部位及拼块处的缝隙减小 4. 改善成型工艺条件，即合理控制模具温度与成型时间，降低注射力 5. 在模芯内增设进气孔，调整或更换顶件杆，使其动作可靠 6. 修整拉料杆，使其动作灵活、可靠 7. 调整活动型芯脱模机构，使其动作同步、灵活、可靠 8. 更换更好的塑料 9. 延长冷却时间 10. 提高料温、喷嘴温度、模温，调整喷嘴与浇口套，尽量使其在同一轴线上，并使喷嘴在工作时尽量与模具紧密贴合，不留有缝隙，防止熔料溢出；改善浇道强度或更换新浇道口，使浇道口直径加大
制件表面不光洁或有划痕和擦伤	1. 模具型腔表面不光洁 2. 熔料与模具表面注射后不密合接触 3. 料温与模温调节不当 4. 模具型腔表面有擦伤或划痕	1. 抛光或镀硬铬，使表面质量提高 2. 检查熔料流动性，如熔料一接触型腔表面就冷凝硬化，则应立即提高料温、模温及注射速度，增强熔料流动性；扩大模具排气孔 3. 调节料温和模温达到适宜的温度 4. 修复模具型腔表面的擦伤和划痕

3. 塑料成型模具的使用与维护

塑料成型模具同其他模具相比，结构一般更加复杂精密，对操作和维护的要求也就更高。因此，在整个生产过程中，正确地使用和维护塑料成型模具，对维持企业正常生产、提高企业经济效益有着十分重要的意义。

（1）选择合适的成型设备，确定合理的成型工艺条件

塑料成型模具在安装使用前，一定要根据模具结构及成型条件，按工艺规程选择合适的成型设备。如使用注射模时，选用的注射量不能太大或太小。若太小，则满足不了注射要求，制件难以成型；而选得太大，有时会因锁模力调节不当而使模具损坏，同时又使效率降低。故选择注射机时，应按最大注射量、拉杆有效间距、模板上模具安装尺寸、最大或最小模厚、模板行程、推出方式、推出行程、注射压力、锁模力等各项进行核查，满足要求后方

可安装使用模具。同时，工艺条件的合理性也是正确使用模具的关键。工艺条件一般在模具试模时确定，并编写成工艺规程，如锁模力大小、压力及压射速度、模温高低等，都要确定合理，操作时按此工艺规程操作，避免损害模具，延长其使用寿命。

（2）模具要安装合理，牢固可靠

模具在安装到压力机或注射机上时，一定要安装牢固，并在装机后要进行空模运行，观察各部位运动是否灵活；推出行程、开启行程是否到位；合模时分型面是否吻合严密；动、定模是否对正、配合正确；装模螺钉是否拧紧，有无松动等。

（3）正确使用模具

模具在使用时，要严格按工艺规程操作，模具的温度要保持正常，不可忽冷忽热；要经常检查模具的滑动零件如导柱、导销、推杆、型芯、导滑槽等是否工作正常，有无弯曲、损坏，并要经常擦洗加注润滑油；在每次合模前，要将型腔清理干净；对于型腔表面有特殊要求的，如表面粗糙度值不大于 0.2μm 的光亮镜面表面，绝不能用手抹或用棉纱擦拭，应用压缩空气吹拂，或用高级餐巾纸和高级脱脂棉蘸酒精轻轻擦抹，同时，型腔表面要定期进行清洗，清洗时可采用醇类或酮类制剂，擦洗后要及时吹干。

模具在工作一段时间后，一定要做定期检查及维护保养。适时检查并调整滑动配合间隙，保证配合间隙不能过大，以防止塑料流入配合孔内而影响制件质量，甚至啃坏模具。模具在脱模后，若发生粘模或制件难以取出时，不要用硬金属撬击，可用木质工具取出残留杂物，严禁采用其他不规范的取件操作。

模具在临时停歇时，应将模具闭合，防止型腔、型芯等工作零件暴露在外，以防损伤。若停机超过 24h，要在型腔、型芯表面喷上防锈剂或脱模剂，待再开机使用时，擦干净后再使用。

（4）随机对模具产生的微小毛病进行修整

模具在使用过程中会产生磨损，有时还会产生不正常的损坏，若是微小毛病，可不必将模具从机上卸下，应随机进行修整后再进行继续使用。如镶件未放稳就合模导致型腔局部损坏，可将型腔在机上进行抛磨；若由于长期磨损使分型面不严密，致使制件溢边太厚，可以分别卸下，把分型面磨平，再把型腔加工到原来的深度；对于细小型芯、顶杆折断及弯曲而影响制件质量及脱模时，要进行修整、更换后再继续使用。

（5）认真检查各控制部件的工作状态

模具在工作过程中，要严防辅助系统发生异常。如在每一个生产周期结束后，都应对加热器、冷却水道进行检测，使其处于完好状态，并对抽芯机构进行检查与调整。在生产中，若听到模具或设备发出异响或出现异常情况，要立即停机检查、修整。

（6）正确拆除模具

模具在使用后，要按正确的拆装方式将模具从机床上卸下，要轻拆轻放。使用后的模具，在型腔内要加注防锈、防蚀剂进行保护后再入库存放。

4. 塑料成型模具的修理工艺及操作要点

模具在使用过程中，会产生正常的磨损或不正常的损坏。不正常损坏绝大多数是由于操作不当所致，例如嵌件没放稳就合模，致使型腔被打缺或型芯变形等。当模具出现故障时，应根据不同的情况具体分析，并采取不同的修理方法。

（1）导向与定位件的损坏

1）导柱磨损或拉伤。中小型塑料模具均以导柱为定、动模之间的定位件，在长期的使用中，反复开启会导致导柱与导套间磨损，间隙过大，定位精度超差。常见的磨损或拉伤情况及修理方法如下：

① 导柱、导套周边均匀磨损。可更换新导套，重新配置，达到精度要求。

② 导柱、导套之间出现一侧磨损或导柱固定部位尺寸超差，因此产生松动。此时需要更换导柱或导套。

③ 导柱、导套局部有拉伤现象，产生的原因有配合过紧、表面有污物或两者之间中心距误差等。轻者可局部研磨、抛光，重者需要更换导柱、导套，重新找正并进行定位。

2）定位块、定位止口磨损。在大中型塑料模具中，导柱前段起导向杆作用，动、定模之间的梯形止口或定位斜键起定位作用。这种定位装置研合面积大、定位精度高，是大中型注射模具常用的定位方式。然而，在长期使用过程中，也会产生磨损使定位精度降低，主要修复方式如下：

①定位块修复。定位块在长期使用中磨损，尺寸变小，定位精度超差。可在其下端面垫上厚垫片，使尺寸复原，再将表面磨到原始尺寸，即可达到修复的目的。另一种办法是将磨损面电镀一层硬金属后，再用磨床磨削到原始尺寸。

②止口修复。止口部位装有耐磨板，可在模面上垫厚垫片，恢复原始尺寸，尺寸因磨损情况而定；若没有耐磨板，加垫又比较困难时，可将磨损面电镀硬金属增厚，然后磨削到原始尺寸。

（2）分型面的磨损

塑料模具经过一段时间使用后，由于反复开闭及制件脱模对局部的磨损或不当操作造成的撞击，分型面上原本很清晰的型腔边缘尖角会变得圆滑，使制件产生飞边、毛刺，影响制件质量。不同的磨损形式及修理方法如下：

1）分型面上型腔周边大面积磨损。可采取将分型面磨去 0.2～0.4mm 厚的方法进行修理，此时制件在开模方向上的尺寸将变小，如果不妨碍制件功能要求则可行，否则需同时修改型腔深度。

2）分型面上的局部磨损。可视情况采用挤胀、镶块等方法进行修理。所谓挤胀方法就是在离损伤部位 3mm 左右的地方用凿子敲击，使凹痕隆起，敲击点尽量离得远些，敲击范围大一些，然后对隆起的部分用锉刀锉平，再用油石研磨，砂纸打光。

3）磨损严重无法修理的，应更换新件。

（3）型腔表面的磨损

塑料模具在使用过程中，型腔表面不断受到高温、高压及腐蚀影响，致使表面硬度降低、磨损加快，使得制件尺寸变大超差，甚至会出现表面破裂的现象。这时，一方面要通过正确选择模具材料及合理的表面硬化处理，另一方面则需对其进行必要的检修。如发现整体磨损严重，可采用将型腔和型芯进行刷镀的方法进行修理，即利用电刷镀笔，在表面上进行无槽电镀后形成一层镀层，修磨后即可使用。如表面磨损或磕碰特别严重，则需采用焊接、镶拼、更换新件等方法进行修理。

（4）镶块松动或模具开裂

镶块一般是以过盈配合的方式镶入模体内，但模具长期使用后，接合缝易产生间隙与松动，使制件产生飞边，致使脱模困难。应更换镶块，重新研配，可以达到原来的尺寸。但应注意镶件材质与塑料模具基体一致或线膨胀系数接近。

(5) 塑料模具咬伤

模具咬伤是塑料模具滑块动件之间磨损增大，或滑动件的硬度太低而导致的局部划伤咬合在一起。其修理方法如下：

1）将咬模部分清理干净，小心取下被卡住部件，用砂纸磨光毛刺。产生凹痕的，将凹陷边缘磨成圆角，以免再次咬模。若是滑动件表面硬度低，则需要进行表面硬化处理。此时可将部件放入水中，将需要硬化的表面露出水面，进行火焰淬火。也可采用扩散渗碳、渗氮处理。对销类滑动件最好采用高频淬火。

2）将咬模部分切除后再进行堆焊修补，但焊接材质必须相同。壁厚太薄的地方不能采用电焊修补。

3）滑块型芯上产生卡住现象时，可用细锉、油石、砂纸打光。卡伤严重时，采用粉末堆焊修补，卡伤不严重时可用电镀方法镀平。

4）角销卡伤时，应更换。

(6) 塑料模具产生裂纹

当塑料模具刚性不足时，由于成形时反复变形产生疲劳，往往在型腔拐角处产生裂纹。对产生裂纹的塑料模具可采用在模具外侧加镶框的办法来增强刚性，以免裂纹扩展，这样，在制件表面上留下的裂纹痕就不会十分明显。注射模具的材质与裂纹的产生也有一定的关系，最好采用韧性较好的材料。

(7) 推杆折断

塑料模在使用过程中，经常出现推杆折断的现象。这可能有三种情况：一是由于多根推杆配合松紧不一致，使得推出力不平衡造成的个别推杆偏载而折断；二是由于推杆孔磨损后与分型面不垂直，推杆推出的运动方向偏斜而折断；三是推杆“丁”字头为焊接而成，热处理效果差，焊接应力未消除而产生断裂。

若断杆留在型腔内没有及时清除，则在合模时会碰撞型腔。轻者导致型腔受损，需采用镶块焊补、电镀、敲击等方法予以修理；重者可使注射模具报废。因此，必须更换新的推杆。

(8) 异物掉入损坏型腔

如果掉入物为残余料则受损情况较轻，若掉入的是金属物，则会使型腔遭到严重损坏。尤其是仿真纹面型腔或抛光面型腔，给修理带来困难。

若型腔轻微损伤，可用敲击法（即在型腔损伤部位的背面钻一个合适的盲孔，然后在孔内插入一金属棒，用锤子敲击，使损伤面隆起后磨平抛光）予以修理。如果型腔损伤严重，则主要靠镶拼、堆焊、电镀的方法来修理。

针对这种情况，应做好以下预防工作：

1）模具上方不可放置任何工具、杂物、零件等。

2）型腔经过修整后，严禁不进行清理而直接合模，以防铁屑、废件、杂物留在型腔内。

3）经过长途运输进厂的注射模具，或放置一段时间后重新使用的注射模具，要先开模，将型腔清理干净后再投入生产。

4）模腔内的残余料要清理干净。

(9) 辅助机构失灵

在成型过程中，注射模具的开模、抽芯及顶出等动作应按规定顺序进行、互相协调，相应的机构运动不得互相干涉。然而，由于零件长期工作中发生疲劳或因结构不可靠，会使某机构突然断裂失效，继而使注射模具其他部位受损。

这种情况出现时，需根据具体情况进行修理，多数情况下需更换结构件。模具的型腔受损可能是致命的，修复的希望不大。因此，为预防这种事故的发生，应做好如下预防工作：

1）操作者应经常观察模具结构的灵活性、滑动的顺畅性、复位的精确性，以防患于未然。

2）对液压和气动辅助机构的附件（如油管、水管、气管、接头、插座、行程开关、电线等）要进行定期检查和维修，使注射模始终处于良好的工作状态，以保证注射模的使用寿命。

技能训练

一、冷冲模的安装与调试

1. 训练课题

在开式可倾压力机上安装、调试冷冲模。（注：训练课题可根据实际生产项目确定。）

2. 训练图样

图 9—27 所示为开式可倾压力机外形结构图。

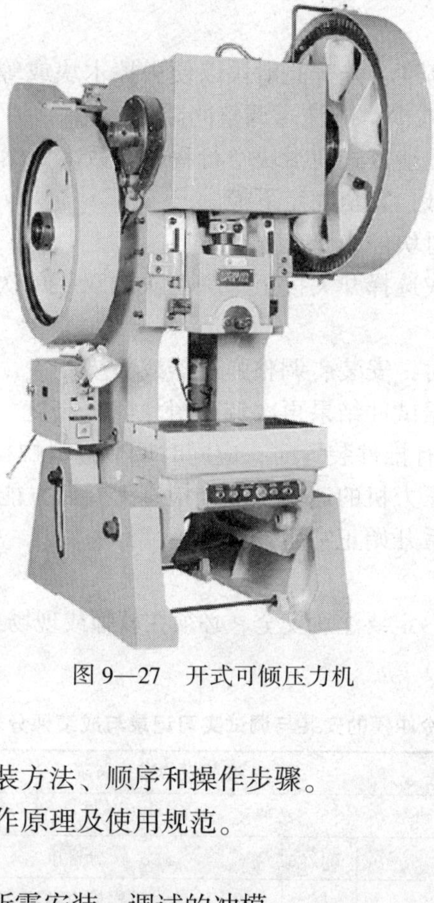

图 9—27　开式可倾压力机

3. 训练目的

（1）掌握冲模常用的安装方法、顺序和操作步骤。

（2）掌握冲压设备的工作原理及使用规范。

4. 训练备料

根据实际生产项目确定所需安装、调试的冲模。

5. 训练步骤

（1）合上电源开关，接通电源。

（2）启动空压机或接通气路。

（3）按下电动机启动按钮，启动压力机。

（4）将压力机工作方式选择开关拨至调整位置，以调整操作方式将滑块降至下止点。

（5）松开压力机封闭高度（滑块下表面到工作台上表面之间的距离），调节螺杆（与连杆相连）的锁紧螺母，将压力机封闭高度（装模高度）调至稍大于模具的封闭高度。松开滑块上用于夹紧模柄的夹紧块上的夹紧螺母和模柄锁紧螺栓。将打料螺钉（即限位螺钉）调到最高位置。

（6）以调整方式将滑块上升至上止点，按下电动机停止按钮，关闭压力机。

（7）把模具安放在压力机工作台的中心位置，使模柄对准滑块上的模柄孔。此时，对于非弹压卸料的模具，应在上、下模之间垫上木块或等高垫块，使上模高于闭合位置。

（8）用撬杆插入飞轮外缘的孔内，转动飞轮使滑块下降，直至滑块到达下止点位置。在此过程中应注意调整模具位置，使模柄进入滑块模柄孔。

（9）调整压力机封闭高度，使滑块下表面与模具上模座紧密贴合。

（10）用扳手拧紧夹紧块上的夹紧螺母，然后再拧紧模柄锁紧螺栓。

（11）安装固定下模的螺栓和垫块、压板，并稍微拧紧螺母，使下模初步固定在工作台上。

（12）调整压力机封闭高度，先升高滑块以便去掉木块或等高垫块，然后降低滑块使模具初步闭合。此时，对于开式模具应注意调整间隙。

（13）启动压力机，以调整方式使滑块空行程运转数次，然后停止于下止点。

（14）拧紧下模夹紧螺母，完全固定下模。

（15）启动压力机，使滑块停止于上止点。

（16）将压力机工作方式选择开关拨至脚踩单次或双手单次动作位置，再使滑块空行程运转数次。

（17）模具有顶件要求时，安装、调整弹顶器或气垫。

（18）进行试冲，并根据试冲结果再次调整滑块闭合高度。试冲一次，调整一次，每次调整量不宜过大。模具上模有推件装置时，应同时调节打料螺栓高度。

（19）全面检查模具和压力机的运转状况，检查无误后方能进行首件冲压。

（20）检验首件，合格后开始正常生产作业。

6. 操作注意事项

在安装、试模过程中，一定要注意安全。必须在教师或现场工人师傅的指导下才能试模。

7. 成绩评定（表 9—13）

表 9—13　　冷冲模的安装与调试实习记录与成绩评分表

训练课题	冷冲模的安装与调试					
姓名		班级		工件号		总得分
项次	项目与技术要求	配分	评分标准		实测结果	得分
1	准备工作充分	15	过程检查评定			

续表

<table>
<tr><td>训练课题</td><td colspan="7">冷冲模的安装与调试</td></tr>
<tr><td>姓名</td><td></td><td>班级</td><td></td><td>工件号</td><td></td><td>总得分</td><td></td></tr>
<tr><td>项次</td><td>项目与技术要求</td><td>配分</td><td colspan="3">评分标准</td><td>实测结果</td><td>得分</td></tr>
<tr><td>2</td><td>安装工艺设置合理、步骤正确</td><td>15</td><td colspan="3">设置不合理每处扣 2 分</td><td></td><td></td></tr>
<tr><td>3</td><td>调整方法正确、操作符合要求</td><td>15</td><td colspan="3" rowspan="2">每错一项扣 2 分
每缺一项扣 4 分</td><td></td><td></td></tr>
<tr><td>4</td><td>试模操作符合要求</td><td>15</td><td></td><td></td></tr>
<tr><td>5</td><td>安装调试过程完整，质量符合要求</td><td>20</td><td colspan="3">不符合要求每处扣 3 分</td><td></td><td></td></tr>
<tr><td>6</td><td>时间安排合理（工时 10h）</td><td>10</td><td colspan="3">每超时 30min 扣 3 分</td><td></td><td></td></tr>
<tr><td>7</td><td>安全文明生产</td><td>10</td><td colspan="3">违者不得分</td><td></td><td></td></tr>
<tr><td>现场记录</td><td colspan="7"></td></tr>
</table>

二、塑料模的安装与调试

1. 训练课题

在卧式塑料注射成型机上安装和调整注射模。（注：训练课题可根据实际生产项目确定。）

2. 训练图样

图 9—28 所示为卧式塑料注射成型机与塑料模的安装示意图。

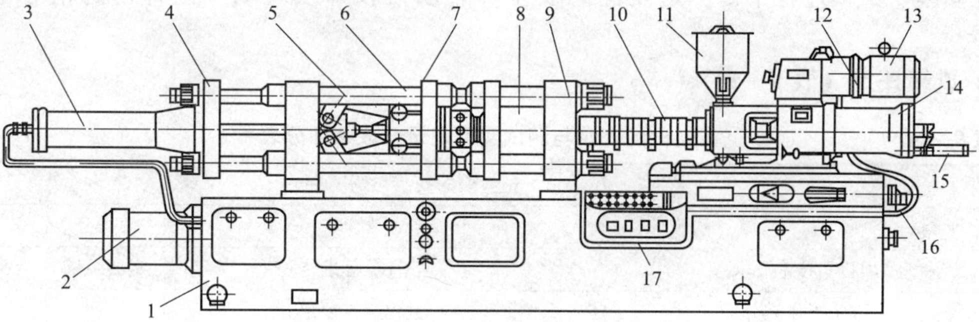

图 9—28 卧式塑料注射成型机

1—机身 2—液压系统用电动机 3—合模油缸 4、9—固定模板 5—合模机构 6—拉杆 7—移动模板 8—成型模具 10—料筒、螺杆和电加热装置 11—料斗 12—传动减速箱 13—电动机 14—注射用油缸 15—计量装置 16—注射座移动油缸 17—操作台

3. 训练要求

（1）掌握塑料模常用的安装方法、顺序和操作步骤。

（2）掌握塑料成型设备的工作原理及使用规范。

4. 训练备料

根据实际生产项目确定所需安装、调试的塑料模具。

5. 训练步骤

（1）接通电源，启动注射机电气和液压控制系统。

（2）将注射机工作方式设置为调整方式。

（3）料斗内加入塑料，设定料筒及喷嘴加热温度，预先加热料筒和喷嘴（30~60min），然后清洗料筒。

（4）用点动方式使动模板闭合，调整动、定模板间的距离，使其稍大于模具厚度。

（5）开启动模板，把模具吊至动、定模板之间，并将定位圈装入定模板的相应孔中。

（6）用点动方式使动模板闭合，调整合模锁紧机构，使动、定模板初步夹紧模具。

（7）将模具动、定模部分分别固定在注射机的动、定模板上。

（8）调节动模板开、合模速度，初步调节锁模力、开模行程和顶出距离。

（9）将注射机工作方式设置为手动方式，并以手动方式使注射机完成开、合模动作，观察模具各部分动作是否正常。

（10）接通冷却水管或模具加热装置。

（11）调节注射装置及其塑化能力，并用对空注射法观察料筒内熔料的塑化质量。

（12）设定加料方式，初步设定注射压力、注射速度、保压压力、保压时间及冷却时间。

（13）用手动方式进行试模，根据试模情况调整各成型工艺条件。

（14）将注射工作方式设置为半自动方式进行试生产，根据试制制件的质量进一步调整各成型工艺条件。

（15）试制件合格后，转入正常生产作业。

6. 操作注意事项

在安装、试模过程中，一定要注意安全。必须在教师或现场工人师傅的指导下才能试模。

7. 成绩评定（表 9—14）

表 9—14　　塑料模的安装与调试实习记录与成绩评分表

训练课题	塑料模的安装与调试				
姓名		班级	工件号	总得分	
项次	项目与技术要求	配分	评分标准	实测结果	得分
1	准备工作充分	15	过程检查评定		
2	安装工艺设置合理、步骤正确	15	设置不合理每处扣 2 分		
3	调整方法正确、操作符合要求	15	每错一项扣 2 分 每缺一项扣 4 分		
4	试模操作符合要求	15			
5	安装调试过程完整，质量符合要求	20	不符合要求每处扣 3 分		
6	时间安排合理（工时 12h）	12	每超时 30min 扣 3 分		
7	安全文明生产	8	违者不得分		
现场记录					